高等院校药学类专业
创新型系列教材

供药学、药物制剂、临床药学、制药工程、中药学、医药营销及相关专业使用

有机化学

主　编　刘　华　朱　焰　郝红英

副主编　林玉萍　姚　遥　刘　娜　吴建丽

编　者　（按姓氏笔画排序）

于姝燕　内蒙古医科大学

万屏南　江西中医药大学

卫星星　长治医学院

王春艳　山西医科大学汾阳学院

厉廷有　南京医科大学

朱　焰　山东第一医科大学（山东省医学科学院）

任铜彦　川北医学院

刘　华　江西中医药大学

刘　娜　大连医科大学

刘晓平　沈阳药科大学

李宁波　山西医科大学

吴建丽　黄河科技学院

林玉萍　云南中医药大学

林朝阳　黄河科技学院

虎春艳　云南中医药大学

郝红英　黄河科技学院

姚　遥　宁夏医科大学

格根塔娜　内蒙古医科大学

华中科技大学出版社
http://www.hustp.com
中国·武汉

内 容 简 介

本书是高等院校药学类专业创新型系列教材。全书分为十八章,包括绪论,有机反应简介,烷烃,烯烃和炔烃,脂环烃,卤代烃,对映异构,芳香烃,醇、酚、醚,醛、酮、醌,羧酸和取代羧酸,羧酸衍生物,胺和相关含氮化合物,杂环化合物,糖类,氨基酸、肽和蛋白质,萜类和甾体化合物,有机合成概述等内容。

本书根据最新教学改革的要求和理念,结合我国高等院校药学类专业发展的特点,按照相关教学大纲的要求编写而成,内容系统、全面,详略得当。本书以二维码的形式增加了网络增值服务,内容包括教学课件、案例解析、目标检测答案、知识链接、知识拓展、练习题答案等,提高了学生学习的趣味性,能更好地培养学生自主学习的能力。

本书可供药学、药物制剂、临床药学、制药工程、中药学、医药营销及相关专业使用。

图书在版编目(CIP)数据

有机化学/刘华,朱焰,郝红英主编. —武汉:华中科技大学出版社,2020.6(2024.2重印)
高等院校药学类专业创新型系列教材
ISBN 978-7-5680-5836-0

Ⅰ.①有… Ⅱ.①刘… ②朱… ③郝… Ⅲ.①有机化学-高等学校-教材 Ⅳ.①O62

中国版本图书馆 CIP 数据核字(2020)第 011164 号

有机化学
Youji Huaxue

刘　华　朱　焰　郝红英　主编

策划编辑:余　雯
责任编辑:李　佩
封面设计:原色设计
责任校对:刘　竣
责任监印:周治超
出版发行:华中科技大学出版社(中国·武汉)　　电话:(027)81321913
　　　　　武汉市东湖新技术开发区华工科技园　　邮编:430223
录　排:华中科技大学惠友文印中心
印　刷:武汉市籍缘印刷厂
开　本:889mm×1194mm　1/16
印　张:26.5
字　数:738千字
版　次:2024 年 2 月第 1 版第 3 次印刷
定　价:69.90 元

高等院校药学类专业创新型系列教材
编委会

丛书顾问　朱依谆 澳门科技大学　　李校堃 温州医科大学

委　员（以姓氏笔画排序）

卫建琮 山西医科大学　　　　　　　　闵　清 湖北科技学院

马　宁 长沙医学院　　　　　　　　　沈甫明 同济大学附属第十人民医院

王　文 首都医科大学宣武医院　　　　宋丽华 长治医学院

王　薇 陕西中医药大学　　　　　　　张　波 川北医学院

王车礼 常州大学　　　　　　　　　　张宝红 上海交通大学

王文静 云南中医药大学　　　　　　　张朔生 山西中医药大学

王国祥 滨州医学院　　　　　　　　　易　岚 南华大学

叶发青 温州医科大学　　　　　　　　罗华军 三峡大学

叶耀辉 江西中医药大学　　　　　　　周玉生 南华大学附属第二医院

向　明 华中科技大学　　　　　　　　赵晓民 山东第一医科大学

刘　浩 蚌埠医学院　　　　　　　　　项光亚 华中科技大学

刘启兵 海南医学院　　　　　　　　　郝新才 湖北医药学院

汤海峰 空军军医大学　　　　　　　　胡　琴 南京医科大学

纪宝玉 河南中医药大学　　　　　　　袁泽利 遵义医科大学

苏　燕 包头医学院　　　　　　　　　徐　勤 桂林医学院

李　艳 河南科技大学　　　　　　　　凌　勇 南通大学

李云兰 山西医科大学　　　　　　　　黄　昆 华中科技大学

李存保 内蒙古医科大学　　　　　　　黄　涛 黄河科技学院

杨　红 广东药科大学　　　　　　　　黄胜堂 湖北科技学院

何　蔚 赣南医学院　　　　　　　　　蒋丽萍 南昌大学

余建强 宁夏医科大学　　　　　　　　韩　峰 南京医科大学

余细勇 广州医科大学　　　　　　　　薛培凤 内蒙古医科大学

余敬谋 九江学院　　　　　　　　　　魏敏杰 中国医科大学

邹全明 陆军军医大学

网络增值服务使用说明

欢迎使用华中科技大学出版社医学资源网yixue.hustp.com

1.教师使用流程

（1）登录网址：http://yixue.hustp.com （注册时请选择教师用户）

注册 ▶ 登录 ▶ 完善个人信息 ▶ 等待审核 ▶

（2）审核通过后，您可以在网站使用以下功能：

管理学生

建立课程　　　　　　　　布置作业

下载教学　　　　　　　　　　　　查询学生学习
资源　　　　　　教师　　　　　　记录等

2.学员使用流程

建议学员在PC端完成注册、登录、完善个人信息的操作。

（1）PC端学员操作步骤

①登录网址：http://yixue.hustp.com （注册时请选择普通用户）

注册 ▶ 登录 ▶ 完善个人信息 ▶

② 查看课程资源

如有学习码，请在个人中心-学习码验证中先验证，再进行操作。

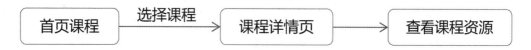

首页课程 ──选择课程──▶ 课程详情页 ──────▶ 查看课程资源

（2）手机端扫码操作步骤

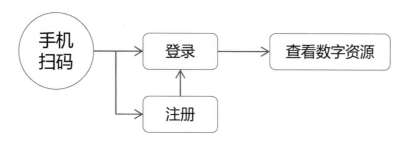

手机扫码 ──▶ 登录 ──▶ 查看数字资源
　　　　 ──▶ 注册 ──▲

总序

Zongxu

教育部《关于加快建设高水平本科教育 全面提高人才培养能力的意见》("新时代高教 40 条")文件强调要深化教学改革,坚持以学生发展为中心,通过教学改革促进学习革命,构建线上线下相结合的教学模式,对我国高等药学教育和药学专门人才的培养提出了更高的目标和要求。我国高等药学类专业教育进入了一个新的时期,对教学、产业、技术的融合发展要求越来越高,强调进一步推动人才培养,实现面向世界、面向未来的创新型人才培养。

为了更好地适应新形势下人才培养的需求,按照《中国教育现代化 2035》《中医药发展战略规划纲要(2016—2030 年)》以及党的十九大报告等文件精神要求,进一步出版高质量教材,加强教材建设,充分发挥教材在提高人才培养质量中的基础性作用,培养合格的药学专门人才和具有可持续发展能力的高素质技能型复合人才。在充分调研和分析论证的基础上,我们组织了全国 70 余所高等医药院校的近 300 位老师编写了这套高等院校药学类专业创新型系列教材,并得到了参编院校的大力支持。

本套教材充分反映了各院校的教学改革成果和研究成果,教材编写体例和内容均有所创新,在编写过程中重点突出以下特点。

(1)服务教学,明确学习目标,标识内容重难点。进一步熟悉教材相关专业培养目标和人才规格,明晰课程教学目标及要求,规避教与学中无法抓住重要知识点的弊端。

(2)案例引导,强调理论与实际相结合,增强学生自主学习和深入思考的能力。进一步了解本课程学习领域的典型工作任务,科学设置章节,实现案例引导,增强自主学习和深入思考的能力。

(3)强调实用,适应就业、执业药师资格考试以及考研需求。进一步转变教育观念,在教学内容上追求与时俱进,理论和实践紧密结合。

(4)纸数融合,激发兴趣,提高学习效率。建立"互联网+"思维的教材编写理念,构建信息量丰富、学习手段灵活、学习方式多元的立体化教材,通过纸数融合引导学生独立思考、自主学习,提高学习效率。

(5)定位准确,与时俱进。与国际接轨,紧跟药学类专业人才培养,体现当代教育。

(6)版式精美,品质优良。

本套教材得到了专家和领导的大力支持与高度关注,适应于当下药学专业学生的文化基础和学习特点,具有较高的趣味性和可读性。我们衷心希望这套教材能在相关课程的教学中发挥积极作用,并得到读者的青睐;我们也相信这套教材在使用过程中,通过教学实践的检验和实际问题的解决,能不断得到改进、完善和提高。

高等院校药学类专业创新型系列教材

编写委员会

前言

Qianyan

有机化学是药学类专业非常重要的一门专业基础课程,是阐述有机化合物及其变化规律的一门学科,是培养药学创新型、应用型人才的整体知识结构及能力结构的重要组成部分。学习并掌握有机化学的基础理论和相关知识,对药学类专业后续化学课程和专业课程的学习起着至关重要的作用。

本教材系华中科技大学出版社为适应国家高等药学教育和药学专门人才培养的目标和要求,跟上时代的步伐,更好地满足我国高等院校药学与医疗卫生事业的需要,培养合格的药学专门人才和具有可持续发展能力的高素质技能型复合人才,在充分调研和分析论证基础上精心组织编写的创新型系列教材之一,适用于全国高等院校药学、药物制剂、临床药学、制药工程、中药学、医药营销及相关专业。

本教材紧紧围绕药学类专业本科教育和人才培养的目标要求,突出药学类专业特色,在知识结构体系、内容选择、章节选取、编排形式等方面,具有显著特色。

1. 创新教学内容　本教材编写团队充分考虑本套教材的"创新"特点,摒弃以往"大而全"的知识体系,围绕药学类专业对有机化学课程的要求,整合核心知识点,弱化一些与专业联系不密切、实用性不强的有机反应机制和内容,增加学科前沿知识与研究热点,强化有机化学与药学的联系及理论知识与实际的联系,注重培养学生分析、解决问题的能力和创新能力,以期达到培养特色药学人才的要求。

2. 创新章节选取　本教材增加"有机反应简介"一章,将原分散于各章节的有机反应的基本理论集中阐述,使学生加强对有机反应的全面了解,在正确理论指导下学习后续各章,并在学习中反复应用,熟练掌握,也方便学生自学。增加"有机合成概述"章节,将各章中的有机合成知识点串联起来,以满足药学类专业学生对有机合成相关知识的需要。

3. 创新编排形式　①本教材每章设有"学习目标"和"本章小结"版块,并尽量减少大段的文字,代之以图解,帮助学生梳理、归纳和总结每章散落的知识点,以期克服以往学生面对复杂多变的有机反应无法抓住重要知识点的弊端。②"案例导入"版块形式多样,均强调理论与实际的结合,学生带着问题进入章节理论知识的学习,这样可激发学生学习的热情,培养学生主动学习和深入思考的能力。③"知识拓展"版块,用各种方式展现有机化学的广泛应用性和与生活的息息相关性,着重介绍与本章节内容相关的科学家新成就、新亮点或在生命科学和新药开发中的应用,以拓展学生的知识面,激发学生的学习兴趣和积极性。

4. 创新"纸数融合"　本教材紧跟时代步伐,以二维码形式呈现"纸数融合"模式,将教材主要内容的深化、教材内容的PPT、同步练习题等都通过"扫码上课,码上开课"的方式进行,以满足学生个性化、自主性的学习要求。

需要说明的是本教材参照了中国化学会有机化合物命名审定委员会编写的《有机化合物命名原则2017》,与以往版本教材在命名上有较大不同。

　　参加本教材编写工作的有江西中医药大学刘华教授(第一章和第十一章)、长治医学院卫星星副教授(第二章)、内蒙古医科大学于姝燕副教授(第三章)、黄河科技学院吴建丽副教授(第四章)、江西中医药大学万屏南副教授(第五章)、云南中医药大学林玉萍副教授(第六章)、黄河科技学院郝红英副教授(第七章)、大连医科大学刘娜副教授(第八章)、川北医学院任铜彦讲师(第九章)、宁夏医科大学姚遥教授(第十章)、沈阳药科大学刘晓平副教授(第一章和第十一章)、云南中医药大学虎春艳副教授(第十二章)、内蒙古医科大学格根塔娜副教授(第十三章)、黄河科技学院林朝阳讲师(第十四章)、山西医科大学李宁波副教授(第十五章)、南京医科大学厉廷有教授(第十六章)、山西医科大学汾阳学院王春艳副教授(第十七章)、山东第一医科大学(山东省医学科学院)朱焰副教授(第十八章)。本教材由刘华教授统稿。

　　本书在编写过程中得到了华中科技大学出版社领导的大力支持,在此表示衷心的感谢!由于编者水平有限,书中难免存在不妥与错误之处,恳请各校教师和同学们在使用过程中提出宝贵意见,以便再版时修订提高。

编　者

目录

Mulu

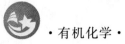

第一章 绪 论

扫码看课件

案例解析

  学习目标 ┊┄

1. 掌握：有机化学的概念和有机化合物的概念、特性和分类。
2. 熟悉：现代价键理论；有机化合物结构的表示方法。
3. 了解：有机化合物结构的研究方法；生命力学说。

有机化学是生命科学的基础，是医学及药学类专业的一门重要基础课程。医学的研究对象是人体，而组成人体的物质除水和无机盐以外，绝大部分是有机化合物，如糖、脂类、蛋白质、激素、维生素、核酸等。现在临床使用的药物中 95％以上是有机化合物，药物的制备、质量控制、储存、作用机制和体内代谢过程等都与有机化学密切相关。因此，掌握有机化合物的基础知识，可以为探索生命的奥秘、延长人类的寿命奠定基础。有机化学的进步也推动了药物合成的蓬勃发展。

 **案例导入**

奎宁 150 年的合成之路

疟疾是一种会传染人类及其他动物的全球性寄生虫传染病，中国科学家屠呦呦因在研制青蒿素等抗疟药方面的卓越贡献荣获诺贝尔生理学或医学奖。奎宁（法语：Quinine），又名金鸡纳霜，作为治疗疟疾特效药的历史更为长久。可是奎宁的全合成之路却经历了漫长的一个半世纪。

思考：现在有机化学的发展日新月异，研究水平也达到了一个空前的高度，一种新药从设计到开发到临床使用的周期还需要这么长时间吗？

第一节 有机化合物和有机化学

我们生活在一个丰富多彩的物质世界中，物质种类繁多，变化各异。化学家把来源于矿物质的化合物称为**无机化合物**（inorganic compounds），简称无机物；而把来源于动植物生命有机体的化合物称为**有机化合物**（organic compounds），简称有机物。1806 年，瑞典化学家贝采利乌斯(J. J. Berzelius)首次提出"**有机化学**(organic chemistry)"这一概念。

人类使用有机物的历史很长。我国在殷商时期就用靛蓝染丝织品；西周、春秋时期人们就已经用茜草染色；周代人们已经掌握了酿酒和制醋的技术；西汉初期我国已有纸张；东汉蔡伦改进了造纸术。其他国家，如古代印度、巴比伦、埃及、希腊和罗马也都将天然有机物用在染色、酿酒等方面。例如，古埃及人利用靛蓝和茜素作为木乃伊裹布的染料；腓尼基人利用从墨鱼、章鱼等软体动物获取的深蓝紫色物质作为染料等。但早期所使用的这些有机物都不是纯净物。直到 18 世纪,人们陆续得到了一些纯净的有机物,例如从葡萄汁中得到酒石酸,从柠檬汁中得到柠檬酸,从尿液中得到尿酸等。早期的这些物质均是从动植物有机体中提取得到的,与当时从矿物质来源得到的化合物有明显的区别,因此称它们为有机物。

直到 19 世纪初期,人们仍旧认为有机物只能从动植物有机体获得,并且是在有机体内一种神秘的"生命力"的作用下形成的,是不能在实验室中通过无机物合成得到的。这种"生命力"学说,在相当长的一段时间内统治着化学界,严重阻碍了有机化学的发展。1828 年,德国年轻的化学家韦勒(F. Wöhler)通过加热的方法将无机物氰酸铵转变成有机物尿素,轰动了当时的化学界,引起巨大反响,对当时盛行的"生命力"学说造成巨大的冲击。这被认为是首次人工合成有机物,这也是有机合成的开端。

$$NH_4CNO \xrightarrow{\triangle} H_2N-\overset{\overset{\displaystyle O}{\|}}{C}-NH_2$$

氰酸铵　　　　　　　　尿素

1845 年,德国化学家柯尔柏(H. Kolbe)由元素单质合成出乙酸,并第一次用"合成"这个词来描述化合物的制备过程。后来,法国化学家柏赛罗(M. Berthelot)、英国化学家柏琴(W. H. Perkin)和俄罗斯化学家布特列洛夫(A. Butlerov)分别合成了油脂(1854 年)、苯胺紫(1856 年)和糖(1861 年),许许多多的有机物陆续在实验室中被合成出来。韦勒等人的工作,填平了有机物和无机物之间不可逾越的鸿沟,"生命力"学说彻底破灭,从此进入了有机合成的时代。

19 世纪初期,法国化学家拉瓦锡(A. L. Lavoisier)、杜马(J. B. Dumas)和德国化学家李比希(J. F. Von Liebig)等人创立和发展了元素分析方法,分析了许多有机化合物,发现它们的分子组成中都含有碳元素,绝大多数还含有氢元素,有的还含有氧、氮、硫和卤素等元素。1848 年,德国化学家葛美林(L. Gmelin)将有机化合物定义为含碳的化合物;1874 年,德国化学家肖莱马(C. Schorlemmer)在化学结构学说的基础上提出,**有机化合物是碳氢化合物及其衍生物。而有机化学是研究有机化合物的一门学科,即研究有机化合物的结构、性质、合成、分离纯化、反应机制以及有机化合物之间相互转变的规律等。**

有机化学是化学中极其重要的一个分支,经过三个多世纪的发展,取得了卓越的成就。1901—2018 年,诺贝尔化学奖共颁发约 110 次,其中有机化学方面的奖项约有 70 项,可见有机化学的重要性。

21 世纪的有机化学,从实验方法到基础理论都有了巨大的发展,显示出蓬勃发展的强劲势头和活力。如今,化学工作者在先进理论的指导下,运用各种技术和手段,正有计划地合成出自然界不存在的、具有预期特殊性质和用途的新化合物。有机化合物数量的增长速度十分惊人,截至 2018 年 7 月 22 日 16 时 55 分,Chemical Abstract(简称 CA)中已登记注册的化合物数目为 142806849 个,截至 2018 年 7 月 22 日 17 时 05 分,化合物数目为 142806988 个,短短 10 min,增加了 139 个化合物。CA 中登记在册的化合物 70% 以上是有机化合物。

每年新合成的有机化合物中,有些因具有特殊功能而用于材料、医药、能源、交通、环境科学和生命科学等与人类密切相关的行业,为人类提供了大量的生活必需品,这些具有特殊功能的有机化合物大大改善了人类的生活质量,改变了人们的生活方式。与此同时,人类也面临着大量有机合成所带来的生态、资源、环境保护等方面的问题,环境友好的绿色有机合成一直是化学工作者努力的方向。

▎第二节　有机化合物的特性▎

有机化合物数目庞大,结构复杂,性质各异,与典型的无机化合物相比,绝大多数有机化合物具有以下特性。

一、物理性质

一般有机化合物可以燃烧,最终生成二氧化碳和水,利用这一性质可以初步鉴定有机化合物和无机化合物;有机化合物的熔点和沸点均较低,固态有机化合物的熔点一般在 400 ℃ 以下;多数有机化合物对热稳定性较差;一般有机化合物分子极性较弱或没有极性;大多数有机化合物难溶于水,而易溶于有机溶剂。

二、化学性质

一般有机反应速率较慢,很多时候需要采用加热、光照、搅拌或加入催化剂等措施来加速反应;此外,由于大多数有机化合物分子结构复杂,往往可以在多个部位发生反应,而不是局限在某一特定部位,因此常有副产物生成,主产物产率较低,反应后得到的产物常需进行分离提纯。

三、分子结构

碳原子相互结合的能力特别强,而且结合的方式也有所不同,所以有机化合物不仅数量庞大,结构复杂,并且**同分异构现象**(isomerism)较普遍(详见第三章)。

第三节 有机化合物的结构和化学键

有机化合物的**结构(structure)**,是指分子的组成、分子中原子间相互结合的次序和方式、原子或基团在三维空间的排布状况、化学键的结合状态以及分子中电子的分布状态等各项内容的总称。研究有机化合物的结构是我们认识物质世界的一种重要手段。

一、碳原子的四面体结构

1857 年,德国化学家凯库勒(A. Kekulé)和英国化学家库柏(A. Couper)分别独立地提出了碳的四价学说。他们认为碳原子一般形成四个价键,除了可以和其他原子成键外,自身也可以单键、双键或三键形式互相连接成碳链或碳环。

| 单键 | 双键 | 三键 | 环 |

上面的式子直观地反映了分子中原子的种类、数目和结合次序,即构造式。式中每个短线代表一个价键,称为**化学键(chemical bond)**。

但是凯库勒和库柏的理论不能说明分子的立体形象问题。1874 年,荷兰化学家范特霍夫(J. H. Van't Hoff)和法国化学家勒贝尔(J. A. LeBel)分别独立提出了碳原子的立体概念,认为**碳原子具有四面体结构**。碳原子位于四面体中心,四个相等的价键伸向四面体的四个顶点,各个键之间的夹角为 109.5°(图 1-1)。

现在用 X 射线衍射法已准确地测定了碳原子的立体结构,证实了当初这种模型是正确的。碳原子的四面体结构打破了有机分子的平面结构理论,反映了碳原子的真实连接方式,开

3

创了研究有机分子立体结构的先河。

有机分子中原子之间是以化学键结合而成的,所以学习化学键的知识对于理解有机分子结构变得尤为重要。在学习化学键之前,先对无机化学中的原子轨道等知识做一简单回顾。

二、电子云和原子轨道

电子具有波粒二象性,其运动轨迹服从量子力学的规律。由于电子围绕原子核做高速运动,因此无法在确定时间内找出电子的准确位置,但是却可以知道电子在某一时间某一空间范围内出现的概率。如果把电子出现的概率看作带负电荷的"云",电子出现概率大的区域则"云层"厚,而电子出现概率小的区域则"云层"薄。

根据量子力学的观点,原子中每个电子的运动状态称为**原子轨道**(atomic orbitals,简称**AO**),可以用**波函数** Ψ 来描述。原子轨道有不同的形状和大小,其形状和"云"的形状大致相似。

s 轨道为球形对称,沿轨道对称轴旋转任意角度,轨道的位相不变,没有方向性(图 1-2),轨道的大小为 1s<2s<3s。

图 1-1 碳原子的四面体结构   图 1-2 s 轨道

p 轨道为哑铃形,通过原子核的直线为其对称轴,原子核位于哑铃形中间,电子云密度为零,称为**节点**(nodal point)。通过节点垂直于对称轴的平面称为**节面**(nodal plane),节面的电子云密度也为零。p 轨道有方向性,沿 x、y、z 三个方向伸展,分别为 p_x、p_y、p_z 三个轨道。它们的对称轴互相垂直,但能量相等(图 1-3)。

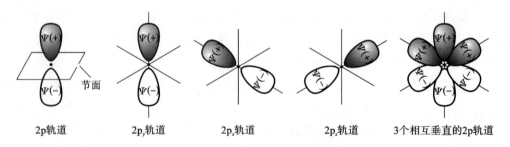

2p轨道   2p轨道   2p轨道   2p轨道   3个相互垂直的2p轨道

图 1-3 2p 轨道及 2p 轨道的位相

原子核外电子的排布遵循以下规律:①能量最低原理:电子首先占据能量最低的轨道,当能量较低的轨道填满后,才依次占据能量较高的轨道。②保里(Pauli W)不相容原理:任何一个原子轨道最多只能容纳两个自旋方向相反的电子。③洪特(Hund F)规则:当有几个能量相同的轨道时,电子尽可能分占不同的轨道。

三、离子键和共价键

共价键的概念是美国化学家路易斯(G. N. Lewis)于 1916 年首先提出的。离子键和共价键的形成,是以路易斯等人提出的"八隅体学说(octet rule)"为基础的。一般情况下,原子最外层电子数为 8(氢最外层电子数为 2)即达到相对稳定的结构,称为**八隅体**。若不满 8 个时,会与其他原子通过电子得失或电子共享的方式使彼此达到稳定,即形成离子键或共价键。

当两个电负性相差较大的原子结合形成分子时,原子间通过电子转移产生阴、阳离子。由于阴、阳离子相互吸引所形成的化学键称为**离子键**(ionic bond)。例如,氯化钠形成时,电负性大的氯原子会从电负性小的钠原子夺走一个电子,使氯和钠都形成八隅体结构。

$$Na\cdot + \cdot\ddot{\underset{\cdot\cdot}{Cl}}: \longrightarrow Na^+\left[:\ddot{\underset{\cdot\cdot}{Cl}}:\right]^-$$

当两个电负性相同或相近的原子结合形成分子时,原子间通过共用电子对的形式形成八隅体。原子间通过共用电子对所形成的化学键称为**共价键**(covalent bond)。例如,氢原子形成氢分子以及氢原子与氮原子形成氨分子,都是以共价键相互连接的。

$$H\cdot + \cdot H \longrightarrow H:H$$

$$3H\cdot + \cdot\ddot{\underset{\cdot\cdot}{N}}: \longrightarrow H:\overset{\overset{H}{\cdot\cdot}}{\underset{\cdot\cdot}{N}}:H \quad \overset{H}{}$$

配位键(coordinate bond)也称为配位共价键,是一种特殊的共价键,其特点是形成共价键的一对电子是由一个原子单方面提供的。例如氨分子与氢离子结合生成铵根离子时,由氨分子中的氮原子提供一对电子形成的 N—H 共价键就是配位键。

$$H:\overset{\overset{H}{\cdot\cdot}}{\underset{\cdot\cdot}{N}}:+H^+ \longrightarrow H:\overset{\overset{H}{\cdot\cdot}}{\underset{\cdot\cdot}{N}}:\overset{+}{H} \quad \overset{H}{}$$

有机化合物中的主要元素是碳,其外层有四个电子,它要失去或获得四个电子都不容易,因此采用和其他原子通过共用电子的方式成键。**有机化合物中绝大多数的化学键是共价键。**

四、现代价键理论

路易斯价键理论虽然有助于对有机化合物的结构与性质的关系的理解,但是仍为一种静态的理论,并未能说明化学键形成的本质,即未能从电子的运动来阐明问题的本质。1927 年,德国物理学家海特勒(W. Heitler)和英国物理学家伦敦(F. London)将量子力学的概念引入有机化学,对共价键的本质有了新的认识和进一步阐述。化学家们用量子力学的观点来解释共价键形成的本质,建立了现代共价键理论。

现代共价键理论包括**价键理论**(valence bond theory,简称 VB 理论)和**分子轨道理论**(molecular orbital theory,简称 MO 理论)。现就相关概念和知识做一些简单的介绍。

(一)价键理论

价键理论是以"形成共价键的电子只处于形成共价键两原子之间"的"**定域**"观点为出发点,将键的形成看作是原子轨道互相重叠或电子配对的结果,所以价键理论又称电子配对法。价键理论的主要内容如下。

1. 形成共价键的两个电子必须自旋反向平行(↑↓) 如果两个原子各有一个自旋方向相反的单电子,就可以相互配对形成共价键;如果没有未成对电子,就不能形成共价键(图 1-4)。

2. 共价键具有饱和性 一个原子有几个未成对电子,就可以和几个自旋方向相反的电子形成共价键,共价键数目等于该原子的未成对电子数。如果一个原子的未成对电子已经配对,它就不能再与其他原子的未成对电子配对。例如,氢原子的 1s 电子与一个氯原子的 3p 电子配对形成 HCl 分子后,就不能再与第二个氯原子结合成 HCl_2。

NOTE

图 1-4　氢分子的形成

3. 共价键具有方向性　原子轨道重叠成键时,重叠程度越大,形成的键越强。因此,成键的两个原子轨道必须按一定方向重叠,以满足两个轨道最大限度的重叠来形成稳定的共价键,这就是共价键的方向性。例如:在形成 H—Cl 时,只有氢原子的 1s 轨道沿着氯原子的 3p 轨道对称轴的方向重叠,才能达到最大重叠(图 1-5)。

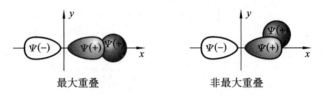

图 1-5　s 轨道和 p 轨道的重叠

4. 杂化　能量相近的原子轨道可以进行"杂化",组成能量相等的杂化轨道。关于杂化,我们将在后面杂化轨道理论中详细阐述。

价键理论对于甲烷、乙烯、乙炔等简单分子中共价键的形成给予了很好的解释,说明问题时比较形象、简单且易于接受,因此现在仍在使用。但是该理论的缺陷在于,它只能用来说明两个原子相互作用所形成的共价键,价电子被**"定域"**在形成共价键的两个原子核区域内运动,对于像苯、丁-1,3-二烯这样分子中的共价键无法给予明确的解释。后来发展的分子轨道理论弥补了这一缺陷。

(二) 分子轨道理论

和价键理论不同,分子轨道理论是以"形成共价键的电子分布在整个分子中"的**"离域"**观点为出发点的。目前分子轨道理论应用最广泛的是**原子轨道线性组合法**(linear combination of atomic orbitals),简称 **LCAO 法**。该理论认为共价键的形成是成键原子的原子轨道相互重叠重新组合成整体的分子轨道的结果。分子轨道理论的主要内容如下:

1. 共价键的电子分布在整个分子中　在分子中任何电子都是在所有核和其余电子所构成的势场中运动的,形成共价键的电子分布在整个分子中,描述分子中单个电子在整个分子中运动状态的波函数称为**分子轨道(molecular orbital)**。这是从分子整体出发去研究分子中每一个电子的运动状态,一种离域的观点。

2. 分子轨道由原子轨道线性组合而成　分子轨道理论认为,n 个原子轨道线性组合成 n 个分子轨道。假设以 Φ_1 和 Φ_2 代表两个原子轨道,它们可组合成两个分子轨道 Ψ 和 Ψ^*。

$$\Psi = \Phi_1 + \Phi_2 \qquad \Psi^* = \Phi_1 - \Phi_2$$

原子轨道组合成分子轨道时,两个原子轨道的位相相同,原子核之间电子出现的概率较大,两个原子轨道可以最大限度重叠,组成的轨道能量低于两个原子轨道的分子轨道称**成键轨道** Ψ(bonding molecular orbital);如果两个原子轨道的位相相反,原子核之间电子概率为零,两个原子轨道不能重叠成键。能量高于两个原子轨道的分子轨道称**反键轨道** Ψ^*(antibonding molecular orbital),反键轨道一般右上角用"＊"标注。

氢分子的分子轨道如图 1-6 所示。

3. 分子轨道容纳电子遵循的原则　分子轨道同原子轨道一样,容纳电子时也遵循能量最低原理,保里不相容原理和洪特规则。

NOTE

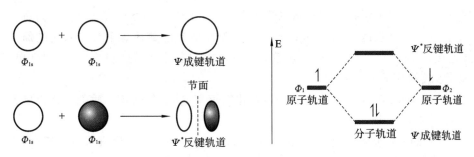

图 1-6 氢分子的分子轨道示意图

4. 原子轨道组成分子轨道的三个原则

1）能量相近原则 分子轨道理论认为，只有能量相近的原子轨道才能线性组合成分子轨道。

2）对称性匹配原则 成键的两个原子轨道，必须是位相相同的部分相互重叠才能形成稳定的分子轨道，称为对称性匹配。图 1-7 中的（a）、（b）、（c）、（d）对称性不匹配，而（e）、（f）、（g）对称性匹配，对称性不匹配则不能形成稳定的分子轨道。

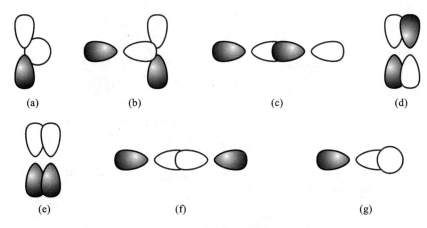

图 1-7 对称性匹配原则

3）最大重叠原则 原子轨道相互重叠形成分子轨道时，轨道重叠程度越大，形成的键越稳定。这一点与价键理论类似。

（三）杂化轨道理论

在元素周期表中，碳原子位于第二周期第ⅣA族，核外电子排布为 $1s^2 2s^2 2p_x{}^1 2p_y{}^1$，最外层有四个价电子。由于 2s 轨道中填有两个自旋方向相反的电子，已经不能再配对成键，所以只有 2p 轨道中的两个单电子可以用来成键，根据价键理论，碳原子理应是二价的。但是有机化合物中的碳原子都表现为四价。四价碳是怎么形成的呢？

为了解释这一事实，化学家提出了电子激发理论，即：在发生反应时，位于同一能级的 2s 轨道中的一个电子吸收一定的能量后激发到能量较高的 2p 轨道，这样，四个价电子各占据一个轨道，都没有配对，都可以成键，因而**碳表现为四价**。

杂化轨道理论（hybridized orbital theory）是美国化学家鲍林（L. C. Pauling）等人于 1931 年提出来的。杂化轨道理论认为，碳原子在成键前要先完成轨道的重新组合——杂化。所谓

7

"杂化"即同一原子中能量相近的不同原子轨道重新组合成一组新的原子轨道的过程。这组新的原子轨道称为**杂化轨道**(hybridized orbital)。**杂化轨道的数目等于参与杂化的原子轨道的数目**,并包含原子轨道的成分。原子轨道杂化后形成的杂化轨道能量更低,方向性更强,成键能力更强,形成的分子更稳定。

杂化轨道一般分为 sp^3 杂化轨道、sp^2 杂化轨道和 sp 杂化轨道。我们现在以碳原子的杂化为例加以说明。

1. 碳原子的 sp^3 杂化　碳原子激发态的 2s 轨道和三个 2p 轨道进行线性组合,得到四个能量相等的 sp^3 杂化轨道。

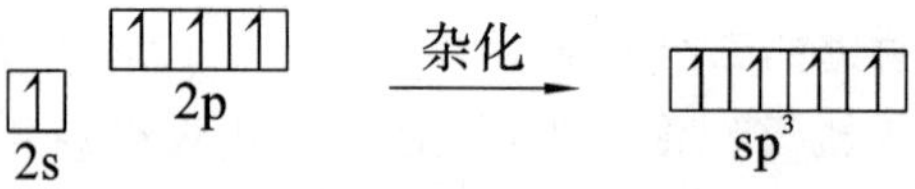

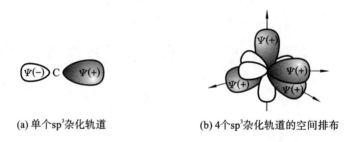

1) sp^3 杂化轨道的特点　任意两个 sp^3 杂化轨道对称轴之间的夹角为 109.5°,呈四面体排布;轨道的形状是一头大一头小的双叶形(图 1-8);杂化轨道的能量介于 2s 轨道和 2p 轨道之间。

(a) 单个sp³杂化轨道　　(b) 4个sp³杂化轨道的空间排布

图 1-8　碳原子的 sp^3 杂化轨道

2) 碳-氢键的形成　双叶形轨道较未杂化的 p 轨道与氢原子成键时重叠程度更大,形成的 C—H 键更稳定(图 1-9)。

sp³杂化轨道　　1s轨道　　　　　　　C-H键

图 1-9　碳-氢键的形成

计算出的原子轨道的相对重叠能力如下:
s:1.00。p:1.72。sp:1.93。sp^2:1.99。sp^3:2.00。

3) σ键　σ键是两个成键轨道沿键轴方向"头碰头"发生的最大限度重叠。σ键呈轴对称分布,而且可以绕键轴旋转(图 1-10)。

键轴

图 1-10　C—H σ 键结构示意图

烷烃中的碳原子是典型的 sp^3 杂化,所有的共价键都是 σ 键。关于烷烃的结构特点我们将在第三章详细学习。

2. 碳原子的 sp^2 杂化　碳原子激发态的 2s 轨道和两个 2p 轨道进行线性组合,得到三个能量相等的 sp^2 杂化轨道。

NOTE

8

1）sp²杂化轨道的特点 轨道对称轴处于同一平面,彼此间夹角为120°；未参与杂化的p轨道的对称轴垂直于三个sp²杂化轨道对称轴所在的平面（图1-11），杂化轨道的能量介于2s轨道和2p轨道之间。

(a) 3个sp²杂化轨道的平面排布   (b) 未参与杂化的p轨道

图1-11 碳原子的sp²杂化轨道与未参与杂化的p轨道

2）π键 两个未杂化的p轨道在σ键形成平面的上方和下方"肩并肩"重叠形成π键（图1-12）。π键的形成不是轨道发生最大限度的重叠,所以牢固性比σ键差；π键有一个通过两个原子核的节面。σ键的旋转能垒为13～26 kJ/mol,π键的旋转能垒为264 kJ/mol。所以,π键很难发生旋转。

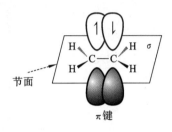

图1-12 乙烯的π键结构示意图

烯烃中的双键碳原子是典型的sp²杂化。π键不能旋转的特点直接导致了烯烃顺反异构体的产生。关于烯烃的结构特点我们将在第四章详细学习。

3. 碳原子的sp杂化 碳原子激发态的2s轨道和一个2p轨道进行线性组合,得到两个能量相等的sp杂化轨道。

1）sp杂化轨道的特点 两个轨道轴之间的夹角为180°,称线形杂化。两个未参与杂化的p轨道的对称轴互相垂直,且都垂直于sp杂化轨道对称轴所在的直线（图1-13），杂化轨道的能量介于2s轨道和2p轨道之间。

2）碳碳三键的特点 碳碳三键是由两个π键和一个σ键组成的（图1-14）。两个π键相互垂直,形成筒状电子云,包裹着σ键组成的键轴。所以通过三键连接的基团没有旋转限制。

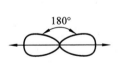

(a) 两个sp杂化轨道的线形排布   (b) 未杂化的p轨道

图1-13 碳原子的sp杂化轨道与未参与杂化的p轨道

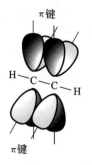

图1-14 乙炔的分子轨道示意图

炔烃中的碳原子是典型的 sp 杂化。由两个 sp 杂化的碳原子和两个氢原子形成乙炔的分子轨道如图 1-14 所示。炔烃的结构特点详见第四章。

五、共价键的性质

共价键的性质可用键长、键角、键能等参数来表征，这些参数可以在一定程度上反映共价键的本质和特征，对进一步了解有机化合物的结构和性质很有帮助。

（一）键长

形成共价键的两个原子核间的平均距离称为**键长**（bond length）。X 射线衍射法、电子衍射法、光谱法都可以测定键长。由于化学结构的不同，受分子中其他原子的影响，不同的分子中相同的共价键键长会稍有不同。

键长可以反映化学键的稳定性。一般来说，键长越长，越容易受到外界的影响而发生极化，进而断裂发生化学反应。表 1-1 列出了一些常见共价键的键长。

表 1-1　一些常见共价键的键长

单位：pm

化合物	键	键长	化合物	键	键长	化合物	键	键长
甲烷	C—H	109	烷烃	C—C	154	三甲胺	C—N	147
乙烯	C—H	107	烯烃	C＝C	134	乙腈	C≡N	115
乙炔	C—H	105	炔烃	C≡C	120	氟甲烷	C—F	142
苯	C—H	108	乙腈	C—C	149	氯甲烷	C—Cl	169
甲醚	C—O	144	丙烯	C—C	150	溴甲烷	C—Br	194
甲醛	C＝O	121				碘甲烷	C—I	213

（二）键角

化合物分子中，每两个共价键之间的夹角称为**键角**（bond angle），键角能反映有机分子的空间结构。例如，甲烷分子中，每两个 C—H 键之间的夹角为 109.5°；乙烯分子中，两个 C—H 键之间的夹角为 120°；乙炔分子中，两个 C—H 键之间的夹角为 180°。这主要是由于这三种分子中碳原子的杂化状态不同。此外，当中心碳原子杂化状态相同而与之相连的基团不同时，键角会有不同程度的改变。

> **练习题 1-1**　请根据下列一组碳碳单键键长的数据判断乙烷、乙烯和乙炔中碳碳 σ 键的稳定性，并根据它们不同的杂化方式加以说明。
> ①乙烷：154 pm。②乙烯：134 pm。③乙炔：120 pm。

（三）键能

共价键形成时放出的能量或共价键断裂时吸收的能量称为**键能**（bond energy），可用来标示化学键的强度。**共价键的键能越大，说明键越牢固**。关于共价键的键能，我们将在第二章第二节详细讨论。

（四）键的极性和可极化性

两个相同的原子形成共价键时，由于它们对成键电子的吸引力相同，共享电子对在两个原子之间均匀地分布，这种共价键称为**非极性共价键**（nonpolar covalent bond），例如：H—H 键和 F—F 键。

两个不同的原子形成共价键时，由于两个原子的电负性不同，它们对共享电子对的吸引力不同。共享电子对偏向于电负性较大的原子，因此电子云在两个原子之间不均匀地分布，这种共价键称为**极性共价键**（polar covalent bond）。

例如：氯化氢分子中，氯的电负性比氢大，成键的一对电子偏向于氯，使氯附近的电子云密度大于氢附近的电子云密度，使得 H—Cl 键产生极性，氯带上部分负电荷，而氢带上部分正电荷。通常用"δ^-"或"δ^+"来标注极性共价键两端的带电状况。"δ^-"表示带有部分负电荷，"δ^+"表示带有部分正电荷。例如：

$$\overset{\delta^+ \quad \delta^-}{H—Cl}$$

共价键极性的大小，主要取决于成键两原子的电负性之差。两种原子的电负性相差越大，形成的共价键的极性就越大。表 1-2 列出了几种常见元素的电负性值。

表 1-2　一些常见元素的电负性

元素符号	电负性	元素符号	电负性	元素符号	电负性	元素符号	电负性	元素符号	电负性	元素符号	电负性	元素符号	电负性
H	2.15												
Li	0.95	Be	1.5	B	2.0	C	2.6	N	3.0	O	3.5	F	3.9
Na	0.9	Mg	1.2	Al	1.5	Si	1.9	P	2.6	S	2.6	Cl	3.1
K	0.8	Ca	1.0									Br	2.9
												I	2.6

共价键的极性是共价键的内在性质，与分子是否参与反应无关。共价键极性的大小可以用**偶极矩**（dipole moment，μ）来度量。偶极矩是指正负电荷中心间的距离 d 和正电荷或负电荷中心的电荷数 q 的乘积。

$$\mu = q \times d$$

μ 的单位为库仑·米（C·m）。偶极矩有方向性，用符号"$\longmapsto$"表示，箭头由正电荷一端指向负电荷一端。例如：

$$\overset{\delta^+ \quad \delta^-}{H—F} \qquad \overset{\delta^+ \quad \delta^-}{C—Cl}$$
$$\longmapsto \qquad\qquad \longmapsto$$

对于双原子分子来说，键的极性就是分子的极性；而多原子分子的极性是各极性共价键偶极矩的向量和。图 1-15 列举了几种化合物的偶极矩。

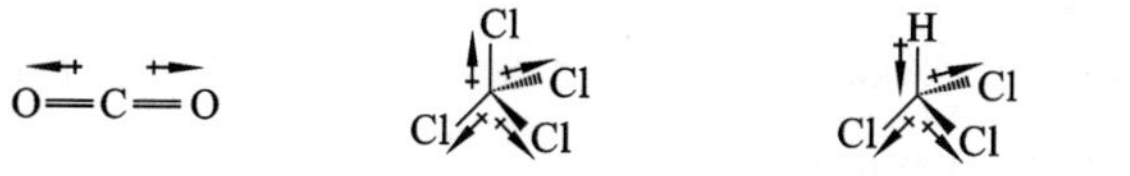

$$O=C=O \qquad \begin{matrix} Cl \\ Cl{-}C{-}Cl \\ Cl \end{matrix} \qquad \begin{matrix} H \\ Cl{-}C{-}Cl \\ Cl \end{matrix}$$
$$\mu=0 \qquad\qquad \mu=0 \qquad\qquad \mu=3.63 \times 10^{-30} C \cdot m$$

图 1-15　几种化合物的偶极矩及偶极方向

在外界电场的影响下，共价键的电子云分布会发生改变，即分子的极化状态发生了改变，共价键对外界电场的这种敏感性称为共价键的**可极化性**（或**可极化度**），键的可极化性是一种短暂的效应。当外界电场消失后，共价键以及分子的极化状态又恢复原状。

各种共价键的可极化性是不同的。极化度与成键原子的体积、电负性、共价键的种类以及外界电场强度有关。一般来说，成键原子的体积越大，电负性越小，共价键的可极化性就越大。例如：C—X 键的可极化性大小顺序如下。

$$\textbf{C—F} < \textbf{C—Cl} < \textbf{C—Br} < \textbf{C—I}$$

共价键的极性与可极化性是共价键很重要的性质，对分子的熔点、沸点以及溶解度都有很大影响。

六、异构现象

分子组成为 $C_2H_4O_2$ 的有机物，根据八隅体规则，能够写出以下两种结构：

$$\underset{乙酸}{H_3C-\overset{\overset{\displaystyle O}{\|}}{C}-OH} \qquad \underset{甲酸甲酯}{H-\overset{\overset{\displaystyle O}{\|}}{C}-OCH_3}$$

沸点   139.5 ℃   31.5 ℃

这是两个完全不同的化合物。有机化学中，像这种分子组成相同而结构不同的现象称为**同分异构现象**（isomerism），乙酸和甲酸甲酯互为同分异构体。**同分异构体**（isomer）是指具有相同组成而结构不同的化合物。分子中原子相互连接的顺序和方式称为**构造**（constitution）。乙酸和甲酸甲酯的分子式相同，构造不同，人们将这种异构现象称为**构造异构**（constitutional isomerism）。而分子式相同，原子或原子团互相连接的次序相同，但在空间的排列方式不同的异构现象称为**立体异构**（stereoisomerism）。有机化学中的异构问题是多样化的，有关内容我们将在第七章第一节进行详细介绍。

有机化合物的同分异构现象非常普遍，是造成有机化合物数量繁多的重要原因之一。

第四节　有机化合物的分类和命名简介

有机化合物的特点之一是数目繁多，为了对其进行系统研究，将有机化合物进行科学分类是非常有必要的。

一、按碳架分类

有机化合物以碳为骨架，可根据碳原子结合而成的基本骨架不同，分成三大类。

（一）链状化合物

化合物分子中的碳原子相互连接成链状，油脂分子中的烃基主要是这种链状结构，因此链状化合物又称为**脂肪族化合物**（aliphatic compounds）。例如：

$$CH_3C\equiv CCH_2CH_3 \qquad\qquad CH_3CH_2OCH_2CH_3 \qquad\qquad CH_3COOCH_2CH_3$$
$$戊-2-炔 \qquad\qquad\qquad\qquad 乙醚 \qquad\qquad\qquad\qquad 乙酸乙酯$$

（二）环状化合物

化合物分子中的碳原子连接成环状结构。根据环的存在形式可以分成以下三种类型。

1. 脂环族化合物（alicyclic compounds）　这类化合物的性质与上面提到的脂肪族化合物相似，只是碳链连接成环状。例如：

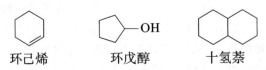

环己烯   环戊醇   十氢萘

2. 芳香族化合物（aromatic compounds）　化合物分子中含有苯环或稠合苯环，它们在性质上与脂环族化合物不同，具有一些特性。例如：

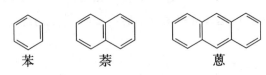

苯   萘   蒽

3. 杂环化合物(heterocyclic compounds) 化合物分子中含有由碳原子和氧、硫、氮等杂原子组成的环。例如：

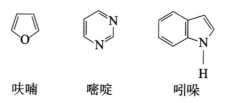

呋喃　　　嘧啶　　　吲哚

二、按官能团分类

特性基团(functional group)又称**官能团**,是决定有机化合物化学性质的原子或原子团。含官能团的有机化合物可看作是碳氢化合物中氢原子被各种不同官能团取代后的产物,即烃的衍生物。

有机反应绝大多数是在官能团上发生的,或者是在受官能团影响较大的部位上发生。含有相同官能团的有机化合物具有相似的化学性质。因此,将有机化合物按官能团进行分类,有利于对有机化合物的共性进行研究(表 1-3)。

表 1-3　常见官能团及有关化合物的类别

化合物类别	官能团结构	官能团名称	化合物举例
烷烃			$CH_3CH_2CH_3$
烯烃	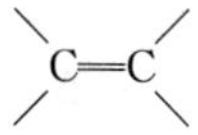 $\diagup C=C \diagdown$	烯键	$CH_3CH=CH_2$
炔烃	$-C\equiv C-$	炔键	$CH_3C\equiv CCH_3$
芳烃		芳环	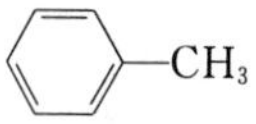 $\bigcirc-CH_3$
卤代烃	$-X$	卤素	CH_3CH_2Br
醇	$-OH$	(醇)羟基	CH_3CH_2OH
酚	$-OH$	(酚)羟基	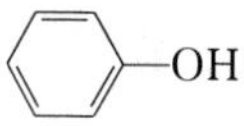 $\bigcirc-OH$
醚	$-O-$	醚键	$CH_3CH_2OCH_2CH_3$
醛	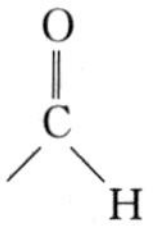 $\overset{O}{\underset{H}{\parallel}}C$	醛基	CH_3CH_2CHO
酮	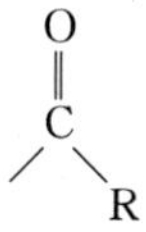 $\overset{O}{\underset{R}{\parallel}}C$	酮基	CH_3COCH_3
羧酸	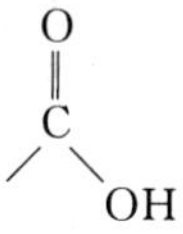 $\overset{O}{\underset{OH}{\parallel}}C$	羧基	CH_3COOH
酰卤	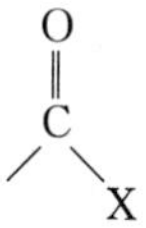 $\overset{O}{\underset{X}{\parallel}}C$	酰基	CH_3COCl

NOTE

化合物类别	官能团结构	官能团名称	化合物举例
酸酐	$\overset{O}{\underset{}{\overset{\|}{C}}}$—O—$\overset{O}{\underset{}{\overset{\|}{C}}}$	酰基	$(CH_3CO)_2O$
酯	$\overset{O}{\underset{OR}{\overset{\|}{C}}}$	酰基	$CH_3COOCH_2CH_3$
酰胺	$\overset{O}{\underset{NH_2}{\overset{\|}{C}}}$	酰基	$CH_3CH_2CONH_2$
腈	—C≡N	氰基	$CH_2{=}CHCN$
胺	—NH_2	氨基	$CH_3CH_2NH_2$
硝基化合物	—$\overset{+}{N}\overset{O}{\underset{O^-}{}}$	硝基	$CH_3CH_2CH_2NO_2$

练习题 1-2 佳息患是美国默克公司研制的治疗成人及儿童 HIV-1 感染的药物。请指出该结构式中的各官能团的名称。

三、《有机化合物命名原则 2017》简介

有机化合物数量巨大,结构复杂多样,在分子组成相同的情况下,能写出多种异构体。因此,必须给每一个化合物以科学的名称来加以区分,这就要求对其建立科学的、系统的命名规则,使有机化学从业人员或学习者能很快建立起结构和名称之间的清晰关系。现在书籍、期刊中广泛使用的是**国际纯粹和应用化学联合会**(International Union of Pure and Applied Chemistry)**命名法**,简称 **IUPAC 命名法**。

中国化学会(Chinese Chemical Society,CCS)根据 IUPAC 命名法,结合中国文字的特点和构词法,于 1960 年制定了中文版《有机化学物质的系统命名原则》。1978 年,中国化学会成立了"有机化学名词小组",并于 1980 年对《有机化学物质的系统命名原则》进行了修订,于 1980 年发布了《有机化学命名原则》(1980),1983 年审定后正式出版。《有机化学命名原则》(1980)使用了近 40 年。

有机化学发展迅猛,日新月异,学科的国际化交流和合作也逐渐增加,原有的命名原则在使用时受到了一定的限制。为了更好地与国际接轨,中国化学会于 2017 年发布了最新的命名原则《有机化合物命名原则 2017》,该原则既符合中文的构词习惯,也更容易实现中英文的相

NOTE

互转化,便于国际交流。

《有机化合物命名原则 2017》在编排和叙述上,与《有机化学命名原则》(1980)有较大的改变,例如:

(1)链烃主链选取时要优先考虑链长,而不是不饱和度。

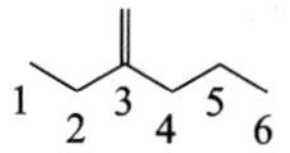

现命名:3-甲亚基己烷(3-methylenehexane)

原命名:2-乙基-1-戊烯

(2)化合物名称中表示官能团位次的的数字一律写在官能团的名称之前。

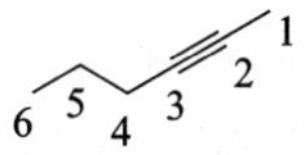

现命名:己-2-炔(hex-2-yne)

原命名:2-己炔

(3)关于取代基名称书写的先后顺序,要求按照取代基英文名称开头字母的先后顺序排列,而不再按照立体化学中优先顺序规则来书写。

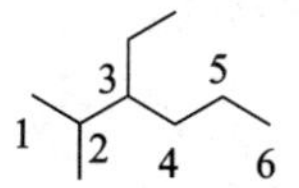

现命名:3-乙基-2-甲基己烷(3-ethyl-2-methylhexane)

原命名:2-甲基-3-乙基己烷

上述只是列举了《有机化合物命名原则 2017》修订的几个简单方面,关于命名的具体原则在后续章节会详细讲解。需要说明的是本书关于有机化合物命名的知识均遵循《有机化合物命名原则 2017》。

第五节 有机化合物构造的表示方法

化合物的分子结构,除了分子的构造以外,还包括原子或基团在三维空间的分布情况,化学键的结合状态以及分子中电子的分布状态等。因此,IUPAC 建议,将过去有些称作结构式的化学式(例如凯库勒结构式),改称为构造式。

有机化合物的构造式有以下几种表示方式。

一、凯库勒构造式

凯库勒构造式(Kekulé structures)也称为蛛网式,用短线"—"代表构造式中的每一个共价键。

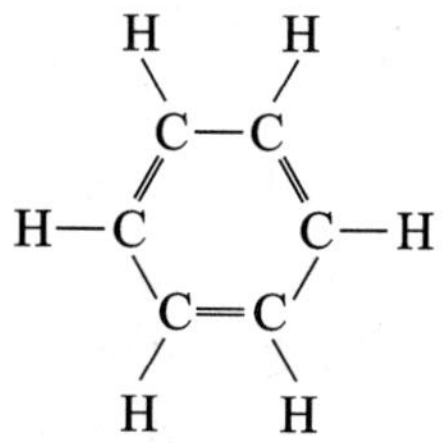

苯 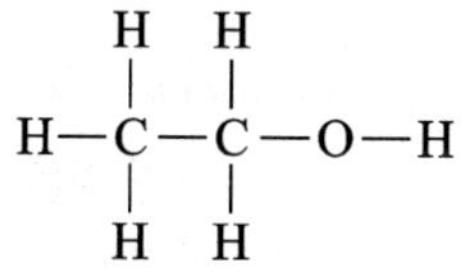　　　　　　　　乙醇 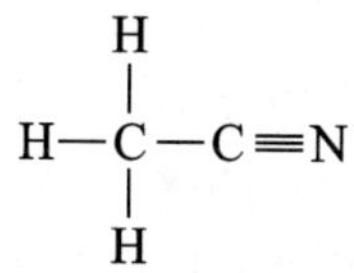　　　　　　　乙腈

凯库勒构造式可以反映分子中原子的种类、数目及其排列的次序。

二、路易斯构造式

用电子对来表示共价键的构造式称为**路易斯构造式**(Lewis structures)。凯库勒构造式中短线在路易斯构造式中用一对电子来表示。两个原子间共用两对或三对电子,就生成双键

15

或三键。书写路易斯构造式时,要将所有的价电子都表示出来,未共用的电子对也要标出。例如:

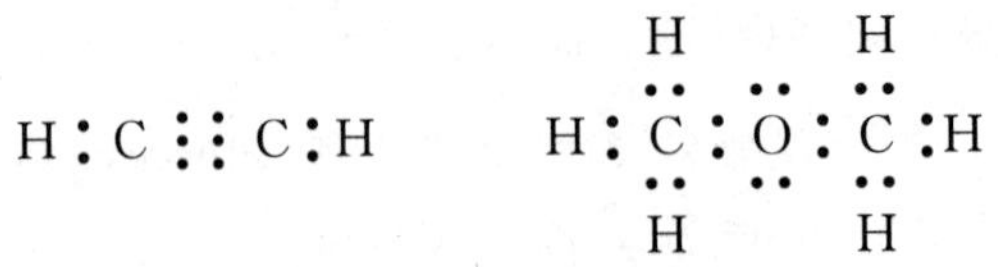

乙炔　　　　　　　甲醚

三、缩略式

采用凯库勒构造式和路易斯构造式来书写有机化合物的构造式时,书写起来比较麻烦和费时,不太方便,因此可以用缩略式来简化有机化合物的构造式。**缩略式**(condensed structural formulas)也称为结构简式,它省略了蛛网式中表示共价键的短线或路易斯构造式中的电子对,合并了碳上的氢原子等。例如,戊烷可表示为以下三种缩略式:

(1) $CH_3—CH_2—CH_2—CH_2—CH_3$　　(2) $CH_3CH_2CH_2CH_2CH_3$　　(3) $CH_3(CH_2)_3CH_3$

四、键线式

键线式(bond-line formulas)是所有表示方法中最简洁的。用键线式书写有机化合物时,需注意化合物中所有碳都不显示,只表示出碳链或碳环,每根短线的始端和终端及两条线段的交点均表示一个碳原子,碳链上两个化学键的夹角要与实际键角接近。与碳原子相连的氢原子通常省略,与碳链相连的其他原子,如氧、氮、氯等杂原子必须显示。例如:

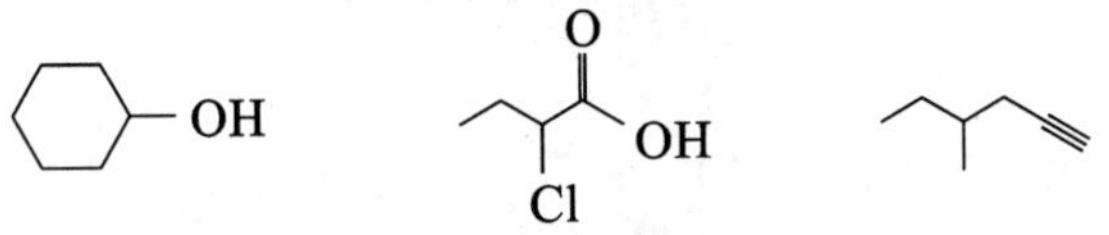

环己醇　　　　2-氯丁酸　　　4-甲基己-1-炔

> **练习题 1-3**　请用凯库勒构造式、缩略式和键线式表示丁-2-醇的构造。

第六节　有机化合物立体结构的表示方法

一、球棒模型和斯陶特模型

为便于表现分子中各原子或基团在空间的相对位置关系,可用模型来表示分子的立体结构,常用的模型有**斯陶特模型**(Stuart model)和**球棒模型**(ball-and-stick model)两种。

斯陶特模型又称比例模型,是根据分子中各原子的大小和键长,按一定比例放大制成的,能较准确地表示分子中原子的大小比例,但价键在空间的分布情况不容易看清楚。

球棒模型是用不同大小和颜色的小球表示不同元素的原子,用短棒表示化学键。这种模型制作容易、使用方便,能清晰表明原子的相对位置和几何特征,但不能准确表示原子的大小比例和键长。图 1-16 和图 1-17 展示的是甲烷和丙烯的斯陶特模型和球棒模型。

二、楔线式

如何准确地在二维纸面上反映出一个有机分子的三维立体结构呢? 一般立体化学构型的

NOTE

(a) 甲烷的斯陶特模型

(b) 甲烷的球棒模型

图 1-16 甲烷的立体模型

(a) 丙烯的斯陶特模型

(b) 丙烯的球棒模型

图 1-17 丙烯的立体模型

图像表达方式可以分为透视式(perspective formulas)和投影式(projection formulas)。

透视式也称为**楔线式**。用直线"—"表示该化学键在纸平面上,楔形实线"➤"表示该化学键指向纸平面前方,楔形虚线"⸺"表示该化学键指向纸平面后方。例如从甲烷(CH_4)的透视式(图 1-18(a))中,我们可以看到甲烷四个氢的不同位置,H_1、H_2 和 C 处于同一个平面,H_3 在平面外,H_4 在平面内。而当一个含有两个及两个以上碳原子的立体分子如乙烷(CH_3—CH_3)用透视式表示时,**观察者的视线要与 C—C 键轴垂直**,这样就可以观察到 H_1、H_2 与 C_1—C_2 在同一平面,H_3、H_4 指向观察者,H_5、H_6 远离观察者(图 1-18(b))。

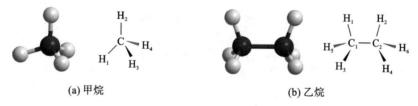
(a) 甲烷

(b) 乙烷

图 1-18 甲烷和乙烷的透视式

三、锯架投影式

投影式是将有机化合物分子投影在纸平面上表达其构型的方式。锯架投影式是其中一种。**锯架投影式**(sawhorse projection)表达了一个分子中邻近两个碳原子之间的空间排列,两个碳原子之间用一斜线连接,左手较低端碳原子接近观察者,右手较高端碳原子远离观察者。

例如,**观察者的视线与 C—C 键轴成 45°的方向**去观察球棒模型(a)表示的乙烷分子(图 1-19(a)),则乙烷可以用图 1-19(b)所示的锯架投影式来表示其立体结构。

四、纽曼投影式

纽曼投影式是另一种常见的表示有机化合物立体结构的投影式。**纽曼投影式**(Newman projection)是**沿着碳碳键键轴方向去观察**两个相邻碳原子所连接的原子或基团所得到的平面结构式。前面的碳原子挡住了后面的碳原子,但与后面碳原子相连的键却清晰可见,故用一个

NOTE

17

(a) 球棒模型表示的乙烷　　　　　　(b) 锯架投影式表示的乙烷

图 1-19　乙烷的锯架投影式

圆圈表示前后两个碳原子,圆心及从圆心向外伸出的三条线分别代表离观察者视线较近的碳原子和这个碳原子上所连接的三个键;圆周及从圆周向外伸出的三条线分别代表离观察者视线较远的碳原子及其所连接的三个键。例如球棒模型(图 1-20(a))表示的乙烷,沿着碳碳键观察后得到的纽曼投影式如图 1-20(b)所示。

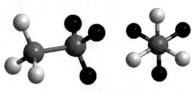

(a) 球棒模型表示的乙烷　　　　　　(b) 纽曼投影式表示的乙烷

图 1-20　乙烷的纽曼投影式

此外,我们还将在第七章学习费歇尔(Fischer)投影式和在第十五章学习哈沃斯(Haworth)投影式,此处不再赘述。

> **练习题 1-4**　丹参素是丹参活血化瘀的水溶性成分。根据分子模型(黑球表示氧,灰球表示碳,白球表示氢)确定其官能团,并将此图转换成键线式。
>
>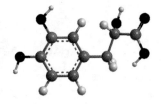
>
> **练习题 1-5**　请用透视式、锯架投影式和纽曼投影式表示交叉式乙烷的构造。

第七节　有机化合物的结构研究

贯穿有机化学学科的主线就是"结构决定性质,性质反映结构"。我们对于有机化合物的认识,离不开结构研究。例如创新药物设计中新化合物的设计以及中药活性成分的确定都涉及结构的确定。

一、结构的初步鉴定

(一) 分离纯化

我们从自然界直接获取的或者从实验室人工合成的第一手有机化合物都是含有杂质的混合物,因此必须对混合物进行分离和纯化以获得纯净物,样品的纯度与结构鉴定和活性数据测

NOTE

定的可靠性紧密相关,是结构分析的基础工作。

分离提纯有机化合物的方法很多,常用的方法有蒸馏、重结晶、萃取和色谱法等。这些方法可单独使用也可联合使用。

(二) 纯度检验

有机化合物的纯度可以通过测定物理常数熔点、沸点、折光率、比旋光度等或者用**薄层层析法**(thin-layer chromatography,TLC)、**高效液相色谱法**(high performance liquid chromatography,HPLC)等进行检验。若该物质是新合成的或新发现的,所测定的物理常数可作为标准列入常数手册;若是已知成分,则必须与相应的文献值做对比,两者相同才能得出确切结论。

(三) 定性及定量分析

如果一个化合物是全新结构或者一个化合物是已知的,但其对照样品无法获取时,必须做碳、氢、氧、氮、卤素等元素的定性分析,以确定该样品的组成元素;然后再对各元素做定量分析,准确测定各元素的百分比,通过计算确定实验式;最后再测定相对分子质量,以确定样品的分子式。

由于有机化合物同分异构现象普遍,一个分子式可能代表许多个化合物,因此还要测定其结构式,而结构式的确定则主要根据各种波谱提供的信息进行综合分析。

二、结构鉴定谱学方法简介

有机化合物结构鉴定中常用的波谱主要包括**紫外光谱**(ultraviolet spectrometry,UV)、**红外光谱**(infrared spectrometry,IR)、**质谱**(mass spectrometry,MS)和**核磁共振谱**(nuclear magnetic resonance spectrometry,NMR)。

分子具有电子能级、振动能级和转动能级,可在不同的电磁波区产生吸收。电磁波的能量范围巨大,高能端为宇宙射线,波长极短(10^{-12} cm);低能端为无线电波,波长很长($10^3 \sim 10^6$ cm)。在这两端的中间区依次有 X 射线、紫外光、可见光、红外光、微波区等。分子吸收紫外光或可见光时,发生电子能级跃迁,产生紫外光谱;吸收红外光时,发生振动能级的跃迁,产生红外光谱;吸收微波时,发生转动能级跃迁;在强磁场作用下,某些原子核会吸收无线电波,发生核自旋跃迁,产生核磁共振谱。这些波谱数据能精确地反映分子的真实结构,是确定有机化合物结构的重要依据。

有机化合物的紫外光谱仅仅是分子的发色团与助色团的反映,并不是整个分子的特征。不少化合物虽然结构上差异较大,但只要分子中含有相同的发色团,它们的吸收曲线形状也基本相同,仅根据紫外光谱一般较难区分化合物结构。紫外光谱在研究有机化合物结构中的主要作用是推测官能团、说明结构中的共轭关系和估计共轭系统中取代基的位置、种类和数量等。

红外光谱在有机化合物分析中可在官能团区找出化合物存在的官能团,再将指纹区的吸收峰与已知化合物的标准图谱进行比对,可判断该未知物是否与已知化合物结构一致,鉴定是否为已知成分。还可根据红外图谱确定分子中可能存在的官能团和骨架结构,再配合核磁共振谱、质谱等进行未知成分结构的测定。

质谱图提供了分子离子峰和主要碎片离子峰,可推断未知物所具有的特征官能团和基本骨架,列出可能的元素组成,并配合其他光谱信息和性质验证其结构式,进行结构式的推断和验证。

 NOTE

第八节 有机化学与药学、中药学及生命科学的关系

一、有机化学是学习药学的基础

药学本身是一门范围极广的学科,包括药效、药理、毒理、药物的合成、提取、分离、纯化、制剂、分析以及代谢机制等。在学习这些知识时,都离不开有机化学的支撑。只有对有机化合物的一系列基本知识有了比较全面的了解,才能扎扎实实学好药学这门学科。

现在临床上所用的药物 95% 以上是有机化合物,其中人工合成药物占 70% 左右。合成药物所依赖的技术就是有机化学,无论是合成反应,还是其实验技术都涉及有机化学的内容,所以药物合成本身就是有机合成化学的一部分。

此外,有机化学更是创新药物研究中必不可少的技术。创新药物研究过程中,先导化合物的发现、先导化合物的结构优化(药物分子的化学结构决定了药物的安全性、有效性、可控性和稳定性)、化合物的构效关系研究、药物与靶标之间的作用方式(共价键、氢键、疏水作用)等研究,都离不开有机化学的知识。由此可见,学好有机化学将为学习药学奠定良好的基础。

二、有机化学是中药现代化的必备工具

我国的中药已有几千年的历史,是先人不断进行实践、研究和总结经验下的产物,对于中华民族有非常重要的意义。

中药的使用在我国有上千年的历史,被用于治疗各种疾病。但人们是到了有机化学出现以后才渐渐认识到中药的神奇功效与其含有的多种有效成分有关,如中药黄连的抗菌功效主要源于所含的小檗碱,起宣散风热功效的薄荷油质量的优劣主要取决于其中薄荷醇含量的高低等,由此兴起了对中药有效成分的深入研究。有些中药生品有剧毒,需要对其进行炮制,使其化学成分发生变化,才能达到减毒增效的作用。如现代药理研究表明,中药附子镇痛消炎的主要成分是生物碱,但附子有剧毒,人口服 4 mg 即可导致死亡,所以多外用。通过炮制,人们发现附子中毒性剧烈的乌头碱可水解成毒性较小的乌头原碱,毒性降低了但镇痛消炎的疗效不减。可以说,**有机化学对于中药的发展起到了促进和发扬的作用**。

中草药资源经过提取分离出有效成分,可作为化学药物研究的先导化合物,进行结构修饰或改造,以创制出高效低毒的药物。如诺贝尔生理学或医学奖得主屠呦呦发现的青蒿素,是从中药黄花蒿中分离得到的有过氧基团的一种高效的天然抗恶性疟疾药物,而通过对其结构进行改造得到的双氢青蒿素在治疗骨肉瘤、胶质瘤、卵巢癌、红斑狼疮等方面有独特疗效。但是对于化学药物的合成,必须要熟悉有机化学反应的特点,才能设计出合理的合成路线。

青蒿素   双氢青蒿素

2002 年的《中药现代化发展纲要》指出:"我国中药的质量标准体系还不够完善,质量检测方法及控制技术比较落后;中药生产工艺及制剂技术水平较低;中药研究开发技术平台不完善,创新能力较弱;中药企业管理水平普遍较低,市场竞争力不强,缺乏国际竞争力。"

为提高中医药水平，积极开拓国际市场，我国提出了"中药现代化"的口号。中药现代化包括中药材和中药饮片的质量标准及有害物质限量标准研究、常用中药化学对照品研究、中药药效物质基础、作用机制、方剂配伍规律研究、中药基因组学、蛋白组学研究等诸多方面，无丰富的有机化学知识是难以开展上述工作的。

中药的性质错综复杂，仅一味药就可含有上百个不同的化合物。如果没有有机化学的知识储备，对于中药只能停留在表面的认知阶段，就不能对中药中的有效成分进行深入的研究。要从中获取有效成分，必须熟悉有机化合物的提取、分离、纯化、鉴定等有机化学的知识和技术。学好了有机化学才能对中药进行分类，对于中药材的结构、性质、制备方法以及化学反应有所了解，才可以为进一步研究中药打下基础，这也是现在中药学专业学生要学习有机化学的原因。

三、有机化学是生命科学的重要结合点

有机化学是一门与生命科学关系紧密的学科，是生命科学的基础。有机化合物是构成生物体的主要物质，生物的生长、发育、衰老、死亡的过程都是组成生物体的有机化合物不断地互相依赖和制约的化学变化过程。现代有机化学的研究已经涉及生命科学的诸多前沿领域，是生命科学研究的重要组成部分。

近 20 年来，生命科学中的有机化学在理论概念、研究方法和实验手段等方面都取得了很大的成就。核酸、蛋白质和多糖三大生物大分子化合物，它们在生物体内的化学反应、它们之间的相互作用以及它们和各种小分子化合物的相互作用构成了生命运动的基础。核酸的合成方法虽然较成熟，但比较烦琐，且难以实现大规模合成，因此满足不了需求。近年来，国际上比较重视含硫、氮的反义寡核苷酸合成方法的研究，并已取得可喜的进展。多肽的合成和结构功能研究，现已进入从构象和分子力学计算入手，通过模拟和改造天然活性肽的性能，寻找高效、专一性强的激动剂和拮抗剂的领域。全新蛋白质是蛋白质研究中的一个新领域，对酶蛋白和膜蛋白的研究和模拟将起到重要作用。模拟酶的主客体分子间的相互识别与相互作用、生物膜化学和信息传递的分子基础的化学研究都取得了突破性进展。

随着人类对生命现象认识的不断深入，现在新药的开发研究已经从过去单纯依靠随机筛选方法发展成有目的的分子设计。而进行分子设计时，首先要寻找药物分子直接作用的靶点（一般是蛋白质或多肽），然后以靶点的生物结构为基础来建立模型化合物，使药物设计更趋于合理。

随着有机化学和分子生物学的进展，将会有更多的生命过程的环节可以用有机化学理论来解释。

知识拓展 1-1

练习题答案

本章小结

主要内容	学习要点
本章概述	有机化学的概念及有机化合物的特性、分类、平面结构和立体结构的表示方法，有机化合物的结构研究等内容
有机化合物	有机化合物是指碳氢化合物及其衍生物。碳是有机化合物的"主角"
有机化学	研究碳的化学，即研究有机化合物的结构、性质、合成、分离纯化、反应机制以及有机化合物之间相互转变的规律等

NOTE

续表

主要内容	学习要点
特性	①易燃;②热稳定性差;③熔点较低(一般低于 400 ℃);④极性较弱,难溶于水;⑤反应较慢;⑥副反应较多;⑦同分异构体多
碳的四价学说	碳具有四面体结构,碳原子位于四面体中心,各个键之间的夹角为 109.5°
结构和键	离子键、共价键、异构现象 有机化合物一般以共价键相互连接。共价键可用键长、键角、键能等参数表征
现代价键理论	价键理论和分子轨道理论
杂化	目的:形成更稳定的化学键。类型:sp^3、sp^2、sp
有机化合物分类和命名	按碳架和官能团两种方式分类; 命名一般分为普通命名法和 IUPAC 命名法
平面结构表示	凯库勒构造式、路易斯构造式、缩略式和键线式四种
立体结构表示	分子模型:斯陶特模型和球棒模型。 图像表达:透视式(楔线式)和投影式(纽曼投影式、锯架投影式、费歇尔投影式和哈沃斯投影式)
结构研究	步骤:分离纯化—确定分子式—确定结构。 谱学方法:紫外(UV)、红外(IR)、质谱(MS)和核磁(NMR)

目标检测答案

目标检测

一、请将下列化合物按碳架进行分类。

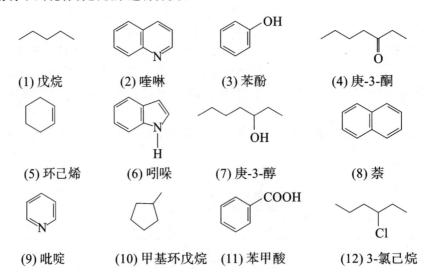

(1) 戊烷　　(2) 喹啉　　(3) 苯酚　　(4) 庚-3-酮

(5) 环己烯　(6) 吲哚　　(7) 庚-3-醇　(8) 萘

(9) 吡啶　　(10) 甲基环戊烷　(11) 苯甲酸　(12) 3-氯己烷

二、请将上题中的所有化合物按官能团进行分类。

三、扑热息痛,商品名为泰诺、百服宁,是常见的解热镇痛药物,其结构式如下所示。请指出结构式中所示的官能团及其所代表的化合物类型的名称。

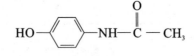

NOTE

四、请用凯库勒构造式表示下列分子的结构并标出未共用电子对。

(1) $HOCH_2CH_2NH_2$ (2) $(CH_3)_3CH$

(3) CH_3CN (4) $CH_3NHCH_2CH_3$

(5) $CH_3CH=\!\!=CHCHO$ (6) $CH_3(CH_2)_3CH_2Cl$

(7) HNO_3 (8) $(CH_3)_4NCl$

五、请将上题中的化合物(1)(2)(4)(5)和(6)用键线式表示。

六、请写出下列化合物的缩略式。

(1) 分子式为 C_4H_{10} 的两个化合物   (2) 分子式为 C_2H_7N 的两个化合物

(3) 分子式为 $C_3H_6O_2$ 的三个化合物   (4) 分子式为 C_2H_6O 的两个化合物

参 考 文 献

[1] 中国化学会,有机化合物命名审定委员会. 有机化合物命名原则[M]. 北京:科学出版社,2018.

[2] Francis A. Carey. Organic Chemistry[M]. 5 ed. New York:McGraw Hill Higher Education,2003.

[3] 刘华,韦国锋. 有机化学[M]. 北京:清华大学出版社,2013.

（刘 华 刘晓平）

第二章 有机反应简介

 学习目标 ....

1. 掌握:有机反应的类型,有机反应机制的描述,电子效应。
2. 熟悉:有机酸碱理论。
3. 了解:有机反应中的热力学、动力学研究的内容,催化剂、抑制剂的作用。

扫码看课件

有机化合物的性质主要通过化学反应体现,有机反应取决于其结构,结构与性质的关系是有机化学的精髓。对有机反应的研究是有机化学学科的重要内容之一。

案例导入

维生素 B_6(vitamin B_6)又称吡哆素,包括吡哆醇、吡哆醛及吡哆胺,是一种水溶性维生素,在酵母菌、肝脏、谷粒、肉、鱼、蛋、豆类及花生中含量较多。维生素 B_6 为人体内某些辅酶的组成成分,参与多种代谢反应,尤其是和氨基酸代谢密切相关。临床上应用维生素 B_6 制剂防治妊娠呕吐和放射性呕吐,也可用于癞皮病及其他营养不良的辅助治疗。以 4-甲基-5-乙氧基噁唑为原料可得到维生素 B_6。整个合成路线短,构思巧妙。

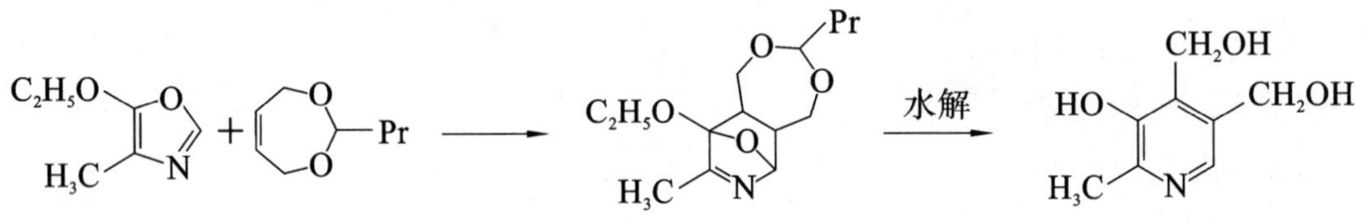

问题:

合成维生素 B_6 的反应属于哪种反应类型?

第一节 有机反应类型

一、按共价键断裂方式分类

有机反应的过程涉及旧共价键的断裂和新共价键的生成。按照反应时共价键的断裂方式,有机反应类型主要可以分为自由基反应和离子型反应,此外还有协同反应。

1. 自由基反应 有机化合物在反应中,分子中的共价键断裂时,成键的一对电子平均分配给两个原子或基团,这种断裂方式称为**均裂**(homolysis)。

$$A \overset{\cdot \cdot}{:} B \longrightarrow A \cdot + B \cdot$$

例如:

$$CH_3 : H \longrightarrow \cdot CH_3 + \cdot H$$

均裂时生成的原子或基团各带有一个单电子,称为**自由基**(free radical),用小圆点表示。自由基呈电中性,只能瞬间存在,是一类活性中间体。这种经均裂而发生的反应称为**自由基反应**(free radical reaction)。自由基反应的特点是一般只在光、热或自由基引发剂的作用下进行,酸、碱、溶剂等对反应没有明显影响,反应开始时有诱导期,一些自由基抑制剂能使自由基反应减慢或停止。

自由基反应是有机化学中的一个重要反应,自由基也存在于生物体内,生命过程中的许多生理或病理过程都与自由基有关,如衰老、损伤及癌症的发生。

2. 离子型反应 共价键断裂时原来成键的一对电子没有平均分配给两个原子或基团,而是完全转移到一个原子或基团上,这种断裂方式称为**异裂**(heterolysis)。

$$A : B \longrightarrow A^+ + : B^-$$

例如:

$$(CH_3)_3C : Cl \longrightarrow (CH_3)_3C^+ + Cl^-$$

$$HBr + RCH = CH_2 \longrightarrow R\overset{+}{C}H - CH_3 + Br^-$$

异裂时,生成正离子或负离子。离子也是一类只能瞬间存在的活性中间体,这种经异裂生成离子的反应称为**离子型反应**(ionic reaction),反应往往需要催化剂或在极性、酸、碱环境中进行。

离子型反应根据反应试剂类型不同,又可分为亲电反应和亲核反应两类。

1) 亲电反应 缺电子或带正电荷的试剂,由于很需要电子,容易"亲近"能提供电子的化合物,这类试剂称为**亲电试剂**(electrophilic reagent),由亲电试剂进攻引发的反应称为**亲电反应**(electrophilic reaction)。反应中被试剂进攻的化合物称为**底物**(substrate)。例如:

$$\overset{\delta^+}{H} - \overset{\delta^-}{Cl} + \underset{2}{CH_3}\overset{\delta^+}{C}H = \underset{1}{\overset{\delta^-}{C}H_2} \longrightarrow CH_3\overset{+}{C}H - CH_3 + Cl^- \longrightarrow \underset{\underset{Cl}{|}}{CH_3CHCH_3}$$

反应中,H^+ 是缺电子的亲电试剂,由它进攻带部分负电荷的 C_1 原子,从而引发反应,因此这个反应称为**亲电反应**,$CH_3CH = CH_2$ 就是反应底物。

2) 亲核反应 能提供电子(富有电子)的试剂称为**亲核试剂**(nucleophilic reagent),由亲核试剂进攻底物中电子云密度较小的部分而发生的反应称为**亲核反应**(nucleophilic reaction)。例如:

$$\overset{\delta^+}{H} - Cl + CH_3CH_2 - \overset{\delta^-}{OH} \longrightarrow CH_3CH_2 - Cl + H_2O$$

Cl^- 带负电荷,易于靠近化合物中缺电子的部分,是亲核试剂。在反应中,首先由 Cl^- 进攻与羟基相连的带有部分正电荷的碳原子,氧原子与碳原子之间发生异裂,羟基带着一对电子离开。

3. 协同反应 协同反应(concerted reaction)是指在反应过程中,不产生自由基或离子等活性中间体,旧键的断裂和新键的形成同时进行,反应过程中只有键变化的过渡态。例如:

$$\text{丁-1,3-二烯} \quad \text{乙烯} \xrightarrow[36\ h]{200\ ℃} \quad \left[\bigcirc 或 \right] \longrightarrow \bigcirc \text{环己烯}$$

丁-1,3-二烯　乙烯　　　　　　　　　　　　　　　　　　　　　　　环己烯

NOTE

反应中,丁-1,3-二烯和乙烯相互靠近,经历一个六元环状过渡态,一步反应得到环加成产物环己烯。

二、按反应物和产物分类

有机反应也可以根据反应物和产物之间的变化,分为取代反应、加成反应、氧化反应和还原反应。

1. 取代反应 有机化合物分子中的氢原子(或其他原子)或基团被另一原子或基团取代的化学反应称为**取代反应**(substitution reaction)。例如:

$$CH_3CH_2—OH + HI \rightleftharpoons CH_3CH_2—I + H_2O$$

醇与氢卤酸反应,使 C—O 键断裂,羟基被卤原子所取代,生成卤代烃。这是有机合成中制备卤代烃的方法之一。

2. 加成反应 加成反应(addition reaction)是不饱和有机化合物的特性,分子中的不饱和键由稳定的 σ 键和活泼的 π 键组成,反应中 π 键容易发生断裂,使得不饱和键两端的原子分别以 σ 键与其他原子或基团结合,形成产物。例如:

$$CH_2=CH_2 + HBr \longrightarrow \underset{\underset{H \quad Br}{|\quad\;\;|}}{H_2C—CH_2}$$

乙烯与溴化氢反应,烯烃中双键的 π 键打开,双键两端的碳原子分别与溴化氢中的氢原子和溴原子结合,形成饱和的溴代乙烷。

3. 氧化反应和还原反应 在有机反应中,通常将去氢或加氧的反应称为**氧化反应**(oxidation reaction),将加氢或脱氧的反应称为**还原反应**(reduction reaction)。例如:乙烯与氢的加成反应又可以称为**乙烯的还原反应**。

$$CH_2=CH_2 + H_2 \xrightarrow{Ni} \underset{\underset{H \qquad H}{|\qquad\;\;|}}{CH_2—CH_2}$$

在异丙醇分子中,受羟基的影响,与羟基直接相连的碳原子上的氢原子比较活泼,在氧化剂作用下,容易与羟基上的氢一起脱去,生成氧化产物酮。

$$\underset{异丙醇}{\underset{\underset{H}{|}}{CH_3—\overset{\overset{OH}{|}}{C}H—CH_3}} \xrightarrow{[O]} CH_3—\overset{\overset{O}{||}}{C}—CH_3$$

第二节 有机反应过程描述

对一个化学如何进行的详细描述称为**反应机制**(reaction mechanism),又称为反应机理。反应机制是根据大量实验事实总结提炼出来的,它能描述反应物逐步变成产物的过程,以及反应条件对反应速率的影响等,并能预测反应的发生,达到利用和控制反应的目的。如果发现新的实验事实不能解释,就要提出新的反应机制,反应机制已经成为有机结构理论的一部分。

一、键的断裂与解离能

原子形成共价键所释放的能量,或共价键断裂所吸收的能量,称为此键的**键能**(bond energy),单位为 kJ/mol。将分子中某一特定共价键断裂所需要的能量称为该共价键的**解离能**(dissociation energy,用 E_d 表示)。对于双原子分子,键能就是解离能。例如:在 25 ℃,气态氢分子解离成氢原子时吸收 436.0 kJ/mol 能量,这是 H—H 共价键的键能,也是 H—H 键的解离能。表 2-1 所示为一些分子中共价键的解离能。

表 2-1　分子中共价键的解离能　　　　　　　　　单位:kJ/mol

键	解离能	键	解离能
F—F	153.2	CH_3—H	435.4
H—F	565.1	C_2H_5—H	410.3
Cl—Cl	242.8	$(H_3C)_2CH$—H	397.4
H—Cl	431.2	C_6H_5—H	380.9
CH_3—Cl	351.6	CH_2═CH—H	452.1
Br—Br	192.6	CH_3—CH_3	368.4
H—Br	364.2	$(H_3C)_2CH$—CH_3	351.6
CH_3—Br	293.0	CH_2═CH—CH_3	406.0
I—I	150.6		
H—I	297.2		

但在多原子分子中,即使相同的共价键,解离能也不相同,习惯上将分子中同种类型共价键解离能的平均值作为该种键的键能(平均键能)。例如:

$$CH_4 \longrightarrow \overset{\bullet}{C}H_3 + \cdot H \qquad E_d = 435.4 \ kJ/mol$$

$$\overset{\bullet}{C}H_3 \longrightarrow \overset{\bullet}{C}H_2 + \cdot H \qquad E_d = 443.5 \ kJ/mol$$

$$\overset{\bullet}{C}H_2 \longrightarrow \overset{\bullet}{C}H + \cdot H \qquad E_d = 443.5 \ kJ/mol$$

$$\overset{\bullet}{C}H \longrightarrow \overset{\bullet}{C} + \cdot H \qquad E_d = 338.9 \ kJ/mol$$

甲烷分子中 C—H 键各步的解离能均不相同,断裂这四个共价键共需 1662.1 kJ/mol 的能量,将此数值除以 4,得 415.5 kJ/mol,即为甲烷分子中 C—H 键的平均键能。键能是衡量共价键强度的一个重要参数,**键能越大,键越牢固**。

练习题 2-1　根据表 2-1 的数据,比较下列化合物中 a、b、c 三个 C—H 键对热的相对稳定性大小。

$$\begin{array}{ccccc} & H & & CH_3 & \\ & | \ b & & | & \ a \\ H_3C-C-CH_2-C-CH_2-H \\ & | & & | \ c & \\ & H & & H & \end{array}$$

键的解离能和平均键能是不同的,解离能是某一个键的键能,因此用解离能比用平均键能更精确,但如果不了解某一个键的解离能,可利用平均键能。

二、热力学与化学平衡

热力学是一个化学平衡问题,关注系统宏观性质变化之间的关系,研究一定条件下某种反应能否进行、进行的程度,即反应物有多少转变成产物。据此比较反应物和产物的稳定性,并推测出平衡有利于哪些产物的生成。它与反应物及产物的性质,反应条件如温度、压力有关,与反应速率和反应机制无关。

例如,一个可逆反应:

NOTE

$$X+Y \rightleftharpoons M+N$$

在一定温度下达到平衡时,它的平衡常数 K 就是产物浓度乘积与反应物浓度乘积之比:

$$K=\frac{[M][N]}{[X][Y]}$$

平衡常数与势能变化关系为

$$\Delta G^{\ominus}=-RT\ln K$$

式中,$\Delta G^{\ominus}$ 是势能的变化,即在标准状态下产物与反应物势能之差;R 为摩尔气体常数(8.314 $\times 10^{-3}$ kJ·mol^{-1}·K^{-1});T 为反应时的热力学温度,也称为开尔文温度,单位为 K,和摄氏温度 t 的换算为

$$T=t+273$$

从平衡常数与势能变化关系式看,当 $\Delta G^{\ominus}<0$ 时,平衡常数 $K>1$,平衡对产物有利;当 $\Delta G^{\ominus}>0$ 时,$K<1$,平衡对反应物有利,因此根据 $\Delta G^{\ominus}$ 的大小,可以预测反应能否进行。

而 $\Delta G^{\ominus}$ 又可表示为

$$\Delta G^{\ominus}=\Delta H^{\ominus}-T\Delta S^{\ominus}$$

$\Delta H^{\ominus}$ 是焓变(反应热),即标准状态下产物与反应物焓之差,等于所有形成新键的键能之和减去所有断裂旧键的键能之和(反应物与产物之间的键能差)。$\Delta H^{\ominus}<0$,为放热反应;$\Delta H^{\ominus}>0$,为吸热反应。

$\Delta S^{\ominus}$ 是熵变,即标准状态下产物与反应物熵之差,反映的是反应体系内的混乱程度,$\Delta S^{\ominus}>0$,混乱度增加,对反应有利;$\Delta S^{\ominus}<0$,混乱度减小,对反应不利。在反应 $A+B \longrightarrow C+D$ 中,反应物与产物的分子数相等,熵变比较小;在反应 $A \longrightarrow C+D$ 中,产物较反应物分子数增加,熵变比较大。大多数有机反应中,熵变通常可以忽略,$\Delta G^{\ominus}$ 主要来源于键能的变化($\Delta H^{\ominus}$),故反应物与产物之间的键能的变化相当于反应物与产物之间能量的变化。但在有些反应中,熵变的贡献可以超过焓变。

$\Delta G^{\ominus}$ 是 $\Delta H^{\ominus}$ 与 $T\Delta S^{\ominus}$ 两项综合的结果,而平衡常数也与 $\Delta G^{\ominus}$ 有关,因此平衡常数又可以表示为

$$\Delta H^{\ominus}-T\Delta S^{\ominus}=-RT\ln K$$

练习题 2-2 利用表 2-1 中的键能数据,计算下列化学反应的反应热($\Delta H^{\ominus}$)。

$$CH_4+Cl_2 \longrightarrow CH_3Cl+HCl$$

三、动力学与反应速率

动力学是研究化学反应速率和反应机制的科学。**反应速率**(reaction rate,用 v 表示)一般用单位时间、单位体积中反应物的量的减少或产物的量的增加来表示。如果反应体系的体积不变,反应速率也可用单位时间内反应物或产物的浓度变化来表示。例如:

$$aA+dD \longrightarrow gG+hH$$

$$v_A=-\frac{dc_A}{dt} \qquad v_D=-\frac{dc_D}{dt} \qquad v_G=\frac{dc_G}{dt} \qquad v_H=\frac{dc_H}{dt}$$

对反应物而言,浓度随时间减少,故 dc 为负值;对产物而言,浓度随时间增加,dc 为正值。它们之间有如下关系:

$$\frac{v_A}{a}=\frac{v_D}{d}=\frac{v_G}{g}=\frac{v_H}{h}=v$$

表示化学反应速率与浓度等参数之间的关系的方程称为**化学反应速率方程**。一般情况下,化学反应速率与反应物浓度的幂乘积成正比,各反应物浓度的幂为该反应物的级数,所有反应物的级数之和,称为**该反应的反应级数**(reaction order)。上述反应的速率方程可写为

$$v=kc_A^{\alpha}c_D^{\beta}$$

式中 k 为**反应速率常数**(reaction rate constant),是各反应物都为单位浓度时的反应速率,速率常数仅是反应温度的函数,与反应物浓度无关。浓度项的幂 α、β 分别为物质 A、D 的级数,其值与反应物的计量系数 a、d 无关,必须由实验确定。反应的总级数 n 为各反应物级数的代数和,即

$$n=\alpha+\beta$$

反应级数的大小表示浓度对反应速率的影响程度,级数越大,表示速率受浓度的影响越大。

化学动力学主要是反映反应物或产物的浓度随时间的变化,从而测定反应速率,得到反应级数,计算反应速率常数,即解决反应的现实性问题。而热力学方法只能说明反应能否进行及进行的程度,即解决反应的可能性问题。即使在热力学上能发生反应的两个分子,如果没有合适的反应条件,反应可以很慢或分子无限期地存在下去而不发生反应。

例如,25 ℃时氯甲烷在 OH^- 水溶液中的反应:

$$CH_3Cl+OH^-\Longleftrightarrow CH_3OH+Cl^-$$

$$K=\frac{[CH_3OH][Cl^-]}{[CH_3Cl][OH^-]}=10^{16}$$

根据 $\Delta G^{\ominus}=-RT\ln K$ 计算出 $\Delta G^{\ominus}=-92$ kJ/mol。

$\Delta G^{\ominus}$ 是一个大的负值,热力学角度表明这个反应是可以进行的,但 CH_3Cl(起始浓度为 0.05 mol/L)与 NaOH(起始浓度为 0.1 mol/L)混合后在室温(25 ℃)下放置两天,只有 10% 发生了反应,即反应速率很慢,若在 50 ℃反应,反应速率加快了 50 倍,提高反应温度才能使上述反应顺利进行,这就是动力学研究的问题。

练习题 2-3 $CH_3COOC_2H_5+NaOH\longrightarrow CH_3COONa+C_2H_5OH$ 在某温度的化学反应速率常数 $k=0.106$ L·mol^{-1}·s^{-1},请根据浓度计算化学反应速率。

(1) 0.005 mol/L CH_3COOH 和 0.01 mol/L NaOH。

(2) 0.01 mol/L CH_3COOH 和 0.01 mol/L NaOH。

四、活化能与过渡态

化学反应中,只有反应物分子接近,才能发生反应,但当分子接近到一定程度时,就有排斥力,因此存在能垒,必须提供能量,克服这个能垒,迫使分子接近才能发生反应,克服这个能垒所必需的最低能量,称为**活化能**(activation energy),用 E_a 表示。

例如:氯原子与甲烷作用生成甲基自由基和氯化氢,根据反应热的计算,只要提供 4 kJ/mol的能量就能发生反应。

$$Cl\cdot+CH_3—H\longrightarrow \overset{\centerdot}{C}H_3+HCl \qquad \Delta H^{\ominus}=+4 \text{ kJ/mol}$$

但实验表明,必须提供 16.8 kJ/mol 的能量,反应才能进行,16.8 kJ/mol 就是该反应的活化能。这也是从反应物转化为产物的过程中,分子活化必须吸收的最低限度能量。

过渡态理论将活化能与过渡态联系起来,它认为化学反应是从反应物到产物逐渐过渡的一个连续过程,在这个过程中,要经过一个能量比反应物与产物均高的势能最高点,与此势能最高点相应的结构称为**过渡态**(transition state,Ts),用"≠"表示。过渡态极不稳定,只是反应进程中的一个中间阶段,不能分离得到。例如:

$$A+B—C\Longleftrightarrow [A\text{---}B\text{---}C]^{\neq}\longrightarrow A—B+C$$

反应物 过渡态 产物

反应物 A 接近 BC,要与 BC 成键而未完全形成,BC 之间的键开始伸长而未断裂,这种反

NOTE

应物到过渡态之间的键的变化，迫使体系的能量不断上升，当到达过渡态时，势能达到最高，此后 A 与 B 之间进一步结合成键，B 与 C 之间的键进一步削弱、断裂，势能下降，释放能量，生成产物。反应物与过渡态之间的能量差就是反应的活化能，而反应物与产物之间的能量差则为反应热。如图 2-1 所示。

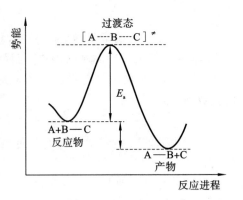

图 2-1　反应能量变化图

过渡态在决定化学反应速率方面起着很重要的作用，**一个反应过渡态的能量越低，过渡态越稳定，反应活性就越大，反应速率也就越快**。但过渡态只能短暂存在，有关过渡态结构的信息不能通过实验测定。美国化学家哈蒙特(G. S. Hammond)把过渡态与反应物、中间体、产物关联起来，提出了哈蒙特假说：在简单的一步反应中，过渡态的结构、能量与更接近的一边类似(图 2-2)。

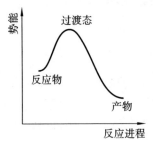
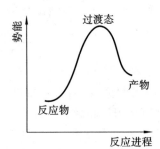

(a) 放热反应—过渡态结构与反应物近似　　　(b) 吸热反应—过渡态结构与产物近似

图 2-2　哈蒙特假说示意图

图 2-2(a)是放热反应，过渡态的能量接近于反应物，结构也与反应物近似，反应需要较低的活化能，反应速率较快；图 2-2(b)是吸热反应，过渡态的能量接近于产物，结构也与产物近似，需要较高的活化能，反应速率较慢。

过渡态与活性中间体不同，过渡态处于势能顶部，是体系能量的最高点，其原子排列方式是暂时的，不能分离得到。但在研究反应机制时，把它当作真实分子看待是十分有用的。

五、连续反应与速控步骤

有些反应要经历几个连续的中间步骤才能生成最终产物，并且前一步的反应产物为后一步的反应物，称为**多步反应或连续反应**。例如：龙胆三糖的水解反应。

$$C_{18}H_{12}O_{16} + H_2O \longrightarrow C_6H_{12}O_6 + C_{12}H_{22}O_{11}$$

龙胆三糖　　　　　　　果糖　　　龙胆二糖

$$C_{12}H_{22}O_{11} + H_2O \longrightarrow 2C_6H_{12}O_6$$

龙胆二糖　　　　　　　葡萄糖

最简单的连续反应为一级连续反应：

$$A \xrightarrow{k_1} G \xrightarrow{k_2} H$$

图 2-3 为反应物浓度 c_A、中间产物浓度 c_G、最终产物浓度 c_H 与时间 t 的曲线关系。反应物浓度 c_A 随时间延长而减小；最终产物浓度 c_H 随时间延长而增大；中间产物浓度 c_G 开始时随时间延长而增大，经过某一极大值后随时间延长而减小，这是多步反应中间产物浓度变化的特征。

多步反应的另一个特征是总反应速率取决于速率最慢的步骤,此步骤称为**速控步骤**(rate-determining step)。速控步骤的速率与其他各串联步骤的速率相差越大,所能反映的总反应速率越准确。图 2-4 为一个两步反应:

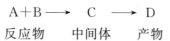

$$A+B \longrightarrow C \longrightarrow D$$
反应物　　中间体　产物

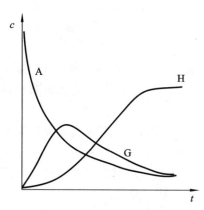

图 2-3　连续反应的 c-t 曲线

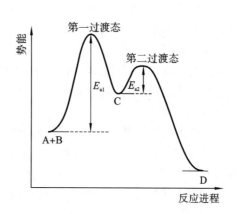

图 2-4　一个两步反应的能量曲线

A 和 B 反应,先经过第一过渡态,形成活性中间体 C,通过中间体形成产物 D 时,又需经过第二过渡态。这两个过渡态相应的活化能为 E_{a1} 和 E_{a2},其中第一过渡态(势能最高点)反应速率慢,慢的一步决定反应速率。一般可以通过比较速控步骤的活化能数据,来推测反应进行的难易程度。

六、反应抑制剂和催化剂

某些物质能选择性地使化学反应的速率显著增大,而其本身在反应前后的质量及化学性质都保持不变,这些物质称为**催化剂**(catalyst)。催化剂所产生的作用称为**催化作用**。催化机制本质上通常是催化剂与反应物分子形成了不稳定的中间体化合物或配合物,或发生了物理或化学的吸附作用,从而改变了反应途径,大幅度降低反应发生所需要的活化能,把一个比较难发生的反应变成了两个很容易发生的化学反应。

催化剂种类繁多,按状态可分为液体催化剂和固体催化剂;按反应体系的相态分为均相催化剂和多相催化剂。

均相催化剂(homogeneous catalyst)是指催化剂和反应物同处于一相,没有相界存在而进行的反应,包括酸、碱、可溶性过渡金属化合物和过氧化物催化剂,均相催化剂以分子或离子独立起作用,活性中心均一,具有高活性和高选择性。

多相催化剂(heterogeneous catalyst)又称非均相催化剂,用于不同相的反应中,即和它们催化的反应物处于不同的状态。例如不饱和的烯烃和氢气在固态镍的催化下反应生成饱和烷烃的反应中,固态镍就是一种多相催化剂,被它催化的反应物是液态(烯烃)和气态(氢气)。一个多相催化反应包含了反应物被吸附在催化剂的表面,反应物分子的键断裂而导致新键的产生,但又因产物与催化剂间的键不牢固,而使产物脱离反应位置等过程。

催化剂中毒(catalyst poisoning)是反应原料中含有的微量杂质使催化剂的活性、选择性明显下降或丧失的现象。中毒现象的本质是微量杂质和催化剂活性中心发生某种化学作用,形成没有活性的物质。有些反应为了降低副反应的活性,需要使催化剂选择性中毒。

例如:在炔烃与氢的加成反应中,采用 Lindlar 催化剂(Lindlar catalyst)可使炔烃的催化加氢停留在烯烃阶段。

$$CH_3CH_2CH_2C \equiv CCH_2CH_3 \xrightarrow[\text{25 ℃}]{H_2, \text{ Lindlar催化剂}}$$

Lindlar 催化剂由钯吸附在碳酸钙上并加入少量抑制剂(醋酸铅或喹啉)而制成。Lindlar催化剂是催化剂中毒的一种应用。Pb 或 PbO 都是含铅的物质,属于重金属。重金属可以让催化剂中毒。当催化剂中毒时,相当于抑制了催化剂的活性,使炔烃不能完全转变为烷烃,而变成烯烃。这也是炔烃还原或形成烯烃的一种方法。

催化剂中毒可以是永久性的,也可以是暂时性的。后者只要将毒物去除,催化剂的效能就可以恢复。例如:铁催化的合成氨反应中,氧和水蒸气可引起暂时性中毒,而硫化物则引起永久性中毒。

和催化剂的作用相反,**反应抑制剂**(reaction inhibitor)是一种降低或抑制化学反应速率的物质。反应抑制剂种类很多,应用广泛。例如,烷烃自由基卤代反应中如果混有少量氧气,整个自由基反应就会减慢。只有当氧气耗尽后,反应才会继续进行。此时的氧气就是一种反应抑制剂,因为氧气会和自由基结合形成稳定的自由基而使反应速率减缓。

七、电子转移箭头的使用

化学反应式一般只是表示反应物与产物之间的数量关系,反应机制能说明反应物是怎样变成产物的,有助于预测反应,认识反应的本质。一个化学反应,常常都会涉及电子的转移,因此在表达反应机制时,常用弯箭头(↷)表示一对电子的转移方向,用半弯箭头(↼)表示单电子的转移方向。例如:

$$\underset{\overset{|}{CH_3}}{\overset{H_3C}{H_3C-C-Cl}} \longrightarrow \underset{\overset{|}{CH_3}}{\overset{H_3C}{H_3C-C^+}} + Cl^-$$

$$\underset{\overset{|}{CH_3}}{\overset{H_3C}{H_3C-C-H}} \longrightarrow \underset{\overset{|}{CH_3}}{\overset{H_3C}{H_3C-CH}} \cdot + \cdot H$$

练习题 2-4 用弯箭头表示下列反应中电子的转移。

(1) $H-Br \longrightarrow H^+ + Br^-$　　　　　　　　(2) $Cl-Cl \longrightarrow Cl \cdot + Cl \cdot$

(3) $CH_3\overset{O}{\overset{\|}{C}}-O-H \Longleftrightarrow CH_3\overset{O}{\overset{\|}{C}}-O^- + H^+$　　(4) $CH_3-CH_3 \longrightarrow 2CH_3 \cdot$

第三节　有机酸碱理论

酸碱理论是阐明酸、碱及其反应本质的各种理论。很多有机化合物都是酸或碱,许多反应是酸碱反应,也有不少是酸或碱催化的反应。酸碱概念对理解反应机制,选择试剂、溶剂和催化剂等方面都有十分重要的意义。

一、阿伦尼乌斯电离论

酸碱理论最早是由瑞典化学家**阿伦尼乌斯**(S. A. Arrhenius)提出的,"在水溶液中,能电离出 H^+ 的物质是酸,能电离出 OH^- 的物质是碱"。例如:

$$CH_3COOH + H_2O \Longrightarrow CH_3COO^- + H_3O^+$$

$$NH_3 + H_2O \Longrightarrow NH_4^+ + OH^-$$

由于水溶液中的 H^+ 和 OH^- 的浓度是可以测量的,依据这一理论第一次从定量的角度描述了酸碱的性质及它们在化学反应中的行为。由于各种酸碱的电离度大不相同,又提出了强酸和弱酸的概念,并指出强酸和强碱在水溶液中完全电离,弱酸和弱碱则部分电离。阿伦尼乌斯还指出多元酸和多元碱在水溶液中是分步电离的,能电离出多个氢离子的是多元酸,能电离出多个氢氧根的是多元碱。这一理论认为酸碱中和反应是酸电离出来的 H^+ 与碱电离出来的 OH^- 之间的反应。

$$H^+ + OH^- \longrightarrow H_2O$$

但是,阿伦尼乌斯理论也有一定的局限性,无水条件下,也能发生酸碱反应,如氯化氢气体和氨气在未电离的条件下反应生成氯化铵,又如,碳酸钠在水溶液中并不电离出 OH^-,但它却是一种碱。随着科学的发展和对酸碱的深入研究,又出现了新的酸碱理论。

二、勃朗斯德质子论(酸、碱强弱的衡量)

荷兰化学家**勃朗斯德**(J. N. Brønsted)提出的酸碱质子理论认为,凡是能够释放出质子的物质,无论是分子、原子或离子,都是酸;凡是能够接受质子的物质,无论是分子、原子或离子,都是碱。即**酸是质子的给予体,碱是质子的接受体**。例如:

$$\underset{\text{酸}}{HCl} + \underset{\text{碱}}{H_2O} \Longrightarrow H_3O^+ + Cl^-$$

酸的强度可以用在一定溶剂中的电离常数(K_a)或 pK_a($-\lg K_a$)表示,**K_a 越大或 pK_a 越小,酸性越强**(表 2-2)。

表 2-2 常见化合物在水中的 pK_a

化 合 物	pK_a	化 合 物	pK_a
HI	-5.2	CH_3CH_2OH	15.9
HBr	-4.7	HOH	15.7
HCl	-2.2	C_6H_5OH	10.0
HF	3.18	CH_3COOH	4.74
HCN	9.22	CF_3COOH	0.2
$HONO_2$	-1.3	NH_3	9.24
$HOSO_2OH$	-5.2	$C_6H_5NH_3$	4.60

根据勃朗斯德理论,除无机酸外,含 O—H、S—H、N—H、C—H 的有机化合物在适当的条件下都可以给出质子,都可以看作酸。负离子和具有未共用电子对的中性分子都可以接受质子,可作为碱,如 NH_3、H_2O、ROH(醇)、ROR(醚)、RCHO(醛)等。例如:

$$\underset{\text{酸}}{H-C\equiv C-H} + \underset{\text{碱}}{NaNH_2} \longrightarrow H-C\equiv C-Na + NH_3$$

一种物质的酸碱性是相对的,如乙酸在水中表现出酸性,而在硫酸中则表现出碱性。

$$\underset{\text{酸}}{CH_3COOH} + H_2O \Longrightarrow CH_3COO^- + H_3O^+$$

NOTE

$$CH_3\overset{\overset{\displaystyle O}{\|}}{C}-OH +(HO)_2SO_2 \Longrightarrow CH_3\overset{\overset{\displaystyle \overset{+}{O}H}{\|}}{C}-OH + HOSO_2O^-$$
碱

酸给出质子后产生的酸根为该酸的**共轭碱**(conjugate base);碱与质子结合后形成的质子化物为该碱的**共轭酸**(conjugate acid)。**化合物酸性越强,其共轭碱的碱性越弱;反之,酸的酸性越弱,其共轭碱的碱性越强。**

例如,要判断 $CH_3CH_2O^-$、OH^-、CH_3COO^- 的碱性强弱,可以比较它们相应共轭酸(CH_3CH_2OH、HOH、CH_3COOH)的 pK_a,从而推断出这些负离子的碱性强弱顺序。

化合物	CH_3CH_2OH		HOH		CH_3COOH
pK_a	15.9		15.7		4.7
酸性	CH_3CH_2OH	<	HOH	<	CH_3COOH
共轭碱碱性	$CH_3CH_2O^-$	>	OH^-	>	CH_3COO^-

在酸碱反应中,总是较强的酸和较强的碱反应生成较弱的碱和较弱的酸。因此根据各化合物的 pK_a 可预测该反应能否进行。例如:

$$\text{\Large\bigcirc}-OH+OH^- \longrightarrow \text{\Large\bigcirc}-O^-+ HOH$$
　较强的酸　　较强的碱　　较弱的碱　　较弱的酸

反应中,反应物苯酚($pK_a=10.0$)的酸性比产物水($pK_a=15.7$)的酸性大,而它们相应的共轭碱苯氧负离子的碱性比氢氧根弱,所以反应可以发生。但是如用苯氧负离子与水混合,基本不发生反应。

三、路易斯酸碱理论(亲核试剂、亲电试剂)

美国化学家路易斯(G. N. Lewis)在 1923 年提出了更广泛的酸碱定义:**酸是电子对的接受体,碱是电子对的给予体。**

根据此理论,酸碱反应是酸从碱接受一对电子的反应。例如三氟化硼的硼原子的外层电子只有六个,可以接受电子,是电子对的受体,三氟化硼为路易斯酸;氨的氮原子上有一对未共用电子对,是电子的给予体,氨为路易斯碱。

$$H_3N\!:\ +BF_3 \longrightarrow H_3\overset{+}{N}\overset{-}{B}F_3$$
　碱　　　酸　　　酸碱配合物

又如三氯化铝中的铝原子外层有空轨道,可以接受电子,为路易斯酸;乙酰氯的氯原子上有未共用电子对,可以给予电子,为路易斯碱,两者可以发生酸碱反应生成酸碱配合物。

$$R-\overset{\overset{\displaystyle O}{\|}}{C}-Cl+AlCl_3 \longrightarrow R-\overset{+}{C}=O \cdot AlCl_4^-$$
　　碱　　　酸　　　　　酸碱配合物

路易斯酸包括可以接受电子的分子,如 BF_3、$AlCl_3$、$SnCl_4$、$ZnCl_2$ 和 $FeCl_3$ 等;金属离子如 Li^+、Ag^+、Cu^{2+} 等;其他正离子如 Br^+、NO_2^+、H^+、R^+(碳正离子)等。有机反应中 BF_3、$AlCl_3$、H^+ 等为常用的路易斯酸。

路易斯碱包括具有未共用电子对的化合物,如 NH_3、RNH_2、ROH、ROR、$RCHO$、$R_2C=O$ 等;负离子,如 OH^-、RO^-、SH^-、R^-(碳负离子)等;部分烯烃和芳香化合物。

下列反应可以看作酸碱反应。

NOTE

$$\overset{..}{CH_3OCH_3} + HBr \rightleftharpoons CH_3\overset{+}{\underset{H}{O}}CH_3 + Br^-$$

路易斯碱   路易斯酸

路易斯碱与勃朗斯德碱没有太大区别,而路易斯酸比勃朗斯德酸范围广泛,路易斯酸碱几乎包括了所有的有机和无机化合物,因此又称为广泛酸碱。路易斯酸一般都是缺电子的,在反应中倾向于与有机化合物的富电子基团结合,称为亲电试剂。

$$\text{（苯环）} + {}^+NO_2 \xrightarrow{-H^+} \text{（硝基苯）}$$

路易斯碱   路易斯酸
亲电试剂

路易斯碱都是富电子的,在反应中倾向于和有机化合物中缺电子的基团结合,称为亲核试剂。

$$CH_3CH_2 - Br + OH^- \longrightarrow CH_3CH_2OH + Br^-$$

路易斯酸   路易斯碱
亲核试剂

路易斯酸碱概念对理解反应机制是十分有用的。

第四节 电子效应

知识拓展 2-1

有机化合物的化学反应,主要与分子中原子之间的电子云密度有关,电子云的分布不但取决于成键原子的性质,也受到不直接相连的原子间的相互影响,这种影响称为**电子效应**(electronic effect)。电子效应可分为诱导效应和共轭效应,电子效应说明分子中电子云密度的分布对分子性质产生的影响,诱导效应和共轭效应在推测化合物性质和分析化合物结构等方面有着重要的作用。

一、诱导效应

由于成键原子或基团间的电负性不同,分子中电子云密度分布发生变化,共价键产生极性,这种变化不仅发生在直接相连部分,还会影响到分子中不直接相连部分,这种因某一原子或基团的极性,σ键电子沿着碳链向某一方向偏移的效应称为**诱导效应**(inductive effect),用"I"表示。例如 1-氯丙烷中的诱导效应。

$$\underset{\gamma}{\overset{\delta\delta\delta^+}{-C}} \longrightarrow \underset{\beta}{\overset{\delta\delta^+}{CH_2}} \longrightarrow \underset{\alpha}{\overset{\delta^+}{CH_2}} \longrightarrow \overset{\delta^-}{Cl}$$

因为氯原子的电负性较强,C—Cl 共价键的电子向氯原子偏移,其中箭头所指方向是 σ 电子云偏移方向,氯原子周围的电子云密度增大,带上部分负电荷,用"δ^-"表示,电负性较小的碳原子带部分正电荷,用"δ^+"表示。诱导效应以静电诱导的形式沿着碳链依次影响下去,随传递距离的增加,其效应强度迅速减弱,一般经过 3 个碳原子后,诱导效应基本消失,可见**诱导效应是短程的**。

诱导效应的方向以 X—H 键中的 H 作为比较标准,如果某原子或基团(A)的电负性大于 H,取代氢后,C—A 键的电子云偏向 A,A 具有吸电性,称为**吸电子基团**,其所引起的诱导效应

NOTE

称为**吸电子诱导效应**,用"－I"表示。如果某原子或基团(B)的电负性小于 H,取代氢后,C—B 键的电子云偏向 C,B 具有斥电性,称为**斥电子基团**,其所引起的诱导效应称为**斥电子诱导效应**,用"＋I"表示。

$$\underset{-I}{-\overset{|}{\underset{|}{C}}\!\!\rightarrow\!\!A} \qquad -\overset{|}{\underset{|}{C}}\!\!-\!\!H \qquad \underset{+I}{-\overset{|}{\underset{|}{C}}\!\!\leftarrow\!\!B}$$

一些常见取代基的电负性大小如下。位于 H 前面的为吸电子基团,位于 H 后面的为斥电子基团。

$$-F>-Cl>-Br>-I>-OCH_3>-NHCOCH_3>-C_6H_5>-CH=CH_2>-H>$$
$$-CH_3>-C_2H_5>-CH(CH_3)_2>-C(CH_3)_3$$

二、共轭效应

共轭效应(conjugative effect)是分子中原子间一种特殊的相互作用。例如丁-1,3-二烯分子存在共轭效应。分子中四个碳原子均为 sp^2 杂化,三个 C—C σ 键和六个 C—H σ 键都在同一平面上,每个碳原子中各有一个 p 轨道垂直于 σ 键所在平面,通过侧面重叠分别在 C_1 和 C_2 及 C_3 和 C_4 之间形成 π 键,由于两个 π 键靠得很近,在 C_2 和 C_3 之间可以发生一定程度的重叠,从而使得两个 π 键不是孤立存在的,而是相互结合成一个整体,称为 π-π 共轭体系。

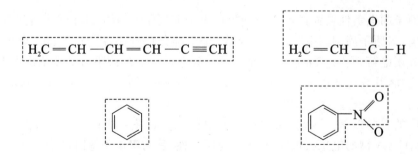

丁-1,3-二烯的结构

从丁-1,3-二烯的分子结构可以看到,π 电子不再定域在 C_1 和 C_2 及 C_3 和 C_4 之间,而是在整个分子中运动,即 π 电子发生了离域,每个 π 电子不只受两个原子核而是受四个核的吸引,使分子内能降低。所以在**共轭体系**(conjugative system)中,电子不是局限在成键原子间而是在整个共轭体系运动,电子是离域的。

一个共轭体系必须满足以下两个条件:①形成共轭体系的原子都在同一个平面上。②必须有可实现平行重叠的 p 轨道,还要有一定数量的供成键用的 π 电子。和诱导效应不同,共轭体系极化时,正负电荷交替极化,并在整个共轭体系中等量传递。

(一) 共轭体系的分类

常见的共轭体系有以下几种类型。

1. π-π 共轭体系 在有机分子中,凡单、双键交替排列的结构都属于此类。丁-1,3-二烯是最简单的 π-π 共轭体系,下列分子中虚线框内部分就属于分子的 π-π 共轭体系。

2. p-π 共轭体系 分子中与双键碳原子相连的原子,由于共平面,其 p 轨道与双键的 π 轨道平行并发生侧面重叠,形成共轭体系。p-π 共轭体系主要有三种不同类型。

1) 等电子共轭体系 例如烯丙自由基的三个原子核吸引三个电子,形成了 π_3^3 的共轭体系。

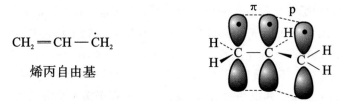

$$CH_2 = CH - \dot{C}H_2$$

烯丙自由基

2) 缺电子共轭体系 例如烯丙基正离子的三个原子核吸引两个电子,形成了 π_3^2 的共轭体系。

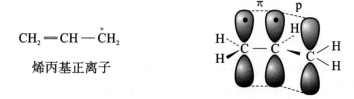

$$CH_2 = CH - \overset{+}{C}H_2$$

烯丙基正离子

3) 多电子共轭体系 例如溴乙烯的三个原子核吸引四个电子,形成了 π_3^4 的共轭体系。

$$CH_2 = CH - \ddot{B}r:$$

溴乙烯

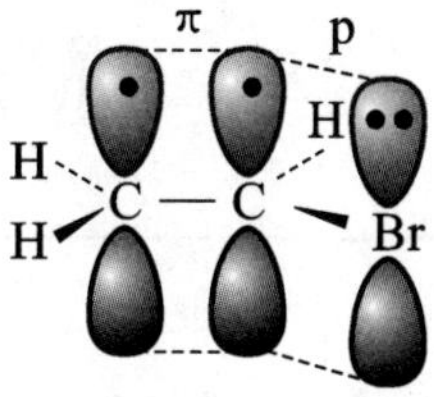

3. 超共轭效应 超共轭效应是 σ 电子的位移,碳原子与体积很小的氢原子结合,对于电子云的屏蔽效应很小,氢原子像是嵌在 C—Hσ 键电子云中,C—Hσ 键类似未共用电子对。如果邻近有可容纳电子的 π 键或 p 轨道,σ 电子就会偏离原来的轨道,趋向于 π 键或 p 轨道,使 σ 轨道与相邻的 π 键或 p 轨道发生一定程度的侧面重叠,形成 σ-π 或 σ-p 超共轭。比如,丙烯或乙基碳正离子中都存在超共轭效应。

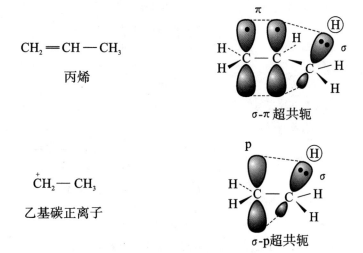

$$CH_2 = CH - CH_3$$

丙烯

σ-π 超共轭

$$\overset{+}{C}H_2 - CH_3$$

乙基碳正离子

σ-p 超共轭

不同于 π-π 共轭体系和 p-π 共轭体系,超共轭体系 σ 轨道与 π 键或 p 轨道并不平行,轨道之间的重叠程度小。所以超共轭效应比 π-π 共轭体系和 p-π 共轭体系作用弱。

NOTE

由于 C—C 单键可以自由旋转,每个 C—Hσ 键都有可能在最佳位置形成超共轭。超共轭效应的大小,与 π 键或 p 轨道相邻碳上的 C—H 键多少有关,C—H 键越多,超共轭效应越大。

(二) 共轭效应的分类

共轭效应可分为静态共轭效应和动态共轭效应。静态共轭效应是分子内固有的效应,主要是使体系(分子、离子、自由基)的内能降低,稳定性增加,键长平均化和静态极化。动态共轭效应是共轭体系受外电场或试剂作用时的极化作用。例如,同是 π-π 共轭体系,丙烯酮因为碳氧电负性的差异,羰基氧带部分负电荷,形成正负电荷的交替出现,此为静态共轭效应;而在某些化学反应中,丁-1,3-二烯受外电场的影响,靠近 H$^+$ 的那个碳带部分负电荷而引起正负电荷的交替出现,此为动态共轭效应。

$$\overset{\delta^+}{CH_2}=\overset{\delta^-}{CH}—\overset{\delta^+}{\underset{\underset{H}{|}}{C}}=\overset{\delta^-}{O} \qquad \textcircled{H}^+\; \overset{\delta^-}{CH_2}=\overset{\delta^+}{CH}—\overset{\delta^-}{CH}=\overset{\delta^+}{CH_2}$$

静态极化   动态极化

共轭效应与诱导效应在产生原因和作用方式上是不同的。诱导效应建立在"定域"基础上,递减传递,短程作用;共轭效应建立在"离域"基础上,等量传递,交替极化,远程作用。一个分子可以同时存在这两种电子效应。

本章小结

主要内容	学习要点	
有机反应类型	按键的断裂方式	均裂:自由基反应
		异裂:离子型反应
		旧键断裂和新键形成同时:协同反应
	反应物和产物的变化	取代反应
		加成反应
		氧化和还原反应
有机反应过程描述	键能与解离能	概念,两者关系
	热力学	研究反应进行的方向和限度
		$\Delta G^\ominus < 0$ 时,平衡常数 $K > 1$,平衡对产物有利;
		$\Delta G^\ominus > 0$ 时,$K < 1$,平衡对反应物有利
	动力学	研究反应进行的速率和反应机制
	活化能与过渡态	概念,两者的关系,对化学反应速率的影响
	催化剂与抑制剂	概念
	弯箭头与半弯箭头	弯箭头(⤵)表示一对电子的转移方向
		半弯箭头(⤻)表示单电子的转移方向
有机酸碱理论	阿伦乌斯酸碱理论	能离解出氢离子的物质是酸
		能离解出氢氧根的物质是碱
	勃朗斯德质子论	能够释放出质子的物质是酸
		能够接受质子的物质是碱
		酸性强度用 pK_a($-\lg K_a$)表示
	路易斯酸碱论	酸是电子对的接受体,碱是电子对的给予体

NOTE

续表

主要内容		学习要点
电子效应	诱导效应 I	电负性不同引起,递减传递,短程作用
	共轭效应 C	电子离域引起,等量传递,交替极化,远程作用

目标检测

目标检测答案

一、用"部分电荷"符号表示下列化合物的极性。

(1) CH_3Br　(2) CH_3CH_2OH　(3) $CH_3\overset{\overset{O}{\|}}{C}{-}OH$

二、化合物 A 转变为 B 时的焓变为 $-4\ kJ/mol$(25 ℃),如果 $\Delta S^\ominus$ 可以忽略不计,计算该反应的平衡常数。

三、写出下列化合物的共轭酸。

(1) $CH_2{=}CH_2$　(2) CH_3NH_2　(3) CH_3CH_2OH　(4) CH_3COO^-　(5) CH_3S^-

四、写出下列化合物的共轭碱。

(1) CH_3CH_2OH　(2) CH_3COOH　(3) H_2O　(4) H_3O^+　(5) HCl

五、下列化合物中,哪些是路易斯酸,哪些是路易斯碱?

(1) $AlBr_3$　(2) BF_3　(3) $BeCl_2$　(4) $ZnCl_2$　(5) C_6H_5OH

(6) CH_3NH_2　(7) $C_2H_5OCH_3$　(8) $HC{\equiv}CH$　(9) NO_2^-

六、指出下列反应所属反应类型,若是离子型,请说明是亲核取代反应还是亲电取代反应。

(1) $CH_3CH_2CH_3 + Cl\cdot \rightleftharpoons CH_3\overset{\cdot}{C}HCH_3 + HCl$

(2) $CH_2{=}CHCH_3 + HBr \xrightarrow{RO\cdot} BrCH_2CH_2CH_3$

(3) $CH_3Br + CN^- \longrightarrow CH_3CN + Br^-$

(4)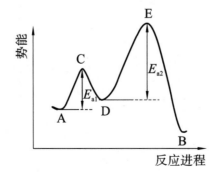

七、下图是根据某个反应过程中能量变化的实验而绘制的反应势能图,观察该曲线,回答以下问题。

(1) 总反应是放热反应还是吸热反应?

(2) 标出图中反应物、产物、中间体及过渡态所对应的位置,并标出各步分反应的活化能。

(3) 标出速率控制步骤的过渡态,其结构接近于反应物、产物还是中间体?

(4) 哪个是最稳定的化合物? 哪个是最不稳定的化合物?

 NOTE

39

八、指出下列化合物中所含的共轭体系。

(1) $CH_2=CH-CH=CHCH_3$

(2) $CH_3CH=CH-CH=CHCH_3$

(3) $CH_3CH_2\overset{+}{C}HCH=CH_2$

(4) $CH_3CH=CHBr$

参 考 文 献

[1] 邢其毅,裴伟伟.基础有机化学[M].3版.北京:高等教育出版社,2003.

[2] 陆阳,申东升.有机化学(案例版)[M].2版.北京:科学出版社,2017.

[3] 李三鸣.物理化学[M].2版.北京:人民卫生出版社,2016.

(卫星星)

NOTE

第三章 烷 烃

 学习目标

1. 掌握：烷烃的结构、系统命名法、构造异构；烷烃的卤代反应及其反应机制。
2. 熟悉：烷烃的物理性质及构象异构。
3. 了解：烷烃的氧化反应和热裂反应。

有机化学中将只由碳和氢两种元素组成的有机化合物称为碳氢化合物，简称为烃（hydrocarbon）。烃是最简单的有机化合物，是一切有机化合物的母体。其他的有机化合物可以看作烃的衍生物。

根据烃分子中的碳架不同，烃可分为**链烃**（chain hydrocarbon）和**环烃**（cyclic hydrocarbon）两大类。链烃又分为**饱和链烃**（saturated hydrocarbon）和**不饱和链烃**（unsaturated hydrocarbon）；饱和链烃，即**烷烃**（alkane）；不饱和链烃包括**烯烃**（alkene）和**炔烃**（alkyne）。环烃根据性质的差异，可分为**脂环烃**（alicyclic hydrocarbon）和**芳香烃**（aromatic hydrocarbon），芳香烃根据其是否含有苯环，分为**苯型芳香烃**（benzenoid aromatic hydrocarbon）和**非苯型芳香烃**（non-benzenoid aromatic hydrocarbon）。

本章主要讨论饱和脂肪链烃——**烷烃**。烷烃是含氢最丰富的烃，分子中与碳结合的氢原子数已达到最高限度，不可能再增加，"烷"有"完满"的含义。因此，饱和烃又称为烷烃。烷烃广泛存在于自然界中，石油和天然气是烷烃两大主要来源。烷烃主要用作燃料以及有机化工和医药产品的基本原料。医药中常用的液体石蜡、固体石蜡以及凡士林都是烷烃的混合物。

案例导入

红霉素软膏为大环内酯类抗生素，对大多数革兰阳性菌、部分革兰阴性菌及一些非典型性致病菌如衣原体、支原体均有抗菌活性。红霉素软膏主要用于治疗脓疱疮等化脓性皮肤病、小面积烧伤、溃疡面的感染和寻常痤疮。红霉素软膏作为外用药物软膏剂，每克含主要成分红霉素 0.01 g，辅料液体石蜡和凡士林占绝大部分。它们是饱和烃的混合物，是软膏的赋形剂，同时也是药物载体，对软膏剂的质量、药物的释放及药物的吸收都有重要的影响。

问题：
为什么用液体石蜡和凡士林作为外用药物的基质？

第一节 烷烃的同分异构现象

一、构造异构

从第一章的学习中，我们了解到同分异构现象是有机化学中普遍存在的现象，有机化学中

的异构问题是多样化的,有一种不考虑空间结构,只考虑分子中原子间相互连接的方式或次序不同造成的构造异构。而烷烃的构造异构是由于碳架不同而产生的,通常也称为**碳架异构**。

甲烷、乙烷和丙烷分子,各碳原子间只有一种连接方式,没有同分异构体存在。从丁烷开始,出现同分异构现象。丁烷碳架既可以是直链,也可以带有分支,可以写出两个缩略式,它们代表的是两个不同的化合物,即正丁烷和异丁烷,互为构造异构体。构造异构体间的物理性质差别较大,化学性质也有差别。

$$CH_3—CH_2—CH_2—CH_3 \qquad CH_3—\underset{\underset{CH_3}{|}}{CH}—CH_3$$

	正丁烷	异丁烷
沸点	−0.5 ℃	−11.7 ℃
熔点	−138.3 ℃	−159 ℃

戊烷有三个构造异构体:

$$CH_3CH_2CH_2CH_2CH_3 \qquad CH_3\underset{\underset{CH_3}{|}}{CH}CH_2CH_3 \qquad CH_3\underset{\underset{CH_3}{|}}{\overset{\overset{CH_3}{|}}{C}}CH_3$$

随着烷烃分子中碳原子数的增加,构造异构体的数目也迅速增多。例如,己烷有 5 个异构体,庚烷有 9 个,癸烷有 75 个,十五烷有 4357 个,二十烷则有 366319 个。同分异构体的存在是造成有机化合物数目庞大的主要原因之一。

二、饱和碳原子和氢原子的分类

烷烃分子中的碳原子根据其连接方式的不同可分为以下四类:只与另外一个碳原子相连的碳原子称为**伯碳原子或一级碳原子**(primary carbon)(用 $1°$ 表示);与另外两个碳原子相连的碳原子称为**仲碳原子或二级碳原子**(secondary carbon)(用 $2°$ 表示);与另外三个碳原子相连的碳原子称为**叔碳原子或三级碳原子**(tertiary carbon)(用 $3°$ 表示);与另外四个碳原子相连的碳原子称为**季碳原子或四级碳原子**(quaternary carbon)(用 $4°$ 表示)。连在伯、仲、叔碳原子上的氢原子,分别称为伯($1°$)、仲($2°$)、叔($3°$)氢原子。不同类型的氢原子在反应活性上有一定的差异。

$$\underset{1°}{CH_3}—\underset{4°}{\overset{\overset{1°}{\overset{CH_3}{|}}}{\underset{\underset{1°}{\underset{CH_3}{|}}}{C}}}—\underset{2°}{CH_2}—\underset{3°}{\overset{\overset{1°}{\overset{CH_3}{|}}}{CH}}—\underset{1°}{CH_3}$$

第二节 烷烃的命名

有机化合物由于同分异构现象普遍,因此结构复杂、数目庞大,要准确地反映出化合物的结构与名称的一致性,就需要有一套完整、合理的命名方法。烷烃的命名是各类有机化合物命名的基础,尤为重要。

目前,有机化合物常用的命名法分为普通命名法和 IUPAC 命名法。

NOTE

一、普通命名法

结构简单的烷烃往往采用普通命名法来命名。

含 1～10 个碳原子的直链烷烃,用天干数字"甲、乙、丙、丁、戊、己、庚、辛、壬、癸"表示碳原子数目;超过 10 个碳原子的直链烷烃,用汉字数字十一、十二……来表示。根据所含碳原子数称为"某烷"。例如:

$$CH_3(CH_2)_6CH_3 \qquad CH_3(CH_2)_{16}CH_3$$

辛烷   十八烷

octane   octadecane

"正、异、新"作为前缀用于描述烷烃不同的构造异构体。例如:"正"(normal 或 n-)表示直链烷烃;"异"(iso 或 i-)表示碳链一端具有 $(CH_3)_2CH$— 结构的异构体;"新"(neo-)表示碳链一端具有 $(CH_3)_3C$— 结构的异构体。例如:

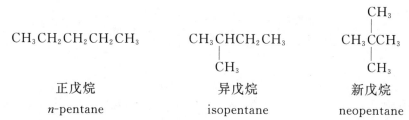

正戊烷   异戊烷   新戊烷

n-pentane   isopentane   neopentane

普通命名法简单方便,在商业领域中常用。但对于碳原子数目较多的结构复杂的烷烃来说,这种命名法的应用受到限制,必须采用 IUPAC 命名法。

二、IUPAC 命名法

(一) 直链烷烃的系统命名

直链烷烃的系统命名法与普通命名法基本相同,将某烷前面的"正"字省略,英文命名以"ane"为词尾。一些直链烷烃的名称见表 3-1。

表 3-1 一些直链烷烃的名称

构 造 式	中 文 名	英 文 名	构 造 式	中 文 名	英 文 名
CH_4	甲烷	methane	C_7H_{16}	庚烷	heptane
C_2H_6	乙烷	ethane	C_8H_{18}	辛烷	octane
C_3H_8	丙烷	propane	C_9H_{20}	壬烷	nonane
C_4H_{10}	丁烷	butane	$C_{10}H_{22}$	癸烷	decane
C_5H_{12}	戊烷	pentane	$C_{11}H_{24}$	十一烷	undecane
C_6H_{14}	己烷	hexane	$C_{12}H_{26}$	十二烷	dodecane

(二) 含支链烷烃的系统命名

对于带有支链的烷烃,将其看作直链烷烃的烷基取代衍生物进行命名,直链烷烃作为母体,支链作为取代基。

$\underline{CH_3CH_2CHCH_2CH_2CH_2CH_3}$ 母体

$\fbox{CH_3}$ 取代基

1. 常见的烷基 烷烃分子中去掉一个氢原子后剩下的一价原子团称为**烷基**,通式为 C_nH_{2n+1}—,常用 R—表示。常见烷基的结构及名称见表 3-2。

 NOTE

表 3-2　常见烷基的结构及名称

烷基(R—)	中 文 名	英 文 名	缩 写
CH₃—	甲基	methyl	Me
CH₃CH₂—	乙基	ethyl	Et
CH₃CH₂CH₂—	(正)丙基	*n*-propyl	*n*-Pr
CH₃CH— CH₃	异丙基	*i*-propyl	*i*-Pr
CH₃CH₂CH₂CH₂—	(正)丁基	*n*-butyl	*n*-Bu
CH₃CH₂CH— CH₃	仲丁基	sec-butyl	*s*-Bu
CH₃CHCH₂— CH₃	异丁基	*i*-butyl	*i*-Bu
CH₃ CH₃—C— CH₃	叔丁基	tert-butyl	*t*-Bu
CH₃CH₂CH₂CH₂CH₂—	(正)戊基	*n*-pentyl	
CH₃CHCH₂CH₂— CH₃	异戊基	*i*-pentyl	
CH₃ CH₃CH₂C— CH₃	叔戊基	tert-pentyl	
CH₃ CH₃CCH₂— CH₃	新戊基	neo-pentyl	

2. IUPAC 命名法的基本原则

（1）主链的选择：选择分子中**含碳原子数目最多的连续的碳链**作为主链，根据其碳原子数目称为"某烷"，支链作为取代基。例如，下列化合物最长碳链含有八个碳原子，母体名称是辛烷。

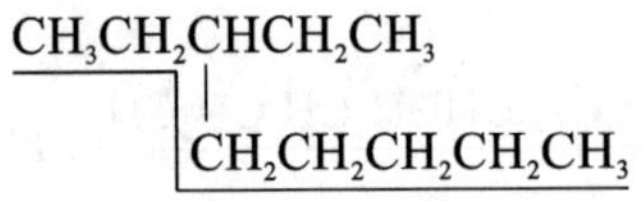

$$CH_3CH_2CHCH_2CH_3$$
$$CH_2CH_2CH_2CH_2CH_3$$

如果有等长的碳链可供选择时，应选择**含有取代基最多的碳链**作为主链。例如，下列化合物中 a 和 b 两条碳链都含有六个碳原子，但是 a 链含有三个取代基（两个甲基、一个乙基），而 b 链只含有两个取代基（一个甲基、一个异丙基），因此选择 a 链作为主链。

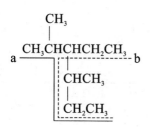

（2）主链的编号：从靠近取代基的一端对主链上的碳原子进行编号，依次用阿拉伯数字1、2、3……标出其位次，若有多个取代基，取代基的编号**遵循最低位次组编号原则**，即最先遇到位数小者为最优系列。例如：

（1）1 2 3 4 5 6 7 8   （2）1 2 3 4 5 6

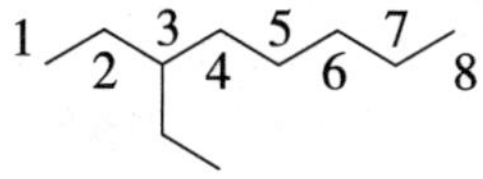

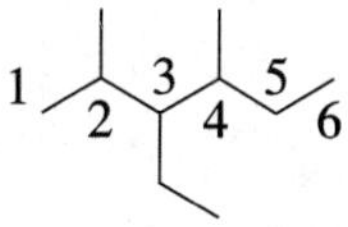

若两个相同取代基位于相同位次时，应使第二个取代基的位次最小，依此类推。例如：

（3）1 2 3 4 5 6 7 8

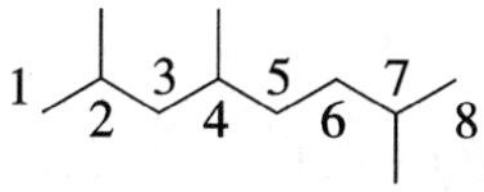

若两个不同的取代基位于相同的位次时，根据《有机化合物命名原则 2017》，要按取代基**英文名称的首字母顺序**先后编号。例如化合物（4）中乙基（ethyl）首字母比甲基（methyl）首字母优先，所以要从左向右编号：

（4）1 2 3 4 5 6 7

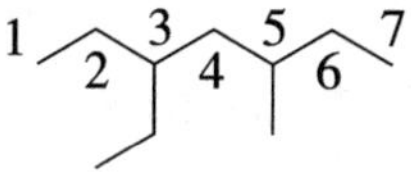

（3）化合物名称的书写：将烷基的位次和名称写在母体名称的前面，阿拉伯数字和中文汉字之间用"-"隔开。例如化合物（5）的命名：

（5）1 2 3 4 5 6 7 8   3-乙基辛烷
3-ethyl octane

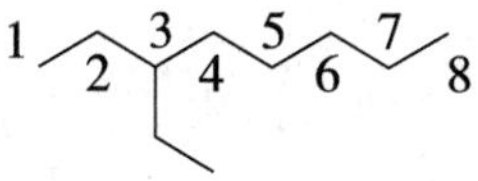

如果含有不同的取代基时，按取代基英文名称的首字母顺序依次进行排列。例如化合物（6）的命名：

（6）1 2 3 4 5 6 7   3-乙基-5-甲基庚烷
3-ethyl-5-methyl heptane

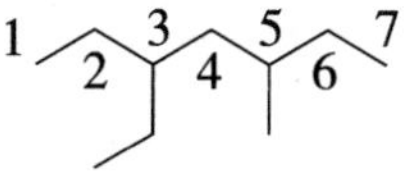

如果含有多个相同的取代基，把取代基的名称合并，并在取代基名称前用二、三、四……表示取代基的数目，英文用"di-""tri-""tetra-""penta-"等表示，且将其位次逐一标明，位次之间用逗号","分开，例如化合物（7）的命名。

（7）1 2 3 4 5 6 7 8   2,4,7-三甲基辛烷
2,4,7-trimethyl octane

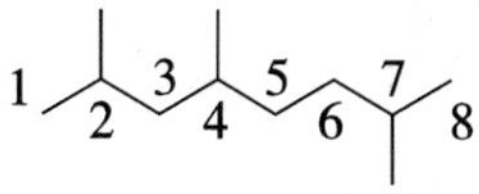

但要注意表示取代基个数的复数字头"di-""tri-""tetra-""penta-"等不计入字母顺序，例如化合物（8）的命名：

(8) $\underset{1 \quad 2 \quad 3 \quad 4 \quad 5 \quad 6}{\text{[结构式]}}$　3-乙基-2,4-二甲基己烷

3-ethyl-2,4-dimethyl hexane

练习题 3-1　用 IUPAC 命名法命名下列化合物。

(1) $(CH_3)_3C-CH_2-CH-CH(CH_3)_2$
$\qquad\qquad\qquad\qquad\quad |$
$\qquad\qquad\qquad\qquad\ CH_3$

(2) $CH_3CH_2-CH-CH_2-CH-CHCH_2CH_3$
$\qquad\qquad\quad |\qquad\qquad\ |\quad\ |$
$\qquad\qquad\ CH_3\qquad\quad CH_3\ C_2H_5$

（三）含复杂支链烷烃的系统命名

若取代基为复杂支链,需对支链进行编号,编号从与主链直接相连的碳原子开始,然后将支链取代基的位次、数目和名称作为一个整体放在括号内,括号外写出这个复杂取代基在主链的位次。例如:

$$\begin{array}{c}\overset{\displaystyle CH_3}{\underset{1\ \ 2\ \ 3|\ 4\ \ 5\ \ 6\ \ 7\ \ 8\ \ 9\ \ 10}{CH_3CH_2CHCH_2CH_2CHCH_2CH_2CH_2CH_3}}\\[2pt]\underset{\underset{CH_3\ \ CH_3}{|\qquad |}}{\overset{|1\quad 2\ \ 3}{CH_3-C-CHCH_3}}\end{array}$$

3-甲基-6-(1,1,2-三甲基丙基)癸烷

3-methyl-6-(1,1,2-trimethylpropyl)decane

第三节　烷烃的结构

烷烃的饱和碳原子为 sp^3 杂化。甲烷分子的立体构型为正四面体,四个 C—H 键完全相同,键长为 110 pm,C—H 键间的夹角为 109°28′,碳原子位于正四面体的中心,四个氢原子位于四面体的四个顶点上。根据杂化轨道理论,甲烷在形成的过程中,四个等同的 sp^3 杂化轨道与四个氢原子的 1s 轨道沿着键轴方向发生最大限度的重叠,形成四个 C—H 键(图 3-1)。

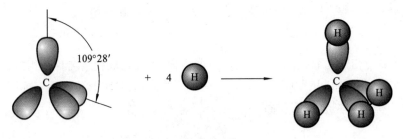

图 3-1　甲烷分子成键示意图

与甲烷相同,乙烷分子也是以 sp^3 杂化方式成键的。两个碳原子各以三个 sp^3 杂化轨道分别与氢原子的 1s 轨道沿键轴方向重叠形成四个等同的 C—H 键。两个碳原子再各以一个 sp^3 杂化轨道沿键轴方向重叠形成 C—C 键。乙烷分子中 C—C 键与 C—H 键的键长分别为 154 pm 和 110 pm,键角均为 109°28′(图 3-2)。

碳碳键和碳氢键形成时,均沿着成键原子轨道的对称轴方向重叠形成 σ 键。σ 键的重叠

NOTE

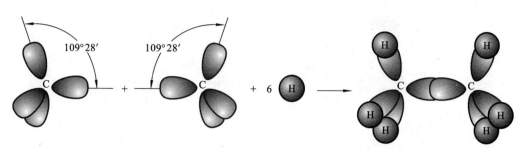

图 3-2　乙烷分子成键示意图

程度最大,键牢固,是一种"定域键";且成键电子云围绕键轴呈圆柱形对称分布;可以自由旋转,旋转时不会改变两个原子轨道的重叠程度。实验证明,气态或液态的两个碳原子以上的烷烃,由于 σ 键自由旋转,碳链在空间上以折线形排布,在晶体状态下,碳链排列整齐,呈规整锯齿状。例如,己烷的结构可表示如下:

第四节　烷烃的构象

有机化合物的同分异构体中分子式相同,原子或原子团互相连接的次序相同,但在空间的排列方式不同的异构现象称为**立体异构**。而两个成键碳原子围绕 σ 键"自由"旋转,使分子中的原子或原子团在空间产生不同的排列,这种特定的排列方式称为**构象**(conformation)。由于单键的旋转而产生的异构体称为**构象异构体**(conformational isomer)。构象异构体属于立体异构。

一、乙烷的构象

将乙烷分子中的一个甲基固定不动,另一个甲基围绕碳碳键旋转,可以产生无数种构象。但典型的构象只有以下两种形式。

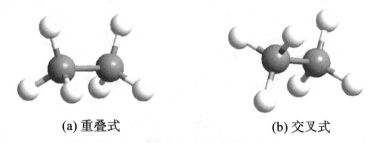

(a) 重叠式　　　　　　　　　　(b) 交叉式

球棒模型(a)中,从模型前方沿着碳碳键看,后面一个碳原子上的三个氢原子正好位于前面碳原子上的三个氢原子的正后方,彼此重叠,这种构象称为**重叠式构象**(eclipsed conformation);把前面碳原子固定不动,将后面碳原子围绕碳碳键旋转 60°,则后面碳原子上的每一个氢原子都处在前面碳原子上的两个氢原子之间,这种构象称为**交叉式构象**(staggered conformation)。为了便于表达,通常用透视式、锯架投影式和纽曼投影式三种方式来表示其立体结构(详见第一章第六节)。

 NOTE

47

重叠式构象：

交叉式构象：

透视式　　　　　　　锯架式　　　　　　纽曼投影式

　　重叠式构象中，两个碳原子上重叠的非键连的氢原子距离很近，根据计算，它们之间的距离为 0.229 nm，而氢原子的范德华半径为 0.12 nm，两个氢核间的距离小于两个氢原子的范德华半径之和，因此产生范德华排斥力，使分子的内能升高，是最不稳定的构象；而交叉式构象中，两个碳原子上非键连的氢原子间的距离为 0.25 nm，大于两个氢原子的范德华半径之和，相距最远，范德华排斥力最小，能量最低，是乙烷无数构象中最稳定的构象，称为**优势构象**（the most favored conformation）。乙烷分子的其他构象，通常称为扭曲式（skewed），能量介于两者之间。

　　重叠式与交叉式是乙烷构象的两种极端情况，两者能量差值为 12.6 kJ/mol，即旋转能垒，是构象之间转化所需的最低能量，其他构象的势能介于两者之间（图 3-3）。单键的自由旋转不是绝对自由的，也需要能量。在室温下分子热运动产生的能量可克服这一能垒，构象间以极快的速率（$<10^{-6}$ s）相互转化，形成无数个构象异构体的动态平衡混合物，某一构象异构体并不能分离出来，但能量最低的交叉式构象，作为最稳定的优势构象，所占的比例最大。

图 3-3　乙烷分子构象的势能曲线图

二、丁烷的构象

　　丁烷的构象也有无数种，这里只讨论围绕 C_2—C_3 键旋转所产生的四种典型构象，表示如下：

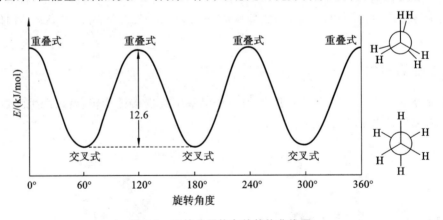

对位交叉式　　　　　部分重叠式　　　　　邻位交叉式　　　　　全重叠式

对位交叉式中,两个体积较大的甲基相距最远,彼此间的范德华排斥力最小,能量最低,是丁烷的优势构象,最稳定;碳碳键旋转 60°后,对位交叉式转变为部分重叠式,甲基与氢原子之间存在范德华排斥力,其能量较对位交叉式高约 15.9 kJ/mol;再旋转 60°得到邻位交叉式,两个甲基处于邻位,距离较近,其能量较对位交叉式高约 3.7 kJ/mol,但低于部分重叠式;继续旋转 60°得到全重叠式,两个体积较大的甲基处于重叠位置,距离最近,范德华排斥力最大,分子的能量最高,比对位交叉式高约 18.8 kJ/mol,是最不稳定的构象,如图 3-4 所示。所以,正丁烷的四种典型构象稳定性顺序为**对位交叉式>邻位交叉式>部分重叠式>全重叠式**。正丁烷是各构象异构体的平衡混合物,其中对位交叉式所占比例最大,各种构象之间的旋转能垒小,分子的热运动可以使各构象异构体迅速转变,但不能分离。

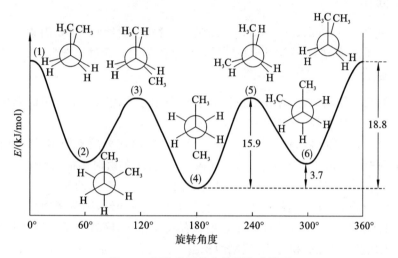

图 3-4　丁烷分子构象的势能曲线图

烷烃中每一个碳碳键都可以自由旋转,对于含碳原子数较多的烷烃,构象异构现象更为复杂。在气态和液态时,各种构象间亦能迅速转化。但在晶格中,直链烷烃的碳链排列成锯齿形,C—H 键都处于交叉位置,这种构象不仅能量较低,并且在晶格上排列亦较紧密。

在化学反应中,分子不一定都以优势构象参与反应。另外,影响构象稳定性的因素也不仅限于范德华力和扭转张力,偶极-偶极之间的相互作用、氢键等因素也会影响构象的稳定性。例如,在乙二醇和 2-氯乙醇分子中,当两个羟基或者羟基和氯原子处于邻位时,能够形成分子内五元环的氢键,因此邻位交叉式是优势构象。

一般情况下,多种构象处于一个动态平衡体系,各构象之间能量差能垒较小,一种构象转化为另一种构象较为容易,各构象不容易分离,因此视为同种物质。

第五节 烷烃的物理性质

物理性质通常指物质的状态(包括颜色、气味)、相对密度(density)、溶解度(solubility)、沸点(boiling point,简写为 b.p.)、熔点(melting point,简写为 m.p.)等。纯物质的物理性质在一定条件下都有固定的数值,称为**物理常数**(physical constant)。物理性质在有机反应、提取分离和结构测定等方面有着重要的应用。

一、分子间作用力

分子间作用力(intermolecular force)是影响化合物物理性质的主要因素之一。分子间的作用力主要分为偶极-偶极(dipole-dipole)作用力、范德华力和通过氢键产生的作用力等。

(一)范德华力

偶极矩间的相互作用力,只存在于极性分子间的相互作用。一个分子的偶极正端与另一分子的偶极负端间有相互吸引的作用(图 3-5(a))。

当非极性分子在一起时,偶极矩为零,但由于分子中电荷分配不均匀,运动时瞬间偏移使分子的正负电荷中心暂时不重合,产生瞬时偶极,一个分子的瞬时偶极又影响邻近分子的电子分布,诱导出一个相反的偶极,这两种瞬时偶极之间所产生的微小的作用力即为范德华力,又称为**色散力**(dispersion force)(图 3-5(b))。色散力具有加和性,随分子中原子数目的增多而增大;色散力只能在近距离内直接接触部分才能有效地作用,随着分子间距离的增加,色散力减弱;此外色散力还和接触面积有关,接触面积越大,作用力越强。对于大多数有机分子,这种作用力是主要的。

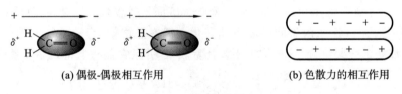

(a) 偶极-偶极相互作用   (b) 色散力的相互作用

图 3-5 分子间作用力

(二)氢键

氢键(hydrogen bond)属于一种偶极-偶极作用,当氢原子与电负性强、原子半径小、负电荷比较集中的氟、氧、氮原子相连时,氢原子带正电性。氢原子的半径很小,同时受与它相连的原子上电子的屏蔽作用也较小,它可以与另一个氟、氧、氮原子的非共享电子产生静电吸引作用而形成氢键(图 3-6)。氢键对有机化合物的物理性质及化学性质起着重要的作用。

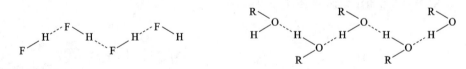

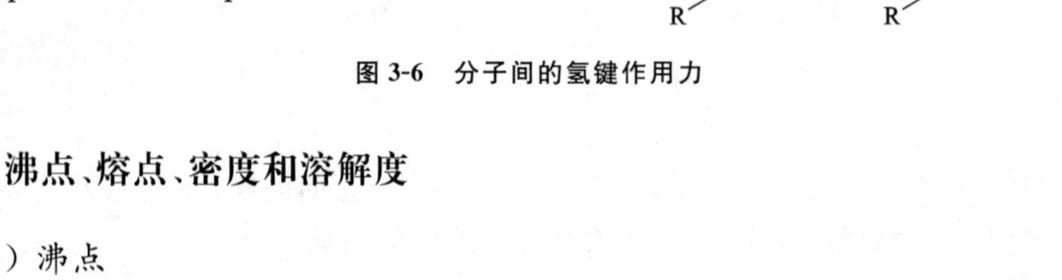

图 3-6 分子间的氢键作用力

二、沸点、熔点、密度和溶解度

(一)沸点

在常温常压下,含有 $C_1\sim C_4$ 的烷烃是气体;$C_5\sim C_{16}$ 的烷烃是液体,低沸点的烷烃为无色

NOTE

液体,有特殊气味,高沸点的烷烃为黏稠油状液体,无味;C_{17} 及 C_{17} 以上的高级直链烷烃是固体。直链烷烃的沸点随着分子中碳原子数的增加而有规律地升高。低级烷烃的沸点随相对分子质量变化明显,而高级烷烃的沸点差距逐渐减小。碳原子数相同的烷烃异构体,直链烷烃的沸点高于其支链异构体,且支链越多,沸点越低(图 3-7)。

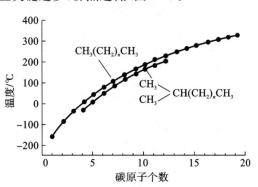

图 3-7　烷烃的沸点曲线

沸点的高低主要取决于分子间的作用力。由于烷烃是非极性分子,其分子间主要通过色散力相互吸引。直链烷烃的碳原子数越多,电子个数也越多,瞬间偶极矩产生越频繁,色散力越大,故直链烷烃的沸点随着碳原子数的增多而升高。如果存在支链,则分子不能紧密靠在一起,减少了接触面积,其相互作用力也降低,故支链烷烃的沸点低于同碳原子数的直链烷烃(图 3-8)。

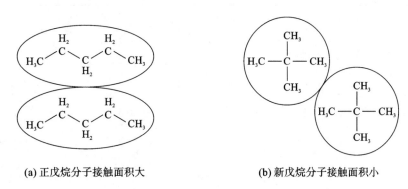

(a) 正戊烷分子接触面积大　　　　(b) 新戊烷分子接触面积小

图 3-8　烷烃异构体分子间接触面积

(二) 熔点

直链烷烃的熔点也随着相对分子质量的增加而升高,但其变化不像沸点那样规则。甲烷、乙烷和丙烷的熔点变化不规则,从丁烷开始,随着碳原子数的增加,含偶数个碳原子的烷烃,其熔点升高的幅度大于含奇数个碳原子的烷烃,形成两条熔点曲线,前者在上,后者在下,最后趋于一致(图 3-9)。X 射线衍射研究证明,含偶数个碳原子的直链烷烃分子具有较好的对称性,碳链彼此更容易靠近,分子间作用力大,因此熔点升高的幅度较大。

在烷烃的同分异构体中,含支链的异构体的熔点比直链烷烃的熔点低。这是由于支链的存在阻碍了分子在晶格中的紧密排列,使分子之间的作用力小于直链烷烃,熔点也相对较低。但是具有高度对称性的支链异构体,其熔点比直链烷烃要高。例如,甲烷和新戊烷分子接近球形,对称性高,有利于在晶格中紧密堆积,因此甲烷的熔点比丙烷还要高,新戊烷的熔点比正戊烷高。

(三) 相对密度

烷烃的相对密度都小于 1,是所有有机化合物中密度最小的一类。烷烃的相对密度也随

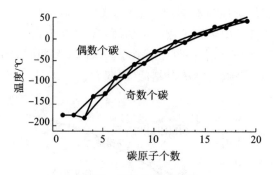

图 3-9　烷烃的熔点曲线

着相对分子质量的增加而缓慢增大。这是由于分子间作用力增加的同时,分子体积也在增加,单位体积内容纳的分子数仍较少,密度较低。

（四）溶解度

烷烃是非极性分子,根据"相似相溶"的经验规律,烷烃不溶于水和其他强极性溶剂,易溶于四氯化碳、乙醇、乙醚、氯仿、烃类等弱极性或非极性有机溶剂。烷烃本身是一种良好的有机溶剂,例如石油醚(主要是戊烷和己烷的混合物)就是实验室中常用的有机溶剂之一。正烷烃的物理常数见表 3-3。

表 3-3　正烷烃的物理常数

名　　称	分　子　式	沸点/℃	熔点/℃	相对密度/(d_4^{20})
甲烷	CH_4	−161.7	−182.6	—
乙烷	C_2H_6	−88.6	−172.0	—
丙烷	C_3H_8	−42.2	−187.1	0.5000
丁烷	C_4H_{10}	−0.5	−135.0	0.5788
戊烷	C_5H_{12}	36.1	−129.7	0.6260
己烷	C_6H_{14}	68.7	−94.0	0.6594
庚烷	C_7H_{16}	98.4	−90.5	0.6837
辛烷	C_8H_{18}	125.7	−56.8	0.7028
壬烷	C_9H_{20}	150.7	−53.7	0.7179
癸烷	$C_{10}H_{22}$	174.0	−29.7	0.7298
十一烷	$C_{11}H_{24}$	195.8	−25.6	0.7404
十二烷	$C_{12}H_{26}$	216.3	−9.6	0.7493
十三烷	$C_{13}H_{28}$	235.5	−6	0.7568
十四烷	$C_{14}H_{30}$	251	5.5	0.7636
十五烷	$C_{15}H_{32}$	268	10	0.7688
十六烷	$C_{16}H_{34}$	280	18.1	0.7749
十七烷	$C_{17}H_{36}$	303	22.0	0.7767
十八烷	$C_{18}H_{38}$	308	28.0	0.7767
十九烷	$C_{19}H_{40}$	330	32.0	0.7776
二十烷	$C_{20}H_{42}$	343	36.4	0.7777

NOTE

第六节 烷烃的化学性质

常温常压下，烷烃与强酸、强碱、强氧化剂和强还原剂等都不发生反应，其化学性质非常稳定。因此，很多高级烷烃被用作药物的基质，如 $C_{12}\sim C_{22}$ 的烷烃混合物（凡士林）常用作软膏的基质，$C_{25}\sim C_{34}$ 的固体烷烃混合物（石蜡）常用作中成药的密封材料和药丸的包衣。

烷烃的稳定性是由于 C—C 键和 C—H 键都是牢固的 σ 键，具有键能高、极性小、不易极化的特点。但这种稳定性是相对的，在适当的温度、压力及催化剂存在的条件下，烷烃也可以发生 C—C 键或 C—H 键断裂的反应。烷烃的化学反应位置如图 3-10 所示。

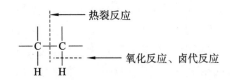

图 3-10 烷烃的化学反应位置示意图

一、氧化和燃烧

烷烃的氧化是在催化剂的作用下，反应生成羧酸、酮等化合物。例如，含有 20～30 个碳原子的高级烷烃（石蜡），通过催化氧化得到高级脂肪酸，可作为生成肥皂的原料。

$$R-H+O_2 \xrightarrow[\text{约 110 ℃}]{MnO_2} R'COOH$$

烷烃的燃烧是指烷烃和空气中的氧气所发生的剧烈氧化反应。烷烃完全燃烧时生成 CO_2 和 H_2O，同时放出大量的热：

$$C_nH_{2n+2}+\frac{3n+1}{2}O_2 \longrightarrow nCO_2+(n+1)H_2O+\text{热量}$$

这个反应在有机合成上没有重大意义，其重要性在于反应放出的热量可以作为能源使用。天然气、汽油及其他燃料的燃烧是人类获取能源的重要途径。在燃烧时如果供氧不足，燃烧不完全，会产生 CO 等有毒物质。汽车所排放的废气中含有大量 CO，会造成空气污染。

标准状态下，1 mol 烷烃完全燃烧所放出的热量称为**燃烧热**（heat combustion），用 $\Delta H^{\ominus}$ 表示。燃烧热是重要的热化学数据，其数值可以反映分子内能的高低和稳定性的大小（表 3-4）。**内能越高，燃烧热越大，分子越不稳定**。

表 3-4 一些烷烃的燃烧热

化 合 物	$\Delta H^{\ominus}/(kJ/mol)$	化 合 物	$\Delta H^{\ominus}/(kJ/mol)$
甲烷	891.1	异戊烷	3531.1
乙烷	1560.8	新戊烷	3530.1
丙烷	2221.5	己烷	4165.9
丁烷	2878.2	2-甲基戊烷	4160.0
异丁烷	2869.8	庚烷	4820.3
戊烷	3539.1	2-甲基己烷	4814.8

知识链接 3-1

从表中数据可以看出，直链烷烃每增加一个 CH_2，燃烧热平均增加 658.6 kJ/mol。构造异构体中，带支链的烷烃比直链烷烃的燃烧热小，因此，支链烷烃内能低，较稳定，**支链越多，结构越稳定**。

NOTE

二、热裂反应

在高温及无氧条件下,烷烃分子中的碳碳键和碳氢键断裂生成小分子的过程,称为**热裂反应**(pyrolysis reaction)。烷烃的热裂是复杂的反应,生成的产物可以是烷烃、烯烃及氢气等混合物。

高级烷烃碳碳键比碳氢键易断,断裂趋势在碳链的一端。短的碎片易成烷烃,较长的碎片易成烯烃,增加压力则有利于碳链中间断裂。例如:

$$CH_3CH_2CH_2CH_3 \xrightarrow{600\ ℃} CH_4 + CH_3CH_3 + CH_3CH=CH_2 + CH_3CH=CHCH_3 + \cdots\cdots$$

在使用催化剂(如 Al_2O_3、SiO_2 等)后,烷烃可在较低温度下发生裂化反应,即催化裂解。在此过程中加入氢可获得饱和烃,这种反应称为催化氢解。烷烃的裂化反应主要用于生产燃料、低相对分子质量的烷烃和烯烃等化工原料。

三、卤代反应

知识链接 3-2

在光照($h\nu$)或加热($\triangle$)条件下,烷烃分子中的氢原子被卤素原子取代的反应,称为**卤代反应**(halogenation reaction)。这是烷烃最重要的反应。

$$RH + X_2 \longrightarrow R-X + HX$$

(一)甲烷的氯代反应

甲烷与氯气在光照或加热到 250~400 ℃时发生氯代反应,甲烷分子中的氢原子被氯原子取代,生成一氯甲烷。甲烷的卤代反应难以停留在一取代阶段,还会继续与氯气反应,生成二氯甲烷、三氯甲烷(氯仿)、四氯甲烷(四氯化碳)和氯化氢,最终得到不同氯代烷的混合物。该反应是工业制备氯甲烷的重要反应,然而,由于反应不易控制,所得混合物难以分离,故在实验室的制备中受到了限制。

$$CH_4 \xrightarrow[\triangle 或 h\nu]{Cl_2} CH_3Cl \xrightarrow[\triangle 或 h\nu]{Cl_2} CH_2Cl_2 \xrightarrow[\triangle 或 h\nu]{Cl_2} CHCl_3 \xrightarrow[\triangle 或 h\nu]{Cl_2} CCl_4$$

二氯甲烷、氯仿、四氯化碳都是常见的有机溶剂。氯仿曾经作为麻醉剂使用,现在已很少用于临床。四氯化碳可用作灭火材料。

通过控制反应条件和反应原料的相对用量,可以使其中一种氯代烷成为主要产物。甲烷和氯气的混合物在 400~500 ℃反应时,若甲烷大大过量,如 $n_{CH_4} : n_{Cl_2} = 10 : 1$ 时,主要生成一氯甲烷。若氯气大大过量,如 $n_{CH_4} : n_{Cl_2} = 0.263 : 1$ 时,则主要生成四氯化碳。

(二)其他烷烃的卤代反应

其他烷烃如乙烷、丙烷和异丙烷等的卤代反应条件与甲烷卤代类似,也是要在光照或加热的条件下进行反应,但是随着分子中碳原子数的增加,氢原子的类型也有所增多,一卤代物往往不止一个,产物更为复杂,可能生成几种异构体的混合物。例如丙烷与氯的取代反应:

$$(1)\quad CH_3CH_2CH_3 + Cl_2 \xrightarrow[25\ ℃]{h\nu} CH_3CH_2CH_3Cl + \underset{\underset{Cl}{|}}{CH_3CHCH_3}$$

$$45\%\qquad\qquad 55\%$$

丙烷分子中有 6 个 $1°H$ 原子,2 个 $2°H$ 原子,如果从每个氢被取代的平均概率考虑,1-氯丙烷应占 75%,2-氯丙烷应占 25%,但实验所得两种产物所占比例分别为 45% 和 55%,这说明发生氯代反应时,两类氢的反应活性不一样,$2°H$ 的反应活性比 $1°H$ 大。

为排除因氢原子种类不同所引起的碰撞概率对产物占比的影响,应计算出每一个 $2°H$ 和 $1°H$ 被取代的比例,这两个数值之比反映了这两种氢的活性次序。$2°H$ 和 $1°H$ 的相对反应活

NOTE

性计算如下:

$$2°H : 1°H = (55/2) : (45/6) = 3.7 : 1$$

异丁烷具有 $3°H$ 和 $1°H$ 这两种类型的氢,发生氯代反应生成一氯代产物的比例如下:

$$(2) \quad \underset{\underset{CH_3}{|}}{CH_3CHCH_3} + Cl_2 \xrightarrow[25\ ℃]{h\nu} \underset{\underset{CH_3}{|}}{CH_3CHCH_2Cl} + \underset{\underset{Cl}{|}}{\underset{\underset{CH_3}{|}}{CH_3CCH_3}}$$

$$\quad\quad\quad\quad\quad\quad\quad\quad\quad\quad 64\% \quad\quad\quad\quad 36\%$$

采用上述同样的计算方法可得 $3°H : 1°H = (36/1) : (64/9) = 5 : 1$。

根据以上实验事实,得出氯代反应中三种氢原子的相对反应活性比为:$3°H : 2°H : 1°H = 5 : 3.8 : 1$。

丙烷和异丁烷发生溴代反应的情况如下:

$$(3) \quad CH_3CH_2CH_3 + Br_2 \xrightarrow[127\ ℃]{h\nu} CH_3CH_2CH_2Br + \underset{\underset{Br}{|}}{CH_2CHCH_3}$$

$$\quad\quad\quad\quad\quad\quad\quad\quad\quad\quad 3\% \quad\quad\quad\quad 97\%$$

$$(4) \quad \underset{\underset{CH_3}{|}}{CH_3CHCH_3} + Br_2 \xrightarrow[127\ ℃]{h\nu} \underset{\underset{CH_3}{|}}{CH_3CHCH_2Br} + \underset{\underset{CH_3}{|}}{\underset{\underset{Br}{|}}{CH_3CCH_3}}$$

$$\quad\quad\quad\quad\quad\quad\quad\quad\quad\quad <1\% \quad\quad\quad\quad >99\%$$

采用上述计算方法得出溴代反应中三种氢原子活性之比为 $3°H : 2°H : 1°H = 1600 : 82 : 1$。

综上所述,烷烃发生卤代反应时三种氢原子的相对反应活性次序为

$$3°H > 2°H > 1°H$$

(三)烷烃与其他卤素的反应

不同卤素与烷烃的反应活性不同,活性次序为 $F_2 > Cl_2 > Br_2 > I_2$。氟与烷烃在暗处混合,反应比较剧烈,常引起爆炸;碘与烷烃不能直接发生取代反应。因此,烷烃的卤代反应通常指氯代反应和溴代反应。

烷烃氯代和溴代反应中,三种氢的活性都是 $3°H > 2°H > 1°H$,但比较上述丙烷的氯代反应(1)和溴代反应(3),可以看出(1)中 $1°H$ 和 $2°H$ 取代产物比例为 45:55,而(3)中取代产物比例为 3:97,相差悬殊。溴代反应对氢的选择性明显高于氯代反应。

练习题 3-2 判断下列反应能否发生。若能,请写出主要产物。

$$(1) \quad CH_3CH_2\underset{\underset{CH_3}{|}}{CH}CH_2CH_3 + H_2SO_4(浓) \xrightarrow{25\ ℃}$$

$$(2) \quad CH_3CH_2CH_3 + NaOH(溶液) \xrightarrow{25\ ℃}$$

$$(3) \quad CH_3CH_2CH_3 + KMnO_4 \xrightarrow[25\ ℃]{H^+}$$

$$(4) \quad CH_3\underset{\underset{CH_3}{|}}{CH}CH_3 + Cl_2(1\ mol) \xrightarrow{光照}$$

 NOTE

第七节　自由基链锁反应的反应机制

反应机制（reaction mechanism），又称反应历程，详细描述了反应物如何逐步变成产物的过程。反应机制是综合大量实验事实所提出的一种理论假设，这种假设必须符合并能合理说明已有的实验事实。由于有机化学反应比较复杂，由反应物到产物通常不是一步完成的，对于某一个特定的反应可能提出多种途径，因此现有的机制也需要进一步的修正、完善和肯定。学习和掌握反应机制，对于发现反应规律、控制反应条件、预测反应产物和提高反应产率等方面都有着重要的意义。

一、烷基自由基的稳定性

甲基自由基是结构最简单的烷基自由基。研究表明，**甲基自由基是平面三角形结构**，所有的原子在同一平面上（图 3-11），碳原子发生 sp^2 杂化，三个 sp^2 杂化轨道分别与三个氢的 1s 轨道重叠形成三个 σ 键，碳氢 σ 键之间互成 120°，另一个未参与杂化的 p 轨道与三个 σ 键所在的平面垂直，p 轨道中有一个未成对的单电子。其他烷基自由基的结构与甲基自由基类似。

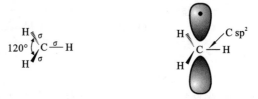

图 3-11　甲基自由基结构示意图

自由基的稳定性可以用键的解离能来说明。同一类型的化学键发生均裂时，键的解离能越小，则自由基越容易生成，生成的自由基也越稳定。烷烃各种碳氢键的解离能如表 3-5 所示。

表 3-5　烷烃各种碳氢键的解离能

碳氢键断裂	自由基名称	解离能/(kJ/mol)
$CH_3-H \longrightarrow \cdot CH_3 + H\cdot$	甲基自由基	435.1
$CH_3CH_2-H \longrightarrow CH_3\overset{\cdot}{C}H_2 + H\cdot$	乙基自由基(1°)	410
$(CH_3)_2CH-H \longrightarrow CH_3\overset{\cdot}{C}HCH_3 + H\cdot$	异丙基自由基(2°)	397.5
$(CH_3)_3C-H \longrightarrow (CH_3)_3C\cdot + H\cdot$	叔丁基自由基(3°)	380.7

根据表 3-5 中生成各种自由基所需要的能量大小，得出烷基自由基的稳定性顺序如下：
$$3°\,C\cdot > 2°\,C\cdot > 1°\,C\cdot > CH_3\cdot$$

烷基对自由基具有稳定的作用，故烷基自由基中心碳原子上连接的烷基数目越多，越稳定。

从自由基的角度很容易解释各种氢原子的相对反应活性。自由基越稳定，越容易生成，与其相连的氢就越活泼，反应速率也就越快。所以**自由基的稳定性顺序为 $3°\,C\cdot > 2°\,C\cdot > 1°\,C\cdot$，则氢的活泼性顺序为 $3°H > 2°H > 1°H$**，这与前面分析的各类氢被卤素取代的反应活性是一致的。

自由基是化学反应的一种**活性中间体**（reactive intermediate），性质活泼而且真实存在，但其寿命极其短暂，只有少数比较稳定的自由基可以分离出来。在有自由基生成的反应中，自由

NOTE

基的稳定性决定着反应方向和反应活性。

二、烷烃自由基取代反应机制

（一）自由基链锁反应

知识链接 3-3

甲烷氯代反应的事实：①甲烷与氯气在室温和暗处不反应；在室温有光作用下或者温度高于 250 ℃时才能发生反应。②用光引发反应，吸收一个光子能产生数千个氯甲烷分子。③如有氧气存在，反应将推迟一段时间；待氧气消耗完全后，可进行正常的反应。推迟时间的长短，取决于氧气的量。

根据上述实验事实提出，甲烷氯代反应的反应机制为**自由基链锁反应**（free radical chain reaction），自由基反应是有机化学反应的主要类型之一。甲烷的氯代反应是分步进行的，反应机制如下：

$$Cl\overset{\frown}{—}Cl \xrightarrow{\Delta \text{或} h\nu} 2\,Cl\cdot \qquad ① \quad 链引发$$

$$Cl\cdot + \overset{\frown}{H—}CH_3 \longrightarrow \cdot CH_3 + HCl \quad ②$$
$$\cdot CH_3 + \overset{\frown}{Cl—}Cl \longrightarrow CH_3Cl + Cl\cdot \quad ③ \;\Big\} 链增长$$

重复②、③ ……

$$Cl\cdot + Cl\cdot \longrightarrow Cl_2 \qquad\qquad ④$$
$$\cdot CH_3 + Cl\cdot \longrightarrow CH_3Cl \qquad ⑤ \;\Big\} 链终止$$
$$\cdot CH_2 + \cdot CH_3 \longrightarrow CH_3CH_3 \quad ⑥$$

首先在光照或加热的条件下，氯分子吸收能量发生共价键的均裂，生成两个氯自由基，即具有单电子的氯原子，这种带有未成对电子的原子或基团，称为**自由基**（free radical）。

生成的氯自由基最外层只有七个电子，能量高，非常活泼，为了达到最外层八隅体的稳定结构，它要通过形成化学键来释放能量。氯自由基与甲烷分子发生有效碰撞，夺取一个氢原子形成氯化氢，同时甲烷变成具有单电子的甲基自由基。

甲基自由基是活性中间体，性质十分活泼，为了达到稳定结构，它和氯气发生碰撞，夺取一个氯原子，生成一氯甲烷和一个新的氯自由基。

新生成的氯自由基重复②和③这两步反应，不断循环生成氯甲烷。当一氯甲烷达到一定浓度时，与氯自由基发生碰撞，生成氯甲基自由基，它再次和氯气碰撞生成二氯甲烷和一个新的氯甲基自由基。这样的反应继续下去，不断生成三氯甲烷和四氯化碳。

随着反应的不断进行，甲烷和氯气的浓度迅速降低，自由基相互之间的碰撞机会增大，发生反应④、⑤和⑥，取代反应逐渐终止。

甲烷的氯代反应，实质是共价键均裂引起的自由基反应。一旦形成自由基中间体，整个反应就像一个链锁，一经引发，就一环扣一环地进行下去，这样的反应称为自由基链锁反应。自由基链锁反应的共同特点是反应分为三个阶段：第一阶段是**链引发**（chain initiation），产生自由基，如反应①，生成了活泼的氯自由基，开启链反应；第二阶段是**链增长**（chain propagation），这一阶段是整个链锁反应的重要阶段。如反应②和③，这两步反应重复进行，不断形成新的自由基和产物，是生成产物的主要过程；第三阶段是**链终止**（chain termination），如反应④、⑤和⑥，反应体系中的自由基相互碰撞结合成分子，自由基消失，直至链反应终止。

实验表明，如果反应体系中含有少量氧气，则在 O_2 被消耗完之前，氯代反应不能发生，因为生成的甲基自由基和 O_2 作用生成过氧自由基。过氧自由基的活性远小于甲基自由基，几乎不能使链锁反应进行下去，这样就使反应速率大大减慢，待 O_2 完全消耗，就可以恢复正常的反应。像氧气这样的物质，即使少量存在，也能使自由基链锁反应减慢甚至停止，称为**自由**

NOTE

基反应抑制剂（inhibitor）。

$$\cdot CH_3 + O_2 \longrightarrow CH_3-O-O\cdot$$

如果在反应物中加入易产生自由基的试剂，如过氧化物（$R-O-O-R$，$R=-COCH_3$ 或 $-COPh$），或者直接引入自由基本身，可以促进自由基反应的发生，这类试剂称为自由基反应的**引发剂**（initiator）。

$$R-O-O-R \longrightarrow 2RO\cdot$$

（二）反应过程中的能量变化

从第二章第二节，我们了解到每一个化学反应进程由反应物到产物必须经过一种**过渡态**（Ts）。

$$A-B+C \Longleftrightarrow [A\cdots B\cdots C]^{\neq} \longrightarrow A+B-C$$
$$\text{反应物} \qquad \text{过渡态} \qquad \text{产物}$$

过渡态的结构介于反应物和产物之间，不能独立存在，极不稳定，无法分离得到。过渡态（Ts）处于势能的最高点，而反应物与过渡态之间的能量差，即发生反应必须克服的能垒用**活化能**（E_a）表示。过渡态的能量越低，过渡态越稳定，活化能就越小，反应速率也越快。反应物和产物之间的能量差则为**反应热**（heat of reaction，用 ΔH 表示）。E_a 和 ΔH 之间没有直接的联系。决定反应速率的是活化能 E_a，是能垒高度，而不是反应热 ΔH。即使反应是放热的，仍需攀越过渡态的能垒。现在我们以甲烷卤代为例来分析烷烃卤代反应中能量的变化。

1. 甲烷氯代反应过程中的能量变化　从甲烷氯代反应机制中我们可以看出，甲烷氯代反应的产物氯甲烷是在链增长阶段生成的，主要包括②和③两步反应。在反应②中，氯自由基沿着甲烷碳氢键的轴靠近氢原子到一定距离时，碳氢键逐渐松弛和削弱，氯和氢之间的新键开始形成，分子的立体结构和电子云分布等都在发生变化。当体系的能量上升到最大值时，即生成过渡态 I（Ts_1），此时碳原子的杂化状态和几何形状介于反应物甲烷和生成物甲基自由基之间，碳原子和氯原子都带有部分单电子。随着旧键的断裂和新键的形成，体系的能量逐渐下降，最后生成甲基自由基和氯化氢。这一步反应是吸热反应（$\Delta H = 4$ kJ/mol），需要较大的活化能（$E_a = 16.7$ kJ/mol）才能达到过渡态。

$$
\underset{\text{sp}^3(\text{四面体})}{\ce{H-C(H)(H)-H}} + \cdot Cl \Longleftrightarrow \underset{\text{介于sp}^2\text{和sp}^3\text{之间}}{\left[\ce{H-C(H)(H)\cdots H-Cl}\right]^{\neq}_{Ts_1}} \Longleftrightarrow \underset{\text{sp}^2(\text{平面型})}{\ce{C(H)(H)(H)\cdot}}
$$

在步骤③中，甲基自由基通过经历过渡态 II（Ts_2）转变成为产物，但这步反应是放热反应（$\Delta H = -108$ kJ/mol），活化能也较小（$E_a = 8.3$ kJ/mol），因此反应很容易发生，这也体现了甲基自由基的高度活泼性。

$$
\underset{\text{sp}^2(\text{平面型})}{\ce{\cdot C(H)(H)(H)}} + Cl-Cl \Longleftrightarrow \underset{\text{介于sp}^2\text{和sp}^3\text{之间}}{\left[\ce{H-C(H)(H)\cdots \overset{\delta\cdot}{Cl}-\overset{\delta\cdot}{Cl}}\right]^{\neq}_{Ts_2}} \longrightarrow \underset{\text{sp}^3(\text{四面体})}{\ce{H-C(H)(H)-Cl}} + Cl\cdot
$$

由于反应②的活化能比反应③的活化能大，因而反应速率慢，是甲烷氯代反应决定速率的

 NOTE

一步反应，影响着反应总速率，故称其为速率控制步骤。

图 3-12 是甲烷氯代反应链增长阶段的势能图,从图中可以看出,过渡态位于势能图的波峰处,而且过渡态Ⅰ(Ts₁)比过渡态Ⅱ(Ts₂)的势能高;活性中间体甲基自由基处于两个能垒的波谷处,它既是反应②的产物,又是反应③的反应物,能量也较高,但比过渡态的能量低,由于活性较高能很快转变成产物;反应②是吸热反应,其逆反应的活化能比正反应小,因此是可逆反应,而反应③是强烈的放热反应,逆反应比正反应的活化能大得多,因此是不可逆的。

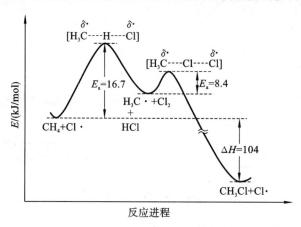

图 3-12 甲烷氯代反应的反应势能图

2. 甲烷与其他卤素反应过程中的能量变化 甲烷和其他卤素原子发生的取代反应与甲烷的氯代反应过程相似,也是由反应②决定化学反应速率,只是活化能有所差异。甲烷与不同卤素发生取代反应的热力学数据如表 3-6 所示。

表 3-6 甲烷卤代反应中的热力学数据

$CH_4 + X \cdot \longrightarrow \cdot CH_3 + HX$	$E_a/(kJ/mol)$	$\Delta H/(kJ/mol)$
$\cdot F \cdot$	4	-130
$Cl \cdot$	17	$+4$
$Br \cdot$	85	$+67$
$I \cdot$	>141	$+140$

由表 3-6 可以看出氟与甲烷反应的 ΔH 为 -130 kJ/mol,是放热反应,氟代反应所需的活化能较少,仅为 4 kJ/mol,一旦反应发生,大量的热难以移走,导致反应过于猛烈,甚至引起爆炸,破坏生成的氟甲烷,得到碳与氟化氢,因此甲烷直接氟化难以实现,往往要在惰性气体稀释的条件下进行反应。然而碘与甲烷的反应需要的活化能大于 141 kJ/mol,而 ΔH 为 $+140$ kJ/mol,是吸热反应,所以反应难以进行。甲烷的氯代和溴代反应的活化能较为适宜,因此卤代反应主要是指氯代和溴代。

3. 氯代和溴化反应的活性比较 前面我们提到烷烃溴代反应对氢的选择性明显高于氯代反应。如何解释这种现象呢？以丙烷的氯代和溴代反应为例加以说明。

丙烷氯代反应和溴代反应自由基能量变化如图 3-13 和图 3-14 所示。

从图 3-13 可知,氯原子的活性大,所需的活化能较小,生成丙基自由基过渡态Ⅲ(Ts₃)和异丙基自由基过渡态Ⅳ(Ts₄)的结构差别小,势能差别也小,只有 4.2 kJ/mol。因此,2°H 与 1°H 的反应速率差别较小。同理 3°H 与 2°H、1°H 的氯代反应速率差别也不大。因此,氯代反应三种氢的选择性小。

NOTE

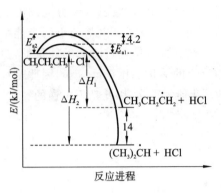

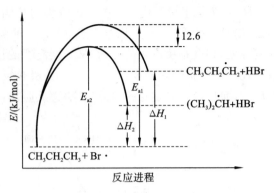

图 3-13　丙烷氯代反应自由基能量变化　　　图 3-14　丙烷溴代反应自由基能量变化

$$CH_3CH_2CH_3 + Cl \cdot \begin{cases} [CH_3CH_2\overset{\delta \cdot}{CH_2} \text{----} H \text{----} \overset{\delta \cdot}{Cl}]^{\neq} \longrightarrow CH_3CH_2\overset{1°}{CH_2} \cdot \\ Ts_3 \\ \begin{bmatrix} CH_3 \\ CH_3 \end{bmatrix}\overset{\delta \cdot}{CH} \text{----} H \text{----} \overset{\delta \cdot}{Cl} \end{bmatrix}^{\neq} \longrightarrow (CH_3)_2\overset{2°}{CH} \cdot \\ Ts_4 \end{cases}$$

而图 3-14 告诉我们，溴原子的活性较小，它与丙烷反应需要更高的活化能才能形成过渡态。形成相应的过渡态 Ts$_5$ 和 Ts$_6$ 能量差较大，为 12.6 kJ/mol。因此，在溴代反应中，异丙基自由基比丙基自由基的生成速率快得多，即 2°H 比 1°H 溴代反应速率大得多。同理，3°H 反应速率也比 2°H、1°H 大得多，故溴代反应时这三种氢的选择性很大。

$$CH_3CH_2CH_3 + Br \cdot \text{（不活泼）} \begin{cases} [CH_3CH_2\overset{\delta \cdot}{CH_2} \text{----} H \text{----} \overset{\delta \cdot}{Br}]^{\neq} \longrightarrow CH_3CH_2CH_2 \cdot + H\text{---}Br \\ Ts_5 \\ \begin{bmatrix} CH_3 \\ CH_3 \end{bmatrix}\overset{\delta \cdot}{CH} \text{----} H \text{----} \overset{\delta \cdot}{Br} \end{bmatrix}^{\neq} \longrightarrow \begin{matrix} CH_3 \\ CH_3 \end{matrix}\overset{\cdot}{C}\text{---}H + H\text{---}Br \\ Ts_6 \end{cases}$$

综上所述，虽然从反应活化能的角度分析，烷烃的氯代反应活化能较低，反应较快，但溴代反应中溴对几种氢的选择性明显高于氯代反应。烷烃的氯代反应常常得到不易分离提纯的混合物，一般很少用于制备氯代烷烃。而溴代由于选择性较高，从制备的角度来讲，溴代反应更有意义。

练习题 3-3　2-甲基丁烷的一溴产物可能有几种？哪一种异构体占优势？为什么？

主要内容	学习要点
概念	烷烃，构造异构体，构象异构体，自由基
结构	sp^3 杂化，σ 键，牢固
自由基	活性中间体；平面结构
同分异构体	构造异构体中的碳架异构体 构象：分为交叉式和重叠式两类，其中交叉式构象为优势构象
命名	普通命名法（正、异、新）；IUPAC 命名法

练习题答案

NOTE

续表

主要内容	学习要点
化学性质	稳定;光照或加热条件下发生卤代反应
反应活性	自由基稳定性:$3°C·>2°C·>1°C·>CH_3·$
	氢的活性:$3°H>2°H>1°H$
	卤素的活性:常指氯和溴。氯反应活性高,溴选择性高
反应机制	自由基链锁反应:链引发——链增长——链终止
	条件:光照或加热
	反应抑制剂;反应引发剂

目标检测

一、用 IUPAC 命名法命名下列化合物。

(1) $CH_3CH_2CHCH_2CH_2CHCH_3$
　　　　$|$　　　　　$|$
　　　C_2H_5　　　CH_3

(2) $CH_3CCH_2CHCHCH_2CH_3$ (附 CH_3 基团)

(3) $(CH_3)_2CHCH_2CH_2CH_2CCH_2CH_2CH(CH_3)_2$
　　　　　　　　　　　　　$|$
　　　　　　　　　　　CH_3

(4)

(5) （结构式）

二、写出符合下列条件的化合物的构造式,并用系统命名法命名。

(1) 分子式为 C_5H_{12},且仅含有伯氢,不含仲氢和叔氢的烷烃

(2) 分子式为 C_5H_{12},且仅含有一个叔氢的烷烃

(3) 分子式为 C_5H_{12},且仅含有伯氢和仲氢的烷烃

(4) 分子式为 C_8H_{18},且仅含有伯氢的烷烃

(5) 相对分子质量为 100,同时含有伯、叔、季碳原子的烷烃

三、分别写出下列化合物最稳定的构象式,用伞形式、锯架投影式和纽曼投影式表示。

(1) （结构式） (2) （结构式） (3) （结构式）

四、将下列烷烃按沸点由高到低的顺序排列。

(1) 2-甲基戊烷 (2) 正己烷 (3) 正庚烷 (4) 十二烷

五、由下列指定化合物合成相应的卤代物,选用 Cl_2 还是 Br_2? 为什么?

(1) $H_3C-\underset{CH_3}{\overset{CH_3}{C}}-CH_3 \longrightarrow H_3C-\underset{CH_3}{\overset{CH_3}{C}}-CH_2X$

目标检测答案

NOTE

$$(2) \quad \underset{\underset{CH_3}{|}}{CH_3CHC(CH_3)_3} \longrightarrow \underset{\underset{X}{\overset{CH_3}{|}}}{CH_3\ \overset{|}{C}\ C(CH_3)_3}$$

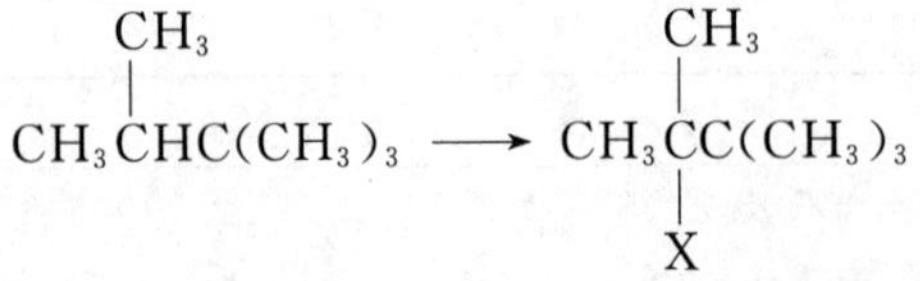

六、写出下列各反应生成的一卤代烷,并预测所得异构体的比例。

$$(1) \quad CH_3CH_2CH_3 \xrightarrow[h\nu]{Cl_2} \qquad\qquad (2) \quad \underset{\underset{CH_3}{|}}{CH_3CHCH_3} \xrightarrow[h\nu]{Br_2}$$

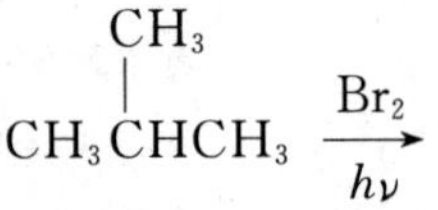

七、写出异戊烷均裂 C—H 键时可能产生的碳自由基,并指出哪一个是最稳定的。

八、写出甲烷氯代反应中生成 CH_2Cl_2 的反应机制。

参 考 文 献

[1] 邢其毅,裴伟伟,徐瑞秋,等.基础有机化学[M].4 版.北京:北京大学出版社,2016.

[2] 陆涛,胡春,项光亚.有机化学[M].8 版.北京:人民卫生出版社,2017.

[3] 陆阳,申东升.有机化学[M].2 版.北京:科学出版社,2017.

[4] 唐玉海.医用有机化学[M].3 版.北京:高等教育出版社,2016.

(于姝燕)

NOTE

第四章 烯烃和炔烃

学习目标

1. 掌握：烯烃、二烯烃和炔烃的结构和化学性质。
2. 熟悉：烯烃、二烯烃和炔烃的命名。
3. 了解：烯烃和炔烃的物理性质、制备方法。

扫码看课件

烯烃、炔烃的官能团分别是碳碳双键和碳碳三键，属于不饱和烃。含有一个双键的开链烯烃比相应的烷烃少两个氢原子，其分子通式为 C_nH_{2n}；含有一个碳碳三键的开链炔烃比相应的烷烃少四个氢原子，其分子通式为 C_nH_{2n-2}。本章介绍不饱和脂肪烃类化合物，是烃类化合物的重要内容，也是后续章节的重要基础。

案例解析

20 世纪初，德国化学家威廉·诺曼发明了一项食品工业技术——植物油的"氢化"，并于1902 年取得专利。1909 年美国宝洁公司取得此专利的美国使用权，并于 1911 年开始推广第一个完全由植物油制造的半固态酥油产品。植物油加氢过程中将顺式不饱和脂肪酸转变成室温下更稳定的固态反式脂肪酸。制造商利用这个过程生产人造黄油，也利用这个过程增加产品货架期和稳定食品风味，但不饱和脂肪酸氢化时产生的反式脂肪酸的含量占到 8%～70%。近年来，许多流行病学调查或者动物实验研究了反式脂肪酸的各种可能的危害，其中对心血管健康的影响具有最充分的证据，被广为接受。从 2003 年起，以丹麦为首，美国、加拿大和瑞士等国纷纷出台政策，多方面限制了反式脂肪酸的食用含量。

问题：

为什么"氢化"过程会使液态的植物油固化，并使其反式脂肪酸的含量增加？

第一节 烯烃和炔烃的分类和命名

一、烯烃的分类和命名

（一）烯烃的分类

按照碳碳双键的数目分类，可把烯烃分为单烯烃（分子中只有一个双键）、二烯烃（分子中含有两个双键）和多烯烃。按照分子骨架分类，烯烃可分为链烯烃和环烯烃。在链烯烃中，双键在链端的称为端烯烃，双键在链中间的称为内烯烃。环烯烃种类较多，理论上，在环烷烃的分子中插入碳碳双键，就生成相应的环烯烃。

（二）单烯烃的命名

烯烃分子中去掉一个氢原子后剩下的一价基团称为烯基，同一个碳原子上带有两个游离

 NOTE

63

键的基团称为亚某基,常见烯基的名称见表 4-1。

表 4-1　常见烯基的名称

烯　　基	中　文　名	英　文　名
$CH_2=CH-$	乙烯基	ethenyl 或 vinyl
$CH_3\overset{2}{C}H=\overset{1}{C}H-$	1-丙烯基	1-propenyl
$CH_2=\overset{2}{C}H\overset{1}{C}H_2-$	2-丙烯基	2-propenyl
$CH_3-\overset{\overset{\displaystyle CH_2}{\|\|}}{C}-$	异丙烯基	isopropenyl
$CH_2=$	亚甲基	methylene
$CH_3CH=$	亚乙基	ethylidene

　　值得注意的是 1-丙烯基常简称为丙烯基,2-丙烯基常称为烯丙基,两者常常容易混淆。其实这与游离键"—"跟随的碳有关,游离键跟着饱和碳为烯丙基,游离键跟着烯碳则为丙烯基。

　　烯烃的 IUPAC 命名法是选择最长碳链作为主链,根据主链上碳原子的数目称为某烯,碳原子在 11 以上称为某碳烯,然后从碳链上靠近双键的一端开始,进行编号,将双键上第一个碳原子的号码加在烯烃名称的前面以表示双键的位置,取代基的名称和位置的表示方法与烷烃相同。烯烃的英文命名是将烷烃后缀"ane"改为"ene"。例如:

$$CH_3(CH_2)_9CH=CH_2$$

十二碳-1-烯　　　丁-1-烯　　　丁-2-烯
(dodec-1-ene)　　(but-1-ene)　　(but-2-ene)

　　根据 IUPAC 命名法,链状烃在选择主链时,优先考虑链长,而不是不饱和度,例如:

现命名　　　3-亚甲基己烷
　　　　　(3-methylidene hexane)
原命名　　　2-乙基戊-1-烯
　　　　　(2-ethylpent-1-ene)

（三）二烯烃的分类和命名

1. 二烯烃的分类　　含有两个或两个以上碳碳双键的不饱和烃称为多烯烃,其中含有两个碳碳双键的不饱和烃称为**二烯烃**(dienes)。开链二烯烃的通式为 C_nH_{2n-2},根据二烯烃中碳碳双键的相对位置不同,将其分为以下三种类型。

　　(1)聚集二烯烃(cumulative dienes)。两个双键共用一个碳原子,即双键聚集在一起,称为聚集二烯烃,又称累积二烯烃。

　　(2)共轭二烯烃(conjugated dienes)。两个双键中间隔一单键,即单、双键交替排列,称为共轭二烯烃。

　　(3)隔离二烯烃(isolated dienes)。两个双键间隔两个或多个单键,称为隔离二烯烃,也称为孤立二烯烃。

　　三类二烯烃的碳架如下:

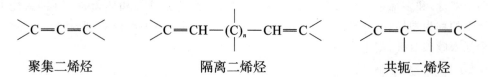

聚集二烯烃　　　　　　隔离二烯烃　　　　　　　共轭二烯烃

隔离二烯烃的两个双键相距较远,彼此之间的影响较小,化学性质基本和单烯烃相同;聚集二烯烃为数不多,实际应用也不多,主要用于立体化学的研究。共轭二烯烃中的两个双键相互影响,有些性质较为特殊,在理论和应用上都有重要价值。共轭二烯烃相互影响的特征存在于共轭多烯烃中,本章主要讨论共轭二烯烃。

2. 二烯烃的命名 二烯烃的系统命名与烯烃相似,只是选择主链时要包括两个双键,称为某二烯,英文用"di-"表示两个烯键。编号从靠近链端的双键开始,双键的位置写在"某"字后面。如碳链上还有烷基,将其位置和名称写在某二烯名称的前面。例如:

$$\overset{1}{CH_2}=\overset{2}{CH}-\overset{3}{CH}=\overset{4}{CH_2} \qquad \overset{1}{CH_2}=\overset{2}{CH}-\overset{3}{CH}=\overset{4}{CH}-CH_3 \qquad \overset{1}{CH_2}=\overset{2}{CH}-\overset{3}{CH_2}-\overset{4}{CH}=\overset{5}{CH}-\overset{6}{CH}\overset{7}{CH_3}$$

$$\underset{CH_3}{|}$$

丁-1,3-二烯　　　　　戊-1,3-二烯　　　　　6-甲基庚-1,4-二烯

(but-1,3-diene)　　　(pent-1,3-diene)　　　(6-methylhept-1,4-diene)

二、炔烃的分类和命名

(一) 炔烃的分类

含有一个碳碳三键的不饱和烃称为单炔烃,含有两个或两个以上碳碳三键的不饱和烃称为多炔烃。

(二) 炔烃的命名

炔烃的系统命名法的命名原则与烯烃类似,只需将"烯"字改为"炔"。炔烃的英文名称是将烷烃后缀"ane"改为"yne",例如:

$$CH \equiv CH \qquad\qquad CH_3 - C \equiv CH \qquad\qquad CH_3 - C \equiv C - CH_3$$

乙炔　　　　　　　　丙炔　　　　　　　丁-2-炔

(ethyne)　　　　(propyne)　　　　(but-2-yne)

结构更加复杂的炔烃,仍是选择包含三键在内的最长碳链作为主链,根据主链碳原子的数目称为某炔,然后从靠近三键的一端进行编号,使官能团位次较小,同时兼顾取代基具有较低位次。例如:

$$\overset{7}{CH_3}\overset{6}{CH_2}\overset{5}{CH}-\overset{4}{C} \equiv \overset{3}{C}-\overset{2}{CH_2}\overset{1}{CH_3}$$

$$\underset{CH_3}{|}$$

5-甲基庚-3-炔

(5-methylhept-3-yne)

若三键距离两端位置相同,从距离取代基最近的一端开始编号,若从两端编号的第一个取代基的位次相同,则使第二个取代基的编号位次最小,依次类推。例如:

$$\overset{8}{CH_3}-\overset{7}{CH_2}-\overset{6}{\underset{CH_3}{\overset{CH_3}{|}}{C}}-\overset{5}{C} \equiv \overset{4}{C}-\overset{3}{CH_2}-\overset{2}{\underset{CH_3}{\overset{|}{CH}}}-\overset{1}{CH_3} \qquad\qquad \overset{1}{CH_3}-\overset{2}{\underset{CH_3}{\overset{CH_3}{|}}{C}}-\overset{3}{C} \equiv \overset{4}{C}-\overset{5}{\underset{|}{\overset{CH_3}{|}}{CH}}-\overset{6}{CH_3}$$

2,6,6-三甲基辛-4-炔　　　　　　　2,2,5-三甲基己-3-炔

(2,6,6-trimethyloct-4-yne)　　　　(2,2,5-trimethylhex-3-yne)

三、烯炔的命名

分子中同时含有双键和三键的化合物,称为烯炔,英文名称词尾用"-en-yne"表示。命名时,选择最长的连续碳链作为主链。根据《有机化合物命名原则 2017》,最长主链不一定包含所有不饱和键。例如:

65

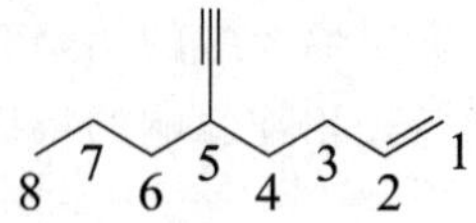

原命名　5-丙基庚-1-烯-6-炔　（5-propylhept-1-en-6-yne）
现命名　5-乙炔基-辛-1-烯　（5-ethynyloct-1-ene）

如果双键和三键都在主链上，编号时要从靠近不饱和键的一端开始，书写时先烯后炔。若两个不饱和键的编号相同，则应使双键具有最小位次。例如：

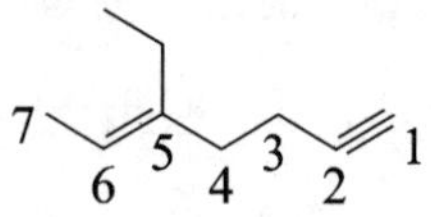

5-乙基庚-5-烯-1-炔
(5-ethylhept-5-en-1-yne)

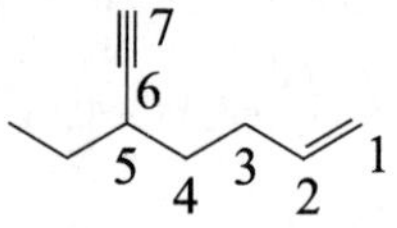

5-乙基庚-1-烯-6-炔
(5-ethylhept-1-en-6-yne)

练习题 4-1　命名下列化合物。

（1）$(CH_3)_3CCCH_2CH_3$
$\quad\quad\quad\quad\quad\ \|$
$\quad\quad\quad\quad\quad CH_2$

（2）$(CH_3)_2CHC\equiv CH$

（3）$CH_3C\equiv CCHCH_2CH=CH_2$
$\quad\quad\quad\quad\quad |$
$\quad\quad\quad\quad\ CH_3$

第二节　烯烃和炔烃的同分异构体

一、构造异构体

烯烃和炔烃因不饱和键的存在，导致构造异构比烷烃复杂。相同分子式的化合物，除了和烷烃一样有碳架异构体外，还存在官能团的位置异构体和不同官能团之间的官能团异构体。例如 C_4H_8 的构造异构体如图 4-1 所示：

C_4H_8　（1）　（2）　（3）　（4）　（5）

图 4-1　C_4H_8 的构造异构体

其中前三个化合物为烯烃，后两个化合物为环烷烃，两者有不同的官能团，所以互为官能团异构体。烯烃的(1)、(2)与(3)的碳架不相同，所以互为碳架异构体。而(1)和(2)碳架相同，只是双键位置不同，属于官能团位置异构体。

二、顺反异构体

双键碳原子不能够自由旋转，使得与双键相连的原子或原子团在空间排列的方式是固定的。例如，根据双键碳原子上相连的氢原子和甲基在空间上的不同排列，丁-2-烯存在以下两种异构体：

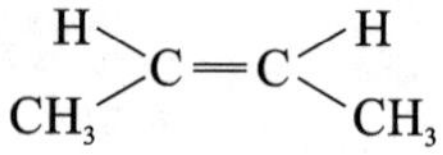

（1）
顺-丁-2-烯
(*cis*-but-2-ene)

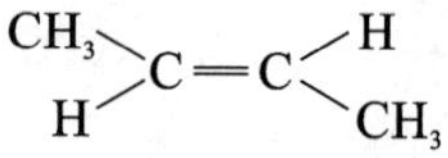

（2）
反-丁-2-烯
(*trans*-but-2-ene)

其中,像式(1)中两个相同的原子(H)或基团(CH₃)在双键同侧的称为顺式(*cis-*),像式(2)中两个相同的原子或基团在双键两侧的称为反式(*trans-*)。这种由于双键的自由旋转受阻所引起的原子或基团在空间呈现不同的空间排列方式的异构现象,称为**顺反异构**(*cis-trans isomerism*),属于立体异构中构型异构的范畴。顺反异构体是不同的化合物,在室温下不能相互转化,物理性质也不相同,可以用各种物理方法将顺反异构体分开。

化合物中两个双键碳原子各带有不同的取代基时,就可能有顺反异构体:

$$\begin{array}{ccc} {}^{a}_{b}{>}C{=}C{<}^{a}_{b} & {}^{a}_{b}{>}C{=}C{<}^{a}_{d} & {}^{a}_{b}{>}C{=}C{<}^{c}_{d} \end{array}$$

两个双键碳原子中任何一个连有两个相同的取代基,都没有顺反异构体。

三、顺反异构体的命名

普通命名法中烯烃顺反异构体采用顺/反构型命名法,即用"顺(*cis-*)"词头表示两个相同基团在双键同侧的异构体,而用"反(*trans-*)"词头表示两个相同基团在双键异侧的异构体。但这种命名法有局限性,对于双取代化合物比较明确。当化合物双键为三取代或四取代时,若用"顺(*cis-*)"或者"反(*trans-*)"来表达其构型,则可能会含糊不清。

根据 IUPAC 命名法,此时顺反异构体的构型用 Z(德文 zusammen,同)和 E(entgengen,对)表示。命名时将两个双键碳原子上的取代基按照次序规则比较优先顺序,若两个碳原子上的优先基团在双键同侧为 Z 型,在双键异侧则为 E 型。即若 a>b,c>d,那么:

$$\begin{array}{cc} {}^{a}_{b}{>}C{=}C{<}^{c}_{d} & {}^{a}_{b}{>}C{=}C{<}^{d}_{c} \\ Z型 & E型 \end{array}$$

确定基团优先顺序的次序规则主要内容如下。

(1)若与双键碳原子相连的两个原子不同,直接比较连在双键碳原子上的两个游离原子的原子序数,序数大者优先;同位素原子质量大者优先。

例如:I>Br>Cl>S>P>F>O>N>C>D>H。

(2)若与双键碳原子相连的两个原子相同,则依次比较连在两个游离原子上的其他原子(若第二个原子仍相同,则比较第三个,直至比较出大小),原子序数大者优先。

例如:下列六个基团中,②和③中与双键碳原子直接相连的 C_1 连接的原子都是 C、C、H,就继续比较 C_1 直接相连的 C_2,此时②的 C_2 连接的是 C、H、H,而③的 C_2 连接的是 H、H、H,这样就可以确定②比③优先。同理④优于⑤。

$$① \qquad ② \qquad ③ \qquad ④ \qquad ⑤ \qquad ⑥$$

$$\underset{\underset{CH_3}{|}}{\overset{\overset{CH_3}{|}}{H_3C-C-}} > \underset{|}{\overset{2}{C}H_3\overset{}{C}H_2\overset{1}{C}H-CH_3} > \underset{|}{\overset{2}{C}H_3\overset{1}{C}HCH_3} > \overset{2}{C}H_3\overset{1}{C}H_2\overset{1}{C}H_2- > \overset{2}{C}H_3\overset{1}{C}H_2- > \overset{1}{C}H_3-$$

$$\begin{array}{cccccc} C(CCC) & C_1(CCH) & C_1(CCH) & C_1(CHH) & C_1(CHH) & C(HHH) \\ & C_2(CHH) & C_2(HHH) & C_2(CHH) & C_2(HHH) & \end{array}$$

(3)若与双键相连的基团含有双键或三键,可将其看作连接两个或三个相同的原子。例如:

$$\begin{array}{llll} —HC{=}CH_2 & 可看成 & C(CCH) & —C{\equiv}N \quad 可看成 \quad C(NNN) \\ \underset{H}{—C{=}O} & 可看成 & C(OOH) & \underset{OH}{—C{=}O} \quad 可看成 \quad C(OOO) \end{array}$$

NOTE

（4）若与双键碳原子相连的基团互为顺反异构时，*cis* 优于 *trans*，*Z* 型优于 *E* 型。

（5）若与双键碳原子相连的基团互为对映异构时，*R* 优于 *S*；*RR* 或 *SS* 优于 *RS* 或 *SR*。

例如：

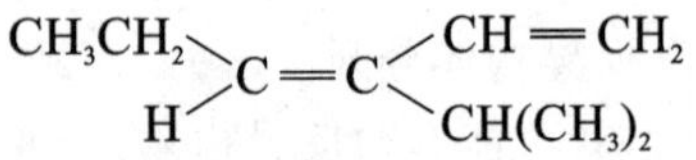

(*Z*)-3-异丙基己-1,3-二烯
(*Z*)-3-isopropylhex-1,3-diene

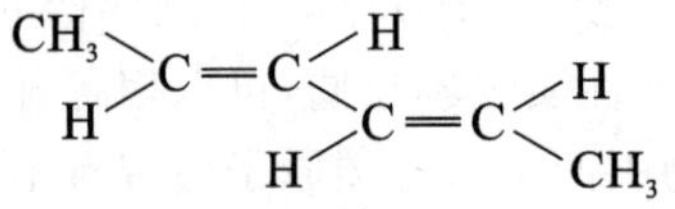

(2*E*,4*E*)己-2,4-二烯
(2*E*,4*E*)hex-2,4-diene

顺/反命名法和 *Z*/*E* 构型命名法是两种不同的命名方法，"顺/反"与 *Z*/*E* 构型并无对应关系，即顺式并不一定是 *Z* 构型，反式并不一定是 *E* 构型，两者不能混淆。例如：

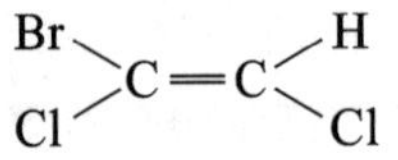

(*E*)-1,2-二氯溴乙烯

((*E*)-bromo-1,2-dichloro-ethene)

顺-1,2-二氯溴乙烯

(*trans*-bromo-1,2-dichloro-ethene)

围绕共轭双键间的单键旋转，可产生两种构象。在构象命名时可用 *S*-顺及 *S*-反来表示。

例如：

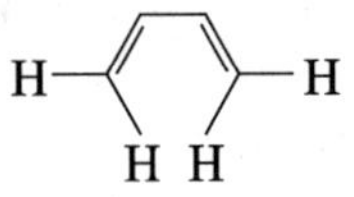

S-顺-丁-1,3-二烯
S-*cis*-but-1,3-diene

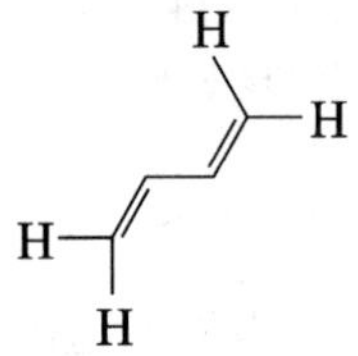

S-反-丁-1,3-二烯
S-*trans*-but-1,3-diene

名称中"*S*"取自英语"单键"（single bond）中的第一个字母。应注意它们不是双键的顺反异构，而是围绕单键旋转的构象异构。*S*-顺，表示两个双键位于 C_2 和 C_3 单键的同侧；*S*-反，表示两个双键位于 C_2 和 C_3 单键的异侧。*S*-顺式分子内原子的排斥作用较大，内能较高。因此，*S*-反式是优势构象。

练习题 4-2 下列化合物中具有顺反异构现象的是（　　　）。
A. 乙烯　　B. 丙烯　　C. 丁-1-烯　　D. 戊-2-烯

第三节　烯烃和炔烃的制备

一、烯烃的制备

工业上，烯烃主要来自石油裂解。实验室制备烯烃的方法如下。

（一）炔烃还原

炔烃中的碳碳三键经选择性催化加氢或化学还原，得到相应的烯烃。

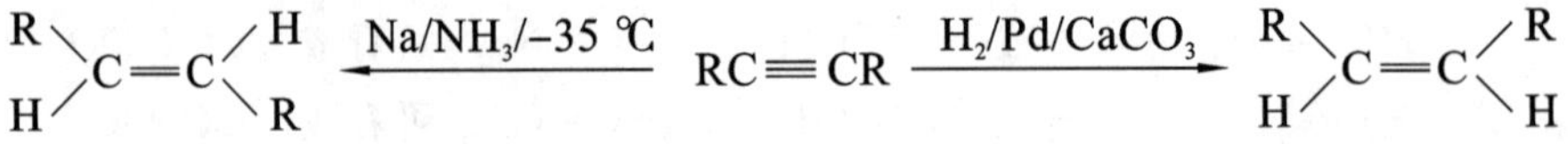

$$\text{反式烯烃} \xleftarrow{\text{Na/NH}_3/-35\ ℃} \text{RC} \equiv \text{CR} \xrightarrow{\text{H}_2/\text{Pd/CaCO}_3} \text{顺式烯烃}$$

反式烯烃　　　　　　　　　　　　　　　　　　　　　　　　　　顺式烯烃

（二）醇脱水

醇在催化剂存在下加热,分子内失去一分子的水形成烯烃。

$$\underset{\underset{H}{|}\ \underset{OH}{|}}{-C-C-} \xrightarrow{H^+} >C=C< \ + \ H_2O$$

（三）邻二卤代烷脱卤素

邻二卤代烷在金属锌或镁作用下,同时脱去两个卤原子生成烯烃。

$$\underset{\underset{X}{|}\ \underset{X}{|}}{-C-C-} \xrightarrow{Zn/C_2H_5OH} >C=C< \ + \ ZnX_2$$

（四）卤代烷脱卤化氢

卤代烷在碱性试剂作用下失去一分子 HX,生成烯烃。

$$\underset{\underset{H}{|}\ \underset{X}{|}}{-C-C-} \xrightarrow{EtOK,EtOH} >C=C< \ + \ HX$$

二、炔烃的制备

乙炔是工业上最重要的炔烃,自然界中没有乙炔存在,通常用电石水解法制备,近年来用轻油和重油在适当的条件下裂解得到乙炔和乙烯。

（一）二卤代烷脱 HX

邻二卤代烷或偕二卤代烷在消去反应中先脱去一分子卤化氢生成卤原子与双键碳原子直接相连的卤代烯烃(乙烯式卤代烃),后者在剧烈条件下(强碱、高温)再脱去一分子 HX 生成炔烃。

$$\left.\begin{array}{l} RCHXCH_2X \\ (\text{邻二卤代烷}) \\ RCH_2CHX_2 \\ (\text{偕二卤代烷}) \end{array}\right| \xrightarrow{-HX} \underset{\underset{X}{|}}{RHC=CH} \xrightarrow{-HX} RC\equiv CH$$

常用的碱性试剂为氨基钠。

（二）炔钠的烷基化

炔钠中的碳负离子是强亲核试剂,与卤代烷发生 S_N2 反应生成新的碳碳键,使一个低级炔烃转变成高级炔烃(详见第六章)。例如以乙炔为原料,可制备取代乙炔,也可制备二取代乙炔。

$$HC\equiv CH \xrightarrow{NaNH_2} CH\equiv CNa \xrightarrow{n\text{-}C_4H_9Br} CH_3CH_2CH_2CH_2C\equiv CH$$

$$HC\equiv CH \xrightarrow[\text{液氨}]{2NaNH_2} NaC\equiv CNa \xrightarrow{2C_2H_5Br} CH_2CH_3-C\equiv C-CH_2CH_3$$

第四节　烯烃和炔烃的物理性质

烯烃与烷烃类似,仍主要以碳碳键和碳氢键结合而成,分子间作用力仍以色散力为主。沸

NOTE

点、熔点和相对密度等物理性质随相对分子质量的变化规律也与烷烃类似。但由于烯烃分子中 π 键的存在,可极化性比 C—C 单键大,因此烯烃分子间的色散力比烷烃略大,沸点比烷烃略高。

炔烃的物理性质与烷烃及烯烃相似。它们都是低极性化合物,不溶于水,比水轻,易溶于低极性有机溶剂,如石油醚、乙醚、苯、四氯化碳等。常温下乙炔、丙炔和 1-丁炔为气体。炔烃中 π 电子较多,且分子结构呈直线形,分子间较易靠近,分子间的范德华力较强,因此炔烃的沸点、熔点、相对密度均比相应的烷烃、烯烃高。乙炔、丙炔和丁-1-炔在室温下为气体。炔烃的沸点比含同数碳原子的烯烃高 10~20 ℃,碳架相同的炔烃中,三键在链端的沸点较低。表 4-2 列举了一些常见烯烃和炔烃的熔点和沸点。

表 4-2　一些常见烯烃和炔烃的熔点和沸点

名称	熔点/℃	沸点/℃
乙烯	−169.1	−103.7
丙烯	−185.2	−47.6
丁-1-烯	−185.3	−6.2
Z-丁-2-烯	−138.91	3.7
E-丁-2-烯	−105.55	0.88
异丁烯	−140.4	−6.9
己-1-烯	−138.0	63.4
庚-1-烯	−119.7	93.6
辛-1-烯	−104	121.2
2-甲基丁-1-烯	−137.5	31.2
3-甲基丁-1-烯	−168.5	20.1
乙炔	−81.8	−84.0
丙炔	−101.5	−23.2
丁-1-炔	−125.9	8.1
丁-2-炔	−32.3	27.0
戊-1-炔	−106.5	40.2
戊-2-炔	−109.5	56.1
3-甲基丁-1-炔	−89.7	29.0
己-1-炔	−132.4	71.4
己-2-炔	−89.6	84.5
辛-1-炔	−79.6	126.2
壬-1-炔	−36.0	160.6
癸-1-炔	−40.0	182.2

第五节　烯烃和炔烃的结构

一、烯烃的结构

乙烯是最简单的烯烃。结构研究表明,乙烯分子中的所有原子均在同一平面上,其键长和

NOTE

键角见图 4-2。

碳碳双键由一个 σ 键和一个 π 键组成，π 键垂直于 σ 键所在的平面，其 π 电子云分布在平面的上方和下方。图 4-3 为乙烯分子结构示意图。

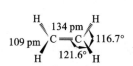

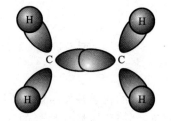

图 4-2 乙烯 C—H 和 C═C 键的键长和键角 图 4-3 乙烯分子中 C—C 和 C—H σ 键的形成

乙烯分子碳碳双键的键能为 612 kJ/mol，而乙烷分子中的碳碳单键键能为 361 kJ/mol，由此可见，乙烯分子中 π 键的键能约为 250 kJ/mol，比单键小。这也说明 π 键的电子云重叠程度不如 σ 键。因此，**π 键比 σ 键容易断裂，是烯烃发生化学反应的主要部位。**

按照分子轨道理论，两个 p 轨道可线性组合成为两个分子轨道，一个是成键轨道，以 π 表示；另一个是反键轨道，以 π^* 表示（图 4-4）。前者能量较低，后者能量较高。在基态时，两个 π 电子在成键轨道上，反键轨道上不占有电子。成键轨道没有节面，反键轨道有一个节面，在节面处电子云密度等于零。

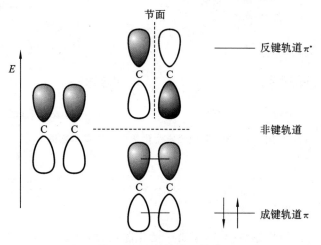

图 4-4 乙烯的分子轨道

二、炔烃的结构

乙炔是最简单的炔烃，分子式为 C_2H_2。用电子衍射光谱等物理方法测得乙炔是直线形分子，键角为 180°，碳碳三键键长 120 pm，C—H 键键长 106 pm。

从第一章第三节我们了解到有机化合物分子中碳原子主要有 sp^3、sp^2 和 sp 三种杂化方式。乙烷、乙烯和乙炔中的碳原子分别发生了 sp^3、sp^2 和 sp 杂化，都有一个 C—C σ 键，表 4-3 列举了乙烷、乙烯与乙炔分子中的碳碳 σ 键键长和键能数据。

表 4-3 乙烷、乙烯和乙炔分子碳碳 σ 键相关常数比较

名称	杂化方式	σ 键键长/pm	σ 键键能/(kJ/mol)
乙烷	sp^3	154	347
乙烯	sp^2	134	611
乙炔	sp	120	837

NOTE

由表 4-3 可知,三者中乙炔 C—Cσ 键键长最短,键能最大,说明此键最牢固,原因在于三者的杂化方式不同,C—Cσ 键所含的 s 轨道成分不同。这也决定了它们的电负性强弱顺序为 $sp > sp^2 > sp^3$。

第六节 烯烃和炔烃的化学性质

烯烃和炔烃的化学性质与烷烃不同,它们很活泼,可以和很多试剂发生反应。从"结构决定性质"的角度分析,烯烃和炔烃的 σ 键比烷烃的 σ 键牢固,不太容易发生化学反应,相比之下,"肩并肩"形成的 π 键不太牢固,是主要的活性反应部位。π 键的存在使烯烃和炔烃有着较高的电子云密度,而且 π 电子云易极化,可以发生加成、氧化和聚合等反应。双键和三键是反映烯烃和炔烃化学性质的官能团。炔烃的三键含有的两个 π 键又决定着它有不同于烯烃的"个性"反应。这是我们在学习过程中需要特别关注的。烯烃和炔烃发生化学反应位置如图 4-5 所示。

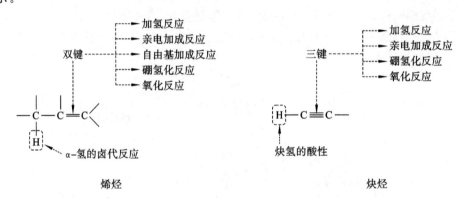

图 4-5 烯烃和炔烃发生化学反应位置示意图

一、加氢反应

(一)烯烃催化加氢

烯烃加氢生成烷烃,反应是放热的,但由于活化能很大,只有这两种原料在一起,还不能进行。催化剂可以降低反应的活化能,在催化剂存在下,加氢反应能够顺利进行。常用的非均相催化剂为分散程度很高的金属粉末,如铂、钯、铑和镍,一般是将它在活性炭、氧化铝等载体上使用。烯烃如为气体,可以先与氢气混合再通过催化剂,如为液、固体,可以溶解在溶剂中,加催化剂后通氢气,并摇动或搅拌,到吸收氢气的量达到要求为止。加氢反应的产率常接近 100%,产物的纯度高,容易分离,在实验室和工业上都有重要用途。烯烃的加氢是合成较纯烷烃的重要方法。

$$>C=C< \quad + H_2 \quad \xrightarrow{\text{Pt或Ni}} \quad -\overset{H}{\underset{}{C}}-\overset{H}{\underset{}{C}}-$$

催化加氢反应是放热反应,只有 1 个双键的单烯烃加氢大约放出 125.5 kJ/mol 的热量,加氢反应所放出的热量称为氢化热(hydrogenation heat)。不同的烯烃加氢放出的热量不同。通过不同烯烃加氢放出热量的多少,可以比较烯烃的稳定性大小,**一般氢化热值越小,分子越稳定**。例如:

NOTE

$$CH_3CH_2CH=CH_2 + H_2 \xrightarrow{\text{Pt 或 Ni}} CH_3CH_2CH_2CH_3 \qquad \Delta H = -126.8 \text{ kJ/mol}$$

$$\underset{H}{\overset{H_3C}{}}\!\!\!C = C\!\!\!\underset{H}{\overset{CH_3}{}} + H_2 \xrightarrow{\text{Pt 或 Ni}} CH_3CH_2CH_2CH_3 \qquad \Delta H = -119.78 \text{ kJ/mol}$$

$$\underset{H_3C}{\overset{H}{}}\!\!\!C = C\!\!\!\underset{H}{\overset{CH_3}{}} + H_2 \xrightarrow{\text{Pt 或 Ni}} CH_3CH_2CH_2CH_3 \qquad \Delta H = -125.5 \text{ kJ/mol}$$

结果表明,丁烯的稳定性大小顺序为(E)-丁-2-烯>(Z)-丁-2-烯>丁-1-烯。

烯烃分子中双键碳原子上只有一个烷基的一取代烯烃比二取代、三取代和四取代烯烃更容易加氢,烷基链的长短和分支对加氢的影响不大。

催化加氢主要得到顺式加成产物,催化剂、溶剂和压力对顺式和反式加成产物的比例有一定影响。例如:1,2-二甲基环己烯用二氧化铂在乙酸溶液中室温和常压下加氢,产物中顺-1,2-二甲基环己烷占81.8%,反式占18.2%,如用钯炭作催化剂则主要得到反式加成产物。

$$\underset{CH_3\ CH_3}{\bigcirc} + H_2 \xrightarrow[\text{0.1 MPa}]{\text{Pt}} \underset{CH_3CH_3}{\bigcirc\!\!H\ H} + \underset{CH_3H}{\bigcirc\!\!H\ CH_3}$$
$$\qquad\qquad\qquad\qquad\qquad 81.8\% \qquad 18.2\%$$

随着双键碳原子上取代基增多,空间位阻加大,催化加氢的速率降低。不同烯烃加氢的相对速率如下:

$$\underset{H}{\overset{H}{}}\!\!C{=}C\!\!\underset{H}{\overset{H}{}} > \underset{H}{\overset{H}{}}\!\!C{=}C\!\!\underset{H}{\overset{R}{}} > \underset{H}{\overset{R'}{}}\!\!C{=}C\!\!\underset{H}{\overset{R}{}} > \underset{R''}{\overset{R'}{}}\!\!C{=}C\!\!\underset{H}{\overset{R}{}} > \underset{R''}{\overset{R'}{}}\!\!C{=}C\!\!\underset{R'''}{\overset{R}{}}$$

(二)炔烃催化加氢

在铂或钯等催化剂的存在下,炔烃可以发生加氢反应,通常反应不能停留在生成烯烃的一步,而是直接生成烷烃。

$$RC{\equiv}CR' + H_2 \xrightarrow{\text{Pt 或 Pd}} \underset{H}{\overset{R}{}}\!\!C{=}C\!\!\underset{H}{\overset{R'}{}} + H_2 \xrightarrow{\text{Pt 或 Pd}} RCH_2CH_2R'$$

若用特殊方法制备的催化剂,如**林得拉(Lindlar)催化剂**(将金属钯的细粉末沉淀在碳酸钙上,再用醋酸铅溶液处理以降低其活性),反应也可以停留在生成烯烃的步骤,产物为顺式烯烃。

例如:

$$CH_3(CH_2)_2C{\equiv}C(CH_2)_7CH_3 + H_2 \xrightarrow{\text{Pd/CaCO}_3} \underset{H}{\overset{CH_3(CH_2)_2}{}}\!\!C{=}C\!\!\underset{H}{\overset{(CH_2)_7CH_3}{}}$$

若用金属锂或钠在液氨(-33 ℃)中与炔烃反应,也可得烯烃,但产物的立体化学与催化氢化不同,得到反式烯烃,例如:

$$n\text{-}C_4H_9C{\equiv}CC_4H_9\text{-}n \xrightarrow[NH_3(l)]{Na} \underset{H}{\overset{n\text{-}C_4H_9}{}}\!\!C{=}C\!\!\underset{C_4H_9\text{-}n}{\overset{H}{}}$$

NOTE

该反应的反应机制可表示如下：

$$R-C\equiv C-R + Na \longrightarrow [R-\ddot{C}=\dot{C}-R]^- + Na^+$$

$$[R-\ddot{C}=\dot{C}-R]^- + NH_3 \longrightarrow RHC=\dot{C}R + NH_2^-$$

$$RHC=\dot{C}R + Na \longrightarrow \left[\begin{matrix} R \\ H \end{matrix}C=C\begin{matrix} \\ R \end{matrix}\right]^- + Na^+$$

$$\left[\begin{matrix} R \\ H \end{matrix}C=C\begin{matrix} \\ R \end{matrix}\right]^- + NH_3 \longrightarrow \begin{matrix} R \\ H \end{matrix}C=C\begin{matrix} H \\ R \end{matrix} + NH_2^-$$

该还原反应是通过碳碳三键从金属钠获得两个电子和从氨分子中获得两个质子完成的。获得的第一个电子进入反键 π* 轨道，形成一个自由基负离子，其碱性很强，从氨中夺取一个质子，转变为烯基自由基。这个烯基自由基再从钠中获得一个电子，被还原成烯基负离子。然后再从氨分子中得到一个质子，生成烯烃和氨负离子（NH_2^-）。由于反式烯基负离子比顺式的稳定，因此得到反式烯烃。

二、亲电加成反应

（一）烯烃、炔烃、烯炔的亲电加成反应

1. 烯烃的亲电加成反应　当烯烃的 π 电子受到亲电试剂进攻时，π 键很容易发生断裂，双键碳原子上加上两个原子或基团，生成两个较稳定的 σ 键，即发生碳碳双键的亲电加成反应。烯烃可与卤素、卤化氢、硫酸和水等亲电试剂发生亲电加成反应，生成各种加成产物。

1）与卤素的加成　烯烃与卤素（Br_2、Cl_2）在四氯化碳中进行反应形成邻二卤代烷。例如：

$$(CH_3)_2CHCH=CHCH_3 + Br_2 \xrightarrow{CCl_4} (CH_3)_2CHCHCHCH_3$$
$$\qquad\qquad\qquad\qquad\qquad\qquad\qquad\quad \underset{Br\ Br}{|\ \ |}$$

　　　　4-甲基戊-2-烯　　　　　　　　　　　2-甲基-3,4-二溴戊烷

烯烃与溴的加成产物二溴代烷为无色化合物，其反应现象为溴的四氯化碳溶液的红棕色褪去，因此，此反应常作为**烯烃与烷烃的鉴别反应**。

烯烃容易与氯、溴发生加成反应。烯烃与氟的反应太剧烈，反应过程中放出大量的热，容易使烯烃分解，烯烃与氟的加成需要在特殊的条件下才能进行；而碘的活性较弱，通常烯烃不能直接与其进行加成反应。

烯烃与溴或氯的加成反应通常生成反式产物。例如，环己烯与溴发生加成反应，具有很强的立体选择性，只生成反-1,2-二溴环己烷：

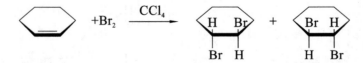

该反应机制如下：乙烯在水溶液中与溴的加成反应现象证实该反应是分两步进行的。乙烯在水溶液中与溴发生加成反应时，如果溶液中加入氯化钠，得到的反应产物是混合物，除了形成二溴加成产物外，还有氯溴加成物。

$$H_2C=CH_2+Br_2 \xrightarrow{NaCl} BrCH_2CH_2Br+BrCH_2CH_2Cl$$

氯化钠并不能单独与烯烃发生加成反应。因此，此实验说明两个溴原子不是同时加到双键碳原子上的，而是分步加上去的。

溴与烯烃的加成分为两步：首先是烯烃与极化的溴分子（$\overset{\delta^+}{Br}$—$\overset{\delta^-}{Br}$）中带部分正电荷的溴（$\overset{\delta^+}{Br}$）加成生成环状的溴鎓离子中间体，极化的溴分子另有一溴负离子（$\overset{\delta^-}{Br}$）从溴鎓离子环的相反方向进攻碳原子，生成反式加成产物。

$$>C=C< + \overset{\delta^+}{Br}-\overset{\delta^-}{Br} \xrightarrow{慢} \overset{+}{\underset{}{Br}} \quad \xrightarrow{快} \quad + $$

溴鎓离子中间体 　　　　　反应加成产物

由于决定加成反应的第一步是极化的溴分子中带正电荷部分进攻 π 电子云，因此，称此加成反应为**亲电加成反应**（electrophilic addition reaction）。烯烃与卤化氢、硫酸和水等也能发生亲电加成反应。

2）与卤化氢的加成　　烯烃与卤化氢发生亲电加成反应，生成卤代烷。通常是将干燥的 HX 气体通入烯烃中进行反应（避免水与烯烃双键的加成）。反应可以在烃类、二氯甲烷、醋酸等有机溶剂中进行。

$$>C=C< \quad + HX \longrightarrow \underset{H}{\overset{}{C}}-\underset{X}{\overset{}{C}}$$

例如：

$$CH_3CH=CHCH_2+HBr \longrightarrow CH_3\underset{H}{\overset{}{C}}H-\underset{Br}{\overset{}{C}}HCH_3$$

烯烃与卤化氢加成的活性顺序为 HI＞HBr＞HCl＞HF，HI 和 HBr 很容易与烯烃成，HCl 与烯烃反应的速率较慢，HF 一般不能直接与烯烃加成。

烯烃与卤化氢的加成反应也是分步进行的亲电加成反应，首先是卤化氢中带正电荷的质子作为亲电试剂进攻碳碳双键的 π 电子，使 π 键打开，形成碳正离子中间体，然后卤素负离子与碳正离子中间体很快结合生成加成产物。

$$>C=C< +H\frown X \xrightarrow{慢} \underset{H}{\overset{}{C}}-\overset{+}{C} \xrightarrow[快]{X^-} \underset{H}{\overset{X}{C}}-\overset{}{C}$$

碳正离子中间体

反应中涉及 π 键断裂的第一步反应较慢，是决定整个反应速率的关键步骤。

烯烃发生亲电加成的中间体是环状的鎓离子还是链状的碳正离子，取决于这两种中间体的相对稳定性，由于质子的半径较小，不易形成稳定的环状鎓离子，因此，烯烃加卤化氢的中间体应是链状的碳正离子。

（1）碳正离子的稳定性　碳正离子是某些化学反应过程中产生的活性中间体，它是携带正电荷碳的化学质点。烷基碳正离子发生 sp^2 杂化，与烷基自由基的结构相似，三个 sp^2 杂化形成的 σ 键在一个平面上，p 轨道垂直于这个平面。所以**碳正离子也是一个平面结构**。但与自由基 p 轨道有一个单电子不同，碳正离子的 p 轨道中没有电子，是空轨道（图 4-6）。

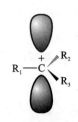

图 4-6　碳正离子结构示意图

按碳正离子所连的烃基数目的不同，可分为伯（1°）碳正离子、仲（2°）碳正离子、叔（3°）碳正离子和甲基碳正离子。与碳正离子相连的烃基具有斥电子诱导效应，可以使碳正离子上的正电荷得到分散，正电荷的分散程度与碳正离子上所连的烃基数目有关。在连接三个烃基的叔碳正离子中，正电荷可以分散到三个烃基上；连接两个烃基的仲碳正离子中，正电荷只能分散到两个烃基上去；连接一个烃基的伯碳正离子中，正电荷仅能分散到一个烃基上去；甲基碳正离子上没有烃基，正电荷不能得到分散。因此，碳正离子的稳定性顺序如下：

$$\overset{+}{R_3C} \quad > \quad \overset{+}{R_2CH} \quad > \quad \overset{+}{RCH_2} \quad > \quad \overset{+}{CH_3}$$

叔（3°）　　　仲（2°）　　　伯（1°）　　甲基碳正离子

←――――――――――――――――――――――

相对稳定性增加次序

在产生碳正离子中间体的反应中，**碳正离子越稳定，反应越容易进行**。

（2）马尔可夫尼可夫规则　结构不对称的烯烃（如丙烯）与卤化氢发生加成反应，通常生成两种不同的加成产物，但实验证实一般是以一种产物为主。1870 年，俄国化学家马尔可夫尼可夫（V. V. Markovnikov）总结了不对称烯烃加卤化氢的规律：HX 与不对称烯烃加成，HX 中的 H^+ 总是加到双键中含氢较多的碳原子上，带负电荷的 X^- 加到双键中含氢较少的碳原子上。此规律称为马尔可夫尼可夫规则（Markovnikov's Rule），简称马氏规则。例如：

$$CH_3CH_2CH \!=\! CH_2 + HBr \xrightarrow{CH_3COOH} CH_3CH_2\underset{\underset{Br}{|}}{C}H\underset{\underset{H}{|}}{C}H_2 + CH_3CH_2CH_2CH_2Br$$

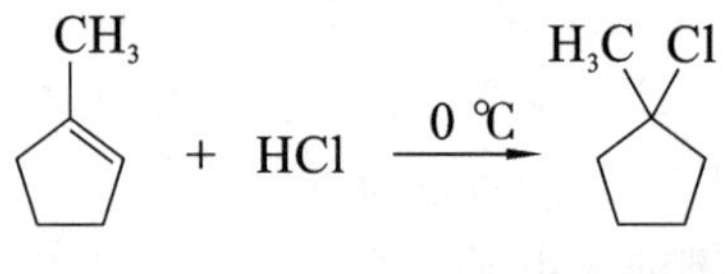

80%　　　　　　　　　20%

马氏规则可以从诱导效应和碳正离子的稳定性两个方面来解释。以丙烯和卤化氢的加成为例：由于丙烯中甲基是一个斥电子基团，其斥电子作用使碳碳双键的 π 电子云发生偏移，导致碳碳双键上含氢较多的碳原子带有部分负电荷（δ^-），而含氢较少的双键碳原子带有部分正电荷（δ^+）。当卤化氢与丙烯进行亲电加成时，HX 中带正电荷的 H^+ 首先加到带部分负电荷的双键碳原子上，形成碳正离子中间体，然后卤素负离子很快与带正电荷的碳原子结合。

$$CH_3 \!-\! \overset{\delta^+}{C}H \overset{\delta^-}{=\!=} \overset{\delta^+}{C}H_2 + \overset{\delta^+}{H} \!-\! \overset{\delta^-}{X} \xrightarrow{慢} \left[CH_3\overset{+}{C}HCH_3 \right]$$

$$\left[CH_3\overset{+}{C}HCH_3 \right] + X^- \xrightarrow{快} CH_3\underset{\underset{X}{|}}{C}HCH_3$$

另外,也可以从碳正离子中间体的稳定性解释:烯烃与 HX 发生亲电加成反应,决定反应速率的一步是形成碳正离子中间体,碳正离子越稳定,加成反应越容易,因此,碳正离子的稳定性决定了加成反应的主产物。

$$CH_3CH{=\!=}CH_2 + H{-}Br \longrightarrow \begin{cases} CH_3\overset{+}{C}HCH_3 \xrightarrow{Br^-} CH_3\underset{\underset{Br}{|}}{C}HCH_3 \\ \text{仲碳正离子} \\ \text{(相对较稳定)} \\[2mm] CH_3CH_2\overset{+}{C}H_2 \xrightarrow{Br^-} CH_3CH_2CH_2Br \\ \text{伯碳正离子} \\ \text{(不稳定)} \end{cases}$$

因为仲碳正离子比伯碳正离子稳定,所以反应的主产物是氢加到含氢多的双键碳原子上,卤素负离子加到含氢较少的双键碳原子上。

但不对称烯烃与 HX 加成时,并不总是"氢加多氢",例如:

$$CF_3{-}CH{=\!=}CH_2 \xrightarrow{H{-}Cl} \begin{cases} CF_3{-}CH_2{-}\overset{+}{C}H_2 \longrightarrow CF_3{-}\underset{\underset{H}{|}}{C}H{-}\underset{\underset{Cl}{|}}{C}H_2 \text{(主产物)} \\ \quad\quad\quad (\text{I}) \\[2mm] CF_3{-}\overset{+}{C}H{-}CH_3 \longrightarrow CF_3{-}\underset{\underset{Cl}{|}}{C}H{-}\underset{\underset{H}{|}}{C}H_2 \text{(副产物)} \\ \quad\quad\quad (\text{II}) \end{cases}$$

在上述反应式中,—CF₃是一个强吸电子基,因此,(Ⅱ)虽然为仲碳正离子,但其中心碳与三氟甲基直接相连,受到吸电子诱导效应的影响更大,使碳正离子带上更多的正电荷而不稳定;而(Ⅰ)虽然是伯碳正离子,但其中心碳与三氟甲基相距较远,影响要小一些,所以更稳定。此反应的主产物并不是氢加在含氢多的碳原子上的,而是加在了含氢较少的碳原子上。

由此马尔可夫尼可夫规则的准确表述应为**当不对称试剂和不对称烯烃发生亲电加成反应时,试剂中的正电性部分主要加在能形成稳定的碳正离子的双键碳原子上**。此表述不仅适用于不含氢原子的亲电试剂,也适用于分子中含有吸电子基的不饱和烃的衍生物。

(3)碳正离子的重排 在经碳正离子中间体的反应中,往往可以观察到产物的碳架与反应物相比发生了变化,这一现象称为**碳正离子重排**(rearrangement)。例如:3-甲基-1-丁烯与 HCl 加成可得正常产物 2-甲基-3-氯丁烷外,还有重排产物 2-甲基-2-氯丁烷,其反应过程如下:

$$\underset{\underset{CH_3}{|}}{C}H_3CHCH{=\!=}CH_2 \xrightarrow{HCl} CH_3\underset{\underset{CH_3}{|}}{\overset{\fbox{H}}{C}}\overset{+}{C}HCH_3 \begin{cases} \xrightarrow{Cl^-} \underset{\underset{CH_3}{|}}{C}H_3\overset{\overset{H}{|}}{C}\overset{\overset{Cl}{|}}{-CH}CH_3 \\[4mm] \xrightarrow[\text{H迁移}]{\text{重排}} CH_3{-}\underset{\underset{CH_3}{|}}{\overset{+}{C}}{-}CH_2CH_3 \xrightarrow{Cl^-} CH_3{-}\underset{\underset{CH_3}{|}}{\overset{\overset{Cl}{|}}{C}}{-}CH_2CH_3 \end{cases}$$

在上述重排反应中,迁移的原子 H(或基团)都是带一对电子迁移至邻位带正电荷的碳原子上,形成更为稳定的碳正离子(叔碳正离子),这就是碳正离子发生重排的推动力。碳正离子重排是碳正离子的一个重要性质,在以后的章节中会经常涉及。

3)与硫酸加成 烯烃可与浓硫酸反应,质子和硫酸氢根在 0 ℃分别加到双键的两个碳原子上形成硫酸氢酯:

$$>C=C< \ + \ HOSO_2OH \ \longrightarrow \ \underset{H}{\overset{|}{\underset{|}{-C}}}-\underset{OSO_2OH}{\overset{|}{\underset{|}{C}}}- \ \xrightarrow{H_2O} \ \underset{H}{\overset{|}{\underset{|}{-C}}}-\underset{OH}{\overset{|}{\underset{|}{C}}}-$$

硫酸氢酯可被水解转变成醇,这是工业上制备醇的方法之一。

加成的机制与烯烃加 HX 类似,是亲电加成反应,即先产生碳正离子中间体,然后它再与硫酸氢根结合得到产物:

$$CH_2=CH_2 + HOSO_2OH \ \longrightarrow \ CH_3-\overset{+}{CH_2} + HOSO_2O^- \ \longrightarrow \ CH_3CH_2OSO_2OH$$

不对称烯烃与硫酸加成的取向亦符合马氏规则:

$$CH_2=CHCH_2CH_3 + HOSO_2OH \ \longrightarrow \ CH_3-\underset{OSO_2OH}{\overset{|}{\underset{|}{CH}}}-CH_2CH_3$$

烯烃通过硫酸氢酯制备醇的方法称**烯烃的间接水合法(indirect hydration)**。

在硫酸、磷酸等催化作用下,烯烃也可直接与水加成生成醇。这也是工业上制备醇的方法,称为**直接水合法(direct hydration)**。例如,乙烯在磷酸催化下,在 300 ℃、7 MPa 条件下与水反应生成醇:

$$H_2C=CH_2 + H_2O \ \xrightarrow[300\ ℃/7\ MPa]{H_3PO_4} \ CH_3CH_2OH$$

烯烃与水的加成反应也符合马氏规则,双键碳原子上连有的烷基越多,反应越容易进行。

由于受马氏规则的限制,通过上述方法制得的醇(除乙醇)都是仲醇和叔醇。此类反应常有重排产物产生,选择性差。

烯烃和其他有机酸在一定条件下也可进行加成反应。

4)与次卤酸加成　烯烃与氯或溴在水溶液中反应,主要产物为 β-氯(溴)代醇,相当于在双键上加上一分子次卤酸。

$$>C=C< \ + \ X_2 \ \xrightarrow{H_2O} \ \underset{X}{\overset{|}{\underset{|}{-\overset{\alpha}{C}}}}-\underset{OH}{\overset{|}{\underset{|}{\overset{\beta}{C}}}}- \ + \ HX$$

此反应分两步进行,首先形成三元环状卤鎓离子中间体或碳正离子,在水溶液中,有大量比卤素离子亲核能力更强的水分子存在,所以,H_2O 会从卤鎓离子背面进攻或与碳正离子结合,然后失去一个质子得到加成产物。

对于氯而言,由于氯原子半径不够大,中间体仍要形成碳正离子:

显然,烯烃与次卤酸的加成反应也属于反式加成。例如:

$$\text{（环己烯）} + Br_2 + H_2O \longrightarrow \text{（环己烷-OH/Br）} + HBr$$

2. 炔烃的亲电加成反应 炔烃同烯烃一样,也能与卤素、卤化氢等化合物发生亲电加成。

1) 与卤素的加成 炔烃与氯、溴的加成反应主要是反式加成。炔烃加卤素首先生成邻二卤代烯,再生成四卤代烷。例如乙炔与溴反应,先形成1,2-二溴乙烯,进一步反应形成1,1,2,2-四溴乙烷。炔烃与溴的反应除用于合成外,还可用于**炔烃的鉴定**,因为该反应可使溴水褪色,现象明显。

$$CH \equiv CH \xrightarrow{Br_2} \underset{Br}{\overset{H}{>}}C = C\underset{H}{\overset{Br}{<}} \xrightarrow{Br_2} H-\underset{Br}{\overset{Br}{\underset{|}{\overset{|}{C}}}}-\underset{Br}{\overset{Br}{\underset{|}{\overset{|}{C}}}}-H$$

在1,2-二溴乙烯分子中,两个烯碳原子上都连有吸电子的卤素,使碳碳双键的亲电加成活性减小,所以加成可停留在第一步。

2) 与卤化氢加成 炔烃与等物质的量的卤化氢作用生成单卤代烯烃,反应速率比烯烃慢,在较强烈的条件下,进一步加成生成偕二卤代物,产物符合马氏规则。

$$RC \equiv CH \xrightarrow{HCl} \underset{Cl}{\overset{}{\underset{|}{RC}}} = \underset{H}{\overset{}{\underset{|}{CH}}} \xrightarrow{HCl} \underset{Cl}{\overset{Cl}{\underset{|}{\overset{|}{RC}}}}-CH_3$$

加成反应有时可以停留在只加成1分子卤化氢的阶段。例如:

$$CH_3CH_2CH_2CH_2C \equiv CH + HI \longrightarrow CH_3CH_2CH_2CH_2\underset{}{\overset{I\ \ \ H}{\underset{|\ \ \ |}{C=CH}}}$$

若碳碳三键在碳链中间,则主要生成反式加成产物:

$$CH_2CH_2C \equiv CCH_2CH_3 + HCl \longrightarrow \underset{H}{\overset{CH_3CH_2}{>}}C = C\underset{CH_2CH_3}{\overset{Cl}{<}}$$

不同的炔烃与卤化氢加成的速率大小顺序如下:
$$RC \equiv CR' > RC \equiv CH > HC \equiv CH$$

3) 与水加成 炔烃与烯烃不同,在酸催化下与水加成很困难。在硫酸汞作催化剂的硫酸溶液中,炔烃与水发生加成。例如,乙炔在硫酸汞、硫酸的催化下与水发生加成反应,生成乙炔,这也是工业上制备乙醛的方法之一。

$$CH \equiv CH + HOH \xrightarrow[H_2SO_4]{HgSO_4} \left[\underset{CH_2}{\overset{OH}{\underset{}{=}}}\overset{|}{CH} \right] \longrightarrow CH_3CHO$$

在炔烃与水加成反应过程中,相当于水先与三键加成,加成产物中羟基与双键碳原子直接相连,称为烯醇式结构。烯醇式一般不稳定,很快发生异构化,形成酮式。异构化过程包括氢离子和双键的转移。这种现象称为**互变异构**,这两种异构体称为**互变异构体(tautomer)**。烯醇式与酮式处于动态平衡,可相互转化。

$$-\overset{|}{C}=\overset{|}{C}- \quad\Longleftrightarrow\quad -\overset{|}{\underset{H}{C}}-\overset{|}{\underset{O}{C}}-$$

烯醇式   酮式

关于烯醇式与酮式的互变异构,我们将在第十章继续学习。

炔烃的水合符合马氏规则,只有乙炔水合可生成乙醛,其他炔烃都生成相应的酮。例如:

$$CH\equiv CH + H_2O \xrightarrow[HgSO_4]{H_2SO_4} CH_3\overset{O}{\overset{\|}{C}}-H$$

$$CH_3(CH_2)_5C\equiv CH + H_2O \xrightarrow[HgSO_4]{H_2SO_4} CH_3(CH_2)_5\overset{O}{\overset{\|}{C}}CH_3$$

3. 烯炔的亲电加成　炔烃的加成反应一般较烯烃难,所以分子中存在双键和三键时,首先进行的是双键的亲电加成反应。例如:

$$CH_2=CHCH_2C\equiv CH + Cl_2 \xrightarrow{FeCl_3} CH_2\underset{Cl}{\overset{|}{-}}CHCH_2C\equiv CH$$
$$\phantom{CH_2=CHCH_2C\equiv CH + Cl_2 \xrightarrow{FeCl_3} }\underset{Cl}{}$$

> **练习题 4-3**　写出下列化合物与 HI 反应的主要产物。
> (1) 2-甲基丁-2-烯　(2) 3-乙基戊-2-烯

三、硼氢化反应

(一) 烯烃的硼氢化反应

烯烃与硼烷在醚类溶剂(如乙醚、四氢呋喃、二缩乙二醇二甲醚等)中发生加成反应生成烷基硼烷。硼烷中的硼原子和氢原子分别加到碳碳双键的两个碳原子上,此反应称**硼氢化反应 (hydroboration)**。

$$>C=C< \xrightarrow{B_2H_6/THF} -\overset{|}{\underset{H}{C}}-\overset{|}{\underset{BH_2}{C}}- \xrightarrow{2\ >C=C<} \left(\overset{|}{\underset{H}{C}}-\overset{|}{C}\right)_3 B$$

三烷基硼烷

甲硼烷(BH_3)分子中的硼原子外层只有六个电子,很不稳定,两个甲硼烷极易结合成乙硼烷(B_2H_6)。乙硼烷是一种能自燃的有毒气体,它在四氢呋喃中可生成甲硼烷的配合物($BH_3\cdot THF$)。乙硼烷可通过下列反应制备。

$$3NaBH_4 + 4BF_3 \longrightarrow 2B_2H_6 + 3NaBF_4$$

硼氢化反应具有区域选择性。由于硼的电负性(2.0)比氢的电负性(2.1)稍小,而且硼的外层是缺电子的,所以硼原子是亲电中心,它和不对称烯烃加成时,硼原子加到含氢较多的空间位阻较小的双键碳原子上,而氢原子加到含氢较少的空间位阻较大的双键碳原子上,得到反"马氏规则"产物。

$$RCH=CH_2 \xrightarrow{B_2H_6/THF} R-\overset{H}{\underset{H}{\overset{|}{C}}}-\overset{H}{\underset{BH_2}{\overset{|}{C}}}-H \xrightarrow{2RCH=CH_2} R\left(\overset{H}{\underset{H}{\overset{|}{C}}}-\overset{H}{\underset{H}{\overset{|}{C}}}\right)_3 B$$

硼氢化反应得到顺式加成产物。硼氢化反应的反应机制可用下式表示。硼氢化反应中参与反应的试剂是甲硼烷,属于缺电子化合物,能够接受烯烃中的 π 电子生成配合物。反应过程中,π 配合物中两个碳原子和一个硼原子之间的成键电子只有两个,碳原子上带部分正电荷而硼原子上带部分负电荷,所以硼原子上的一个氢原子带着一对电子转移到碳原子上。

$$\mathop{>}\!C\!\!=\!\!C\mathop{<} \xrightarrow{\text{B}_2\text{H}_6/\text{THF}} \cdots \longrightarrow [\cdots]^{\neq} \longrightarrow \cdots$$

π配合物　　　　　　过渡态　　　　　　顺式加成

三烷基硼烷在碱性条件下用过氧化氢处理转变成醇。

$$3RCH\!\!=\!\!CH_2 \xrightarrow{\text{B}_2\text{H}_6/\text{THF}} (RCH_2CH_2)_3B \xrightarrow{\text{H}_2\text{O}_2/\text{OH}^-} 3RCH_2CH_2OH$$

烯烃经硼氢化加成后再用碱性的过氧化氢氧化水解,两步反应总的结果相当于在烯烃双键上按照反"马氏规则"顺式加上了一分子水,但实际反应仍然遵循马氏规则。整个反应称为**硼氢化-氧化反应**。该反应条件温和、操作简便、产率较高,也没有重排产物的生成,是一种重要的有机合成反应,可用于制备各级醇类化合物,特别是伯醇的制备。

烯烃的硼氢化反应生成的烷基硼烷还可和羧酸反应生成烷烃,此反应称为**硼氢化-还原反应**,可将烯烃还原成烷烃。例如:

$$3RCH\!\!=\!\!CH_2 \xrightarrow{\text{B}_2\text{H}_6/\text{THF}} (RCH_2CH_2)_3B \xrightarrow{\text{RCOOH}} 3RCH_2CH_3$$

(二)炔烃的硼氢化反应

和烯烃相似,炔烃也能和乙硼烷加成发生硼氢化反应。炔烃和乙硼烷反应只打开一个 π 键生成三烯基硼,三烯基硼再经碱性 H_2O_2 处理,水解生成烯醇,重排后生成醛和酮。如果将三烯基硼用乙酸处理,则生成顺式烯烃。例如:

$$RC\!\!\equiv\!\!CR \xrightarrow[\text{醚}]{\text{B}_2\text{H}_6} \left[\begin{matrix} R & R \\ | & | \\ H\!-\!C\!\!=\!\!C \end{matrix} \right]_3 B \xrightarrow{3CH_3COOH} \mathop{R}_{H}\!\!>\!\!C\!\!=\!\!C\!\!<\!\!\mathop{R}_{H}$$

$$\Big\downarrow \text{H}_2\text{O}_2\text{OH}^-$$

$$\mathop{R}_{H}\!\!>\!\!C\!\!=\!\!C\!\!<\!\!\mathop{R}_{OH} \rightleftharpoons RCH_2\!-\!\overset{O}{\overset{\|}{C}}\!-\!R$$

烯醇　　　　　　　　　　　　　酮

$$n\text{-}C_4H_9C\!\!\equiv\!\!CH \xrightarrow[\text{THF}]{\text{B}_2\text{H}_6} \xrightarrow[\text{OH}^-]{\text{H}_2\text{O}_2} n\text{-}C_4H_9CH_2CHO$$

四、共轭二烯烃的加成反应

(一)共轭二烯烃的结构

以最简单的丁-1,3-二烯($CH_2\!\!=\!\!CHCH\!\!=\!\!CH_2$)为例说明共轭二烯烃的结构特点。前面我们已经学习了 π-π 共轭体系,丁-1,3-二烯就是一个最典型的 π-π 共轭体系。图 4-7(a)为丁-1,3-二烯分子中的 π-π 共轭体系,图 4-7(b)为丁-1,3-二烯分子中的键长和键角。

由图 4-7 可看出,丁-1,3-二烯的 π 电子发生离域,这种电子离域不仅使键长趋于平均化,还会使分子内能降低。例如戊-1-烯的氢化热为 126 kJ/mol,戊-1,3-二烯的氢化热为 226 kJ/mol,比戊-1,4-二烯的氢化热(254 kJ/mol)降低了 28 kJ/mol,说明共轭二烯烃内能较低,较

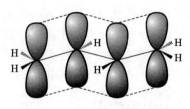
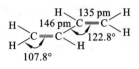

(a) 丁-1,3-二烯分子中的π键　　　　　　(b) 键长和键角

图 4-7　丁-1,3-二烯的分子结构

稳定。

（二）共轭二烯烃的特征反应

1. 共轭加成

1）1,2-加成和 1,4-加成　非共轭二烯烃戊-1,4-二烯与亲电试剂 Br_2 加成分两个阶段进行，可以把反应看作对孤立双键的加成。

$$H_2C\!=\!CHCH_2CH\!=\!CH_2 \xrightarrow{Br_2} H_2C\!=\!CHCH_2\underset{Br}{\overset{}{C}}H\!-\!\underset{Br}{\overset{}{C}}H_2$$

具有共轭结构的丁-1,3-二烯与 1 mol 溴反应时，得到的加成产物不仅有预期的 3,4-二溴-1-丁烯，还有 1,4-二溴-2-丁烯。前者为 1,2-加成产物，后者为 1,4-加成产物。丁-1,3-二烯与HX 加成也有 1,2-和 1,4-加成两种产物。例如：

$$CH_2\!=\!CHCH\!=\!CH_2 \xrightarrow{Br_2} \underset{Br}{\overset{Br}{CH_2\!-\!CHCH\!=\!CH_2}} + \underset{}{\overset{Br}{CH_2}}CH\!=\!CH\overset{Br}{CH_2}$$

$$CH_2\!=\!CHCH\!=\!CH_2 \xrightarrow{HCl} \underset{}{\overset{H\quad Cl}{H_2C\!-\!CHCH\!=\!CH_2}} + \underset{}{\overset{H}{CH_2}CH\!=\!CH\overset{Cl}{CH_2}}$$

1,2-加成是试剂的两个部分分别加到一个双键的两个碳原子上。1,4-加成则是加到共轭体系的两端 C_1 和 C_4 上，原来的两个双键消失，而在 C_2、C_3 之间形成一个新的双键，这种加成方式通常称为共轭加成。1,2-加成和 1,4-加成常在反应中同时发生，这是共轭烯烃的共同特征。

2）烯丙型碳正离子的结构和稳定性　共轭二烯烃与卤素和卤化氢的加成按亲电加成反应机制进行。丁-1,3-二烯和氯化氢加成时，第一步氯化氢的质子加到共轭体系端基碳原子上，形成的碳正离子称为烯丙型碳正离子，它因可以发生共振而较稳定：

$$[CH_2\!=\!CH\!-\!\overset{+}{C}H_2 \longleftrightarrow \overset{+}{C}H_2\!-\!CH\!=\!CH_2] \equiv \overset{\delta^+}{CH_2}\!\cdots\!CH\!\cdots\!\overset{\delta^+}{CH_2}$$

但质子加到中间碳原子上形成的碳正离子因不能共振而不稳定。因此在丁-1,3-二烯与HCl 加成的第一步中，氢离子总是加到末端碳原子上。

第二步氯离子进攻碳正离子，由极限式(1)得到 1,2-加成产物，极限式(2)得到 1,4-加成产物。

$$CH_2\!=\!CHCH\!=\!CH_2 \xrightarrow{H^+} CH_2\!=\!CH\overset{+}{C}HCH_3 \longleftrightarrow CH_3CH\!=\!CH\overset{+}{C}H_2$$

$$(1) \qquad\qquad\qquad (2)$$

$$\downarrow Cl^- \qquad\qquad\qquad \downarrow Cl^-$$

$$\underset{Cl}{\overset{}{CH_2\!=\!CHCHCH_3}} \qquad CH_3CH\!=\!CHCH_2Cl$$

杂化轨道理论认为:烯丙型碳正离子发生 sp^2 杂化,三个 σ 键在同一平面上,碳原子上还有一个未占电子的 p 轨道,它能与相邻的 π 轨道平行重叠,形成 π_3^2 的 p-π 缺电子共轭体系(详见第二章第四节),π 电子可离域到空的 p 轨道上,以弥补碳正离子电荷的不足,使碳正离子趋于稳定。所以碳正离子稳定性顺序归纳如下。

$$RCH\!=\!CHC\overset{+}{R}_2>RCH\!=\!CHC\overset{+}{H}R>R_3\overset{+}{C}>R_2\overset{+}{C}H>RC\overset{+}{H}_2>\overset{+}{C}H_3$$

3) 热力学控制和动力学控制　在反应中产生的 1,2-加成产物和 1,4-加成产物的相对比例受共轭二烯烃的结构、试剂和反应温度等条件影响,一般在较高的温度下以 1,4-加成产物为主,在低温下以 1,2-加成产物为主。例如:

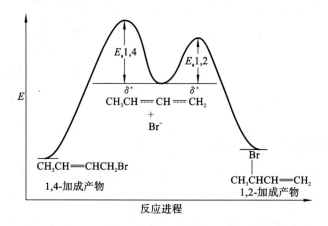

$$CH_2\!=\!CHCH\!=\!CH_2 \xrightarrow{\;HBr\;} CH_3\overset{\displaystyle Br}{\overset{|}{C}}HCH\!=\!CH_2 \;+\; CH_3CH\!=\!CHCH_2Br$$

	1,2-加成产物	1,4-加成产物
−80 ℃	80%	20%
40 ℃	20%	80%

生成的 1,2-加成产物和 1,4-加成产物是经同样的碳正离子中间体转化的。第一步反应相同,因此形成两种产物的相对数量取决于第二步反应。

共振理论认为丁-1,3-二烯和 HBr 加成的第一步生成的碳正离子的真实结构为如下式(1)和式(2)的共振杂化体。

$$[CH_2\!=\!CH\!-\!\overset{+}{C}HCH_3 \longleftrightarrow CH_3CH\!=\!CH\overset{+}{C}H_2] \equiv CH_3\overset{\delta+}{CH}\!=\!\!=\!CH\overset{\delta+}{=}\!\!=\!CH_2$$
$$\quad\quad\quad (1) \quad\quad\quad\quad\quad\quad (2)$$

由于极限式(1)比(2)稳定,因此对共振杂化体贡献大,在共振杂化体中,C_2 比 C_4 上容纳的正电荷多一些,因此 C_2 比 C_4 易接受 Br^- 的进攻,发生 1,2-加成所需的活化能较小,反应速率比 1,4-加成快(图 4-8)。

图 4-8　丁-1,3-二烯与 HBr 加成的动力学和热力学控制

在较高温度下进行反应时,加成产物中的 C—Br 键解离成烯丙型碳正离子和溴负离子,1,2-加成物和 1,4-加成物可通过烯丙基碳正离子相互转化,形成动态平衡。

$$CH_3\overset{\displaystyle Br}{\overset{|}{C}}HCH\!=\!CH_2 \underset{Br^-}{\overset{Br^-}{\rightleftharpoons}} CH_3\overset{\delta+}{CH}\!=\!\!=\!CH\overset{\delta+}{=}\!\!=\!CH_2 \underset{Br^-}{\overset{Br^-}{\rightleftharpoons}} CH_3CH\!=\!CHCH_2Br$$

由于 1,4-加成产物(二取代乙烯)比 1,2-加成产物(一取代乙烯)稳定,所以在平衡混合物中 1,4-加成产物占有较多的比例(80%)。

综上所述,在低温下进行反应,以 1,2-加成产物为主,产物的比例由反应速率决定,为动力

学控制;在较高温度下反应,以1,4-加成产物为主,产物的比例由产物的稳定性决定,为热力学控制。

2. 狄尔斯-阿尔德反应 共轭二烯烃的另一个特征反应是与含碳碳双键或三键的化合物发生1,4-加成反应,生成六元环状化合物,称为双烯加成反应(diene synthesis),又称狄尔斯-阿尔德(Diels-Alder)反应。例如:

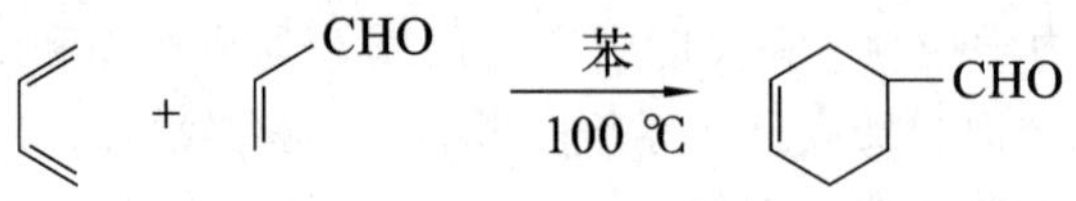

该反应在加热条件下进行,是合成六元环状化合物的重要方法。大量实验事实已证明该反应的特点是旧共价键断裂和新共价键形成同时进行,属于第二章介绍的反应,为一步完成的协同反应。在这类反应中,共轭二烯烃称双烯体(dienes),如上述反应中的(1);不饱和化合物称亲双烯体(dienophiles),如上述反应中的(2)。这类反应中双烯体必须以 S-顺式构象进行反应,若双烯体的 S-反式构象在反应条件不能转变为 S-顺式构象,则该反应不能发生。

如果共轭二烯烃作为环加成的原料,则得到双环化合物。例如,丁烯二酸酐作为亲双烯体的加成反应,产物为沉淀,此反应可用于鉴别二烯烃类化合物。

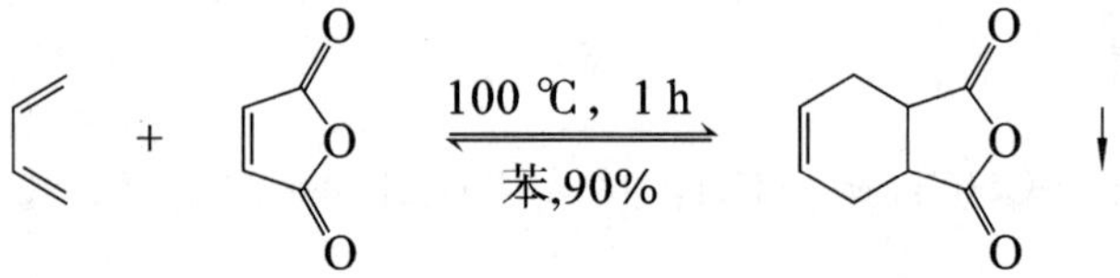

狄尔斯-阿尔德(Diels-Alder)反应是顺式加成反应,加成产物仍保持双烯体和亲双烯体原来的构型。例如:

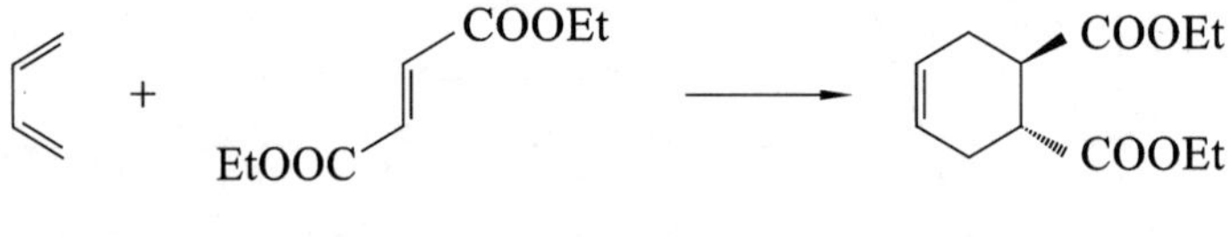

五、过氧化物效应(自由基加成)

不对称烯烃与溴化氢加成时,如有过氧化物(RO—OR)存在或在光照条件下,加成产物主要是反"马氏规则"产物。例如:

$$CH_3CH=CH_2 + HBr \xrightarrow{ROOR} CH_3CH-CH_2$$
$$\phantom{CH_3CH=CH_2 + HBr \xrightarrow{ROOR} CH_3CH-} | |$$
$$\phantom{CH_3CH=CH_2 + HBr \xrightarrow{ROOR} CH_3CH-} H Br$$

这种现象称为**过氧化物效应**(peroxide effect)。美国科学家卡拉施(M. S. Kharasch)于1933年首先发现这一现象,因此也称为卡拉施效应。这是因为过氧化物存在时,烯烃与溴化氢发生的反应不是离子型的亲电加成反应,而是自由基加成反应。其反应机制如下。

链引发

$$RO\frown OR \longrightarrow 2RO\cdot$$
$$RO\cdot + H\frown Br \longrightarrow ROH + Br\cdot$$

NOTE

链增长

$$CH_3CH=CH_2+Br\cdot \longrightarrow CH_3\overset{\cdot}{C}HCH_2Br$$

$$CH_3CH=CH_2+Br\cdot \overset{\times}{\longrightarrow} CH_3\overset{\cdot}{C}HCH_2$$
$$\underset{Br}{|}$$

由于自由基的稳定性大小顺序为 $R_3C\cdot > R_2CH\cdot > RCH_2\cdot$，因此溴原子总是加在含氢较多的碳原子上生成较稳定的自由基。烷基自由基从溴化氢夺取一个氢原子，产生一个新的溴原子。

$$CH_3\overset{\cdot}{C}HCH_2Br+HBr \longrightarrow CH_3CH_2CH_2Br+Br\cdot$$

最后两个反应是自由基链反应中的链增长步骤，可以循环进行到溴原子或烷基自由基失活为止。在每一个过氧化物分子裂解产物的引发下，产生的溴自由基不断被消耗，生成许多个溴代烷分子，因此反应速率很快。

烯烃与溴化氢的离子型反应的结果是加氢生成较稳定的碳正离子，而在自由基反应中，则是先加溴，生成较稳定的自由基，因此产生不同的区域选择性。

烯烃加溴化氢的自由基链反应中，链增长步骤是放热的，因此，反应链可以迅速增长。

$$CH_3CH=CH_2+Br\cdot \longrightarrow CH_3\overset{\cdot}{C}HCH_2Br \qquad \Delta H^{\ominus}=-38 \text{ kJ/mol}$$

$$CH_3\overset{\cdot}{C}HCH_2Br+HBr \longrightarrow CH_3CH_2CH_2Br+Br\cdot \qquad \Delta H^{\ominus}=-29 \text{ kJ/mol}$$

若把溴换成碘或氯，链增长步骤的两个反应中有一个是吸热的。

$$CH_3CH=CH_2+I\cdot \longrightarrow CH_3\overset{\cdot}{C}HCH_2I \qquad \Delta H^{\ominus}=+21 \text{ kJ/mol}$$

$$CH_3\overset{\cdot}{C}HCH_2I+HI \longrightarrow CH_3CH_2CH_2I+I\cdot \qquad \Delta H^{\ominus}=-10033.5 \text{ kJ/mol}$$

$$CH_3CH=CH_2+Cl\cdot \longrightarrow CH_3\overset{\cdot}{C}HCH_2Cl \qquad \Delta H^{\ominus}=-92 \text{ kJ/mol}$$

$$CH_3\overset{\cdot}{C}HCH_2Cl+HCl \longrightarrow CH_3CH_2CH_2Cl+Cl\cdot \qquad \Delta H^{\ominus}=+33.5 \text{ kJ/mol}$$

吸热反应活化能大，速率慢，使反应链不能增长，所以**只有烯烃与溴化氢的加成才有过氧化物效应**。利用烯烃加溴化氢的不同区域选择性可以合成两种类型的溴代烷。

> **练习题 4-4** 写出下列化合物在过氧化物存在下与 HBr 反应的主要产物。
> （1）2-甲基丁-2-烯 （2）3-乙基戊-2-烯

六、氧化反应

氧化反应是有机化学中的重要反应，碳碳双键容易被氧化，发生双键断裂，氧化产物的结构取决于试剂和反应条件。

（一）高锰酸钾氧化

1. 烯烃的高锰酸钾氧化 烯烃与冷的、稀的、碱性高锰酸钾水溶液反应得到邻二醇。反应经环状锰酸酯中间体，因此，两个羟基在双键的同侧。

$$C=C + KMnO_4 \longrightarrow \left[\begin{array}{c} C-C \\ O \quad O \\ Mn \\ O \quad O^- \end{array}\right] K^+ \longrightarrow \begin{array}{c} C-C \\ HO \quad OH \end{array}$$

例如:

$$CH_3CH=CHCH_3 \xrightarrow[\text{H}_2\text{O}]{\text{KMnO}_4} \begin{array}{c} CH_3 \quad CH_3 \\ H{-}C{-}C{-}H \\ HO \quad OH \end{array}$$

在反应中,高锰酸钾的紫红色能很快褪去,因此,此反应可用作**烯烃的鉴别反应**。

若用浓的、热的或酸性高锰酸钾氧化,反应条件比较强烈,则发生 C═C 双键的断裂,生成酮、羧酸或酮和羧酸的混合物。氧化产物的结构取决于双键碳上氢(烯氢)被烷基取代的情况,"R_2C═""RCH═"和"CH_2═"分别被氧化成酮、羧酸和二氧化碳。

$$\begin{array}{c} R \\ R' \end{array}C \stackrel{\vdots}{=} C \begin{array}{c} R'' \\ H \end{array} \xrightarrow[\text{H}_3\text{O}^+]{\text{KMnO}_4} \begin{array}{c} R \\ R' \end{array}C{=}O + R''COOH$$

$$RCH \stackrel{\vdots}{=} CH_2 \xrightarrow[\text{H}_3\text{O}^+]{\text{KMnO}_4} RCOOH + CO_2$$

例如:

$$CH_3CH_2CH=CH_2 \xrightarrow[\text{H}_3\text{O}^+]{\text{KMnO}_4} CH_3CH_2COOH + CO_2 + H_2O$$

$$\underset{\underset{CH_3}{|}}{CH_3CH_2C}=CHCH_3 \xrightarrow[\text{H}_3\text{O}^+]{\text{KMnO}_4} \underset{\quad\overset{O}{\|}}{CH_3CH_2CCH_3} + CH_3COOH$$

因此,这种氧化反应可用于羧酸和酮类化合物的合成,也可以根据氧化产物的结构推测出原来烯烃的结构。

2. 炔烃的高锰酸钾氧化　在比较温和的条件下用 $KMnO_4$ 水溶液(pH=7.5)氧化二取代炔烃,可以得到 1,2-二酮化合物。例如:

$$CH_3(CH_2)_7C{\equiv}C(CH_2)_7CH_3 \xrightarrow[\text{pH}=7.5]{\text{KMnO}_4/\text{H}_2\text{O}} CH_3(CH_2)_7\overset{O}{\underset{}{C}}{-}\overset{O}{\underset{}{C}}(CH_2)_7CH_3$$

在比较剧烈的条件下氧化,炔烃分子中三键全部断裂,得到相应的羧酸或者 CO_2。

$$RC{\equiv}CH \xrightarrow[100\ \text{℃}]{\text{KMnO}_4/\text{H}_2\text{O}} RCOOH + CO_2$$

例如:

$$CH_3(CH_2)_2C{\equiv}CCH_2CH_3 \xrightarrow[\text{H}_3\text{O}^+]{\text{KMnO}_4} CH_3(CH_2)_2COOH + CH_3CH_2COOH$$

> **练习题 4-5**　某烯烃 A 经 $KMnO_4$ 氧化后得到一种有机物 $HOOCCH_2CH_2CH_2COOH$,某炔烃 B 经 $KMnO_4$ 氧化后得到两种有机物:CH_3COOH 和 $(CH_3)_2CHCOOH$。试推测化合物 A、B 的结构式。

（二）臭氧氧化

1. 烯烃的臭氧氧化　将含有 6%～8% 臭氧的氧气通入烯烃或烯烃的溶液中,很快能生成臭氧化物,反应可定量地完成,此反应称为**臭氧化反应**(ozonization reaction)。臭氧化物容易爆炸,一般不将其分离出来,而是将其直接加水水解,水解产物为醛或酮以及过氧化氢。

$$R'\!\!\!\diagdown\!\!\!\!\underset{R'}{\overset{R}{C}}\!\!=\!\!C\!\!\!\diagup\!\!\!\overset{H}{\underset{R''(H)}{}} \xrightarrow{O_3} R'\!\!\!\diagdown\!\!\!\!\underset{}{\overset{R}{C}}\!\!\underset{O\!\!-\!\!O}{\overset{O\!\!-\!\!O}{}}\!\!C\!\!\!\diagup\!\!\!\overset{H}{\underset{R''(H)}{}} \xrightarrow{Zn/H_2O} R'\!\!\!\diagdown\!\!\!\!\underset{R'}{\overset{R}{C}}\!\!=\!\!O+O\!\!=\!\!C\!\!\!\diagup\!\!\!\overset{H}{\underset{R''(H)}{}} + H_2O_2$$

为了避免水解中生成的醛被过氧化氢氧化成羧酸,臭氧化物可以在还原剂(如锌粉)存在下进行分解。

通过臭氧化和臭氧化物的还原水解,原来烯烃中的"$CH_2\!=\!$"变成甲醛 HCHO,"$RCH\!=\!$"变成其他醛;"$RR'C\!=\!$"变成酮。因此,根据臭氧化物的水解产物,就可以确定烯烃中双键的位置和碳架的结构。

例如,丁烯的三种异构体臭氧化时,分别生成下列产物:

$$CH_3CH\!=\!CHCH_3 \xrightarrow[2)Zn+H_2O]{1)O_3} 2CH_3CHO$$

$$CH_3CH_2CH\!=\!CH_2 \xrightarrow[2)Zn+H_2O]{1)O_3} CH_3CH_2CHO+HCHO$$

$$(CH_3)_2C\!=\!CH_2 \xrightarrow[2)Zn+H_2O]{1)O_3} \underset{H_3C}{\overset{H_3C}{\diagdown}}C\!=\!O + HCHO$$

臭氧化反应也可用于合成,即从烯烃合成醛酮。

$$(CH_3)_2CH(CH_2)_3CH\!=\!CH_2 \xrightarrow[2)Zn+H_2O]{1)O_3} (CH_3)_2CH(CH_2)_3CH\!=\!O+HCHO$$

$$CH_3CH_2CH_2CH_2\overset{CH_3}{\underset{|}{C}}\!=\!CH_2 \xrightarrow[2)Zn+H_2O]{1)O_3} CH_3CH_2CH_2CH_2\underset{\overset{||}{O}}{C}CH_3 + HCHO$$

2. 炔烃的臭氧氧化 炔烃经臭氧氧化,碳链在碳碳三键处断裂,生成羧酸。例如:

$$CH_3CH_2CH_2CH_2C\!\equiv\!CH \xrightarrow[2)H_2O]{1)O_3} CH_3CH_2CH_2CH_2COOH+HCOOH$$

烯烃和炔烃的氧化均可进行结构测定,将生成的羧酸或者醛酮等有机物进行分离鉴定后,即可推测出双键或三键在碳链上的位置。

七、烯烃 α-H 的卤代反应

与碳碳双键相邻的碳原子称 α-碳原子或烯丙位碳原子,与此碳相连的氢称 α-氢或烯丙位氢。在高温或光照下,α-H 易被卤素取代,生成 α-卤代烯烃。例如丙烯高温氯代得 3-氯丙烯。

$$\overset{\alpha}{CH_3}CH\!=\!CH_2 + Cl_2 \xrightarrow[500\sim600\ ℃]{气相} \overset{\alpha}{CH_2}CH\!=\!CH_2 \atop \underset{Cl}{\overset{|}{}}$$

α-H 卤代反应机制与烷烃卤代反应一样,属于自由基取代反应,生成自由基的一步是决定反应速率的步骤。

烯烃在高温条件下发生卤代反应,具有较高的区域选择性,反应总是发生在 α-H 上。原因在于 α-位 C—H 键的解离能较小,只有 368 kJ/mol,而烷烃(乙烷)和烯烃(乙烯)分子中 C—H 键的解离能分别为 410 kJ/mol 和 435 kJ/mol。

	$CH_2\!=\!CHCH_2\!-\!H$		$CH_3CH_2\!-\!H$		$CH_2\!=\!CH\!-\!H$
解离能	368 kJ/mol	$<$	410 kJ/mol	$<$	435 kJ/mol

在讨论烷烃卤代反应时已经知道，C—H 键的**解离能越小，解离后的自由基越稳定**，该自由基在反应中越易生成。所以自由基的相对稳定性次序如下：

$$CH_2 {=\!\!=} CH\overset{\displaystyle \cdot}{C}H_2 \quad > \quad CH_3\overset{\displaystyle \cdot}{C}H_2 \quad > \quad CH_2{=\!\!=}\overset{\displaystyle \cdot}{C}H$$

烯丙基自由基 　　　　乙基自由基 　　　乙烯基自由基

烯丙基自由基的稳定性大于叔自由基和仲自由基（叔丁烷和丙烷分子中 3°C—H 键和 2°C—H键的解离能分别为 380 kJ/mol 和 397 kJ/mol）。**各种自由基的稳定性顺序如下：**

$$CH_2{=\!\!=}CH\overset{\displaystyle \cdot}{C}H_2 > H_3C\overset{\displaystyle CH_3}{\underset{\displaystyle CH_3}{-\overset{|}{\underset{|}{C}}\cdot}} > CH_3\overset{\displaystyle \cdot}{C}HCH_3 > CH_3\overset{\displaystyle \cdot}{C}H_2 > \overset{\displaystyle \cdot}{C}H_3 > CH_2{=\!\!=}\overset{\displaystyle \cdot}{C}H$$

不对称烯烃反应时，由于生成的中间体烯丙基自由基中 p-π 共轭效应的存在，经常得到混合物。例如：

$$CH_3CH_2CH_2CH_2CH{=\!\!=}CH_2 + Cl_2 \xrightarrow{h\nu} CH_3CH_2CH_2\underset{\displaystyle Cl}{\overset{|}{C}}HCH{=\!\!=}CH_2 + CH_3CH_2CH_2CH{=\!\!=}CH\underset{\displaystyle Cl}{\overset{|}{C}}H_2$$

α-H 的溴代反应可用单质溴，也常用 N-溴代丁二酰亚胺（英文简写为 NBS），在光照或过氧化物存在下低温时与烯烃反应，得到 α-溴代烯烃。在该反应中，NBS 与反应体系中存在的极少量的酸作用慢慢转化为溴，为反应提供低浓度的溴。生成的溴在自由基引发剂作用下变成溴原子，进行自由基取代反应。

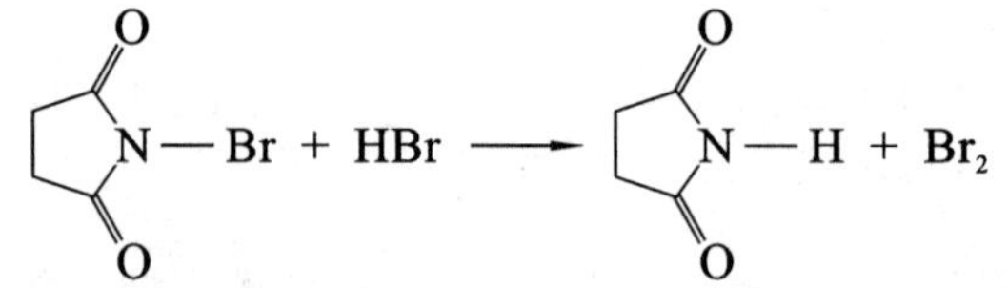

N-溴代丁二酰亚胺

例如：

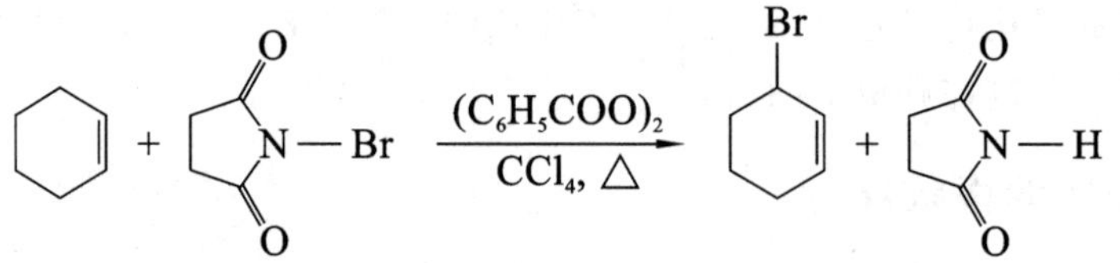

八、炔氢的酸性

乙烷、乙烯和乙炔的酸性强弱顺序如下：

$$CH{\equiv}CH \quad > \quad CH_2{=\!\!=}CH_2 \quad > \quad CH_3CH_3$$

pK_a 　　　约 25 　　　　　　约 44 　　　　　　约 50

炔烃比烯烃、烷烃的酸性强，这与碳原子的杂化方式有关。炔碳 sp 杂化，烯碳 sp² 杂化，烷碳 sp³ 杂化，杂化轨道 s 成分越大，吸引电子的能力越强，形成的负离子越稳定，碱性越弱。碱性强弱顺序如下：

$$CH_3{-}\overset{-}{C}H_2 > CH_2{=\!\!=}\overset{-}{C}H > CH{\equiv}\overset{-}{C}$$

按共轭酸碱理论，碱性越强则其共轭酸的酸性越弱。因此，乙炔的酸性强于乙烯和乙烷。

（一）炔化物的生成

乙炔或者 RC≡CH 类型的炔烃与金属钠作用或者在液氨中与氨基钠作用，三键碳上的氢被钠置换，生成炔化钠。

$$RC≡CH + 2Na \longrightarrow RC≡CNa + H_2 \uparrow$$

$$RC≡CH + NaNH_2 \xrightarrow{\text{液氨}} RC≡CNa + NH_3$$

$$pK_a \qquad 25 \qquad\qquad\qquad\qquad 35$$

此反应为酸碱中和反应，较强的酸（RC≡CH）和较强的碱（NaNH_2）作用，生成较弱的酸（NH_3）和较弱的碱（RC≡C⁻）。

烷基锂或格氏试剂也可以将三键碳原子上的氢用金属原子置换。

$$RC≡CH + n\text{-}C_4H_9Li \longrightarrow RC≡CLi + n\text{-}C_4H_{10}$$

$$RC≡CH + C_2H_5MgBr \longrightarrow RC≡CMgBr + C_2H_6$$

生成的炔化物与一般的金属有机化合物作用相同。

（二）过渡金属炔化物的生成

将乙炔或者 RC≡CH 类型的炔烃（也称为端炔）加入硝酸银或者氯化亚铜的氨溶液中，立即生成白色的炔化银沉淀或者红棕色的炔化亚铜沉淀。此类反应很灵敏，且现象明显，可用**于乙炔及末端炔烃的定性检验。**

$$CH≡CH + [Ag(NH_3)_2]^+NO_3^- \longrightarrow AgC≡CAg \downarrow$$

$$RC≡CH + [Ag(NH_3)_2]^+NO_3^- \longrightarrow RC≡CAg \downarrow$$

$$CH≡CH + [Cu(NH_3)_2]^+Cl^- \longrightarrow CuC≡CCu \downarrow$$

$$RC≡CH + [Cu(NH_3)_2]^+Cl^- \longrightarrow RC≡CCu \downarrow$$

知识拓展 4-1

炔化银或炔化亚铜的溶解度很小，可以从水溶液中沉淀出来，在干燥状态下，受热或者振动容易爆炸，实验后应用盐酸或者稀硝酸等分解处理。

本章小结

练习题答案

主要内容	学习要点
分类	烯烃：单烯烃、二烯烃（隔离二烯烃、共轭二烯烃和累积二烯烃）；多烯烃 炔烃：单炔烃和多炔烃
同分异构体	构造异构体（碳架异构、官能团位置异构、官能团异构、互变异构） 立体异构（顺反异构）
命名	IUPAC 命名法；顺反命名法；Z/E 命名法
制备	烯烃：炔烃还原，醇脱水，邻二卤代烷脱卤素，卤代烷脱卤化氢 炔烃：二卤代烷脱 HX，炔钠的烷基化
结构	烯烃双键碳 sp² 杂化；炔烃三键碳 sp 杂化 碳正离子：sp² 杂化；平面结构
化学性质	1）不饱和键的加成反应（加氢反应、亲电加成反应、自由基加成反应、硼氢化反应） 2）不饱和键的氧化反应（高锰酸钾、臭氧） 3）烯烃 α-H 的卤代反应（自由基取代反应） 4）炔氢的反应（炔氢的鉴别、金属炔化物的生成） 5）共轭二烯烃的加成反应（1,2-加成和 1,4-加成；D-A 反应）

 NOTE

续表

主要内容	学习要点
马氏规则	当不对称试剂和不对称烯烃发生亲电加成反应时,试剂中的正电性部分主要加在能形成稳定的碳正离子的双键碳原子上
碳正离子稳定性	$RCH\!\!=\!\!CHC\overset{+}{R}_2 > RCH\!\!=\!\!CHC\overset{+}{H}R > R_3\overset{+}{C} > R_2\overset{+}{C}H > RC\overset{+}{H}_2 > \overset{+}{C}H_3$

目标检测

目标检测答案

一、用 IUPAC 命名法命名下列化合物。

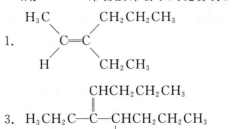

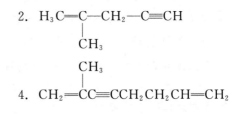

二、选择题。

1. 杂化轨道理论认为单烯烃分子中的双键碳原子的杂化方式为(　　)。

A. sp
B. sp^2
C. sp^3
D. sp^3d

2. 顺-丁-2-烯和反-丁-2-烯下列属性相同的是(　　)。

A. 熔点
B. 沸点
C. 分子式
D. 结构

3. 按照 IUPAC 建议的取代基优先次序规则,下列基团中优先次序最大的是(　　)。

A. —CH_3
B. —CH_2Cl
C. —OH
D. —COOH

4. 下列碳正离子中,最稳定的是(　　)。

A. $\overset{+}{C}H_3$
B. $CH_3\overset{+}{C}H_2$
C. $\overset{+}{C}H_2CH\!\!=\!\!CH_2$
D. $CH_3CH\!\!=\!\!\overset{+}{C}H$

5. 在光照或高温条件下烯烃发生的 α-卤代反应属于(　　)。

A. 自由基加成
B. 自由基取代
C. 亲电加成
D. 亲电取代

6. 碳碳三键中的共价键类型为(　　)。

A. 三个均为 σ 键
B. 三个均为 π 键
C. 一个为 σ 键,两个为 π 键
D. 一个为 π 键,两个为 σ 键

7. 下列化合物中能与硝酸银的氨溶液作用生成白色沉淀的是(　　)。

A. 1-丁炔
B. 2-丁炔
C. 2-戊烯
D. 乙烷

8. 乙炔在汞盐催化下与水的加成产物是(　　)。

A. 乙醇
B. 乙烯
C. 乙醛
D. 乙烷

9. 原子基团—NO_2引发的电子效应为(　　)。

A. 吸电子诱导和吸电子共轭
B. 吸电子诱导和给电子共轭
C. 给电子诱导和给电子共轭
D. 给电子诱导和吸电子共轭

10. 炔烃与卤素的加成可以停留在加成 1 分子卤素的阶段,是因为(　　)。

A. 空间位阻
B. 产物双键上连有卤素,加成活性减小
C. 共轭效应
D. 烯烃没有炔烃活泼

NOTE

三、填空题。

1. 烯烃产生顺反异构的条件为_____。

2. 不对称烯烃与 HBr 的加成符合_____规则,反应类型属于_____。

3. 有过氧化物存在时,不对称烯烃与 HBr 加成符合_____规则,反应类型属于_____。

4. 烯炔编号时从_____开始,书写名称时应先_____后_____。

5. 炔烃在汞盐催化下与水加成的产物是_____和_____。

6. 共轭体系的特征包括键长趋于_____、π 电子_____和分子内能_____。

7. 常见的共轭体系有_____共轭、_____共轭和_____共轭。

四、判断题。

1. 顺反异构体命名时,顺式就是 Z 型,反式就是 E 型。　　　　　　　（　　）

2. 丁-2-烯比丁-1-烯稳定,从它们加氢反应的氢化热可以看出来。　　（　　）

3. 烯烃与卤化氢的加成反应符合马氏规则。　　　　　　　　　　　　（　　）

4. 在过氧化物存在或光照下烯烃与溴化氢的加成是自由基加成。　　（　　）

5. 炔烃在酸性条件下催化水合的产物为羰基化合物。　　　　　　　　（　　）

6. 烯烃臭氧氧化并还原水解的产物为醛和酮。　　　　　　　　　　　（　　）

五、写出下列反应的产物或所需试剂或反应条件。

1. $CH_3CH=CHC=CH_2$ (带 CH_3 支链)
$\xrightarrow[\text{(2)Zn/H}_2\text{O}]{\text{KMnO}_4/\text{H+}, \text{(1)O}_3}$

2. CH_3CCH_3 (两个 Br) $\xrightarrow[C_2H_5OH,\triangle]{KOH}$ (a) $\xrightarrow[HgSO_4]{H_2SO_4}$ (b)

3.
$\xrightarrow[\text{(2)Zn/H}_2\text{O}]{\text{(1)O}_3}$

4.
$+$ (马来酸酐) $\xrightarrow{\triangle}$

5.
$+$ CHO $\xrightarrow{\triangle}$

6. $CH_3C=CH_2$ (带 CH_3) $\longrightarrow$ CH_3CHCH_2OH (带 CH_3)

六、推导题。

1. 化合物 A、B 和 C,分子式均为 C_6H_{12},三者与 $KMnO_4$ 溶液反应,均能够使之褪色,A、B、C 催化加氢产物均为 3-甲基戊烷。A 有顺反异构体,B 和 C 不存在顺反异构体,A 和 B 与 HBr 加成得同一化合物 D,试写出 A、B、C、D 的结构式。

2. 化合物 A(C_5H_6),在林德拉试剂催化下吸收 1 mol 氢气生成 B(C_5H_8),A 可与 $AgNO_3$ 的氨溶液反应生成白色沉淀,B 则不与之发生反应,B 在低温下可与 HBr 反应生成 C(C_5H_9Br),B 被臭氧氧化还原水解产物为 CH_3COCHO 和 HCHO,C 被臭氧氧化还原水解产物为 $(CH_3)_2C(Br)CHO$ 和 HCHO,试推导出 A、B、C 的结构式。

参 考 文 献

[1] 胡宏纹. 有机化学[M]. 2 版. 北京:高等教育出版社,1998.

[2] 陆涛,胡春,项光亚. 有机化学[M]. 8 版. 北京:人民卫生出版社,2016.

[3] 李景宁,杨定乔,潘玲. 有机化学[M]. 6 版. 北京:高等教育出版社,2018.

[4] 高占先. 有机化学[M]. 3 版. 北京:高等教育出版社,2018.

（吴建丽）　　NOTE

第五章 脂 环 烃

 学习目标

1. 掌握:脂环烃的命名;脂环烃的化学性质;环己烷及取代环己烷的构象,特别是二取代环己烷的优势构象分析。

2. 熟悉:单环烷烃的稳定性;小环烷烃的结构;环丙烷、环丁烷、环戊烷、多取代环己烷、十氢萘的构象。

3. 了解:脂环烃的分类与物理性质。

碳原子相互连接成环、性质类似于脂肪烃的碳环烃称为**脂环烃**(alicyclic hydrocarbons)。脂环烃及其衍生物广泛存在于自然界,如石油中的环戊烷和环己烷,植物挥发油中的萜类化合物和动植物体内的甾体化合物等。

案例导入

疟疾是世界上流行最广、发病率和死亡率最高的热带寄生虫传染病,快速高效抗疟药可选用青蒿素(artemisinin)。青蒿素主要用于间日疟、恶性疟的症状控制,也可用以治疗凶险型恶性疟(如脑型、黄疸型等)及治疗系统性红斑狼疮与盘状红斑狼疮。2015 年 10 月,我国药学家屠呦呦因发现青蒿素治疗疟疾的新疗法获诺贝尔生理学或医学奖。

青蒿素的化学结构

思考:

(1) 青蒿素的主要来源是什么?

(2) 青蒿素属于哪一类有机化合物?

第一节 脂环烃的分类和命名

一、脂环烃的分类

脂环烃根据环中是否含有不饱和键分为饱和脂环烃和不饱和脂环烃,饱和脂环烃就是环烷烃,不饱和脂环烃有环烯烃和环炔烃。例如：

环戊烷   环己烯   环辛炔
cyclopentane   cyclohexene   cyclooctyne

脂环烃根据碳环的数目分为单环、双环和多环脂环烃。**单环脂环烃**根据成环碳原子的数目分为**小环**($C_3 \sim C_4$)、**普通环**($C_5 \sim C_6$)、**中环**($C_7 \sim C_{12}$)和**大环**($> C_{12}$)。双环和多环脂环烃根据环的连接方式分为**螺环烃**(spiro hydrocarbons)和**桥环烃**(bridged hydrocarbons),两个碳环仅以一个共用碳原子相结合的称为螺环烃,共用的碳原子称为**螺原子**;两个碳环共用两个或两个以上碳原子的称为桥环烃,桥碳链交汇点的碳原子称为**桥头碳原子**。例如：

螺原子   桥头碳原子

螺环烃   桥环烃

二、脂环烃的命名

(一) 单环脂环烃的命名

单环脂环烃的命名与链烃相似,只需在相应直链烃的名称前加前缀"环(cyclo)"字。环碳原子编号时,应使不饱和键和取代基的位次尽可能低(小)。例如：

乙基环戊烷   1,1-二甲基环丙烷   1-异丙基-4-甲基环己烷
ethylcyclopentane   1,1-dimethylcyclopropane   1-isopropyl-4-methylcyclohexane

3,5-二甲基环己-1-烯   5-甲基环戊-1,3-二烯
3,5-dimethylcyclohex-1-ene   5-methylcyclopenta-1,3-diene

环上侧链比较复杂时,可将环作为取代基进行命名。例如：

CH₃CH₂CHCH(CH₃)₂   (CH₃)₂CHCHCH(CH₃)₂

3-环丙基-2-甲基戊烷   3-环戊基-2,4-二甲基戊烷
3-cyclopropyl-2-methylpentane   3-cyclopropyl-2,4-dimethylpentane

(二) 螺环烃的命名

螺环烃根据螺原子的数目分为**单螺、双螺**等。单螺命名时根据参与成环的碳原子总数称为"螺〔 〕某烃",方括号内用阿拉伯数字标明每个碳环的碳原子数目(螺原子除外),从小到大,数字之间用小圆点"."隔开。编号从小环紧邻螺原子的碳原子开始,经过螺原子再到大

 NOTE

环,并使不饱和键和取代基的位次尽可能低(小)。例如:

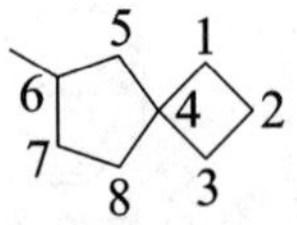

6-甲基螺[3.4]辛烷
6-methylspiro[3.4]octane

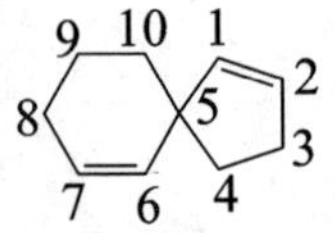

螺[4.5]癸-1,6-二烯
spiro[4.5]deca-1,6-diene

双螺命名时根据参与成环的碳原子总数称为"双螺[ ]某烃",编号从较小的端环紧邻螺原子的碳原子开始,依次顺序经过每一个螺原子并使螺原子编号较小。顺着整个环的编号顺序,在方括号内标明各螺原子间所连接的碳原子数目。当螺原子被再次涉及时,则将该螺原子的编号以上标方式标注在与其再次相连的碳原子数目上。例如:

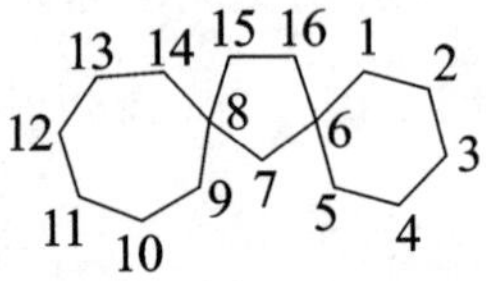

双螺[5.1.6^8.2^6]十六烷
dispiro[5.1.6^8.2^6]hexadecane

(三) 桥环烃的命名

桥环烃根据转变成链烃最少分割次数分为**双环、三环**等。命名双环时根据参与成环的碳原子总数称为"双环[ ]某烃",方括号内用阿拉伯数字标明各桥所含的碳原子数目(桥头碳原子除外),从大到小,数字之间用小圆点"."隔开。编号从一个桥头碳原子开始,沿最长的桥到达第二个桥头碳原子,再沿次长的桥回到第一个桥头碳原子,最短的桥最后编号。环上有不饱和键和取代基时,应使其位次尽可能(低)小。例如:

2-乙基-1,8-二甲基双环[3.2.1]辛烷
2-ethyl-1,8-dimethylbicyclo[3.2.1]octane

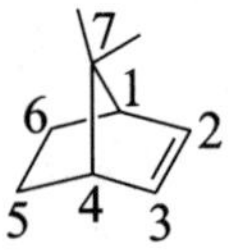

7,7-二甲基双环[2.2.1]庚-2-烯
7,7-dimethylbicyclo[2.2.1]hept-2-ene

三环一般有两种桥头碳原子,各属于主桥(主环内最长的桥)和次桥,编号按主桥沿最长桥的桥头碳原子开始。方括号内最后一个数字是次桥的桥碳原子数,需在其右上角标明两个次桥桥头碳原子的编号,从小到大,用逗号隔开。例如:

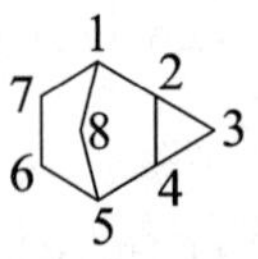

三环[3.2.1.0^{2,4}]辛烷
tricyclo[3.2.1.0^{2,4}]octane

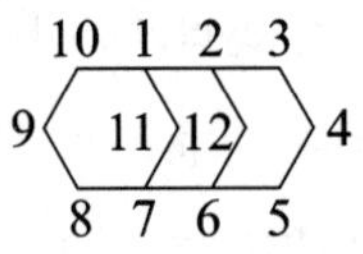

三环[5.3.1.1^{2,6}]十二烷
tricyclo[5.3.1.1^{2,6}]dodecane

练习题 5-1 命名下列化合物:

(1) 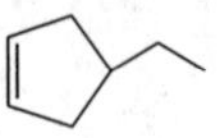 (2)

(3) 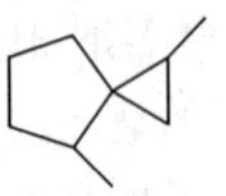 (4)

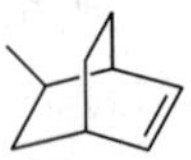

第二节　单环烷烃的稳定性及小环烷烃的结构

一、单环烷烃的稳定性

通过化学反应与热力学测得的燃烧热，可以说明可燃化合物的相对**稳定性**。1 mol 有机化合物在 1 个标准大气压下完全燃烧生成 CO_2 和 H_2O 时所放出的热量称为该有机化合物的燃烧热，开链烷烃每个 CH_2 的平均燃烧热为 658.6 kJ/mol，一些常见环烷烃的燃烧热见表5-1。

表 5-1　一些常见环烷烃的燃烧热

名称	燃烧热/(kJ/mol)	每个 CH_2 的平均燃烧热/(kJ/mol)
环丙烷	2091.3	697.1
环丁烷	2744.1	686.2
环戊烷	3320.1	664.0
环己烷	3951.7	658.6
环庚烷	4636.7	662.3
环辛烷	5313.9	664.2
环壬烷	5981.0	664.4
环癸烷	6635.8	663.6
环十五烷	9884.7	659.0

不同环烷烃所含碳原子和氢原子的数目不同，不能直接通过燃烧热比较它们的相对稳定性，但可以通过每个 CH_2 的平均燃烧热进行比较。燃烧热越大，分子内能越高，分子越不稳定。环丙烷、环丁烷每个 CH_2 的平均燃烧热比开链烷烃高，说明它们的分子内能高，不稳定；环己烷每个 CH_2 的平均燃烧热与开链烷烃一样，最稳定；中环、大环烷烃每个 CH_2 的平均燃烧热与开链烷烃接近，较稳定。

从表 5-1 可以看出：从三元环到六元环随着环的增大，每个 CH_2 的平均燃烧热减小，其稳定性顺序为六元环＞五元环＞四元环＞三元环。从七元环开始，每个 CH_2 的平均燃烧热趋于恒定，稳定性相似。

练习题 5-2　比较下列各组化合物的燃烧热大小。

二、张力学说

环的大小不同，环烷烃的稳定性有差异。为解释这一现象，1885 年德国化学家拜尔（A. V. Baeyer）提出了**"张力学说（strain theory）"**。假设环烷烃的成环碳原子是排列在同一平面成正多边形的，这样环烷烃的 C—C—C 键角与饱和碳原子正四面体所要求的正常键角 $109°28'$ 就产生了偏差，如环丙烷向内偏转 $(109°28'-60°)/2=24°44'$，环丁烷向内偏转 $9°44'$，环戊烷向内偏转 $0°44'$，如图 5-1 所示。

这种键角偏转使环碳的键角有恢复正常键角的张力，称为**角张力**（angle strain）。环烷烃的键角偏转度越大，角张力越大，环越不稳定，所以环烷烃的稳定性顺序为环戊烷＞环丁烷＞

NOTE

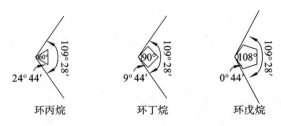

图 5-1 环丙烷、环丁烷与环戊烷的键角偏转度

环丙烷。

按照拜尔"张力学说",环己烷向外偏转 5°16′,大于环戊烷的键角偏转度,环己烷则不如环戊烷稳定;随着环的增大,角张力增大,六元环以上的环烷烃则越来越不稳定。但事实是环己烷比环戊烷稳定,中环和大环亦比较稳定。造成这种矛盾的原因是拜尔假设成环碳原子是排列在同一平面的,这与事实不相符。实际上只有环丙烷的成环碳原子排列在同一平面,其他环烷烃均可以通过环内 C—C σ 键的扭转,采取非平面的构象存在。

三、小环烷烃的结构

按几何学要求,环丙烷的三个碳原子排列在同一平面,C—C—C 键角为 60°,存在很大的角张力,也使两个碳原子的 sp^3 杂化轨道不能沿键轴方向进行最大限度重叠,而是偏离一定的角度形成**弯曲键**(俗称香蕉键),如图 5-2 所示。形成弯曲键时,原子轨道重叠程度很小,键的稳定性较差。

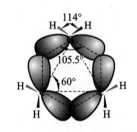

图 5-2 环丙烷的原子轨道重叠示意图

环丁烷的平面结构中,C—C—C 键角为 90°,与环丙烷相似,原子轨道也是偏离键轴方向重叠,但弯曲程度不如环丙烷,使原子轨道重叠程度有所增大,所以环丁烷比环丙烷稳定。

第三节　脂环烃的立体异构

一、环烷烃的顺反异构

环烷烃分子中由于环的存在,限制了 C—C σ 键的自由旋转,当成环碳原子有两个或两个以上各连有不同的原子或基团时,存生**顺反异构**。环状化合物的顺反异构体一般采用顺、反构型标记法,即两个取代基在环平面同侧的为**顺式**,在环平面异侧的为**反式**。例如:

顺-1,3-二甲基环己烷　　　　　　反-1-乙基-4-甲基环己烷

环的一部分用黑体楔形线、一部分用实线写出,表示环平面与纸平面垂直,也可以写成环平面在纸平面上的立体结构式,环碳原子上的氢有时可以省略。例如:

二、环烷烃的构象

（一）环丙烷、环丁烷、环戊烷的构象

1. 环丙烷的构象 环丙烷的三个碳原子只能处于同一平面,分子中的C—H键在空间上处于重叠式的位置(图 5-3),由此引起的**扭转张力**是环丙烷不稳定的另一原因。

2. 环丁烷的构象 环丁烷的四个碳原子不在同一平面,为折叠式排列的**蝶式构象**(图 5-4)。两种蝶式构象可相互转换,C_1、C_2、C_4 所在平面与 C_2、C_3、C_4 所在平面之间的夹角约为 25°。环丁烷的环折叠后,因 C—H 键重叠所引起的扭转张力有所减小,使分子具有较低的能量,所以较环丙烷稳定。

3. 环戊烷的构象 环戊烷的碳原子如果排列在同一平面成正五边形时,几乎没有角张力,但环中所有的 C—H 键都是重叠的,有较大的扭转张力。通过环内 C—C σ 键的扭转,可形成一个角上翘的**信封式构象**(图 5-5)。信封式构象中离开平面的 CH_2 与相邻碳原子以接近交叉式构象的方式连接,使扭转张力降低较多,因此比平面结构的能量低,较为稳定,是环戊烷的优势构象。环上每一个碳原子可依次交替地离开平面,从一个信封式构象转变成另一个信封式构象。

图 5-3 环丙烷的重叠式构象　　　图 5-4 环丁烷的蝶式构象　　　图 5-5 环戊烷的信封式构象

（二）环己烷的构象

1. 椅式构象与船式构象 环己烷分子通过环内 C—C σ 键的扭转,保持 C—C—C 键角为正常键角 109°28′,形成无角张力的**椅式构象**(chair conformation)和**船式构象**(boat conformation),其透视式如图 5-6 所示。

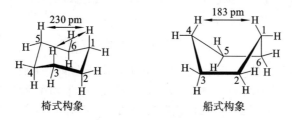

椅式构象　　　　　　　　船式构象

图 5-6 环己烷椅式构象与船式构象的透视式

环己烷的椅式构象中,六个碳原子分别排列在两个平行平面上,若 C_1、C_3、C_5 排列在上平面,则 C_2、C_4、C_6 排列在下平面。通过分子中心并垂直于两个平行平面的直线,是分子的三重对称轴(C_3 轴)。环己烷的十二个 C—H 键中有六个 C—H 键近似平行于 C_3 轴,称为**直立键**或 **a 键**(axial bond),交替地竖直向上和向下;另外六个 C—H 键近似垂直于 C_3 轴,称为**平伏键**或 **e 键**(equatorial bond),交替地上翘和下翘,如图 5-7 所示。其中 C_1、C_3、C_5 构成竖直向上的 a 键和下翘的 e 键,C_2、C_4、C_6 构成竖直向下的 a 键和上翘的 e 键,即同一个碳原子的 a 键是竖直向上的,则 e 键必然是下翘的,反之亦然。

环己烷的椅式构象中,C—C—C 键角为 109°28′,**无角张力**;C_1、C_3、C_5 上竖直向上的 C—H 键之间及 C_2、C_4、C_6 上竖直向下的 C—H 键之间的距离约为 230 pm(图 5-6),与氢原子的范德华半径之和(250 pm)相近,范德华斥力很小,即**跨环张力很小**;从椅式构象的纽曼投影式

NOTE

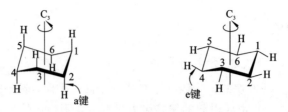

图 5-7　环己烷椅式构象的 a 键与 e 键

(图 5-8)可以看出,环上相邻碳原子上的 C—H 键处于交叉式位置,**无扭转张力**。所以环己烷椅式构象是一个无角张力、无扭转张力及跨环张力很小的环。

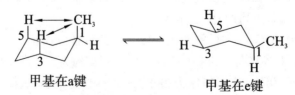

图 5-8　环己烷椅式构象与船式构象的纽曼投影式

　　环己烷的船式构象中,C—C—C 键角为 $109°28'$,**无角张力**;C_1 和 C_4 两个船头碳原子伸向环内的氢原子之间的距离约为 183 pm(图 5-6),远小于两个氢原子范德华半径之和,范德华斥力较大,即**跨环张力较大**;从船式构象的纽曼投影式(图 5-8)可以看出,C_2—C_3、C_5—C_6 之间的 C—H 键处于重叠式位置,有**较大的扭转张力**。由于跨环张力和扭转张力较大,所以船式构象不如椅式构象稳定,其能量比椅式构象高约 28.9 kJ/mol。

　　2. 椅式构象的转环作用　环己烷通过环内 C—C σ 键的扭转,可以从一种椅式构象转变成另一种椅式构象,这种现象称为椅式构象的**转环作用**(ring inversion)。转环后,原来的 a 键变为 e 键,e 键变为 a 键,但其向上和向下的取向不变,如图 5-9 所示。

图 5-9　环己烷椅式构象的转环作用

　　转环过程中,**椅式构象**的 C_4 向上翘,形成五个碳原子在同一平面的**半椅式构象**(half chair form),其内能比椅式构象高约 46.0 kJ/mol;C_4 再往上翘,带动平面上的原子运动,成为**扭船式**(twist boat form)构象,其能量仅比椅式构象高约 23.5 kJ/mol;C_4 继续往上翘,成为**船式构象**,其能量比扭船式约高 5.4 kJ/mol,介于扭船式和半椅式之间;船式构象再经扭船式和半椅式转变成另一椅式构象,如图 5-10 所示。

　　由于分子的热运动,环己烷的各种构象在室温下可以相互转换,但椅式构象最稳定,为环己烷的优势构象,室温时几乎完全以椅式构象存在。

　　(三)取代环己烷的构象

　　1. 一取代环己烷的构象　一取代环己烷的椅式构象中,取代基可以在 a 键,也可以在 e 键,这两种构象通过转环作用相互转换,形成动态平衡。如甲基环己烷的两种椅式构象可以表示为

甲基在a键　　　　　　　　　　甲基在e键

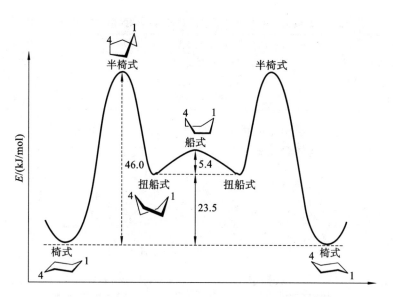

图 5-10 环己烷转环过程中的构象变化和相对能量值

甲基在 a 键时,与 C_3 及 C_5 上的 a 键氢原子间的距离较近,存在范德华斥力,这种由于空间拥挤所引起的斥力(跨环张力)常称为 **1,3-效应**。发生转环作用后,甲基在 e 键,避开了 1,3-直立键的相互排斥作用。

从甲基环己烷椅式构象的纽曼投影式(图 5-11)可以看出,a 键甲基与 3 位 CH_2 处于邻位交叉式,e 键甲基与 3 位 CH_2 处于对位交叉式。所以甲基在 e 键的椅式构象占优势,室温下在平衡混合体系中约占 95%。随着取代基体积的增大,取代基在 e 键的构象优势更为明显,如叔丁基环己烷的叔丁基几乎全部在 e 键。

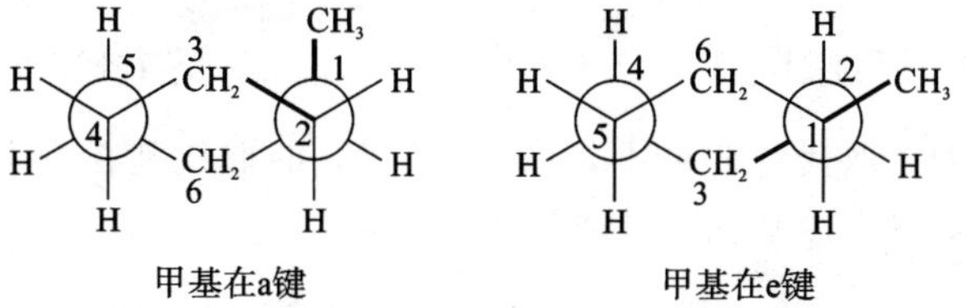

图 5-11 甲基环己烷椅式构象的纽曼投影式

2. 二取代环己烷的构象 二取代环己烷的顺反异构体分别有两种椅式构象,如 1,2-二甲基环己烷顺式异构体的两种椅式构象均为一个甲基在 a 键,一个甲基在 e 键,简称为 ae 构象(或 ea 构象),它们的能量相等,在平衡混合体系中的量相等;反式异构体的两种椅式构象中,一种是两个甲基在 a 键(aa 构象),另一种是两个甲基在 e 键(ee 构象),其中 ee 构象能量低,为优势构象,在平衡混合体系中约占 99%。

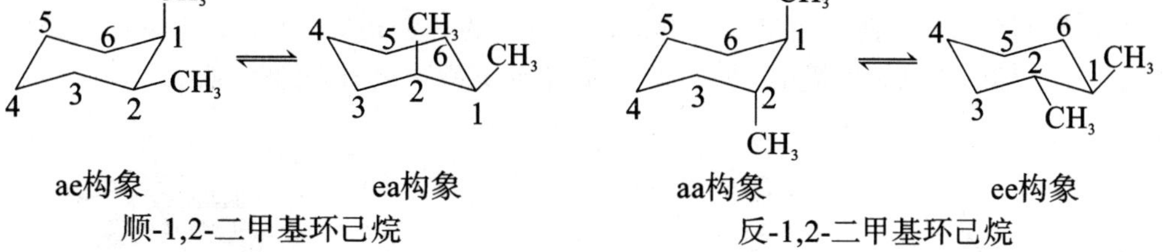

ae构象   ea构象   aa构象   ee构象

顺-1,2-二甲基环己烷   反-1,2-二甲基环己烷

1,2-二甲基环己烷顺式异构体的优势构象是 ae 构象(或 ea 构象),反式异构体的优势构象是 ee 构象,可见反式异构体较顺式异构体稳定,与反式异构体的燃烧热比顺式异构体的稍低相符合(表 5-2)。

 NOTE

表 5-2　1,2、1,3、1,4-二甲基环己烷顺反异构体的燃烧热差与稳定性

名　称	顺反异构体燃烧热差/(kJ/mol)	异构体稳定性
1,2-二甲基环己烷	反式比顺式低 6	反式＞顺式
1,3-二甲基环己烷	顺式比反式低 7	顺式＞反式
1,4-二甲基环己烷	反式比顺式低 6	反式＞顺式

　　1,3-二甲基环己烷顺式异构体的优势构象是 ee 构象,反式异构体的优势构象是 ae 构象（或 ea 构象）,可见顺式异构体较反式异构体稳定,与顺式异构体的燃烧热比反式异构体的稍低相符合（表 5-2）。

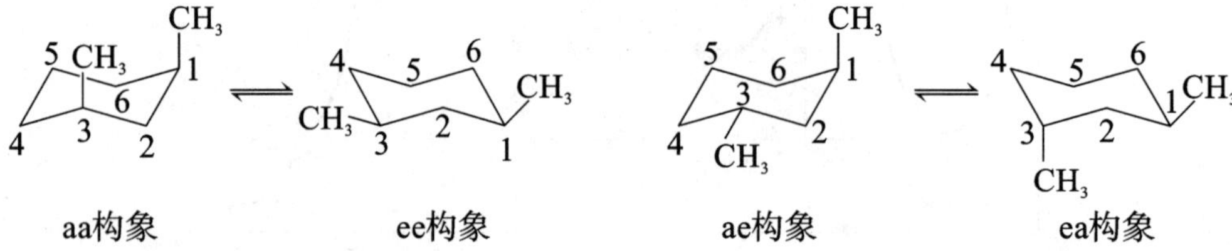

aa构象　　　　　　　　　　ee构象　　　　　　　　　ae构象　　　　　　　　　ea构象
顺-1,3-二甲基环己烷　　　　　　　　　　　　　反-1,3-二甲基环己烷

　　1,4-二甲基环己烷顺式异构体的优势构象是 ae 构象（或 ea 构象）,反式异构体的优势构象是 ee 构象,可见反式异构体较顺式异构体稳定,与反式异构体的燃烧热比顺式异构体的稍低相符合（表 5-2）。

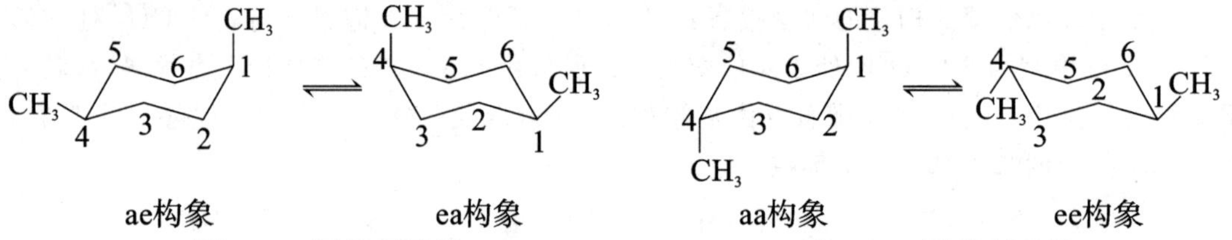

ae构象　　　　　　　　　　ea构象　　　　　　　　　aa构象　　　　　　　　　ee构象
顺-1,4-二甲基环己烷　　　　　　　　　　　　　反-1,4-二甲基环己烷

　　二取代环己烷的两个取代基如果不相同,体积较大的取代基在 e 键的为优势构象,如顺-1-异丙基-4-甲基环己烷的异丙基在 e 键的为优势构象。

ae构象　　　　　　　　　　ea构象
　　　　　　　　　　　　（优势构象） 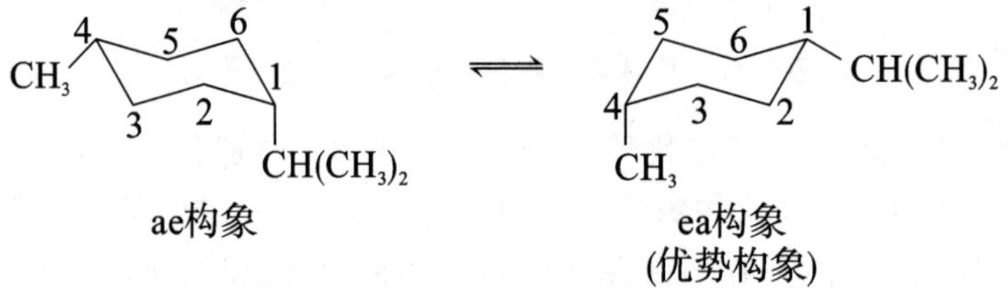
顺-1-异丙基-4-甲基环己烷

　　以上关于取代环己烷的优势构象仅仅是从取代基的**空间效应**分析的,若取代基为极性基团,除考虑空间效应外,还需考虑**氢键及偶极-偶极相互作用**等因素的影响。如顺-环己-1,3-二醇由于氢键的存在,使得两个羟基处在顺式双 a 键的为优势构象,反-1,2-二氯环己烷由于两个极性 C—Cl 键的相互排斥作用,使得两个氯处在反式双 a 键的为优势构象。

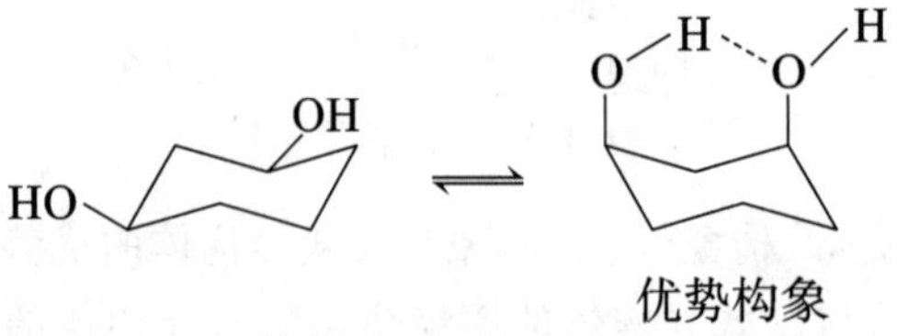

优势构象　　　　　　　　　　　　　　　优势构象
顺-环己-1,3-二醇 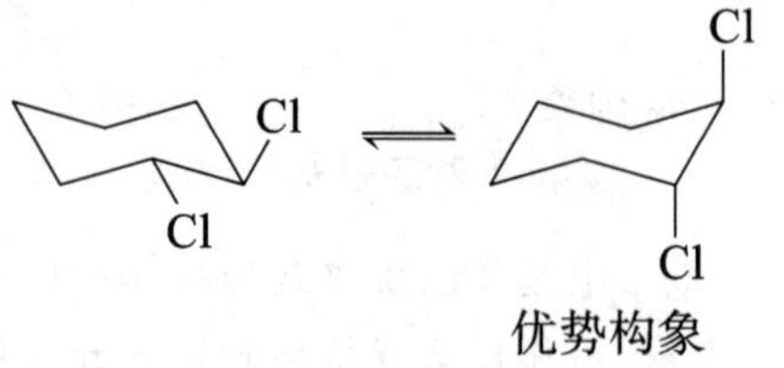　　　　　　　　　反-1,2-二氯环己烷

3. 多取代环己烷的构象 多取代环己烷的取代基如果是相同的烷基,以最多数目的取代基在 e 键的椅式构象为优势构象;如果是不相同的烷基,以最多数目的较大取代基在 e 键的椅式构象为优势构象;如有体积特别大的基团如叔丁基,则以它在 e 键的椅式构象为优势构象。例如:

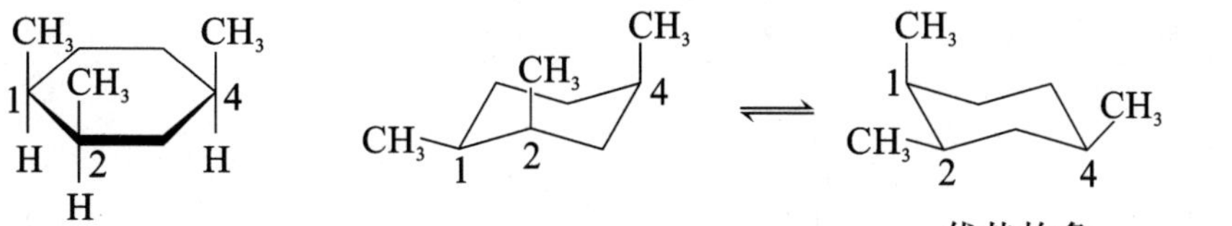

优势构象

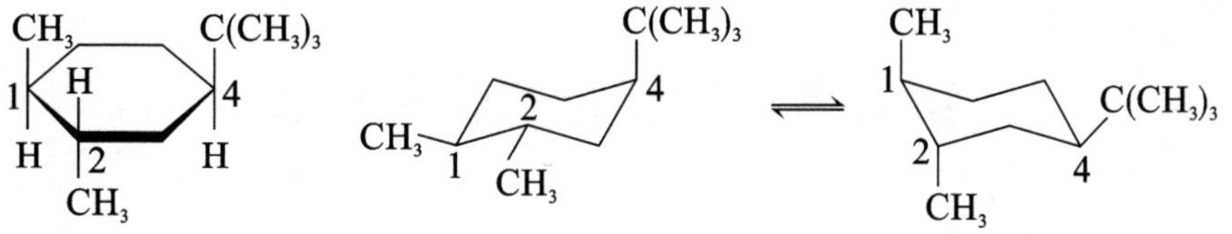

优势构象

(四)十氢萘的构象

十氢萘根据两个环己烷骈合方式的不同,有顺式十氢萘和反式十氢萘两种异构体。

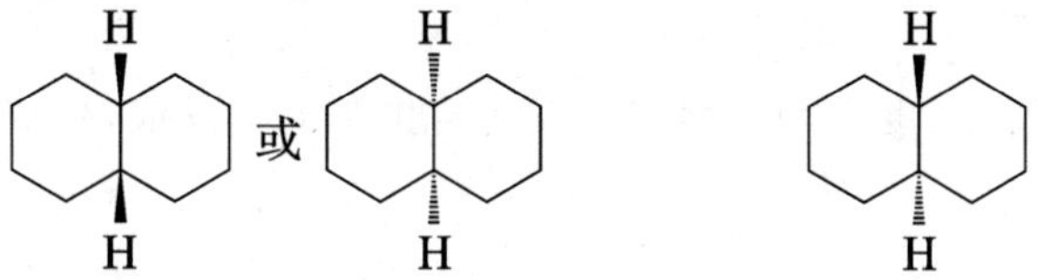

顺式十氢萘 反式十氢萘

十氢萘的两个环己烷骈合时以稳定的椅式构象相互连接,顺式十氢萘的两个环己烷椅式构象以 ea 键骈合,反式十氢萘以 ee 键骈合。因此,反式十氢萘比顺式十氢萘稳定,这与它们的燃烧热大小相符合(顺式十氢萘与反式十氢萘的燃烧热分别为 5286 kJ/mol 和 5277 kJ/mol)。

顺式十氢萘 反式十氢萘

练习题 5-3 写出下列化合物的优势构象。
(1) 1-甲基-1-丙基环己烷 (2) 反-1-异丙基-3-甲基环己烷

第四节 脂环烃的物理性质

脂环烃难溶于水,比水轻。环烷烃的熔点、沸点及相对密度均比相同碳原子数目的烷烃高。环烷烃随着成环碳原子数目的增加,熔点和沸点升高。一般在常温下小环为气体,普通环为液体,中环和大环为固体。一些常见环烷烃的物理常数见表 5-3。

NOTE

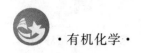

表 5-3　一些常见环烷烃的物理常数

名　称	熔点/℃	沸点/℃	相对密度(d^{20})
环丙烷	−127.6	−32.9	0.720(−79 ℃)
环丁烷	−80.0	11.0	0.703(0 ℃)
环戊烷	−93.9	49.5	0.745
环己烷	6.5	80.7	0.779
环庚烷	−12.0	117.0	0.810
环辛烷	11.5	148.0	0.830

第五节　脂环烃的化学性质

一、环烷烃的化学性质

环烷烃的化学性质与烷烃相似，常温下与氧化剂不发生反应(如室温下不与酸性 $KMnO_4$ 溶液反应)，光照或较高温度下容易发生取代反应。但环丙烷的稳定性差，容易发生开环反应。

(一) 取代反应

环烷烃在光照或较高温度下与卤素单质发生自由基取代反应，生成卤代环烷烃。例如：

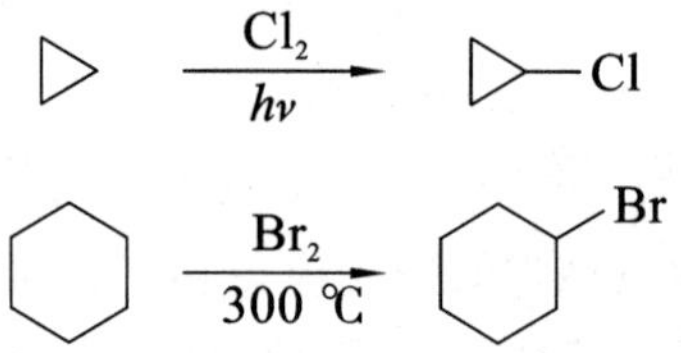

Cl2
hν
Cl
Br2
300 ℃
Br

(二) 小环烷烃的开环反应

1. 催化加氢　小环烷烃不稳定，在催化剂存在下容易加氢开环生成烷烃。例如：

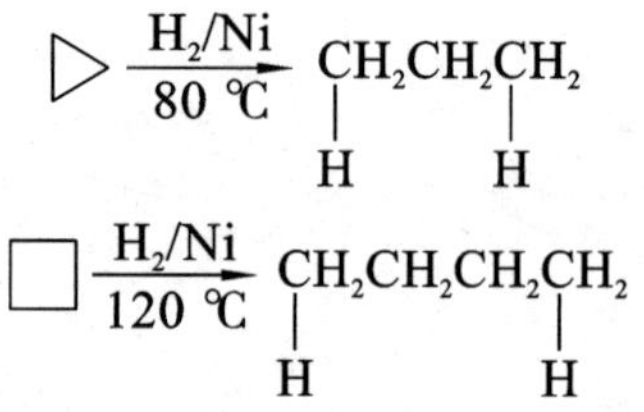

H2/Ni
80 ℃
CH2CH2CH2
H
H
H2/Ni
120 ℃
CH2CH2CH2CH2
H
H

环戊烷需加热至 300 ℃以上才能发生加氢开环反应，环己烷及大环烷烃加氢开环反应很难进行。由此可见，小环、普通环加氢开环反应的活性顺序为环丙烷>环丁烷>环戊烷>环己烷。

2. 与卤素反应　环丙烷在室温条件下易与卤素单质反应而开环，环丁烷与卤素单质需要加热才能发生反应而开环。例如：

Br/CCl4
室温
CH2CH2CH2
Br
Br
Br2/CCl4
△
CH2CH2CH2CH2
Br
Br

NOTE

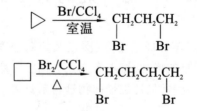

环丙烷与烯烃类似,室温条件下能使溴水或溴的四氯化碳溶液褪色,但不与酸性 KMnO₄ 溶液反应,因此可用酸性 KMnO₄ 溶液鉴别烯烃与环丙烷及烷基取代环丙烷。

环戊烷、环己烷很难与卤素单质发生开环反应。

3. 与卤化氢反应　环丙烷、烷基取代环丙烷在室温条件下易与卤化氢发生反应而开环,开环反应发生在含氢较多与较少的两个碳原子之间,氢原子与含氢较多的碳原子结合,卤素原子与含氢较少的碳原子结合。

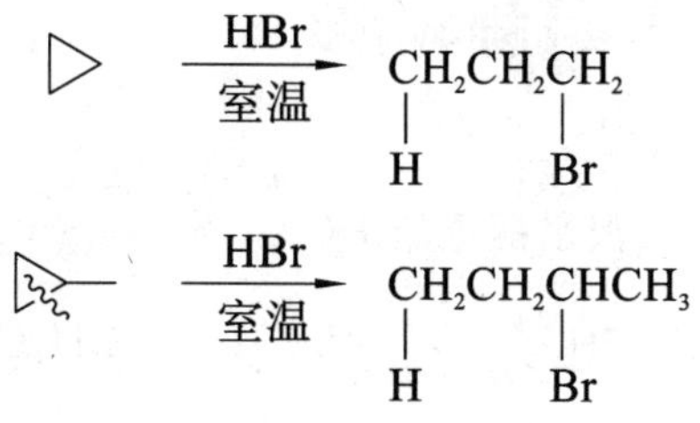

其他环烷烃在室温时很难与卤化氢发生开环反应。

二、环烯烃的化学性质

环烯烃的化学性质与烯烃相似,容易发生加成反应、氧化反应及 α-H 的卤代反应。例如:

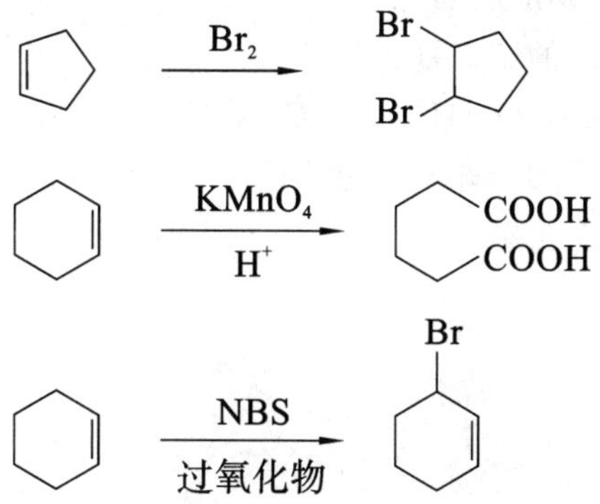

知识拓展 5-1

> **练习题 5-4**　用简便化学方法鉴别下列各组化合物(用流程图表示)。
> (1) 环丙烷与丙烯　(2) 环丙烷与环戊烷

本章小结

练习题答案

主要内容	学习要点
分类	饱和、不饱和脂环烃,单环、双环和多环脂环烃
命名	单环脂环烃、螺环烃、桥环烃
稳定性	六元环＞五元环＞四元环＞三元环
环丙烷结构	很大的角张力与扭转张力,弯曲键
顺反异构	顺、反构型标记法
构象	环丙烷的重叠式构象,环丁烷的蝶式构象,环戊烷的信封式构象;环己烷的优势构象为椅式构象;一取代环己烷的取代基在 e 键的为优势构象;二取代环己烷、多取代环己烷以最多数目的较大取代基在 e 键的椅式构象为优势构象

NOTE

续表

主要内容	学习要点
化学性质	环烷烃与烷烃相似,常温下不易发生氧化反应,易发生自由基取代反应;环烯烃与烯烃相似,易发生加成反应和氧化反应;环丙烷的稳定性差,容易发生开环反应

目标检测

目标检测答案

一、单项选择题。

1. 下列化合物常温下不能使溴水褪色的是(　　)。

A. ⬡　　　　B. 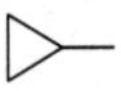 ◁—CH₃　　　　C. CH≡CCH₂CH₃ D. 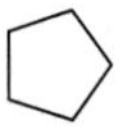 ⬠

2. 下列化合物不能使酸性 KMnO₄ 溶液褪色而能使溴水褪色的是(　　)。

A.  ⬠　　　　B. 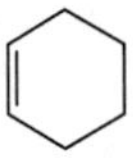 ⬡　　　　C. ▷　　　　D. 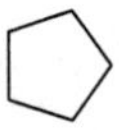 ⬠

3. 鉴别丙烷与环丙烷常用的试剂是(　　)。

A. Br_2/H_2O　　　　B. $KMnO_4/H^+$　　　　C. $AgNO_3$　　　　D. $Cu(OH)_2$

4. 鉴别丙烯与环丙烷常用的试剂是(　　)。

A. Br_2/H_2O　　　　B. $KMnO_4/H^+$　　　　C. $AgNO_3$　　　　D. $Cu(OH)_2$

5. 下列环烷烃最容易发生加氢开环反应的是(　　)。

A. 环丙烷　　　　B. 环丁烷　　　　C. 环戊烷　　　　D. 环己烷

二、命名下列化合物。

1. 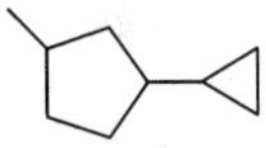 　　　　2.

3. 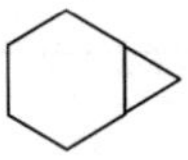　　　　4.

三、写出下列化合物的结构式。

1. 1,6-二甲基环己烯　　　　2. 反式十氢萘

3. 1,6-二甲基螺[3.4]辛烷　　　　4. 2-乙基-1-甲基双环[3.2.1]辛烷

四、完成下列反应式。

1.  ⋈ $\xrightarrow{Cl_2}{300\ ℃}$　　　　2.  ⬠ $\xrightarrow{Cl_2}{hv}$

3. 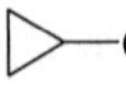 ▷—CH＝C(CH₃)₂ $\xrightarrow{KMnO_4}{H^+}$　　　　4. ⬡⋈ $\xrightarrow{KMnO_4}{H^+}$

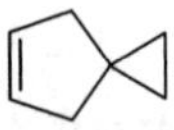

5.  ⌵△ $\xrightarrow{HBr}{室温}$　　　　6. 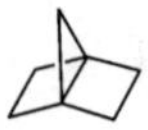 $\xrightarrow{Br_2}{室温}$

五、用简便化学方法鉴别下列各组化合物(用流程图表示)。

1. 环己烷、环己烯和己-1-炔

2. 环丙烷、环戊烷、戊-1-烯和戊-1-炔

六、写出下列化合物的优势构象。

1. 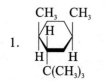　　2.

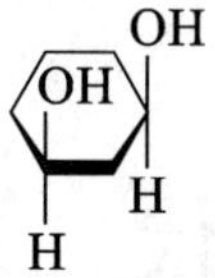

七、分子式为 C_4H_8 的化合物 A，能使 Br_2 的 CCl_4 溶液褪色，但不能使酸性 $KMnO_4$ 溶液褪色。A 与 HBr 反应得化合物 B，B 也可以从 A 的同分异构体 C 与 HBr 反应得到，C 能使 Br_2 的 CCl_4 溶液和酸性 $KMnO_4$ 溶液褪色。试推测化合物 A、B、C 的构造式，并写出各步化学反应式。

参 考 文 献

[1]　邢其毅，裴伟伟.基础有机化学[M].4 版.北京：北京大学出版社，2016.

[2]　陆涛.有机化学[M].8 版.北京：人民卫生出版社，2016.

[3]　赵正保，项光亚.有机化学[M].北京：中国医药科技出版社，2016.

[4]　林辉.有机化学[M].4 版.北京：中国中医药出版社，2016.

[5]　吉卯祉，彭松，葛正华.有机化学[M].4 版.北京：科学出版社，2016.

（万屏南）

NOTE

第六章 卤 代 烃

扫码看课件

案例解析

学习目标

1. 掌握：卤代烃的结构、命名和化学性质，双键位置对卤代烃活性的影响和不同结构卤代烃的鉴别。

2. 熟悉：卤代烃亲核取代反应、消除反应的历程，卤代烃的制备。

3. 了解：重要的卤代烃。

烃分子中的氢原子被卤原子取代的化合物称为**卤代烃**（halohydrocarbon），通式可表示为 R—X（X＝F，Cl，Br，I）。由于 R—F 性质特殊，本章将重点介绍 R—Cl，R—Br，R—I 的结构与性质。

案例导入

破坏大气臭氧层的"主要元凶"

随着工业产品的发展及使用，全球气候变暖，产生温室效应，其中主要的一个原因就是大气臭氧层被破坏。那大气臭氧层是怎样被破坏的？很多人知道是由于煤的燃烧，汽车、飞机的尾气排放，工业化生产所产生的废气……其中有一个主要的原因是氟利昂的大量使用。

思考：

（1）什么是氟利昂？

（2）它如何破坏大气臭氧层？

第一节 卤代烃的分类和命名

一、卤代烃的分类

卤代烃的分类方法有多种。

（1）根据卤代烃所连烃基的结构不同，可分为饱和卤代烃、不饱和卤代烃、卤代芳烃等。例如：

$$CH_3CH_2CH_2CH_2X \qquad CH_2\!=\!CHCH_2X \qquad \text{〇}\!-\!X$$

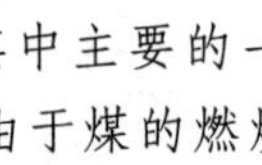

饱和卤代烃 　　　　　不饱和卤代烃 　　　　　卤代芳烃

（2）根据卤原子所连的碳原子的类型，可分为伯卤代烃、仲卤代烃和叔卤代烃。例如：

$$RCH_2X \qquad\qquad R_2CHX \qquad\qquad R_3CX$$

伯卤代烃 　　　　　仲卤代烃 　　　　　叔卤代烃

（3）根据分子中所含的卤原子数目不同，可分为一卤代烃、二卤代烃和多卤代烃等。

NOTE

例如：

$$RCH_2X \qquad RCHX_2 \qquad \underbrace{RCX_3 \qquad CX_4}$$

一卤代烃　　　　二卤代烃　　　　多卤代烃

（4）根据卤原子连接的烃基对其化学性质的不同影响，可分为活性卤代烃、一般卤代烃和惰性卤代烃。例如：

$$CH_2=CHCH_2X \qquad RCH_2X \qquad CH_2=CHX$$

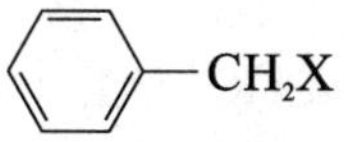

$$R_2CHX$$

$$R_3CX$$

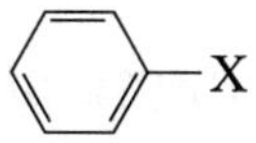

〔苯基〕—CH_2X

活性卤代烃　　　　一般卤代烃　　　　惰性卤代烃

二、卤代烃的命名

1. 普通命名法　适用于结构简单的卤代烃分子，根据烃基和卤素的名称命名为"**卤某烃**"或"**某基卤**"。例如：

$$CH_3CH_2Br \qquad CH_3CH_2CH_2CH_2Cl$$

溴乙烷　　　　　　正氯丁烷　　　　　　溴苯　　　　　　　苄氯
ethyl bromide　　　*n*-butyl chlroride　　bromobenzene　　benzyl chroride

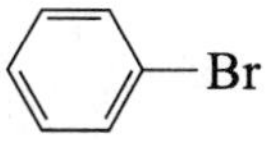

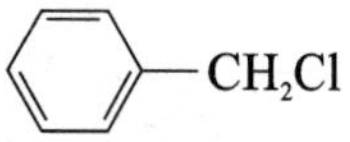

2. IUPAC 命名法　卤代烃的命名以烃为母体，卤原子为取代基，遵循烃的命名原则。例如：

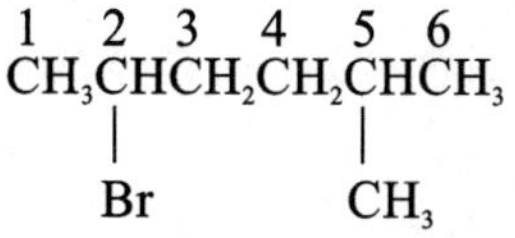

$$\overset{1}{C}H_3\overset{2}{C}H\overset{3}{C}H_2\overset{4}{C}H_2\overset{5}{C}H\overset{6}{C}H_3$$

2-溴-5-甲基己烷
2-bromo-5-methylhexane

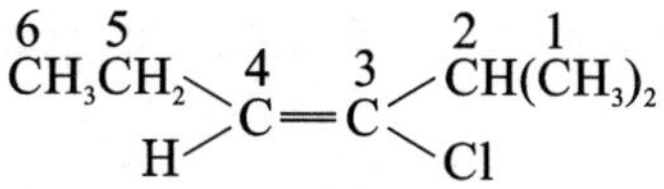

(E)3-氯-2-甲基己-3-烯
(E)3-chlro-2-methylhex-3-en

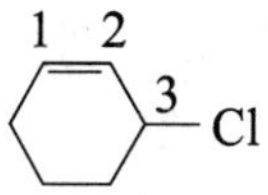

3-氯环己烯
3-chlrocyclohexen

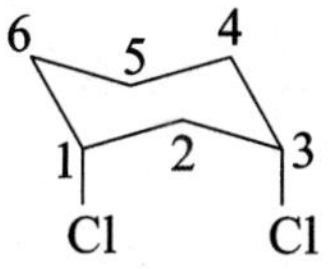

顺-1,3-二氯环己烷
cis-1,3-bichlrocyclohexane

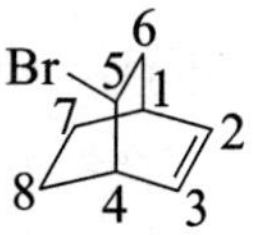

5-溴二环[2.2.2]辛-2-烯
5-bromobicyclo[2.2.2]octa-2-ene

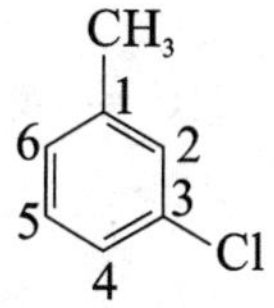

3-氯甲苯
3-chlromethylbenzene

练习题 6-1　命名下列化合物。

(1) 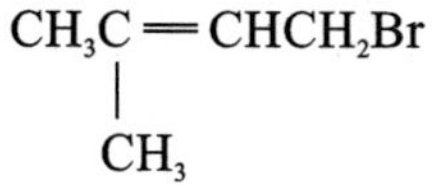 $CH_3C=CHCH_2Br$
　　　　|
　　　CH_3

(2)

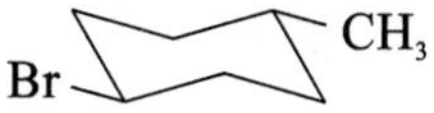

(3)

练习题 6-2　写出下列化合物的结构式。

（1）邻二氯苯

（2）(R)-2-氯丁烷

（3）β-氯萘

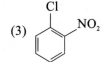

第二节 卤代烃的制备

一、烃类卤代

卤素单质可与烯烃和芳烃发生 α-H 取代生成卤代烃。例如：

$$CH_2=CHCH_2CH_3 + Cl_2 \xrightarrow{hv} CH_2=CH\overset{\alpha}{C}HCH_3 + HCl$$
$$\underset{Cl}{|}$$

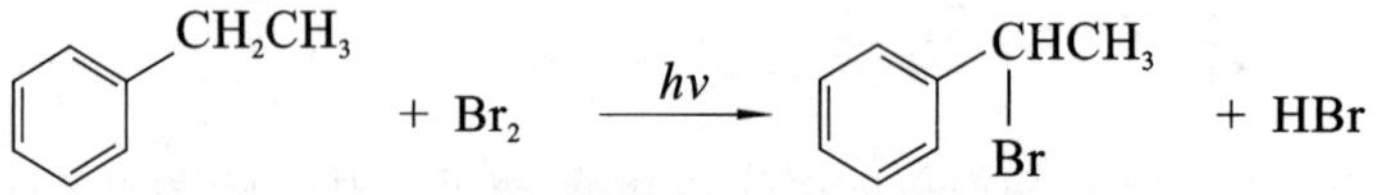

卤素单质可与芳烃发生苯环上的亲电取代生成卤代烃。例如：

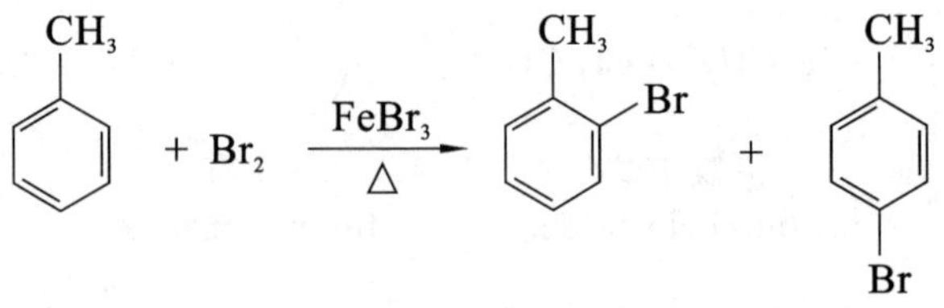

二、不饱和烃和小环环烃与卤素单质的加成

烯烃、炔烃、小环环烃可与卤素单质或卤化氢发生加成反应生成卤代烃，这是合成卤代烃常用的方法之一。例如：

$$CH_2=CHCH_2CH_3 + HCl \longrightarrow CH_3CHCH_2CH_3$$
$$\underset{Cl}{|}$$

$$HC\equiv CCH_2CH_3 + HBr \longrightarrow CH_2=CCH_2CH_3 \xrightarrow{HBr} CH_3CCH_2CH_3$$

$$\triangle + Br_2 \longrightarrow BrCH_2CH_2CH_2Br$$

三、醇的取代

醇中的羟基可被卤原子取代生成卤代烃，由于反应条件易于控制、反应产率较高，所以由醇制备卤代烃是卤代烃合成中最重要和最常用的一种方法。常用的试剂有卤化氢、卤化磷、亚硫酰氯。

醇与 HX 反应生成卤代烃。例如：

$$ROH + HX \Longleftrightarrow RX + H_2O$$

此反应是一个可逆反应，为使反应正向进行，需采用过量的反应物或不断减少反应产物。一般此类反应中会采用过量的 HX，并不断脱去副产物水。例如：制备氯代烃时，在无水氯化锌存在下将干燥的氯化氢气体通入醇中；制备溴代烃时，加入过量的浓硫酸和溴化钠与醇共热。

醇与卤化磷反应生成卤代烃，常用的试剂是 PX_3、PX_5。制备氯代烃时，常用 PCl_5 而不用

PCl_3，主要是因为醇与 PCl_3 作用后形成的亚磷酸酯会使产率只能达到 50% 左右。

$$ROH + PBr_3 \longrightarrow RBr + P(OH)_3$$

$$n\text{-}C_4H_9OH + PCl_5 \longrightarrow n\text{-}C_4H_9Cl + HCl + POCl_3$$

醇与 $SOCl_2$ 反应生成氯代烃，由于此反应所生成的副产物都是气体，易于纯化，产品纯度高，产率能达到 90%，是制备氯代烃最常用的一种方法。

$$ROH + SOCl_2 \longrightarrow RCl + SO_2\uparrow + HCl\uparrow$$

四、卤素交换

卤代烃与无机卤化物之间进行卤原子交换的反应称为**芬克尔斯坦**（Finkellstein）卤素交换反应。在合成上常常用此类反应来制备难以通过直接卤化反应获得的碘代烃或氟代烃。

$$\begin{matrix} RCl \\ RBr \end{matrix} + NaI \xrightarrow{\text{丙酮}} RI + \begin{matrix} NaCl \\ NaBr \end{matrix}\downarrow$$

碘代烷一般难以用烷烃发生卤化反应制得，但可用此方法获得。反应中加入丙酮主要是利用碘代烷能溶于丙酮，而氯化钠和溴化钠不能溶于丙酮，从而提高反应产物的产率。

氟代烃也可用此方法获得，常用氟化剂 SbF_3 在一定条件下，可进行一个卤原子或多个卤原子的交换。此反应常用于药物合成中，例如：

三氟甲苯是合成减肥药芬氟拉明（fenfluramine）的原料，也是合成抗炎药氟芬那酸（flufenamic acid）的中间体。

第三节　卤代烃的物理性质

室温下，四个碳原子以下的氟代烃和两个碳原子以下的氯代烃为气体，其他常见的卤代烃一般为液体，十五个碳原子以上的卤代烃为固体。

卤代烃由于卤原子的引入，分子极性增加，沸点较相对分子质量相近的烷烃的沸点高。卤代烃沸点的变化规律如下：①沸点随着卤代烃相对分子质量的增大而升高。②烃基相同的卤代烃，随着卤原子序数的增大而升高。③在同分异构体中，直链异构体的沸点最高，支链异构体随着支链的增多而沸点降低。

卤代烃的密度与 R 和 X 相关，一般一氟代烷和一氯代烷的密度小于水，其他卤代烃的密度均大于水。

卤代烃有毒，特别是对肝脏具有损伤作用。氯代烃和碘代烃的蒸气可通过皮肤吸收对人体造成损伤，使用此类溶剂时应特别注意。

一些常见卤代烃的物理性质见表 6-1。

表 6-1　卤代烃的物理性质

名　　称	结构式	熔点/℃	沸点/℃	相对密度/d^{20}	在水中的溶解度/(g/100 g)
氯甲烷	CH_3Cl	-97.6	-23.6	0.920	0.48
溴甲烷	CH_3Br	-93	3.59	1.732	1.75
碘甲烷	CH_3I	-66.1	42.5	2.279	1.40
氯仿	$CHCl_3$	63.5	61.2	1.492	0.822

NOTE

续表

名　称	结构式	熔点/℃	沸点/℃	相对密度/d^{20}	在水中的溶解度/(g/100 g)
溴仿	$CHBr_3$	8.3	149.5	2.890	0.301
碘仿	CHI_3	119	—	4.008	<0.10
氯乙烷	CH_3CH_2Cl	−138.7	13.1	0.923	微溶
溴乙烷	CH_3CH_2Br	−119	38.4	1.461	0.914
碘乙烷	CH_3CH_2I	−111	72.3	1.933	不溶
1-氯丙烷	$CH_3CH_2CH_2Cl$	−123	46.4	0.890	微溶
1-溴丙烷	$CH_3CH_2CH_2Br$	−110	71.0	1.353	0.250
2-氯丙烷	$CH_3CHClCH_3$	−117.6	34.8	0.859	不溶
2-溴丙烷	$CH_3CHBrCH_3$	−90	59.4	1.310	微溶
3-氯丙烯	$CH_2=CHCH_2Cl$	−134.5	45.0	0.938	微溶
3-溴丙烯	$CH_2=CHCH_2Br$	−119	70.0	1.430	不溶
氯苯	C_6H_5Cl	−45	132	1.106	0.049
溴苯	C_6H_5Br	−30.6	155.5	1.499	不溶
邻氯甲苯	$o\text{-}CH_3\text{-}C_6H_4Cl$	−36	159	1.082	不溶
邻溴甲苯	$o\text{-}CH_3\text{-}C_6H_4Br$	−26	182	1.422	不溶
对氯甲苯	$p\text{-}CH_3\text{-}C_6H_4Cl$	7	162	1.070	不溶
对溴甲苯	$p\text{-}CH_3\text{-}C_6H_4Br$	28	184	1.390	不溶
苄氯	$C_6H_5CH_2Cl$	−43	179.4	1.100	不溶
苄溴	$C_6H_5CH_2Br$	−4	198	1.440	不溶

第四节　卤代烃的结构特点

卤代烃分子中 C—X 的碳原子为 sp^3 杂化,碳原子与卤素间以 σ 键相连。由于卤原子的电负性比碳原子的电负性大,电子向卤原子偏移,C—X 键为极性共价键,偶极矩方向由碳原子指向卤原子。如图 6-1 所示。

卤代烃分子中随着卤原子序数的增加,其电负性依次减小,而 C—X 键键长依次增长。四种 CH_3X 中 C—X 键的键长、偶极矩、键能见表 6-2。

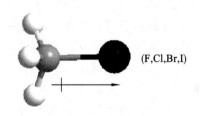
(F,Cl,Br,I)

图 6-1　卤代烃分子中碳卤键极性示意图

表 6-2　四种 CH_3X 中 C—X 键的键长、偶极矩和键能

CH_3—X	键长/pm	偶极矩/(μ/D)	键能/(kJ/mol)
CH_3—F	138.2	1.85	485.6
CH_3—Cl	178.1	1.87	339.1
CH_3—Br	193.9	1.81	284.6
CH_3—I	213.9	1.62	217.8

从四种卤代烃 C—X 键的键能大小可看出,卤代烃分子的反应活性为 RI>RBr>RCl。原因在于随着氟、氯、溴和碘原子半径的增大,电负性减弱,对外层电子的束缚力减弱,外层电子活跃能力增强,所以反应活性增强。

NOTE

第五节 卤代烃的化学性质

卤代烃分子中卤原子的电负性比碳原子的电负性大,C—X 键具有较强的极性,卤代烃的化学反应主要发生在与 X 相连的碳原子上。由于 C—X 中的电子云偏向 X 原子,C 上带部分正电荷,易受到亲核试剂的进攻发生亲核取代反应;由于 X 原子所产生的吸电子诱导效应,分子中的 β-H 具有弱酸性,可发生消除反应;由于卤离子与银离子能生成沉淀,可用此反应鉴别不同结构的卤代烃。卤代烃的主要反应位置如图 6-2 所示。

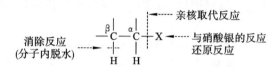

图 6-2 卤代烃的化学反应位置示意图

一、取代反应

(一)亲核取代反应通式及类型

$$\overset{\delta^+}{R}-\overset{\delta^-}{X}+Nu^-\colon \longrightarrow RNu+X^-$$

卤代烃的**亲核取代反应**(nucleophilic substitution),是指由亲核试剂进攻卤代烃所发生的取代反应(图 6-3)。**亲核试剂**(nucleophile)带有负电荷或电子比较富集,能提供电子对,通常用 Nu^- 表示,例如:OH^-、NH_2^-、CN^-、RO^- 等。

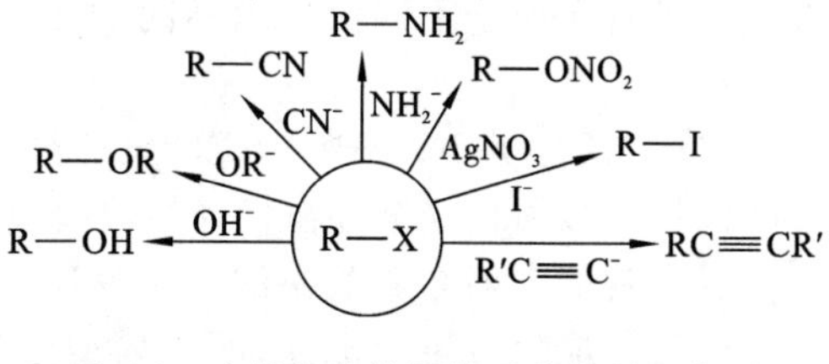

R—NH₂ 的结构图

图 6-3 卤代烃亲核取代反应类型示意图

1. 生成醇的反应 卤代烃与水发生反应,卤原子被羟基取代生成醇,也称为**水解反应**。

$$R-X+H_2O \rightleftharpoons ROH+HX$$

此反应是一个可逆反应,为使反应正向进行,提高产率,可以在碱性水溶液的条件下反应。一般用 NaOH 或 KOH 水溶液代替水,反应中副产物 HX 的量会不断减少,而达到提高产率的目的。

$$R-X+NaOH \xrightarrow{H_2O} ROH+NaX$$

卤代烃的碱性水解反应可用来制备醇,但在实际运用中通常用醇制备卤代烃。除非有些化合物引入羟基比引入卤原子更困难时,才先引入卤原子后,用此法制备醇。

2. 生成醚的反应 卤代烃可与醇或醇钠反应,其中的卤原子被烷氧基取代,生成醚类。卤代烃与醇的反应是一个可逆反应,为提高产率,加快反应速率,通常用醇钠与卤代烃反应来制备醚类。

$$R-X+NaOR' \longrightarrow ROR'+NaX$$

这是制备混合醚的一个重要的合成方法,称为**威廉姆森**(Williamson)**合成法**。采用此法

时,最好选择活性卤代烃和伯卤代烃,不能使用惰性卤代烃和叔卤代烃。因为叔卤代烃在碱性条件下更易发生消除反应生成烯烃,而不是醚类;而惰性卤代烃不能发生此类反应。例如:

$$CH_3CH_2Cl+(CH_3)_3CONa \longrightarrow CH_3CH_2OC(CH_3)_3+NaCl$$

3. 生成腈的反应　卤代烃与氰化钠在醇溶液中反应,卤原子被氰基(—CN)取代生成腈,腈可以进一步水解生成—COOH、—CONH$_2$、—CH$_2$NH$_2$ 等基团。

$$R—X+NaCN \longrightarrow RCN+NaX$$

此反应是合成羧酸常用的方法,其中氰化钠毒性较大,使用时需注意。例如:

$$\langle\bigcirc\rangle—CH_2Cl + NaCN \longrightarrow \langle\bigcirc\rangle—CH_2CN \xrightarrow[H^+]{H_2O} \langle\bigcirc\rangle—CH_2COOH$$

4. 生成炔的反应　卤代烃与炔钠反应,卤原子被炔基取代生成碳链增长的炔烃,是炔烃中增长碳链常用的方法。

$$R—X+R'C \equiv CNa \longrightarrow RC \equiv CR'+NaX$$

此反应中卤代烃最好选择伯卤代烃,因为炔钠碱性较强,仲卤代烃和叔卤代烃易发生消除反应,而难以发生亲核取代反应增长炔烃的碳链。

5. 生成胺的反应　卤代烃与氨气反应生成胺,由于氨气分子中有三个氢原子,可以发生亲核取代反应生成伯胺、仲胺和叔胺,得到混合胺。

$$R—X+NH_3 \longrightarrow RNH_2 \xrightarrow{R—X} R_2NH \xrightarrow{R—X} R_3N$$
$$\qquad\qquad\qquad 伯胺 \qquad\quad 仲胺 \qquad\quad 叔胺$$

胺具有碱性,可与副产物 HX 反应生成季铵盐。

$$R_3N+HX \longrightarrow R_3\overset{+}{H}NX^-$$

6. 生成硝酸酯的反应　卤代烃与硝酸银醇溶液反应,可生成硝酸酯和卤化银沉淀。例如:

$$R—X+AgNO_3 \xrightarrow{EtOH} RONO_2+AgX\downarrow$$

此反应中生成的卤化银沉淀随着卤原子不同而显示不同的颜色,**常用于鉴别不同结构的卤代烃。**

烃基结构相同的卤代烃,其反应活性为 RI>RBr>RCl。卤原子相同,烃基结构不同,反应活性如下:苄基型、烯丙型卤代烃>叔卤代烃>仲卤代烃>伯卤代烃。其中苄基型和烯丙型卤代烃、叔卤代烃、碘代烷在室温下就能立即与硝酸银醇溶液反应生成沉淀;溴代或氯代的仲卤代烃和伯卤代烃需加热几分钟后才能反应生成沉淀;而乙烯型卤代烃和卤苯即使加热也不能反应生成沉淀。

7. 生成碘代烷的反应　溴代烷或氯代烷与碘化钠在丙酮溶液中反应,可生成碘代烷。

$$\begin{matrix}RCl\\RBr\end{matrix}+NaI \xrightarrow{丙酮} RI+\begin{matrix}NaCl\\NaBr\end{matrix}\downarrow$$

此反应中,溴原子或氯原子被碘原子取代,发生卤素的交换,也称为**卤素的交换反应**。这是一个可逆反应,需在丙酮溶液中进行,利用氯化钠和溴化钠不溶于丙酮,从而析出沉淀,使反应正向进行,提高产率。

练习题 6-3　完成下列反应式。

(1) $CH_3CH_2CH_2Cl+NaCN \longrightarrow \qquad \xrightarrow[H^+]{H_2O}$

(2) $CH_3CH_2Br+HC \equiv CNa \longrightarrow$

(3) $\langle\bigcirc\rangle—ONa + CH_3CH_2CH_2CH_2Br \longrightarrow$

练习题 6-4　用化学方法鉴别下列化合物。

氯乙烯、苄氯、碘乙烷、1-氯丁烷

（二）亲核取代（S_N1 和 S_N2）反应机制

亲核取代反应（nucleophilic substitution reaction）根据反应速率与卤代烃浓度或亲核试剂浓度的关系分为**单分子亲核取代反应**（unimolecular nucleophilic substitution reaction，S_N1）和**双分子亲核取代反应**（bimolecular nucleophilic substitution reaction，S_N2）。

1. S_N1 反应机制　叔丁基溴在碱性条件下发生水解反应，反应速率只与卤代烃的浓度成正比，而与亲核试剂的浓度无关，在动力学上属于一级反应。

$$反应速率 \ v=k\left[(CH_3)_3CBr\right]$$

反应分为两步：

第一步　$(CH_3)_3C—Br \xrightarrow{\text{慢}} [(CH_3)_3\overset{\delta^+}{C}\cdots\overset{\delta^-}{BrH}] \longrightarrow (CH_3)_3C^+ + Br^-$

　　　　　　a　　　　　　　过渡态b　　　　　　　c

第二步　$(CH_3)_3C^+ + OH^- \xrightarrow{\text{快}} [(CH_3)_3\overset{\delta^+}{C}\cdots\overset{\delta^-}{OH}] \longrightarrow (CH_3)_3C—OH$

　　　　　　　　　　　　　　过渡态d　　　　　　　　e

第一步：叔丁基溴在溶剂的作用下 C—Br 键键长逐渐被拉长并减弱，电子云向溴原子偏移，使碳原子上的正电荷和溴原子上的负电荷不断增加，形成 C—Br 键即将断裂、能量较高的过渡态 b，随着电子云的不断偏移，最终发生断裂，生成叔丁基碳正离子和溴负离子。第二步：氢氧根作为亲核试剂进攻叔丁基碳正离子，经过过渡态 d 形成叔丁醇。第一步速率较慢，是控速步骤，决定反应速率，**反应速率只与卤代烃的浓度有关，而与亲核试剂的浓度无关，所以称为单分子亲核取代反应**（S_N1）。

在整个反应中，体系的能量不断变化，如图 6-4 所示。

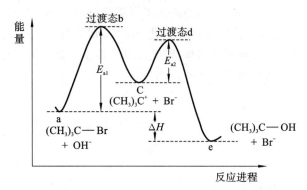

图 6-4　S_N1 反应机制能量示意图

由图 6-4 可以看出，反应过程中体系的能量不断变化。从反应物开始体系能量不断升高，到达最高点，即过渡态 b。随着 C—Br 键即将发生断裂，体系能量开始下降，形成中间体叔丁基碳正离子，到达谷底。叔丁基碳正离子被溶剂包围，在与氢氧根结合前，必须去除溶剂分子，需要吸收能量，所以体系能量再一次升高，到达过渡态 d。随着 C—O 键的生成，体系能量开始下降。反应中有两个过渡态，具有活化能 E_{a1} 和 E_{a2}，从图可知 $E_{a1} > E_{a2}$，所以整个 S_N1 反应的反应进程取决于形成碳正离子中间体的第一个步骤。碳正离子中间体是有机反应中常见的活性中间体，具有高度的反应活性，其稳定性的高低取决于烃基的结构；其碳原子的杂化方式和空间构型决定了产物的构型。

在 S_N1 反应中，亲核试剂的进攻对象是碳正离子，碳正离子通常是 sp^2 杂化的平面型结构，中心碳原子上有一个空的 p 轨道分布在平面的两侧，亲核试剂与碳正离子结合时，可以从平面的两侧进攻，概率相等。如果是一个手性化合物在手性中心碳原子上发生 S_N1 反应，则会

 NOTE

得到 50％构型翻转产物和 50％构型保持产物,即外消旋体(图 6-5)。

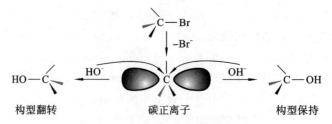

构型翻转　　　　　碳正离子　　　　　构型保持

图 6-5　S_N1 反应外消旋化示意图

虽然大部分的 S_N1 反应产物为外消旋体,但也有部分反应中构型翻转产物占优势,这种现象可以用溶剂-离子对理论(solvent-ion pair theory)进行解释:

$$RX \rightleftharpoons R^+X^- \rightleftharpoons R^+ \parallel X^- \rightleftharpoons R^+ + X^-$$

　　　　紧密离子对　　　松散离子对　　　自由碳正离子

　　　　　　①　　　　　　　②　　　　　　　③

该理论认为,卤代烃中 C—X 键裂解后所形成的 X^- 没有迅速离开底物,而是与底物中的碳正离子通过电荷吸引力形成紧密离子对,紧密离子对可以进一步被溶剂隔开形成松散离子对,最后形成自由碳正离子,在这三个阶段中 X^- 都可以和亲核试剂发生反应。①紧密离子对阶段:离去基团与碳正离子结合紧密,阻挡亲核试剂从正面进攻,亲核试剂只能从底物背面进行进攻,得到构型翻转产物。②松散离子对阶段:离去基团尚未完全离去,亲核试剂从背面进攻的概率略大于从正面进攻的概率,得到构型翻转产物略多于构型保持产物。③自由碳正离子阶段:离去基团完全离去,亲核试剂从两面进攻的概率完全等同,得到外消旋化产物。若碳正离子较稳定,存在时间长,溶剂分散正负电荷的能力强,碳正离子有足够的时间被溶剂分散为自由碳正离子,则主要形成外消旋体;若碳正离子不稳定,存在时间短,溶剂分散正负电荷的能力弱,碳正离子还没有成为自由离子前就已进行反应,则构型翻转产物的比例增大。

在 S_N1 反应中形成了碳正离子中间体,而碳正离子易发生重排形成更稳定的碳正离子,所以 S_N1 反应过程中往往伴随形成重排产物。例如:

$$\underset{\underset{Br}{|}}{\overset{\overset{CH_3}{|}}{CH_3CHCHCH_2CH_3}} \xrightarrow{C_2H_5OH} \underset{\underset{OC_2H_5}{|}}{\overset{\overset{CH_3}{|}}{CH_3CHCHCH_2CH_3}} + \underset{\underset{OC_2H_5}{|}}{\overset{\overset{CH_3}{|}}{CH_3CH_2CCH_2CH_3}}$$

重排产物

反应中卤代烃先解离出溴负离子,形成 2°碳正离子,α-碳原子上有支链,氢原子发生迁移,形成 3°碳正离子,进一步反应形成产物。重排的规律按照碳正离子稳定性进行,即 3°碳正离子＞2°碳正离子＞1°碳正离子,重排产物为主产物,反应机制如下:

$$\underset{\underset{Br}{|}}{\overset{\overset{CH_3}{|}}{CH_3CHCHCH_2CH_3}} \xrightarrow{-Br^-} \overset{\overset{CH_3}{|}}{\underset{\underset{H}{|}}{CH_3CHCCH_2CH_3}} \overset{+}{} \xrightarrow{重排} \underset{\overset{+}{|}}{\overset{\overset{CH_3}{|}}{CH_3CH_2CCH_2CH_3}}$$

$C_2H_5O^-$ ↓ 　　　　　　　$C_2H_5O^-$ ↓

$$\underset{\underset{OC_2H_5}{|}}{\overset{\overset{CH_3}{|}}{CH_3CHCHCH_2CH_3}}$$ 　　　　$$\underset{\underset{OC_2H_5}{|}}{\overset{\overset{CH_3}{|}}{CH_3CH_2CCH_2CH_3}}$$

NOTE

2. S_N2 反应机制　溴甲烷在碱性条件下发生水解反应,反应速率不仅与卤代烃的浓度成正比,与亲核试剂的浓度也成正比,在动力学上属于二级反应。

$$反应速率\ v=k[CH_3Br][OH^-]$$

反应机制:

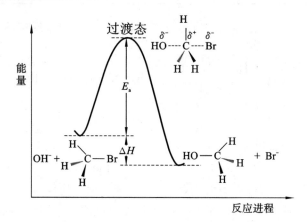

S_N2 反应只有一个步骤,亲核试剂 OH^- 从 C—Br 键的背面进攻带有部分正电荷的中心碳原子,使 C—Br 键的键长拉长弱化,碳原子的杂化状态从 sp^3 向 sp^2 转化。当达到过渡态时,碳原子杂化方式变为 sp^2 杂化,碳原子与三个氢原子处于同一平面,即将键合的羟基与即将离去的溴原子处于平面的两侧。随着反应的进行,C—O 键之间的距离逐渐缩短,C—Br 键之间的距离逐渐增长,三个氢原子同时向溴原子的方向偏移。当 C—O 键完全形成而 C—Br 键完全断裂时,中心碳原子的杂化方式转为 sp^3 杂化,保持四面体构型。

S_N2 反应机制能量变化见图 6-6。

图 6-6　S_N2 反应机制能量变化示意图

在反应过程中,随着反应结构不断发生变化,体系能量也随之变化。当亲核试剂 OH^- 从溴原子的背面进攻中心碳原子时,三个氢原子逐渐被挤在同一平面,键角从 $109°28'$ 向 $120°$ 转化,需要克服氢原子间的阻力,体系能量升高。当五个原子同时挤在中心碳原子周围时,到达能量最高的过渡态。随着溴原子的离去,中心碳原子杂化方式恢复为 sp^3 杂化,张力减小,体系能量逐渐降低。此反应进程中只出现一个过渡态,无中间体产生,两个反应物都同时参与反应过渡态的形成,所以称为**双分子亲核取代反应**(S_N2)。

在 S_N2 反应中,亲核试剂只能从离去基团的背面进攻中心碳原子,碳原子的构型发生翻转,好像一阵大风把雨伞吹得向外翻转一样,这种构型的翻转过程称为**瓦尔登(Walden)转化**。经历 S_N2 反应的手性碳原子,会引起产物构型的完全翻转,所以 S_N2 **反应的立体化学特征是构型翻转**。例如:

(*R*)-2-溴丁烷　　　　　　　　　　　　　　　　　　　　　　(*S*)-2-溴丁烷

NOTE

其中值得注意的是,瓦尔登转化中的构型翻转不是简单的手性碳构型标记的改变,即 R 变为 S(或 S 变为 R),而是手性碳原子上四个键构成骨架构型的翻转,手性碳原子的构型标记符号以实际判断为准。例如:

$$HO^- + \begin{matrix} H \\ | \\ CH_3CH_2O—C—Br \\ | \\ CH_3 \\ R \end{matrix} \longrightarrow \begin{matrix} H \\ | \\ HO—C \\ | \\ CH_3 \\ R \end{matrix} OCH_2CH_3 + Br^-$$

3. S_N1 和 S_N2 反应机制的比较

1)反应特点　见表 6-3。

表 6-3　两种反应机制的反应特点比较

反应机制类型	S_N1	S_N2
反应速率	与卤代烃浓度成正比	与卤代烃和亲核试剂浓度成正比
反应过程	两步反应	一步反应
中间体	碳正离子中间体、重排	无
立体化学特征	外消旋化	构型翻转

2)烃基结构　由于 S_N1 和 S_N2 反应历程的不同,烃基结构对反应活性的影响存在差别。一般规律如下:

$$S_N1 \text{反应}: \begin{matrix} CH_2=CHCH_2X \\ PhCH_2X \end{matrix} > R_3CX > R_2CHX > RCH_2X$$

$$S_N2 \text{反应}: \begin{matrix} CH_2=CHCH_2X \\ PhCH_2X \end{matrix} > RCH_2X > R_2CHX > R_3CX$$

（1）烯丙型和苄基型卤代烃

$$CH_2=CHCH_2X \qquad\qquad PhCH_2X$$

烯丙型卤代烃　　　　苄基型卤代烃

这类卤代烃的分子结构中,卤原子与双键相隔一个碳原子,性质非常活泼,很容易发生亲核取代反应。例如:3-氯丙烯在室温下可与硝酸银醇溶液发生 S_N1 反应,立即生成白色的氯化银沉淀,氯丙烷需要加热后才能生成氯化银沉淀;3-氯丙烯与碘负离子发生 S_N2 反应的速率是氯丙烷的 73 倍。

在 S_N1 反应中,这类卤代烃的 C—X 键断裂后生成的碳正离子,能与 π 键形成 p-π 共轭效应,正电荷得到分散,体系能量降低,碳正离子的稳定性增强,反应速率较快(图 6-7)。

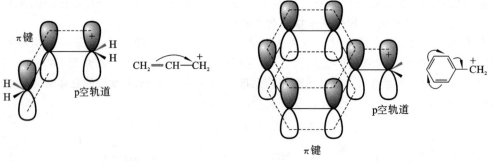

图 6-7　烯丙型和苄基型碳正离子的电子离域示意图

在 S_N2 反应中,这类卤代烃形成的过渡态能量都很低,反应速率也较快。

(2)一般卤代烃 对于 S_N1 反应,反应活性既受电子因素的影响,又受空间效应的影响。在反应过程中,生成碳正离子中间体的步骤是决定反应速率的关键步骤,所以碳正离子的稳定性决定反应速率的快慢。碳正离子稳定性顺序如下:$R_3C^+>R_2CH^+>RCH_2^+>CH_3^+$,即形成的碳正离子越稳定,反应所需的活化能越小,反应速率也越快。从电子因素考虑,卤代烃 S_N1 **反应活性顺序如下:$R_3CX>R_2CHX>RCH_2X>CH_3X$**。从空间效应考虑,虽然叔卤代烃的碳原子上连有三个烃基,空间位阻较大,但当它形成碳正离子后,杂化方式发生改变,键角增大,三个烃基的排斥力减小,体系能量降低,有助于 C—X 键的裂解。所以卤代烃反应的活性顺序与电子效应一致。几种溴代烷按 S_N1 反应机制进行水解的反应速率见表 6-4。

表 6-4 几种溴代烷按 S_N1 反应机制进行水解的反应速率

RBr	CH_3Br	CH_3CH_2Br	$(CH_3)_2CHBr$	$(CH_3)_3CBr$
相对速率	1.0	1.7	4.5	10^8

对于 S_N2 反应,反应活性主要受空间效应的影响。由于反应过程中,亲核试剂总是从背面进攻中心碳原子,则此碳原子上所连烃基的数目越少或体积越小,空间位阻越小,反应速率越快。由于 β-C 原子与中心碳原子直接相连,其所连烃基的数目或体积会阻碍亲核试剂对中心碳原子的进攻,影响反应活性。

从表 6-5 可知,**卤代烃 S_N2 反应活性顺序如下:$CH_3X>RCH_2X>R_2CHX>R_3CX$**。伯卤代烃中,β-C 上支链越多,反应速率越慢。

表 6-5 几种溴代烷 S_N2 反应机制进行碘交换的反应速率

RBr	相 对 速 率	RBr	相 对 速 率
CH_3Br	30	$CH_3CH_2CH_2Br$	0.82
CH_3CH_2Br	1	$(CH_3)_2CHCH_2Br$	0.036
$(CH_3)_2CHBr$	0.02	$(CH_3)_3CCH_2Br$	0.000012
$(CH_3)_3CBr$	≈0		

综上所述,一般卤代烃发生亲核取代反应的反应活性如下:

S_N1 反应活性增强 →

$$CH_3X \quad CH_3CH_2X \quad (CH_3)_2CHX \quad (CH_3)_3CX$$

← S_N2 反应活性增强

一般情况下,伯卤代烃通常按 S_N2 反应机制进行,叔卤代烃通常按 S_N1 反应机制进行,仲卤代烃两种机制都有可能,具体按哪一种机制进行根据具体的分子结构进行判断。

卤原子连在桥头碳原子上的卤代烃,无论是按 S_N1 反应机制,还是按 S_N2 反应机制,反应活性都比较低,难以进行亲核取代反应。若按 S_N1 反应机制,需出现平面型结构的碳正离子中间体,但桥头碳原子受到环的限制,无法伸展成平面结构,难以反应;若按 S_N2 反应机制,亲核试剂从离去基团背面进攻中心碳原子,由于卤原子的背面是环,阻碍亲核试剂的进攻,无法进行翻转,也难以发生反应。

很难形成碳正离子

亲核试剂很难从背面进攻

NOTE

（3）乙烯型和卤苯型卤代烃

$$CH_2 = CHX \qquad \text{（苯环）}-X$$

乙烯型卤代烃 　　　卤苯型卤代烃

这类卤代烃的分子结构中,卤原子与双键碳原子直接相连(图 6-8),性质不活泼,难以发生亲核取代反应,例如:氯乙烯与硝酸银醇溶液即使加热数天也无氯化银沉淀生成。取代反应中只能与金属镁反应生成格氏试剂,但反应也较为困难,只能在四氢呋喃中反应,乙醚中不反应。主要是因为卤原子与双键碳原子直接相连,卤原子中的孤对电子与 π 键形成 p-π 共轭效应,电子产生离域,体系能量降低,分子稳定性增强。同时键长出现平均化,C—X 键的键长缩短,致使卤原子难以离解,反应活性降低。

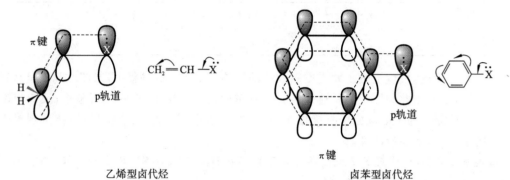

图 6-8　乙烯型和卤苯型卤代烃中 p-π 共轭效应示意图

这类卤代烃也称为**惰性卤代烃**,无论是按 S_N1 反应机制,还是 S_N2 反应机制,都难以发生反应。

3) 离去基团　卤代烃的亲核取代反应中,卤原子是离去基团,无论按哪一种反应机制,**离去基团的离去能力越强,反应越容易。**

卤原子离去能力的强弱主要与 C—X 键的键能和可极化性有关,C—X 键的键能越小,越容易断裂,卤原子越容易离去;C—X 键的可极化性越大,键越容易极化发生断裂,卤原子越容易离去。C—X 键的键能大小顺序如下:C—I<C—Br<C—Cl<C—F。可极化性顺序如下:C—I>C—Br>C—Cl>C—F。所以卤代烃中烃基相同、卤原子不同时,卤代烃的反应活性顺序为 RI>RBr>RCl>RF。

4) 亲核试剂　S_N1 反应中,反应速率只与卤代烃浓度有关,与亲核试剂无关,亲核试剂的亲核性强弱和浓度变化对其影响都不大。而 S_N2 反应中,反应是一步完成的,亲核试剂参与决定反应速率的步骤,亲核试剂的亲核性强弱和浓度变化对其影响较大。**一般亲核试剂的亲核性越强,亲核试剂的浓度越大,S_N2 反应速率越快。**

亲核试剂是能提供电子的负离子或中性分子,其亲核性强弱与其提供电子的能力、可极化性、溶剂极性等有关。亲核试剂提供的电子与质子结合,称为碱性;与碳原子结合称为亲核性。碱性和亲核性体现的都是提供电子的能力,试剂具有亲核性的同时也具有碱性,一般可根据试剂碱性的强弱来推断亲核性的强弱。可极化性是指亲核试剂的电子云在外电场作用下变形的难易程度。一般原子的原子半径大,电负性小,对外层电子的束缚力较弱,外层电子较活跃,电子云容易变形而伸向碳原子,形成过渡态所需的能量降低。因此试剂的可极化性越大,试剂的亲核性越强,例如:I^-、HS^- 都是亲核性较强的亲核试剂。

试剂亲核性和碱性强弱的一般规律如下。

（1）同周期元素为反应中心的亲核试剂,随着原子序数的增加,碱性和亲核性减弱,例如:

NOTE

亲核性和碱性顺序为

$$R_3C^- > R_2N^- > RO^- > F^- ; RS^- > Cl^-$$

（2）同种元素为反应中心的亲核试剂，碱性越强亲核性也越强，例如：亲核性和碱性顺序为

$$RO^- > HO^- > PhO^- > RCOO^- > NO_3^- > ROH > H_2O$$

一般中性分子是以电子对提供电子，较相应的负离子亲核能力弱。

（3）同主族元素为反应中心的亲核试剂，若受到质子溶剂的影响，其亲核性随着原子序数的增加而增强，而碱性随着原子序数的增加而减弱，例如：

$$亲核性：I^- > Br^- > Cl^- > F^- ; HS^- > HO^-$$
$$碱性：I^- < Br^- < Cl^- < F^- ; HS^- < HO^-$$

若在非质子溶剂中，其亲核性和碱性一致，即随着原子序数的增加而减弱。例如：

$$亲核性和碱性：I^- < Br^- < Cl^- < F^- ; SH^- < OH^-$$

5）溶剂 溶剂对卤代烃和亲核试剂皆有影响，溶剂可根据是否有活泼氢和极性大小分为质子型溶剂、偶极溶剂和非极性溶剂。

（1）质子型溶剂（protonic solvent）：分子中具有能形成氢键的氢原子，例如：水、醇、羧酸等。在 S_N1 反应中，卤代烃解离出卤负离子，生成碳正离子是决定反应速率的步骤，质子型溶剂的溶剂化作用，有助于 C—X 键的高度极化和进一步的彻底裂解。同时对于所生成的碳正离子和卤负离子，质子型溶剂的溶剂化作用，可以使他们所带的电荷进一步分散而趋于稳定。因此，质子型溶剂有利于 S_N1 反应。

S_N2 反应的反应速率取决于卤代烃和亲核试剂的接触、亲核试剂的亲核性等，质子型溶剂可以通过溶剂化作用包裹亲核试剂，大大降低亲核试剂的亲核能力。因此，反应时需先除去溶剂化作用，过渡态能量升高，活化能升高，不利于反应进行。

（2）偶极溶剂（dipole solvent）：分子中不具有能形成氢键的氢原子，而偶极正端埋在分子内部，负端裸露在外，可溶剂化正离子。例如：氯仿、丙酮、二甲基亚砜（DMSO）、N,N-二甲基甲酰胺（DMF）、四氢呋喃（THF）等。

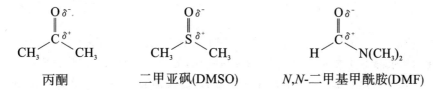

丙酮　　　　　　二甲亚砜（DMSO）　　　　N,N-二甲基甲酰胺（DMF）

因为偶极溶剂的正端埋在分子内部不能溶剂化负离子，而负端可溶剂化正离子，亲核试剂在偶极溶剂中处于自由状态，亲和能力比在质子型溶剂中强，S_N2 反应的反应速率加快。

（3）非极性溶剂（non-polar solvent）：分子中不具有能形成氢键的氢原子，偶极矩小于 6.67×10^{-30} C·m。例如：苯、己烷、乙醚等。在非极性溶剂中，极性分子不容易溶解，分子处于缔合状态，反应活性降低。

综上所述，溶剂极性增大有利于 S_N1 反应，而不利于 S_N2 反应。

练习题 6-5 写出下列现象是属于哪一种取代反应机制。

（1）反应中出现碳正离子中间体。　　　（2）反应一步完成无活性中间体。

（3）反应速率只与卤代烃浓度成正比。　（4）反应出现重排产物。

（5）反应产物构型翻转。　　　　　　　（6）亲核试剂的浓度增大，反应速率变快。

二、消除反应

卤代烃与强碱在醇溶液中共热，消除一分子卤化氢，生成烯烃的反应，称为**消除反应**

(elimination reaction)，用 E 表示。消除反应是制备烯烃常用的方法。其通式如下：

$$\text{(β-α carbon with H, X)} \xrightarrow[\text{EtOH,}\triangle]{\text{EtONa}} \text{(alkene)} + HX$$

由于反应中消除的是 β-C 上的氢原子，也称为 β-H 消除反应。对于具有多种 β-H 的分子，消除哪一个位置上的 β-H 根据卤代烃的结构来确定。

卤代烃的消除反应也可用来制备炔烃。

$$\begin{array}{c}\text{H} \quad \text{X} \\ | \quad | \\ RC—CR' \\ | \quad | \\ \text{H} \quad \text{X}\end{array} \xrightarrow[\text{EtOH,}\triangle]{\text{EtONa}} RC \equiv CR' + 2HX$$

（一）饱和卤代烃的消除反应

伯卤代烃在发生消除反应时，分子中只有一种 β-H，生成单一消除产物。例如：1-溴丁烷与氢氧化钠醇溶液共热生成丁-1-烯。

$$CH_3CH_2\overset{\beta}{\underset{|\,H}{C}H}—\overset{\alpha}{\underset{|\,Br}{C}H_2} \xrightarrow[\text{EtOH,}\triangle]{\text{EtONa}} CH_3CH_2CH=CH_2 + HBr$$

仲卤代烃和叔卤代烃发生消除反应时，分子中有多种不同的 β-H 可发生消除，生成不同的消除产物，存在产物的择向问题。例如：

$$CH_3\overset{\beta}{\underset{|\,H}{C}H}—\overset{\alpha}{\underset{|\,Br}{C}H}—\overset{\beta}{\underset{|\,H}{C}H_2} \xrightarrow[\text{EtOH,}\triangle]{\text{EtONa}} CH_3CH=CHCH_3 + CH_3CH_2CH=CH_2$$

$$\qquad\qquad\qquad\qquad\qquad\qquad \text{丁-2-烯（81％）} \qquad \text{丁-1-烯（19％）}$$

$$CH_3\overset{\beta}{\underset{|\,H}{C}H}—\overset{CH_3}{\underset{|\,Br}{\overset{|}{C}}}—\overset{\beta}{\underset{|\,H}{C}H_2} \xrightarrow[\text{EtOH,}\triangle]{\text{EtONa}} CH_3CH=\overset{CH_3}{\overset{|}{C}}CH_3 + CH_3CH_2\overset{CH_3}{\overset{|}{C}}=CH_2$$

$$\qquad\qquad\qquad\qquad\qquad \text{2-甲基-丁-2-烯（71％）} \quad \text{2-甲基-丁-1-烯（29％）}$$

俄国化学家扎依采夫根据上述大量的实验结果，提出了**扎依采夫规则**（Saytzeff rule）：卤代烃在进行消除反应时，如果分子中存在多种 β-H，优先消除含氢少的碳原子上的氢，形成双键上烃基较多的烯烃。消除反应的此取向规律与烯烃的稳定性有关，烯烃中双键碳原子上连有的烃基越多，烯烃越稳定，因为烃基中的 C—H 键与双键中的 π 键形成 σ-p 超共轭效应。烯烃稳定性的排列顺序如下：

$$R_2C=CR_2 > R_2C=CHR > R_2C=CH_2 > RCH=CHR > RCH=CH_2 > CH_2=CH_2$$

卤代烃消除反应的反应活性如下：

$$R_3CX > R_2CHX > RCH_2X$$

（二）不饱和卤代烃的消除反应

不饱和卤代烃发生消除反应时，由于受到不饱和键的影响，与不饱和键相邻碳原子上的氢酸性更强更易消除，且形成的烯烃具有 π-π 共轭效应，稳定性更强，因此以消除与双键相邻碳原子上的 β-H 为主产物。例如：

$$CH_2=CHCH\overset{\beta}{\underset{|\,Cl}{C}H_3} \xrightarrow[\text{EtOH,}\triangle]{\text{EtONa}} CH_2=CHCH=CH_2 + HCl$$

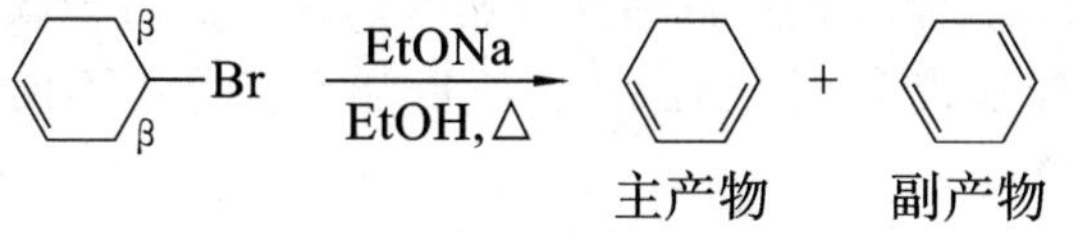

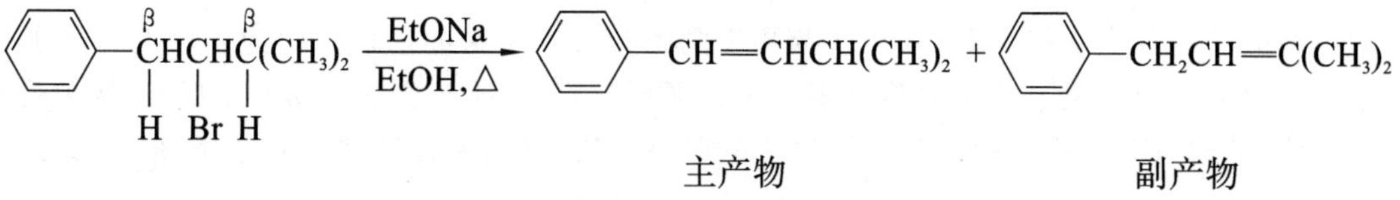

$$\text{(structure with Br, } \beta \text{ positions)} \xrightarrow[\text{EtOH,}\triangle]{\text{EtONa}} \text{(cyclohexene)} + \text{(cyclohexene)}$$

主产物　　　副产物

$$\text{C}_6\text{H}_5\text{—}\underset{\underset{\text{H}}{|}}{\text{CH}}\underset{\underset{\text{Br}}{|}}{\text{CH}}\underset{\underset{\text{H}}{|}}{\text{CH}}\text{C(CH}_3)_2 \xrightarrow[\text{EtOH,}\triangle]{\text{EtONa}} \text{C}_6\text{H}_5\text{—CH}\text{=CHCHCH(CH}_3)_2 + \text{C}_6\text{H}_5\text{—CH}_2\text{CH}\text{=C(CH}_3)_2$$

主产物　　　　　　　　副产物

若反应生成的烯烃不能形成 π-π 共轭效应,仍遵循扎依采夫规则。

(三)消除(E1 和 E2)反应机制(消除与取代的竞争)

卤代烃的消除反应与亲核取代反应类似,存在两种不同的反应机制:**单分子消除反应**(unimolecular elimination,E1)和**双分子消除反应**(bimolecular elimination,E2)。

1. E1 反应机制　与 S_N1 反应类似,分两步完成。第一步,卤代烃在溶剂的作用下,C—X 键极性增大,裂解为碳正离子和卤负离子,决定整个反应的反应速率。第二步,试剂进攻 β-H 形成碳碳双键。例如:

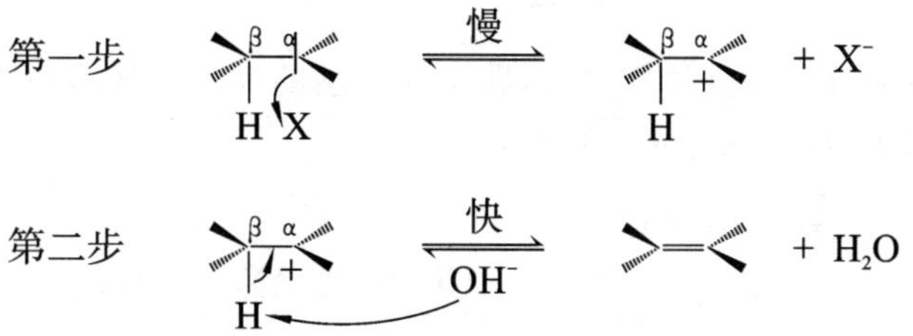

第一步　　$\text{(structure with } \beta, \text{H, X)} \xrightarrow{\text{慢}} \text{(carbocation with } \beta, \alpha, \text{H)} + \text{X}^-$

第二步　　$\text{(carbocation)} \xrightarrow[\text{OH}^-]{\text{快}} \text{(alkene)} + \text{H}_2\text{O}$

由于第一步决定反应速率,只有底物参与反应,因此反应速率只与卤代烃的浓度有关,为一级反应,称为单分子消除反应(E1)。

E1 反应中,形成碳正离子中间体,反应速率由碳正离子的稳定性决定,所以卤代烃 E1 反应活性顺序为 $R_3CX>R_2CHX>RCH_2X$。由于碳正离子容易发生重排,往往伴随有重排产物生成。例如:2-溴-3,3-二甲基丁烷发生消除反应,以重排产物 2,3-二甲基丁-2-烯为主产物。

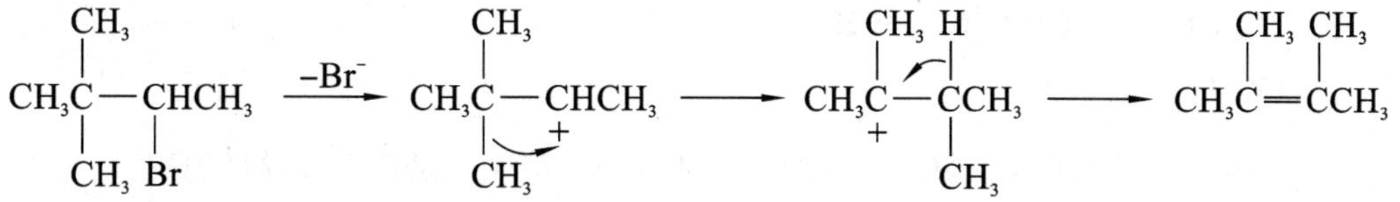

$$\underset{\underset{\text{CH}_3}{|}\ \underset{\text{Br}}{|}}{\text{CH}_3\text{C}\text{—CHCH}_3} \xrightarrow{-\text{Br}^-} \underset{\underset{\text{CH}_3}{|}}{\text{CH}_3\overset{+}{\text{C}}\text{—CHCH}_3} \longrightarrow \underset{\underset{\text{CH}_3}{|}}{\text{CH}_3\overset{+}{\text{C}}\text{—}\underset{\underset{\text{CH}_3}{|}}{\text{CCH}_3}} \longrightarrow \underset{\underset{\text{CH}_3}{|}}{\text{CH}_3\text{C}}\text{=}\underset{\underset{\text{CH}_3}{|}}{\text{CCH}_3}$$

E1 反应和 S_N1 反应从机制上很相似,常常伴随而生,存在相互竞争关系。反应中,先生成碳正离子,碳正离子进行重排,再进行 E1 反应和 S_N1 反应。反应中出现重排产物常作为 E1 和 S_N1 反应机制的证据。

2. E2 反应机制　与 S_N2 反应机制相似,只有一步反应。亲核试剂(碱)进攻 β-H,形成能量较高的过渡态。随着 β-C—H 键和 α-C—X 键断裂,α-C 和 β-C 原子间形成碳碳双键,生成烯烃。

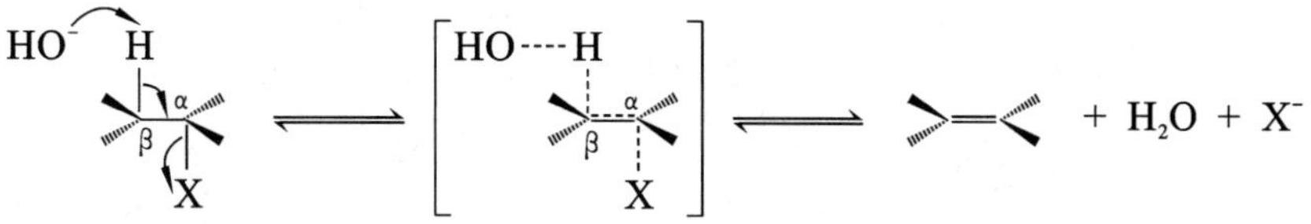

$$\text{HO}^-\text{—H (structure with } \alpha, \beta, \text{X)} \Longrightarrow \left[\text{HO----H (transition state)}\right] \Longrightarrow \text{(alkene)} + \text{H}_2\text{O} + \text{X}^-$$

在 E2 反应中,卤代烃和碱同时参与反应,反应速率与卤代烃和碱的浓度有关,为二级反应,称为**双分子消除反应**。反应中,β-C—H 键和 α-C—X 键断裂与碳碳双键的形成是协同反

NOTE

应,烯烃稳定性决定了过渡态能量的高低和反应速率的快慢。由于叔卤代烃发生消除反应产生的烯烃双键上取代的烃基较多,稳定性更高,所以与 S_N2 反应不同,E2 反应的活性顺序为 $R_3CX > R_2CHX > RCH_2X$。

反应中,由于新键的生成和旧键的断裂同时发生,中心碳原子的杂化发生改变,对离去基团的空间位置具有严格的要求,即 β-H 与离去基团必须处于共面反位。因为 β-H 与离去基团处于共面,α-C 和 β-C 的 p 轨道才容易平行重叠形成 π 键;β-H 与离去基团处于反位,构象为对位交叉式,形成过渡态所需的活化能较顺位全重叠构象的低,更容易发生反应(图 6-9)。

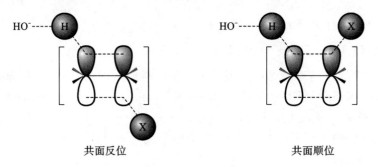

共面反位　　　　　　　　共面顺位

图 6-9　E2 过渡态中轨道结合示意图

因此,E2 反应具有高度的立体择向性,即特定构型的反应物通常只能生成一种构型的产物,而不是两种构型的产物同时生成。例如:

由于碳碳单键可以自由旋转,E2 反应的立体择向性影响的是所形成烯烃的构型。若反应物为环状卤代烃,由于环的刚性结构,取代基不能自由翻转,产物必须遵循 E2 反应的立体择向性,否则不能反应;如果有两个处于共面反位的氢原子,产物仍遵循扎依采夫规则。例如:

3. 消除反应与取代反应的竞争　卤代烃的亲核取代反应与消除反应通常相互竞争,到底发生哪一种反应取决于反应物的结构和反应条件。

1）烃基结构 伯卤代烃易于发生取代反应,需在强碱弱极性溶剂或受热条件下才以消除反应为主。反应通常按照双分子反应(S_N2 或 E2)机制进行。

$$CH_3CH_2CH_2Cl \xrightarrow[EtOH]{EtONa} CH_3CH_2CH_2OCH_2CH_3 \quad 取代反应$$

$$CH_3CH_2CH_2Cl \xrightarrow[EtOH,\triangle]{EtONa} CH_3CH=CH_2 \quad 消除反应$$

若 β-C 上有支链,空间位阻较大,阻碍亲核试剂对 α-C 的进攻,增加对 β-H 的进攻概率,导致消除反应产物增加。例如:

$$CH_3CHCH_2Br + CH_3CH_2ONa \xrightarrow{EtOH} CH_3CHCH_2OCH_2CH_3 + CH_3C=CH_2$$
$$\qquad\qquad\qquad\qquad\qquad\qquad\qquad 40.5\% \qquad\qquad 59.5\%$$

若 β-C 上连有苯环和乙烯基,消除反应所形成的产物具有 π-π 共轭体系,稳定性强,有利于 E2 反应,以消除产物为主。例如:

$$\bigcirc-CH_2CH_2Br \xrightarrow[EtOH]{EtONa} \bigcirc-CH=CH_2$$

叔卤代烃易于发生消除反应,只有在纯水或乙醇中反应,才能以取代反应为主。例如:

$$CH_3CH_2CCH_2CH_3 \xrightarrow[EtOH]{EtONa} CH_3CH_2C=CHCH_3$$

$$CH_3CH_2CCH_2CH_3 \xrightarrow[\triangle]{H_2O} CH_3CH_2CCH_2CH_3$$

叔卤代烃随着 β-C 上取代基的增多,有利于 E1 反应,不利于 S_N1 反应。由于 S_N1 反应中,中心碳原子的构型从四面体→平面→四面体,空间阻碍大不利于反应进行;E1 反应中,中心碳原子的构型从四面体→平面,烃基多形成的烯烃更稳定,有利于反应进行。

仲卤代烃介于两者之间,随着试剂碱性增强,反应温度升高,β-C 上的支链增多等,消除反应的比例增大。

$$CH_3CHCH_3 + CH_3CH_2ONa \xrightarrow[\triangle]{EtOH} CH_3CHCH_3 + CH_3CH=CH_2$$
$$\qquad\qquad\qquad\qquad\qquad\qquad\qquad OCH_2CH_3$$
$$\qquad\qquad\qquad\qquad\qquad\qquad 21\% \qquad\qquad 79\%$$

综上所述,不同卤代烃发生取代反应和消除反应的倾向顺序如下:

消除反应趋势增强 →

$$CH_3X \quad CH_3CH_2X \quad (CH_3)_2CHX \quad (CH_3)_3CX$$

← 取代反应趋势增强

2）亲核试剂 试剂的亲核性和碱性表现形式不一样,在取代反应中为亲核性,在消除反应中为碱性。试剂亲核性强有利于取代反应,亲核性弱有利于消除反应;试剂碱性强有利于消除反应,碱性弱有利于取代反应。由于 S_N1 反应和 E1 反应,反应速率与亲核试剂无关,则影响不大;强亲核试剂有利于 S_N2 反应,强碱性试剂有利于 E2 反应,增加试剂浓度对两者都有利。

NOTE

3）溶剂的极性　增加溶剂的极性有利于取代反应,而不利于消除反应。通常情况下,采用弱碱强极性溶剂进行取代反应,采用强碱弱极性溶剂进行消除反应。

4）反应温度　反应温度升高对取代反应和消除反应都有利,但对消除反应更为有利。因为消除反应中碳氢键的断裂活化能高,提高温度有利于消除反应。

练习题 6-6　写出下列现象是属于哪一种消除反应机制。

（1）反应出现重排产物。

（2）反应一步完成无活性中间体。

（3）增加亲核试剂的亲核性对反应速率没有影响。

（4）消除过程 H 与 X 需处于共面反位。

练习题 6-7　比较下列卤代烃反应的活性次序。

（1）S_N2 反应：A. CH₃CH₂CHCH₃　　B. CH₃CBrCH₃

　　　　　　　　　　　　|　　　　　　　　　|

　　　　　　　　　　　　Br　　　　　　　　CH₃

　　　　　　C. CH₃CH₂CH₂Br　　D. CH₃CH₂Br

（2）E1 反应：A. CH₃CHCH₃　　B. CH₃CH₂CBrCH₃

　　　　　　　　　　　|　　　　　　　　　|

　　　　　　　　　　　Br　　　　　　　　CH₃

　　　　　　C. CH₃CH₂Br　　D. CH₃CHCH₂Br

　　　　　　　　　　　　　　　　|

　　　　　　　　　　　　　　　　CH₃

三、卤代烃的其他反应

1. 与金属作用　卤代烃能与镁、锂、钾、钠等金属结合,形成金属有机化合物,在有机合成中较为重要。

1）与 Mg 反应　卤代烃与 Mg 在无水乙醚作用下,生成金属有机镁化合物,也称为**格利雅试剂**（Grignard reagent）,简称**格氏试剂**。

$$RX + Mg \xrightarrow{\text{无水乙醚}} RMgX \quad \text{烃基卤化镁}$$

格氏试剂的制备需在无水乙醚条件下完成,因为其不仅是溶剂,还可与格氏试剂形成配合物,起到稳定格氏试剂的作用。

$$
\begin{array}{ccc}
C_2H_5 & X & C_2H_5 \\
\diagdown & | & \diagup \\
O: \longrightarrow & Mg & \longleftarrow :O \\
\diagup & | & \diagdown \\
C_2H_5 & R & C_2H_5
\end{array}
$$

格氏试剂生成的难易与卤代烃中烃基结构和卤素种类有关。当烃基相同卤素结构不同时,反应活性顺序为 RI>RBr>RCl。由于碘代烷价格高,氯代烷反应选择性差,常用溴代烷制备格氏试剂。当卤素相同烃基结构不同时,反应活性顺序为 PhCH₂X、CH₂=CHCH₂X>RCH₂X>R₂CHX>R₃CX>PhX、CH₂=CHX。其中烯丙型卤代烃和苄基型卤代烃非常活泼,很容易形成格氏试剂,且很快发生偶联反应;乙烯型和卤苯型卤代烃反应活性低,与 Mg 在乙醚条件下也很难反应,需改用四氢呋喃（THF）作为溶剂,并提高反应温度,才能生成格氏试剂。

$$
\begin{array}{c}
\text{（苯环）Br} + Mg \xrightarrow{\text{THF}} \text{（苯环）MgBr}
\end{array}
$$

格氏试剂中由于金属镁的存在,C—Mg 键极性较大,金属镁带部分正电荷,碳原子带部分负电荷,常作为亲核试剂发生反应。格氏试剂反应活性较高,遇到含有活泼氢的化合物(醇、羧酸、胺等)即迅速形成烷烃,也易与空气中的水、氧、二氧化碳等发生反应,所以格氏试剂在制备时必须采用无水操作,避免与空气接触,反应物中不能带有活泼氢。例如:

$$CH_3CH_2MgX + \begin{cases} H_2O \\ ROH \\ RCOOH \\ NH_3 \\ RNH_2 \\ R_2NH \\ RC{\equiv}CH \end{cases} \longrightarrow CH_3CH_3 + \begin{cases} HOMgX \\ ROMgX \\ RCOOMgX \\ NH_2MgX \\ RNHMgX \\ R_2NMgX \\ RC{\equiv}CMgX \end{cases}$$

格氏试剂的烃基带有部分负电荷,常作为亲核试剂进攻卤代烃、二氧化碳、羰基等带部分正电荷的碳原子,发生亲核取代反应或亲核加成反应,生成碳链增长的烃、羧酸、醇等化合物。例如:

$$\overset{\delta^+}{CH_2}{=}\overset{\delta^-}{CH}\overset{\delta^-}{CH_2}\overset{\delta^+}{Cl} + CH_3CH_2MgBr \longrightarrow CH_2{=}CHCH_2CH_2CH_3 + MgClBr$$

$$\underset{\delta^-}{\overset{\delta^+}{}}\text{(C}_6\text{H}_5\text{)}{-}MgBr + \overset{\delta^-}{O}{=}\overset{\delta^+}{C}{=}\overset{\delta^-}{O} \longrightarrow \text{C}_6\text{H}_5{-}\overset{O}{\overset{\|}{C}}{-}OMgBr \xrightarrow{H_3O^+} \text{C}_6\text{H}_5{-}\overset{O}{\overset{\|}{C}}{-}OH$$

$$CH_3CH_2\overset{\overset{O\delta^-}{\|}}{\underset{\delta^+}{CH}} + CH_3CH_2MgBr \longrightarrow CH_3CH_2\overset{\overset{OMgBr}{|}}{CH}CH_2CH_3 \xrightarrow{H_3O^+} CH_3CH_2\overset{\overset{OH}{|}}{CH}CH_2CH_3$$

2)与 Li 反应 卤代烃与金属 Li 在非极性溶剂中可形成有机锂化合物。例如:

$$RX + 2Li \xrightarrow{\text{苯}} \underset{\text{有机锂化合物}}{RLi} + \underset{\text{卤化锂}}{LiX}$$

有机锂化合物与格氏试剂相似,锂原子带有部分正电荷,烃基带有部分负电荷,可以与金属卤化物、卤代烃、具有活泼氢或极性双键的化合物进行反应。有机锂化合物反应活性较格氏试剂更活泼,价格也更贵。例如:有机锂化合物可与碘化亚铜反应生成二烷基铜锂。

$$2RLi + CuI \longrightarrow \underset{\text{二烷基铜锂}}{R_2CuLi} + LiI$$

其中的烃基可以是苯基、烯基、烷基等,二烷基铜锂是有机合成中比较重要的一种烃基化试剂。可以与卤代烃反应,用于合成烃类,是合成不对称烃类常用的一种合成方法。在烷烃的制备方法中称为**科瑞-郝思**(Corey-House)合成法。

$$RX \xrightarrow[\text{苯}]{Li} RLi \xrightarrow{CuI} R_2CuLi \xrightarrow{R'X} RR'$$

反应中的卤代烃最好用伯卤代烃,反应不受其他基团的影响,反应产率较高,广泛用于有机合成中。例如:

$$CH_2{=}CHBr \xrightarrow[\text{苯}]{Li} CH_2{=}CHLi \xrightarrow{CuI} (CH_2{=}CH)_2CuLi \xrightarrow{CH_3CH_2Cl} CH_2{=}CHCH_2CH_3$$

3)与 Na 反应 卤代烃与金属钠反应,两部分烃基产生偶联,可用于合成对称结构的烃类。若合成对称结构的烷烃,称为**武兹**(Wurtz)合成法。

知识链接 6-2

NOTE

$$2RX + 2Na \longrightarrow R—R + 2NaX$$

此反应中,烃基碳链增长一倍,只能用于合成偶数碳原子的烷烃或结构对称的高级烃类,卤代烃最好使用伯卤代烃。

2. 还原反应　卤代烃在不同条件下,卤原子被活泼氢取代生成烃类。常用的还原剂有 H_2(催化剂为 Ni)、锌和盐酸、氢化铝锂、四氢硼钠等。

$$CH_2{=}CHCH_2Cl + H_2 \xrightarrow{\text{Ni}} CH_3CH_2CH_3$$

$$CH_3CH_2CH_2CH_2Br \xrightarrow{\text{Zn+HCl}} CH_3CH_2CH_2CH_3$$

氢化铝锂($LiAlH_4$)、四氢硼钠($NaBH_4$)还原时不涉及分子中碳碳之间的 π 键。氢化铝锂还原性较强,分子中若含有—COOH、—COOR、—CN 等官能团可同时被还原;四氢硼钠还原性相对较弱,这些基团可以保留不被还原。例如:

$$
CH_2{=}CHCHCOOH
\begin{array}{l}
\xrightarrow{\text{LiAlH}_4} CH_2{=}CHCHCH_2OH \\
\xrightarrow{\text{NaBH}_4} CH_2{=}CHCHCOOH
\end{array}
$$

3. 多卤代烃　多卤代烃中若卤原子连接在不同碳原子上,性质和一卤代烃相似;若卤原子连接在同一碳原子上,性质有所不同,例如:

$$CH_3CHCl_2 \xrightarrow{\text{NaOH}} CH_3CH(OH)_2 \longleftrightarrow CH_3CHO$$

$$CH_3CCl_3 \xrightarrow{\text{NaOH}} CH_3C(OH)_3 \longleftrightarrow CH_3COOH$$

【综合思考题】

化合物 A($C_6H_{13}Cl$)与 NaOH 和 EtOH 溶液共热生成 B,B 用冷、稀高锰酸钾处理得 C($C_6H_{14}O_2$),C 与高碘酸作用得 CH_3CH_2CHO 和 CH_3COCH_3。化合物 A 与水共热可生成化合物 D($C_6H_{14}O$),D 与卢卡斯试剂室温下立即出现混浊,试推断 A、B、C、D 的结构。

[解题思路]

此题为推测结构题,推测题中包含很多的知识点。解题时要根据每个包含的知识点来进行合理的推敲,才能得出正确的结论。本题的解题思路如下:

(1)首先根据题目中给出的 A、C 和 D 的分子式,计算出它们的不饱和度均为零,确定了分子中不含双键和环,均是饱和的链状化合物。A 含一个氯,可能为卤代烃。C 含有两个氧,可能为二醇或有两个醚键的醚或有一个羟基和一个醚键的化合物。D 含一个氧,可能为醇或醚。

(2)其次根据"化合物 A($C_6H_{13}Cl$)与 NaOH 和 EtOH 溶液共热生成 B",说明化合物 A 为卤代烃。碱性条件下共热生成 B,说明 A 发生了消除反应,B 应含有一个双键。

(3)再根据"B 用冷、稀高锰酸钾处理得 C($C_6H_{14}O_2$)",联想到冷、稀高锰酸钾的氧化能力较弱,只能将烯烃氧化为邻二醇结构,故推测 C 有一邻二醇结构,但羟基所在的位置无法确定。

(4)根据"C 与高碘酸作用得 CH_3CH_2CHO 和 CH_3COCH_3",联想到邻二醇与高碘酸氧化时的部位在两个羟基间发生,可推测 C 为 2-甲基-戊-2,3-二醇。

（5）C 的结构已定，根据 C 是由 B 弱氧化而来，即可反推 B 的双键在两个邻羟基的位置上，所以 B 为 2-甲基戊-2-烯。

（6）B 的双键因 A 失水而来，A 的羟基可能在烯碳的任一端，所以 A 的可能结构有两个，即 2-氯-2-甲基戊烷和 3-氯-2-甲基戊烷。

（7）因 D 与卢卡斯试剂室温下立即出现混浊，说明 D 是一个叔醇。而 D 由 A 发生水解得到，所以 D 的结构为 2-甲基戊-2-醇，A 的结构为 2-氯-2-甲基戊烷。

至此，全部推导过程结束。我们可以根据这些推导过程，写出 A、B、C、D 的结构，分别如下：

知识拓展 6-1

$$\text{A } CH_3CH_2CH_2\overset{\overset{\displaystyle CH_3}{|}}{\underset{\underset{\displaystyle Cl}{|}}{C}}CH_3 \qquad \text{B } CH_3CH_2CH{=}C(CH_3)_2$$

$$\text{C } CH_3CH_2\overset{\overset{\displaystyle CH_3}{|}}{\underset{\underset{\displaystyle OHOH}{|}}{CHCCH_3}} \qquad \text{D } CH_3CH_2CH_2\overset{\overset{\displaystyle CH_3}{|}}{\underset{\underset{\displaystyle OH}{|}}{C}}CH_3$$

本章小结

主要内容	学习要点
结构	C—X 键是极性共价键，易发生亲核取代反应和消除反应
分类	伯仲叔卤代烃、活性卤代烃、惰性卤代烃
命名	卤原子作为取代基，与烃类命名一致
制备	烃取代；不饱和烃和小环环烃与卤化氢或卤素的加成；醇的取代；卤素交换
物理性质	熔点、沸点、溶解度、密度、毒性等
化学性质	①亲核取代反应：OH^-、OR^-、CN^-、NH_2^-、I^-、炔负离子的取代；不同结构卤代烃与硝酸银的鉴别反应 ②消除反应：扎依采夫规则 ③与金属的反应：与金属镁、金属锂和金属钠的反应；格氏试剂的特性
反应机制	①亲核取代反应：S_N1 和 S_N2 反应的反应特点及二者的比较 ②消除反应：E1 和 E2 反应的反应特点及二者的比较 ③取代反应与消除反应的竞争

练习题答案

目标检测

一、用系统命名法命名下列化合物。

1. $CH_3CH_2\underset{\underset{\displaystyle Cl}{|}}{C}{=}C\underset{\underset{\displaystyle CH_3}{|}}{CH(CH_3)_2}$　2.　3.　4.

目标检测答案

二、单项选择题。

1. 下列化合物与硝酸银醇溶液立即出现沉淀的是(　　)。

A. 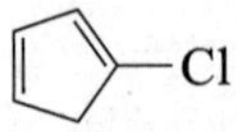　B. 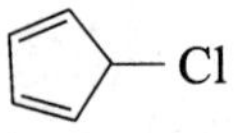　C. 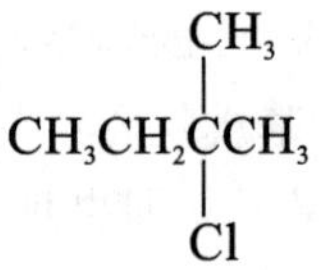　D. CH_3CH_2Cl

2. 下列化合物发生 S_N1 反应,反应速率最快的是(　　)。

A. 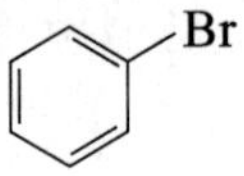　B. 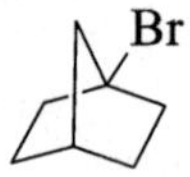

C. 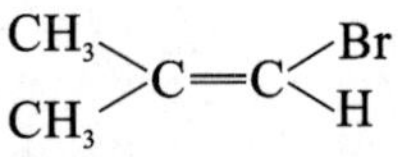　D. 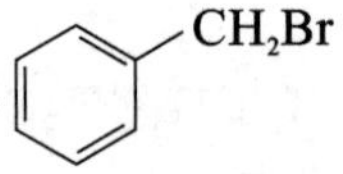

3. 下列描述为 S_N2 反应机制的是(　　)。

A. 反应速率只与卤代烃浓度成正比　B. 反应产物构型翻转

C. 反应中出现重排产物　D. 反应中叔卤代烃反应速率最快

4. 扎依采夫规则适用于(　　)。

A. 烯烃加 HBr 的反应　B. 卤代烃的取代反应

C. 醇或卤代烃的消除反应　D. 芳香烃的取代反应

三、完成下列反应式

1. $CH_3CH_2CH_2Cl+CH_3CH_2ONa \xrightarrow{EtOH}$

2. $(CH_3CH_2)_3CCl+CH_3CH_2ONa \xrightarrow{EtOH}$

3. 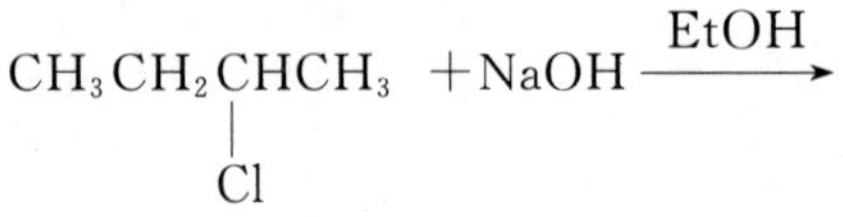

4. 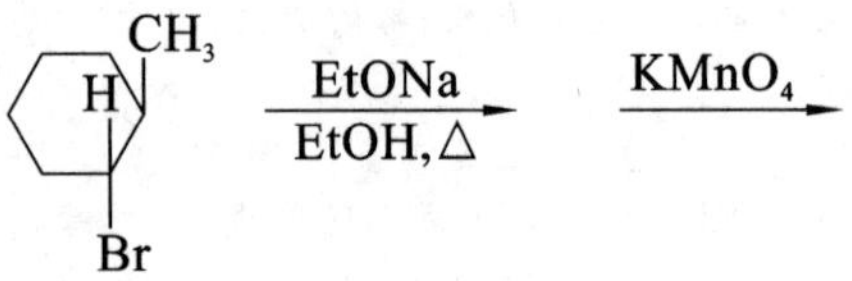

四、用化学方法鉴别下列化合物。

溴苯、3-氯丙烯、2-氯丙烷、碘乙烷

参 考 文 献

[1] 邢其毅,裴伟伟.基础有机化学[M].3 版.北京:高等教育出版社,2010.

[2] 赵骏,杨武德.有机化学[M].2 版.北京:中国医药科技出版社,2018.

(林玉萍)

第七章 对映异构

扫码看课件

学习目标

1. **掌握**：判断手性分子的方法、费歇尔投影式、对映异构体的构型标记法（D/L 构型标记法、R/S 构型标记法）。

2. **熟悉**：手性碳原子、手性分子、对映体、旋光度、比旋光度、内消旋体及外消旋体的概念。

3. **了解**：对映异构体在医学上的意义。

有机化合物结构复杂，种类繁多，其中一个重要的原因就是存在同分异构现象。同分异构可分为两大类：一类是由原子或基团之间相互连接的方式和顺序不同而引起的**构造异构**（constitutional isomerism）；另一类是分子的构造相同，但分子中的原子或基团在空间的排布不同而产生的**立体异构**（stereoisomerism）。立体异构包括**构象异构**（conformational isomers）**和构型异构**（configurational isomers），后者又可以分为顺反异构（cis-trans isomers）和对映异构（enantiomer）。

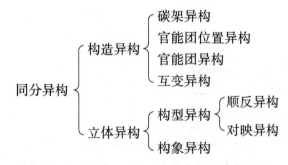

在第三章烷烃、第四章烯烃和炔烃以及第五章脂环烃，我们陆续学习了构造异构中的碳架异构、官能团位置异构、官能团异构、互变异构和立体异构中的顺反异构、构象异构的知识，本章主要学习对映异构的相关知识。

案例导入

化学药物的合成，给人类带来了极大的益处，但也造成了意想不到的伤害，对化学药物的盲目依赖和滥服药物，已造成了许多悲剧，其中最典型的案例就是著名的"反应停事件"，也称为"沙利度胺不良反应事件"。

反应停，商品名为沙利度胺（thalidomide），是 1956 年西德一家制药公司研发的具有较好的安眠和镇静作用，同时具有治疗妊娠呕吐作用的药物，相继在 51 个国家获准销售。后来发现该药物虽然对改善妊娠期女性怀孕早期（1～2 个月）呕吐非常有效，但却会使胎儿畸形，导致出生的婴儿没有臂和腿，手和脚直接连在躯干上，形似海豹，被称为"海豹肢"。从 1956 年"反应停"进入市场至 1962 年撤药，全世界共发现了 12000 多例由于服用该药物而产生的"海

NOTE

豹肢"婴儿。后来研究发现沙利度胺分子(分子结构如下所示)中有一个手性碳原子,存在一对对映体。

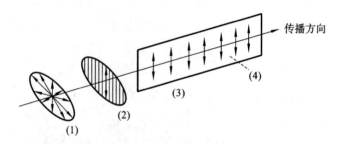

沙利度胺(thalidomide)

思考:
(1) 沙利度胺为什么会致畸呢?
(2) 一对对映体药物的生理作用一样吗?

第一节　物质的旋光性

一、偏振光和旋光性

光是一种电磁波,它的振动方向与其前进方向垂直,而且是在无数个垂直于光传播方向的平面内振动。如果让一束普通光通过一个尼科尔棱镜,只有振动方向与棱镜晶轴平行的光才能通过。这种只在一个平面上振动的光称为**平面偏振光**(plane polarized light),简称**偏振光**(图 7-1)。偏振光的振动平面习惯称为偏振面。

图 7-1　平面偏振光的形成
(1)普通光;(2)尼科尔棱镜;(3)平面偏振光;(4)偏振面

当偏振光通过包含单一对映体的溶液时,偏振光的振动平面发生旋转,我们把这种能使偏振光振动平面发生旋转的性质称为物质的**旋光性**(optical activity)或光学活性,单一对映体都具有旋光性。具有旋光性的物质称为**旋光性物质**或光学活性物质,如葡萄糖、果糖、乳酸等。不同的旋光性物质能使偏振光产生不同的偏转角度和不同的偏转方向。

二、旋光度和比旋光度

(一) 旋光度

偏振光的偏振面被旋光性化合物所旋转的角度称为**旋光度**(optical rotation),用 α 表示。有些旋光性物质能使偏振光的振动平面向右(顺时针)旋转,称为右旋体(用"＋"或者"D"表示),另外一些则使偏振光的振动平面向左(逆时针)旋转,称为左旋体(用"－"或者"L"表示)。例如(＋)-丁-2-醇表示使偏振光向右旋转,(－)-丁-2-醇表示使偏振光向左旋转。(＋)和(－)仅表示旋光方向不同,与旋光度的大小无关。

NOTE

在实际工作中通常用旋光仪测定物质的旋光度。旋光仪(图7-2)是由一个光源和两个棱镜组成的。把两个尼科尔棱镜平行放置,光源产生的普通光通过第一个棱镜后产生偏振光,这个棱镜称为起偏镜。第二个棱镜连有刻度盘,可以旋转,这个棱镜称为检偏镜。在两个棱镜中间有一个盛液管,如果在盛液管内装入水或乙醇等非旋光性物质,偏振光可直接通过检偏镜,视场光亮度不变。若盛液管内放入葡萄糖等旋光性物质,它们使偏振光的振动平面发生旋转,若检偏镜不做相应的转动,则视场内光亮度变暗,只有将检偏镜(向右或向左)旋转相同的角度,旋转了的平面偏振光才能完全通过,视场才能恢复原来的亮度。这时检偏镜上的刻度盘所旋转的角度,即为该被测物质的旋光度。

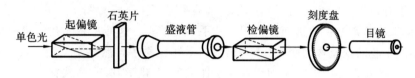

图7-2　旋光仪结构简图

目前科研中广泛使用的是自动旋光仪,可直接显示被测化合物的旋光度和旋光方向,其基本原理和普通旋光仪类似。

(二)比旋光度

化合物的旋光度不仅与物质本身的结构有关,而且与测定旋光度时所配制溶液的浓度、盛液管的长度、测定时的温度、光源波长以及使用的溶剂有关。为了使化合物的旋光度成为特征物理常数,而只考虑物质本身的结构对旋光度的影响,通常用1 dm长的盛液管,待测溶液的浓度为1 g/mL,用波长为589 nm的钠光(用符号D表示),测得的旋光度称为**比旋光度**(specific rotation),用$[\alpha]$表示。在实际操作中,常用不同长度的盛液管和不同浓度的样品,测定旋光度。可按以下公式计算出比旋光度。

$$[\alpha]_\lambda^t = \frac{\alpha}{c \times l}$$

式中:α为旋光仪上测得的旋光度;t为测定时的温度(℃);λ为旋光仪使用的光源波长;c为溶液的浓度(g/mL,纯液体用密度);l为盛液管的长度(dm)。测定旋光度时,一般用钠光灯作为光源,波长是589 nm,通常用D表示。

像物质的熔点、沸点等物理常数一样,比旋光度也是旋光性物质特有的物理常数,许多物质的比旋光度可以从手册中查找。在文献中查到的物质的比旋光度,一般会在之后用括号标出实验中测定旋光度时使用的溶剂和用小写c表示的百分浓度。例如,L-酒石酸的比旋光度为$+12.5°(c20, H_2O)$,表示在20 ℃,使用偏振的钠光作光源,酒石酸水溶液的浓度为20%时,天然酒石酸是个右旋体,比旋光度为12.5°。测定旋光度,可用来鉴定旋光性物质,也可测定旋光性物质的纯度和含量。

例题:将胆固醇样品260 mg溶于5 mL氯仿中,然后将其装满5 cm长的旋光管,在20 ℃测得旋光度为$-2.5°$,计算胆固醇的比旋光度。

解:$[\alpha]_D^t = \dfrac{\alpha}{\rho \times l} = \dfrac{-2.5°}{0.26 \div 5 \times 0.5} = -96°$

答:胆固醇的比旋光度为$-96°$(氯仿)。

第二节　手性分子和对映异构

一、手性的概念

（一）手性

人们的左右手是什么关系？看起来左右手没什么区别，可是左右手套戴反了，手会不舒服，说明左右手有差异。那么左右手到底是什么关系呢？让我们看图 7-3 手性关系图，右手照镜子得到的镜像恰恰是左手的正面像。但左右手不能重叠。这种左右手互为实物与镜像的关系，彼此又不能重叠的现象称为**手性**（chirality）。手性现象在自然界中广泛存在，手性是自然界的基本属性。微观世界中的分子同样存在手性现象，在化学、医药领域有许多手性分子。

左手　　　　右手　　　　彼此不能重合

图 7-3　手性关系图

（二）手性分子

乳酸（$CH_3CHOHCOOH$）用透视式表示有以下两种形式：

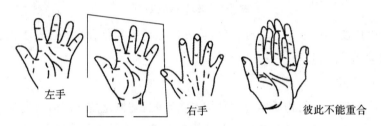

(a)　　　　　　　　　　　　(b)

乳酸(a)和(b)的关系正像人的左右手关系，互为实物和镜像，又不能重叠，因此是两种不同的化合物。这两种物质都具有旋光性，其旋光度大小相等，旋光方向相反，一个是（＋）-乳酸，一个是（－）-乳酸。这种不能与镜像重叠的分子称为**手性分子**（chiral molecule）。乳酸分子(a)和(b)都是手性分子，由手性分子组成的物质具有旋光性，具有旋光性的物质一定是手性分子。

（三）手性碳原子

研究发现，具有手性的分子大多具有一个共同的结构特点，即分子中都存在一个连有 4 个互不相同的原子或基团的碳原子，这种碳原子称为**不对称碳原子**（asymmetric carbon atom）或**手性碳原子**（chiral carbon atom），常用 C* 表示。有一个手性碳的化合物必定是手性化合物，有一对对映体。手性碳原子是手性原子中的一种，此外还有手性氮、磷、硫原子等。这些原子也常称为**手性中心**（chirality center）。例如，以下结构式中标有" ＊ "号者为手性原子。

值得注意的是手性分子不一定都含手性碳原子(如丙二烯型和联苯型等化合物),含手性碳原子的化合物也不一定都具有手性(如内消旋酒石酸)。

1874 年,荷兰化学家范特荷夫(J. H. Van't Hoff)提出了碳原子的四面体结构理论,并认为连有四个不同原子或基团的四面体碳原子,在空间会有两种不同的排列方式,也可以说是有两种不同的构型,二者极为相似,互呈实物与镜像的关系,但却无法重合,如右旋乳酸与左旋乳酸。这种彼此成镜像对映关系,又不能重叠的异构体称为**对映异构体**(enantiomer)。手性分子均存在对映异构现象。

> **练习题 7-1** 请找出下列化合物中的手性碳原子(用"＊"标记)。
>
> (1) $CH_3CHClCHO$ (2) $C_2H_5CHOHCH_3$ (3) $CH_3CH_2\underset{\underset{CH_3}{|}}{\overset{\overset{Cl}{|}}{-}}COOH$

二、分子的对称性和手性

判断一个有机物分子是否具有手性,最直接的办法是看其与镜像能否重合,但较烦琐,尤其是对复杂分子的判断较为困难。研究发现,实物与镜像能否重合与物体的对称性有关,与分子手性密切相关的对称因素主要有对称面和对称中心。

(一) 对称面

能将分子结构剖成互为实物与镜像的一个假想平面称为分子的**对称面**(symmetric plane),也可称为镜面,用 $\boldsymbol{\sigma}$ 表示。寻找对称因素时,可将分子中的一些原子和基团看作一个圆球,可以被对称面分割成相同的两半。对于平面型分子,分子平面本身就是对称面。例如1,1-二氯乙烷和反-1,2-二氯乙烯分子中有对称面(图7-4)。

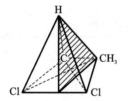 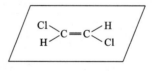

图 7-4 分子中的对称面

有对称面的对称分子可与其镜像重合,故无手性。所以,1,1-二氯乙烷、反-1,2-二氯乙烯因对称面的存在成为非手性分子。

(二) 对称中心

假设分子中能找到一点"i",从分子中任何一个原子或基团向"i"点连线,在其延长线等距离处能找到相同的原子或基团,这个点"i"称为**对称中心**(symmetric center)。图 7-5 显示的为 1,3-二氯-2,4-二氟环丁烷分子结构中存在的一个对称中心。

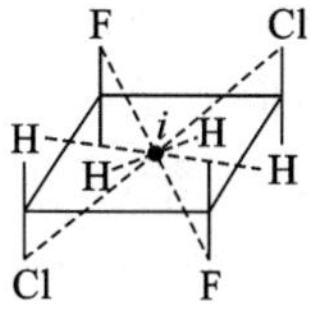

凡有对称面或对称中心的分子,一定是非手性的,无对映异构体,无旋光性。由此可知,一个化合物有无旋光性,主要看它的分子是否对称,如对称则无手性也无旋光性,如不对称则可能有手性和旋光性。

图 7-5 分子中的对称中心

> **练习题 7-2** 请判断下列化合物是否具有对称因素。
> (1) CH_3Cl (2) $CH_3HC=CHCH_3$ (3) CH_2Cl_2

三、对映异构

凡是含有一个手性碳原子的化合物都有一对对映体,每个对映体都是手性分子且具有旋光性,一个是左旋体,另一个是右旋体。

1. 对映异构体的理化性质 一对对映体有相同的熔点、沸点和溶解度(在水和其他非手性的普通溶剂中)。对于化学性质,除了与手性试剂反应外,对映体的化学性质也是相同的。例如,乳酸的一对对映体分别与氢氧化钠溶液发生酸碱中和反应,两者的反应速率都是相同的。

一对对映体的性质差异主要是对偏振光的作用不同,通常旋光度数相同,旋光方向相反。另外,有些对映体在生理作用上有着显著的差异。例如天然药用肾上腺素为 R 型,其比旋光度为 $-50°$,其对映体比旋光度为 $+50°$,有很强的毒性。

$$R\text{-}(+)\text{-肾上腺素} \qquad S\text{-}(-)\text{-肾上腺素}$$

2. 外消旋体 一对对映体的等量混合物称为**外消旋体**(raceme),通常用($\pm$)表示。由于两种对映体的旋光度相同,旋光方向相反,因而旋光作用互相抵消,所以**外消旋体没有旋光性**。例如,乳酸的旋光性现象有三种不同的情况:从肌肉组织中分离出的乳酸为右旋乳酸;由左旋乳酸杆菌使葡萄糖发酵而产生的乳酸为左旋乳酸;由一般化学反应合成的乳酸(如丙酮酸经还原反应得到的乳酸)为外消旋体,不具有旋光性。表 7-1 列出了($+$)-乳酸、($-$)-乳酸及($\pm$)-乳酸的物理常数。

表 7-1 乳酸的一些物理性质

名　　称	熔点/℃	$[\alpha]_D^{20}$	pK_a	溶解度/(g/100 mL)
($+$)-乳酸	26	$+3.8°$	3.76	∞
($-$)-乳酸	26	$-3.8°$	3.76	∞
($\pm$)-乳酸	18	$0°$	3.76	∞

一般外消旋体和纯的单一对映体除旋光性不同外,其他物理性质如熔点、密度、在同种溶剂中的溶解度等也常有差异,但沸点与纯的单一对映体相同。

3. Fischer 投影式 对映异构体在构造上是相同的,但是原子或基团在空间的排布不同,因此立体构型的三维表示方法一般使用分子球棒模型和楔线式。这两种表示方法虽然清楚、直观,但书写不便。

1891 年,德国化学家费歇尔(E. Fischer)提出了显示连接手性碳原子的四个基团空间排列的一种简便方法:**Fischer 投影式**(Fischer projections)。投影时将主链放在竖键上,竖键连接的原子或基团表示伸向纸平面的后方,横键连接的原子或基团表示伸向纸平面的前方,即按**"横前竖后"**的原则投影到平面上,其中两条直线的垂直相交点为手性碳原子。乳酸一对对映异构体的 Fischer 投影式见图 7-6。

由于 Fischer 投影式规定横键的两个基团朝前,竖键的两个基团朝后,在使用费歇尔投影式时要注意以下几点:

(1) Fischer 投影式在纸平面内旋转 90°的偶数倍,其构型不变,但不能在纸平面内旋转 90°的奇数倍,也不能离开纸平面翻转,否则会引起原构型的改变。

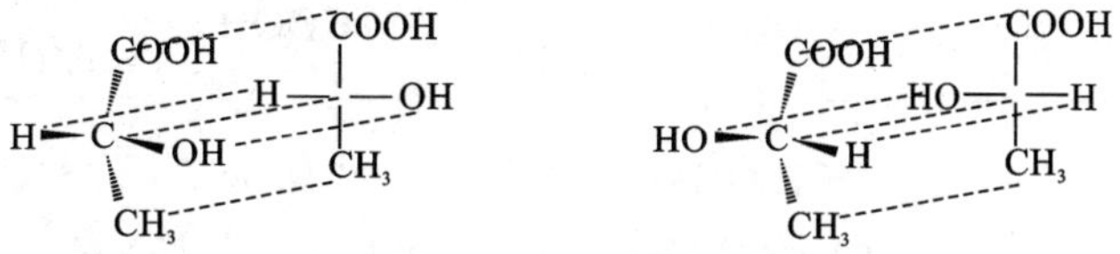

图 7-6　乳酸对映异构体的 Fischer 投影式

（2）Fischer 投影式中任意两个基团相互对调奇数次后构型改变，成为其对映体。对调偶数次构型不变，也可简称为**"奇（数）"变"偶（数）"不变规则**。

（3）Fischer 投影式中手性碳原子上的一个基团保持不动，另三个基团按顺时针或逆时针方向旋转（也简称为**"轮转"**），构型不变。

例如：

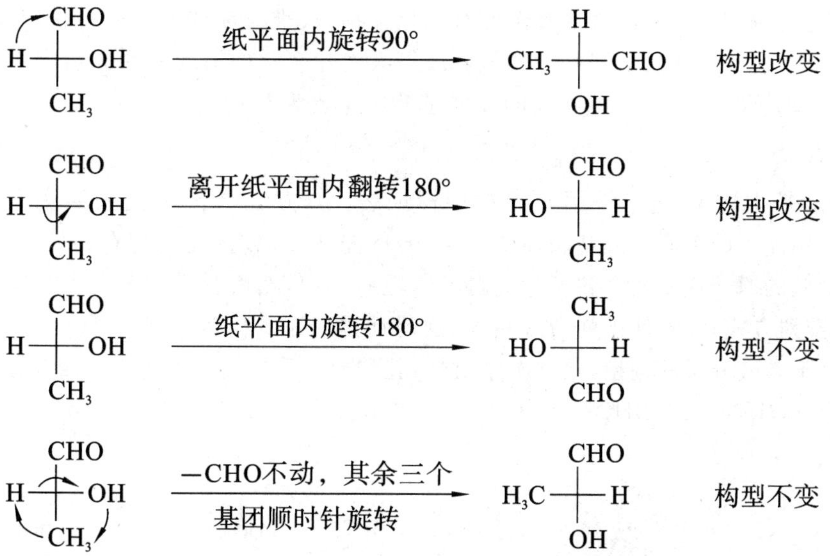

构型改变

构型改变

构型不变

构型不变

四、构型的标记方法

对映异构体的构型标记方法有 D/L 标记法和 R/S 标记法两种。

（一）D/L 标记法

有机化合物分子中各原子或基团在空间的真实排布称为**分子的绝对构型**（absolute configuration），但在 1951 年之前，人们无法确定手性碳原子的绝对构型，为了便于研究，Fischer 选择了一个简单的旋光性物质（＋）-甘油醛为标准物，将其构型用 Fischer 投影式表示时，碳链竖直放置，醛基放在碳链上端，羟基处于碳链右侧的为右旋甘油醛的立体构型，称为 **D 构型**，而羟基处于左侧的为左旋甘油醛的立体构型，称为 **L 构型**。

D-（＋）-甘油醛　　　　　　　L-（－）-甘油醛

以甘油醛为标准物，通过合适的化学反应转化成其他手性化合物，所得化合物的构型可与甘油醛进行直接或间接比较来确定，不涉及手性碳原子四个价键断裂的，构型保持不变。由此分别得到 D 和 L 构型系列化合物。例如：

$$
\begin{array}{c}
\text{CHO} \\
\text{H}\!\!-\!\!\!\underset{\text{CH}_2\text{OH}}{\overset{}{|}}\!\!-\!\!\text{OH}
\end{array}
\xrightarrow{[O]}
\begin{array}{c}
\text{COOH} \\
\text{H}\!\!-\!\!\!\underset{\text{CH}_2\text{OH}}{\overset{}{|}}\!\!-\!\!\text{OH}
\end{array}
\xrightarrow{\text{PBr}_3}
\begin{array}{c}
\text{COOH} \\
\text{H}\!\!-\!\!\!\underset{\text{CH}_2\text{Br}}{\overset{}{|}}\!\!-\!\!\text{OH}
\end{array}
\xrightarrow{\text{Zn/H}^+}
\begin{array}{c}
\text{COOH} \\
\text{H}\!\!-\!\!\!\underset{\text{CH}_3}{\overset{}{|}}\!\!-\!\!\text{OH}
\end{array}
$$

D-(+)-甘油醛　　　D-(—)-甘油酸　　　D-(—)-3-溴-2-羟基丙酸　　　D-(—)-乳酸

上述通过化学反应而确定的构型,是相对于人为指定的标准物质右旋甘油醛而言的,所以称为**相对构型**(relative configuration)。

1951 年,土耳其化学家拜捷沃特(J. M. Bijvoet)用 X 射线单晶衍射法成功测定了右旋酒石酸铷钠的绝对构型,并由此推断出(+)-甘油醛的绝对构型。巧合的是,人为规定的(+)-甘油醛与其绝对构型相一致。从此与甘油醛相关联的其他化合物的 D/L 构型也都代表绝对构型。

D/L 标记法有其局限性,许多复杂的有机化合物,很难与标准物质相关联,有时也会引起混乱。所以,D/L 标记法目前只在糖和氨基酸等天然化合物中沿用。如天然产物中获得的单糖多为 D 构型,而生物体中普遍存在的 α-氨基酸则主要为 L 构型。

（二）*R/S* 标记法

1979 年,按 IUPAC 建议采用 *R/S* 构型标记法。其方法如下:首先按照次序规则确定与手性碳原子相连的四个原子或基团(a、b、c、d)的优先次序;较优先的排在前面,如 a＞b＞c＞d,将次序最低的原子或基团 d 置于远离自己的视线方向,然后观察其余三个基团由大到小(a→b→c)的排列方式,顺时针排列为 *R* 构型,逆时针排列为 *S* 构型(图 7-7)。

例如对于乳酸分子的构型,根据次序规则,乳酸分子手性碳原子所连的四个原子或基团的优先次序为—OH＞—COOH＞—CH$_3$＞—H,其 *R*、*S* 构型确定如图 7-8 所示。

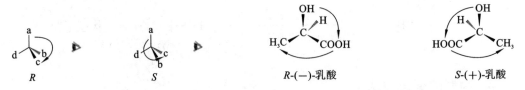

图 7-7　*R/S* 标记法示意图　　　　　图 7-8　乳酸 *R*、*S* 构型判断方法

用 Fischer 投影式表示手性分子的构型时,可用下列经验方法判断 *R/S* 构型。

1. 最小基团在竖线　如果次序最低的原子或基团 e 在竖键上,表示该原子或基团在纸平面的后方,这时从前面看,次序最低的原子或基团已经远离观察者,如果 a→b→d 在纸平面上旋转是顺时针则为 *R* 构型,逆时针则为 *S* 构型。

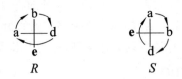

2. 最小基团在横线　如果次序最低的原子或基团 e 在横键上,观察者从前面看时,若 a→b→d 在纸平面上旋转是顺时针则为 *S* 构型,逆时针则为 *R* 构型。这是由于在平面内观察时,次序最低的原子或基团离观察者最近,与 IUPAC 命名法的规定相反,因此结果也相反。

对于手性化合物来说,D/L 及 *R/S* 是两种不同的构型标记方法,两者之间没有对应的关系,也与手性化合物的旋光方向无关。

一对对映体之中,如果一个异构体的构型为 *R*,另一个构型必然是 *S*,但注意它们的旋光方向("＋"或"—")不能通过构型来推断,只能通过旋光仪测定得到。

练习题 7-3 标出以下化合物中的手性碳原子的构型。

$$
\begin{array}{cccc}
\text{COOH} & \text{CHO} & \text{CHO} & \text{CHO} \\
(1)\ \text{Br}\!-\!\!\!|\!-\!\text{H} & (2)\ \text{H}\!-\!\!\!|\!-\!\text{OH} & (3)\ \text{Cl}\!-\!\!\!|\!-\!\text{H} & (4)\ \text{Br}\!-\!\!\!|\!-\!\text{CH}_3 \\
\text{CH}_2\text{OH} & \text{CH}_2\text{OH} & \text{CH}_2\text{OH} & \text{H}
\end{array}
$$

（三）含多个手性碳原子的化合物的对映异构

一般来说,在旋光性化合物中含手性碳原子数越多,其旋光异构体的数目也越多。若分子中含有 n 个手性碳原子,则旋光异构体的数目最多为 2^n 个,对映体的对数最多为 2^{n-1} 个。

1. 非对映异构体 化合物分子中含有两个不同的手性碳原子,即两个手性碳原子分别所连的四个原子或基团不完全相同。每个手性碳原子都可以有两种不同的构型,它们可以组合成四种旋光异构体。

例如 2,3,4-三羟基丁醛(丁醛糖),分子中含有两个手性碳原子,4 个旋光异构体用 Fischer 投影式分别表示如下:

$$
\begin{array}{cccc}
\text{CHO} & \text{CHO} & \text{CHO} & \text{CHO} \\
\text{H}\!-\!\!|\!-\!\text{OH} & \text{HO}\!-\!\!|\!-\!\text{H} & \text{HO}\!-\!\!|\!-\!\text{H} & \text{H}\!-\!\!|\!-\!\text{OH} \\
\text{H}\!-\!\!|\!-\!\text{OH} & \text{HO}\!-\!\!|\!-\!\text{H} & \text{H}\!-\!\!|\!-\!\text{OH} & \text{HO}\!-\!\!|\!-\!\text{H} \\
\text{CH}_2\text{OH} & \text{CH}_2\text{OH} & \text{CH}_2\text{OH} & \text{CH}_2\text{OH} \\
\text{I}\ (2R,3R) & \text{II}\ (2S,3S) & \text{III}\ (2S,3R) & \text{IV}\ (2R,3S) \\
\text{D-}(-)\text{-赤藓糖} & \text{L-}(+)\text{-赤藓糖} & \text{D-}(-)\text{-苏阿糖} & \text{L-}(+)\text{-苏阿糖}
\end{array}
$$

化合物 I 和 II 的两个手性碳上的相同基团(H 或 OH)处在同侧的构型,称为"**赤式**"构型(erythro form),而化合物 III 和 IV 两个手性碳上的相同基团(H 或 OH)处在异侧的构型,称为"**苏式**"构型(threo form)。

上述四个异构体中,I 和 II、III 和 IV 是对映体,而 I 和 III、I 和 IV、II 和 III、II 和 IV 之间不存在实物与镜像的关系,这种彼此不成镜像关系的立体异构体称为**非对映体**(diastereomer)。非对映体之间不仅旋光度不同,其他性质也不相同。

2. 内消旋体和外消旋体 酒石酸(2,3-二羟基丁二酸)分子中,含有两个相同的手性碳原子 C_2 和 C_3,其上所连的原子或基团完全相同,均为—H、—OH、—COOH、—CH(OH)COOH。

$$
\begin{array}{cccc}
\text{COOH} & \text{COOH} & \text{COOH} & \overset{\sigma}{}\ \text{COOH} \\
\text{H}\!-\!\!\overset{2}{|}\!-\!\text{OH} & \text{HO}\!-\!\!\overset{2}{|}\!-\!\text{H} & \text{HO}\!-\!\!\overset{2}{|}\!-\!\text{H} & \text{H}\!-\!\!\overset{2}{|}\!-\!\text{OH} \\
\text{H}\!-\!\!\overset{3}{|}\!-\!\text{OH} & \text{HO}\!-\!\!\overset{3}{|}\!-\!\text{H} & \text{H}\!-\!\!\overset{3}{|}\!-\!\text{OH} & \text{HO}\!-\!\!\overset{3}{|}\!-\!\text{H} \\
\text{COOH} & \text{COOH} & \text{COOH} & \text{COOH} \\
\text{I}\ (2R,3S) & \text{II}\ (2S,3R) & \text{III}\ (2S,3S) & \text{IV}\ (2R,3R) \\
\text{meso-酒石酸} & \text{meso-酒石酸} & \text{D-}(-)\text{-酒石酸} & \text{L-}(+)\text{-酒石酸}
\end{array}
$$

(I $\equiv$ II，I 与 II 之间有 $\equiv$ 号)

III 和 IV 为一对对映体,I 和 II 看起来似乎也是一对对映体,但如果将 I 在纸平面上旋转 180° 则变为 II,说明 I 与 II 是同一构型。I 和 III、IV 之间互为非对映异构体。

仔细观察 I 的分子结构,可以在其分子内部找到一个对称面,并将分子分成了互为实物与镜像的两部分,它们分别是 R 构型和 S 构型,由于 C_2 和 C_3 上所连的原子和基团是相同的,所以其旋光度相同,但旋光方向相反,因此,上下两部分对偏振光的旋光作用相互抵消,所以,整个分子没有旋光性,是一个非手性分子,无对映异构体存在。这种分子结构中含有手性碳原子,但整个分子不具有旋光性的化合物称为**内消旋体**(meso compounds)。由此可见,物质产生旋光性的根本原因不在于有无手性碳原子,而在于分子的不对称性。

内消旋体和外消旋体虽然都无旋光性,但两者之间却有本质的区别。外消旋体是由等量

NOTE

对映体组成的混合物,可以通过一定的方法分离成具有旋光性的左旋体和右旋体;而内消旋体是一个单一的化合物,不能分离成具有旋光性的化合物。

(四)没有不对称原子的手性化合物

某些化合物尽管没有手性碳原子,但也可能有手性。我们主要介绍联苯型和丙二烯型结构的化合物。

1. 联苯型化合物的旋光异构 当分子中单键的自由旋转受到阻碍时,也可以产生光学异构体,这种现象称为**阻转异构现象**。例如,联二苯型化合物6,6'-二硝基-2,2'-联苯二甲酸的四个邻位都连有较大取代基,两个苯环的相对旋转完全受阻,被迫固定为互相垂直或成一定的角度,产生了阻转异构,分子存在手性轴,有一对对映体,可拆分为光学纯的两个异构体。

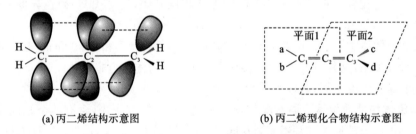

手性轴

6,6'-二硝基-2,2'-联苯二甲酸

2. 丙二烯型化合物 含有 C═C═C 单位的化合物称为丙二烯型化合物。丙二烯分子结构如图7-9(a)所示,C_2采取的是sp^2杂化,两个未参与杂化的p轨道相互垂直。丙二烯分子中的四个氢原子分别处于两个相互垂直的平面中。丙二烯本身是非手性的,但是如果在丙二烯分子两端连接的是不同的原子或基团(图7-9(b)),情况就会发生变化。

(a)丙二烯结构示意图　　(b)丙二烯型化合物结构示意图

图7-9　丙二烯型化合物分子结构示意图

如果a≠b且c≠d,那么整个分子既不存在对称面又不存在对称中心,因此分子具有手性。如果a=b或者c=d则整个分子具有对称面,分子不具有手性。

例如:戊-2,3-二烯分子结构中不存在对称面且无对称中心,分子具有手性。

戊-2,3-二烯

第三节　对映异构体在医学上的意义

一、对映异构体的生理活性

一对对映体在非手性环境中,其物理及化学性质完全相同,只有旋光方向上的区别。但在自然界中存在的一些天然物质及生物体中的分子绝大多数是手性的,手性化合物的生理活性与其构型密切相关。

手性药物(chiral drugs)的两个对映体往往表现出不同的药理和毒副作用。手性药物进入生物体内后,其药理作用多与它和体内靶分子之间的手性匹配和分子识别能力有关。因此有手性的药物,不同对映体显示出不同的药理作用和毒副作用。已发现很多手性化合物的对映异构体具有不同的生理活性。

生命现象中的化学过程都是在高度不对称的环境中进行的。生物大分子如蛋白质、多糖、核酸等均有手性。除细菌等以外的蛋白质都是由左旋的 L-氨基酸组成的;多糖和核酸中的糖则是右旋的 D 构型;在机体的代谢和调控过程中所涉及的物质,如酶和细胞表面的受体,一般也都具有手性,它们在生物体内形成手性环境。

正是这种立体化学的手性特征,使生命体系对药物中的一对对映体表现出不同的生物反应。例如,(S,S)-乙胺丁醇是治疗结核病的药物,而它的对映异构体(R,R)-乙胺丁醇却会导致失明,非甾体抗炎药布洛芬只有 S-对映体具有抗炎、抗风湿及解热镇痛的功效,R-对映体无活性。如合成甜味剂阿斯巴甜(aspartame)的(S,S)-异构体,其甜度是蔗糖的 200 倍,但其对映异构体却呈现苦味。

有些手性药物的两种对映体有完全不同的药理作用,如曲托喹酚(tretoquinol,喘速宁)的 S-异构体是支气管扩张剂,R-异构体则有抑制血小板凝聚的作用。有些对映体还会引起毒副作用,本章案例导入里提到的沙利度胺,就是因为分子结构中有一个手性碳原子,存在一对对映体。R-(+)-沙利度胺具有镇静和安眠作用,而 S-(-)-沙利度胺对胎儿有致畸作用。当时作为药物使用没有对对映体进行拆分,才导致了"反应停"事件的发生。

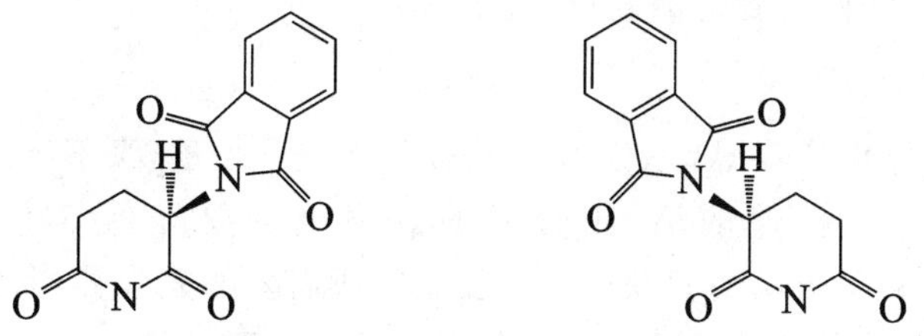

沙利度胺(thalidomide)

手性化合物对映体生理活性的差别说明对药物、农业和食品及其他化学品测定对映体组成和纯度的重要性。目前,有 60% 以上的处方药分子中含有一个或多个不对称中心,而这类手性药物中的绝大部分是以外消旋体的形式在市场销售。由于要得到两种光学纯的对映体十分困难,所以对许多手性药物药理活性差异没有经过充分的研究。这些药物中的一种对映体对患者可能无用或者甚至有害。由此可见,将手性药物以外消旋体的形式使用是具有潜在危险的。因此,制备光学纯的手性化合物具有实际意义。

二、获得单一对映异构体的方法

通过化学合成得到的化合物往往是外消旋体,但在实际应用中,经常只需要其中一种异构体,尤其是临床上使用的药物。

获得单一对映异构体的主要途径有三种:一是从天然产物中提取;二是将合成的外消旋体分离成两个对映体,即外消旋体的拆分;三是不对称合成,当反应在手性条件(手性试剂、手性溶剂、手性催化剂等)下进行时,一对对映体可按不同的比例生成,因而得到的产物就有旋光性,这种合成方法称为不对称合成。不对称合成是近代有机合成中十分活跃的研究领域。

（一）外消旋体的拆分

将外消旋体分离成右旋体和左旋体的过程称为外消旋体的**拆分**（resolution）。外消旋体的拆分一般有以下几种方法。

1. 化学拆分法　一对对映体除旋光方向相反外，其他的物理性质（如溶解度、沸点等）都相同，因此不能用常用的分馏、重结晶等方法分离。目前应用最广的是化学拆分法，其原理是将对映体转变为非对映体，再利用非对映体之间不同的物理性质进行分离。例如将（±）-乳酸与光学活性的(R)-1-苯基乙胺反应，生成(R,R)和(S,R)两种构型的盐，由于两者是非对映体，溶解度不同，可以通过分步结晶将两者分开，然后分别向分离得到的两种盐中加入盐酸，置换出的乳酸再经过进一步分离，可分别得到左旋乳酸和右旋乳酸。

2. 生物拆分法　酶都是旋光性物质，而且具有很强的化学反应专一性，可选用某些酶与外消旋体中的某个异构体反应，将这个异构体消耗掉，剩下另一构型的异构体，从而达到分离的目的。例如青霉素菌在含有外消旋体的酒石酸培养液中生长时，将右旋酒石酸消耗掉，只剩下左旋体。这种方法的优点是反应选择性高、产率高、条件温和、所用的酶无毒且易降解，缺点是会有一半的原料损失。

3. 诱导结晶法　在外消旋体的过饱和溶液中加入一定量的此外消旋体中任一种单一对映体的纯晶种。与晶种旋光方向相同的对映体先结晶出来，将其滤出。再向滤液中加入一些外消旋体并重新制成过饱和溶液，此时溶液中另一对映体的含量相对较多，因而优先结晶出来，如此反复进行结晶，就可把一对对映体完全分开，此法也称为晶种结晶法。

4. 色谱分离　选用某种手性物质作吸附剂，这种吸附剂对左旋体和右旋体的吸附能力不同，因而一对对映体被其吸附的程度也不同，用溶剂洗脱时，某一对映体被优先洗脱下来，另一对映体后被洗脱下来，从而达到分离的目的。

（二）不对称合成法

采用上述外消旋体拆分获得单一光学异构体的方法既烦琐，又不经济。因为拆分后，另一个异构体如果没有使用价值的话，则合成的效率至少要降低 50%。通过**不对称合成**（asymmetric synthesis）的方法可只获得或主要获得所需要的光学异构体，这是一种既经济有效又合理的合成方法，是有机合成发展的一个重要方面。不对称合成又可分为化学计量的不对称合成反应和催化不对称合成反应两种，其中催化不对称合成反应的效率更高。

20 世纪有机化学的发展中，重要的突破之一是不对称催化反应的成功研究，它作为手性技术应用于合成工业，尤其是涉及人类健康的手性药物工业，受到国际社会的普遍关注，使得不对称催化领域的研究迅速发展。日本名古屋大学野依良治教授于 1974 年开始进行手性过渡金属氢化催化剂的研究工作，用了 6 年时间，到 1980 年才发表了第一篇有关这方面的研究论文，并于 1984 年打通了人工合成(−)-薄荷醇的路线。1986 年他又用钌催化剂代替铑催化剂，成功地应用于一些药物和中间体的制备。后来，他又将应用范围从烯烃扩展到酮羰基的不对称氢化反应。由于在不对称催化反应研究方面的贡献，野依良治获得 2001 年度诺贝尔化学奖。

第四节　化学反应中的立体化学

化学反应中的立体化学部分是一个难点，在遇到一个化学反应立体化学问题时，要考虑该反应涉及的反应物的种类、反应类型，以及反应机制等，需要全面考虑，才能写出正确的反应产物。

一、烷烃的自由基取代得到外消旋产物

以正丁烷氯代反应为例。正丁烷发生氯代反应生成等量的 R-2-氯丁烷和 S-2-氯丁烷，为一对外消旋体。

$$CH_3CH_2CH_2CH_3 + Cl_2 \longrightarrow CH_3CHClCH_2CH_3 + HCl$$

原因在于烷基碳原子自由基为 sp^2 杂化，3 个 sp^2 杂化轨道与 3 个氢原子的 1s 轨道形成的 3 个 C—H，C—C(CH_3)、C—C(C_2H_5)σ 键处于同一平面，未成对的单电子处于未参与杂化的 p 轨道中，且垂直于该平面。氯自由基从 p 轨道的上方和下方进攻碳自由基的概率相等，所以生成等量的一对对映体，为外消旋体。

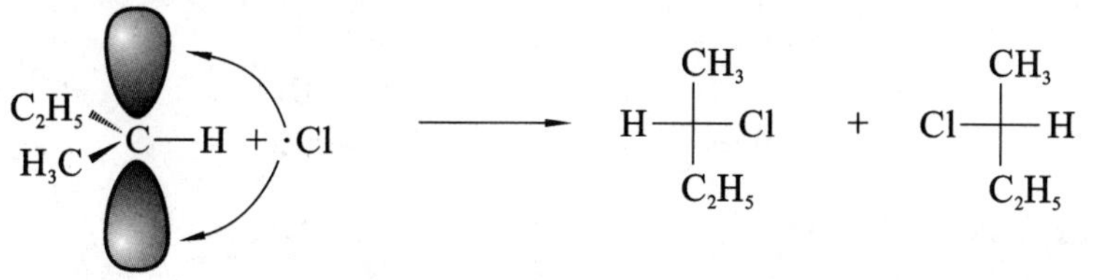

二、烯烃

（一）烯烃的亲电加成反应

1. 环戊烯与溴的加成反应　环戊烯与溴发生加成反应生成反式加成产物。

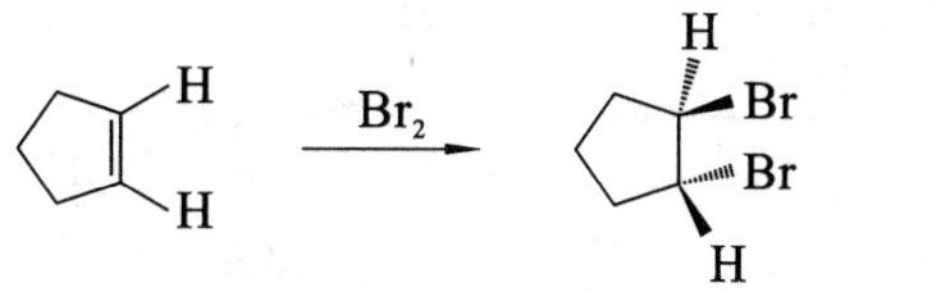

环戊烯　　　　反-1, 2-二溴环戊烷

反式立体化学是由溴鎓离子机制引起的，当亲核试剂进攻溴鎓离子时，它必须从背面进攻，与 S_N2 取代反应的方式类似。这种背面进攻证实了加成反应属于反式立体化学。

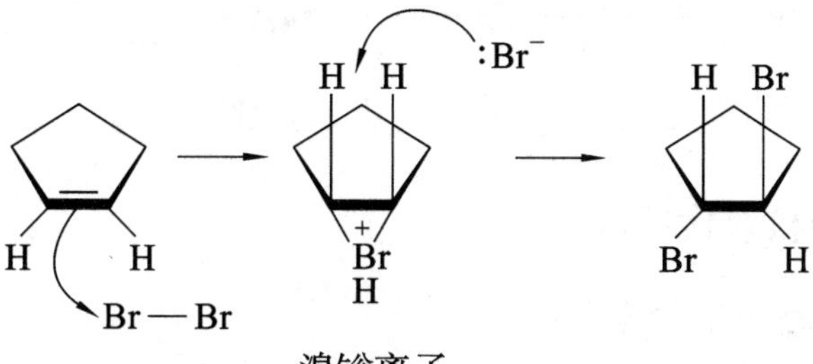

溴鎓离子

2. 卤代醇的形成　卤代醇是卤素在相邻的碳原子上的醇。在水的存在下，卤素和烯烃加成生成卤代醇。卤素和烯烃加成得到具有亲电性的卤鎓离子，水作为亲核试剂进攻卤鎓离子形成卤代醇。卤代醇反应机制如下：

第一步：溴鎓离子的形成

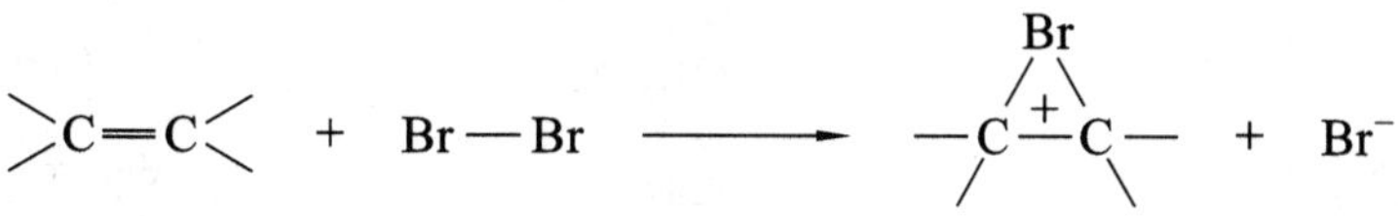

$$\rangle C=C\langle \ + \ Br-Br \longrightarrow -\overset{}{\underset{}{C}}\overset{+}{C}- \ + \ Br^-$$

第二步：水打开溴鎓离子，脱去质子得到卤代醇

NOTE

141

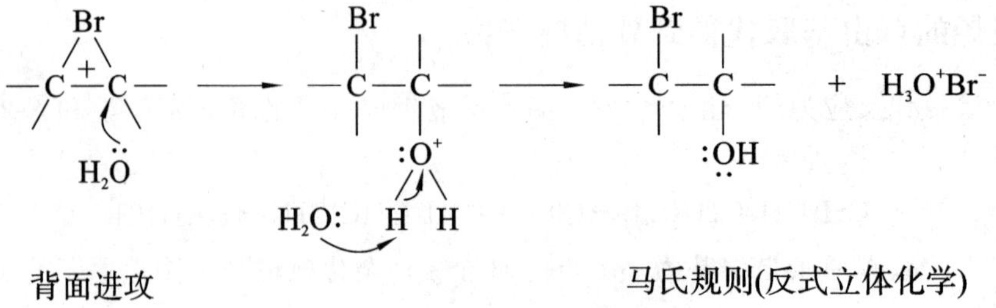

背面进攻   马氏规则(反式立体化学)

例如,溴水和环戊烯发生加成反应得到反-2-溴环戊醇。

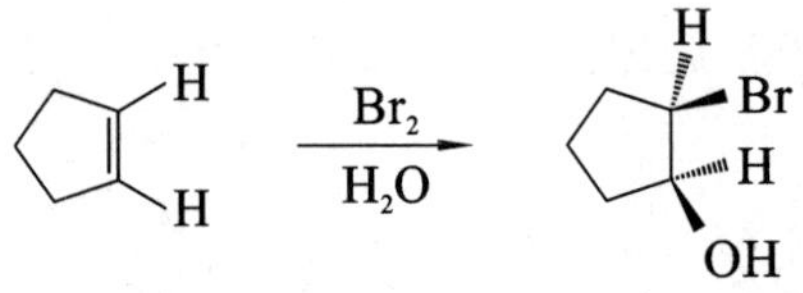

环戊烯   反-2-溴环戊醇

（二）烯烃的环氧化反应

环氧化物是一种三元环醚。烯烃通过过氧酸转化为环氧化物,由于环氧化反应是一步进行的,烯烃分子没有机会旋转和改变其顺式或反式结构,所以环氧化物保持了烯烃原有的立体结构。例如,丁-2-烯和间氯过氧化苯甲酸的反应:

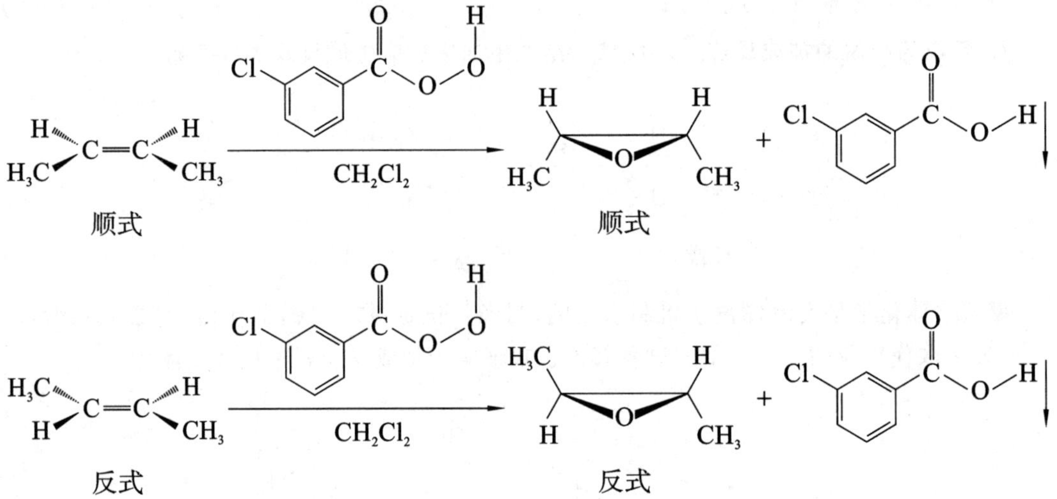

顺式   顺式

反式   反式

三、卤代烃的亲核取代反应

（一）S_N2 反应的立体化学

S_N2 反应按双分子历程进行,亲核试剂从离去基团的背面进攻中心碳原子。在反应中手性碳原子的构型发生了翻转,即反应的构型与原来化合物的相反。以 R-2-溴丁烷的水解为例:

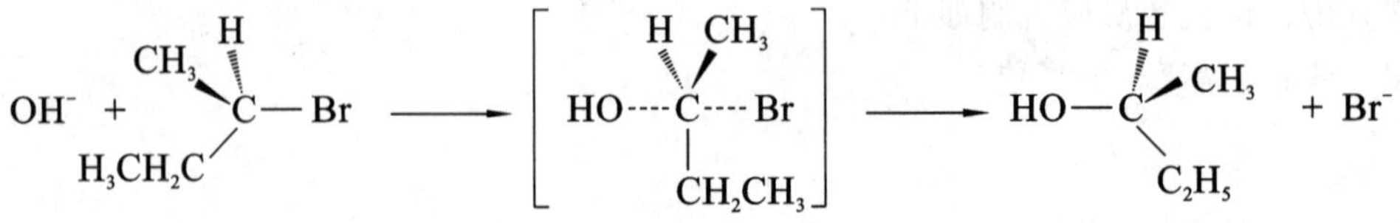

R-2-溴丁烷   过渡态 S-2-丁醇

在反应过程中,由于亲核试剂 OH^- 受带部分负电荷的溴原子的排斥作用,只能从溴原子的背面,且沿 C—Br 键的轴线进攻 α-C 原子。随着 OH⁻ 向中心碳原子的靠近,C—O 键逐渐生成,C—Br 键逐渐减弱,到达过渡态时,此时 O、C、Br 原子在同一直线上,体系能量达到最大值。随着 OH⁻ 继续接近碳原子,溴远离碳原子。最后,OH⁻ 和碳原子形成 O—C 键而生成 2-丁醇,溴则以负离子形式离去。产物 2-丁醇中甲基在水解过程中完全翻转到羟基的另一侧,即溴原子一侧,中心碳原子构型发生翻转,即由 R-2-溴丁烷变成了 S-2-丁醇。

(二)S_N1 反应的立体化学

S_N1 反应没有立体选择性,因为 S_N1 反应机制中,碳正离子中间体发生 sp^2 杂化,3 个杂化轨道形成的键在一个平面上,是平面结构,亲核试剂可以从任何一面进攻碳正离子。例如 S-3,5-二甲基戊烷在乙醇里的 S_N1 溶剂化作用。亲核试剂从平面的碳正离子的两面进攻概率相同,得到产物是一对对映异构体。

本章小结

练习题答案

主要内容	学习要点
概念	偏振光;偏振面;旋光性;旋光度;手性;手性碳;手性分子;对称面;手性中心;内消旋体和外消旋体
比旋光度	$[\alpha]_\lambda^t = \dfrac{\alpha}{c \times l}$
费歇尔投影式	投影原则:"横前竖后" 转换原则: ①在纸平面内旋转 90° 的奇数倍,构型改变;旋转偶数倍,构型不变;离开纸平面翻转 180° 及其整数倍,分子的构型发生变化 ②"奇"变"偶"不变 ③固定一个基团,其余三个基团"轮转",构型保持不变
D/L 命名法	D-甘油醛作为标准物,人为规定羟基在碳链右边者为 D 型,羟基在左边者为 L 型
R/S 命名法	①最小基团在竖线,顺时针为 R 构型,逆时针为 S 构型 ②最小基团在横线,顺时针为 S 构型,逆时针为 R 构型
对称因素	对称面(σ)和对称中心(i)。一个分子如果有对称面或对称中心,就没有手性
对映体	彼此成镜像对映关系,又不能重叠的一对异构体
非对映体	互相不成镜像对映关系的立体异构体
外消旋体	等量的一对对映体组成的混合物,没有旋光性
内消旋体	由于分子内含有相同的手性碳原子,分子内部的旋光性相互抵消,使得整个分子不显旋光性的化合物,是一种纯物质

NOTE

目标检测

一、选择题。

1. 下列哪种物质在构型上和 $\begin{matrix} COOH \\ H\!-\!\!\!-\!OH \\ CH_3 \end{matrix}$ 是同一种物质？（　　）

A. $\begin{matrix} CH_3 \\ H\!-\!\!\!-\!OH \\ COOH \end{matrix}$　　B. $\begin{matrix} COOH \\ HO\!-\!\!\!-\!H \\ CH_3 \end{matrix}$　　C. $\begin{matrix} OH \\ HOOC\!-\!\!\!-\!H \\ CH_3 \end{matrix}$　　D. $\begin{matrix} COOH \\ H\!-\!\!\!-\!CH_3 \\ OH \end{matrix}$

2. 下列哪种物质不是手性化合物？（　　）

A. $CH_3CH_2CHClCH_3$　　　　　　　　B. $CH_3CH_2CH(OH)CH_3$

C. 苯环-$CHOHCH_2CH_3$　　　　D. 环戊烯-$\begin{matrix} CH_2Cl \\ CH_3 \end{matrix}$

二、解释下列术语。

1. 手性分子　　2. 手性碳原子　　3. 对映异构体

4. 旋光性　　　5. 内消旋体　　　6. 外消旋体

三、指出下列分子中每个手性碳原子，用"＊"标出。

(1) $CH_3CHClCHO$

(2) $CH_3CH_2CH(OH)CH_3$

(3) $CH_3CH_2CH(CH_3)CH\!=\!CH_2$

(4) $H_2NCH_2CH(OH)COOH$

(5) $HOOCCH(OH)CH(OH)COOH$

四、写出下列化合物的 Fischer 投影式。

1. S-丁-2-醇

2. R-3-甲基戊-1-烯

3. S-2,3-二羟基丙醛

五、判断下列化合物哪些是同一物质，哪些是对映体。

$\begin{matrix} COOH \\ H\!-\!\!\!-\!Cl \\ CH_2OH \end{matrix}$　　$\begin{matrix} COOH \\ Cl\!-\!\!\!-\!H \\ CH_2OH \end{matrix}$　　$\begin{matrix} COOH \\ H\!-\!\!\!-\!CH_2OH \\ Cl \end{matrix}$　　$\begin{matrix} Cl \\ HOOC\!-\!\!\!-\!H \\ CH_2OH \end{matrix}$

　　(a)　　　　　　(b)　　　　　　(c)　　　　　　(d)

六、用 R/S 构型标记法表示下列化合物。

$\begin{matrix} CHO \\ H\!-\!\!\!-\!OH \\ CH_2OH \end{matrix}$　　$\begin{matrix} CHO \\ CH_3\!-\!\!\!-\!OH \\ CH_2OH \end{matrix}$　　$\begin{matrix} CH_2OH \\ H\!-\!\!\!-\!Cl \\ Cl\!-\!\!\!-\!H \\ CH_2OH \end{matrix}$　　$\begin{matrix} C_2H_5 \\ H\overset{\textstyle C}{-}CH_3 \\ Cl \end{matrix}$

　　(1)　　　　　(2)　　　　　(3)　　　　　(4)

七、下列化合物哪些存在内消旋体？

1. 2,3-二羟基丁酸

2. 酒石酸

3. 2,3-二溴戊烷

参 考 文 献

[1]　陆涛.有机化学[M].8 版.北京:人民卫生出版社,2017.

[2]　魏俊杰,刘晓冬.有机化学[M].2 版.北京:高等教育出版社,2010.

[3]　侯小娟.有机化学[M].武汉:华中科技大学出版社,2018.

（郝红英）

第八章　芳　香　烃

学习目标

1. 掌握：芳香烃的命名；芳香性的定义；休克尔规则；苯的亲电取代反应；取代基对苯环亲电取代反应的影响及其定位效应；萘的结构和性质。

2. 熟悉：芳香烃的分类；苯的结构；苯的共振理论；苯的亲电取代反应机制；苯的侧链反应。

3. 了解：苯及其同系的物理性质；蒽和菲的结构和性质。

芳香烃（aromatic hydrocarbon 或 arene）简称芳烃，通常是指含有苯环的碳氢化合物。在有机化学发展初期，人们从天然的树脂和香精油等中提取出一些具有芳香气味的物质，它们大多含有苯环结构。为了与脂肪族化合物相区别，把此类化合物称为**芳香族化合物**（aromatic compounds）。后来发现，许多含有苯环结构的化合物并不都具有芳香味，有的甚至还有难闻的气味，"芳香"二字只是历史的沿用而已。芳香族化合物具有独特的化学性质——**芳香性**（aromaticity）。因此，芳香族化合物的现代概念是基于它们的结构和性质来定义的，主要指苯及其衍生物，以及结构中不含苯环，但却具有芳香性的非苯型芳香族化合物，如杂环化合物等（详见本书第十四章）。

本章主要介绍苯的结构、芳香族化合物的亲电取代反应及其定位效应，以及苯环侧链的氧化和自由基取代反应。熟悉萘、蒽、菲的结构，了解休克尔规则和非苯型芳香烃的芳香性。

案例导入

芳香烃是有机化学工业中最基本的原料。药物、炸药、染料等绝大多数是由芳香烃合成的。随着煤、石油等在工业生产、交通运输以及生活中的广泛应用，多环芳香烃（polycyclic aromatic hydrocarbons，PAHs）已经成为世界各国共同关注的有机污染物。PAHs 广泛分布于大气、水体、植被和土壤等环境中，迄今已发现有 200 多种 PAHs，其中有相当一部分具有致癌性。多环芳香烃通过呼吸道、皮肤、消化道进入人体，极大地威胁着人类的健康。为了减少多环芳香烃的污染，一方面用政策法规来限制多环芳香烃的排放，另一方面采用生物或化学的方法来处理已经造成污染的多环芳香烃。

思考：

（1）什么是多环芳香烃？

（2）多环芳香烃可由哪些途径进入人体？

（3）多环芳香烃如何影响人类健康？

第一节 芳香烃的分类和命名

一、芳香烃的分类

根据分子中是否含有苯环,芳香烃可分为苯型芳香烃(benzenoid aromatic hydrocarbon)和非苯型芳香烃(non-benzenoid aromatic hydrocarbon)两类。

(一)苯型芳香烃

根据分子结构中所含苯环的数目和连接方式的不同,苯型芳香烃可分为单环芳香烃和多环芳香烃。

1. 单环芳香烃 单环芳香烃是分子中含有一个苯环的芳香烃,包括苯、苯的同系物和苯基取代的不饱和烃。例如:

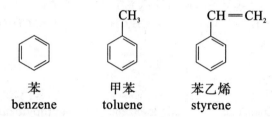

苯　　　　　甲苯　　　　　苯乙烯
benzene　　　toluene　　　styrene

2. 多环芳香烃 分子中含有一个以上苯环的化合物称为多环芳香烃。按照苯环间的连接方式可以分为稠环芳香烃、联环芳香烃、多苯代脂肪烃和富勒烯等系列。

1) 稠环芳香烃 两个或两个以上苯环彼此共用两个相邻的碳原子连接起来的多环芳香烃称为稠环芳香烃。这类化合物有自己特殊的编号方法和名称。例如:

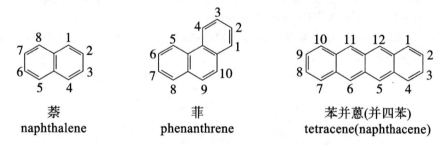

萘　　　　　　　　菲　　　　　　　苯并蒽(并四苯)
naphthalene　　　phenanthrene　　tetracene(naphthacene)

2) 联环芳香烃 苯环之间以单键相连的芳香烃。例如:

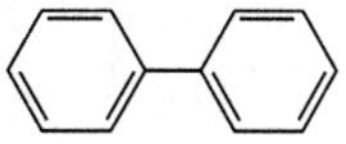

联二苯　　　　　　　　对联三苯
biphenyl　　　　　　　*p*-terphenyl

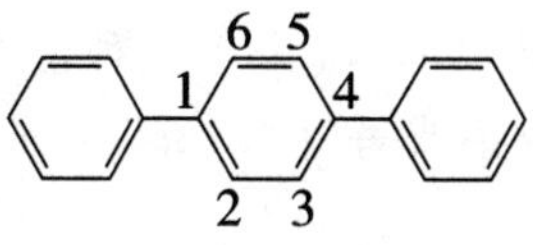

3) 多苯代脂肪烃 这一类化合物可以看作是脂肪烃分子中的氢原子被苯环取代的产物。例如:

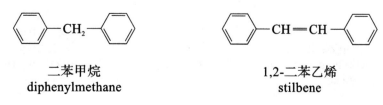

二苯甲烷　　　　　　　　1,2-二苯乙烯
diphenylmethane　　　　　stilbene

NOTE

147

（二）非苯型芳香烃

分子中不含苯环，但具有芳香性的离子或化合物，称为非苯型芳香烃。它们的结构与苯环结构非常类似，也具有芳香性。例如：

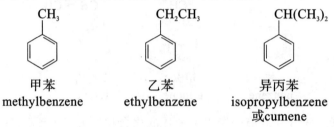

环戊二烯负离子　　　　　　　蒽　　　　　　环庚三烯正离子
cyclopentadienyl　　　　　azulene　　　　tropylium cation

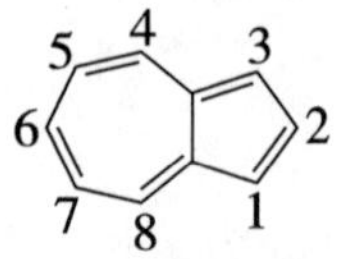

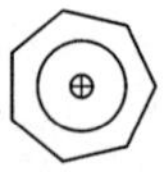

二、芳香烃的命名

（一）苯的同系物和命名

（1）苯分子中的氢原子被烃基取代，形成一烃基苯、二烃基苯和三烃基苯等，称为**苯的同系物**，其通式为 C_nH_{2n-6}。一烷基苯的命名多以苯作母体，例如：

甲苯　　　　　　　　乙苯　　　　　　　　异丙苯
methylbenzene　　　ethylbenzene　　　isopropylbenzene
　　　　　　　　　　　　　　　　　　　或cumene

芳香烃分子中去掉一个氢原子后剩下的基团称为芳烃基（aryl group），常用"Ar—"表示。常见的芳烃基有苯基。苯基（ ⬡— 或 C_6H_5—）是苯分子去掉一个氢原子后剩下的基团，可用 Ph—（phenyl 的前两个字母）表示，甲苯分子中的甲基上去掉一个氢原子后剩余的基团称为苯甲基（$C_6H_5CH_2$—），又称苄基（benzyl group）。

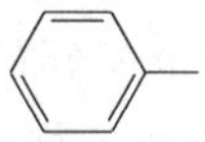

当苯环上连有不饱和的基团或多个碳原子的烷基时，通常把苯环作为取代基，苯环以外的部分作为母体，例如：

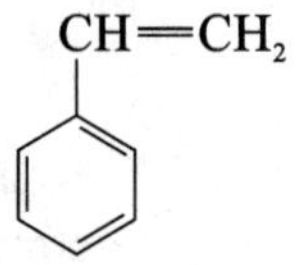

苯乙烯　　　　　　　　　苯乙炔
styrene　　　　　　phenylacetylene

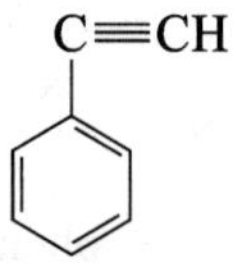

（2）有两个相同取代基时，会产生三种位置异构体。命名时需要标明取代基在苯环上的位置，位置可用阿拉伯数字或者字头"邻"（*o*-或 *ortho*-）、"间"（*m*-或 *meta*-）、"对"（*p*-或 *para*-）表示。例如：

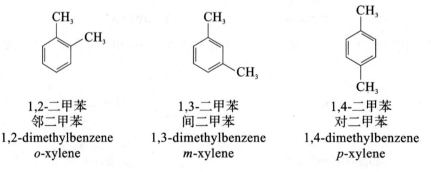

1,2-二甲苯　　　　　　　1,3-二甲苯　　　　　　1,4-二甲苯
邻二甲苯　　　　　　　　间二甲苯　　　　　　　对二甲苯
1,2-dimethylbenzene　1,3-dimethylbenzene　1,4-dimethylbenzene
o-xylene　　　　　　　*m*-xylene　　　　　　*p*-xylene

（3）有三个相同取代基时,同样也有三种位置异构体。命名时,用阿拉伯数字标明取代基的位置或者用字头"连"（英文用"vicinal",简写"vic"）、"偏"（英文用"unsymmetrical",简写"unsym"）、"均"（英文用"symmetrical",简写"sym"）表示。例如：

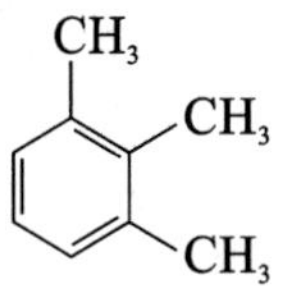

1,2,3-三甲苯
连三甲苯
1,2,3-trimethylbenzene
vic-trimethylbenzene

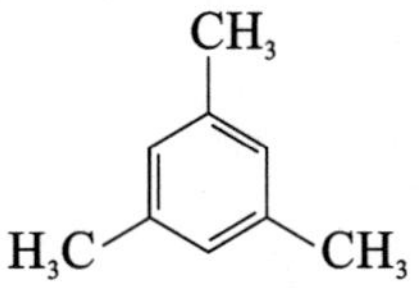

1,3,5-三甲苯
均三甲苯
1,3,5-trimethylbenzene
sym-trimethylbenzene

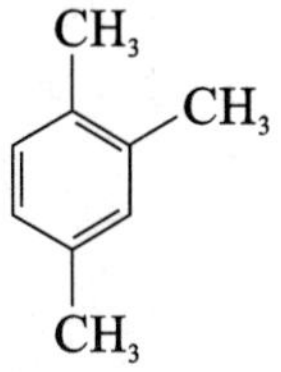

1,2,4-三甲苯
偏三甲苯
1,2,4-trimethylbenzene
unsym-trimethylbenzene

此外,IUPAC 命名原则规定:甲苯、邻二甲苯、异丙苯和苯乙烯等少数几个芳烃也可作母体来命名。例如：

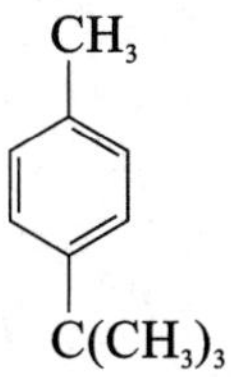

对叔丁基甲苯
p-tert-butylmethylbenzene

当两个取代基相同时,则作为苯的衍生物来命名。例如：

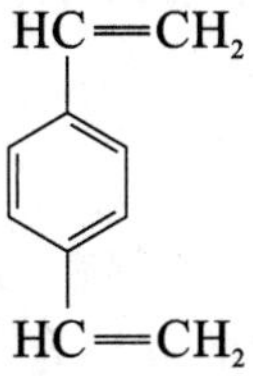

1,4-二乙烯基苯
1,4-divinylbenzene
1,4-diethenylbenzene
p-vinylstyrene

练习题 8-1 命名下列化合物。

（1）

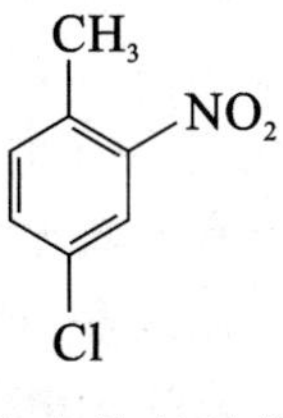

（2）

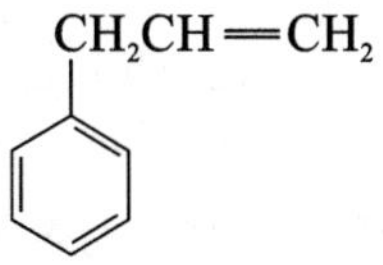

练习题 8-2 写出下列化合物的结构简式。
（1）对叔丁基甲苯 （2）间氯苯乙炔

第二节 苯的结构和稳定性

一、苯的结构

（一）苯的凯库勒结构式

苯的分子式是 C_6H_6,分子中碳原子与氢原子的比例为 1:1,是高度不饱和的烃。但事实上,苯的结构非常稳定,与卤素和氢在一般情况下不易发生加成反应,也不易被高锰酸钾氧化,

 NOTE

却容易发生亲电取代反应。在加压条件下,苯发生氢化反应可生成环己烷,说明苯具有六元碳环的结构。苯的一取代物只有一种,说明苯环上 6 个碳原子和 6 个氢原子的化学环境完全等同。19 世纪中期德国化学家凯库勒(A. Kekulé)提出了苯的环状结构,认为苯的结构是一个对称的六元碳环,碳与碳之间以单、双键相间隔的方式结合,每个碳原子上都连有一个氢原子,这个结构式称为苯的凯库勒式,书写如下:

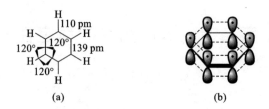

苯的凯库勒结构式说明了苯分子的组成及原子间的连接次序,但无法解释以下事实:苯分子中有 3 个 C═C 双键,许多化学反应预测为加成反应,但实际苯异常稳定,几乎全是取代反应,不易加成和氧化;苯的物理性质(如氢化焓)也明显低于凯库勒结构式预想的值;此外,按照苯的凯库勒式,苯的邻位二元取代物应有下列两种异构体,但实际上只有一种。

虽然我们至今仍然使用凯库勒式来表示苯,但必须了解苯分子中并不存在单、双键间隔的体系。因此,苯的凯库勒式不能完全正确反应苯的真实结构。

（二）苯分子结构的现代解释

近代物理方法证明,苯分子的 6 个碳原子和 6 个氢原子都在同一平面上,6 个碳原子构成正六边形,碳碳键的键长完全相等,均为 139 pm,碳氢键的键长为 110 pm,所有键角均为 120°(如图 8-1(a)所示)。

杂化轨道理论认为:苯分子的 6 个碳原子都是 sp^2 杂化,每个碳原子用一个 sp^2 杂化轨道互相头碰头重叠形成 C—C σ 键,构成正六边形,碳原子用另一个 sp^2 杂化轨道与氢原子的 1s 轨道头碰头重叠形成 6 个 C—H σ 键,6 个氢原子也处于碳原子的同一平面上。每个碳原子未参与杂化的 p 轨道垂直于分子平面且相互平行,因此所有 p 轨道之间都可以相互重叠,同时,分子中碳架是闭合的,这就形成了一个闭合的环状的共轭体系,即"大 π 键",每个 p 轨道上有一个 p 电子,6 个 p 电子离域,均匀分布在 6 个碳上,形成的 π 电子云对称地分布在环平面的上方和下方(图 8-1(b))。由于 π 电子离域在闭合环体系中,电子云密度平均化,环上没有单键和双键的区别,键长均为 139 pm。

图 8-1　苯分子的环状结构和 π 电子云分布

二、共振杂化式

为了解决经典结构式表达复杂电子离域体系的矛盾,美国化学家鲍林(L. Pauling)在价键理论的基础上提出了**共振论**(resonance theory)。其基本要点如下:电子离域体系的分子、离子或自由基不能用一个经典结构式(Lewis 式)表示清楚,而需用几个可能的原子核位置不变、只是电子位置变化的 Lewis 式来表示,这些 Lewis 结构式称为共振式或共振极限式。实际上分子、离子或自由基是共振式的**共振杂化体**(resonance hybrid)。共振杂化体表达了成键的电子离域于整个分子、离子或自由基中,因此能比较全面地解释化合物的性质。

例如,硝基甲烷的结构可以用下列两个共振式或共振杂化体表示。

两个共振体　　　　　　　　　　　共振杂化体

双箭头"↔"是共振符号,连接共振式,表示共振式的共振或叠加,合起来表示共振杂化体。弯箭头"↷"表示电子对转移。

一般情况下,能级相等或近似的共振式越多,电子离域程度越大,这个体系的内能越低,越稳定。每个共振式对共振杂化体的贡献不是均等的,越稳定的共振式其贡献越大,相同的共振式对共振杂化体的贡献相等。

苯结构的书写方法,除仍沿用凯库勒式外,还采用正六边形中心加一个圆圈表示,圆圈代表苯分子中的大 π 键。

苯的结构也可以用两个凯库勒式的共振杂化体表示。

第三节　芳香性和休克尔规则

一、休克尔规则

苯的结构已经说明,在苯环中不存在一般的碳碳双键,所以它不具有烯烃的典型性质。由于在结构上形成环状的闭合共轭体系,π 电子高度离域,使苯环相当稳定,不易被氧化,不易进行加成,而容易发生取代反应,这些是芳香族化合物共有的特性,常把它叫作"**芳香性**"。

通过对大量环状化合物的芳香性的研究,德国化学家休克尔(E. Hückel)提出了判断化合物是否具有芳香性的**休克尔规则**(Hückel's rule)。按此规则,芳香性分子必须具备以下三个条件:①分子必须是环状平面的,即 p 轨道必须大致平行并能够相互作用形成共轭体系;②通常构成环状的原子均为 sp^2 杂化,且能形成一个离域的 π 电子体系,即分子必须有一个连续的 p 原子轨道环,环中不能有 sp^3 杂化的原子中断这种离域的 π 电子体系;③分子在 p 轨道的共轭体系中必须有 $4n+2$ 个电子,即 π 电子数等于 $4n+2$($n=0$ 及 $1,2,\cdots$ 正整数)。休克尔规则也被称为 $4n+2$ 规则。

根据休克尔规则,苯分子具有平面的电子离域体系,离域的大 π 键共有 6 个 π 电子,符合

NOTE

休克尔规则(即 $n=1$),具有芳香性,这与苯的化学性质完全相符。同理,萘($n=2$)、蒽($n=3$)、菲($n=3$)也满足休克尔规则,也都具有芳香性。但是有一些不具有苯环结构的烃类化合物也具有类似苯环的芳香性,满足休克尔规则,这类化合物称为**非苯型芳香烃**。例如环熳、环戊二烯负离子、薁等。

二、非苯型芳烃的芳香性

(一) 环状正、负离子的芳香性

奇数碳的环状化合物,如果是中性分子,如环戊二烯,必须有一个 sp^3 杂化的碳原子,不可能构成环状共轭体系。但是当它们转化为正离子或负离子时,就有可能构成环状的共轭体系。例如:

环丙烯正离子(a)是具有两个 π 电子的环状结构,符合 $4n+2$($n=0$)规则,是最简单的带电荷的非苯型芳香烃。环戊二烯负离子(c)、环庚三烯正离子(d)均为闭合的环状共轭体系,π电子数为 6,符合 $4n+2$($n=1$)规则,具有芳香性。环辛四烯分子(f)中的原子不在一个平面上,但环辛四烯在四氢呋喃溶液中与金属 K 反应,生成环辛四烯双负离子(g)具有平面结构,有 10 个 π 电子,符合 $4n+2$($n=2$)规则,具有芳香性。

此外,环戊二烯正离子(b)和环庚三烯负离子(e)均不符合休克尔规则。

(二) 环熳

环熳(mancude)属大环芳香体系,通常它是碳原子数≥10 的单环共轭多烯烃。命名时以环熳为母体,将环碳原子数置于方括号内,称为某环熳。例如:

[10]环熳   [14]环熳   [18]环熳

它们是否有芳香性,取决于成环的所有碳原子是否在同一平面上,同时 π 电子数必须符合 $4n+2$ 规则,两者缺一不可。[10]环熳的 π 电子数为 10,虽符合休克尔规则,但因环较小,且环内的氢原子又比较集中,产生较强的斥力,而使环上碳原子不能在同一平面上,不能形成闭合共轭体系,无芳香性。[14]环熳的 π 电子数为 14,虽符合休克尔规则,但要构成平面环,必定要有四个氢在环内,使环上碳原子不能在同一平面上,所以无芳香性。而[18]环熳的环较大,环内氢的斥力较小,保证了分子的共平面性,且 π 电子数为 18,符合休克尔规则,因而具有芳香性。

(三) 薁

薁(azulene)又称**蓝烃**,分子式为 $C_{10}H_8$,是由一个五元碳环和七元碳环稠合而成的化合物。它是萘的同分异构体,具有平面结构,成环原子的 π 电子数为 10,符合 $4n+2$ 规则($n=2$),所以具有芳香性,能进行亲电取代反应,如硝化反应和傅-克反应。薁为蓝色固体,熔点为 99 ℃,是香精油的成分,具有明显的抗菌、镇静及镇痛作用。

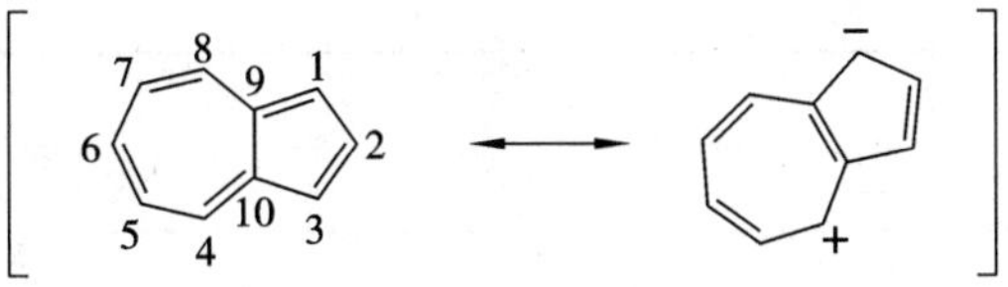

有些杂环化合物,如吡咯、吡啶、咪唑等,在结构上也符合休克尔规则,属于芳香杂环。

练习题 8-3 根据休克尔规则,下列哪些化合物具有芳香性?

(1) 　　　　(2) 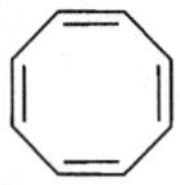　　　　(3) 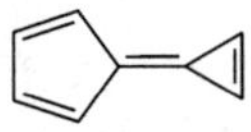　　　　(4) 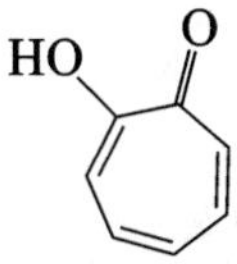 HO

第四节　单环芳香烃的性质

一、单环芳香烃的物理性质

苯及其常见同系物多为有特殊气味的无色液体,不溶于水,易溶于石油醚、四氯化碳、乙醚等有机溶剂。苯、甲苯、二甲苯等液态芳烃是常用的有机溶剂。单环芳烃的相对密度小于1,但比同碳数的脂肪烃和脂环烃大,一般为 0.8～0.9。单环芳香烃的沸点与其相对分子质量有关,苯的同系物中每增加一个系差"—CH_2—",沸点相应升高 20～30 ℃。碳原子数目相同的各种异构体,其沸点相差不大。结构对称的异构体,具有较高的熔点。芳香烃燃烧时产生带黑烟的火焰。苯及其同系物有毒,对呼吸道、神经系统和造血器官产生损害。表8-1列出了一些苯及其同系物的物理常数。

表 8-1　一些常见芳香烃的物理常数

名称	结构式	熔点/℃	沸点/℃	密度/ 10^3 kg·m^{-3}(20 ℃)
苯		5.5	80.1	0.879
甲苯	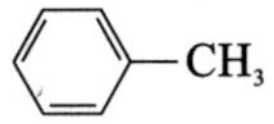 —CH_3	−9.5	110.6	0.867
邻二甲苯	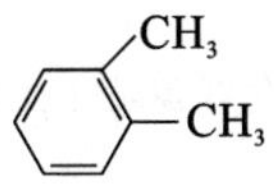 CH_3 CH_3	−25	144.4	0.880
对二甲苯	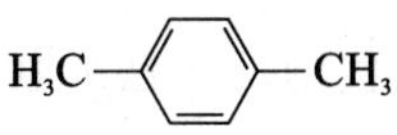 H_3C——CH_3	−13.2	138.4	0.861
间二甲苯	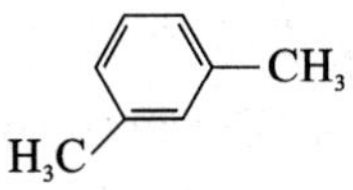 CH_3 H_3C	−47.9	139.1	0.864
乙苯	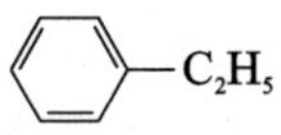 —C_2H_5	−95	136.1	0.867

NOTE

续表

名称	结构式	熔点/℃	沸点/℃	密度/ 10^3 kg·m^{-3}(20 ℃)
连三甲苯	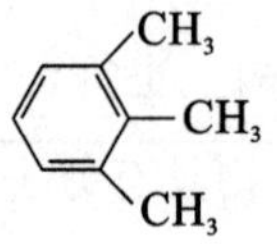	−25.5	176.1	0.894
偏三甲苯	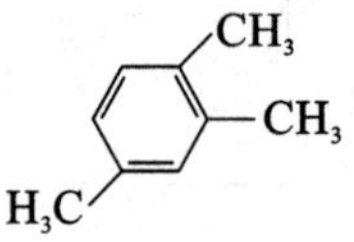	−43.9	169.2	0.876
均三甲苯	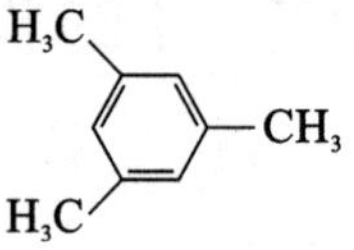	−44.7	164.6	0.865
正丙苯	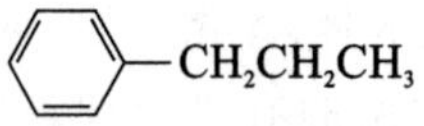 —CH$_2$CH$_2$CH$_3$	−99.6	159.3	0.862
异丙苯	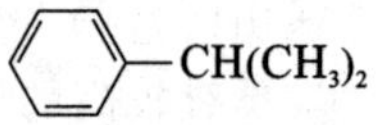 —CH(CH$_3$)$_2$	−96	152.4	0.862

二、单环芳香烃的化学性质

由于苯环是一个稳定的共轭体系,所以其化学性质与不饱和烃显著不同,具有特殊的"芳香性",即一般不易发生加成反应,难氧化,而易发生苯环上氢原子被取代的反应。芳香性是芳香族化合物所共有的特性。单环芳香烃发生化学反应的主要位置如图 8-2 所示。

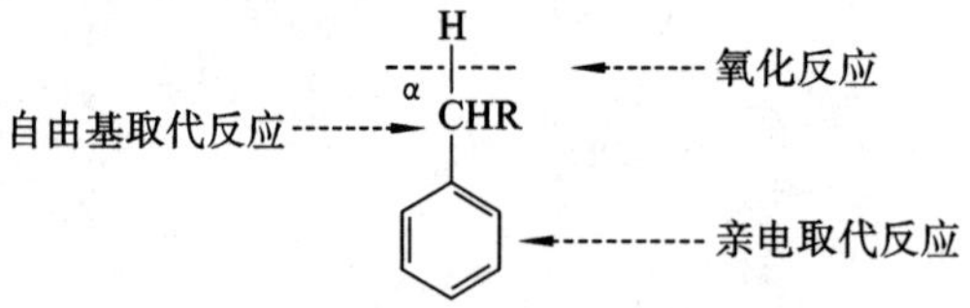

图 8-2　单环芳香烃的主要化学反应位置示意图

(一)苯环的亲电取代反应

1. 亲电取代反应概述　苯环上氢原子被取代的反应是亲电取代反应,反应中苯环的 π 电子提供电子给亲电试剂,反应机制如下。

第一步,在催化剂作用下,亲电试剂 E$^+$ 进攻苯环,和苯环中的 π 电子形成 π-配合物(π-complex),进而形成非芳香碳正离子中间体——σ-配合物(σ-complex)。此时,这个碳原子由 sp^2 杂化变成 sp^3 杂化,苯环中 6 个碳原子形成的闭合共轭体系被破坏,变成 4 个 π 电子离域在 5 个碳原子上。根据共振论的观点,σ-配合物是三个碳正离子共振结构的杂化共振体。第二步,σ-配合物能量比苯环高,不稳定,很容易从 sp^3 杂化碳原子上失去一个质子,碳原子由

NOTE

154

sp^3 杂化恢复到 sp^2 杂化,再形成 6 个 π 电子离域的闭合共轭体系——苯环,从而使体系能量降低,产物比较稳定,生成取代苯。一般来说,生成 σ-配合物的反应需要较高的活化能,反应较慢,是决定整个反应速率的步骤。

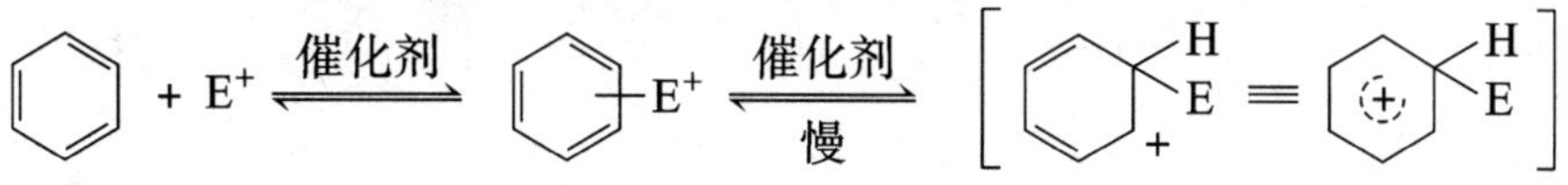

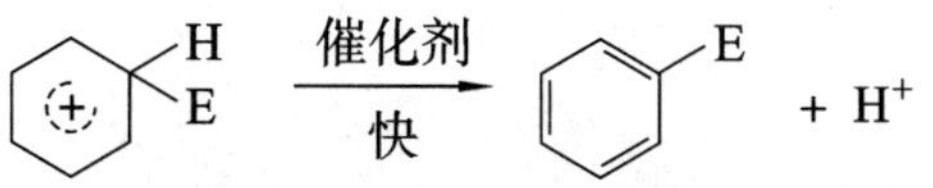

在芳香烃的亲电取代反应中,催化剂的作用多数都是促进亲电试剂 E^+ 的形成。苯环上的 H 原子可以被—X、—NO_2、—SO_3H、—R 等原子或基团所取代,发生相应的卤代反应(halogenation)、硝化反应(nitration)、磺化反应(sulfonation)、烷基化反应(alkylation)等。

2. 各类亲电取代反应及机制

1) 卤代反应 在卤化铁等 Lewis 酸的作用下,苯与卤素作用生成卤代苯的反应称作卤代反应或卤化反应。

苯与卤素在铁粉或三卤化铁等催化下,加热反应,苯环上的氢原子可被溴、氯等卤原子取代,生成相应的卤代苯,并放出卤化氢。例如:

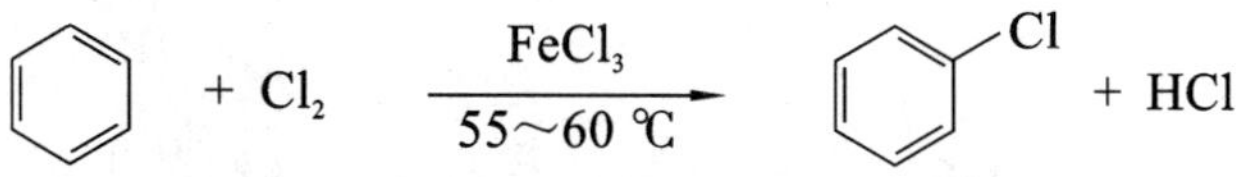

催化剂的作用是使卤素变成强亲电试剂,促进反应。反应中 Cl_2 在 $FeCl_3$ 的作用下极化而离解,产生亲电试剂氯正离子(Cl^+),Cl^+ 进攻苯环形成非芳香碳正离子中间体,此中间体不稳定,易失去一个质子生成氯苯。

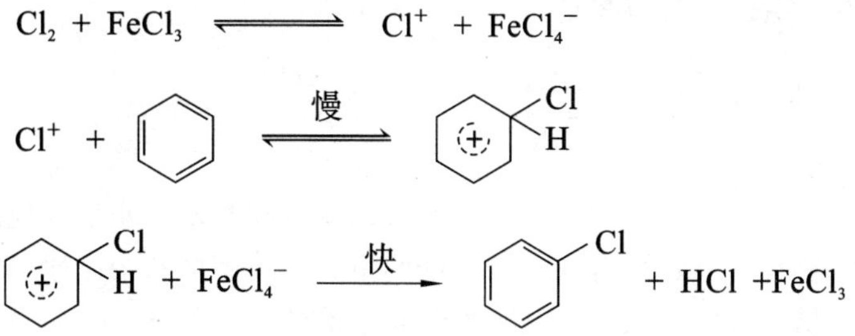

$$Cl_2 + FeCl_3 \Longrightarrow Cl^+ + FeCl_4^-$$

苯与不同的卤素进行卤代反应,卤素的反应活性顺序为 F>Cl>Br>I。苯与氟的反应过于激烈,很难控制。苯与碘的反应是可逆的,平衡偏向苯,因此反应需要氧化剂(如 HNO_3)存在才能顺利进行。

氧化剂的作用有两个:一是产生碘正离子,增强亲电性;二是氧化副产物,使反应向产物方向移动。一般不用卤代反应合成氟代苯和碘代苯。氯的反应活性大于溴,因此溴化产物的选择性比氯高。

2) 硝化反应 苯与浓 HNO_3 和浓 H_2SO_4 的混合物(又称混酸)作用,苯环上的氢原子被硝基取代,生成硝基苯的反应称为硝化反应。

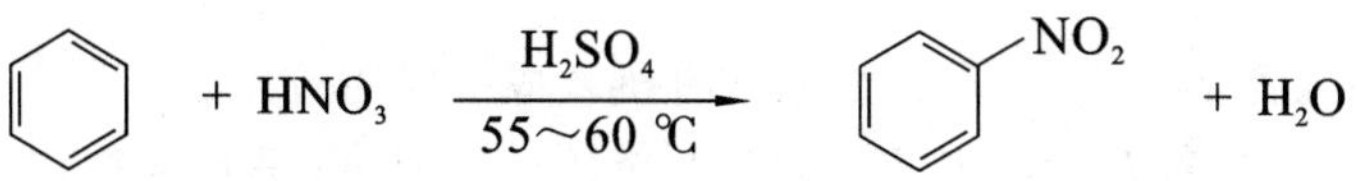

在硝化反应中,浓硫酸既是催化剂,又是脱水剂,它与硝酸作用生成硝酰正离子(NO_2^+),

NOTE

硝酰正离子进攻苯环形成碳正离子中间体 σ-配合物,再失去一个质子生成硝基苯。

$$HNO_3 + 2H_2SO_4 \Longrightarrow NO_2^+ + H_3O^+ + 2HSO_4^-$$

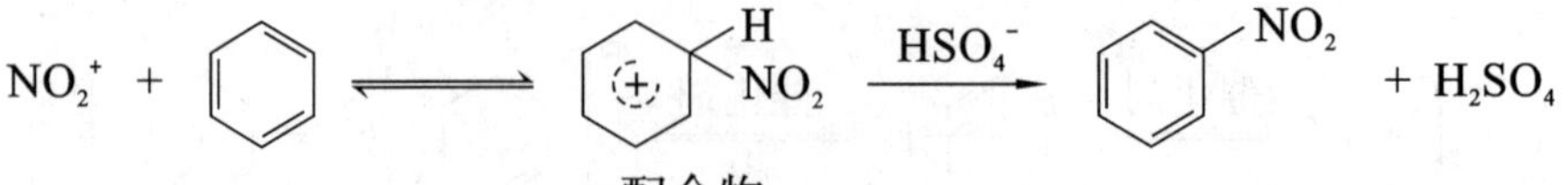

生成的硝基苯在较高的温度下,与过量的"混酸"能够继续发生硝化反应,主要生成间二硝基苯。

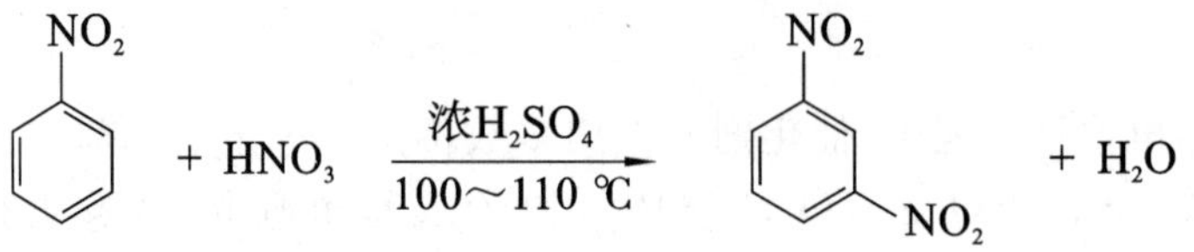

烷基苯在混酸的作用下,也能发生硝化反应,反应比苯容易进行,如甲苯在低于 50 ℃时就可以硝化,主要生成邻硝基甲苯和对硝基甲苯。

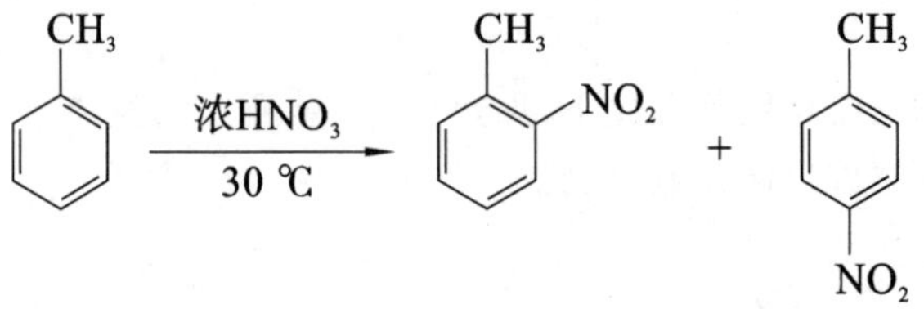

如果硝化产物继续发生硝化反应,则主要产物是 2,4-二硝基甲苯、2,4,6-三硝基甲苯(TNT)。TNT 是一种烈性炸药。

3)磺化反应　在有机化合物分子中引入磺酸基的反应称为磺化反应。苯与浓硫酸一起加热或与发烟硫酸作用,苯环上的氢原子被磺酸基(—SO_3H)取代生成苯磺酸。在磺化反应中,亲电试剂一般是 SO_3。发烟硫酸是 SO_3 与硫酸的混合物。

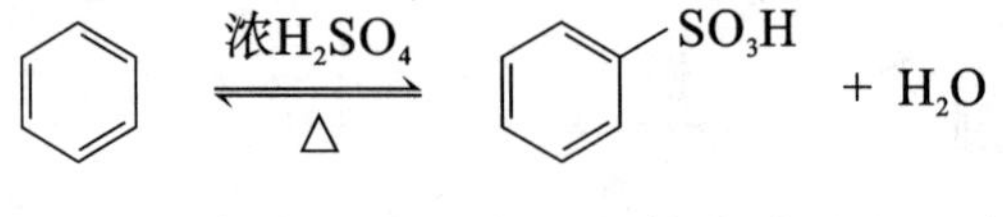

磺化反应是一个可逆反应,反应中生成的水可以使苯磺酸发生水解反应,脱去磺酸基又生成苯。因此用发烟硫酸进行磺化,有利于苯磺酸的生成。苯磺酸易溶于水,某些芳香族类药物的水溶性差,常利用磺化反应引入磺酸基来增强其水溶性。

4)烷基化与酰基化反应(傅-克反应)　在 Lewis 酸作用下,苯与卤代烃、醇和烯烃等反应生成烷基苯,这类反应称为烷基化反应。卤代烃、醇和烯烃等称为烷基化试剂。苯在 Lewis 酸作用下,与酰卤、酸酐等反应,生成酰基苯(芳酮),称为酰基化反应。酰卤、酸酐等称作酰基化试剂。这两类反应是法国有机化学家傅瑞尔德(C. Friedel)和美国化学家克拉夫茨(J. M. Crafts)两人共同发现的,统称为傅瑞德尔-克拉夫茨(Friedel-Crafts)反应,简称傅-克反应。

(1)烷基化反应　苯在无水 $AlCl_3$ 的催化下,能与卤代烷反应生成烷基苯,放出卤化氢。

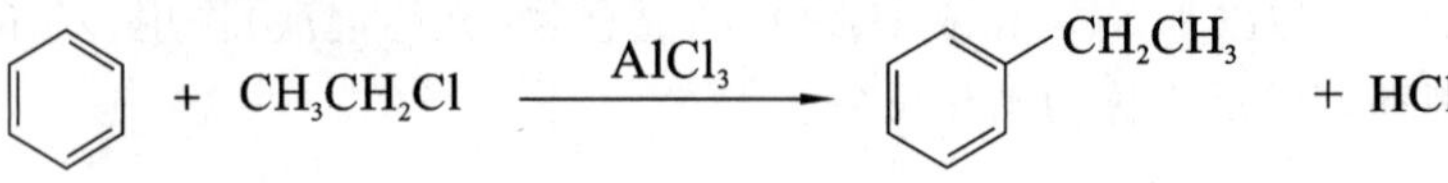

这是苯环上引入侧链重要的方法之一,在有机合成中应用较广。

在烷基化的反应中,若卤代烷中烷基大于两个碳原子时,常得到异构化产物。由于 $AlCl_3$ 的作用是使卤代烷转变成伯碳正离子,若伯碳正离子不稳定,则常重排形成更稳定的仲碳正离

NOTE

156

子或叔碳正离子,下面反应中重排生成的异丙基碳正离子比正丙基碳正离子稳定,所以最后产物异丙苯为主要产物。例如:

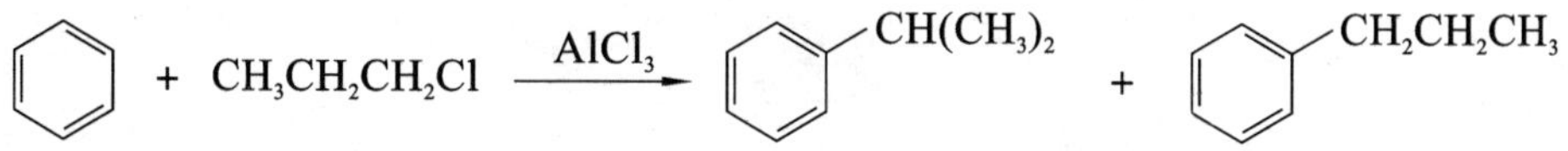

$$\text{苯} + CH_3CH_2CH_2Cl \xrightarrow{AlCl_3} \text{苯}-CH(CH_3)_2 + \text{苯}-CH_2CH_2CH_3$$

异丙苯(70%)　　　　正丙苯(30%)

当苯环上已有—NO$_2$、—SO$_3$H、—COR(酰基)等吸电子基时,由于这些取代基的吸电子作用,使苯环的反应活性降低,Friedel-Crafts 烷基化反应较难进行。

Friedel-Crafts 烷基化反应的特点如下:① 容易发生重排反应,不适合制备长的直链烷基苯,要得到不重排的产物,应使用较弱的催化剂 FeCl$_3$,或在较低的温度下进行,但此时反应较慢。② 反应不易控制在一元取代阶段,常得到一元、二元、多元取代产物的混合物,要得到一元取代物,应使用过量的苯。③ 反应是可逆的,所以经常发生烷基移位,或从一个环转移到另一个环上。

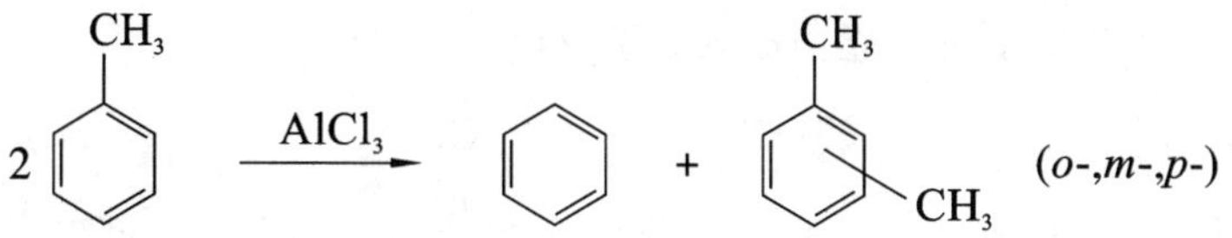

$$2\ \text{甲苯} \xrightarrow{AlCl_3} \text{苯} + \text{二甲苯} \quad (o\text{-},m\text{-},p\text{-})$$

(2)酰基化反应　苯在 Lewis 酸催化下与酰卤反应是制备芳酮的重要方法。常用的酰基化试剂有酰卤、酸酐等。例如:

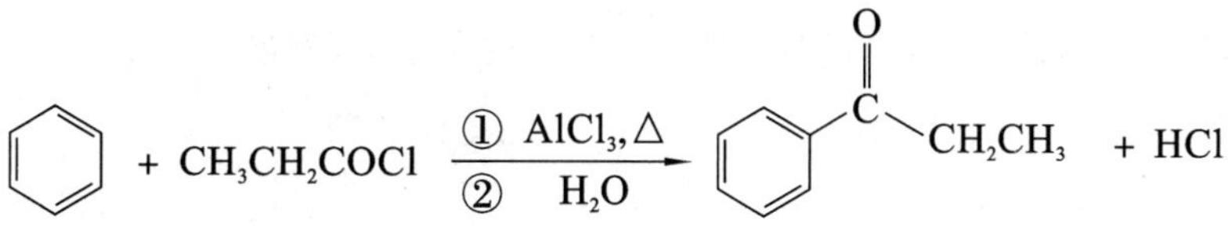

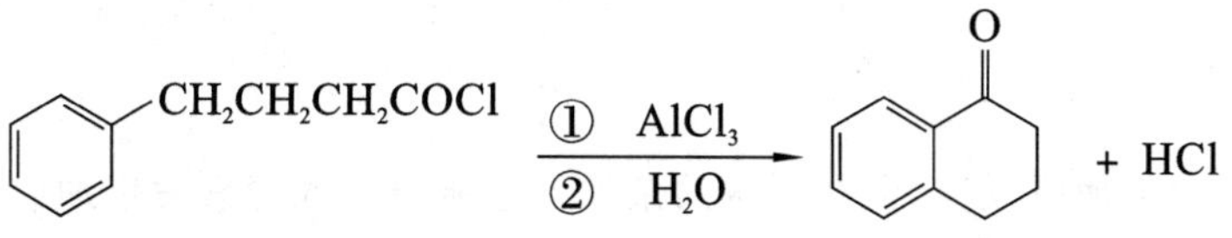

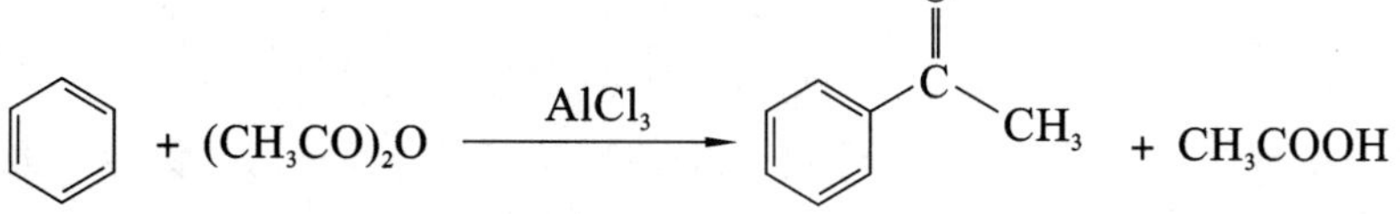

$$\text{苯} + CH_3CH_2COCl \xrightarrow[\textcircled{2}\ H_2O]{\textcircled{1}\ AlCl_3,\triangle} \text{苯}-CO-CH_2CH_3 + HCl$$

$$\text{苯}-CH_2CH_2CH_2COCl \xrightarrow[\textcircled{2}\ H_2O]{\textcircled{1}\ AlCl_3} \text{（四氢萘酮）} + HCl$$

$$\text{苯} + (CH_3CO)_2O \xrightarrow{AlCl_3} \text{苯}-CO-CH_3 + CH_3COOH$$

酰基化反应与烷基化反应不同,酰基化反应不能生成多元酰基取代产物,也不发生酰基异构现象。可利用酰基化不异构的特点,先合成烷基芳酮,再还原羰基成亚甲基,可制取长链正构烷基苯。同样,当苯环上有硝基、磺基等强吸电子取代基时,不能发生傅-克酰基化反应。

(二)烷基苯侧链上的反应

1. 烷基苯的侧链氧化反应　苯环较稳定,难以被常规的强氧化剂,如高锰酸钾,重铬酸钾、浓硫酸、硝酸等氧化。但苯环侧链烷基则可以被氧化。一般无论侧链长短,只要与苯环直接相连的 α-C 上有氢原子,都可以被氧化成苯甲酸。无 α-H 的烷基苯一般不与上述氧化剂反应。例如:

NOTE

（图略：甲苯经 KMnO₄ 氧化生成苯甲酸）

（图略：邻甲乙苯经 KMnO₄ 氧化生成邻苯二甲酸）

（图略：间甲基叔丁基苯经 KMnO₄ 氧化生成间叔丁基苯甲酸）

2. 烷基苯的侧链卤代反应 在光照或加热条件下,烷基苯侧链上的 α-H 能被卤素取代。其反应机制与烷烃卤代反应相同,属于自由基反应机制。例如:在日光照射下,将氯气通入沸腾的甲苯中,甲基上的氢原子可以逐个被氯原子取代。

（图略：甲苯经 $Cl_2/h\nu$ 逐步生成 CH_2Cl、$CHCl_2$、CCl_3）

苯氯甲烷(氯化苄)　苯二氯甲烷　苯三氯甲烷

对于含有多碳烷基的芳烃,卤代时先取代 α-C 上的氢原子,例如:

（图略：乙苯经 $Br_2/h\nu$ 生成 α-溴乙苯 + HBr）

（三）加成反应

单环芳香烃不易发生加成反应,但在特殊的条件下也能与氢或卤素发生加成反应。

1. 加氢 苯在催化剂存在的条件下,加压、高温可加氢生成环己烷。

（图略：苯 $+H_2$，$\dfrac{Pt,180\sim250\ ℃}{\text{或 Ni,加热,加压}}$ 生成环己烷）

苯在液氨中用碱金属和乙醇还原,通过 1,4-加成生成 1,4-环己二烯,这个反应称为伯奇(Birch)反应。

（图略：苯经 $\dfrac{Na/CH_3CH_2OH}{液NH_3}$ 生成 1,4-环己二烯）

（图略：邻二甲苯经 $\dfrac{Na/CH_3CH_2OH}{液NH_3}$ 生成二甲基环己二烯）

2. 加氯 在紫外光照射下,苯与 Cl_2 在 40 ℃ 即可发生加成反应,生成六氯化苯 ($C_6H_6Cl_6$)。

$$\text{苯} + Cl_2 \xrightarrow{\text{紫外光}} \text{六氯环己烷}$$

六氯化苯商品名称"六六六",曾经作为一种有效的杀虫剂大量使用,但由于本身稳定性高,残留毒性大而逐渐被淘汰,现已被禁止使用。

（四）氧化反应

苯环比较稳定,难于氧化。当与苯环直接相连的碳原子上有氢原子(含 α-H)时,不论侧链长短,或侧链上是否连接其他基团(如—CH_2Cl,—$CHCl_2$,—CH_2OH,—CHO,—CH_2NO_2等),都被氧化成苯甲酸,同时高锰酸钾溶液的紫红色褪去。若侧链上不含 α-H,则不能发生氧化反应。这可用于**鉴别含有 α-H 的苯的同系物**。甲苯不会引起白血病是由于甲苯在体内可以被氧化为苯甲酸,从而由尿排出,而苯不含侧链,在体内被氧化为能引起癌变的环氧化合物。

在较高温度及特殊催化剂作用下,苯可被空气中的氧气氧化开环,生成顺丁烯二酸酐。

$$\text{苯} + O_2 \xrightarrow[400\ ℃]{V_2O_5} \text{顺丁烯二酸酐} + CO_2 + H_2O$$

第五节 苯环亲电取代反应的定位规律及其应用

一、定位规律

（一）取代基的两类定位基

当苯环上已有取代基时,若再发生亲电取代反应,苯环上原有的取代基将影响亲电取代反应的活性和第二个基团进入苯环的位置。甲苯比苯容易硝化,主要得到邻位或对位取代产物;而硝基苯比苯难硝化,主要得到间位取代产物。苯环上原有的取代基称为**定位基**(orienting group),定位基的这种作用称为**定位效应**(orienting effect)。

根据定位效应的不同,可将定位基分为邻、对位定位基(*ortho-para* director)和间位定位基(*meta* director)两类。

邻、对位定位基又称为第一类定位基,主要使新引入的基团进入其邻、对位。此类定位基一般使苯环活化(卤素除外),易发生亲电取代反应,故又称为致活基团。其结构特征是与苯环直接相连的原子不含双键或三键,多数含有孤对电子或负电荷。属于这类定位基的有—NR_2、—NHR、—NH_2、—OH、—OR、—$NHCOR$、—$OCOR$、—R、—Ar、—$X(Cl,Br,I)$等。

间位定位基又称为第二类定位基,它使新引入的基团主要进入苯环的间位。此类定位基使苯环较难发生亲电取代反应,故又称为致钝基团。其结构特征是与苯环直接相连的原子一般含有双键或三键或带有正电荷。属于这类定位基的有—$\overset{+}{N}R_3$、—NO_2、—CN、—SO_3H、—CHO、—COR、—$COOH$等。

取代基对苯环亲电取代反应速率的影响及定位效应见表 8-2。

表 8-2　取代基对苯环亲电取代反应速率的影响及定位效应

亲电取代反应速率	定 位 基	定 位 结 果
强致活	—NH₂，—NHR，—NR₂，—OH	邻、对位
中等致活	—NHCOR，—OR，—OCOR	邻、对位
弱致活	—R，—Ar，—CH=CHR	邻、对位
弱致钝	—X	邻、对位
中等致钝	—CHO，—COOH，—COR，—SO₃H，—CN	间位
强致钝	—NO₂，—⁺NR₃，—CF₃，—⁺NH₃	间位

上述两类定位基的定位效应各不相同,在苯环上进行亲电取代反应的位置只取决于原有定位基的种类和性质,而与新进入的取代基的性质无关。总之,能够增大苯环电子云密度的基团使苯环活化,反应比苯容易,取代基进入邻、对位;反之,能降低苯环电子云密度的基团则使苯环钝化,反应比苯难,取代基进入间位(卤素除外)。

（二）定位效应的解释

单取代苯分子中取代基的定位效应与该取代基的诱导效应、共轭效应、超共轭效应等电子效应有关,此外,空间位阻也有一定的影响。

对于第一类定位基,以甲苯为例,甲苯中甲基对苯环有斥电子的＋I 效应,同时甲基的C—H键的 σ 轨道与苯环的大 π 键存在 σ-π 超共轭效应,这两种效应的方向一致,都使 C—H键的 σ 电子云向苯环转移,特别是与甲基直接相连的苯环碳原子的邻位和对位电子云密度相对增加得多些。

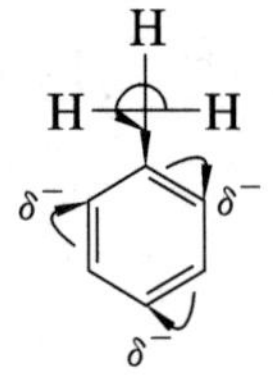

取代基的定位效应,还可以通过反应过程中形成的碳正离子中间体(σ-配合物)的稳定性来解释。甲苯发生亲电取代反应生成的碳正离子中间体的结构如下:(E⁺ 为亲电试剂)

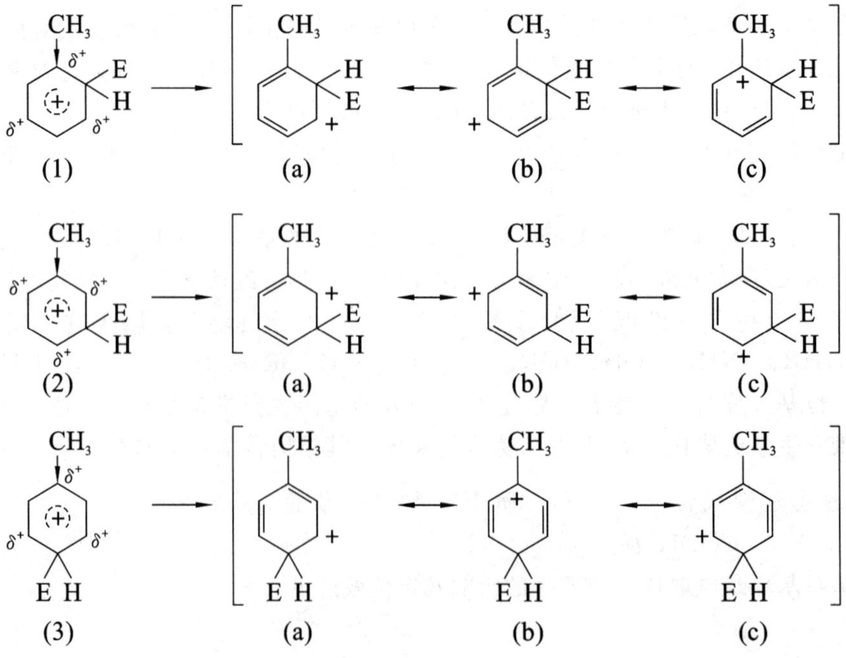

在碳正离子中间体(1)和(3)中,具有供电子效应的甲基直接与共轭体系中带部分正电荷的碳原子相连,使正电荷得到较有效的分散,(1)(c)和(3)(b)的正电荷在给电子基的叔碳上,碳正离子中间体更稳定。而(2)的结构中,正电荷都分布在仲碳上,不具备这种稳定作用,所以甲苯在亲电取代反应中以邻、对位产物为主。

对于第二类定位基,如硝基苯分子中的硝基为吸电子基,具有吸电子的−I效应,同时硝基又具有−C效应,诱导和共轭的方向一致,均使苯环上电子云密度下降,特别是使邻位和对位下降显著,间位相对降低少些,即电子云密度相对稍高一些。因此,亲电取代反应易发生在间位,主要得到间位产物。

硝基苯在发生亲电取代反应中可能形成下列三种碳正离子中间体:

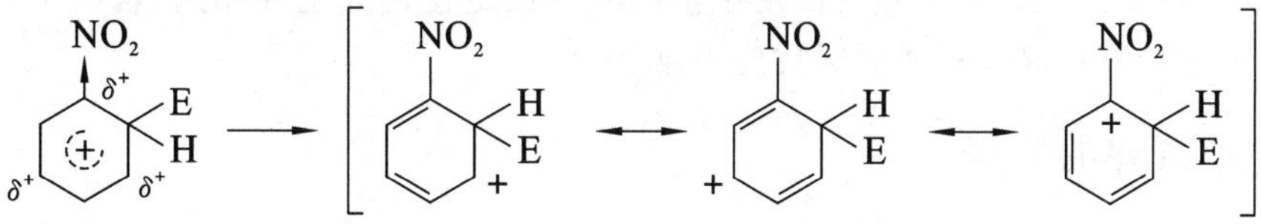

(4)

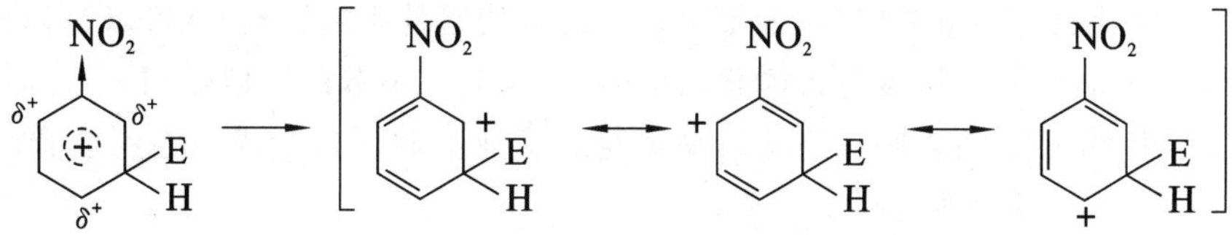

(5)

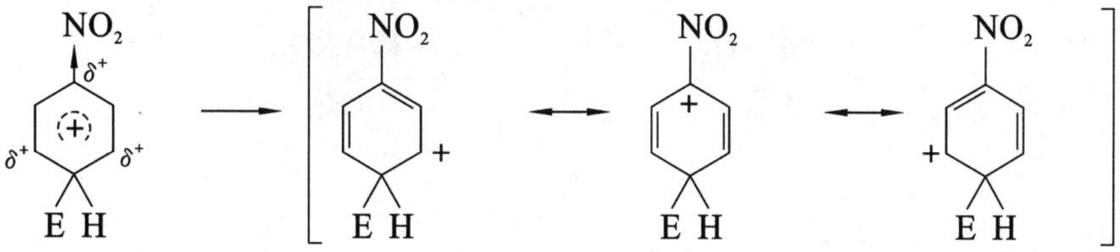

(6)

这三个碳正离子中间体中,(4)和(6)中硝基和带部分正电荷的碳原子直接相连,由于硝基的吸电子作用,正电荷更集中,稳定性差。而在碳正离子中间体(5)中,硝基未与带部分正电荷的碳原子直接相连,正电荷不及(4)和(6)集中,碳正离子(5)的稳定性比(4)和(6)稍高。因此,亲电取代反应的产物以间位为主。

二、二取代苯的定位规律

(1) 若两个取代基都是邻、对位定位基,第三个取代基进入苯环的位置主要取决于定位效应较强的基团。例如:

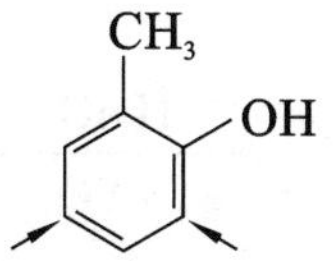

(2) 若已有的两个取代基中,一个是邻、对位定位基,另一个是间位定位基,则主要由邻、对位定位基支配第三个取代基进入苯环的位置。例如:

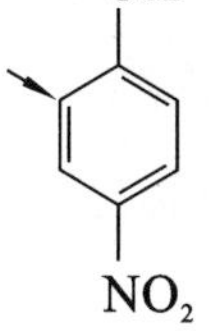

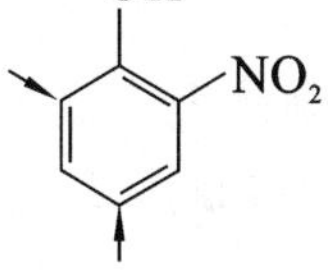

NOTE

（3）取代反应一般不进入1,3-二取代苯的2位（空间位阻效应）。例如：

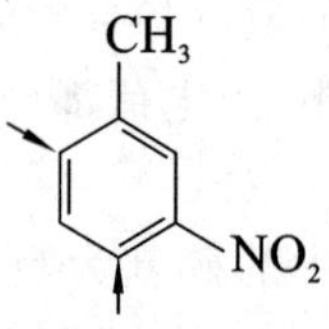

总之，当苯环上有两个取代基，再导入第三个取代基时，新取代基导入位置的确定，可分以下两种情况：当两个取代基定位效应一致时，它们的作用具有加和性。当两个取代基定位方向不一致，若两个都是邻、对位定位基，但是强弱不同，总的定位效应是强的取代基起主导作用；若一个是邻、对位定位基，一个是间位定位基，邻、对位定位基起主导作用；若两个均是间位定位基，二者的定位效应又互相矛盾时反应很难发生。

三、定位规律的应用

（一）预测主产物

当二元取代苯发生亲电取代时，如果综合考虑取代基的影响因素，就可以解释和预测所得的主要产物。例如，三种二甲苯进行磺化反应时，由于间二甲苯的定位作用一致，而邻、对位二甲苯的定位作用不一致，所以间二甲苯最易磺化。工业上利用这个规律控制混合二甲苯不完全磺化、分离和水解，得到纯的间二甲苯。

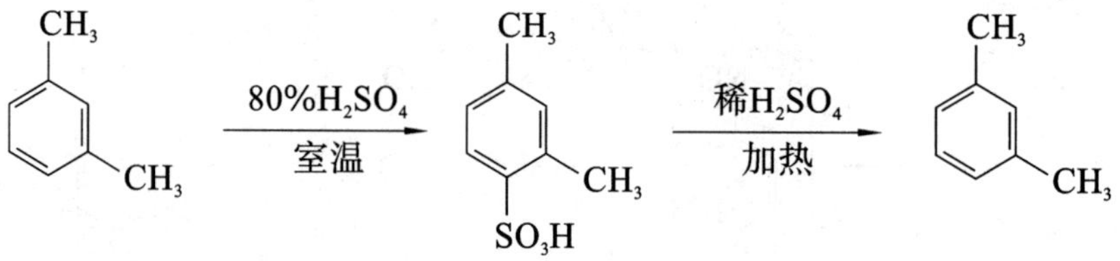

（二）选择合理的合成路线

应用定位效应，可以选择最合理的合成路线，得到预期的产率较高的产物，避免复杂的分离过程。例如，由对硝基甲苯合成2,4-二硝基苯甲酸，其合成路线有如下两条：

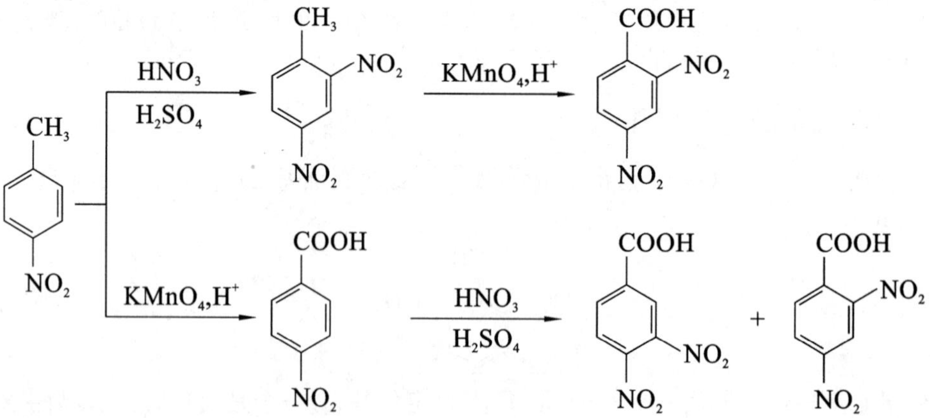

显然第一条合成路线比较合理，可以简化分离步骤，同时硝化反应较第二条路线的硝化反应容易进行。

（三）利用可逆反应控制产物

利用磺化反应的可逆性，可以制备一些用一般方法难以制备的化合物。例如，由苯酚制备邻溴苯酚。

NOTE

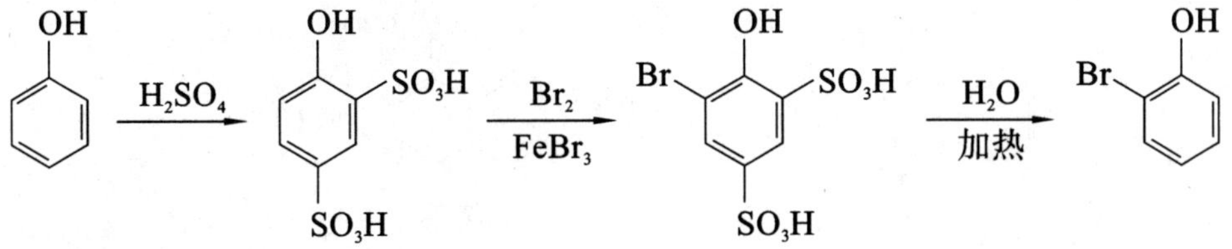

OH → H$_2$SO$_4$ → OH (SO$_3$H, SO$_3$H) → Br$_2$/FeBr$_3$ → Br OH (SO$_3$H, SO$_3$H) → H$_2$O 加热 → Br OH

练习题 8-4 试以苯为原料合成间溴苯甲酸。

第六节 多环芳香烃概述

一、稠环芳香烃

稠环芳香烃(condensed aromatics)是多环芳香烃中的一类,它是由两个或两个以上的苯环,共用两个邻位碳原子稠合而形成的多环芳香烃。例如萘、蒽、菲等,它们均存在于煤焦油的高温分馏产物中。

(一)萘及其衍生物

1. 萘的结构 萘(naphthalene)为无色结晶,熔点为 80.3 ℃,沸点为 218.0 ℃,易升华,具有特殊气味,不溶于水,易溶于乙醇、苯、乙醚等有机溶剂。萘的分子式为 $C_{10}H_8$,现代物理方法测得萘的结构是由两个苯环稠合而成的,它的结构式及环上碳原子的编号表示如下:

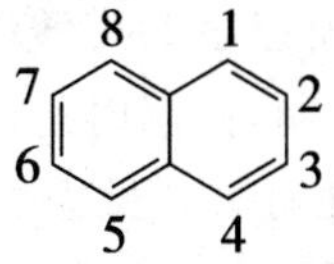

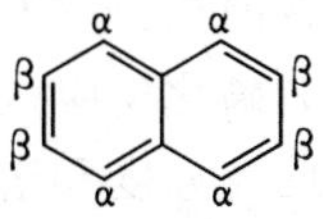

其中 C_1、C_4、C_5 和 C_8 的位置是完全等同的,称为 α-碳原子;C_2、C_3、C_6、C_7 完全等同,称为 β-碳原子,因此,萘的一元取代物有 α 和 β 两种异构体,例如萘酚有 α-萘酚和 β-萘酚两种。

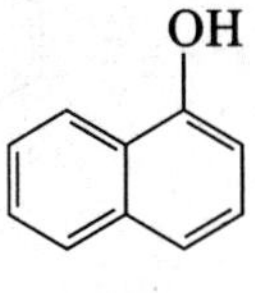

α-萘酚
α-naphthol

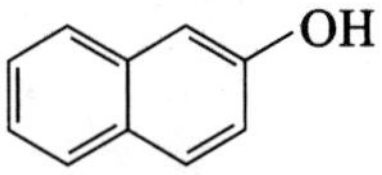

β-萘酚
β-naphthol

2. 萘的化学反应 萘分子和苯分子的结构类似,萘的 10 个碳原子处于同一平面上,各碳原子的 p 轨道都平行重叠,也形成了一个闭合的共轭体系。但各 p 轨道重叠的程度不是完全相同的,因此萘分子中各碳碳键的键长不同于开链烃的单、双键,彼此不完全相等。电子云密度没有完全平均化,α-碳原子的电子云密度较大,而 β-碳原子的电子云密度较小。因此,萘的亲电取代反应易发生在 α 位上。萘的芳香性比苯差,比苯容易发生加成和氧化反应。

1)亲电取代反应 和苯相比,萘容易进行亲电取代反应,萘的卤代、硝化主要发生在 α 位上,磺化反应根据温度不同,反应产物可为 α-萘磺酸或 β-萘磺酸。这是由于 1 位与 8 位或 4 位与 5 位相距很近,有大的取代基(如磺基)时比较拥挤,不稳定,而在 β 位上比较稳定。例如:

 NOTE

163

α-氯萘

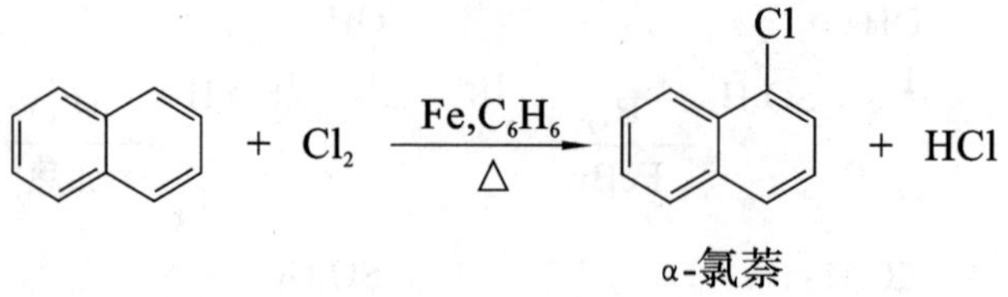

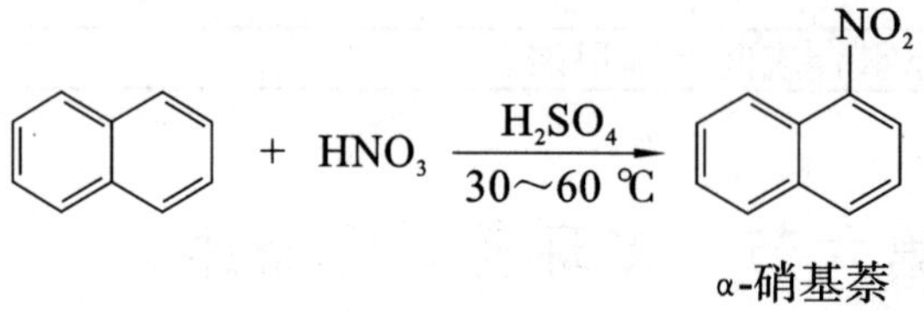

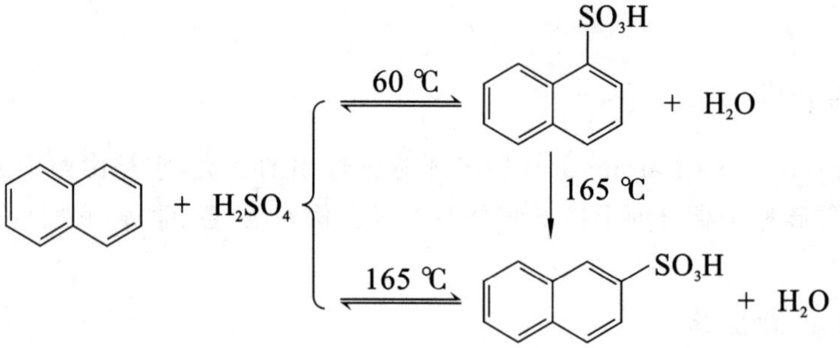

α-硝基萘

萘在较低温度（60 ℃）磺化时，主要生成 α-萘磺酸；在较高温度（165 ℃）磺化时，主要生成 β-萘磺酸。α-萘磺酸与硫酸共热到 165 ℃，也生成 β-萘磺酸。这是由于磺化反应是可逆反应。在低温下，取代反应发生在电子云密度高的 α 位上，但因为磺基的体积较大，它与相邻的 α 位上的氢原子之间距离小于两者的范德华半径之和，所以 α-萘磺酸稳定性较差，在较高温度时生成稳定的 β-萘磺酸。即低温时磺化反应是动力学控制，高温时是热力学控制。

萘的酰基化反应产物与反应温度和溶剂的极性有关。低温、非极性溶剂（如 CS_2）中主要生成 α-取代产物，而在较高温度、极性溶剂（如硝基苯）中主要生成 β-取代产物。

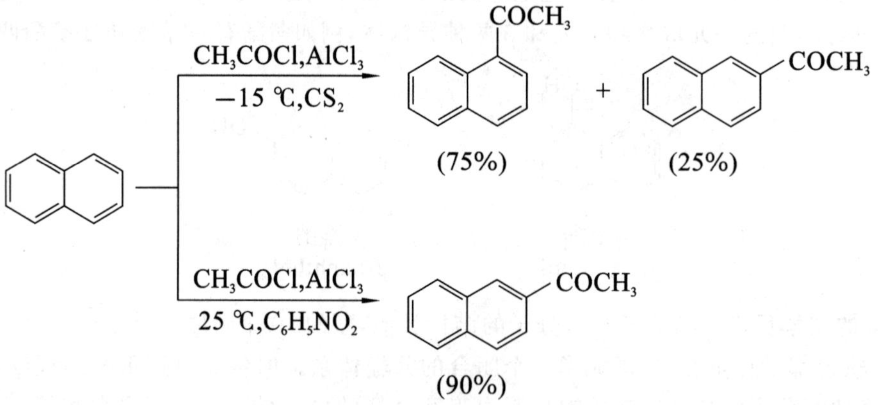

这是因为在极性溶剂中，酰基正离子与溶剂形成溶剂化物的体积较大，高温时进入 β 位，低温时在非极性溶剂中则进入活泼的 α 位。

亲电取代反应规律：萘分子中有两个苯环，第二个取代基进入的位置可以是同环，也可以是异环，主要取决于原有取代基的定位作用。

（1）原有取代基为第一类定位基时，第二个取代基进入同环原有取代基位的邻位或对位中的 α 位。例如：

（反应式：1-甲基萘 + Cl₂ —Fe→ 1-甲基-4-氯萘 + HCl）

（反应式：2-甲基萘 + HNO₃ —H₂SO₄→ 1-硝基-2-甲基萘 + H₂O）

（2）当原有取代基是第二类定位基时，第二个取代基进入异环的 α 位。例如：

（反应式：1-硝基萘 + HNO₃ —H₂SO₄→ 1,5-二硝基萘 + 1,8-二硝基萘）

（3）对于可逆反应，产物随反应条件不同而变化，例如，β-甲基萘与浓 H_2SO_4 加热反应，主要生成稳定的 6-甲基-2-萘磺酸。

（反应式：2-甲基萘 —96%H₂SO₄, △→ 6-甲基-2-萘磺酸）

2）加氢反应　由于萘的芳香性比苯差，容易发生加成反应，在不同的条件下生成不同的产物。萘与金属钠、醇在液氨溶液中反应，生成二氢化萘和四氢化萘。

（反应式：萘 —Na/CH₃CH₂OH, 液NH₃→ 1,4-二氢化萘 + 1,2-二氢化萘；萘 —Na/CH₃CH₂OH, 液NH₃→ 四氢化萘）

工业上用催化加氢制备四氢化萘和十氢化萘。

（反应式：萘 —H₂/Ni, 150℃→ 四氢化萘 —H₂/Ni, 200℃→ 十氢化萘）

十氢化萘是一种非常稳定的高沸点溶剂。

3）氧化反应　萘比苯容易被氧化，不同的反应条件可得到不同的氧化产物。低温时，用弱氧化剂氧化得到 1,4-萘醌，但产率不高。

（反应式：萘 —CrO₃, CH₃COOH, 10～15℃→ 1,4-萘醌）

在强烈条件下氧化，如用 V_2O_5 作催化剂，萘蒸气在高温下，可被空气氧化成邻苯二甲酸酐。

NOTE

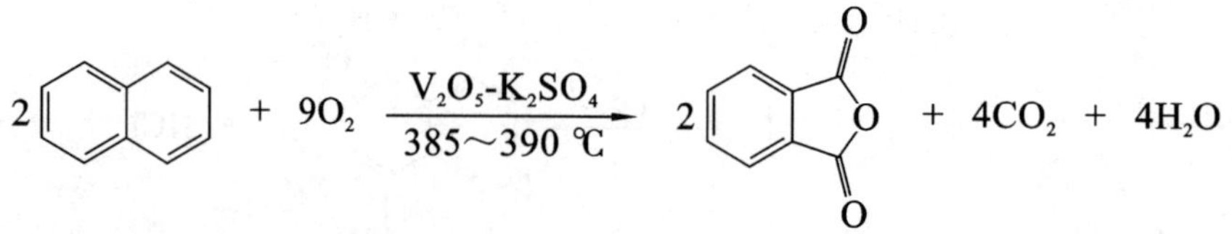

知识链接 8-1

$$2 \text{（萘）} + 9O_2 \xrightarrow[385\sim390\ ℃]{V_2O_5\text{-}K_2SO_4} 2 \text{（苯酐）} + 4CO_2 + 4H_2O$$

取代萘氧化时,取代基的性质决定了哪一个苯环破裂。取代基为第一类定位基时,使所在的环活化,氧化时同环破裂;取代基为第二类定位基时,使所在的环钝化,氧化时异环破裂。例如:

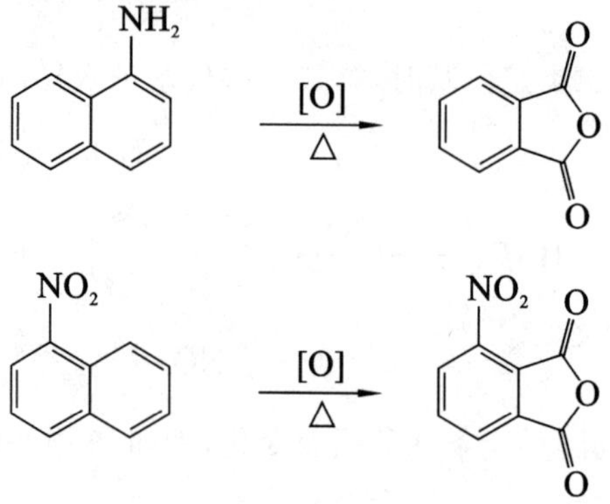

（结构式反应）

（二）蒽、菲及其衍生物

1. 蒽、菲的结构 蒽（anthracene）为无色片状晶体,熔点为 215 ℃,沸点为 340 ℃,不溶于水,难溶于乙醇和乙醚,能溶于苯。菲（phenanthrene）为具有光泽的无色结晶,熔点为 101 ℃,沸点为 336 ℃,易溶于苯和乙醚。蒽和菲的分子式皆为 $C_{14}H_{10}$,二者互为同分异构体,其结构式和碳原子编号如下:

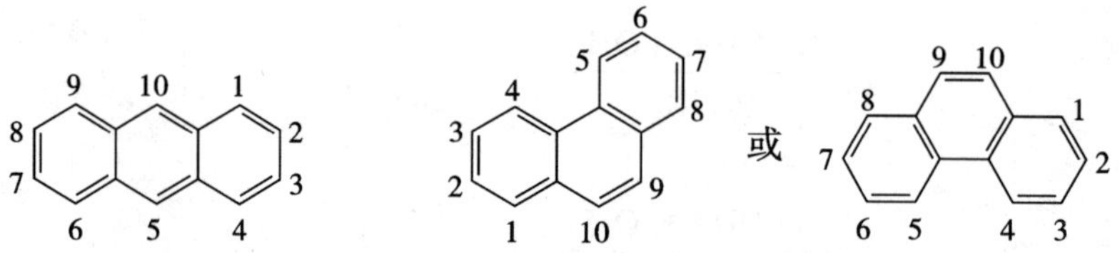

（蒽、菲结构式）

蒽　　　　　　　　　　菲

2. 蒽、菲的化学反应 蒽和菲在结构上也都形成了闭合的共轭体系,同萘一样,分子中各碳原子的电子云密度也是不均等的。因此,各碳原子的反应能力也随之有所不同,其中 9、10 位碳原子特别活泼,所以它们的取代、加成及氧化反应都易发生在 9、10 位上。苯、萘、菲、蒽的芳香性依次降低,氧化和加成反应的活性依次增加。

蒽与菲的取代反应:

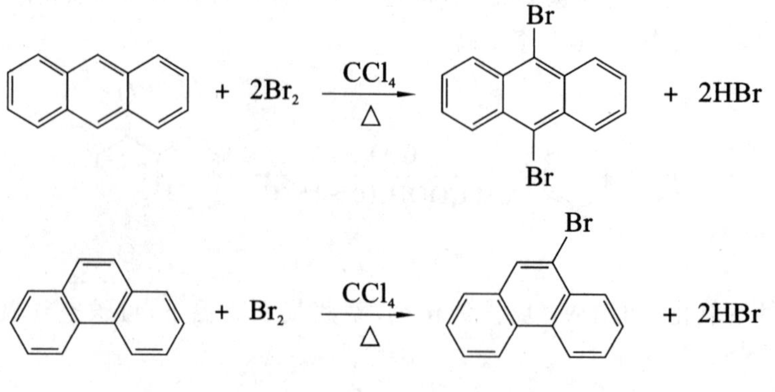

（反应式）

蒽与菲的氧化反应：

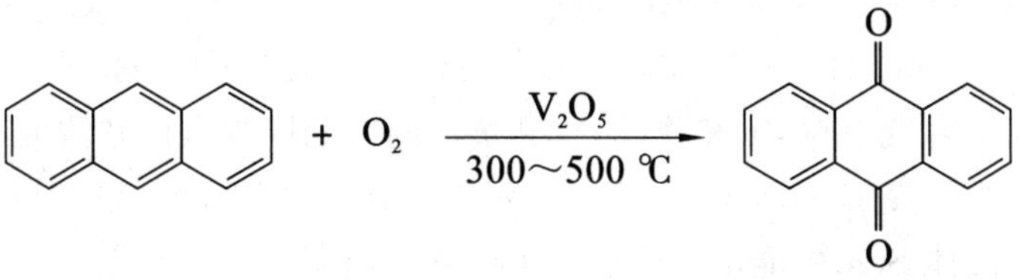

蒽醌

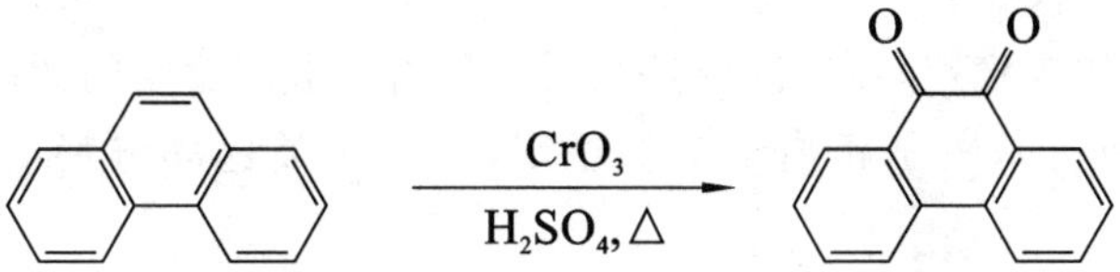

菲醌

蒽醌是重要的染料及药物中间体，菲醌是一种农药的中间体。

蒽与菲的加氢反应：

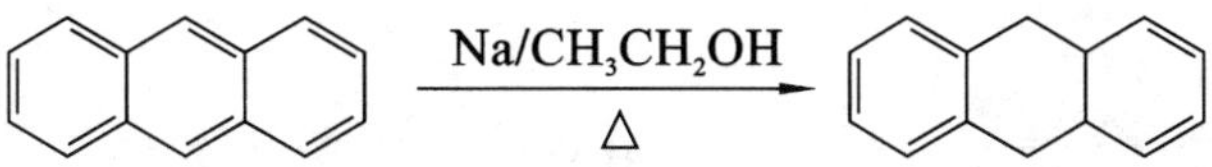

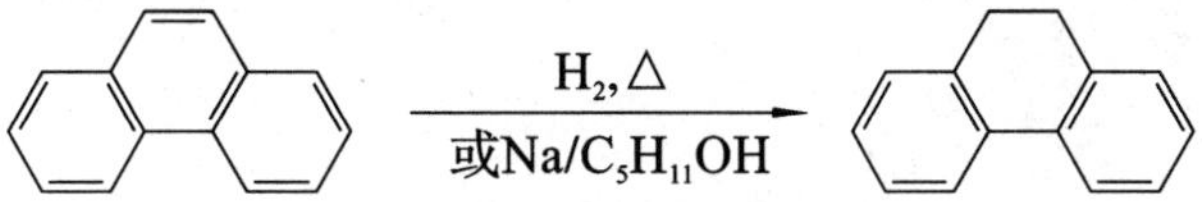

蒽的芳香性差还体现在能以双烯体的形式与亲双烯体进行 Diels-Alder 反应。

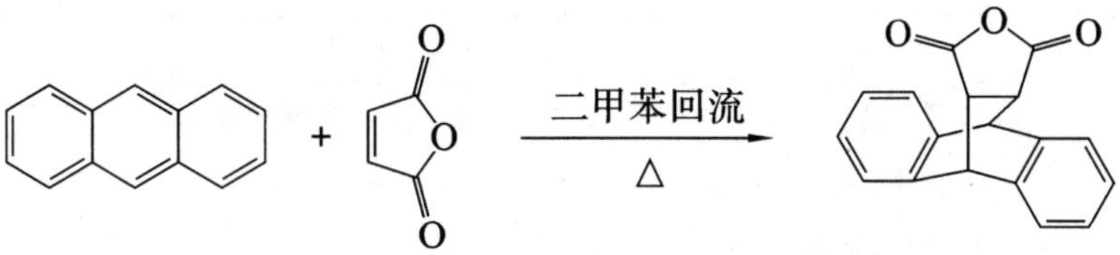

完全氢化的菲在 C_7 和 C_8 处与环戊烷稠合成的结构称为环戊烷并氢化菲。

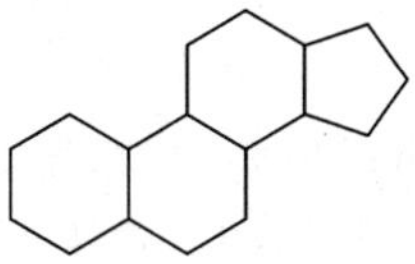

环戊烷并氢化菲

环戊烷并氢化菲的衍生物广泛地分布于动植物体内，而且具有重要的生理功能，如胆甾醇、胆酸、性激素等，这类化合物称为甾体化合物，分子中都有环戊烷多氢菲的基本结构。有关甾族化合物的知识详见第十七章。

二、多苯代脂肪烃

脂肪烃分子中的氢原子被两个或两个以上的苯基取代的化合物称为多苯代脂肪烃。多苯代脂肪烃的苯环被烃基活化，苯环很容易发生各种亲电取代反应，与苯环相连接的甲叉基和甲爪基上的氢原子受苯环的影响也比较活泼，容易被氧化、取代并显酸性。当多苯代脂肪烃中的苯基相距较远时，它主要显示单环芳烃烃基衍生物的性质。

重要的多苯代脂肪烃如三苯甲烷为斜方叶状晶体，熔点为 92 ℃。三苯甲烷的 C—H 键与

知识链接 8-2

 NOTE

三个苯基形成 σ-π 共轭体系,氢原子显酸性,pK_a＝31.5。在溶剂中三苯甲烷与钠反应生成血红色的三苯甲基钠,其中含有三苯甲基负离子。

$$(C_6H_5)_3CH + Na \longrightarrow (C_6H_5)_3C^- Na^+ + 1/2 H_2$$

三苯氯甲烷在苯溶液中与 Zn 粉作用,得到黄色的三苯甲基自由基溶液。

$$2(C_6H_5)_3CCl + Zn \longrightarrow 2(C_6H_5)_3C \cdot + ZnCl_2$$

三苯氯甲烷在液体 SO_2 中能电离生成三苯甲基正离子。

$$(C_6H_5)_3CCl \underset{\longleftarrow}{\overset{SO_2,0\ ℃}{\longrightarrow}} (C_6H_5)_3C^+ Cl^- \rightleftharpoons (C_6H_5)_3C^+ + Cl^-$$

三苯甲基正离子比较稳定,可以同亲核性弱的负离子形成稳定的盐。在苯环的邻、对位再引入给电子基团,会使三苯甲基正离子更加稳定,得到一类色泽鲜艳的染料,即三苯甲烷类染料。

三、联环芳香烃

这类多环芳香烃分子中有两个或两个以上的苯环直接以单键相连。例如联苯,为无色晶体,熔点为 70 ℃,沸点为 225 ℃。联苯对热稳定,可作为热载体。联苯进行亲电取代反应时,主要生成对位产物。

本章小结

主要内容	学习要点
分类和命名	苯型芳香烃,稠环芳香烃,联环芳香烃,多苯代脂肪烃,非苯型芳香烃
结构	共振论,共振杂化体
芳香性	环稳定,易取代,难加成的性质
休克尔规则 "(4n+2)规则"	①分子必须是环状平面的;
	②通常构成环状的原子均为 sp^2 杂化;
	③π电子数等于 $4n+2$（n＝0 及 1,2……正整数）
单环芳香烃的 主要化学性质	①亲电取代反应:卤代、硝化、磺化、傅-克烷基化和酰基化反应;
	②烷基苯侧链反应:侧链氧化和侧链卤代反应;
	③加成反应:加氢和加氯;
	④氧化反应:需特殊氧化剂;
	⑤亲电取代反应的定位规律及其在合成中的应用
萘的化学性质	亲电取代反应及其定位规律;加氢反应;氧化反应
蒽、菲的化学性质	9、10 位碳原子活泼,易发生取代、加成和氧化反应

目标检测

一、选择题。

1. 苯与混酸的反应属于(　　　)。

A. 亲核加成反应　　　B. 亲电加成反应　　　C. 亲核取代反应　　　D. 亲电取代反应

2. 下列化合物,按亲电取代活性减弱的次序排列为(　　)。

 ① OH
 ② NHCOCH₃
 ③ Br
 ④ NO₂

A. ②>①>③>④　B. ①>②>③>④　C. ①>④>②>③　D. ②>③>①>④

3. 下列结构式中,最稳定的是(　　),最不稳定的是(　　)。

A. 　B. 　C.

4. 下列碳正离子,按稳定性由大到小的顺序排列为(　　)。

① 　② 　③ 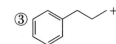　④

A. ④>②>③>①　B. ②>①>③>④　C. ④>①>②>③　D. ④>①>③>②

二、完成下列反应方程式。

1. 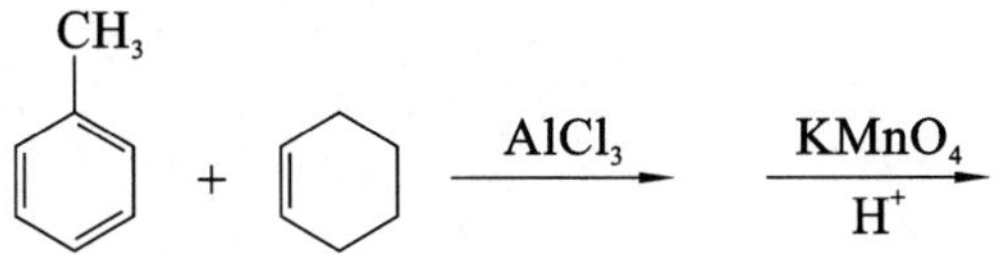 CH₃ + ⬡ $\xrightarrow{AlCl_3}$ $\xrightarrow[H^+]{KMnO_4}$

2. CH₃ $\xrightarrow{H_2SO_4}$ $\xrightarrow{Fe, Br_2}$ $\xrightarrow{稀H_2SO_4}$

3. $\xrightarrow[AlCl_3]{CH_3COCl}$

4. H₃CO—⬡—CH=CH—⬡ $\xrightarrow{HBr}$

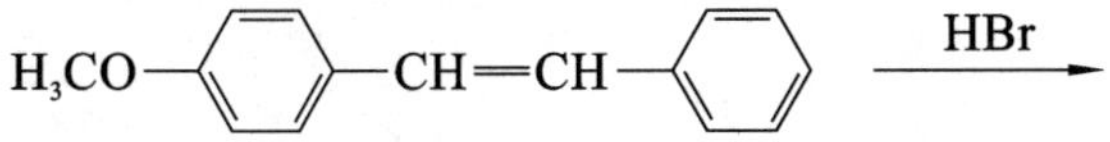

5. 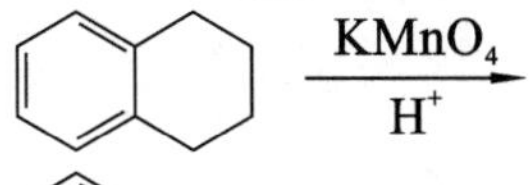 $\xrightarrow[H^+]{KMnO_4}$

6. 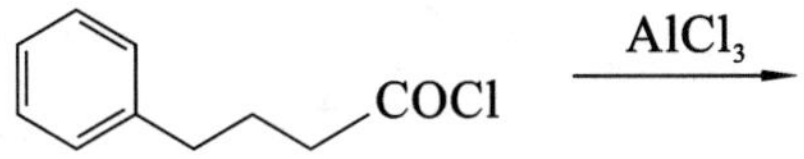 ⬡—CH₂CH₂CH₂—COCl $\xrightarrow{AlCl_3}$

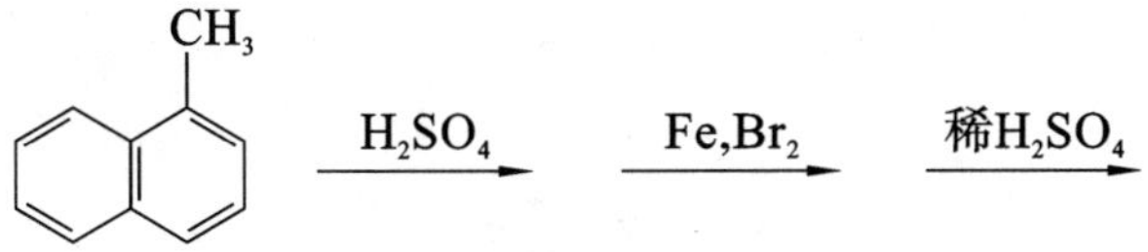

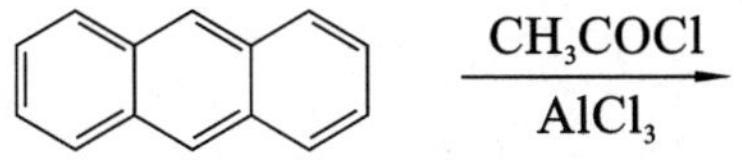

7. 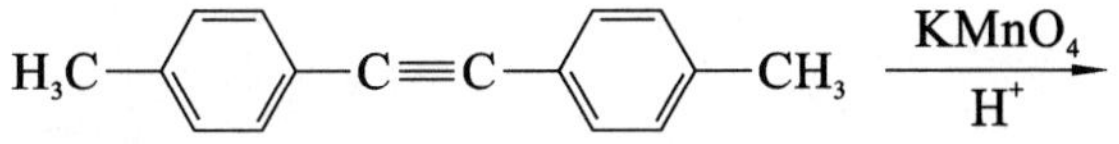 H₃C—⬡—C≡C—⬡—CH₃ $\xrightarrow[H^+]{KMnO_4}$

三、综合题。

1. 用简单的化学方法鉴别下列化合物。

(1) 苯、甲苯、环己烯。

(2) 乙苯、苯乙烯、苯乙炔。

2. 用箭头表示下列化合物硝化反应时,硝基主要进入的位置。

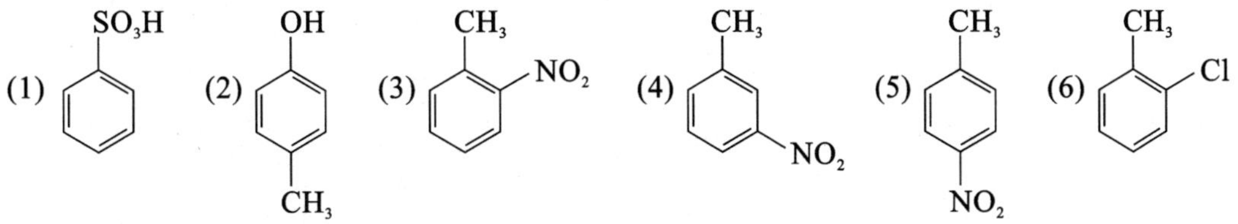

(1) SO₃H　　(2) OH　　(3) CH₃ NO₂　　(4) CH₃ NO₂　　(5) CH₃ NO₂　　(6) CH₃ Cl

3. 以苯为原料制备 2-氯-4-硝基苯甲酸。

4. 写出下列反应机制。

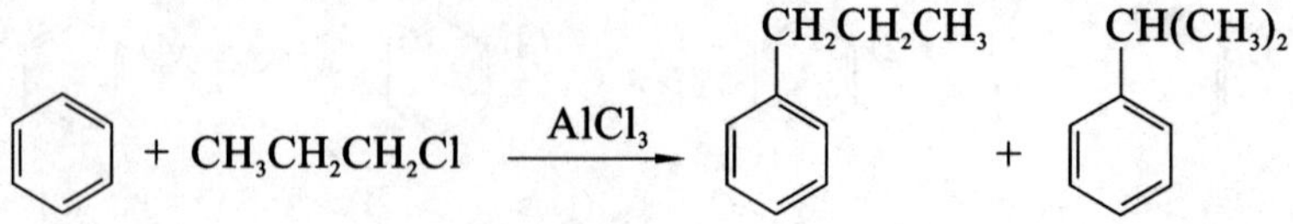

$$\text{苯} + CH_3CH_2CH_2Cl \xrightarrow{AlCl_3} \text{(CH}_2CH_2CH_3\text{)} + \text{(CH(CH}_3)_2\text{)}$$

参 考 文 献

[1] 邢其毅,裴伟伟.基础有机化学[M].3 版.北京:高等教育出版社,2003.

[2] 高占先.有机化学[M].2 版.北京:高等教育出版社,2015.

[3] 王积涛.有机化学[M].3 版.天津:南开大学出版社,2014.

（刘　娜）

NOTE

第九章 醇、酚、醚

 学习目标

1. 掌握：醇、酚、醚的概念、分类、命名及化学性质。
2. 熟悉：醇、酚、醚的结构特点。
3. 了解：常见醇、酚、醚类化合物及其在医药上的应用。

醇、酚、醚为烃的含氧衍生物,也可看作是水中的氢被烃基取代的产物。水分子中的一个氢原子被烃基或芳香烃基取代时,得到的是醇或酚;水分子中的两个氢原子都被烃基或芳香烃基取代时,得到的则是醚。醇和酚的官能团是羟基(—OH),醚的官能团是醚键(—O—),醇、酚、醚中的氧原子被硫原子所替代则分别得到硫醇、硫酚和硫醚。

神奇的维生素 E

1922 年,美国加利福尼亚大学的解剖学家、胚胎学家埃文斯(H. M. Evans)和同事在研究大鼠的生殖实验中发现了一种大鼠生育必需的物质。这种物质既不是维生素 A,也不是维生素 D,他们将其命名为维生素 E,俗称为"生育酚"。

思考:

(1) 你知道维生素 E 的结构吗?

(2) 维生素 E 还有哪些重要的生理作用? 在临床上具有什么治疗作用?

(3) 补充维生素 E 是不是越多越好?

第一节 醇

一、醇的分类和命名

(一) 分类

醇的分类方法有多种。根据羟基所连烃基的结构不同,可分为饱和醇、不饱和醇、脂环醇和芳香醇;根据羟基所连的碳原子的类型,可以分为伯醇、仲醇和叔醇;根据醇分子中所含的羟基数目不同,可分为一元醇、二元醇和多元醇等。

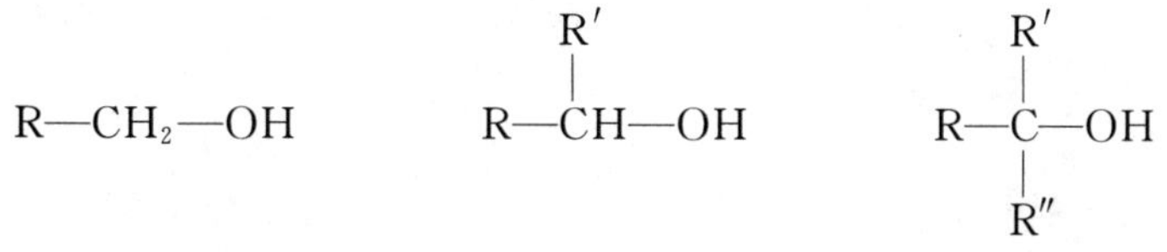

$$R-CH_2-OH \qquad R-\overset{\displaystyle R'}{\underset{\displaystyle}{CH}}-OH \qquad R-\overset{\displaystyle R'}{\underset{\displaystyle R''}{C}}-OH$$

伯醇　　　　　　　仲醇　　　　　　　叔醇

 NOTE

本节主要讨论一元饱和醇。一元饱和醇可以看作是水分子中的一个氢原子被烷基取代的产物,其通式是 $C_nH_{2n+1}OH$。

(二) 命名

对于结构简单的醇,可以采取普通命名法进行命名,即由烃基加醇组成醇的名称,"基"字可省略。烃基可采用一级(伯)、二级(仲)、三级(叔)、四级(季)、正、异、新等习惯名称来表示结构。

$$CH_3CH_2CH_2CH_2OH \qquad CH_3CH_2\overset{\overset{\displaystyle CH_3}{|}}{C}HOH \qquad H_3C-\overset{\overset{\displaystyle CH_3}{|}}{\underset{\underset{\displaystyle CH_3}{|}}{C}}-OH$$

正丁醇   仲丁醇   叔丁醇
n-butyl alcohol   *sec*-butyl alcohol   *tert*-butyl alcohol

$$CH_3CH_2CH_2CH_2CH_2OH \qquad CH_3\overset{\overset{\displaystyle CH_3}{|}}{C}HCH_2CH_2OH \qquad H_3C-\overset{\overset{\displaystyle CH_3}{|}}{\underset{\underset{\displaystyle CH_3}{|}}{C}}-CH_2OH$$

正戊醇   异戊醇   新戊醇
n-pentyl alcohol   isopentyl alcohol   neopentyl alcohol

对于结构复杂的醇,可以采用中国化学会《有机化学物命名原则》(2017)进行命名。其步骤如下。

1. 选主链   首先选择含羟基的最长碳链作为主链;若是多元醇,则主链应选择含有尽可能多的羟基;若羟基的个数相同且有取代基,则应选择最多可能取代基的碳链作为主链。

2. 编号   依次给主链碳原子编号,编号时,确保羟基的位号尽可能小,其次多重键的位次应最小。取代基的编号**遵循最低位次组编号原则**,即最先遇到位数小者为最优系列。多个取代基按照英文字母顺序排列,其中诸如 di、tri、tetra 等表示个数的和斜体字头 *sec*、*tert* 不计在内。

3. 按照名称的基本格式写出全名   根据主链的碳原子数称为"某醇"(-ol),把羟基所在的碳原子的位号(用 *n* 表示羟基的位号)写在"某"和"醇"之间,并在"某醇"与数字之间画一短线,即"某-*n*-醇";遇到含有多个羟基的化合物时,在"醇"前用中文数字表示其羟基的个数,然后在碳原子数"某"和"几醇"间写出羟基的位号,数字之间用","隔开。如果含有多重键,则依次在羟基的位号前写出不饱和键的位号和名称,最后将取代基的位号和名称写在前面,并分别用短线隔开。例如:

$$CH_3CH_2CH_2OH \qquad\qquad \overset{1}{C}H_3\overset{2}{C}H\overset{3}{C}H_2\overset{4}{C}H\overset{5}{C}H_2\overset{6}{C}H_3$$

丙-1-醇   己-2,4-二醇
prop-1-ol   hex-2,4-diol

2-甲亚基己-1-醇   环己-2-烯-1-醇
2-methylidenehexan-1-ol   cyclohex-2-en-1-ol

练习题 9-1 命名下列化合物。

(1) $CH_3-CH-CH-CH_3$
            | |
         OH OH

(2) $(CH_3)_3CCH_2CH_2OH$

二、醇的制备

（一）由烯烃制备

1. 烯烃的水合 烯烃与水在酸的催化下进行加成反应得到醇,不对称烯烃的水合应遵循马氏规则,故通过乙烯可以制得伯醇,其他烯烃可制得仲醇和叔醇。例如：

$$H_2C=CH_2 + H_2O \xrightarrow{H_3PO_4} CH_3CH_2OH$$

$$CH_3CH=CH_2 + H_2O \xrightarrow{H_3PO_4} CH_3\underset{\underset{CH_3}{|}}{C}HOH$$

2. 硼氢化-氧化反应 烯烃硼氢化-氧化反应的实质遵循马氏规则,但亲电部位是硼而不是氢,故得到的是与烯烃水合不同的醇。例如：

$$CH_3CH=CH_2 \xrightarrow{B_2H_6} (CH_3CH_2CH_2)_3B \xrightarrow[NaOH]{H_2O_2} CH_3CH_2CH_2OH$$

（二）由卤代烃制备

卤代烃和稀氢氧化钠水溶液进行亲核取代反应可制得醇。但是在取代反应的同时,卤代烃常会发生消除反应,特别是卤代烃的碳上支链较多时,亲核试剂 OH⁻ 进攻中心碳原子的位阻增大,更利于消除,故该法在应用上受到一定的限制。通常只有伯卤代烃或卤代烃中不存在可被消除的氢时,主要发生取代反应。为了避免发生消除反应,可用氢氧化银代替氢氧化钠。例如：

$$H_2C=CHCH_2-Cl + H_2O \xrightarrow{Na_2CO_3} H_2C=CHCH_2-OH + HCl$$

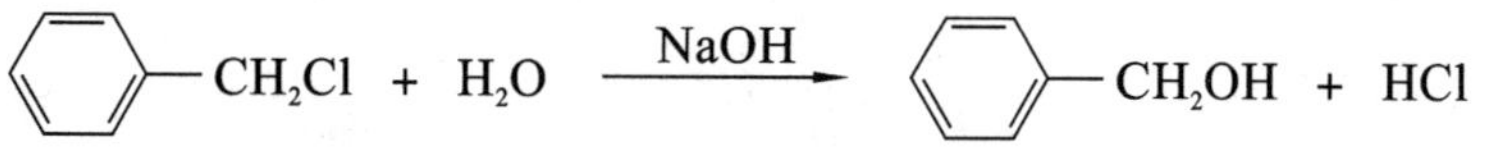

$$C_6H_5-CH_2Cl + H_2O \xrightarrow{NaOH} C_6H_5-CH_2OH + HCl$$

$$CH_3CH_2CH_2Cl \xrightarrow[H_2O]{Ag_2O} CH_3CH_2CH_2OH + AgCl\downarrow$$

（三）由格氏试剂制备

格氏试剂可以与醛、酮通过加成制备醇,这是实验室制备醇的一种经典方法,即格氏试剂（RMgX）中的 R 进攻羰基碳,MgX 加在羰基氧上,所得的产物酸化后得到醇。该方法的优点是**能制得不同类型（伯、仲、叔）的醇**,同时也是**醇增长碳链的一种方法**。

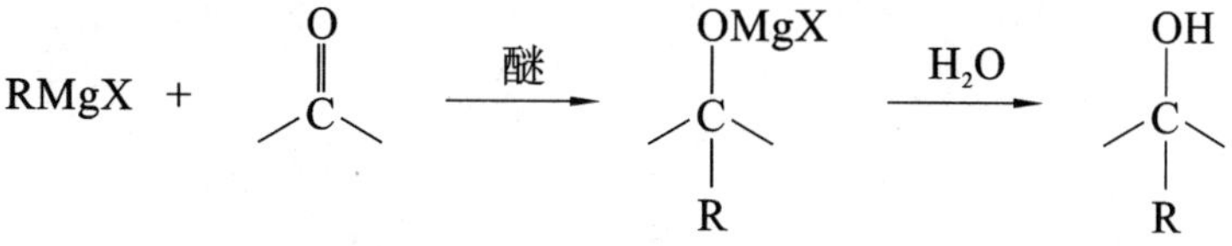

例如：

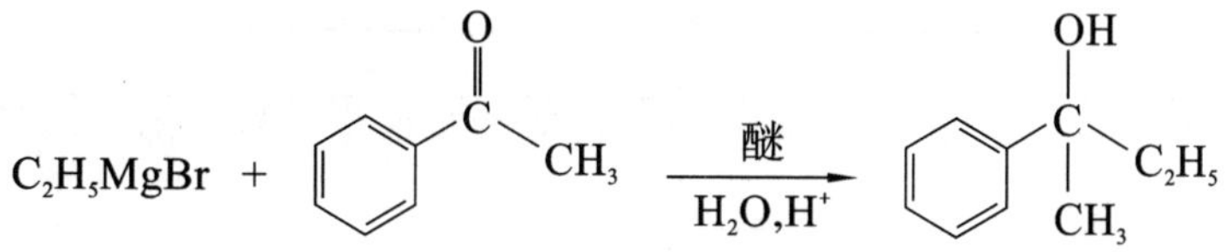

$$C_2H_5MgBr + \text{(苯乙酮)} \xrightarrow[H_2O,H^+]{\text{醚}} \text{(2-苯基-2-丁醇)}$$

练习题 9-2 某公司欲生产异丙醇,现在有格氏试剂、烯烃和卤代烷三种原料,请用方程式表示出不同的制备方法。采用何种方法比较适合公司的工业化生产?

三、醇的物理性质

$C_1 \sim C_4$ 的低级饱和一元醇为无色液体,$C_5 \sim C_{11}$ 的醇为油状液体,一般具有特殊的气味;C_{11} 以上的高级醇为无臭无味的蜡状固体。

在同系列中,醇的沸点随着碳原子数的增加而有规律地上升。如直链饱和一元醇中,每增加一个碳原子,沸点升高 15～20 ℃。此外在同数碳原子的一元饱和醇中,沸点随支链的增加而降低。与同数碳原子的碳氢化合物相比,醇的沸点较高,这是由于液态醇分子中的羟基之间可以通过氢键缔合起来。但随着碳原子数的增加,烃基的增大,氢键的形成受到阻碍,醇分子间氢键缔合程度减小,其沸点与相应的碳氢化合物的沸点相差较小。多元醇分子中随着羟基数目的增加,分子中有两个以上的位置可以形成氢键,故沸点更高。

醇分子中的羟基与水也可形成氢键,因此醇在水中的溶解度比烃类大得多,低级醇如甲醇、乙醇、丙醇等能与水以任意比例互溶。随着醇分中碳原子数的增加,分子中的亲水基团(羟基)所占的比例减小,则醇与水分子形成氢键的能力降低,在水中的溶解度也随之降低。对于多元醇而言,分子中羟基的数目增多,与水形成氢键的缔合程度增强,溶解度增大。例如丙三醇(甘油),与水可以任意比例互溶,并且对一些药物的盐有较好的溶解性能,使其在医药方面有广泛的应用。一些常见醇的物理性质见表 9-1。

表 9-1 一些常见醇的物理性质

名 称	结构式	熔点/℃	沸点/℃	相对密度(d^{20})	在水中的溶解度/(g/100 g)
甲醇	CH_3OH	−97	64.7	0.792	∞
乙醇	CH_3CH_2OH	−115	78.4	0.789	∞
正丙醇	$CH_3(CH_2)_2OH$	−126	97.2	0.804	∞
异丙醇	$(CH_3)_2CHOH$	−88.5	82.3	0.786	∞
正丁醇	$CH_3(CH_2)_3OH$	−90	117.8	0.810	7.9
异丁醇	$(CH_3)_2CHCH_2OH$	−108	107.9	0.802	10.0
仲丁醇	$CH_3CH_2CH(CH_3)OH$	−114	99.5	0.808	12.5
叔丁醇	$(CH_3)_3COH$	26	82.5	0.789	∞
正戊醇	$CH_3(CH_2)_4OH$	−79	138.0	0.817	2.2
正己醇	$CH_3(CH_2)_5OH$	−52	156.5	0.819	0.6
环己醇	环-$C_6H_{11}OH$	24	161.5	0.962	3.8
烯丙醇	$CH_2=CHCH_2OH$	−129	97.0	0.855	∞
苯甲醇	$C_6H_5CH_2OH$	−15	205.0	1.046	4
乙二醇	CH_2OHCH_2OH	−16	197.0	1.060	∞
丙三醇	$CH_2(OH)CH(OH)CH_2OH$	−18	290.0	1.261	∞

练习题 9-3 将正己烷、正己醇、己-3-醇、正辛醇四种化合物按沸点由低到高的顺序排列。

NOTE

四、醇的结构分析

甲醇(CH_3OH)是最简单的醇。羟基（—OH）为醇的官能团。醇的结构特点是羟基连在 sp^3 杂化的碳原子上，氧原子为不等性的 sp^3 杂化，其中两条 sp^3 杂化轨道被成对电子所占据，而被单电子所占据的 sp^3 杂化轨道分别与氢和碳结合，C—O—H 间的夹角为 108.9 °（图 9-1）。

图 9-1 醇分子中氧的价键及未共用电子对分布示意图

五、醇的化学性质

由于醇分子中氧原子的电负性比氢原子和碳原子的电负性大，C—O 键和 O—H 键具有较强的极性，醇的化学反应主要发生在—OH 及与其相连的碳原子上，主要有氧氢键和碳氧键的断裂反应。醇的化学反应位置如图 9-2 所示。

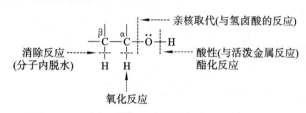

图 9-2 醇的化学反应位置示意图

（一）氧氢键断裂的反应

1. 与活泼金属反应 醇与水类似，可与活泼的金属钠、钾等作用，生成醇钠或醇钾，并放出氢气。

$$ROH + Na \xrightarrow{\text{缓慢}} RONa + H_2 \uparrow$$

$$ROH + K \xrightarrow{\text{缓慢}} ROK + H_2 \uparrow$$

但是醇与活泼金属反应的速率比水缓慢得多，这是因为与羟基相连的烷基是给电子基，烃基的 $+I$ 诱导效应使羟基中氧原子上的电子云密度增加，减弱了氧吸引氢氧间电子对的能力，O—H 键的极性减弱，使醇的酸性（pK_a 16~18）比水的酸性（pK_a 15.7）弱。随着醇的 α-碳原子上的烷基增多，给电子能力越来越强，醇的酸性越来越弱。

不同醇的**酸性**大小次序为 $CH_3OH > RCH_2OH > R_2CHOH > R_3COH$

生成共轭碱的碱性比 NaOH 碱性强，即醇钠是弱酸强碱盐，遇水会立即水解，游离出醇，因此只能在醇溶液中保存。

$$RONa + H_2O \longrightarrow ROH + NaOH$$

2. 与含氧无机酸的反应 醇可与含氧无机酸（如硫酸、硝酸、磷酸等）作用生成无机酸酯。例如：

$$CH_3OH + H_2SO_4 \Longleftrightarrow CH_3O-\overset{\displaystyle O}{\underset{\displaystyle O}{\overset{\|}{\underset{\|}{S}}}}-OH + H_2O$$

硫酸氢甲酯

$$CH_3OSO_2OH + HOSO_2OCH_3 \xrightarrow{\text{减压蒸馏}} CH_3O-\overset{\displaystyle O}{\underset{\displaystyle O}{\overset{\|}{\underset{\|}{S}}}}-OCH_3 + H_2SO_4$$

硫酸二甲酯

NOTE

用同样的方法可制备硫酸二乙酯。硫酸二甲酯和硫酸二乙酯都是常用的烷基化试剂,在工业上和实验室中有着广泛的应用,但两者均有剧毒,使用时一定要注意安全。

甘油与磷酸反应可得甘油磷酸酯,磷酸酯是生物体中核苷酸的重要部分,将其和钙离子反应得到甘油磷酸钙,可以调节人体内钙磷比例,用以防治佝偻病。

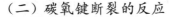

甘油磷酸酯　　　　　　甘油磷酸钙

> **练习题 9-4** 将丁-1-醇、丁-2-醇、2-甲基丙-2-醇与金属钠反应的活性顺序由高到低排列。
>
> **练习题 9-5** 完成下列反应。
>
> (1) $CH_3\overset{OH}{\underset{|}{CH}}CH_3 \xrightarrow{\text{浓 } H_2SO_4}$
>
> (2) $CH_2OHCH_2OH + 2HNO_3 \xrightarrow[\triangle]{\text{浓 } H_2SO_4}$

知识链接 9-1

(二) 碳氧键断裂的反应

醇分子的烃基碳原子和羟基氧原子之间的键是极性共价键。由于氧的电负性大于碳,所以碳氧键之间的共用电子对偏向氧原子,氧原子带部分负电荷,碳原子带部分正电荷。当亲核试剂进攻带正电荷的碳原子时,碳氧键发生异裂,羟基被亲核试剂取代。羟基被卤原子取代就是其中一个非常典型的亲核取代反应。

1. 与氢卤酸的反应 醇不仅可与含氧无机酸作用,也可与氢卤酸反应生成卤代烃和水。

$$ROH + HX \xrightarrow{H^+} RX + H_2O$$

醇与氢卤酸的作用是亲核取代反应,即醇羟基被卤素取代,但羟基不是一个好的离去基团,需要在酸的催化下将羟基质子化以水的形式离去。该反应的速率取决于醇的结构及氢卤酸的种类。当醇相同时,氢卤酸的活性顺序为 HI＞HBr＞HCl,HF 一般不反应,这主要是由于在氢卤酸中,卤离子的亲核能力为 I⁻＞Br⁻＞Cl⁻。例如:

$$CH_3CH_2CH_2CH_2OH + \begin{cases} HCl \xrightarrow[\triangle]{ZnCl_2} CH_3CH_2CH_2CH_2Cl \\ HBr \xrightarrow[\triangle]{H_2SO_4} CH_3CH_2CH_2CH_2Br \\ HI \xrightarrow{\triangle} CH_3CH_2CH_2CH_2I \end{cases}$$

而当氢卤酸一定时,醇的活性顺序如下:烯丙基型或苄基型醇＞叔醇＞仲醇＞伯醇。例如,叔醇与浓盐酸在室温即可反应,但是伯醇和仲醇需要在无水 $ZnCl_2$ 的催化下才能进行反应,而在此条件下,伯醇和仲醇的反应速率也有所不同。

浓盐酸与无水 $ZnCl_2$ 的混合液称为**卢卡斯(Lucas)试剂**,可用来鉴别六个碳以下的低级醇。将伯醇、仲醇和叔醇分别加入盛有 Lucas 试剂的试管中,发现叔醇可立即反应而出现混浊,仲醇数分钟后出现混浊,而伯醇必须加热才有此现象。为什么实验中会出现混浊呢?因为六个碳以下的一元醇均溶于 Lucas 试剂,而反应生成的取代产物氯代烃难溶于 Lucas 试剂,产生细小的油状液滴而呈现混浊。而六个碳以上的一元醇不溶于 Lucas 试剂,因此无论是否发生反应都不会出现混浊,不能通过 Lucas 试剂进行鉴别。

大多数伯醇与氢卤酸按 S_N2 反应机制进行反应,卤素负离子的进攻与质子化羟基的断裂一步完成。

$$RCH_2OH + HX \rightleftharpoons RCH_2\overset{+}{O}H_2 + X^-$$

$$X^- + RCH_2\overset{+}{—OH_2} \longrightarrow RCH_2X + H_2O$$

醇与氢卤酸的反应是在酸催化下的亲核取代反应,其反应机制与卤代烃相似。首先是氢卤酸使醇羟基质子化变成一个好的离去基团,卤素负离子作为亲核试剂从背面进攻中心碳原子,质子化的羟基以水分子的形式离去,卤素原子取代了醇羟基,从而形成取代产物。

一般情况下,氢卤酸与大多数仲醇、叔醇、烯丙基型、苄基型及 β-碳含有较多支链的伯醇易按 S_N1 反应机制进行,有碳正离子的产生。首先醇中的羟基质子化,然后碳氧键异裂产生碳正离子和水,最后碳正离子和卤素负离子结合形成卤代烃。

$$ROH + HX \rightleftharpoons R\overset{+}{O}H_2 + X^-$$

$$R\overset{+}{O}H_2 \rightleftharpoons R^+ + H_2O$$

$$R^+ + X^- \rightleftharpoons RX$$

由于反应按照 S_N1 反应机制进行,有碳正离子中间体的生成,就有可能产生重排产物。例如:

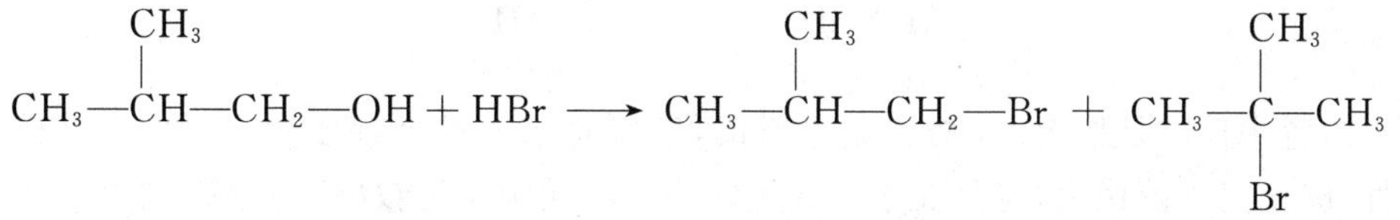

重排产物

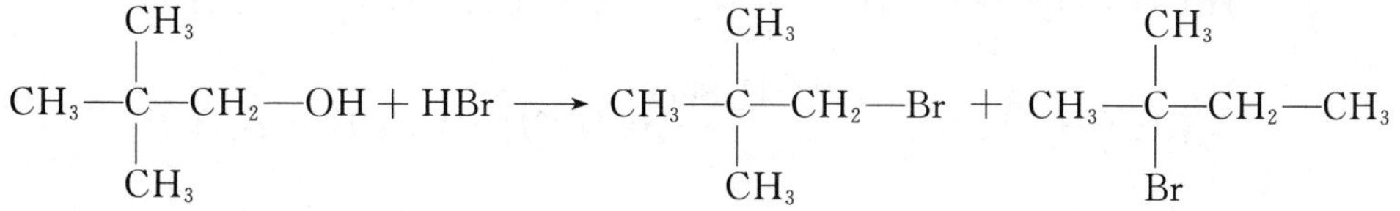

重排产物

如果叔醇的 α-碳为手性碳,即亲核取代反应按 S_N1 反应机制进行,形成碳正离子,亲核试剂可以从碳正离子的两侧与碳结合,因而生成的产物为外消旋体。

例如,旋光性的(+)-肾上腺素在盐酸中加热 4 h,会发生外消旋化。原因在于手性碳原子发生碳氧键断裂而形成碳正离子。由于碳正离子具有平面结构,当它与 H_2O 结合时,H_2O 从两边进攻的概率均等,因而生成两种对映异构体的机会均等,得到无旋光性的外消旋体。

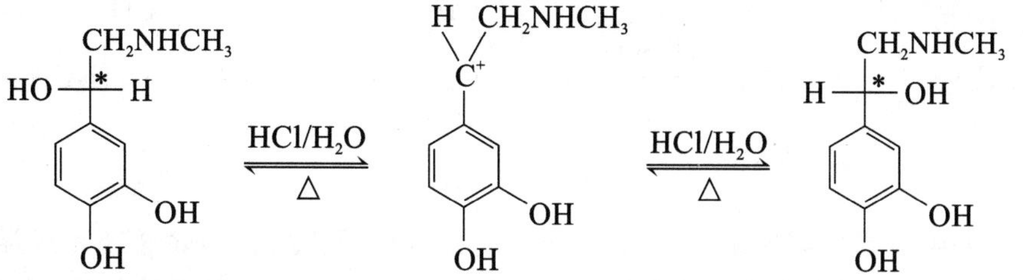

(+)-肾上腺素,50%   (—)-肾上腺素,50%

为了避免重排现象的发生,通常使用卤化磷(PX_3、PX_5)或氯化亚砜($SOCl_2$)作为醇的卤

NOTE

代试剂。它们与醇作用不会形成碳正离子,很少重排。

$$ROH + PX_3 \longrightarrow 3RX + P(OH)_3 \quad X=Br, I$$

实际应用中,三溴化磷和三碘化磷也可用红磷与溴或碘反应得到。例如:

$$CH_3CH_2OH + I_2 + P \longrightarrow CH_3CH_2I + PI_3$$

用 $SOCl_2$ 作为醇的卤代试剂时,副产物是 SO_2 和 HCl 两种气体,在反应中即可离去,产物产率较高,容易分离纯化。

$$ROH + SOCl_2 \xrightarrow{\triangle} RCl + SO_2\uparrow + HCl\uparrow$$

2. 脱水反应 醇在浓 H_2SO_4 的作用下可发生脱水反应,根据反应条件的不同,醇可以发生分子内脱水和分子间脱水两种形式。

1) 分子内脱水 醇与浓硫酸在较高温度时发生分子内脱水,生成烯烃,属于消除反应。例如:

$$\begin{array}{c} CH_2{-}CH_2 \\ | \quad\; | \\ \boxed{H \quad\; OH} \end{array} \xrightarrow[170\,℃]{浓H_2SO_4} CH_2{=}CH_2 + H_2O$$

该反应按 E1 反应机制进行,首先醇在浓 H_2SO_4 的催化下羟基发生质子化,质子化后 C—O 键的极性增加,更易断裂,形成碳正离子中间体,然后再消除 β-H 生成烯烃。

$$\begin{array}{c} | \;\; | \\ {-}C{-}C{-} \\ | \;\; | \\ H \;\; OH \end{array} \underset{-H^+}{\overset{H^+}{\rightleftharpoons}} \begin{array}{c} | \;\; | \\ {-}C{-}C{-} \\ | \;\; | \\ H \;\; \overset{+}{O}H_2 \end{array} \underset{H_2O}{\overset{-H_2O(慢)}{\rightleftharpoons}} \begin{array}{c} | \;\; | \\ {-}C{-}C{-} \\ | \;\; + \\ H \end{array} \underset{H^+}{\overset{-H^+}{\rightleftharpoons}} \begin{array}{c} \diagdown \;\; \diagup \\ C{=}C \\ \diagup \;\; \diagdown \end{array}$$

分子内脱水反应是按 E1 反应机制进行的,所以脱水的难易程度取决于中间体碳正离子的稳定性,碳正离子越稳定,越易脱水。故醇的脱水活性顺序为叔醇>仲醇>伯醇。例如:

$$CH_3CH_2CH_2CH_2{-}OH \xrightarrow[140\,℃]{75\% \; H_2SO_4} CH_3CH_2CH{=}CH_2 + H_2O$$

$$\begin{array}{c} CH_3CH_2CHCH_3 \\ | \\ OH \end{array} \xrightarrow[100\,℃]{60\% \; H_2SO_4} CH_3CH{=}CHCH_3 + H_2O$$

$$\begin{array}{c} CH_3 \\ | \\ H_3C{-}C{-}OH \\ | \\ CH_3 \end{array} \xrightarrow[90\,℃]{20\% \; H_2SO_4} \begin{array}{c} CH_3 \\ | \\ H_3C{-}C{=}CH_2 \end{array} + H_2O$$

当醇分子中有多个 β-H 可供消除时,有消除方向的选择,遵循扎依采夫规则,即含氢较少的 β-碳上的氢和羟基进行脱水,生成双键上连有取代基最多的烯烃。例如:

$$\begin{array}{c} CH_3 \\ | \\ H_3C{-}C{-}CH_2CH_3 \\ | \\ OH \end{array} \xrightarrow[\triangle]{H_2SO_4} \begin{array}{c} CH_3 \\ | \\ H_3C{-}C{=}CHCH_3 \end{array} + \begin{array}{c} CH_3 \\ | \\ CH_2{=}CCH_2CH_3 \end{array}$$
$$\qquad\qquad\qquad\qquad\qquad\qquad 90\% \qquad\qquad\qquad 10\%$$

脱水反应中,由于中间体是碳正离子,因此可能发生重排后再消除 β-H 生成烯烃。这是由于中间体仲碳正离子重排成更稳定的叔碳正离子。醇先质子化,然后脱水形成仲碳正离子,而仲碳正离子不如叔碳正离子稳定,从而甲基发生 1,2-迁移,形成更稳定的叔碳正离子,最后脱去相邻碳原子上的氢生成产物。

$$
\underset{\begin{array}{c}CH_3\\|\\H_3C-\overset{\textstyle|}{C}-\underset{\underset{\textstyle OH}{|}}{CH}-CH_3\\|\\CH_3\end{array}}{}
\underset{-H^+}{\overset{H^+}{\rightleftharpoons}}
\underset{\begin{array}{c}CH_3\\|\\H_3C-\overset{\textstyle|}{C}-\underset{\underset{\textstyle \overset{+}{O}H_2}{|}}{CH}-CH_3\\|\\CH_3\end{array}}{}
\underset{H_2O}{\overset{-H_2O}{\rightleftharpoons}}
\underset{\begin{array}{c}CH_3\\|\\H_3C-\overset{\textstyle|}{C}-\underset{+}{CH}-CH_3\\|\\CH_3\end{array}}{}
$$

$$\downarrow \text{重排}$$

$$
\underset{\begin{array}{c}H_3C\qquad CH_3\\ \diagdown\quad\diagup\\ C=C\\ \diagup\quad\diagdown\\ H_3C\qquad CH_3\end{array}}{}
\xleftarrow{-H^+}
\underset{\begin{array}{c}CH_3\\|\\H_3C-\overset{\textstyle+}{C}-\underset{\underset{\textstyle CH_3}{|}}{CH}-CH_3\end{array}}{}
$$

主产物

2) 分子间脱水 醇与浓 H_2SO_4 在较高温度下发生分子内消除反应生成烯烃,在相对较低的温度下,两分子的醇可发生分子间脱水生成醚。例如:

$$CH_3CH_2OH + HOCH_2CH_3 \xrightarrow[140\ ℃]{\text{浓}\ H_2SO_4} CH_3CH_2OCH_2CH_3 + H_2O$$

醇分子间脱水的反应属于亲核取代反应,究竟是 S_N1 反应还是 S_N2 反应,与醇的类别有关。一般而言,伯醇的分子间脱水属于 S_N2 反应机制,因而在制备简单醚时,以伯醇为宜。仲醇按照 S_N1 反应或 S_N2 反应机制,而叔醇在酸性下加热容易发生消除反应生成烯烃,很难生成醚。下面以丙醚的生成为例,介绍 S_N2 反应机制。

$$CH_3CH_2CH_2-OH \underset{-H^+}{\overset{H^+}{\rightleftharpoons}} CH_3CH_2CH_2-\overset{+}{O}H_2 \xrightarrow{CH_3CH_2CH_2-\overset{\cdot\cdot}{O}H}$$

$$\underset{+}{CH_3CH_2CH_2-\overset{\overset{\textstyle H}{|}}{O}-CH_2CH_2CH_3} \xrightarrow{-H^+} CH_3CH_2CH_2-O-CH_2CH_2CH_3$$

练习题 9-6 完成下列反应方程式。

(1) $\underset{\underset{\textstyle CH_3}{|}}{CH_3CHCH_2CH_2OH} \xrightarrow{PBr_3}$

(2) $\underset{\underset{\textstyle OH}{|}}{CH_3CHCH_3} \xrightarrow{SOCl_2}$

（三）醇的氧化和脱氢反应

1. 醇的氧化 伯醇和仲醇的羟基所连的碳原子上都有氢原子,该氢原子受羟基的影响,比较活泼,有一定的活性,可以被氧化剂氧化,氧化剂不同,产物也不同。

1) 强氧化剂氧化 常用强氧化剂有高锰酸钾($KMnO_4$)或重铬酸钾($K_2Cr_2O_7$)的酸性溶液。伯醇首先被氧化成醛,醛容易进一步被氧化成羧酸。仲醇被氧化生成酮,酮比较稳定,不易被继续氧化。

$$RCH_2OH \xrightarrow{KMnO_4/H_2SO_4} \underset{\text{醛}}{RCHO} \xrightarrow{KMnO_4/H_2SO_4} \underset{\text{羧酸}}{RCOOH}$$

$$\underset{\underset{\textstyle R'}{|}}{R-CH-OH} \xrightarrow{K_2Cr_2O_7/H_2SO_4} \underset{\begin{array}{c}R\\ \diagdown\\ C=O\\ \diagup\\ R'\end{array}}{}$$

反应中,醇可以将橙红色的重铬酸钾酸性水溶液(铬酸试剂)还原成绿色的 Cr^{3+} 溶液。此反应可用于**鉴定伯醇、仲醇和叔醇**。检查驾驶员是否饮酒的呼吸仪,就是利用醇能使橙红色的重铬酸钾变为绿色这一反应原理制成的。

叔醇的羟基所连的碳原子上没有氢原子,不易被氧化,但如果用更强的氧化剂,可脱水生成烯,然后碳碳键氧化断裂,形成小分子化合物。例如:

$$H_3C-\underset{\underset{CH_3}{|}}{\overset{\overset{CH_3}{|}}{C}}-OH \xrightarrow{KMnO_4/H_2SO_4} H_3C-\underset{\underset{CH_3}{}}{\overset{\overset{CH_3}{|}}{C}}=CH_2 \xrightarrow{KMnO_4/H_2SO_4} \underset{H_3C}{\overset{H_3C}{>}}C=O + CO_2$$

伯醇在强氧化剂的作用下所得的醛很容易被氧化成羧酸,如果利用此法制备醛时,必须将生成的醛从体系中分离出来,以防止继续被氧化。而选择性氧化剂可以将伯醇的氧化停留在醛的阶段。

2) 选择性氧化剂氧化　选择性氧化剂包括沙瑞特(Sarrett)试剂 $[CrO_3/(C_5H_5N)_2]$、琼斯(Jones)试剂 (CrO_3/H_2SO_4) 等。

铬酐 (CrO_3) 与吡啶反应所形成的铬酐-双吡啶配合物为吸潮性红色结晶,称为沙瑞特(Sarrett)试剂。沙瑞特试剂氧化一般选用二氯甲烷为溶剂,可将伯醇氧化为醛,仲醇氧化为酮,产率较高。例如:

$$CrO_3 + 2\underset{N}{\bigcirc} \xrightarrow[25\,℃]{CH_2Cl_2} CrO_3 \cdot \left(\underset{N}{\bigcirc}\right)_2$$

Sarrett试剂

$$CH_3CH_2\underset{\underset{CH_3}{|}}{CH}(CH_2)_4CH_2OH \xrightarrow[CH_2Cl_2]{CrO_3 \cdot \left(\underset{N}{\bigcirc}\right)_2} CH_3CH_2\underset{\underset{CH_3}{|}}{CH}(CH_2)_4CHO$$

$$CH_3(CH_2)_4C≡CCH_2OH \xrightarrow[CH_2Cl_2]{CrO_3 \cdot \left(\underset{N}{\bigcirc}\right)_2} CH_3(CH_2)_4C≡CCHO$$

铬酐 (CrO_3) 与稀硫酸形成的溶液称为琼斯(Jones)试剂。琼斯试剂也可将仲醇氧化成相应的酮,分子中的不饱和碳碳键同样不受影响。例如:

$$\text{HO}-\text{(structure)} \xrightarrow[\text{丙酮},15\sim20\,℃]{CrO_3,稀H_2SO_4} \text{O}=\text{(structure)}$$

2. 醇的脱氢　伯醇和仲醇可以通过脱氢试剂的作用生成醛、酮,常将醇的蒸气在 $300\sim325\,℃$ 高温下通过铜(银、镍等)催化剂进行脱氢反应,叔醇分子中无 α-H,故不能发生脱氢反应。例如:

$$CH_3CH_2OH \underset{300\sim325\,℃}{\overset{Cu}{\rightleftharpoons}} CH_3CHO + H_2$$

$$H_3C-\underset{\underset{}{\overset{\overset{OH}{|}}{CH}}}-CH_3 \underset{500\,℃}{\overset{Cu}{\rightleftharpoons}} \underset{H_3C}{\overset{O}{\underset{CH_3}{C}}} + H_2$$

练习题 9-7 完成下列方程式：

(1)

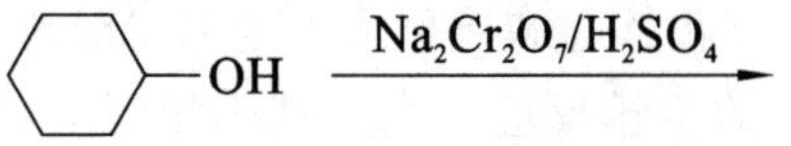

$$\text{环己醇} \xrightarrow{\text{Na}_2\text{Cr}_2\text{O}_7/\text{H}_2\text{SO}_4}$$

(2) 苯基-CH=CHCH₂OH $\xrightarrow[\text{CH}_2\text{Cl}_2]{\text{CrO}_3 \cdot (\text{吡啶})_2}$

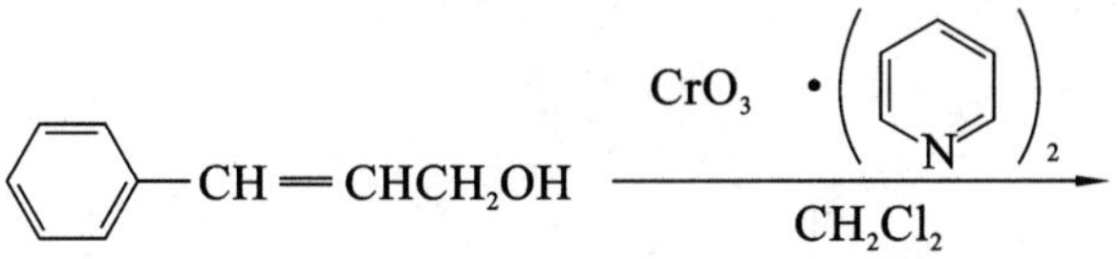

（四）多元醇的反应

多元醇除具有一般醇的共性外，还有一些特性。

1. 高碘酸氧化邻二醇 高碘酸（HIO₄）的水溶液可以使 1,2-二醇中连有两个羟基的碳碳键断裂，生成相应的羰基化合物。

$$\underset{\underset{\text{OH}}{|}}{\text{RCH}}-\underset{\underset{\text{OH}}{|}}{\text{CHR}'} \xrightarrow[\text{H}_2\text{O}]{\text{HIO}_4} \text{RCHO}+\text{R}'\text{CHO}$$

在高碘酸氧化邻二醇的反应中，每断裂一个 C—C 键需要 1 分子 HIO₄，因此可根据消耗 HIO₄ 的量，推知多元醇中所含邻醇羟基的数目，可根据产物结构推测醇的结构。对于 3 个或 3 个以上羟基相邻的多元醇，也可被高碘酸氧化，位于中间的碳原子被氧化成甲酸。

$$\text{RCH}-\text{CH}-\text{CHR}' \xrightarrow[\text{H}_2\text{O}]{2\text{HIO}_4} \text{RCHO}+\text{HCOOH}+\text{R}'\text{CHO}$$

2. 与氢氧化铜反应 邻二醇可以与氢氧化铜反应，沉淀消失，变为深蓝色的溶液。该反应是邻二醇结构的特有反应，故实验室常用此反应鉴别具有**邻二醇结构的醇**。

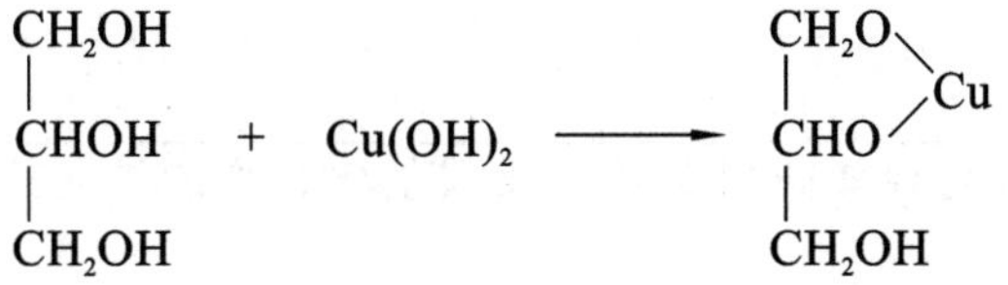

甘油铜

3. 频哪醇重排 邻二醇可以在酸的作用下，从**频哪醇（pinacol）**重排生成**频哪酮（pinacolone）**，这类反应称为频哪醇的重排反应。

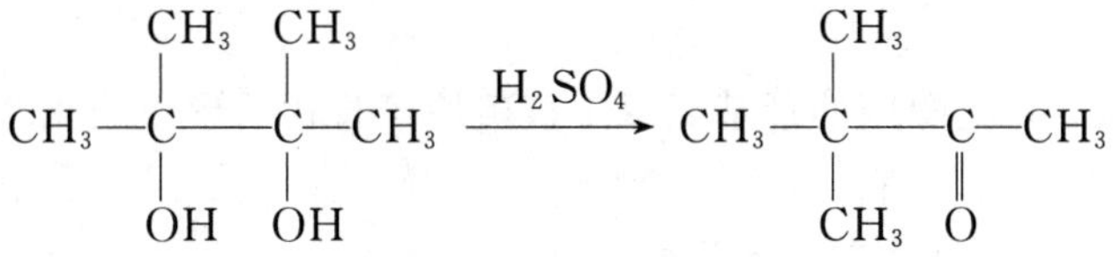

反应中碳正离子重排为另一个更加稳定的锌盐离子。其机制如下：

NOTE

181

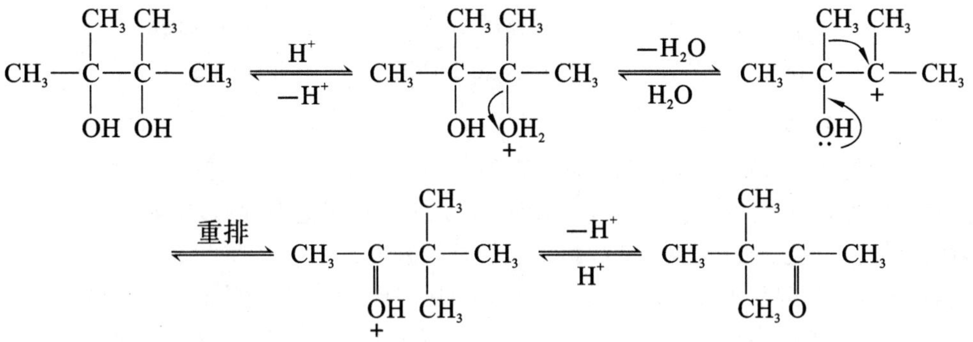

首先羟基质子化失水形成碳正离子,继而发生基团的重排,碳上的正电荷分散到氧原子上,较稳定,这是促使重排反应发生的原因。两个羟基都连在叔碳原子上的邻二醇称为频哪醇类化合物。频哪醇类化合物都可以发生类似频哪醇的重排反应。当烃基不相同时,哪一个基团迁移,哪一个羟基先离去,是有一定规律的。

(1) 优先生成较稳定的碳正离子。

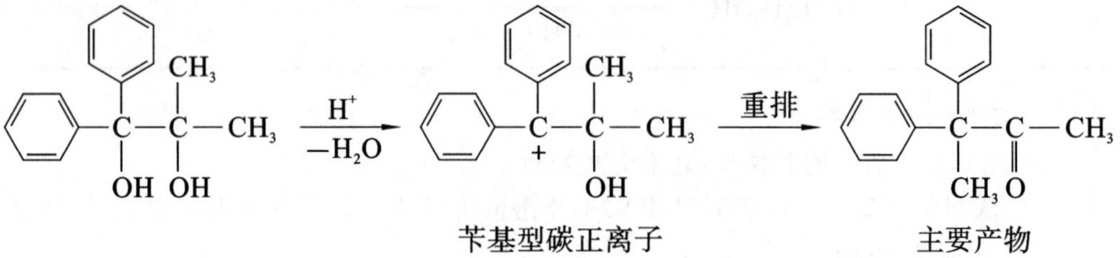

$$\text{（反应式见原图）}$$

苄基型碳正离子　　　主要产物

(2) 基团的迁移能力,芳基>烷基>氢。

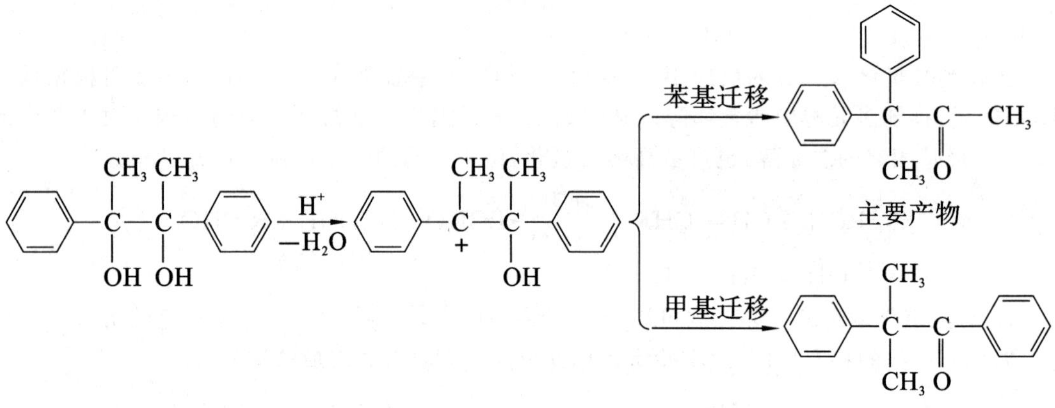

$$\text{（反应式见原图）}$$

苯基迁移　主要产物

甲基迁移　次要产物

> **练习题 9-8** 请根据高碘酸的用量和生成羰基化合物的结构式,推测相应邻二醇的结构式。
> (1) (　　　) + HIO_4 ⟶ $OHCCH_2CH_2CH_2CH(CH_3)CHO$
> (2) (　　　) + 2HIO_4 ⟶ $CH_3CHO + CH_3COCH_3 + HCOOH$

六、硫醇

硫醇(thiol)可以看作是醇中的羟基氧原子被硫原子替代后形成的化合物。硫醇的通式是 **R—SH,巯基(—SH)是硫醇的官能团**。

硫醇的命名与醇相似,只是在母体前加一个"硫"字。

$$CH_3CH_2CH_2SH \qquad CH_2{=}CHCH_2SH \qquad (CH_3)_2CHSH$$

丙硫醇　　　　　　烯丙硫醇　　　　　　异丙硫醇

propyl thiol　　　　propene-1-thiol　　　isopropyl thiol

(一) 硫醇的物理性质

甲硫醇为气体,其他低级硫醇为液体。低级硫醇易挥发,有毒,并有极难闻的臭味,随着碳原子个数的增加,臭味变淡,超过九个碳的硫醇无臭味。利用这个性质,工业上常用硫醇作臭味剂,如在燃气中加乙硫醇或叔丁硫醇提示燃气是否漏气。

硫醇分子间、硫醇与水分子间形成氢键的能力比醇弱,因此硫醇的沸点和溶解度都比相应的醇小。例如:乙醇的沸点为 78.5 ℃,乙硫醇的沸点为 37 ℃;对于水溶性,乙醇与水互溶,乙

NOTE

硫醇在水中的溶解度为 1.5 g/mL。

（二）硫醇的化学性质

1. 酸性 硫醇与醇一样是弱酸，但酸性比醇强，能溶于氢氧化钠生成相应的硫醇盐。

$$CH_3CH_2SH + NaOH \longrightarrow CH_3CH_2SNa + H_2O$$

硫醇的酸性比醇的酸性强，一方面是因为硫原子半径比氧原子半径大，硫氢键键长比氧氢键的键长长，易极化断裂；另一方面是因为所形成的烷硫负离子比烷氧负离子稳定。

2. 与重金属的作用 硫醇与无机硫化物类似，可与重金属（汞、银、铅、铜等）的盐或氧化物反应生成不溶于水的硫醇盐。

$$2CH_3CH_2SH + HgO \longrightarrow (CH_3CH_2S)_2Hg \downarrow + H_2O$$

体内很多重要的酶残基上含有巯基，当重金属盐进入体内后，能与酶上的巯基结合成重金属盐，使酶变性失去活性，引起中毒，这就是所谓的"重金属中毒"。临床上利用硫醇与重金属离子生成稳定盐的性质制备二巯基丙醇、二巯基丙磺酸钠、二巯基丁二酸钠解毒剂。这些解毒剂与金属离子的亲和力较强，能夺取已经与酶结合的重金属离子形成不易解离的无毒配合物随尿排出体外，使酶复活。

3. 氧化反应 硫醇比醇更易被氧化，较弱的氧化剂如过氧化氢、碘等都能将硫醇氧化为二硫化物，空气中的氧气也能氧化硫醇。

$$2CH_3CH_2SH + I_2 \xrightarrow{C_2H_5OH,H_2O} CH_3CH_2S—SCH_2CH_3 + 2HI$$

生物体内有很多含有巯基的物质，可通过体内的氧化形成含有二硫键的蛋白质，形成的二硫键对保护蛋白质分子的特殊构型有很重要的作用。

第二节 酚

一、酚的分类和命名

（一）分类

根据芳环上所连接的羟基数目，可分为一元酚和多元酚。

一元酚　　　　多元酚

苯酚 phenol　　苯-1,4-二酚 hydroquinone　　苯-1,3,5-三酚 benzene-1,3,5-triol

（二）命名

酚（phenol） 英文的后缀与醇一样，都是"-ol"。命名酚时，应使羟基所在的碳原子位次最小。酚的命名一般是在"酚"字和芳环的名称之间写上羟基的位次；若是多酚，则依次写出各个羟基的位次和羟基数目，羟基的数目用中文数字表示。数字之间用"，"隔开，数字与汉字之间用"-"隔开。最后在芳环前面加上其他取代基的名称和位次构成酚的全名。特殊情况下也可以按次序规则把羟基看作取代基来命名。

 NOTE

183

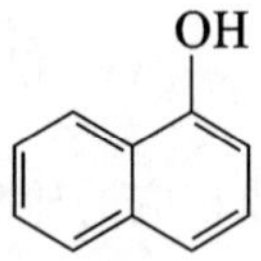

萘-1-酚
naphthalen-1-ol

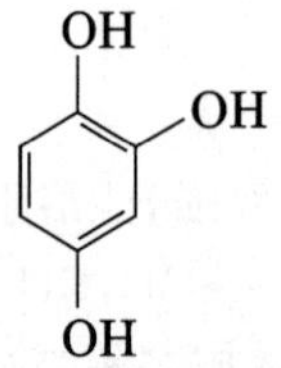

苯-1,2,4-三酚
benzene-1,2,4-triol

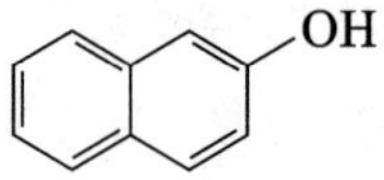

萘-2-酚
naphthalen-2-ol

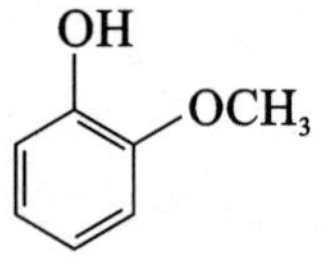

2-甲氧基苯酚
2-methoxyphenol

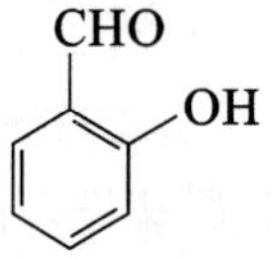

2-羟基苯甲醛
salicylaldehyde

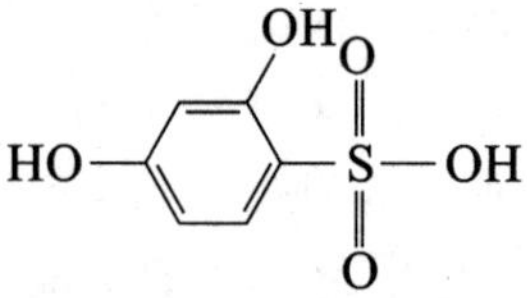

2,4-二羟基苯磺酸
2,4-dihydroxybenzenesulfonic acid

练习题 9-9 *命名下列化合物。*

(1)

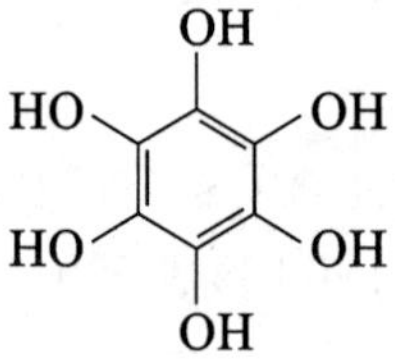

(2)

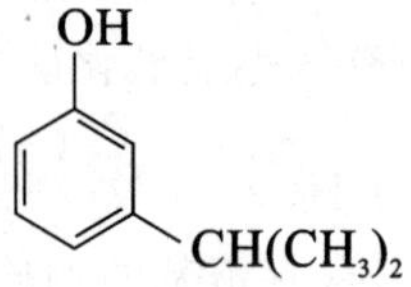

二、酚的制备

由于具有亲电性的 HO^+ 极难形成，这使得在芳环上直接引入羟基制备苯酚成为一项难以完成的任务，因此，苯酚的制备方法与其他取代苯有明显的差别。

（一）苯磺酸盐碱熔融法

芳香磺酸的碱熔融法是一种最古老的工业制酚方法，早期的苯酚和萘酚就是通过该方法合成的。影响该方法推广的原因主要是该方法需要在高温条件下进行，这需要很大的能耗，另外，只有少数含有其他取代基的磺酸能经受得起这样苛刻的条件，这在一定程度上限制了该方法的应用范围。

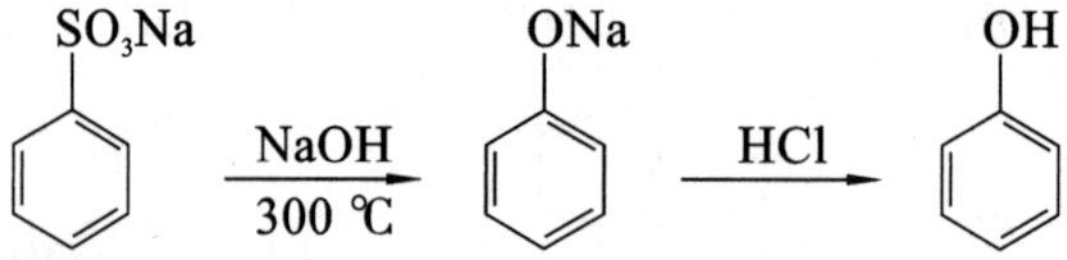

$$SO_3Na \xrightarrow[300\ ℃]{NaOH} ONa \xrightarrow{HCl} OH$$

（二）卤代芳烃水解法

氯苯的水解曾经是工业上生产苯酚的重要方法之一，称为"Dow"法。该法是指 Dow 化学公司（陶氏化学公司）在 20 世纪 20 年代，利用氯苯碱性水解来生产苯酚，即氯代苯在高温高压条件下，与碱反应生成苯酚钠，进而用酸处理制备苯酚。缺点是反应过程复杂，条件苛刻。

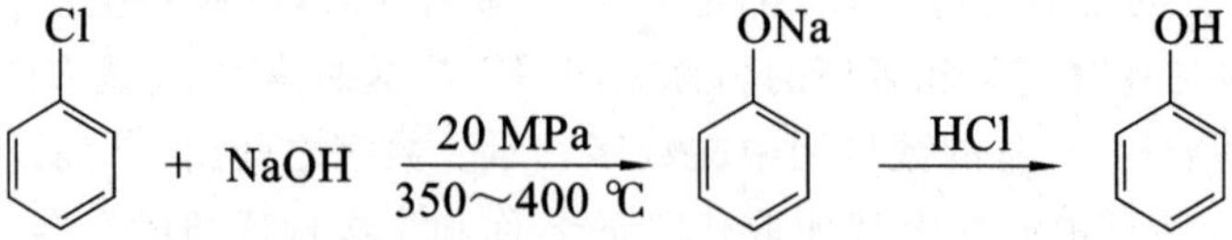

$$Cl + NaOH \xrightarrow[350\sim400\ ℃]{20\ MPa} ONa \xrightarrow{HCl} OH$$

当氯原子的邻、对位连有吸电子基团时，水解比较容易，不需要高压，甚至可用弱碱。

工业上已经用上述方法生产邻硝基苯酚、对硝基苯酚、2,4-二硝基苯酚等。

（三）异丙苯法

异丙苯的氧化重排法是工业制备苯酚与丙酮的主要方法。首先丙烯与催化剂 H_3PO_4 在 30 个标准大气压和 250 ℃条件下反应生成 2-丙基正离子，接着与原料苯通过傅-克烷基化反应生成异丙苯。异丙苯经空气氧化生成过氧化氢异丙苯，后者在强酸下分解成目标产物苯酚和丙酮。该方法可将较为廉价的原料苯和丙烯转化为价值更高的苯酚和重要的化工原料丙酮，可连续化生产，产品纯度高。借用该方法，工业上还可以用来制备萘酚、间甲苯酚和间苯二酚等。若以丁烯代替丙烯与苯进行反应，则可以生产苯酚和丁酮。

（四）重氮盐的水解法

重氮盐水解也是制酚的一种方法，但反应产率相对较低。一种改进方法是在重氮盐水解时，可以将羧酸代替水作为亲核试剂，生成酚酯，接着再水解转化为酚，这虽然比直接水解多了一步反应，却可以显著地提高反应产率。

除了上述方法，其他的合成方法如格氏试剂-硼酸酯法、苯炔中间体法、芳基铊盐的置换水解法也应用较广。

三、酚的物理性质

除少数酚如间甲苯酚为高沸点液体外，多数酚在室温下是晶体。大多数酚有不好闻的气味，有些有香味。纯酚是无色的，但往往由于氧化而带有红色甚至褐色。酚类能形成分子间氢键，也能与水分子之间形成氢键，所以苯酚及其低级同系物微溶于水，可溶于热水，且其沸点和熔点都比相对分子质量相近的烃高。例如：甲苯熔点为 -95 ℃，沸点为 110.6 ℃，而苯酚的熔

点为 43 ℃,沸点为 181 ℃。酚类也可溶于乙醇、乙醚、苯等有机溶剂,在水中也有一定溶解度。酚类化合物有杀菌作用,杀菌能力随羟基数目的增多而增强。

> **练习题 9-10** 邻硝基苯酚的沸点(214.5 ℃)和熔点(44.5 ℃)均比对硝基苯酚的沸点(279 ℃)和熔点(114 ℃)低,请说明原因。

四、酚的结构

苯酚是最常见的酚,酚羟基中氧原子采取 sp^2 杂化,氧原子上的一对孤对电子处于 sp^2 杂化轨道,另一对处于未杂化的 p 轨道,p 轨道上的孤对电子能与苯环形成 p-π 共轭体系,如图 9-3 所示。

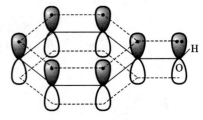

图 9-3 苯酚的结构示意图

由于 p-π 共轭作用,氧原子上的电子向苯环转移,引起氧原子上的电子云密度降低,O—H 键的极性增强,易断裂给出质子,显示出酸性;C—O 键的电子云密度增加,难以断裂;苯环上的电子云密度增加,更易发生亲电取代反应(图 9-4)。

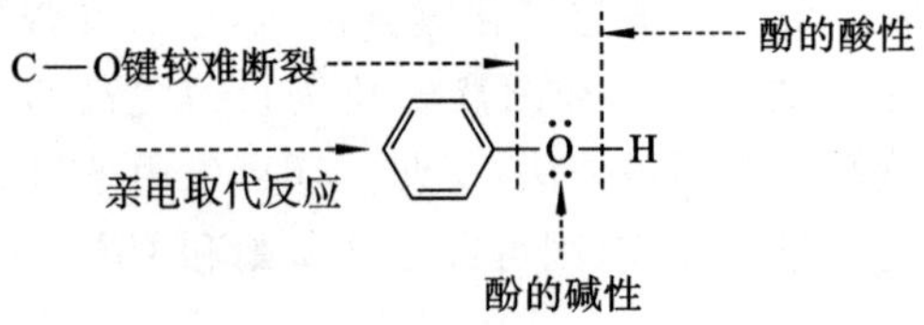

C—O键较难断裂 ------- 酚的酸性

亲电取代反应 ------- 酚的碱性

图 9-4 酚的化学反应位置示意图

五、酚的化学性质

(一)氧氢键断裂的反应

1. 酸性 由于氧原子上的孤对电子与苯环形成 p-π 共轭体系,使 O—H 键的电子云密度下降,易解离出 H^+,所以呈现一定的酸性。同时,失去 H^+ 后形成苯氧负离子,其氧上的负电荷可以被很好地分散到苯环上,使苯氧负离子的稳定性增加。

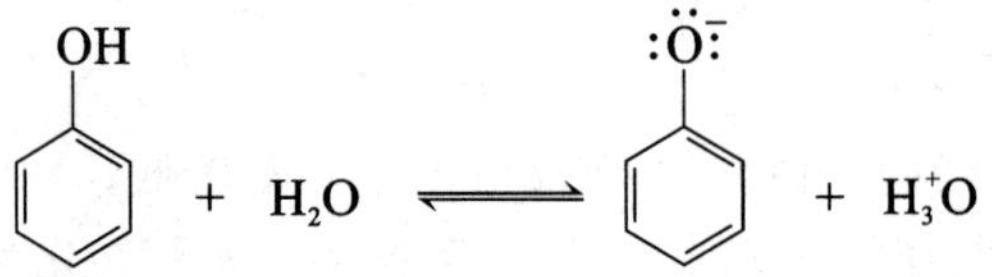

$$苯酚 + H_2O \rightleftharpoons 苯氧负离子 + H_3^+O$$

苯酚的酸性比水和醇强,可与 NaOH 和 Na_2CO_3 反应,但不溶于 $NaHCO_3$,通 CO_2 于苯酚钠水溶液中,苯酚即游离出来。

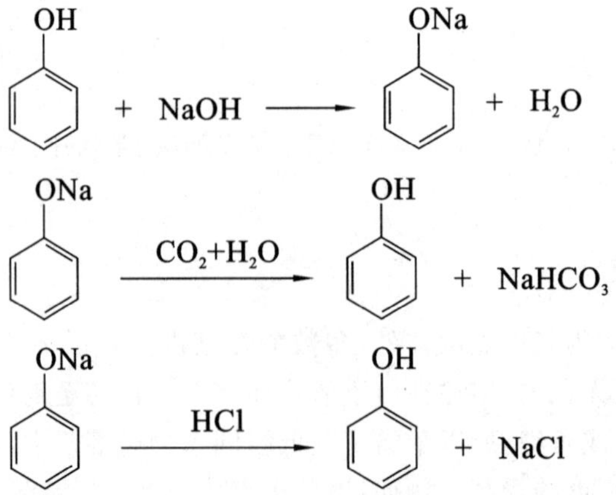

$$苯酚(OH) + NaOH \rightarrow 苯酚钠(ONa) + H_2O$$

$$苯酚钠(ONa) \xrightarrow{CO_2+H_2O} 苯酚(OH) + NaHCO_3$$

$$苯酚钠(ONa) \xrightarrow{HCl} 苯酚(OH) + NaCl$$

利用醇、酚与 NaOH 和 Na_2CO_3 反应的不同,可**鉴别和分离酚与醇**。酚的这种能溶于碱,在酸的作用下又能从碱溶液中游离出来的性质,可用于**酚的分离、提纯**。工业上处理和回收含酚的污水就是根据这个原理。

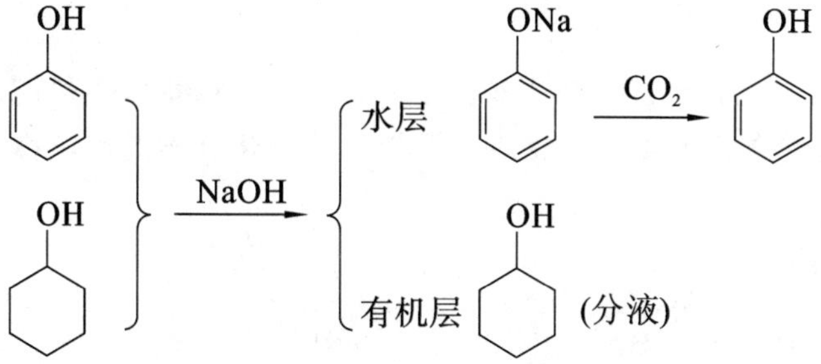

苯环上的取代基对酚的酸性影响很大。苯环上若连有吸电子基团如硝基,硝基强烈的吸电子诱导效应和吸电子共轭效应,使得酚羟基负离子的负电荷离域到硝基的氧原子上,从而使酚羟基负离子更加稳定,酚的酸性增强。对硝基苯酚的酸性比苯酚强 600 倍。

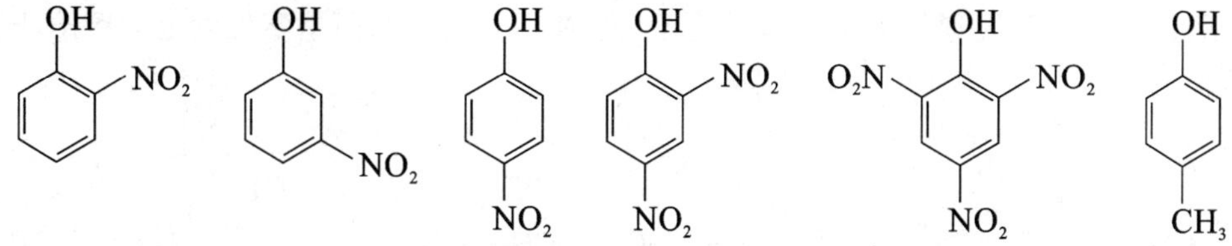

| pK_a | 7.22 | 8.39 | 7.15 | 4.09 | 0.25 | 10.26 |

当硝基位于酚羟基的邻、对位时,由于其强烈的吸电子诱导效应和吸电子共轭效应,负电荷可以离域到硝基的氧原子上,使其酸性增强;但是,当硝基位于酚羟基的间位时,则不能通过共轭效应使负电荷离域到硝基的氧原子上,只有硝基的吸电子诱导效应产生影响。因此,间硝基苯酚的酸性远不如硝基在邻位或对位的强,但仍比苯酚的酸性强 40 余倍。二硝基苯酚的酸性更强,其强度与羧酸差不多,2,4,6-三硝基苯酚的酸性甚至与三氟乙酸相当。

与之相反,当苯环上连有给电子基团时,由于给电子基团使苯环上的电子云密度增加,负电荷较难离域到苯环上,使得酚羟基负离子稳定性减弱,换句话说,酚羟基不易解离释放出质子,因此该类酚化合物的酸性比苯酚的弱。

2. 成醚反应和 Claisen 重排　酚与醇相似,也可以生成醚,但不能像醇一样通过分子间脱水成醚,这主要是因为酚的芳基碳和羟基氧之间的键比较牢固。然而,在碱性条件下,酚羟基可以与卤代烷发生反应生成酚醚。Williamson 醚合成法就是酚与卤代烃在碱性溶液中合成芳香醚的典型方法。

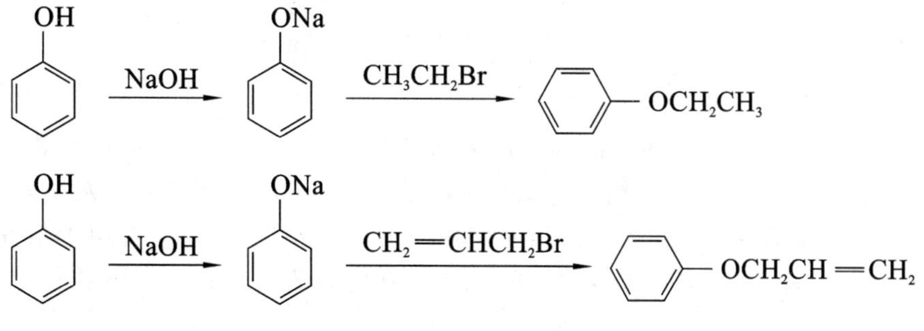

除此之外,酚和硫酸二甲酯在碱性溶液中反应、酚与重氮甲烷在醚溶液中的反应也是制备芳甲醚的常用方法。

NOTE

187

$$\text{PhOH} + H_3CO-\overset{\overset{O}{\|}}{\underset{\underset{O}{\|}}{S}}-OCH_3 \xrightarrow{\text{NaOH}} \text{Ph}-OCH_3 + H_3COSO_2OH$$

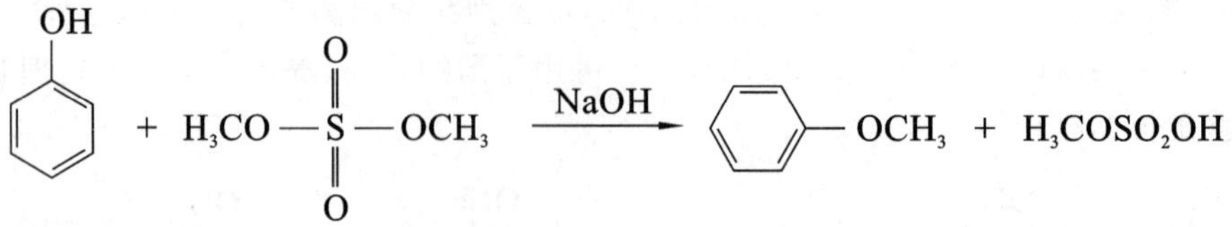

1912年，L. Claisen 报道了烯丙基芳基醚在 200 ℃下可以重排为烯丙基苯酚，此后，将烯丙基醚类衍生物在加热条件下重排成相应的不饱和羰基化合物的反应称为克莱森(Claisen)重排。例如：

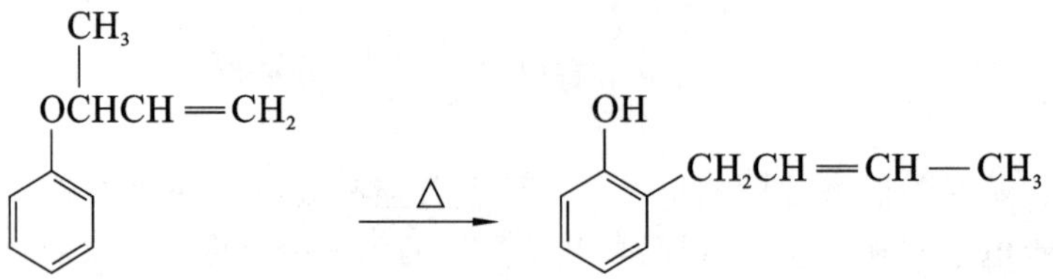

Claisen 重排是一个协同反应，旧键的断裂和新键的形成是同时进行的。反应过程中没有形成活性中间体，而是通过电子迁移形成环状过渡态，最终，烯丙基不仅发生了重排，同时也进行了异构化。

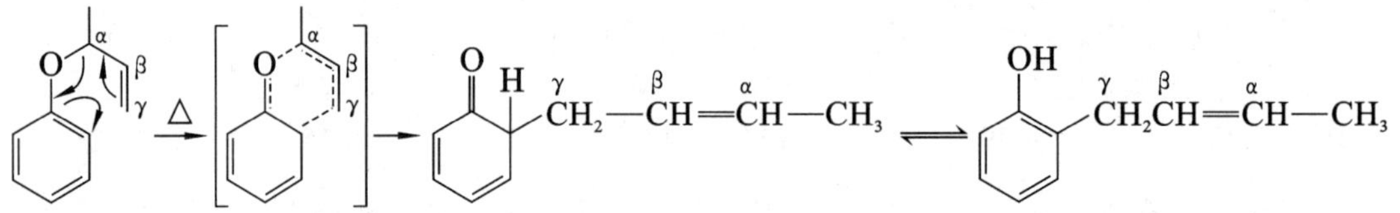

如果烯丙基苯基醚的两个邻位已有取代基，则重排发生在对位。例如：

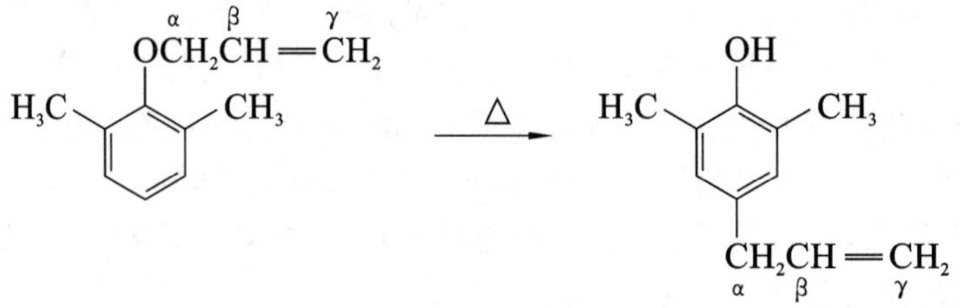

3. 成酯反应和 Fries 重排　醇可以与羧酸很容易地在酸催化下直接发生酯化反应生成酯。然而，酚必须在碳酸钾、吡啶、三乙胺等碱或者如磷酸、硫酸等质子酸的催化下，与酰氯或者酸酐反应生成酯，这主要是由于羟基上的孤对电子参与了 p-π 共轭，亲核能力降低。

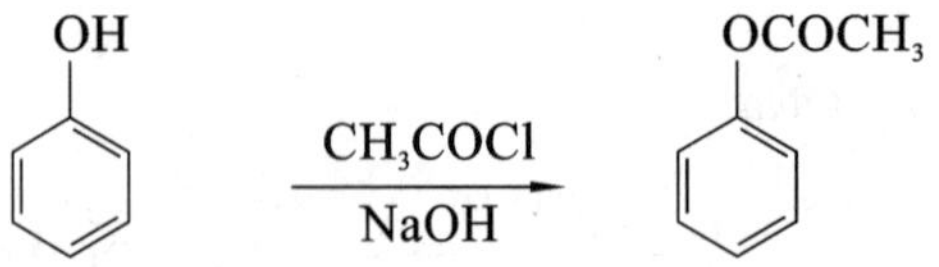

20 世纪初，K. Fries 将乙酸苯酚酯和氯乙酸在 AlCl₃ 作用下加热，分离得到邻、对位乙酰化产物和氯乙酸苯酚酯。此后，将酚酯与 Lewis 酸或 Brønsted 酸一起加热，发生酰基重排生成邻羟基芳酮或对羟基芳酮的混合物的反应均称为 Fries 重排。该反应常用于制备酚酮，结果表明，在较低的温度下，对位异构体是主要产物，而在较高的温度下，邻位异构体则是主要产物。例如：

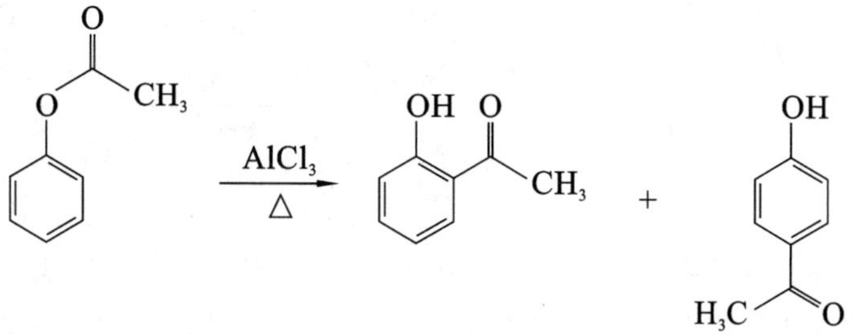

（二）酚芳环上的反应

酚羟基上氧原子的孤对电子与苯环形成 p-π 共轭体系，使酚羟基的邻、对位的电子云密度显著增大，所以使得苯环成为各类亲电试剂进攻的活性中心。与苯相比，苯酚更容易发生各类亲电取代反应。

1. 卤代反应 酚非常容易发生卤代反应，酚的卤代反应甚至不需要任何催化剂，且常发生多取代反应。例如：苯酚在室温下可以与溴水立即发生反应生成 2，4，6-三溴苯酚白色沉淀。

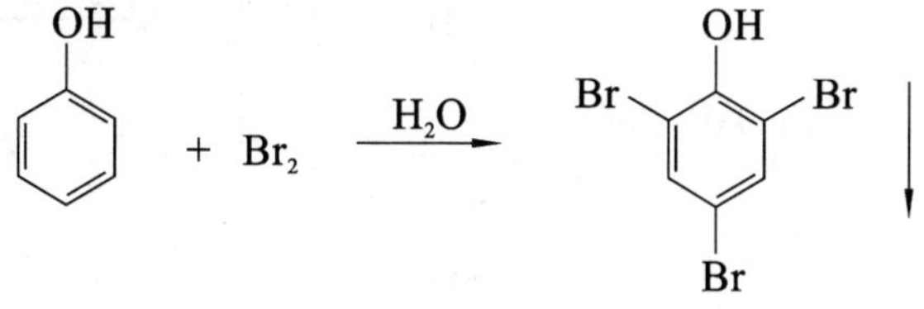

若溴水过量，则 2，4，6-三溴苯酚白色沉淀会进一步转化为四溴衍生物黄色沉淀。

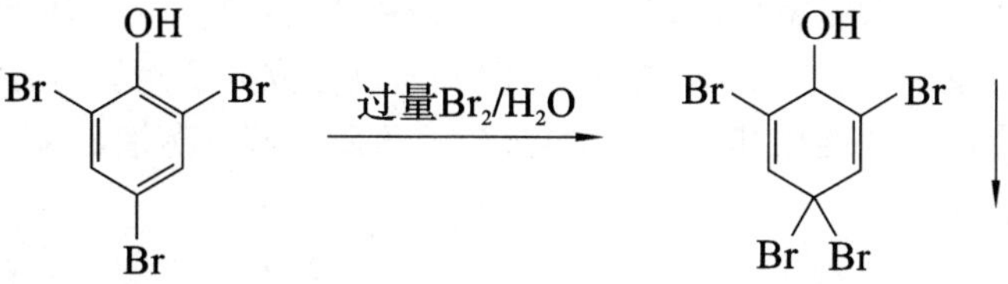

反应很灵敏，很稀的苯酚溶液（$1×10^{-5}$ mol/L）就能与溴水反应生成沉淀。**故此反应通常用于苯酚的定性检验和定量测定。**

邻、对位上有磺酸基存在时，磺酸基也会被卤素原子所取代。例如：

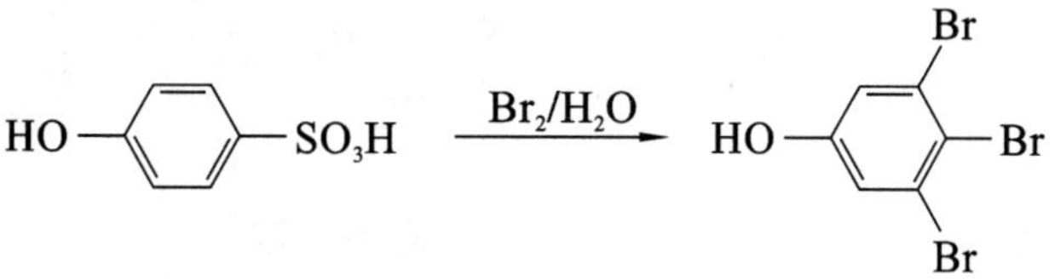

基于此，如果要得到单卤代的产物，通常可以降低反应的温度、使用极性较小或者非极性的溶剂（CS_2、CCl_4 等），严格控制溴的用量。例如：

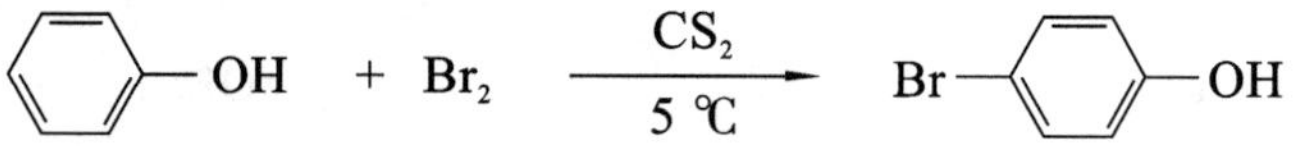

五氯苯酚是一种广泛使用的防腐剂、杀菌剂，具有较强的杀菌效力，也是一种防血吸虫病的药物。其合成可以采用在水溶液中，特别是在弱碱性溶液中，苯酚与氯气反应得到 2，4，6-三氯苯酚。在三氯化铁存在下，2，4，6-三氯苯酚可以进一步氯化生成五氯苯酚。

NOTE

（化学反应式：苯酚 + Cl₂ →(H₂O, pH=10) 2,4,6-三氯苯酚 →(Cl₂, FeCl₃) 五氯苯酚）

2. 磺化反应 苯酚可以与浓硫酸发生磺化反应，生成羟基苯磺酸。该反应的产物受磺化条件特别是温度的影响比较大。当苯酚与浓硫酸在较低的温度（15～25 ℃）下进行磺化反应时，邻羟基苯磺酸是主要产物；当反应在较高的温度（80～100 ℃）磺化时，则对羟基苯磺酸为主要产物。邻羟基苯磺酸和对羟基苯磺酸进一步磺化可以得到 4-羟基苯-1,3-二磺酸。

在硫酸中回流，羟基苯磺酸会失去磺酸基，即磺化反应是可逆的。

（反应式：苯酚 + 浓H₂SO₄ →{15～25 ℃ 生成邻羟基苯磺酸；80～100 ℃ 生成对羟基苯磺酸} →(浓H₂SO₄, Δ) 4-羟基苯-1,3-二磺酸）

3. 硝化反应 由于酚羟基对苯环的活化作用，在室温下，用稀硝酸即可使苯酚硝化，生成邻硝基苯酚和对硝基苯酚的混合物。邻硝基苯酚由于分子中的硝基和羟基处在相邻的位置，易形成分子内氢键而形成六元螯环，削弱了分子间的引力，故沸点相对较低；而对硝基苯酚由于硝基和羟基处在对位，不能形成分子内氢键，但能通过形成分子间氢键而缔合。因此邻硝基苯酚的沸点和在水中的溶解度比其异构体低得多，故可随水蒸气蒸馏出来。

（反应式：苯酚 + HNO₃(稀) → 邻硝基苯酚 + 对硝基苯酚）

邻硝基苯酚　　　　　　　　　对硝基苯酚

如果用浓硝酸进行硝化，则生成 2,4-二硝基苯酚和 2,4,6-三硝基苯酚（俗称苦味酸）。苯酚在未硝化前已经被硝酸氧化，所以产率相对较低。工业上制备苦味酸实际采用间接的方法：用 4-羟基苯-1,3-二磺酸为原料，经硝化反应制备苦味酸。

（反应式：4-羟基苯-1,3-二磺酸 + HNO₃ → 2,4,6-三硝基苯酚）

在酸性溶液中,苯酚可与亚硝酸作用,发生亚硝化反应(nitrosylation),其中亚硝基正离子($^+$NO)是较弱的亲电试剂,生成对亚硝基苯酚和少量的邻亚硝基苯酚。

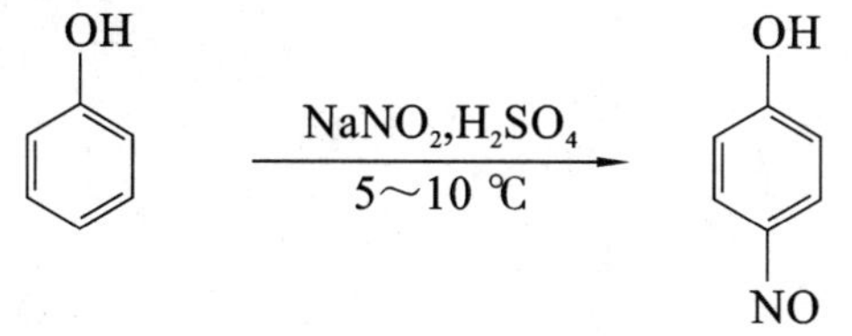

4. Friedel-Crafts 反应 酚羟基使苯环上的电子云密度增大,所以苯酚比芳烃更容易进行 Friedel-Crafts(傅-克)烷基化和酰基化反应。

酚的烷基化反应非常容易进行,通常会得到多烷基取代的产物。例如:对甲基苯酚与2-甲基丙烯反应,得到的产物 4-甲基-2,6-二叔丁基苯酚是一种广泛使用的抗氧化剂和食品防腐剂。

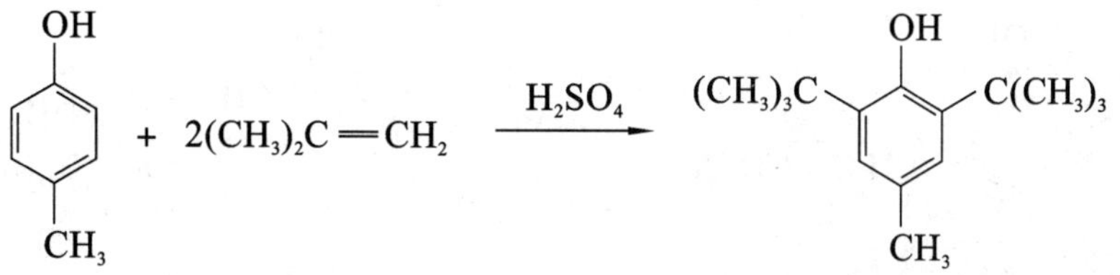

4-甲基-2,6-二叔丁基苯酚

需要注意的是,苯酚的烷基化反应一般不用三氯化铝作催化剂,这是因为三氯化铝会与酚形成配合物而失去催化能力,从而影响反应的产率。另外,酚的烷基化反应用烯烃和醇作为烷基化试剂即可,采用氢氟酸、三氟化硼和浓硫酸等为催化剂。若要得到一取代的产物,则选择体积较大的烷基化试剂或者较弱的催化剂。例如:

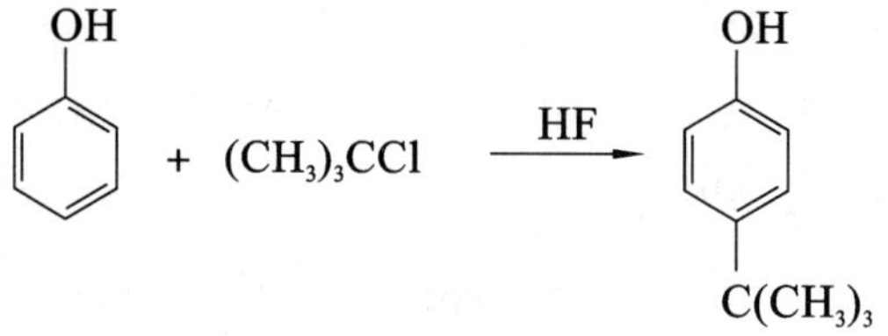

由于酚能与三氯化铝作用生成配合物,该配合物中氧原子上的孤对电子离域到缺电子的铝原子上,使芳环在进行亲电取代反应时活性比酚低,因此在三氯化铝的催化作用下,酚的酰基化反应进行得较慢,并且需要消耗较多的三氯化铝。反应一般得到邻酚酮和对酚酮的混合物。例如:

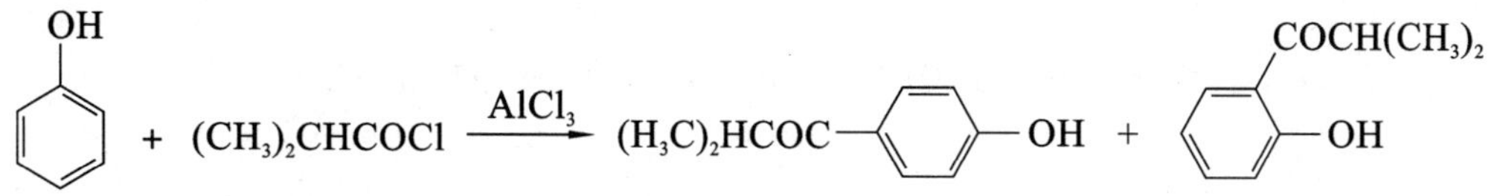

由于酚的芳环上的电子云密度较芳烃大,因此酚在三氟化硼等较弱的催化剂作用下可以与羧酸直接发生酰基化反应,主要得到对位产物。例如:

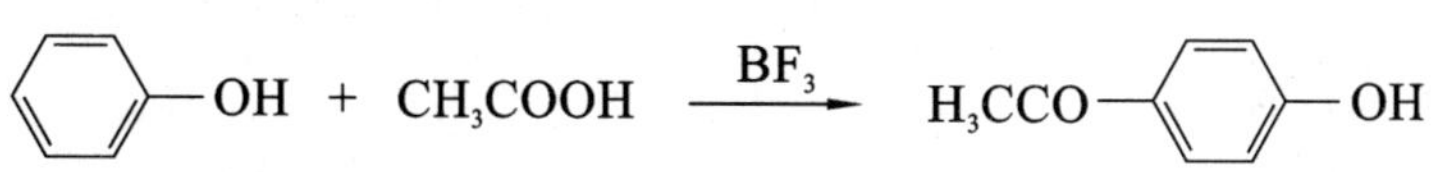

酚酞是常用的酸碱指示剂,当溶液 pH<8.5 时为无色,pH>9 时,生成粉红色的共轭双负离子。在医药上,酚酞可以作为轻泻剂,用于治疗习惯性便秘。酚酞的常用合成方法如下:

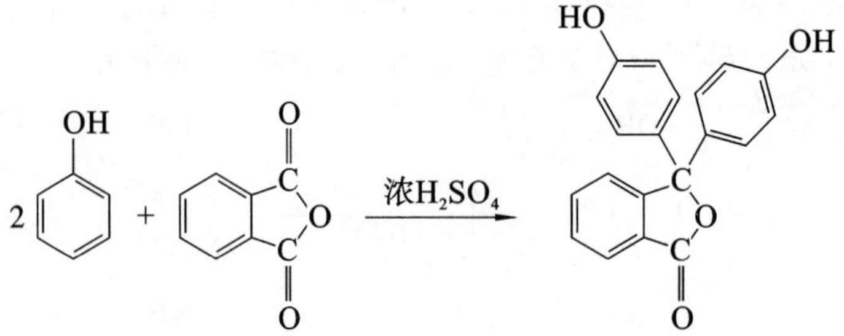

<!-- reaction scheme -->

$$2 \quad \text{苯酚} \quad + \quad \text{邻苯二甲酸酐} \quad \xrightarrow{\text{浓}H_2SO_4} \quad \text{酚酞}$$

酚酞

练习题 9-11 请将下列化合物按照酸性从强到弱进行排列。

(1) 苯酚 (2) 2,4,6-三硝基苯酚 (3) 4-硝基苯酚 (4) 2-甲基苯酚

练习题 9-12 请设计从氯苯合成 2,4-二硝基苯酚的路线,无机试剂可任选。

练习题 9-13 完成下列反应方程式。

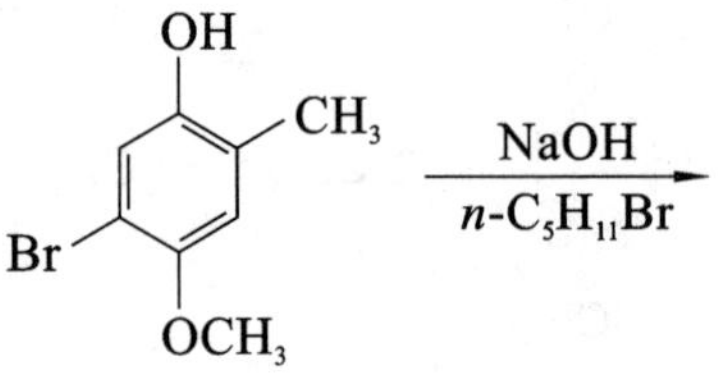

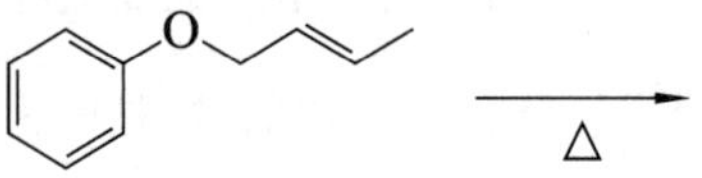

(1) 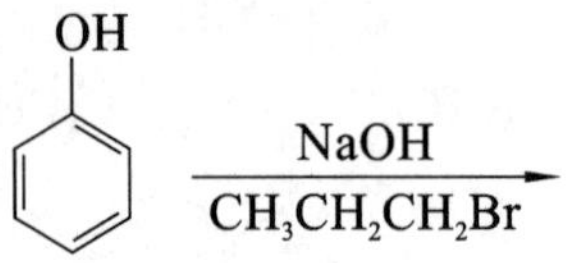
$$\text{苯酚} \xrightarrow[\text{CH}_3\text{CH}_2\text{CH}_2\text{Br}]{\text{NaOH}}$$

(2)
$$\xrightarrow[n\text{-C}_5\text{H}_{11}\text{Br}]{\text{NaOH}}$$

(3)
$$\xrightarrow{\triangle}$$

(三) 酚类化合物的鉴别

大多数酚能与三氯化铁溶液发生显色反应,不同的酚呈现不同的颜色。这种特殊的显色作用可以用来检验酚羟基的存在。

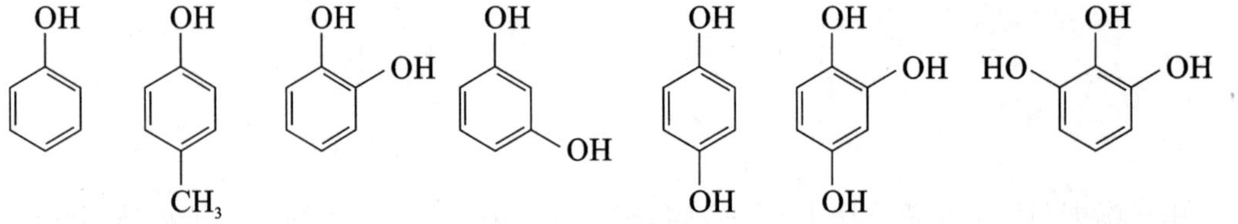

| 蓝紫色 | 蓝色 | 绿色 | 深紫色 | 暗绿色 | 蓝绿色 | 淡棕红色 |

与 $FeCl_3$ 的显色反应并不限于酚。实际上,凡是具有烯醇式结构的化合物与三氯化铁均有显色反应,而一般的醇没有这种显色反应。酚与三氯化铁的显色反应,一般认为是生成配合物。

$$6Ar\text{—OH} + FeCl_3 \Longrightarrow [Fe(OAr)_6]^{3-} + 6H^+ + 3Cl^-$$

第三节 醚和环氧化合物

一、醚的分类和命名

(一) 分类

醚的通式为 R—O—R′。与氧原子相连的两个烃基相同的醚称为**简单醚**(simple ether),

知识链接 9-2

NOTE

也称为对称醚,如:C_2H_5—O—C_2H_5。与氧原子相连的两个烃基不同的醚称为混合醚(complex ether),这是具有不对称结构的醚,如:CH_3—O—C_2H_5。

根据醚键(—O—)所连接的烃基类别的不同,醚可以分为**脂肪醚**(aliphatic ether)和**芳香醚**(aromatic ether)。就脂肪醚而言,按照分子中是否存在环,还可以分为**环醚**(cyclic ether)和**无环醚**(acyclic ether)。环上含氧的醚称为**内醚**(inner ether),也称为**环氧化合物**(epoxy compound),含有多个氧原子的醚称为**冠醚**(crown ether),这是其酷似皇冠的形象描述。按照醚键所连烃基的饱和度可细分为**饱和醚**(saturated ether)和**不饱和醚**(unsaturated ether)。例如:

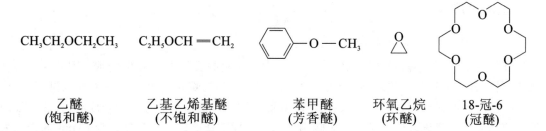

CH₃CH₂OCH₂CH₃	C₂H₅OCH=CH₂	—O—CH₃	环氧乙烷	18-冠-6

乙醚　　　乙基乙烯基醚　　　苯甲醚　　　环氧乙烷　　　18-冠-6
(饱和醚)　　(不饱和醚)　　　(芳香醚)　　(环醚)　　　(冠醚)

（二）命名

1. 普通命名法　对于结构简单的醚,常采用普通命名法。就简单醚而言,是在与氧原子相连的相同烃基名称前写上"二"字,再加上"醚"字。通常"二"字可以省略不写。

对于混合醚而言,其普通命名法是按照烃基的英文首字母顺序来命名的,然后再加上"醚"(ether)字。通常烃基中的"基"字可以省略。

$$CH_3CH_2OCH_2CH_3 \qquad CH_3OCH_2CH_3 \qquad CH_3CH_2OCH=CH_2$$

二乙(基)醚或乙醚　　　　乙基甲基醚　　　　乙基乙烯基醚
diethyl ether　　　ethyl methyl ether　　　ethyl vinyl ether

2. 系统命名法　结构比较复杂的醚可以看作烃的烃氧基衍生物,用系统命名法来命名。将碳链最长的烃基看作母体,把烃氧基作为取代基,称为"某"烃氧基"某"烃。

$$CH_3OCH_2CH_2OCH_3 \qquad (CH_3)_2CHOCH_2CH_2CH_3$$

1,2-二甲氧基乙烷　　　　1-(1-甲基乙氧基)丙烷
1,2-dimethoxy ethane　　　1-(1-methylethoxy)propane

环醚指分子中一个氧原子和碳链上两个相邻的或非相邻的碳原子相连而形成的环状化合物。命名时,以环氧(epoxy)作为词头,写在相应的母体烃名之前。环氧乙烷是最简单的环氧化合物。当环氧化合物上连有取代基时,命名还需要用数字标明环氧氧原子的位号,并用一短线与环氧二字相连。

环氧乙烷　　　1,2-环氧丙烷　　　2,3-环氧戊烷　　　4-氯-4,5-环氧-1-戊烯
epoxyethane　　1,2-epoxypropane　2,3-epoxypentane　4,5-epoxy-4-chloro-1-pentene

大环醚含有多个氧原子,因其结构酷似古代国王的王冠,故形象称该类化合物为冠醚(crown ether)。冠醚命名时用"冠"字表示该类化合物。在"冠"字前面首先写出包括碳原子和氧原子在内的所有原子的总数,并用一短线隔开;在短线后再注明氧原子的个数,同样用一短线隔开,即得到冠醚的名称。

 NOTE

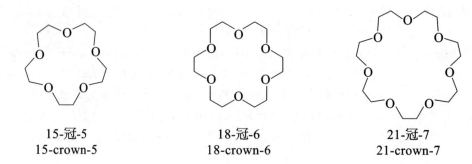

15-冠-5
15-crown-5

18-冠-6
18-crown-6

21-冠-7
21-crown-7

二、醚的制备

（一）Williamson 合成法

在无水条件下，醇钠和卤代烷发生亲核取代生成醚的反应称为**威廉姆逊**（Williamson）**合成法**，是一种合成醚的非常经典的方法。该反应中，醇钠的烷氧基负离子是强亲核试剂，反应为双分子亲核取代反应，可用于合成简单醚或混合醚。特别是不对称醚的合成时，合成路线的设计应该考虑到亲核取代反应中的影响因素，如：怎样选择卤代烃和醇钠。**Williamson 合成法是合成混合醚非常有用的方法**。

$$C_2H_5ONa + CH_3I \longrightarrow CH_3-O-C_2H_5 + NaI$$

$$\text{⟨苯环⟩}-ONa + CH_3I \longrightarrow \text{⟨苯环⟩}-O-CH_3 + NaI$$

威廉姆逊合成法中只能选用伯卤代烷与醇钠为原料。因为醇钠既是亲核试剂，又是强碱，仲卤代烷、叔卤代烷（特别是叔卤代烷）在强碱条件下主要发生消除反应而生成烯烃。换句话说，在合成含有叔丁基的混合醚时，应选用叔醇钠和相应的卤代烷进行反应。

$$\underset{\underset{CH_3}{|}}{\overset{\overset{CH_3}{|}}{H_3C-C-Br}} + CH_3CH_2ONa \longrightarrow \underset{CH_3}{\overset{\overset{CH_3}{|}}{H_3C-C}}=CH_2 + CH_3CH_2OH + NaBr$$

$$\underset{\underset{CH_3}{|}}{\overset{\overset{CH_3}{|}}{H_3C-C-ONa}} + CH_3CH_2Br \longrightarrow \underset{\underset{CH_3}{|}}{\overset{\overset{CH_3}{|}}{H_3C-C-O-CH_2CH_3}} + NaBr$$

除用卤代烷以外，醇钠与磺酸酯、硫酸酯反应也可以合成醚。

$$(CH_3)_2CHONa + CH_3OSO_2-\text{⟨苯环⟩} \longrightarrow (CH_3)_2CHOCH_3 + NaOSO_2-\text{⟨苯环⟩}$$

芳香醚可采用酚钠与磺酸酯或硫酸酯反应进行制备。

$$\text{⟨苯环⟩}-ONa + H_3CO-\overset{\overset{O}{\|}}{\underset{\underset{O}{\|}}{S}}-OCH_3 \longrightarrow \text{⟨苯环⟩}-O-CH_3 + NaO-\overset{\overset{O}{\|}}{\underset{\underset{O}{\|}}{S}}-OCH_3$$

威廉姆逊合成法的一大优点是可以合成各类芳香醚，除可以选择醇钠和卤代烃外，芳香醚的合成也可用苯酚和卤代烷或者硫酸酯在强碱的水溶液中制备。

（二）醇分子的失水

醇脱水是工业上和实验室常用的制备低级简单醚的方法。在浓硫酸作用下，醇经分子间脱水(intermolecular dehydration)可以合成醚。

$$CH_3CH_2OH + CH_3CH_2OH \xrightarrow[\triangle]{\text{浓 } H_2SO_4} CH_3CH_2-O-CH_2CH_3 + H_2O$$

此法只适用于制备简单醚,且限于伯醇,仲醇产量低,叔醇在酸性条件下主要生成烯烃。醇脱水不适用于制备混合醚,这是因为在制备混合醚时,不可避免地会有其他两种简单醚生成,最终的结果是产率不太理想,另外,分离几种醚的混合物也有一定的困难。

（三）烯烃的烷氧汞化-去汞法

这是一个相当于烯烃加醇的合成醚的方法,中间经过加汞盐、再还原去汞的步骤,相当于醇与烯烃的马氏加成。

$$CH_3CH_2CH=CH_2 \xrightarrow[\text{2)NaBH}_4,OH^-]{\text{1)Hg(OAc)}_2,CH_3OH} CH_3CH_2\underset{\underset{OCH_3}{|}}{C}HCH_3$$

由于空间位阻的原因,该方法不能用于制备三级醚。

练习题 9-14 请以醇或酚为原料,合成下列两种化合物。

(1) 苯基—O—CH(CH₃)₂   (2) 环己基—OCH₂CH₃

三、醚的物理性质

在常温下除甲醚和甲乙醚为气体外,大多数醚为易燃、易挥发的液体,有特殊气味,相对密度小于1。低级醚的沸点比相对分子质量相近的醇的沸点低得多,这是由于与醇不同,醚的分子间不存在氢键,分子间的作用力小于醇。如甲醚的沸点为 $-24.9\ ℃$,而乙醇的沸点则高达 $78.5\ ℃$;乙醚的沸点为 $34.6\ ℃$,正丁醇的沸点为 $117.8\ ℃$。常见醚的物理性质见表9-2。

表 9-2 常见醚的物理性质

名 称	英文名	熔点/℃	沸点/℃	相对密度(d^{20})
甲醚	methyl ether	−138.5	−24.9	
甲乙醚	ethyl methyl ether		−10.8	
乙醚	ethyl ether	−116.6	34.6	0.7137
丙醚	propyl ether	−122	90.1	0.7360
异丙醚	isopropyl ether	−86	68	0.7241
丁醚	butyl ether	−95.3	142	0.7689
环氧乙烷	ethylene oxide	−111	10.8	0.8711
四氢呋喃	tetrahydrofuran	−65	67	0.8892
1,4-二氧六环	1,4-dioxane	12	101	1.0337

醚一般微溶于水,四氢呋喃和1,4-二氧六环与水能够完全互溶,易溶于有机溶剂。醚的化学性质不活泼,且多数有机物在醚中有较好的溶解性,因此醚是良好的溶剂,常用来提取有机物或作为有机反应的溶剂。

乙醚是醚中使用较多的化合物,常用作溶剂和萃取剂。用乙醚从水溶液中提取易溶于乙醚的有机物时,由于乙醚和水存在少量的互溶,所以在醚的提取液中会有少量水,在旋蒸除去乙醚之前,干燥除水是必要步骤。

NOTE

乙醚在外科手术中也可以作为麻醉剂,其作用机制是溶于神经组织脂肪中从而引起生理变化,其麻醉效果主要取决于醚在水相和脂肪相的分配系数。乙烯基醚也是一种麻醉剂,其麻醉性能约是乙醚的 7 倍,而且作用极快,但有迅速达到麻醉程度过深的危险,因而限制了它在这方面的实际应用。

> **练习题 9-15** 为什么丙醇的沸点高于甲丙醚?

四、醚的结构

脂肪醚的醚键中的氧原子采取 sp³ 杂化,两个 sp³ 杂化轨道分别与两个烃基的 sp³ 杂化轨道形成 σ 键,另外两对孤对电子分占两个 sp³ 杂化轨道。以甲醚为例(图 9-5),其醚键的键角约为 112°。碳氧键的键长约为 0.142 nm。若醚分子中与氧原子相连的两个烃基至少有一个是芳烃基时,氧原子为 sp² 杂化,孤对电子所处的 p 轨道与苯环的 π 电子形成 p-π 共轭体系,醚键的键角接近 120°。例如,苯甲醚分子中醚键键角为 121°。芳环碳氧键键长为 0.136 nm,比甲醚中的碳氧键短。

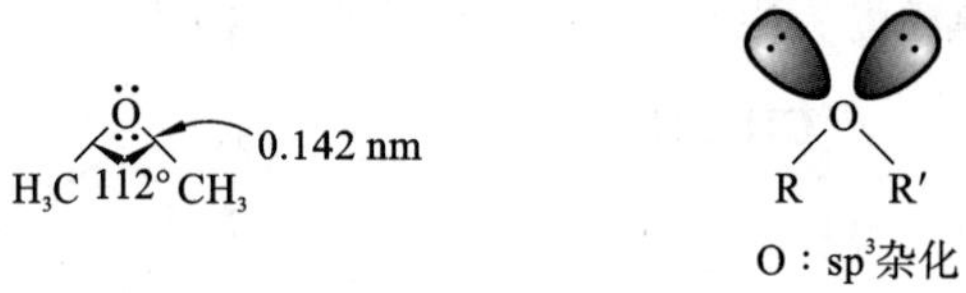

$$\ddot{O} \quad 0.142\ nm$$
$$H_3C\ 112°\ CH_3 \qquad R \quad R'$$
$$O：sp^3杂化$$

图 9-5 醚分子中氧的价键及未共用电子对分布示意图

五、醚的化学性质

醚键是醚的官能团,醚键对于碱、氧化剂、还原剂都十分稳定,所以醚是一类相当不活泼的化合物(环醚除外)。醚在常温下和金属钠不起反应,可以用金属钠来干燥。醚的稳定性稍弱于烷烃,当酸性不很强的试剂进行反应时,可用醚作溶剂。

醚键是醚的官能团,醚基中的氧原子含有两对孤对电子,具有碱性和亲核性;氧的电负性比碳大,碳氧键在一定条件下可异裂,发生饱和碳原子上的亲核取代反应。受电子效应的影响,α-C 上有氢时易被氧化。醚的主要反应位置如图 9-6 所示。

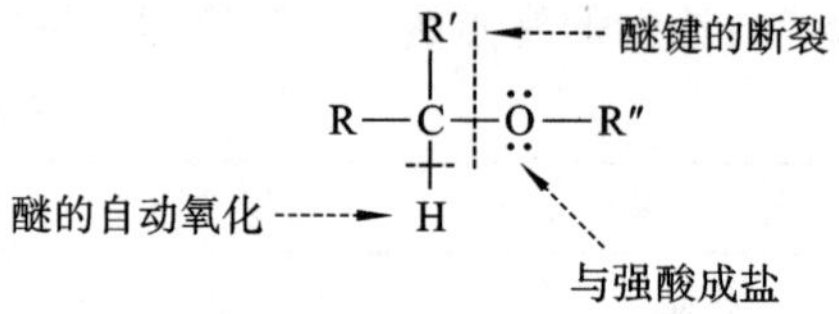

$$R - \overset{R'}{\underset{H}{\overset{|}{C}}} - \overset{\cdot\cdot}{O} - R''$$

醚键的断裂
醚的自动氧化
与强酸成盐

图 9-6 醚的主要反应位置示意图

(一) 锌盐的形成

醚的氧原子上有两对孤对电子,是一个路易斯碱,可与氯化氢、浓硫酸等反应,接受质子,生成相应的锌盐。

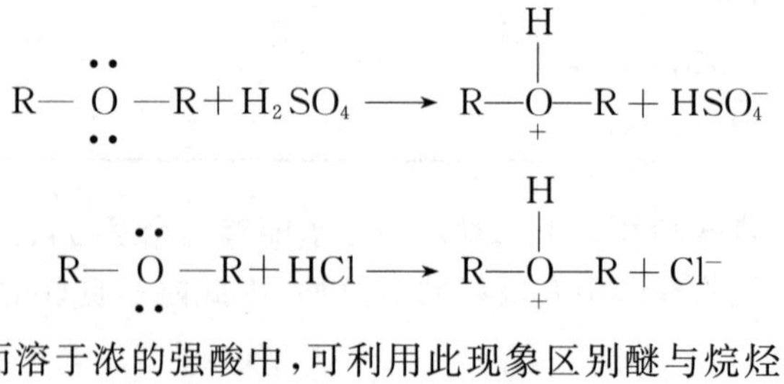

$$R - \overset{\cdot\cdot}{\underset{\cdot\cdot}{O}} - R + H_2SO_4 \longrightarrow R - \overset{H}{\underset{+}{\overset{|}{O}}} - R + HSO_4^-$$

$$R - \overset{\cdot\cdot}{\underset{\cdot\cdot}{O}} - R + HCl \longrightarrow R - \overset{H}{\underset{+}{\overset{|}{O}}} - R + Cl^-$$

醚由于生成锌盐而溶于浓的强酸中,可利用此现象区别醚与烷烃或卤代烃。由于醚的碱性较弱,所生成的锌盐是一种弱碱和强酸所形成的盐,稳定性较差,遇水即可分解为原来的醚,利用这个性质,可用于烷烃或氯代烃等混合物中醚的分离提纯。

$$H$$
$$\overset{|}{\underset{+}{R-O-R}} + Cl^- \xrightarrow{H_2O} R-\overset{..}{\underset{..}{O}}-R + Cl^- + H_3O^+$$

乙醚能吸收相当量的盐酸，形成锌盐。将该锌盐与有机碱（如胺的乙醚溶液）放在一起，即可析出胺的盐酸盐，这是制备铵盐的一种有效的方法。

醚还可以将氧上的未共用电子对与缺电子的路易斯酸如 BF_3、$AlCl_3$、$RMgX$ 等共用形成相应的配合物。

$$R-\overset{..}{\underset{..}{O}}-R + BF_3 \longrightarrow R_2O \rightarrow BF_3$$

$$R-\overset{..}{\underset{..}{O}}-R + AlCl_3 \longrightarrow R_2O \rightarrow AlCl_3$$

$$2R-\overset{..}{\underset{..}{O}}-R + RMgX \longrightarrow \begin{matrix} R & R & R \\ & | & \\ O \rightarrow Mg \leftarrow O \\ | & | & | \\ R & X & R \end{matrix}$$

（二）醚键的断裂

醚与浓氢卤酸（一般用氢碘酸）在常温下作用，氢卤酸先与醚生成锌盐，碳氧键变弱，卤素负离子作为亲核试剂进攻锌盐发生 S_N1 或 S_N2 亲核取代反应，醚键可以断裂生成卤代烷和醇。如果氢卤酸过量，生成的醇进一步反应生成卤代烷。伯烷基醚与氢碘酸作用时，碘负离子与锌盐按 S_N2 反应机制进行。叔烷基醚可按照 S_N1 反应机制进行反应。

$$CH_3CH_2-O-CH_3 + HI \longrightarrow CH_3CH_2-\overset{+}{\underset{\underset{H}{|}}{O}}-CH_3 + I^- \xrightarrow{S_N2} CH_3I + CH_3CH_2OH$$
$$\downarrow \text{过量HI}$$
$$CH_3CH_2I + H_2O$$

$$(CH_3)_3C-O-CH_3 + HI \xrightarrow{-I^-} (CH_3)_3C-\overset{+}{\underset{\underset{H}{|}}{O}}-CH_3 \xrightarrow{S_N1} (CH_3)_3C^+ + CH_3OH$$
$$\downarrow +I^- \qquad \downarrow \text{过量HI}$$
$$(CH_3)_3CI \qquad CH_3I + H_2O$$

氢溴酸和盐酸也可以进行上述反应，但这两种酸没有氢碘酸活泼，氢碘酸和氢溴酸使醚键断裂的能力远远大于盐酸和硫酸，因此需要较高浓度的酸和较高的反应温度。所以氢碘酸是最有效的分解醚的试剂。实际上，盐酸和硫酸除了能使叔烷基醚、烯丙基醚和苄基醚的醚键断裂外，几乎不能使别的醚键断裂。

对混合醚而言，碳氧键断裂的顺序为三级烷基＞二级烷基＞一级烷基＞芳基。伯烷基混合醚与氢碘酸作用时，一般是较小的烃基生成碘代烷，较大的烃基生成醇或酚，反应主要按 S_N2 反应机制进行。这主要是由于亲核试剂碘负离子优先进攻位阻较小的烷基。而叔烷基醚键的断裂按照 S_N1 反应机制进行，首先生成稳定性较大的叔碳正离子，然后与亲核试剂结合生成卤代烷。

环醚与酸反应，则醚环打开，生成卤代醇；当酸过量时，卤代醇进一步转化为二卤代烷。例如：

NOTE

$$\text{（环氧戊烷）} + HCl \longrightarrow ClCH_2CH_2CH_2CH_2OH \xrightarrow[\text{无水}ZnCl_2]{HCl} ClCH_2CH_2CH_2CH_2Cl$$

1,4-二氯丁烷

1,4-二氯丁烷是合成纤维尼龙的重要中间原料,该化合物可通过四氢呋喃与盐酸反应制得。但由于盐酸使醚键断裂能力较差,反应中需要加入无水氯化锌。

不对称醚的开环,生成两种产物的混合物。例如:

$$H_3C-\text{（环氧丙烷）} \xrightarrow{HBr} \underset{\underset{Br}{|}}{CH_3CHCH_2CH_2OH} + \underset{\underset{OH}{|}}{CH_3CHCH_2CH_2Br}$$

芳基与氧的孤对电子产生 p-π 共轭而较难断裂,因此芳基烷基醚在与氢碘酸反应时,只发生烷氧键断裂,不发生芳氧键断裂。其产物为碘代烷和酚,氢碘酸不能使酚变成碘代芳烃。因此,酚的烷基化反应和芳基烷醚被氢碘酸分解的反应结合使用,可以在反应中达到**保护酚羟基**的目的。氢碘酸不能使二芳基醚分解。例如:

$$\text{（苯基）}-O\!\mid\!CH_3 + HI(浓) \longrightarrow \text{（苯基）}-OH + CH_3I$$

（三）过氧化物的形成

醚对氧化剂(如 $KMnO_4$、$K_2Cr_2O_7$ 等)较稳定,但与空气长期接触或经光照,则醚分子中与醚氧原子相连的 α-碳的氢可被氧化。氧化过程比较复杂,先生成氢过氧化醚,然后再转变为更复杂的过氧化物(peroxide)。生成过氧化物是一个自由基过程。

$$CH_3CH_2OCH_2CH_3 \xrightarrow{O_2} \underset{\overset{\overset{\displaystyle O-O-H}{|}}{}}{CH_3CHOCH_2CH_3}$$

$$\underset{\overset{|}{CH_3}\quad\overset{|}{CH_3}}{H_3C-HC-O-CH-CH_3} \xrightarrow{O_2} \underset{\overset{|}{CH_3}\quad\overset{|}{CH_3}}{H_3C-\overset{\overset{\displaystyle O-O-H}{|}}{C}-O-CH-CH_3}$$

过氧化醚是爆炸性极强的高聚物,不易挥发,受热或受摩擦时易爆炸,而且对人体有毒,因此在使用乙醚时,应先检查是否存在过氧化物。

过氧化物的检测:过氧化物具有氧化性,能使湿润的 KI-淀粉试纸变蓝,可使碘化钾醋酸溶液析出碘,故常用 KI 实验法检测,也可用 $FeSO_4$ 和 KSCN 混合液检测。过氧化物的去除:用还原剂如 Na_2SO_3 溶液或饱和 $FeSO_4$ 溶液充分洗涤,蒸馏后将乙醚储于棕色瓶中。

练习题 9-16　请写出下列化合物与过量氢碘酸反应的产物。

(1) $CH_3OCH(CH_3)_2$　　　　　(2) $H_3C-\text{（对位苯基）}-O-CH_2CH_3$

练习题 9-17　请写出下面化合物与等物质的量的氢碘酸反应的产物。

$$\text{（苯基）}-CH_2OCH_2CH_2CH_3$$

六、环氧化合物

环氧化合物,即由碳原子与氧原子共同形成环状结构的醚,也称为环醚。本部分内容只讨论环醚中只含有一个氧原子的环状化合物。例如：

其中，五元环和六元环的环醚性质相对稳定，三元环的环醚是最简单的环氧化合物，由于存在较大的张力，化学性质很活泼，容易在酸或碱催化下与亲核试剂发生亲核取代反应而使环开裂，生成开链化合物。

（一）结 构

1,2-环氧化合物是一类具有三元环的环醚，其中最简单的是环氧乙烷（epoxyethane）。环氧乙烷的结构类似于环丙烷，其张力很大，能量为114.1 kJ/mol，环氧乙烷的结构如图 9-7 所示。

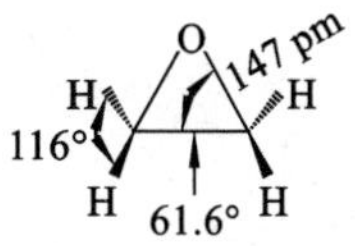

环氧乙烷是三元环，张力大，易开环，性质非常活泼，在酸或碱催化下可以与许多含活泼氢的试剂（如水、氢卤酸、醇、氨等）发生化学反应。

图 9-7 环醚的结构示意图

（二）化学性质

1. 酸催化的开环反应 氧原子质子化形成锌盐，然后亲核试剂（如水或醇）从反面进攻，水解得到反式产物。

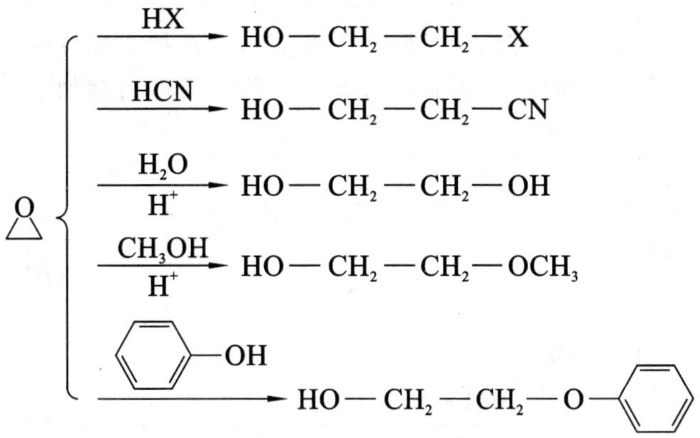

$$
\begin{array}{l}
\xrightarrow{\text{HX}} \text{HO—CH}_2\text{—CH}_2\text{—X} \\[4pt]
\xrightarrow{\text{HCN}} \text{HO—CH}_2\text{—CH}_2\text{—CN} \\[4pt]
\xrightarrow[\text{H}^+]{\text{H}_2\text{O}} \text{HO—CH}_2\text{—CH}_2\text{—OH} \\[4pt]
\xrightarrow[\text{H}^+]{\text{CH}_3\text{OH}} \text{HO—CH}_2\text{—CH}_2\text{—OCH}_3 \\[4pt]
\xrightarrow{\text{C}_6\text{H}_5\text{OH}} \text{HO—CH}_2\text{—CH}_2\text{—O—C}_6\text{H}_5
\end{array}
$$

在酸性条件下，环氧化合物的醚氧原子质子化生成锌盐。从而使氧原子吸引电子能力增强，进而削弱了 C—O 键，并使环碳原子带部分正电荷，从而有利于亲核试剂的进攻。对不对称的环氧化合物而言，在酸性条件下，亲核试剂主要从环的反方向进攻取代基较多的环氧碳原子，该反应虽然是一个典型的 S_N2 反应机制，但却包括部分 S_N1 反应机制的特性，主要是因为 C—O 键的断裂比亲核试剂与环氧碳原子之间的键形成更快，反应向能形成更稳定碳正离子的方向进行。反应机制如下：

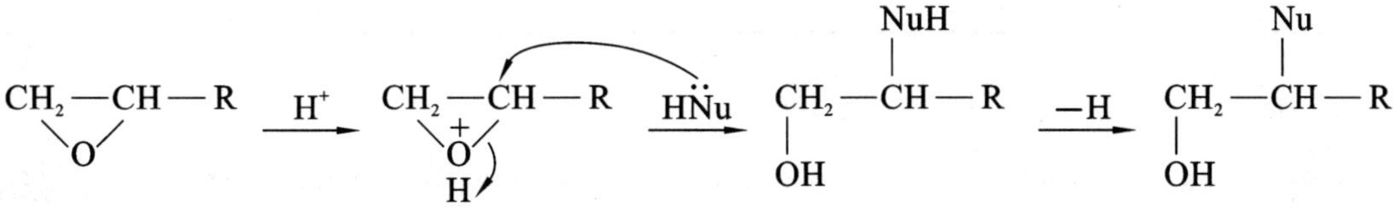

或者

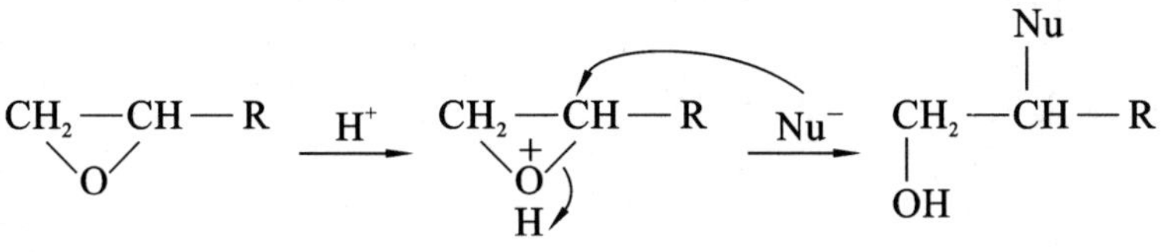

在酸性条件下,1,2-环氧丙烷与氢氰酸进行如下反应:

$$H_3C-CH-CH_2 \xrightarrow{HCN} H_3C-CH-CH_2-OH$$
$$\underset{O}{} \qquad \underset{CN}{}$$

2. 碱性开环反应 在碱性条件下,由于亲核试剂的亲核能力很强,环氧化合物不像在酸性条件下那样带有电荷,反应将按照 S_N2 反应机制进行。

$$\begin{aligned}
&\xrightarrow{OH^-} HO-CH_2-CH_2-OH\\
&\xrightarrow{RO^-} HO-CH_2-CH_2-OR\\
&\xrightarrow{ArO^-} HO-CH_2-CH_2-OAr\\
&\xrightarrow{NH_3} HO-CH_2-CH_2-NH_2\\
&\xrightarrow{RMgX} HO-CH_2-CH_2-R
\end{aligned}$$

一般情况下,酸催化时,亲核试剂进攻取代基较多的碳原子;碱性条件下,亲核试剂进攻取代基较少的碳原子。反应都是按 S_N2 反应机制进行的。碱性条件下的反应,是典型的 S_N2 反应,C—O 键的断裂与亲核试剂和环氧碳原子之间的键的形成几乎是同时进行的。对不对称的环氧化合物而言,反应物的空间位阻影响很大,亲核试剂从环的反方向进攻位阻小的环氧碳原子,即进攻取代基少的环氧碳原子,得到反式开环产物。反应机制如下:

$$R-CH-CH_2 \xrightarrow{Nu^-} R-\underset{O^-}{CH}-\underset{}{CH_2}-Nu \xrightarrow[HNu]{} R-\underset{OH}{CH}-\underset{}{CH_2}-Nu$$

例如,在碱催化下,环氧丙烷与醇钠反应:

$$H_3C-CH-CH_2 \xrightarrow[CH_3CH_2OH]{CH_3CH_2ONa} CH_3-\underset{OH}{CH}-CH_2-OCH_2CH_3$$
$$\underset{O}{}$$

值得一提的是,环氧乙烷与格氏试剂 RMgX 反应的产物经酸性水解后,得到比格氏试剂中烷基多两个碳的伯醇,这是**有机合成中一次增加两个碳原子的碳链增长的方法之一**。

练习题 9-18 请写出下列反应的产物。

(1) $\underset{CH_3}{\triangle O}$ + HBr ⟶   (2) $\underset{CH_3}{\triangle O}$ $\xrightarrow[H^+]{CH_3CH_2MgBr}$

七、冠醚

冠醚是大环多元醚类化合物,是含有多个氧原子的大环醚,也可以看作是多个乙二醇分子缩聚而成的大环化合物,它们的结构特征是分子中含有多个—OCH_2CH_2—单元。由于它们的结构形似皇冠,因此称为冠醚。1962 年,科学家首次成功合成冠醚,冠醚主要用 Williamson合成法制备。

冠醚的重要化学特性之一是处于环内侧的氧具有孤对电子,可**与具有空轨道的金属离子形成配位键**。只有冠醚的空穴半径和金属离子的半径相近时,才能形成稳定的配位键。含有不同数目氧原子的冠醚,其分子中空穴的大小不同,孤对电子的数目也不同,因而对于金属离子具有较高的配位选择性,换言之,冠醚具有分子识别功能。

例如,12-冠-4 的空穴半径为 $60\sim75$ pm,正好容纳半径约为 60 pm 的锂离子;半径约为 90 pm 的钠离子可以与空穴半径为 $85\sim110$ pm 的 15-冠-5 形成稳定的配合物;钾离子的半径为 133 pm,18-冠-6 的空穴半径为 $130\sim160$ pm,正好可以容纳钾离子。因此设计合成适当半径的冠醚可以用于混合溶液中某一指定离子的分离提纯。

冠醚的另一个重要用途是作为**相转移催化剂**(phase transfer catalyst)。在进行有机反应时,常常需要用到无机试剂,而寻找能够溶解有机物和无机物的普适试剂是困扰化学工作者的一个难题。溶剂不能既溶解有机物又溶解无机物很大程度上影响了有机反应的进行。冠醚作为相转移催化剂是解决这一难题的利器。例如,用高锰酸钾氧化环己烯,因为高锰酸钾不溶于环己烯,反应较难进行,产率也不高。但是加入能够和钾离子很好配位的 18-冠-6 后,反应能够很快进行,产率甚至可以接近 100%。这是因为冠醚与高锰酸钾形成的配合物中,具有亲油性的亚甲基排列在环的外侧,可溶于有机相中,促进氧化剂的相转移,将催化剂带入有机相,使反应物和催化剂很好地接触,反应得以顺利进行。

需要注意的是,冠醚具有毒性,对皮肤和眼睛都有刺激作用,使用时一定要注意安全。另外,合成困难和价格昂贵也在一定程度上限制了冠醚的普遍应用。

八、硫醚和砜

硫醚可以认为是醚分子中的氧原子被硫原子替代后所形成的化合物,其通式为 RSR',命名时将对应的醚改为硫醚即可。

（一）硫醚的物理性质

低级硫醚除甲硫醚外都是无色液体，有臭味。硫醚的沸点比相应醚的沸点高，硫醚因不能与水分子形成氢键而不溶于水，易溶于有机溶剂。

（二）硫醚的化学性质

1. 硫醚的氧化　硫醚因为分子中的硫原子上含有两对孤对电子，容易与氧原子成键而被氧化。不同氧化条件下，氧化可以得到不同的产物。室温下，用 HNO_3、CrO_3、H_2O_2 等催化剂可以将硫醚氧化成亚砜（sulfoxide）；高温下，硫醚可被发烟硝酸、H_2O_2-冰醋酸或高锰酸钾氧化成砜（sulfone）。

$$R-S-R \xrightarrow{[O]} R-\overset{\overset{O}{\uparrow}}{S}-R \xrightarrow{[O]} R-\underset{\underset{O}{\downarrow}}{\overset{\overset{O}{\uparrow}}{S}}-R$$

亚砜　　　　砜

例如：

$$CH_3-S-CH_3 \xrightarrow{KMnO_4} CH_3-\underset{\underset{O}{\downarrow}}{\overset{\overset{O}{\uparrow}}{S}}-CH_3$$

2. 亲核取代反应　硫醚可与卤代烷进行反应，形成稳定的锍盐。

$$H_3C-S-CH_3+BrCH_2COOC_2H_5 \xrightarrow{CH_3COCH_3} (CH_3)_2\overset{+}{S}CH_2COOC_2H_5Br^-$$

锍盐

锍盐自身也是非常优良的烷基化试剂，可以与亲核试剂按照 S_N2 反应机制进行反应，使亲核试剂烷基化。这种甲基转移作用在生物制药合成中具有举足轻重的作用，例如，肾上腺素的合成。

（三）砜

适当地控制反应条件，硫醚可被多种氧化剂氧化生成亚砜。二甲基亚砜是亚砜类化合物中应用非常广泛的一种物质。

二甲基亚砜（dimethylsulfoxide，DMSO）为无色液体，溶于水。其结构如下：

$$\begin{matrix} H_3C \\ \quad\quad S=O \\ H_3C \end{matrix}$$

其硫氧双键中一个是 σ 键，一个是 π 键。二甲基亚砜极性较强，能溶解许多在其他溶剂中不能溶解的物质，是一种优良的极性非质子溶剂。二甲基亚砜是一种良好的促渗剂，具有很强的穿透能力，因此在医学上可以作为药物的载体。

硫醚及亚砜可被多种氧化剂氧化成砜。常用的氧化剂有过氧化物、高锰酸钾、三氧化铬、次氯酸钠、硝酸、高碘酸等。一般而言，使用过氧化氢作氧化剂时，欲使硫醚能顺利氧化成砜，必须采用矾、钼、钛等金属化合物作催化剂，或采用乙酸、三氟乙酸、硫酸等作催化剂。

在芳基硒酸催化下，硫醚的二氯甲烷溶液与 30% 的过氧化氢水溶液于室温反应，生成砜的产率较高。

知识链接 9-3

NOTE

本章小结

主要内容	学习要点
分类	醇：饱和醇、不饱和醇、脂环醇和芳香醇；伯醇、仲醇和叔醇；一元醇和多元醇 酚：一元酚和多元酚 醚：简单醚和混合醚；脂肪醚和芳香醚；饱和醚和不饱和醚
命名	醇、酚、醚：普通命名法和系统命名法
制备	醇：烯烃制备、卤代烃制备、格氏试剂制备 酚：苯磺酸盐碱熔融法、卤代芳烃水解法、异丙苯法、重氮盐的水解法 醚：Williamson 合成法、醇分子的失水、烯烃的烷氧汞化-去汞法
结构	醇：羟基中的氧原子为 sp³ 杂化 酚：酚羟基中氧原子采取 sp² 杂化；p-π 共轭体系 醚：醚键中的氧原子采取 sp³ 杂化
化学性质	醇：氧氢键断裂的反应(与活泼金属反应、与含氧无机酸的反应)、碳氧键断裂的反应(与氢卤酸的反应、脱水反应)、醇的氧化和脱氢反应、多元醇的反应 酚：氧氢键断裂的反应(酸性、成醚反应和 Claisen 重排、成酯反应和 Fries 重排)、酚芳环上的反应(卤代反应、磺化反应、硝化反应、Friedel-Crafts 反应)、酚类化合物的鉴别 醚：锌盐的形成、醚键的断裂、过氧化物的形成、环氧化合物的开环
其他醇酚醚	硫醇、冠醚、硫醚和砜

目标检测

一、选择题。

1. 下列化合物中碱性最强的是( )。

A. 乙醇钠　　　B. 仲丁醇钠　　　C. 异丁醇钠　　　D. 叔丁醇钠

2. 下列化合物不能与卢卡斯试剂反应的是( )。

A. $H_2C=CHCH_2OH$　　　B. $C_7H_{15}OH$

C. 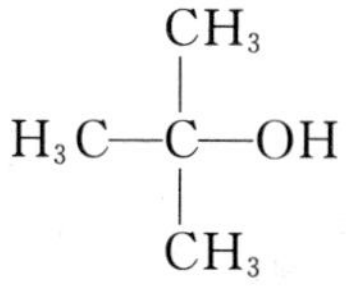 $H_3C-\underset{CH_3}{\overset{CH_3}{C}}-OH$　　　D. 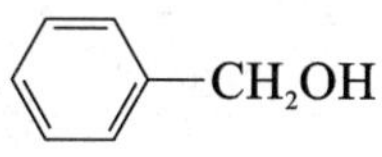 苯-CH_2OH

3. 下列化合物中酸性最强的是( )。

A. 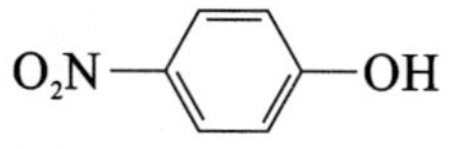 O_2N-苯-OH　　　B. 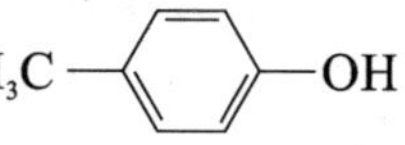 H_3C-苯-OH

C. 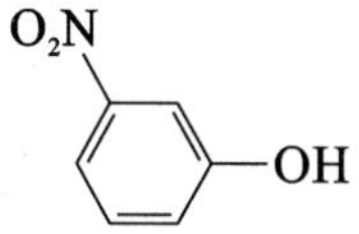 间-O_2N-苯-OH　　　D. 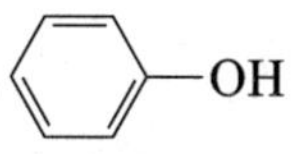 苯-OH

4. 正丁醇的沸点比乙醚的沸点高得多,这是由于正丁醇分子间存在( )。

A. 取向力　　　B. 诱导力　　　C. 色散力　　　D. 氢键

203

5. 下列化合物最容易发生亲电取代反应的是（　　）。

A.

B.

C.

D.

二、给下列化合物命名。

1. $CH_3CH_2CH_2\overset{\overset{\displaystyle OH}{|}}{C}HCH_3$

2. $CH_3CH_2\overset{\overset{\displaystyle OH}{|}}{C}HCH_2CH_3$

3. $CH_3\overset{\overset{\displaystyle CH_3}{|}}{C}HCH_2CH_2OH$

4. $CH_3\overset{\overset{\displaystyle OH}{|}}{C}HCHCH_2CH_2OH$ 带 CH_3

5. $H_2C=CH-\overset{\overset{\displaystyle OH}{|}}{C}HCHCH_3$ 带 CH_3

6.

7. $C_2H_5OCH(CH_3)_2$

8. $H_3C-H_2C-HC\overset{O}{\underset{}{\diagdown\diagup}}CH_2$

三、完成下列各反应。

1. $CH_3\overset{\overset{\displaystyle OH}{|}}{C}HCH_3 \xrightarrow[P]{I_2}$

2. $CH_3CH_2\overset{\overset{\displaystyle OH}{|}}{C}HCHCH_3 \xrightarrow{SOCl_2}$ 带 CH_3

3. $CH_3\overset{\overset{\displaystyle OH}{|}}{C}HCH_3 \xrightarrow[低于\ 140\ ℃]{H_2SO_4}$

4. $H_3C-\overset{\overset{\displaystyle CH_3}{|}}{\underset{\underset{\displaystyle CH_3}{|}}{C}}-ONa \xrightarrow{CH_3Br}$

5. —$CH_2CH_2C\equiv CCH_2OH \xrightarrow[CH_2Cl_2]{CrO_3\cdot\left(\text{吡啶}\right)_2}$

6. —$OH + C_5H_{11}COCl \xrightarrow{AlCl_3}$

7. $CH_3CH_2CH_2OH \xrightarrow[H^+]{KMnO_4}$

8. $\xrightarrow{HBr(过量)}$

四、用化学方法鉴别以下试剂。

1. 戊-1-醇、戊-2-醇、2-甲基丁-2-醇。

2. 甲苯、苯酚、环己醇。

五、推断题。

1. 化合物 A 分子式为 $C_6H_{14}O$，能与金属钠反应放出氢气；A 经氧化可以生成酮 B；A 与浓硫酸在加热情况下生成分子式为 C_6H_{12} 的两种异构体 C 和 D。C 经臭氧化再还原水解可以得到两种醛;D 化合物经臭氧化再还原水解则只能得到一种醛,请写出 A~D 的结构式。

2. 化合物 A 的分子式为 $C_6H_{14}O$,可以与金属钠进行反应。A 在浓硫酸催化的条件下可脱水生成化合物 B,B 经冷的高锰酸钾溶液氧化可得化合物 C,其分子式为 $C_6H_{14}O_2$。C 与高碘酸反应后的产物只有丙酮。请推断 A~C 的结构式,并写出相关的化学反应式。

参 考 文 献

[1] 邢其毅,裴伟伟.基础有机化学[M].4 版.北京:北京大学出版社,2016.

[2] 陆涛,胡春.有机化学[M].7 版.北京:人民卫生出版社,2011.

[3] 罗一鸣,王微宏.有机化学[M].北京:化学工业出版社,2013.

[4] 于跃芹,袁瑾.有机化学[M].北京:科学出版社,2010.

[5] 高鸿宾.有机化学[M].4 版.北京:高等教育出版社,2005.

[6] 鲁崇贤,杜洪光.有机化学[M].2 版.北京:科学出版社,2009.

(任铜彦)

第十章 醛、酮、醌

学习目标

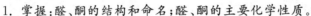

1. 掌握:醛、酮的结构和命名;醛、酮的主要化学性质。
2. 熟悉:醛、酮的物理性质;α,β-不饱和醛、酮的化学性质;醌的化学性质。
3. 了解:醛、酮的制备;醌的结构。

醛(aldehyde)、酮(ketone)和醌(quinone)的分子中都含有羰基,因此又称为**羰基化合物**(carbonyl compounds)。醛分子中的羰基位于碳链的末端,与一个烃基和一个氢原子相连(甲醛中的羰基与两个氢原子相连),称为**醛基**(aldehyde group,—CHO),是醛类化合物的官能团。酮分子中的羰基位于碳链的中部,与两个烃基相连,又称为**酮基**(ketone group),是酮类化合物的官能团。醌是一类具有共轭体系的环状不饱和二酮类化合物。

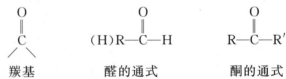

羰基　　　　　醛的通式　　　　酮的通式

醛和酮是非常重要的一类有机化合物,许多化工产品和药物中含有醛、酮的结构,它们也是进行有机合成和制备药物的重要原料和中间体。

案例解析

案例导入

某患者,主述眼睛刺痛、怕光,咽痛,咳嗽,胸闷。入院后经检查发现其眼睑红肿,咽部充血,口腔黏膜溃疡,肺部出现干、湿啰音。经询问,该患者两周前家中开始装修,进行了墙面刷漆和家具更换,但其并未搬出。综合上述情况诊断为甲醛中毒。

问题:

(1) 为何房屋装修容易引起甲醛中毒?

(2) 甲醛对人体健康有哪些危害?

(3) 如何预防装修引起的室内甲醛中毒?

第一节　醛　和　酮

一、醛、酮的分类和命名

(一) 分类

醛和酮根据与羰基相连烃基的不同,可分为脂肪醛、酮和芳香醛、酮(羰基与芳环直接相

NOTE

连）。根据所连的烃基是否含有不饱和键,可分为饱和醛、酮和不饱和醛、酮。根据分子中所含羰基数目的不同,可分为一元醛、酮和多元醛、酮。

脂肪醛、酮	CH₃CH₂CHO	$CH_3CCH_2CH_3$ (O)
芳香醛、酮	⬡—CHO	⬡—C—CH₃ (O)
不饱和醛、酮	CH₂=CHCHO	CH₃CCH=CH₂ (O)
多元醛、酮	H—CCH₂CH₂C—H	H₃CCCH₂CCH₃

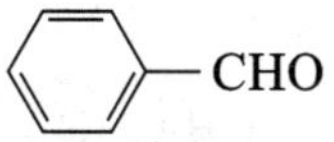

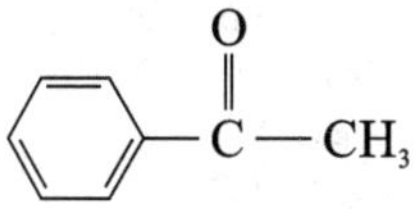

（二）命名

简单的醛、酮可采用普通命名法,结构较复杂的醛、酮则采用 IUPAC 命名法。

1. 普通命名法 简单的脂肪醛根据分子中的碳原子数目称为某醛,芳香醛则将芳基作为取代基,例如:

HCHO　　　　CH₃CH₂CHO　　　　⬡—CHO

甲醛　　　　　丙醛　　　　　　苯(基)甲醛
methanal　　　propanal　　　　benzaldehyde

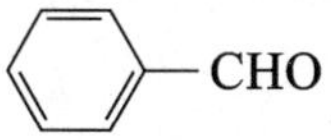

酮则是根据羰基所连接的烃基名称进行命名的,例如:

CH₃CCH₃ (O)　　　CH₃CCH₂CH₃ (O)　　　⬡—C—⬡ (O)

二甲基酮　　　　乙基甲基(甲)酮　　　二苯基(甲)酮
dimethyl ketone　ethyl methyl ketone　diphenyl ketone

自然界中获得的醛、酮常使用俗名,如香草醛、肉桂醛等。

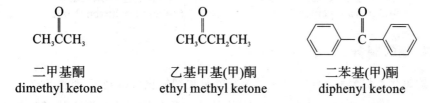

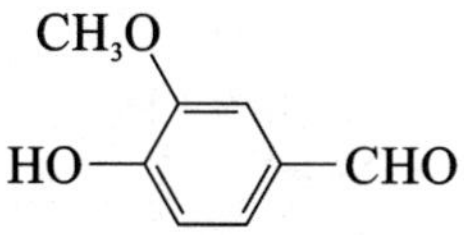

香草醛　　　　　　　　　肉桂醛
vanillin　　　　　　　　cinnamaldehyde

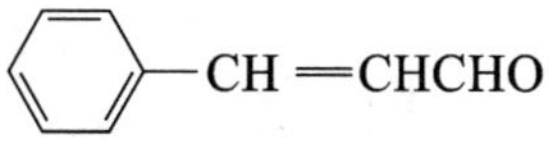

2. IUPAC 命名法 醛、酮的 IUPAC 命名法按照以下步骤进行:①选择含羰基碳的最长碳链作为主链;②对主链进行编号,醛类化合物的编号从醛基碳开始,酮则从离羰基最近一端的碳原子开始编号,以使羰基碳的编号尽可能小;③写出母体名称,将各取代基的位置与名称依次写在母体名称之前(也可用 α、β、γ 等希腊字母标明取代基位置,其中羰基的邻位为 α 位,由近及远依次为 β、γ…),对于酮类化合物,还需将表示羰基位置的数字写在母体名称之前(紧邻母体名称)。

NOTE

$$
\begin{array}{ccc}
\underset{|}{CH_3} & \overset{O}{\underset{\parallel}{}}\ \underset{|}{CH_3} & \underset{|}{CH_2CH_3} \\
CH_3CHCH_2CHO & CH_3CCH_2CHCH_3 & \text{C}_6H_5\text{—}CHCHO
\end{array}
$$

3-甲基丁醛(β-甲基丁醛)	4-甲基戊-2-酮	2-苯基丁醛
3-methylbutanal	4-methyl-2-pentanone	2-phenylbutanal

$$
\text{C}_6H_5\text{—}\overset{O}{\underset{\parallel}{C}}\text{H}_2\overset{}{C}\text{CH}_2\text{CH}_3 \qquad \text{(环戊基)}\text{—CH}_2\text{CHO} \qquad \text{H}_3\text{C—}\text{(环己基)}\text{=O}
$$

1-苯基丁-2-酮	环戊基乙醛	4-甲基环己酮
1-phenyl-2-butanone	cyclopentylethanal	4-methylcyclohexanone

多元醛或酮应选择含羰基最多的最长碳链为主链,使羰基碳的编号尽可能小,并标明羰基的位置和数目,例如:

$$
\underset{\text{丁二醛}}{\overset{O}{\underset{\parallel}{H}}\text{—}\overset{}{C}\text{CH}_2\text{CH}_2\overset{O}{\underset{\parallel}{C}}\text{—H}} \qquad \underset{\text{己烷-2,5-二酮}}{\text{H}_3\overset{O}{\underset{\parallel}{C}}\text{CCH}_2\text{CH}_2\overset{O}{\underset{\parallel}{C}}\text{CH}_3}
$$

butanedial hexane-2,5-dione

对于不饱和醛、酮,除了应使羰基碳的编号尽可能小之外,还应标示出不饱和键所在的位置。例如:

$$
\underset{|}{CH_3} \\
CH_3CHCH\text{=}CHCHO \qquad \text{C}_6H_5\text{—}CH\text{=}CHCH_2CH_2\overset{O}{\underset{\parallel}{C}}CH_3
$$

4-甲基戊-2-烯醛	6-苯基己-5-烯-2-酮
4-methyl-2-pentenal	6-phenyl-5-hexen-2-one

二、醛、酮的制备

1. 醇的氧化 伯醇用 CrO_3/吡啶等选择性氧化剂氧化可得到醛,仲醇用选择性氧化剂或高锰酸钾、重铬酸钾等氧化均能得到酮。其中选择性氧化剂氧化法对于醛、酮,尤其是不饱和醛、酮来说是一种常用的制备方法。

$$
\text{HO—(环己烯基甲基)} \xrightarrow{CrO_3/\text{吡啶}} \text{O=(环己烯基甲基)}
$$

2. 芳香烃侧链的氧化 芳香烃侧链上的 α-H 在适当条件下,如用 MnO_2/H_2SO_4、CrO_3/乙酐等氧化时,侧链甲基被氧化为醛基(芳香醛比芳香烃更容易被氧化,因此必须控制反应条件、氧化剂用量以及加料方式等),α 位上有两个氢的其他芳香烃则被氧化成酮。

$$
\text{C}_6H_5\text{—CH}_3 \xrightarrow{MnO_2/H_2SO_4} \text{C}_6H_5\text{—CHO}
$$

$$
\text{C}_6H_5\text{—CH}_2\text{CH}_3 \xrightarrow[MgSO_4,H_2O]{MnO_2} \text{C}_6H_5\text{—COCH}_3
$$

3. 傅-克酰基化反应 在无水三氯化铝等催化剂的催化下,芳香烃与酰氯或酸酐反应可以得到芳香酮。

$$\text{（苯环）} + CH_2COCl \xrightarrow{\text{无水}AlCl_3} \text{（苯环）}-COCH_3$$

4. 盖特曼-科赫反应 在无水三氯化铝和氯化亚铜的催化下，芳香烃能与一氧化碳和氯化氢的混合气体反应生成芳香醛，称为盖特曼-科赫（Gatterman-Koch）反应。

$$\text{（苯环）} + CO + HCl \xrightarrow[\triangle]{AlCl_3/CuCl} \text{（苯环）}-CHO$$

当芳环上有甲基、甲氧基等给电子基团时，主要得到对位取代产物。其他烷基苯和酚类化合物容易发生副反应，因此不宜用于进行此反应；当芳环上有强的钝化基团时此反应不能发生。

$$H_3CO-\text{（苯环）} + CO + HCl \xrightarrow[\text{室温}]{AlCl_3/CuCl} H_3CO-\text{（苯环）}-CHO$$

5. 瑞穆尔-悌曼反应 酚类化合物与氯仿在碱性溶液中加热回流反应，能够在酚羟基的邻位或对位引入醛基，称为瑞穆尔-悌曼（Reimer-Tiemann）反应。

$$\text{（苯酚）} + CHCl_3 \xrightarrow[\text{②}H_3O^+]{\text{①}NaOH/\triangle} \text{（邻羟基苯甲醛）} + \text{（对羟基苯甲醛）}$$

三、醛、酮的物理性质

在常温（25 ℃）下，甲醛和乙醛是气体，市售的福尔马林（formalin）是甲醛的 40％水溶液，在医学上常用于防腐和组织标本的制作。其他 12 个碳以下的低级脂肪醛、酮是液体；高级脂肪醛、酮和芳香酮大多是固体。由于醛和酮不能形成分子间氢键，其沸点比相对分子质量相近的醇和羧酸低。但羰基的极性使得醛、酮的偶极矩增大，分子间静电吸引作用增强，导致其沸点比相应的烷烃和醚类高。醛、酮分子羰基上的氧原子可与水分子中的氢原子形成氢键，因此低级醛和酮易溶于水，如甲醛、乙醛和丙酮可与水以任意比例互溶；而高级醛和酮的水溶性随着分子中碳链的增长而迅速降低，含 6 个以上碳原子的醛和酮几乎不溶于水。脂肪族醛、酮的相对密度小于 1，而芳香醛、酮的相对密度常大于 1。低级脂肪醛常有刺激性臭味，而某些天然醛、酮具有特殊的芳香气味，可作为香料用于食品及化妆品工业生产，如香草醛具有浓烈的奶香气味，苯乙酮有类似山楂的香味。一些常见醛、酮的物理常数见表 10-1。

表 10-1 常见醛、酮的熔点和沸点

名　　称	结 构 简 式	熔点/℃	沸点/℃
甲醛	HCHO	−92	−19
乙醛	CH_3CHO	−123	20
苯甲醛	C_6H_5CHO	−26	179
丙酮	CH_3COCH_3	−95	56
环己酮	（环己酮结构）=O	−45	156
苯乙酮	$C_6H_5COCH_3$	−20	202

NOTE

四、羰基的结构特点

羰基是醛、酮的官能团,它的结构和特性与醛、酮的性质密切相关。从典型醛、酮化合物的分子结构参数(表10-2)可以推断,其中的羰基碳原子均为 sp^2 杂化,碳原子的三个 sp^2 杂化轨道与氧和其他两个原子的轨道重叠形成三个 σ 键,剩余的一个未参与杂化的 p 轨道与氧原子上的 p 轨道重叠形成一个 π 键。

表 10-2 部分醛、酮化合物的分子结构参数

结 构 式	键长/nm		键角/(°)	
HCHO	C=O	0.121	∠HCO	121.8
	C—H	0.112	∠HCH	116.5
CH₃CHO	C=O	0.121	∠CCO	124.1
	C—C	0.152	∠HCO	118.6
	C—H	0.110	∠CCH	117.3
CH₃COCH₃	C=O	0.121	∠CCO	121.4
	C—C	0.152	∠CCC	117.2

在碳氧双键中,由于碳原子和氧原子的电负性差别较大,双键上电子云的分布不均匀,呈现出较强的极性。电子云偏向氧原子一方,使氧原子带部分负电荷,碳原子带部分正电荷,这种结构特点使羰基具有较高的反应活性,亲核试剂容易进攻带部分正电荷的碳原子,发生亲核加成反应。羰基的结构如图 10-1 所示。

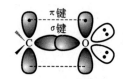

图 10-1 羰基的结构

五、醛、酮的化学性质

羰基作为醛、酮的官能团,是该类化合物最重要的反应位点。醛、酮发生的反应主要分为以下几类:首先,羰基是一个极性的不饱和基团,碳原子带有部分正电荷,因此容易被亲核试剂进攻,发生亲核加成反应。其次,分子中的羰基是很强的吸电子基团,使得羰基邻位碳(α 位)上的氢具有较高的反应活性,能够发生 α-H 的一系列反应,主要包括酮式和烯醇式的互变异构、羟醛缩合反应和卤代反应。再次,醛、酮分子中的羰基可以被催化加氢,发生还原反应。最后,由于醛中的羰基与氢原子相连,氢原子受羰基吸电子效应影响,比较活泼,使得醛可以被某些弱氧化剂所氧化,而酮不能反应,可利用这一特点鉴别醛和酮。醛、酮的结构与反应的关系可用图 10-2 描述。

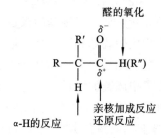

图 10-2 醛、酮的结构与反应关系示意图

(一)亲核加成反应

亲核加成(nucleophilic addition)反应是羰基化合物的一大类特征反应,也是醛、酮最重要的一类反应。在反应过程中,试剂:NuA 中带负电荷的部分 Nu⁻:首先进攻羰基碳,生成氧负离子中间体,这一步的反应速率较慢,是亲核加成反应的限速步骤;随后试剂中带正电荷的部分 A⁺ 进攻氧负离子,此步反应速率很快,生成最终的加成产物。在此反应中,亲核试剂 Nu⁻:对羰基碳的进攻是整个反应的关键步骤,也决定了反应的速率,因此称为亲核加成反应。其结果是试剂中带负电荷的部分加到羰基碳原子上,带正电荷的部分加到氧原子上,羰基的 π 键断裂,生成加成产物。亲核加成反应的反应机制如下:

$$R\!-\!\underset{R'}{\overset{}{C}}\!\!=\!\!O \xrightleftharpoons[\text{}]{Nu^-:,\text{慢}} \underset{R'}{\overset{R}{C}}\!\!\overset{O^-}{\underset{Nu}{\vert}} \xrightleftharpoons[\text{}]{A^+,\text{快}} \underset{R'}{\overset{R}{C}}\!\!\overset{OA}{\underset{Nu}{\vert}}$$

在醛、酮的羰基上实际上有两个反应中心,一个是带部分正电荷的羰基碳原子,另一个是带部分负电荷的氧原子。为什么通常是碳原子优先被进攻而不是氧原子? 换言之,为何发生的是亲核反应而不是亲电反应? 这可以用生成的中间产物的稳定性进行解释:碳原子先被进攻生成的是氧负离子中间体,而如果氧原子先被进攻,则生成的是碳正离子中间体。由于氧原子的电负性强,其容纳负电荷的能力比碳原子容纳正电荷的能力更强,使得氧负离子中间体的稳定性要强于碳正离子中间体,因此总是碳原子优先被进攻,发生亲核加成反应。

亲核试剂一般是负离子或带孤对电子的中性分子,如氢氰酸、格氏试剂、亚硫酸氢钠、醇、水、氨和氨的衍生物等。不同的亲核试剂由于亲核能力的差异具有不同的反应活性。除了亲核试剂的性质影响,发生亲核加成反应的难易程度还与醛、酮的结构有密切关系,主要取决于羰基碳上所连基团的电子效应和空间效应。从电子效应的角度分析,烷基具有给电子诱导效应,使羰基碳的正电性减弱,不利于亲核试剂的进攻;从空间效应的角度分析,烷基的数目增多和体积增大会使空间位阻增大,同样不利于亲核试剂的进攻。因此,醛的反应活性通常比酮高。而芳香醛、酮由于芳环和羰基之间的 π-π 共轭效应,一方面稳定性增强,另一方面使羰基碳的正电性减弱,而且芳香环具有较大的空间位阻,这些作用均使反应活性降低。因此,脂肪醛(酮)的反应活性比芳香醛(酮)高。不同结构的醛、酮发生亲核加成反应的活性顺序如下:

$$\underset{H}{\overset{H}{C}}\!\!=\!\!O > \underset{H}{\overset{R}{C}}\!\!=\!\!O > \underset{H}{\overset{Ar}{C}}\!\!=\!\!O > \underset{R'}{\overset{R}{C}}\!\!=\!\!O > \underset{R}{\overset{Ar}{C}}\!\!=\!\!O$$

1. 与氢氰酸的加成　醛、酮可以和氢氰酸(HCN)反应生成 α-氰醇(α-cyanohydrin),也称为 α-羟基腈。

$$CH_3\!-\!\overset{O}{\overset{\|}{C}}\!-\!H + HCN \rightleftharpoons CH_3\!-\!\overset{OH}{\underset{CN}{\overset{\vert}{\underset{\vert}{C}}}}\!-\!H$$

大多数醛、脂肪族甲基酮和 8 个碳原子以下的环酮可以和氢氰酸发生加成反应。而芳香酮等由于活性太低而难以发生反应。反应中氰基负离子(CN⁻)作为亲核试剂,其浓度是决定反应速率的重要因素之一。例如,丙酮与氢氰酸反应,在 4 h 内仅有约 50% 的原料参加反应;若加入少量氢氧化钠溶液,则反应可在数分钟内完成;若加入盐酸则使反应速率大大减慢。这是由于 HCN 的酸性很弱,不易解离生成 CN⁻,因此反应速率减慢;在酸性条件下 CN⁻ 的浓度更低,几乎不能发生加成反应;而向体系中加入少量碱,提高溶液的 pH,则可增大 CN⁻ 的浓度,使反应速率大大加快。

醛、酮和 HCN 的加成在有机合成中有重要作用,反应产物比原料增加了一个碳原子。氰醇具有氰基和醇羟基两种官能团,是一种重要的有机合成中间体,由氰醇可以制备 α-羟基酸、β-羟基胺等化合物。HCN 挥发性强,有剧毒,使用不方便,实验室中常将醛、酮与氰化钠或氰化钾溶液混合,然后加入无机酸来制备 HCN。

$$\underset{}{\overset{O}{\overset{\|}{C}}}\!-\!H \xrightarrow{NaCN,HCl} \underset{\text{α-氰醇}}{\overset{OH}{\underset{}{\overset{\vert}{CH}}\!-\!CN}} \xrightarrow{H_3O^+} \underset{\text{α-羟基酸}}{\overset{OH}{\underset{}{\overset{\vert}{CH}}\!-\!COOH}}$$

211

2. 与亚硫酸氢钠的加成 醛、脂肪族甲基酮和 8 个碳原子以下的环酮能与饱和亚硫酸氢钠溶液发生加成,生成 α-羟基磺酸钠。α-羟基磺酸钠在饱和亚硫酸氢钠溶液中的溶解度较小,常以白色结晶的形态析出,这一现象可用于这些醛酮的鉴别。此外,α-羟基磺酸钠与稀酸或稀碱共热又可生成原来的醛、酮,因此该反应还可用于某些醛、酮的分离和提纯。

$$\begin{array}{c} H_3C \\ \diagdown \\ C\!=\!O + NaHSO_3 \\ \diagup \\ H_3C \end{array} \rightleftharpoons \begin{array}{c} H_3C \quad OH \\ \diagdown \diagup \\ C \\ \diagup \diagdown \\ H_3C \quad SO_3Na \end{array}$$

该反应中的亲核试剂为 HSO_3^-,体积比 CN^- 更大,受空间位阻影响也更为明显,导致其与醛、酮的加成比 HCN 更困难,因此常用过量的亚硫酸氢钠以提高产率。

3. 与水的加成 醛、酮可以和水发生加成反应,生成的水合物称为**偕二醇**(geminal diol)。

$$\begin{array}{c} R \\ \diagdown \\ C\!=\!O + H_2O \\ \diagup \\ (H)R' \end{array} \rightleftharpoons \begin{array}{c} R \quad OH \\ \diagdown \diagup \\ C \\ \diagup \diagdown \\ (H)R' \quad OH \end{array}$$

偕二醇

多数情况下偕二醇不稳定,容易脱水生成原来的醛、酮,因此反应的平衡主要偏向反应物一侧。个别醛、酮如甲醛在水溶液中几乎全部以水合物形式存在,但若将水合物分离出来则会迅速发生脱水。当羰基与强的吸电子基团相连时,羰基碳原子的正电性增强,可以生成比较稳定的水合物。如水合氯醛(choral hydrate)是三氯乙醛的水合物,曾用于镇静催眠和麻醉,也是生产农药和某些抗生素的重要中间体。茚三酮在水溶液中极易生成水合茚三酮(ninhydrin),后者可作为 α-氨基酸和蛋白质的鉴别试剂。

$$Cl_3C\!-\!\overset{\overset{\textstyle OH}{|}}{\underset{\underset{\textstyle OH}{|}}{C}}\!-\!H$$

水合氯醛

水合茚三酮

4. 与醇的加成 在干燥氯化氢的催化下,一分子醛可以和一分子醇发生亲核加成反应,生成**半缩醛**(hemiacetal)。半缩醛通常不稳定,可以继续与另一分子醇反应,生成稳定的**缩醛**(acetal)。

$$R\!-\!\overset{\overset{\textstyle O}{\|}}{C}\!-\!H + R'OH \underset{}{\overset{\text{干燥 HCl}}{\rightleftharpoons}} R\!-\!\overset{\overset{\textstyle OH}{|}}{\underset{\underset{\textstyle OR'}{|}}{C}}\!-\!H \xrightarrow[\text{干燥 HCl}]{R'OH} R\!-\!\overset{\overset{\textstyle OR'}{|}}{\underset{\underset{\textstyle OR'}{|}}{C}}\!-\!H$$

半缩醛 缩醛

半缩醛分子中的羟基称为**半缩醛羟基**,因与醚键连在同一碳原子上,通常稳定性差,容易分解成原来的醛和醇。但某些环状半缩醛稳定性较好,如单糖(多羟基醛或酮)能以环状半缩醛(酮)的形式稳定存在(详见第十三章第一节)。而缩醛分子中具有偕二醚结构(两个醚键连在同一碳原子上),其性质与醚类似。

酮也可以和醇发生加成反应,生成**缩酮**(ketal),反应要比醛慢得多,产率也非常低,但环状缩酮却比较容易生成。如在酸催化下,乙二醇可以和酮反应,生成具有五元环结构的缩酮。

$$\text{环己酮} + \begin{array}{c} HO-CH_2 \\ | \\ HO-CH_2 \end{array} \xrightarrow{\text{干燥HCl}} \text{缩酮}$$

缩醛和缩酮在中性和碱性条件下比较稳定,很难被氧化或还原,但在稀酸中很快水解生成原来的醛和醇。因此在有机合成中常利用这一特性来**保护羰基**,避免其与氧化剂、还原剂和一些碱性试剂发生反应。

5. 与格氏试剂的加成 格氏试剂(Grignard reagent)通式为 RMgX,其中的 Mg 有很强的正电性,导致与 Mg 相连的碳原子带部分负电荷,具有很强的亲核性。$R^{\delta-}$ 容易作为亲核试剂进攻羰基碳,$Mg^{\delta+}X$ 则与羰基的氧结合,加成产物在酸性条件下水解后得到醇。例如:

$$C_2H_5-\overset{O}{\overset{||}{C}}-H + CH_3MgBr \xrightarrow{\text{无水乙醚}} C_2H_5-\overset{OMgBr}{\underset{CH_3}{\overset{|}{\underset{|}{C}}}}-H \xrightarrow{H_3O^+} C_2H_5-\overset{OH}{\overset{|}{CH}}-CH_3$$

格氏试剂与甲醛反应可得伯醇,和其他醛反应得到仲醇,和酮反应则得到叔醇。在有机合成中根据目标产物选择合适的格氏试剂和醛、酮,利用该反应可以制备碳原子数更多、骨架更复杂的醇,是制备醇类化合物的重要方法之一。

6. 与氨的衍生物的加成 醛、酮可以和多种氨的衍生物(如羟胺、肼、苯肼、2,4-二硝基苯肼等)发生加成反应,进一步脱水生成含有碳氮双键的缩合产物。如用 H_2N-G 来表示氨的衍生物,该反应的通式如下:

$$\overset{R}{\underset{(H)R'}{\overset{|}{C}}}=O + H_2N-G \rightleftharpoons \left[\overset{R}{\underset{(H)R'}{\overset{|}{\underset{|}{C}}}}\overset{OH}{\underset{HN-G}{}} \right] \xrightarrow{-H_2O} \overset{R}{\underset{(H)R'}{\overset{|}{C}}}=N-G$$

常见的氨的衍生物及其与醛、酮反应缩合产物的结构和名称见表 10-3。这些缩合产物均为晶体,具有一定的熔点和形状,常用于醛、酮这类羰基化合物的鉴别,因此这些氨的衍生物又被称为**羰基试剂**(carbonyl reagent)。其中 2,4-二硝基苯肼最为常用,它与醛、酮反应生成的产物 2,4-二硝基苯腙多为黄色或橙黄色沉淀。例如:

$$CH_3CHO + H_2NNH-\text{(2,4-二硝基苯基)} \longrightarrow CH_3CH=NNH-\text{(2,4-二硝基苯基)} \downarrow \text{黄色}$$

表 10-3 氨的衍生物及其与醛、酮反应的缩合产物

名　　称	结 构 简 式	反应产物结构简式	反应产物名称
伯胺	H_2N-R''	$\overset{R}{\underset{(H)R'}{\overset{|}{C}}}=N-R''$	希夫碱
羟胺	H_2N-OH	$\overset{R}{\underset{(H)R'}{\overset{|}{C}}}=N-OH$	肟
肼	H_2N-NH_2	$\overset{R}{\underset{(H)R'}{\overset{|}{C}}}=N-NH_2$	腙

NOTE

续表

名　　称	结 构 简 式	反应产物结构简式	反应产物名称
苯肼	H₂NNH⟨苯环⟩	$\overset{R}{\underset{(H)R'}{\large{\rangle}}}C=NNH⟨苯环⟩$	苯腙
2,4-二硝基苯肼	H₂NNH⟨带NO₂,NO₂的苯环⟩	$\overset{R}{\underset{(H)R'}{\large{\rangle}}}C=NNH⟨带NO₂,NO₂的苯环⟩$	2,4-二硝基苯腙

另外,由于上述产物在稀酸作用下可以水解生成原来的醛、酮,这些羰基试剂还能用于醛、酮的分离和纯化。

（二）α-H 的反应

醛、酮分子中与羰基直接相连的碳原子称为 α-C,α-C 上所连的氢原子称为 α-H。由于受到羰基的影响,α-H 比较活泼,其原因主要有以下几点:①羰基的吸电子作用使 α 位的碳氢键极性增强,α-H 容易以质子的形式离去;②α-H 离去之后形成碳负离子,碳负离子能够发生异构化转变为烯醇负离子,使负电荷离域到 α-C 和氧原子上,稳定性增强。质子与碳负离子结合得到原来的醛、酮,质子与烯醇负离子结合则得到烯醇。醛、酮与烯醇互为异构体,它们能够相互转化并处在动态平衡中,这种异构现象称为互变异构(tautomerism),醛、酮与相应的烯醇称为互变异构体(tautomer)。

$$-\overset{\displaystyle|}{\underset{\displaystyle|}{C}}H-\overset{\displaystyle O}{\overset{\displaystyle\|}{C}}-\ \underset{+H^+}{\overset{-H^+}{\rightleftharpoons}}\ \left[\ -\overset{\displaystyle|}{\underset{\displaystyle-}{C}}-\overset{\displaystyle O}{\overset{\displaystyle\|}{C}}-\ \longleftrightarrow\ -\overset{\displaystyle|}{C}=\overset{\displaystyle O^-}{\overset{\displaystyle|}{C}}-\ \right]\ \underset{-H^+}{\overset{+H^+}{\rightleftharpoons}}\ -\overset{\displaystyle|}{C}=\overset{\displaystyle OH}{\overset{\displaystyle|}{C}}-$$
酮式　　　　　　　　　　　　　　　　　　　　　　　　　　　烯醇式

1. 羟醛缩合反应　两分子含有 α-H 的醛在酸或碱的催化下(常使用稀碱),发生缩合反应生成 β-羟基醛的反应称为**羟醛缩合反应**(aldol condensation),也称为醇醛缩合反应。反应生成的 β-羟基醛受热容易脱水,生成 α,β-不饱和醛。

$$2CH_3-\overset{\displaystyle O}{\overset{\displaystyle\|}{C}}-H\ \overset{稀\ NaOH}{\rightleftharpoons}\ CH_3-\overset{\displaystyle OH}{\overset{\displaystyle|}{C}}H-CH_2-\overset{\displaystyle O}{\overset{\displaystyle\|}{C}}-H\ \overset{\triangle}{\longrightarrow}\ CH_3-CH=CH-\overset{\displaystyle O}{\overset{\displaystyle\|}{C}}-H$$
　　　　　　　　　　　　　　　β-羟基醛　　　　　　　　　　α,β-不饱和醛

羟醛缩合反应过程主要有碳负离子的生成和亲核加成两个关键步骤,其反应机制如下。

（1）一分子醛在碱作用下转变为碳负离子。

$$R-\overset{\displaystyle H}{\overset{\displaystyle|}{C}}H-\overset{\displaystyle O}{\overset{\displaystyle\|}{C}}-H+OH^-\ \rightleftharpoons\ R-\overset{-}{C}H-\overset{\displaystyle O}{\overset{\displaystyle\|}{C}}-H+H_2O$$

（2）碳负离子作为亲核试剂进攻另一分子醛的羰基碳,发生亲核加成反应,生成氧负离子中间体。

$$R-CH_2-\overset{\displaystyle O}{\overset{\displaystyle\|}{C}}-H+R-\overset{-}{C}H-\overset{\displaystyle O}{\overset{\displaystyle\|}{C}}-H\ \overset{慢}{\rightleftharpoons}\ R-CH_2-\overset{\displaystyle O^-}{\overset{\displaystyle|}{C}}H-\underset{\displaystyle R}{\overset{\displaystyle|}{C}}H-\overset{\displaystyle O}{\overset{\displaystyle\|}{C}}-H$$

（3）氧负离子和水发生质子交换生成 β-羟基醛。

R—CH₂—CH—CH—C—H + H₂O $\xrightleftharpoons[]{快}$ R—CH₂—CH—CH—C—H + OH⁻

通过羟醛缩合反应可以由碳原子数较少的醛制备碳原子数翻倍的 β-羟基醛,如果加热则可得到 α,β-不饱和醛,进一步还可以转变为其他多种类型的化合物,因此该反应是**有机合成中用于增长碳链的重要方法之一**。

如果使用两种不同的含 α-H 的醛进行羟醛缩合,一般情况下得到的是四种缩合产物的混合物,分离困难,实用价值不大。

但如果其中一种醛没有 α-H,则可以通过控制反应过程得到单一的缩合产物,在合成上有应用价值。例如,在稀碱存在下将乙醛缓慢加入过量的苯甲醛中,可以得到产率很高的肉桂醛。这是因为苯甲醛无 α-H,不能产生碳负离子,而且苯甲醛过量,由乙醛生成的碳负离子与苯甲醛的羰基发生加成,抑制了乙醛自身的缩合。另外该反应不需要加热也能得到肉桂醛,主要是由于分子中双键和苯环之间存在 π-π 共轭,增强了产物的稳定性,使脱水更容易发生。

〔结构式〕 —CHO + CH₃CHO $\xrightleftharpoons[]{稀NaOH}$ 〔结构式〕—CH—CH₂CHO $\xrightarrow{-H_2O}$ 〔结构式〕—CH=CH—CHO

肉桂醛

含有 α-H 的酮在稀碱催化下也能发生羟酮缩合反应,但是由于酮羰基吸电子作用比醛的羰基弱,同时酮羰基周围的空间位阻也比较大,羟酮缩合反应更难发生。

2. 卤代反应和卤仿反应　在碱的催化下,卤素能与含有 α-H 的醛和酮迅速反应,将 α-H 完全取代,生成 α-卤代产物。如果 α-C 上连有 3 个氢原子(即羰基与甲基直接相连,如乙醛和甲基酮等),反应首先生成 α-三卤代物,随即发生碳碳键断裂,分解成三卤甲烷(卤仿)和羧酸盐,此反应又称为**卤仿反应**(haloform reaction)。

CH₃—C—H(R) $\xrightarrow{X_2, OH^-}$ CX₃—C—H(R) $\xrightarrow{OH^-}$ CHX₃ + (R)HCOO⁻

乙醛或甲基酮

卤仿反应最为常用的是碘的氢氧化钠溶液,反应生成碘仿,所以称为**碘仿反应**(iodoform reaction)。碘仿是具有特殊气味的淡黄色固体,在反应时由于其难溶于水而产生沉淀,因此可用于**乙醛、甲基酮的鉴别**。另外,碘和氢氧化钠反应可生成次碘酸钠(NaIO),次碘酸钠具有氧化性,能将乙醇和甲基仲醇(α-碳上连有甲基的仲醇)分别氧化成相应的乙醛和甲基酮,所以**乙醇和甲基仲醇也能发生碘仿反应**。

CH₃—CH—H(R) $\xrightarrow{NaIO}$ CH₃—C—H(R) $\xrightarrow{I_2, NaOH}$ CHI₃↓ + (R)HCOO⁻

乙醇或甲基仲醇

3. 曼尼希反应　含有 α-H 的酮与甲醛和胺类化合物(伯胺、仲胺或氨)在乙醇溶液中加热回流,酮的一个 α-H 会被胺甲基所取代,生成的产物称为曼尼希碱,该反应称为**曼尼希**(Mannich)**反应**,又称**胺甲基化反应**。

R—C—CH₂R′ + HCHO + HN(R)(R) $\xrightarrow{H^+}$ R—C—CH—CH₂N(R)(R)

NOTE

利用曼尼希反应可以由简单的胺制备结构较复杂的胺,由于反应一般在酸性条件下进行,得到的产物通常是曼尼希碱的盐酸盐。例如:

$$\text{环戊酮} + HCHO + (CH_3)_2NH \xrightarrow{HCl} \text{产物} CH_2N(CH_3)_2 \cdot HCl$$

(三)氧化反应

1. 醛的氧化 醛的羰基上连有氢原子,很容易被氧化生成羧酸。醛不仅能和酸性高锰酸钾等强氧化剂反应,还能和一些弱氧化剂如**托伦试剂**(Tollen reagent)、**费林试剂**(Fehling reagent)、**班氏试剂**(Benedict reagent)等作用,生成氧化产物。

托伦试剂是硝酸银的氨溶液,其中的二氨合银离子$[Ag(NH_3)_2]^+$作为氧化剂,将醛氧化成羧酸,$[Ag(NH_3)_2]^+$本身被还原成金属银沉淀析出,当反应器壁光滑洁净时能形成银镜,故该反应又称为**银镜反应**。

$$RCHO+[Ag(NH_3)_2]^+OH^-\longrightarrow RCOO^-NH_4^+ + Ag\downarrow + H_2O$$

费林试剂是硫酸铜与酒石酸钾钠的氢氧化钠溶液,Cu^{2+}作为氧化剂,将醛氧化成羧酸,Cu^{2+}本身被还原成砖红色的氧化亚铜沉淀。费林试剂的稳定性较差,久置会失去反应活性,需要现用现配。

$$RCHO+Cu^{2+}+NaOH\longrightarrow RCOONa+Cu_2O\downarrow$$

班氏试剂是硫酸铜、柠檬酸钠和碳酸钠的混合溶液,反应原理与费林试剂一样,也生成砖红色的氧化亚铜沉淀,但其稳定性好,可长期放置。临床上班氏试剂可用于检验尿液中是否含有葡萄糖。

上述弱氧化剂和醛反应现象明显,但不能和酮发生反应,和分子中的羟基和双键也不反应,因此**可用于醛类化合物的鉴别**。需要注意的是,费林试剂和班氏试剂不能和芳香醛反应,利用这一特点可以区分脂肪醛和芳香醛。

2. 酮的氧化 通常情况下酮很难被氧化,若使用硝酸、高锰酸钾等强氧化剂在剧烈条件下氧化则发生碳键断裂,生成多种羧酸的混合物,没有实用价值。但某些环酮能氧化得到较单一的产物,如环己酮在强氧化剂作用下生成己二酸,是工业上生产己二酸的有效方法。

$$\text{环己酮} =O \xrightarrow{HNO_3, V_2O_5} \begin{array}{l} CH_2CH_2COOH \\ | \\ CH_2CH_2COOH \end{array}$$

(四)还原反应

醛和酮都能发生还原反应,使用不同的还原剂可以将羰基还原成醇羟基或亚甲基($-CH_2-$)。

1. 还原成醇

(1)催化氢化。

在金属催化剂 Pt、Pd、Ni 的催化下,醛加氢被还原成伯醇,酮则被还原成仲醇。催化氢化是非选择性的还原方法,分子中的碳碳双键等其他不饱和键也都被加氢还原。

$$\begin{array}{c} O \\ \| \\ R-C-H \end{array} + H_2 \xrightarrow{Pd} R-CH_2-OH$$

$$\begin{array}{c} O \\ \| \\ R-C-R' \end{array} + H_2 \xrightarrow{Ni} \begin{array}{c} OH \\ | \\ R-CH-R' \end{array}$$

(2)金属氢化物还原。

NOTE

使用金属氢化物（如氢化铝锂（$LiAlH_4$）、硼氢化钠（$NaBH_4$））作为还原剂，也能将醛、酮还原成相应的醇。

$$\underset{(H)R'}{\overset{R}{C}}=O \xrightarrow{\text{LiAlH}_4 \text{ 或 NaBH}_4} \underset{(H)R'}{\overset{R}{C}}H-OH$$

此反应经历了亲核加成过程：金属氢化物中的氢负离子（H^-）作为亲核试剂进攻羰基碳，金属原子与羰基氧结合，生成加成产物，经水解后得到醇。金属氢化物不能还原碳碳双键，是选择性还原剂。

$$\text{（环己烯酮）}O \xrightarrow{\text{NaBH}_4} \text{（环己烯醇）}OH$$

$LiAlH_4$ 极易水解，因此反应必须在无水条件下进行。而 $NaBH_4$ 的还原能力比 $LiAlH_4$ 弱，但其反应时不需要无水环境，使用方便。

2. 还原成亚甲基

（1）克莱门森还原。

醛、酮与锌汞齐（Zn-Hg）和浓盐酸一起加热回流反应，可将羰基还原成亚甲基，称为**克莱门森还原**（Clemmensen reduction）。

$$\underset{(H)R'}{\overset{R}{C}}=O \xrightarrow[\triangle]{\text{Zn-Hg, 浓 HCl}} \underset{(H)R'}{\overset{R}{C}}H_2$$

此反应是利用芳香酮还原合成带侧链的芳烃的一种较好的方法。但由于在强酸性环境下进行，**克莱门森还原只适用于对酸稳定的化合物**。

$$\text{（苯基）}\overset{O}{C}-CH_2CH_3 \xrightarrow[\triangle]{\text{Zn-Hg, 浓HCl}} \text{（苯基）}CH_2CH_2CH_3$$

（2）乌尔夫-凯惜纳-黄鸣龙还原。

对酸不稳定而对碱稳定的醛和酮，可经**乌尔夫-凯惜纳-黄鸣龙还原**（Wolff-Kishner-Huang Minglong reduction）将羰基还原成亚甲基。此反应以高沸点的水溶性液体如二聚乙二醇为溶剂，醛或酮与肼和浓碱在常压下加热，羰基即被还原为亚甲基。

$$\text{（苯基）}\overset{O}{C}-CH_2CH_2CH_3 \xrightarrow[\text{二聚乙二醇, }\triangle]{\text{NH}_2\text{NH}_2,\text{NaOH}} \text{（苯基）}CH_2CH_2CH_2CH_3$$

3. 康尼查罗反应 不含 α-H 的醛在浓碱作用下发生反应，一分子醛被氧化成羧酸，另一分子醛被还原成伯醇，这种反应称为**康尼查罗反应**（Cannizzaro reaction）。反应中醛同时发生氧化和还原两种反应，因此又称为**歧化反应**。

$$2\ HCHO + NaOH \xrightarrow{\text{浓NaOH}} CH_3OH + HCOONa$$

$$2\text{（苯基）}-CHO + NaOH \xrightarrow{\text{浓NaOH}} \text{（苯基）}-CH_2OH + \text{（苯基）}-COONa$$

康尼查罗反应的反应机制如下（以甲醛为例）：

知识链接 10-1

NOTE

$$H-\overset{\overset{\displaystyle H}{|}}{C}=O + OH^- \rightleftharpoons H-\overset{\overset{\displaystyle H}{|}}{\underset{\underset{\displaystyle OH}{|}}{C}}-O^-$$

$$H-\overset{\overset{\displaystyle H}{|}}{\underset{\underset{\displaystyle OH}{|}}{C}}-O^- + H-\overset{\overset{\displaystyle H}{|}}{C}=O \longrightarrow H-\overset{\overset{\displaystyle O}{||}}{\underset{\underset{\displaystyle OH^-}{|}}{C}}-OH + CH_3-O^-$$

$$\overset{\displaystyle\downarrow OH^-}{HCOO^-} \qquad \overset{\displaystyle\downarrow H^+}{CH_3OH}$$

由反应机制可以看出,羰基碳受 OH^- 进攻生成氧负离子的醛分子作为氢的供体,本身被氧化成羧酸;另一分子醛作为氢的受体,被还原成醇。

两种不同的无 α-H 的醛在浓碱存在下,将同时发生自身康尼查罗反应和交叉康尼查罗反应,生成多种产物的混合物。但使用甲醛与其他不含 α-H 的醛进行反应时,由于甲醛的醛基较活泼,总是先被 OH^- 进攻而氧化生成甲酸,另一种醛则被还原成为伯醇。因此产物比较单一,可用于有机合成。

$$HCHO + \text{〈苯基〉}-CHO \xrightarrow{\text{浓NaOH}} HCOONa + \text{〈苯基〉}-CH_2OH$$

(五) 其他反应

1. 魏悌希反应 醛和酮能够与含磷的内锜盐——**膦叶立德**(phosphorus ylide)反应生成烯烃,该反应称为**魏悌希(Wittig)反应**,是利用醛、酮制备烯烃的一种常用方法,膦叶立德又称为**魏悌希试剂**。

$$\overset{\diagup}{\underset{\diagdown}{}}C=O+(C_6H_5)_3\overset{+}{P}-\overset{-}{\underset{\underset{\displaystyle R'}{|}}{C}}\overset{R}{} \longrightarrow \overset{\diagup}{\underset{\diagdown}{}}C=\overset{R}{\underset{R'}{C}}$$

膦叶立德　　　　　烯烃

魏悌希试剂是由三苯基膦与卤代烷进行亲核取代得到季鏻盐,季鏻盐进一步在苯基锂、乙醇钠等强碱的作用下脱去卤化氢制备得到的。反应机制如下:

$$(C_6H_5)_3P: + \overset{R}{\underset{R'}{}}CH-X \longrightarrow (C_6H_5)_3\overset{+}{P}-\overset{R}{\underset{R'}{C}}H\ \ X^- \xrightarrow{C_6H_5Li} (C_6H_5)_3\overset{+}{P}-\overset{-}{\underset{R'}{C}}\overset{R}{}$$

常用的魏悌希试剂碳负离子上所连基团 R 和 R′ 是氢原子或简单烷基,其对空气和水的稳定性较差,因此在合成时一般不经分离直接用于下一步反应。魏悌希试剂的结构可用叶立德(ylide)或叶林(ylene)的形式表示:

$$\left[(C_6H_5)_3\overset{+}{P}-\overset{-}{\underset{\underset{\displaystyle R'}{|}}{C}}\overset{R}{} \longleftrightarrow (C_6H_5)_3P=\overset{R}{\underset{R'}{C}} \right]$$

叶立德　　　　　　叶林

魏悌希反应条件温和、双键位置确定、产率较高,而且不会影响反应物中的醚、酯、烯、炔等其他官能团,因此**该反应是向分子中引入双键的重要方法**,在有机合成特别是天然产物的合成中应用广泛。如由环己酮制备亚甲基环己烷,若采用由醇脱水的方法产率很低,难以得到,而使用魏悌希反应则可以得到产率较高的亚甲基环己烷。例如:

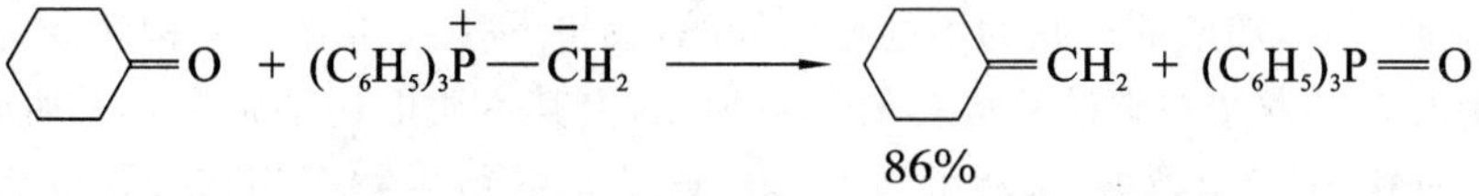

$$\text{\LARGE〉}=O + (C_6H_5)_3\overset{+}{P}—\overset{-}{C}H_2 \longrightarrow \text{\LARGE〉}=CH_2 + (C_6H_5)_3P=O$$

86%

2. 安息香缩合 两分子芳香醛在氰基负离子(CN^-)催化下能发生缩合反应，生成芳香 α-羟基酮。最简单的芳香醛——苯甲醛反应生成的芳香 α-羟基酮称为安息香(benzoin)，因此这类反应称为**安息香缩合**(benzoin condensation)，例如：

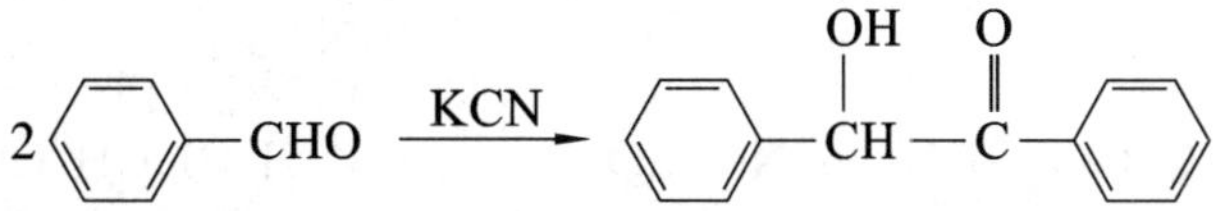

$$2\ \text{苯}—CHO \xrightarrow{KCN} \text{苯}—\overset{OH}{\underset{}{CH}}—\overset{O}{\underset{}{C}}—\text{苯}$$

安息香缩合的反应机制是氰基负离子先进攻羰基，生成 α-羟基腈，由于氰基的强吸电子作用，α-H 容易离去形成碳负离子，进一步与另一分子醛发生亲核加成生成二羟基腈，最后消去氰基得到芳香 α-羟基酮。

六、α,β-不饱和醛、酮

分子中含有碳碳双键(三键)的醛、酮称为不饱和醛、酮。根据碳碳双键和羰基的相对位置不同，不饱和醛、酮可以分为以下三类：

(1) 孤立型，碳碳双键和羰基之间至少相隔一个饱和碳原子。这类化合物同时具有烯烃和醛、酮的性质。

(2) 烯酮型，碳碳双键和羰基共用一个碳原子，这类化合物称为烯酮。由于分子中含有聚集双键，烯酮大多很不稳定，具有非常活泼的化学性质。

(3) 共轭型，碳碳双键和羰基共轭，称为 α,β-不饱和醛、酮。这类化合物不仅具有烯烃和醛、酮的性质，还有一些特殊性质，是最重要的一类不饱和醛、酮。本部分主要介绍 α,β-不饱和醛、酮的结构和相关性质。

（一）结构

在 α,β-不饱和醛、酮分子中，碳碳双键和羰基共轭，形成与丁-1,3 二烯类似的 π-π 共轭体系，丙烯醛分子中的共轭体系如图 10-3 所示。

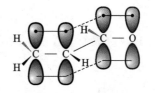

（二）化学性质

图 10-3 丙烯醛分子中的共轭体系

α,β-不饱和醛、酮中含有共轭的碳碳双键和羰基，因此既能发生亲电加成，也能发生亲核加成，并且具有 1,2-加成和 1,4-加成两种形式。

1. 亲核加成

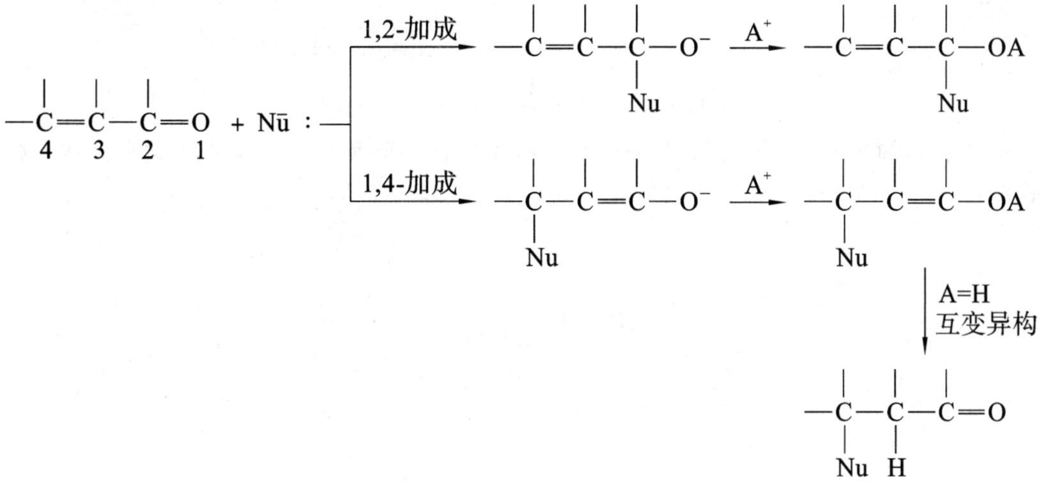

当 A 为氢时，1,4-加成的产物为不稳定的烯醇，会进一步发生互变异构转变为酮式结构，结果从表面上看像是发生在碳碳双键上的 3,4-加成，但其本质上还是属于 1,4-加成。

α,β-不饱和醛、酮与氢氰酸、亚硫酸氢钠、醇、氨及氨的衍生物等亲核试剂发生加成时，主要生成 1,4-加成产物。例如：

$$CH_3CH{=}CHCOCH_3 \xrightarrow[HAc]{KCN} CH_3\underset{CN}{CH}CH_2COCH_3$$

$$C_6H_5CH{=}CHCHO + NaHSO_3 \xrightarrow[HAc]{KCN} C_6H_5\underset{SO_3Na}{CH}CH_2CHO$$

α,β-不饱和醛、酮与格氏试剂发生加成时，有时以 1,2-加成产物为主，有时以 1,4-加成产物为主，主要取决于与羰基相连的烃基的大小。烃基的体积小时，以 1,2-加成为主；烃基的体积大时，以 1,4-加成为主。例如：

$$CH_3CH{=}CHCHO \xrightarrow[2)H_3O^+]{1)C_6H_5MgBr} CH_3CH{=}CH\underset{OH}{CH}C_6H_5$$
1,2-加成

$$CH_3CH{=}CHCOC_6H_5 \xrightarrow[2)H_3O^+]{1)C_6H_5MgBr} CH_3\underset{C_6H_5}{CH}CH_2COC_6H_5$$
1,4-加成

2. 亲电加成　羰基具有强吸电子作用，使得 α,β-不饱和醛、酮中的碳碳双键亲电加成活性降低，加成反应的取向也受到影响，例如：

$$CH_2{=}CH-\underset{H}{C}{=}O + HCl(气) \xrightarrow{0\ ℃} CH_2-\underset{H}{CH}-\underset{H}{C}{=}O \quad (Cl)$$

上述反应表面上看是生成反马氏规则的产物，而实际上是 1,4-加成的结果，其反应机制如下：

$$CH_2{=}CH-\underset{H}{C}{=}O \xrightarrow{H^+} \underset{+}{CH_2{\cdots}CH{\cdots}C}-OH \xrightarrow{Cl^-} \underset{Cl}{CH_2}-CH{=}CH-OH \rightarrow \underset{Cl}{CH_2}-\underset{H}{CH}-\underset{H}{C}{=}O$$
烯醇式　　　　　酮式

α,β-不饱和醛、酮与卤素和次卤酸反应时不发生共轭加成，只在碳碳双键上发生亲电加成，例如：

$$CH_3CH{=}CHCHO \xrightarrow{Br_2} CH_3\underset{Br}{CH}\underset{Br}{CH}CHO$$

3. 麦克尔加成　α,β-不饱和醛、酮能与具有亲核性的碳负离子发生 1,4-共轭加成，这类反应称为麦克尔(Michael)加成。例如：

▮ 第二节　醌类化合物 ▮

一、分类和命名

醌是一类含有共轭的环己二烯二酮结构的化合物。醌类分子中具有对醌式或邻醌式的结构单位，称为醌型结构。醌类化合物大多具有鲜艳的颜色，它们在自然界中分布广泛，常用作色素、染料和指示剂。

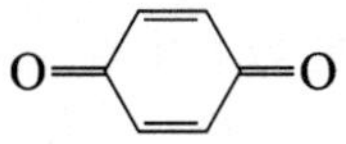

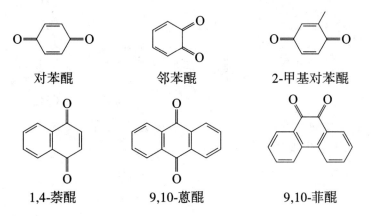

　　　　对醌式 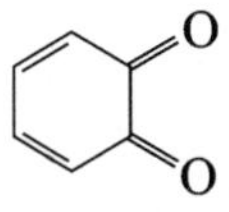　　　　　　　　　邻醌式

醌类化合物并不属于芳香族化合物，但通常根据其骨架分为苯醌、萘醌、蒽醌和菲醌等类型，醌的命名也是以此为依据的。例如：由苯衍生得到的醌称为苯醌，萘衍生得到的醌称为萘醌等。

知识链接 10-2

　　　对苯醌　　　　　　邻苯醌　　　　　2-甲基对苯醌

　　1,4-萘醌　　　　　9,10-蒽醌　　　　9,10-菲醌

二、化学性质

醌类化合物具有共轭的 α,β-不饱和二酮结构，既能发生羰基的亲核加成和碳碳双键的亲电加成，又能发生 1,4-共轭加成和 1,6-共轭加成反应。下面以对苯醌为例介绍醌类化合物的化学性质。

1. 羰基的亲核加成　对苯醌能与一分子羟胺加成生成单肟，单肟可以继续与一分子羟胺反应生成二肟。此反应证明了醌类化合物具有二元羰基化合物的结构特征。

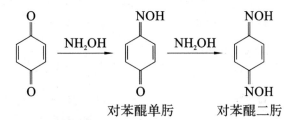

　　　　　　　　对苯醌单肟　　　　对苯醌二肟

2. 碳碳双键的加成　对苯醌中的碳碳双键能与卤素单质等亲电试剂发生加成反应，生成二卤或四卤化物。受两个羰基的影响，对苯醌中的碳碳双键也能作为亲双烯体与共轭二烯烃发生狄尔斯-阿尔德反应。

NOTE

3. 共轭加成 与 α,β-不饱和醛、酮类似,对苯醌能与氯化氢、氢氰酸等发生 1,4-共轭加成反应。

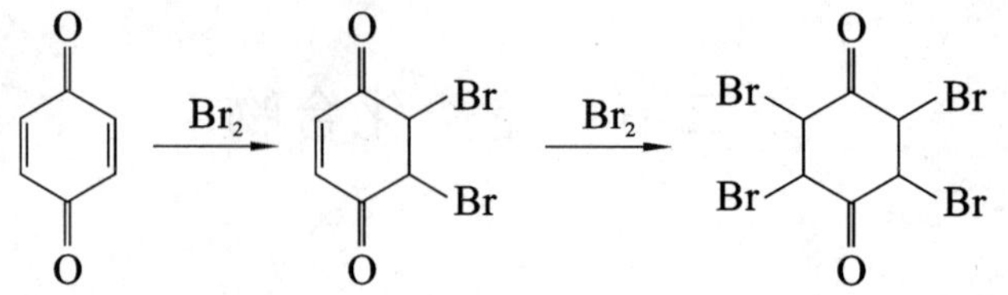

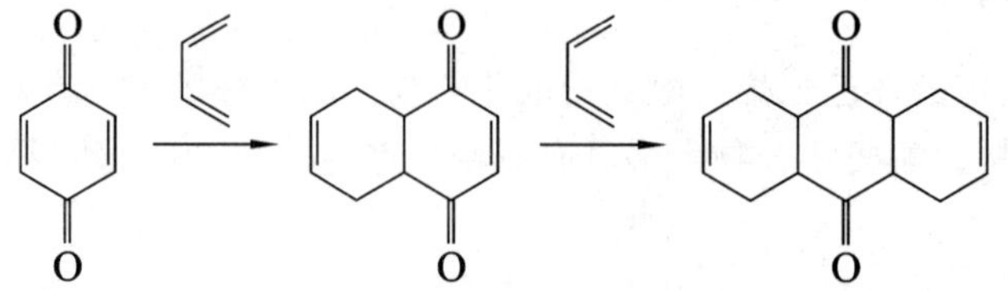

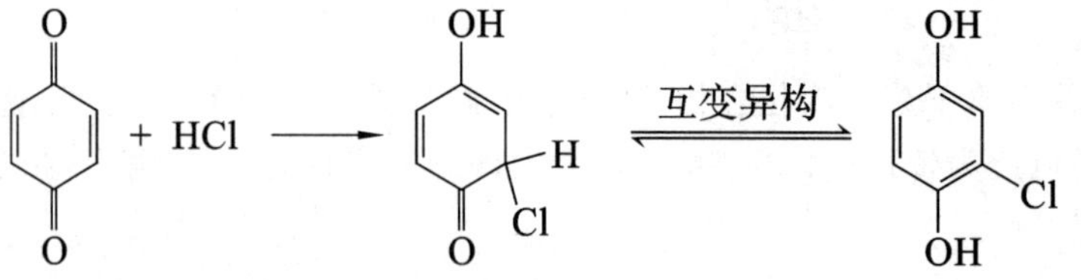

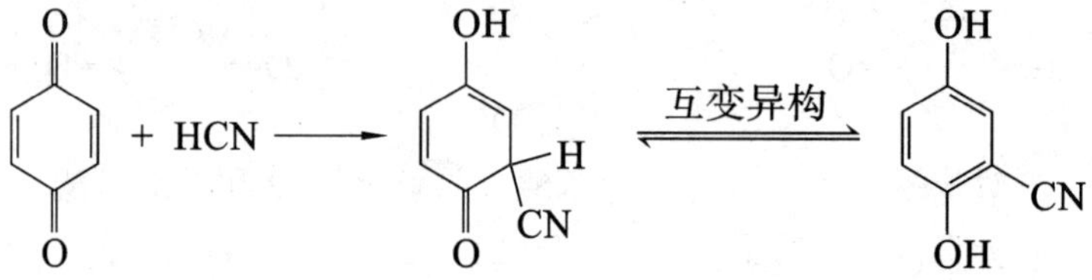

对苯醌还能在亚硫酸水溶液中发生还原反应,生成对苯二酚(又称氢醌),该反应属于 1,6-共轭加成,是对苯二酚氧化成对苯醌的逆反应。

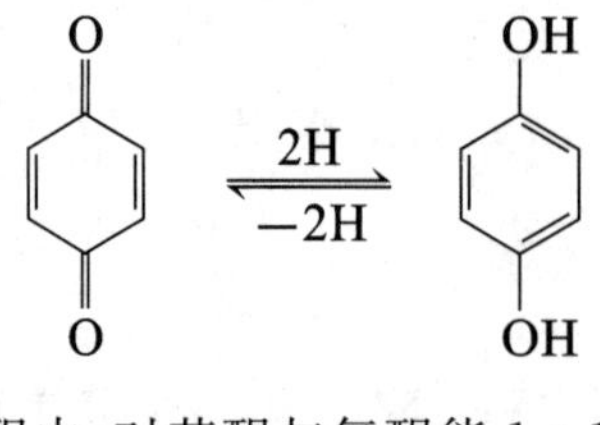

上述还原反应或氧化反应过程中,对苯醌与氢醌能 1∶1 反应形成难溶于水的配合物——醌氢醌,这种中间产物是一种深绿色的闪光晶体。它的形成是这两种分子中 π 电子体系相互作用的结果。对苯醌的分子中缺少 π 电子,而氢醌分子中富有 π 电子,两者之间能形成电子授受型配合物(又称电子转移配合物)。此外,分子间氢键对增强配合物的稳定性也有一定作用。

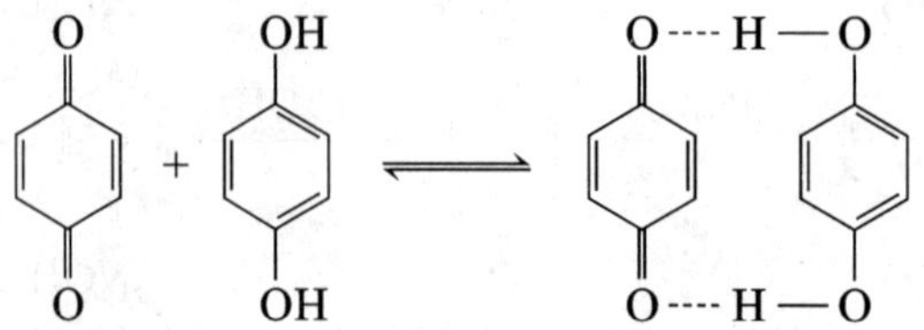

知识拓展 10-1

醌氢醌

练习题答案

本章小结

主要内容	学习要点
结构	羰基氧原子带部分负电荷,碳原子带部分正电荷,呈现出较强的极性
分类	脂肪醛、酮和芳香醛、酮;饱和及不饱和醛、酮;一元醛、酮和多元醛、酮
命名	选择含羰基碳的最长碳链作为主链; 编号时,醛类化合物从醛基碳开始,酮则从离羰基最近一端的碳原子开始编号; 写全称时需将酮类化合物表示羰基位置的数字写在母体名称之前
化学性质	羰基是一个极性的不饱和基团,容易发生以下反应: ①亲核加成反应:与 HCN、饱和 $NaHSO_3$、H_2O、ROH、RMgX、H_2N—G 等反应; ②α-H 的一系列反应:主要包括酮式和烯醇式的互变异构、羟醛缩合反应和卤代反应; ③还原反应:包括还原成醇羟基和亚甲基两类; ④醛可以被某些弱氧化剂所氧化,而酮不能反应,可利用这一特点鉴别醛、酮
反应机制	亲核加成反应,反应的难易与羰基中的烃基结构有关
羰基化合物的鉴别	①与羰基试剂反应,可鉴别出所有的羰基化合物; ②与饱和亚硫酸氢钠反应,可鉴别醛、脂肪族甲基酮和 8 个碳原子以下的环酮; ③碘仿反应可鉴别乙醛、甲基酮及乙醇、甲基仲醇类化合物; ④托伦试剂可鉴别所有的醛; ⑤费林试剂和班氏试剂可鉴别除芳香醛以外的其他醛
羰基的保护	与两分子醇反应生成缩醛进行保护,水解去保护
羰基化合物用于合成	①与格氏试剂的加成反应,合成各种醇; ②羟醛缩合反应:合成增长碳链的 α,β-不饱和醛、酮; ③曼尼希反应:由简单的胺制备结构较复杂的胺; ④魏悌希反应:向分子中引入双键的重要方法

目标检测

一、选择题。

1. 既能与 2,4-二硝基苯肼反应,又可发生银镜反应,但不发生碘仿反应的化合物是(   )。

A. CH_3CHO　　　　　B. CH_3CH_2CHO　　　C. CH_3COCH_3　　　　D. $CH_3CH(OH)CH_3$

2. 下列化合物中不能与饱和亚硫酸氢钠溶液反应的是(   )。

A. 乙醛　　　　　　　B. 丙酮　　　　　　　C. 丙醛　　　　　　　D. 苯乙酮

3. 常用于保护醛基的反应是(   )。

A. 羟醛缩合反应　　　B. 生成缩醛的反应　　C. 康尼查罗反应　　　D. 碘仿反应

4. 下列化合物与甲基溴化镁反应后水解能得到 2-甲基-2-丁醇的是(   )。

A. 2-丁酮　　　　　　B. 丁醛　　　　　　　C. 1,2-环氧丙烷　　　D. 丙酮

目标检测答案

NOTE

5. 黄鸣龙是我国著名的有机化学家,他在以下哪个方面做出了贡献?(　　　)。

A. 完成了青霉素的合成　　　　　　　B. 在有机半导体方面做了大量工作

C. 改进了用肼还原羰基的反应　　　　D. 人工合成了结晶牛胰岛素

6. 下列化合物与格氏试剂反应并水解后能生成伯醇的是(　　　)。

A. ⬡—CHO　　　B. ⬡—CHO　　　C. ⬡=O　　　D. HCHO

7. 能与 2,4-二硝基苯肼反应生成黄色沉淀,但不发生银镜反应的化合物是(　　　)。

A. 丁醛　　　　　　B. 2-丁醇　　　　　　C. 2-丁酮　　　　　　D. 2-丁烯

8. 下列试剂可用于鉴别乙醛和丙醛的是(　　　)。

A. 托伦试剂　　　　B. 费林试剂　　　　C. 2,4-二硝基苯肼　　D. 碘和氢氧化钠

9. 下列化合物与乙醇发生加成时,反应速率最快的是(　　　)。

A. 甲醛　　　　　　B. 丙醛　　　　　　C. 2-丁酮　　　　　　D. 苯乙酮

10. 下列化合物中自身能发生康尼查罗反应的是(　　　)。

A. 乙醛　　　　　　B. 苯甲醛　　　　　C. 2-甲基丁醛　　　　D. 苯乙酮

二、判断题。

1. 亲核试剂本身是缺电子的分子或正离子。　　　　　　　　　　　　　　　(　　)

2. 托伦试剂和芳香醛不反应,因此可用于鉴别脂肪醛和芳香醛。　　　　　　(　　)

3. 羟醛缩合反应的前提条件是醛或酮必须有 α-H。　　　　　　　　　　　(　　)

4. 羰基化合物能够发生亲核加成是因为氧的电负性大于碳,使羰基碳上带部分正电荷。

　　　　　　　　　　　　　　　　　　　　　　　　　　　　　　　　　　(　　)

5. 羰基上连有给电子基团时,亲核加成反应更容易进行。　　　　　　　　　(　　)

6. 所有的半缩醛都不稳定,容易分解成醛和醇。　　　　　　　　　　　　　(　　)

三、给下列化合物命名。

1.
$$
\underset{\text{Ph}}{\overset{CH_3}{\underset{\big|}{C}}}=CHCH_2CHO
$$

2. CH₃ССH₂CH₂CHCH₃ （O 在第二个碳上, CH₃ 支链）

$$
2.\ CH_3\overset{O}{\overset{\|}{C}}CH_2CH_2\overset{CH_3}{\underset{|}{C}}HCH_3
$$

3.
$$
C_2H_5\text{—}\text{环己酮, 2-}CH_3
$$

4. 带Cl、CHO、CH₃的苯环

四、写出下列物质的结构式。

1. 辛基-2,5-二酮　　2. 2-苯基戊-3-酮　　3. 2-对甲苯基丁醛

五、完成下列反应。

1. ⬡—CH₂CHO $\xrightarrow{\text{NaCN,HCl}}$ $\xrightarrow{\text{H}_3\text{O}^+}$

2. 2CH₃CH₂CHO $\xrightarrow{\text{稀 NaOH}}$ $\xrightarrow{\triangle}$

3. CH₃CH₂CHO + CH₃OH $\xrightarrow{\text{干燥 HCl}}$

4. HCHO + CH₃—$\underset{CH_3}{\overset{CH_3}{\underset{|}{\overset{|}{C}}}}$—CHO $\xrightarrow{\text{浓 NaOH}}$

NOTE

5.
$$\underset{\substack{|\\ \text{CH}-\text{CH}_3}}{\overset{\text{OH}}{}}\quad \xrightarrow{\text{I}_2,\text{NaOH}}$$

6.
$$\underset{\substack{\|\quad\|\\ }}{\text{CH}_3\text{CCH}_2\text{CCH}_3}\quad \xrightarrow[\text{二聚乙二醇},\triangle]{\text{NH}_2\text{NH}_2,\text{NaOH}}$$

7.
$$\text{CH}_3\text{CH}_2\text{CH}\underset{\substack{|\\ \text{OCH}_3}}{\overset{\text{OCH}_3}{}}\quad \xrightarrow[\triangle]{\text{Zn-Hg},\text{浓 HCl}}$$

8.
$$\text{—CHO} + \text{H}_2\text{NNH}\text{—}\underset{\text{NO}_2}{\overset{\text{NO}_2}{}}\quad \longrightarrow$$

9.
$$\text{CH}_3\text{CH}\!=\!\text{CHCHO}\quad \xrightarrow{\text{NaBH}_4}$$

10.
$$\underset{\substack{\|\\ \text{O}}}{\text{CH}_3\text{—C—C}_2\text{H}_5} + \text{CH}_3\text{MgBr}\quad \xrightarrow{\text{无水乙醚}}\qquad \xrightarrow{\text{H}_3\text{O}^+}$$

六、用简便的化学方法鉴别下列化合物。

1. 乙醛、丙醛、苯甲醛、丙酮。

2. 甲醛、苯甲醛、苯乙酮、环己酮。

3. 乙醇、乙醛、苯甲醛、苯酚。

七、合成题。

1. 以乙烯为原料合成 2-丁酮。

2. 以苯和两个碳以下的有机化合物为原料合成 2-苯基-2-丙醇。

3. 以环己烯为原料合成 〔环己烷 OH、COOH〕。

八、结构推导。

1. 某未知化合物 A，能与托伦试剂发生银镜反应。A 与甲基溴化镁反应后加入稀酸得到化合物 B，分子式为 $C_5H_{12}O$，B 经浓硫酸处理得到化合物 C，分子式为 C_5H_{10}，C 与高锰酸钾反应得到丙酮和乙酸。试写出 A、B、C 的结构式。

2. 化合物 A 分子式为 $C_9H_{10}O$，能与 2,4-二硝基苯肼反应生成黄色沉淀，还能发生碘仿反应，但不能发生银镜反应。A 用 $LiAlH_4$ 还原得到化合物 B，分子式为 $C_9H_{12}O$，B 也能发生碘仿反应。A 用 Zn-Hg/HCl 还原得到化合物 C，分子式为 C_9H_{12}，C 用高锰酸钾氧化得到苯甲酸。试写出 A、B、C 的结构式。

参 考 文 献

[1] 邢其毅,裴伟伟.基础有机化学[M].3 版.北京:高等教育出版社,2003.

[2] 陆涛.有机化学[M].8 版.北京:人民卫生出版社,2016.

（姚 遥）

第十一章 羧酸和取代羧酸

 学习目标

1. 掌握：羧酸的系统命名法、结构特点、一元羧酸的化学性质、亲核加成-消除反应机制。

2. 熟悉：羧酸的物理性质、二元羧酸的受热反应、羧酸的制备方法。

3. 了解：羟基酸、卤代酸、羰基酸。

分子中含有羧基（—COOH）的有机化合物称为**羧酸**（carboxylic acid），一元羧酸的通式为RCOOH。羧酸分子烃基上的氢原子被其他原子或基团取代后的化合物称为**取代羧酸**（substituted carboxylic acid）。取代羧酸主要包括卤代酸、羟基酸、羰基酸和氨基酸等。

自然界中，羧酸和取代羧酸常以游离态、羧酸盐或羧酸衍生物的形式广泛存在于动植物中，它们对人类生活非常重要，如2%醋酸用于调料、高级脂肪酸钠盐用于去污的肥皂等。此外，许多羧酸及取代羧酸还具有一定的生物活性和药理作用，可用作临床药物。例如：

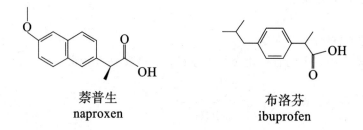

萘普生
naproxen

布洛芬
ibuprofen

案例导入

草酸与人类的日常生活

草酸广泛分布于动植物和真菌体内，尤以菠菜中含量最高。在日常生活中，一般用作除锈剂，去除织物上所沾染的铁锈。实际上草酸是一种有毒的化学物质，对皮肤、黏膜有刺激性及腐蚀作用，极易经表皮、黏膜吸收引起中毒。

问题：

（1）草酸的结构是什么？为何可以作为除锈剂？

（2）我们每天都通过多种渠道摄入草酸，是不是很危险？

（3）草酸摄入过多，会对人体造成哪些危害？

第一节 羧 酸

一、羧酸的分类及命名

（一）羧酸的分类

除甲酸外，羧酸由烃基和羧基两部分组成。根据烃基的不同，可分为脂肪酸（fatty acid）和芳香酸（aromatic acid）；根据烃基是否饱和，可分为饱和脂肪酸（saturated fatty acid）和不饱和脂肪酸（unsaturated fatty acid）；根据羧基的数目又可分为一元羧酸（monocarboxylic acid）、二元羧酸（dicarboxylic acid）及多元羧酸（polycarboxylic acid）。

（二）羧酸的命名

1. 俗名 很多羧酸最初是从天然产物中得到的，一般根据其来源而得名。例如，最初来自蚂蚁分泌物的甲酸俗名为蚁酸；乙酸是食醋的主要成分，所以也称为醋酸。许多高级一元羧酸，因最初是从水解脂肪得到的，又称为脂肪酸，如十六酸称为软脂酸，十八酸称为硬脂酸，类似的还有草酸、乳酸、肉桂酸等。例如：

HCOOH	CH_3COOH	$CH_3(CH_2)_{16}COOH$	HOOC—COOH
蚁酸	醋酸	十八酸	草酸
formic acid	acetic acid	stearic acid	oxalic acid

2. IUPAC 命名 羧酸的 IUPAC 命名原则与醛相同，把"醛"字改为"酸"字即可。即选择含有羧基的最长碳链为主链，按主链上的碳原子数目称为"某酸"，并从羧基碳原子开始编号，取代基及不饱和键的位次分别写在"某酸"之前，用阿拉伯数字标明。简单的羧酸也可用 α、β、γ、δ 等希腊字母进行编号，最末端碳原子可用 ω 表示。

2,4-二甲基戊酸(α,γ-二甲基戊酸)
2,4-dimethylpentanoic acid

3-甲基丁-2-烯酸
3-methylbut-2-enoic acid

值得注意的是，按《有机化合物命名原则（2017）》"主链的选择取决于链长，而不是不饱和度"的原则，下列化合物命名为 2-甲亚基丁酸而不是 2-乙基丙-2-烯酸。

$$CH_3CH_2—\overset{\overset{\displaystyle CH_2}{\|}}{C}—COOH$$

2-甲亚基丁酸
2-methylene butanoic acid

命名含脂环和芳环的羧酸时，以脂环和芳环作为取代基，脂肪酸作为母体。例如：

环丁烷甲酸
cyclobutyric acid

3-甲基-4-苯基丁-2-烯酸
3-methyl-4-phenylbut-2-enoic acid

二元羧酸的命名:选取分子中含有两个羧基在内的最长碳链作为主链,按照主链碳原子数的多少称为"某二酸",英文后缀改为"-dioic acid"。例如:

HOOCCH₂COOH

丙二酸
propandioic acid

(顺)-丁烯二酸
cis-butenedioic acid

2-氯-3-甲基丁二酸
2-chlo-3-methyl butanedioic acid

练习题 11-1 请用 IUPAC 命名法命名下列化合物。

(1) ⬠—COOH

(2) [结构式]

(3) [结构式]

(4) [结构式]

(5) [结构式]

二、羧酸的制备

1. 氧化法 羧酸是许多有机化合物氧化的最终产物。例如:饱和伯醇或者醛的氧化可以用来制备碳原子数不变的羧酸;对称烯烃和末端烯烃的氧化可以用来制备碳原子数减少的羧酸;芳烃侧链的氧化可以用来制备芳香羧酸;卤仿反应可以用来制备减少一个碳原子的羧酸。

2. 腈水解法 在酸性或碱性条件下,腈可水解生成羧酸。

$$RCH_2Br \xrightarrow{NaCN} RCH_2CN \xrightarrow{H_2O/H^+ \ \text{或} \ OH^-} RCH_2COOH$$

例如:

[苯环]—CH₂CN $\xrightarrow{H_2O/H^+\text{或}OH^-}$ [苯环]—CH₂COOH

腈在酸或碱催化下的水解反应可用于**制备增加一个碳原子的羧酸**,是增长碳链的一种方法。

3. 格氏试剂法 格氏试剂与二氧化碳的加成产物经水解可制备增加一个碳原子的羧酸。

$$(Ar)RMgX + \overset{\delta-}{\ddot{O}}=C=\overset{\delta+}{\ddot{O}} \longrightarrow (Ar)R-C\overset{OMgX}{\underset{O}{}} \xrightarrow{H_3O^+} (Ar)R-C\overset{OH}{\underset{O}{}}$$

用该法制备羧酸时,通常在$-10\sim10$ ℃下对反应有利。操作时可将二氧化碳通入格氏试剂的乙醚溶液中;或将格氏试剂的乙醚溶液倒入干冰(既作冷却剂又作反应剂)中。例如:

[结构式] $\xrightarrow[Et_2O]{Mg}$ [结构式] $\xrightarrow{(1)CO_2 \ (2)H_3O^+}$ [结构式]

三、羧酸的物理性质

常温下,含 1~9 个碳原子的直链一元饱和脂肪酸为具有刺激性气味的液体;含 10 个及 10 个以上碳原子的饱和脂肪酸为无味蜡状固体;脂肪族二元羧酸和芳香羧酸都是固体。

羧酸的沸点随着相对分子质量的增加而升高。同时,羧酸的沸点比相对分子质量相近的醇高。例如,甲酸的沸点(100.5 ℃)比乙醇的沸点(78.3 ℃)高;乙酸的沸点(118 ℃)比丙醇的沸点(97.2 ℃)高。这是因为羧酸分子能通过氢键缔合成二聚体或多聚体(甲酸、乙酸在气态时都保持双分子聚合状态),而且氢键又比醇中氢键牢固。

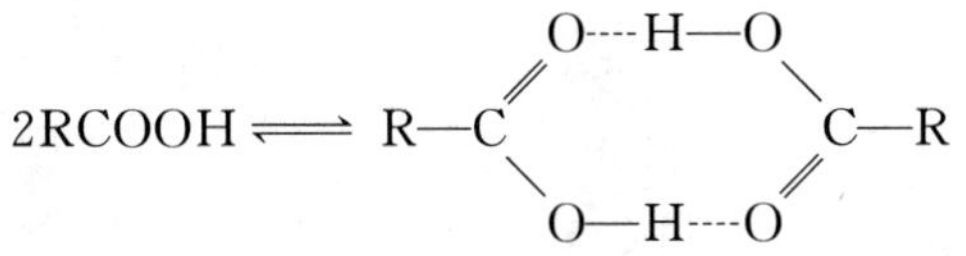

$$2RCOOH \rightleftharpoons R-C \begin{matrix} O\cdots H-O \\ \\ O-H\cdots O \end{matrix} C-R$$

羧酸二聚体

在羧酸分子中,由于羰基氧原子是质子的受体,羟基可作为质子供给体,因此羧基具有强极性并能与水分子或羧酸分子形成较强氢键(图 11-1)。故低级羧酸可与水混溶,但随着碳原子数的增加,水溶性逐渐降低,10 个碳原子以上的羧酸不溶于水,但羧酸都能溶于甲醇、乙醚、苯等有机溶剂。芳香羧酸微溶于水,多元羧酸的水溶性大于相同碳原子数的一元羧酸。

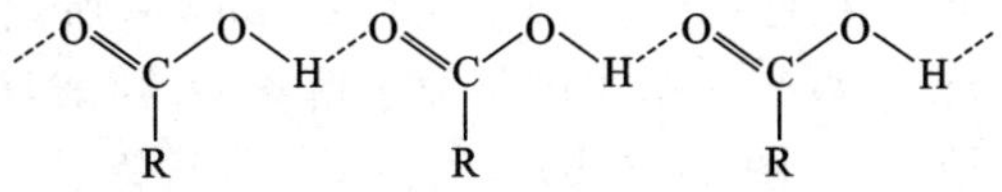

图 11-1　羧酸分子间的氢键

饱和一元羧酸的熔点也随着碳原子数的增加而呈锯齿状上升,通常含偶数个碳原子的羧酸的熔点高于相邻含奇数个碳原子羧酸;二元羧酸的熔点比相对分子质量相近的一元羧酸高,这是二元羧酸中两个羧基中的羟基使得分子间引力增加的缘故。一些常见羧酸的物理常数见表 11-1。

表 11-1　一些常见羧酸的物理常数

系统名	俗名	熔点/℃	沸点/℃	溶解度(g/100 g H_2O)	pK_a
甲酸	蚁酸	8.4	100.5	∞	3.76
乙酸	醋酸	16.6	117.9	∞	4.76
丙酸	初油酸	−20.8	141	∞	4.86
丁酸	酪酸	−4.3	163.5	∞	4.81
戊酸	缬草酸	−33.8	186	约 5	4.82
己酸	养油酸	−2	205	0.96	4.83
十二酸	月桂酸	44	225	不溶	—
十四酸	豆蔻酸	54	251	不溶	—
十六酸	软脂酸	62.9	269 (0.01 MPa)	不溶	—
乙二酸	草酸	189.5	—	8.6	1.27(pK_{a1}),4.27(pK_{a2})
丙二酸	缩苹果酸	136	—	73.5	2.83(pK_{a1}),5.69(pK_{a2})
丁二酸	琥珀酸	185	—	5.8	4.21(pK_{a1}),5.64(pK_{a2})
苯甲酸	安息香酸	122.4	249	0.34	4.19
邻苯二甲酸	邻酞酸	231	—	0.7	2.89(pK_{a1}),5.51(pK_{a2})
对苯二甲酸	对酞酸	300	—	0.002	3.51(pK_{a1}),4.82(pK_{a2})

NOTE

四、羧酸的结构特点

羧基的结构如图 11-2(a)所示。羧基碳原子为 sp² 杂化,羧基中羰基上的 π 键与羟基氧原子的 p 轨道平行重叠,形成 p-π 共轭体系。

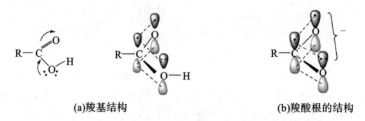

(a)羧基结构   (b)羧酸根的结构

图 11-2　羧基和羧酸根的结构

p-π 共轭效应导致羧基碳上 3 个 σ 键键长平均化。X 射线衍射证明,在甲酸分子中 C═O 键键长(123 pm)较醛、酮分子中的 C═O 键键长(122 pm)有所增加;而 C—O 键键长(136 pm)较醇中 C—O 键(143 pm)短;当羧基中的氢原子解离后,羧酸根中的 p-π 共轭作用更强,负电荷平均分配在两个氧原子上(图 11-2(b)),因而 C—O 键键长完全平均化,都是 127 pm,没有双键与单键的差别。

五、羧酸的化学性质

由于 p-π 共轭效应的影响,羧基碳原子的正电性降低了,从而失去了典型羰基的性质,不能发生类似醛、酮的亲核加成反应;p-π 共轭效应也使羧基中羟基氧原子上的孤对电子偏向羰基,O—H 键极性增大,有利于氢的解离,故羧酸具有明显的酸性。另外,羧酸中的羰基碳受到亲核试剂进攻,在一定条件下可发生酰基碳上的亲核取代反应。羧酸的 α-H 也具有一定的活性。此外,在一定条件下羧基可以被还原,可以发生脱羧反应。羧酸发生反应的部位及主要反应如图 11-3 所示。

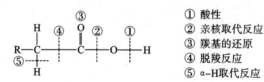

① 酸性
② 亲核取代反应
③ 羰基的还原
④ 脱羧反应
⑤ α-H取代反应

图 11-3　羧酸主要化学反应示意图

(一) 一元羧酸的化学性质

1. 羧基氧氢键断裂——羧酸的酸性　因 p-π 共轭效应的影响,羧酸呈明显的弱酸性,在水中能解离成羧酸根和水合氢离子。

$$(Ar)R—COOH + H_2O \rightleftharpoons (Ar)R—COO^- + H_3O^+$$

一些含氢化合物的 pK_a 见表 11-2。常见的一元羧酸的 pK_a 一般在 4～5 之间,属于弱酸,比盐酸、硫酸等无机强酸的酸性弱,但比碳酸、苯酚、醇等的酸性强。因此羧酸能与 $NaHCO_3$ 反应放出 CO_2,而苯酚不能,利用这个性质可以**区别羧酸和苯酚**。

表 11-2　一些含氢化合物的酸性

化　合　物	pK_a	化　合　物	pK_a
RCOOH	4～5	ROH	16～19
H_2CO_3	6.28	HC≡CH	约 25
PhOH	10	$H_2C═CH_2$	约 45
H_2O	15.7	CH_3CH_3	约 50

羧酸的钠、钾、铵盐具有盐的一般性质：易溶于水、不挥发，加入比羧酸酸性强的无机酸可以使盐重新变为羧酸游离出来。

$$RCOONa + HCl \longrightarrow RCOOH + NaCl$$

上述性质可用于羧酸与不溶于水的或易挥发物质的分离。医药工业上常将水溶性差的含羧基的药物转变成易溶于水的碱金属的羧酸盐，以增加其水溶性。例如含有羧基的青霉素和氨苄青霉素水溶性极差，转变成钾盐或钠盐后水溶性增大，便于临床使用。

羧酸酸性的强弱与电子效应有着很大关系。羧酸的酸性强弱取决于电离后所生成的羧基负离子的稳定性，在羧酸的分子结构中连接有使羧基负离子电子云密度降低的基团，如卤素、羟基、羧基、硝基等吸电子基团，有利于负电荷分散，使羧基负离子更稳定，从而使羧酸酸性增强。

取代基的电子效应越强、数目越多，对羧酸的酸性影响越大。

例如，卤素的吸电子诱导效应顺序为 F＞Cl＞Br＞I，在卤代乙酸中氟代乙酸的酸性最强，碘代乙酸的酸性最弱。

	FCH_2COOH	$ClCH_2COOH$	$BrCH_2COOH$	ICH_2COOH	HCH_2COOH
pK_a	2.57	2.87	2.90	3.16	4.76

诱导效应有加和性，相同性质的原子或取代基越多，对羧酸的酸性影响越大。例如：

	Cl_3CCOOH	$Cl_2CHCOOH$	$ClCH_2COOH$	CH_3COOH
pK_a	0.66	1.25	2.87	4.76

诱导效应随烷基碳链距离的增加，对羧酸酸性的影响逐渐减弱，一般超过 3 个碳原子诱导效应的影响就基本可以忽略。例如：

$$\underset{Cl}{CH_3CH_2\overset{\alpha}{C}HCOOH} \quad \underset{Cl}{CH_3\overset{\beta}{C}HCH_2COOH} \quad \underset{Cl}{\overset{\gamma}{C}H_2CH_2CH_2COOH} \quad CH_3CH_2CH_2COOH$$

	2.84	4.06	4.52	4.81
pK_a				

在饱和一元羧酸中，甲酸的酸性（$pK_a=3.76$）比其他羧酸（$pK_a=4.7\sim5.0$）的酸性都强。当甲酸分子中的氢原子被烷基取代后，由于烷基的斥电子诱导效应，羧酸根稳定性降低，酸性减弱。例如：

	HCOOH	CH_3COOH	CH_3CH_2COOH	$(CH_3)_2CHCOOH$	$(CH_3)_3CCOOH$
pK_a	3.76	4.76	4.86	4.87	5.05

二元羧酸分子中的两个羧基分两步解离，第一步电离时，一个羧基对另一个羧基具有吸电子的诱导效应，当一个羧基电离为羧酸根后会对第二步电离的羧基产生给电子的诱导效应，使其不易电离出氢离子，因此一些低级二元羧酸的 pK_{a2} 通常大于 pK_{a1}（表 11-3）。

表 11-3 一些二元羧酸的酸性

化 合 物	pK_{a1}	pK_{a2}
乙二酸	1.27	4.27
丙二酸	2.83	5.69
丁二酸	4.21	5.64
戊二酸	4.33	5.57
己二酸	4.43	5.52

苯甲酸分子中的苯基和羧基中的碳氧双键形成 π-π 共轭，使电子云向羧基移动，因此苯甲酸的酸性（$pK_a=4.19$）比甲酸弱，但比乙酸强。

当芳环引入取代基后,其酸性随取代基的种类、位置、个数的不同而呈现不同的酸性。表11-4列出了一些取代苯甲酸的pK_a。

表 11-4　一些取代苯甲酸的 pK_a

	—NH$_2$	—OCH$_3$	—OH	—CH$_3$	—H	—F	—Cl	—Br	—I	—NO$_2$
邻	5.00	4.09	2.98	3.91	4.19	3.27	2.89	2.82	2.86	2.21
间	4.82	4.09	4.12	4.27	4.19	3.87	3.82	3.85	3.85	3.46
对	4.92	4.47	4.54	4.38	4.19	4.14	4.03	4.18	4.02	3.40

从表 11-4 中可知:当取代基位于羧基的对位和间位时,一般斥电子基团如甲基使酸性降低,吸电子基团如硝基等使酸性增强。

芳环上取代基对芳香酸酸性的影响,除了取代基的结构因素外,还将随取代基与羧基的相对位置的不同而不同。例如,邻羟基苯甲酸的酸性显著强于羟基在间位和对位时的苯甲酸,原因在于邻羟基苯甲酸形成了分子内氢键,增强了邻位羧基负离子的稳定性,酸性增强,而间位和对位由于空间位置较远不能形成分子内氢键,酸性较弱。

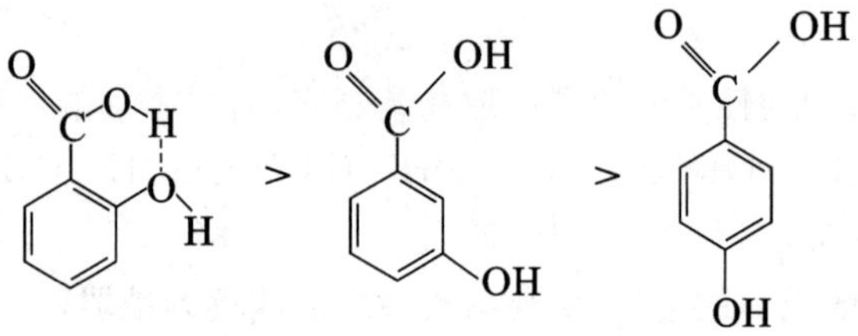

此外,吸电子能力较强的硝基取代的三种苯甲酸的酸性大小顺序为邻位＞对位＞间位,这是由于硝基苯结构具有下列极限式的叠加:

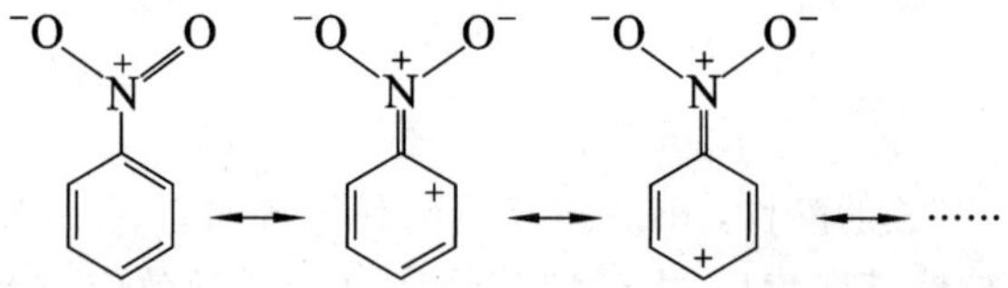

硝基苯的极限式叠加使邻位和对位电子云密度较低,当羧基处于邻位和对位时,必然对羧基上的电子有吸引作用,有利于羧基中 O—H 的断裂,酸性增强。此外,硝基的强吸电子诱导效应(−I)和吸电子共轭效应(−C)也是使邻位和对位硝基苯甲酸酸性增强的一个原因,对位由于空间位置较远,吸电子诱导效应影响相对较小,而邻位较大。因此,邻硝基苯甲酸酸性最强。而硝基处于间位时,吸电子的共轭效应受到阻碍,仅存在吸电子的诱导效应,使其酸性不如邻位和对位。

从表 11-4 可以看出,邻位取代的苯甲酸,除氨基外,不管是甲基、卤素、羟基或硝基等,其酸性都比间位或对位取代的苯甲酸强。这种由于取代基位于邻位而表现出来的特殊影响称为**邻位效应**。邻位效应的作用因素较复杂,除了要考虑共轭效应和诱导效应外,由于取代基团的距离很近,还要考虑空间效应的影响。

> **练习题 11-2**　比较下列各组化合物的酸性大小。
> (1) A. 对甲氧基苯甲酸　B. 对氯苯甲酸　C. 对甲基苯甲酸　D. 苯甲酸
> (2) A. 2-氟丙酸　B. 2-羟基丙酸　C. 2-甲基丙酸　D. 2-硝基丙酸
> (3) A. 2,4-二硝基苯甲酸　B. 4-氯-2-硝基苯甲酸　C. 2-甲基-4-硝基苯甲酸　D. 4-氯-2-甲基苯甲酸

2. 羧基碳氧键的断裂——羧酸衍生物的生成　羧基上的羟基被其他原子或基团取代后

所生成的化合物称为**羧酸衍生物**（carboxylic acid derivatives）。羧酸分子中除去羟基后剩余的基团称为**酰基**（acyl）。羧酸衍生物主要包括酰卤、酸酐、酯和酰胺。

1）酰卤的生成　羧基中的羟基被卤素取代后所生成的产物称为酰卤，可由 PX_3（X＝Cl 或 Br）、PX_5（X＝Cl 或 Br）、$SOCl_2$（氯化亚砜）等卤化剂与羧酸反应制备。

$$R-\overset{O}{\overset{\|}{C}}-OH \xrightarrow{PCl_3} R-\overset{O}{\overset{\|}{C}}-Cl + H_3PO_3$$

$$R-\overset{O}{\overset{\|}{C}}-OH \xrightarrow{PCl_5} R-\overset{O}{\overset{\|}{C}}-Cl + POCl_3 + HCl$$

$$R-\overset{O}{\overset{\|}{C}}-OH \xrightarrow{SOCl_2} R-\overset{O}{\overset{\|}{C}}-Cl + SO_2\uparrow + HCl\uparrow$$

酰氯非常活泼，遇水即发生水解反应生成羧酸，因此制备酰氯时通常要求反应体系做好除水、防水措施，一般通过蒸馏方法纯化酰氯。由氯化亚砜制备酰氯时生成的副产物 SO_2 和 HCl 可通过尾气碱溶液吸收除去，而过量的氯化亚砜可通过蒸馏方法除去。由氯化亚砜制备酰氯为实验室常用的方法。

2）酸酐的生成　两分子相同的羧酸在强热或脱水剂（如 P_2O_5、醋酸酐及乙酰氯等）作用下加热，羧基之间可以失去一分子水生成酸酐。

$$R-\overset{O}{\overset{\|}{C}}-\boxed{OH + H}-O-\overset{O}{\overset{\|}{C}}-R \xrightarrow{P_2O_5} \overset{O\quad O}{\underset{R\quad O\quad R}{\overset{\|\quad\|}{C\quad C}}}$$

3）酯的生成　羧酸与醇在少量强酸（如浓硫酸）催化下加热生成酯和水的反应称为**酯化反应**（esterification reaction）。

$$RCH_2COOH + HOCH_2CH_3 \underset{\triangle}{\overset{H^+}{\rightleftharpoons}} RCH_2COOCH_2CH_3 + H_2O$$

酯化反应是可逆的，一般不能进行到底。为提高酯的产率，通常是加入过量廉价的酸或醇，或加入除水剂除水，也可以将低沸点的酯从反应混合物中蒸出。

4）酰胺的生成　羧酸与氨反应生成羧酸铵盐，将铵盐加热失水得酰胺。

$$RCH_2COOH + NH_3 \longrightarrow RCH_2COONH_4 \underset{}{\overset{\triangle}{\rightleftharpoons}} RCH_2\overset{O}{\overset{\|}{C}}-NH_2 + H_2O$$

该反应为可逆反应，因此在反应中通过除水的方法可以促使反应平衡右移而趋于完全。

3. 脱羧反应　一般情况下，羧酸中的羧基较为稳定。但一些特殊结构的羧酸在加热条件下可以脱去二氧化碳，该反应称为**脱羧反应**（decarboxylation）。

饱和一元羧酸的钠盐或钾盐在一定条件下如与碱石灰共热可发生脱羧反应生成甲烷。

$$CH_3COONa + NaOH \xrightarrow[\triangle]{CaO} CH_4 + Na_2CO_3$$

若脂肪酸的 α-碳上有吸电子基团如硝基、卤素、羰基、氰基等时，脱羧过程变得容易而且产率高。例如：

$$Cl-\overset{Cl}{\underset{Cl}{\overset{|}{\underset{|}{C}}}}-\overset{O}{\overset{\|}{C}}-OH \xrightarrow{\triangle} CHCl_3 + CO_2\uparrow$$

233

芳香羧酸的脱羧反应比脂肪羧酸容易进行,如苯甲酸在喹啉溶液中加少许铜粉作为催化剂,加热即可脱羧。

特别是2,4,6-三硝基苯甲酸,三个强吸电子的硝基使羧基与苯环间的碳碳键更易断裂,非常容易发生脱羧反应,生成1,3,5-三硝基苯。

4. 还原反应 羧酸一般很难被还原剂或催化氢化法还原。但用氢化铝锂($LiAlH_4$)等强还原剂能将羧酸还原为伯醇。例如:

$$CH_2=CH-CH_2-\overset{\overset{O}{\|}}{C}-OH \xrightarrow[2)H_3O^+]{1)LiAlH_4/Et_2O} CH_2=CHCH_2CH_2OH$$

氢化铝锂是一种选择性的强还原剂,几乎能还原所有的极性不饱和键,却不能还原独立的碳碳不饱和键。用其作为羧酸的还原剂,具有反应条件温和、产率高等优点而在实验室和工业生产中应用广泛。

5. 羧酸 α-H 的卤代反应 与醛、酮类似,羧酸分子中的 α-H 由于受到羧基吸电子作用的影响,具有一定的活性,在少量红磷、三卤化磷或碘等存在下可与卤素单质发生取代反应,生成α-卤代羧酸。该反应称为**赫尔-乌尔哈-泽林斯基反应**(Hell-Volhard-Zelinsky reaction),简称泽林斯基反应。例如:

$$R-\overset{\overset{}{\underset{\overset{}{H}}{|}}}{C}H-COOH + Cl_2 \xrightarrow{红磷} R-\overset{\overset{}{\underset{\overset{}{Cl}}{|}}}{C}H-COOH$$

若仍有 α-H 和过量的卤素,可进一步发生 α-H 的卤代反应,直至所有的 α-H 都被卤素原子取代。

$$R-\underset{\overset{|}{Cl}}{C}HCOOH \xrightarrow{\overset{Cl_2}{红磷}} R-\overset{\overset{Cl}{|}}{\underset{\overset{|}{Cl}}{C}}-COOH + HCl$$

练习题 11-3 请推测羧酸 α-H 和醛酮的 α-H 的活泼性,并说明理由。

(二)亲核加成-消除反应机制

羧酸碳氧键断裂生成羧酸衍生物的一系列反应都是通过亲核加成-消除反应机制完成的,下面仅以羧酸与醇发生酯化反应为例来讨论。

$$RCH_2\overset{O}{\underset{}{C}}\overset{①}{\underset{}{\vdots}}O\overset{②}{\underset{}{\vdots}}H + HOCH_2CH_3 \underset{\triangle}{\overset{H^+}{\rightleftharpoons}} RCH_2COOCH_2CH_3 + H_2O$$

羧酸与醇发生酯化反应可以通过①酰氧键断裂来完成,羧酸提供的羟基与醇提供的氢结合成水,也可通过②烷氧键断裂来完成,羧酸提供的氢与醇提供的羟基结合成水。那么酯化反应到底是如何进行的呢?

实验研究证明,酯化反应机制和醇的结构密切相关。大多数情况下,伯醇和仲醇发生酯化反应时按①酰氧键断裂的方式进行,即羧酸分子中的羟基与醇分子中羟基上的氢结合脱水。同位素示踪实验可以证明该反应机制,例如,用含有同位素^{18}O标记的醇与羧酸反应时,生成了含有^{18}O的酯:

$$CH_3COOH + C_2H_5{}^{18}OH \underset{\triangle}{\overset{H^+}{\rightleftharpoons}} CH_3CO^{18}OC_2H_5 + H_2O$$

反应机制如下:

$$R-\overset{O}{\underset{}{C}}-OH \overset{H^+}{\rightleftharpoons} R-\overset{+OH}{\underset{}{C}}-OH \overset{R'\ddot{O}H}{\rightleftharpoons} R-\overset{OH}{\underset{HO^+R'}{C}}-OH \rightleftharpoons R-\overset{:OH}{\underset{OR'}{C}}-\overset{+}{OH_2}$$

$$\quad\quad\quad\quad (1) \quad\quad\quad\quad\quad\quad (2) \quad\quad\quad\quad\quad (3)$$

$$\overset{-H_2O}{\rightleftharpoons} R-\overset{+OH}{\underset{}{C}}-OR' \overset{-H^+}{\rightleftharpoons} R-\overset{O}{\underset{}{C}}-OR'$$

$$\quad\quad\quad\quad (4)$$

首先羧酸中的羰基质子化形成(1),使羰基碳正电性增强,易接受弱亲核试剂醇的进攻,形成一个四面体结构中间体(2),此步反应是速率控制步骤;然后发生质子转移生成中间体(3),再消除水生成(4),最后消除质子生成酯。反应过程是亲核加成-消除,反应总的结果是亲核试剂取代了羧基上的羟基,属于亲核取代反应。决定反应速率的一步与羧酸和醇的浓度都有关,是S_N2反应。

由于反应中间体(2)(3)都是四面体结构,比反应物位阻大,所以酸或醇分子中烃基的空间位阻加大都会使酯化反应速率变慢。酸和醇进行酯化反应的活性规律如下。

羧酸相同时,醇的活性顺序如下:
$$CH_3OH > RCH_2OH > R_2CHOH$$

醇相同时,羧酸的活性顺序如下:
$$HCOOH > CH_3COOH > RCH_2COOH > R_2CHCOOH > R_3CCOOH$$

叔醇发生酯化反应时按照②式烷氧键断裂的方式进行,即羧基氢原子与醇中的羟基结合脱水生成酯。因为叔醇体积较大,不容易形成四面体结构,比较容易生成平面型叔碳正离子,所以叔醇的酯化反应一般认为是碳正离子机制,这一反应机制也已被同位素示踪实验所证明。例如,用含有同位素^{18}O标记的醇与羧酸反应时,生成了含有^{18}O的水:

$$CH_3COOH + (CH_3)_3C^{18}OH \underset{\triangle}{\overset{H^+}{\rightleftharpoons}} CH_3COOC(CH_3)_3 + H_2{}^{18}O$$

反应机制如下:

$$R_3'C-OH \overset{H^+}{\longrightarrow} R_3'C-\overset{+}{O}H_2 \overset{-H_2O}{\longrightarrow} R_3'C^+$$

$$R_3'C^+ + R-\overset{O}{\underset{}{C}}-\ddot{O}H \rightleftharpoons R-\overset{OCR_3'}{\underset{}{C}}-\overset{+}{O}H \overset{-H^+}{\rightleftharpoons} R-\overset{O}{\underset{}{C}}-OCR_3'$$

该机制决定反应速率的一步只与醇的浓度有关,是 S_N1 反应。由于 R_3C^+ 易与亲核性较强的水结合,不易与羧酸结合,故易于形成叔醇或发生消除反应生成烯烃,因此叔醇酯化产率很低。

> **练习题 11-4** 比较下列各组化合物与乙醇发生酯化反应的活性大小。
> (1) A. 对甲氧基苯甲酸　B. 对氯苯甲酸　C. 对甲基苯甲酸　D. 对硝基苯甲酸
> (2) A. 乙酸　B. 丙酸　C. 2-甲基丙酸　D. 2,2-二甲基丙酸

(三) 二元羧酸的反应

二元羧酸可看成羧基取代的一元羧酸,由于羧基的吸电子效应,二元羧酸较一元羧酸对热敏感。但由于两个羧基的相对位置不同,因此在受热时,生成的产物也不同。

对于碳链较短的乙二酸、丙二酸,受热后非常容易脱羧转变为少一个碳原子的一元羧酸。

$$\begin{array}{c} COOH \\ | \\ COOH \end{array} \xrightarrow{\triangle} HCOOH + CO_2 \uparrow$$

$$H_2C \begin{array}{c} COOH \\ \\ COOH \end{array} \xrightarrow{\triangle} CH_3COOH + CO_2 \uparrow$$

丁二酸、戊二酸受热发生分子内脱水生成五元或六元环状酸酐,若有脱水剂(如醋酸酐、五氧化二磷等)存在,该反应更易进行。

$$\begin{array}{c} H_2C-COOH \\ | \\ H_2C-COOH \end{array} \xrightarrow{\triangle} \begin{array}{c} H_2C-C \\ | \quad\quad O \\ H_2C-C \end{array} + H_2O$$

$$\begin{array}{c} CH_2-COOH \\ H_2C \\ CH_2-COOH \end{array} \xrightarrow{\triangle} \begin{array}{c} H_2C-C \\ H_2C \quad\quad O \\ H_2C-C \end{array} + H_2O$$

己二酸、庚二酸与氢氧化钡受热后既脱羧又脱水,生成五元或六元环酮。

$$\begin{array}{c} CH_2-CH_2-COOH \\ | \\ CH_2-CH_2-COOH \end{array} \xrightarrow[\triangle]{Ba(OH)_2} \begin{array}{c} H_2C-CH_2 \\ \quad\quad C=O \\ H_2C-CH_2 \end{array} + H_2O + CO_2 \uparrow$$

$$\begin{array}{c} CH_2-CH_2-COOH \\ CH_2 \\ CH_2-CH_2-COOH \end{array} \xrightarrow[\triangle]{Ba(OH)_2} \begin{array}{c} H_2C-CH_2 \\ H_2C \quad\quad C=O \\ H_2C-CH_2 \end{array} + H_2O + CO_2 \uparrow$$

庚二酸以上的二元羧酸受热时发生分子间脱水生成聚酸酐,一般不生成碳原子个数较多的环酮。

第二节　取代羧酸

羧酸分子中烃基部分的氢原子被其他原子或基团取代生成的化合物称为**取代羧酸**(substitution carboxylic acid)。取代羧酸分子中既有羧基又有其他官能团,各官能团除具有特有的典型性质外,还具有分子中不同官能团之间相互影响下的一些特殊性质。本节主要讨

论羟基酸、卤代酸和羰基酸的一些典型和重要的性质。

一、羟基酸

羟基酸(hydroxy acid)分子中含羧基和羟基两种官能团,按羟基连接的烃基不同可分为醇酸和酚酸,其物理性质和化学性质均有别于相应羧酸。这里主要介绍羟基酸的化学性质。

(一)脱水反应

羟基酸的热稳定性较差,受热或与脱水剂(如醋酸酐、五氧化二磷等)共热时,很容易脱水,产物依羟基和羧基的相对位置不同,可以发生分子间或分子内的脱水。

α-羟基酸受热时,两分子间的羧基与羟基相互酯化脱水而生成交酯(lactide)。例如:

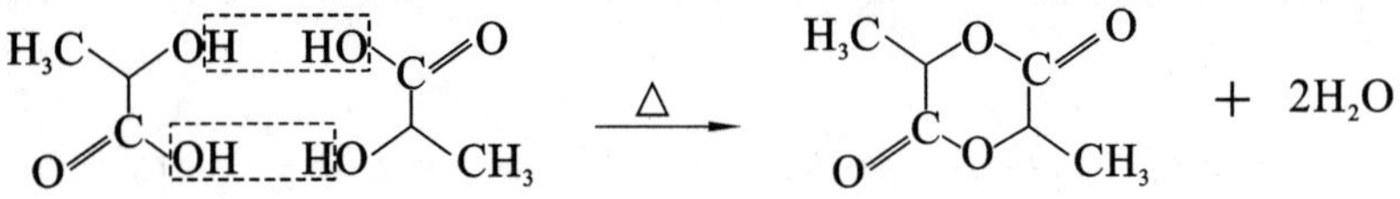

β-羟基酸受热时,羟基与 α-氢原子发生分子内脱水生成 α,β-不饱和羧酸。

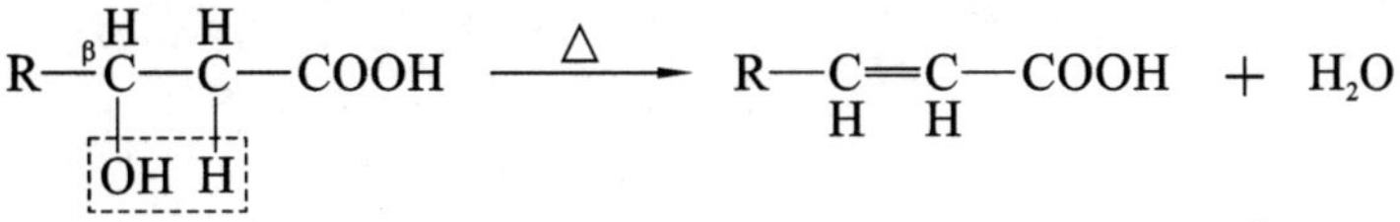

γ-或 δ-羟基酸受热很容易发生分子内脱水生成 γ-或 δ-内酯。

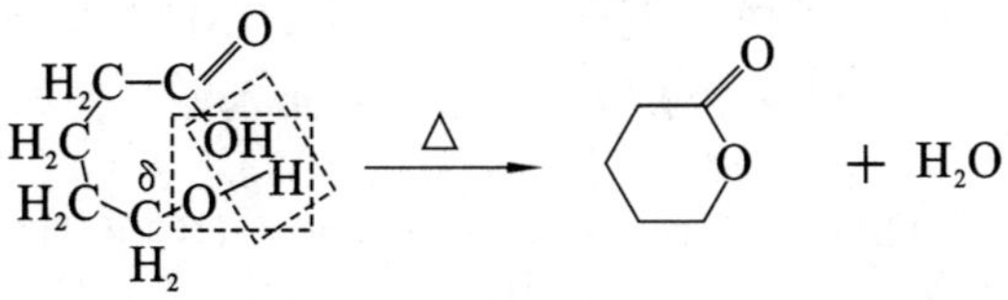

γ-羟基酸在室温下即可发生脱水生成内酯,故难以分离得到游离的 γ-羟基酸。γ-内酯很稳定,其在碱性条件下可开环生成 γ-羟基酸盐,例如:

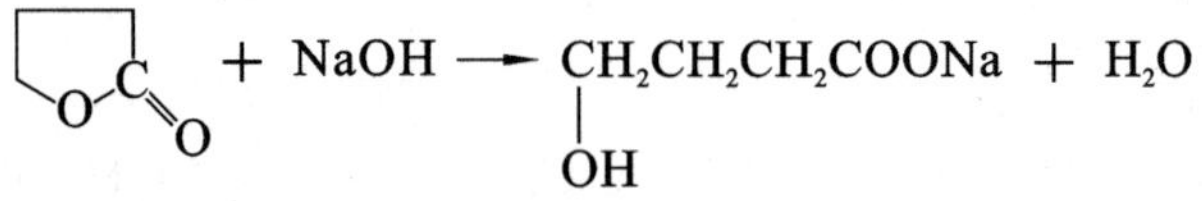

$$\text{（结构式）} + NaOH \longrightarrow CH_2CH_2CH_2COONa + H_2O$$
$$\qquad\qquad\qquad\qquad | $$
$$\qquad\qquad\qquad\qquad OH$$

γ-羟基丁酸钠

γ-羟基丁酸钠有麻醉作用,并具有使术后患者快速苏醒的特点,在临床上用作麻醉剂。

(二)氧化反应

受羧基影响,α-羟基酸分子中的羟基比较活泼,易被氧化生成醛酸或酮酸。例如,稀硝酸一般不能氧化醇,但却能氧化醇酸生成醛酸或酮酸;托伦试剂不与醇反应,但能将 α-羟基酸氧化成 α-酮酸。

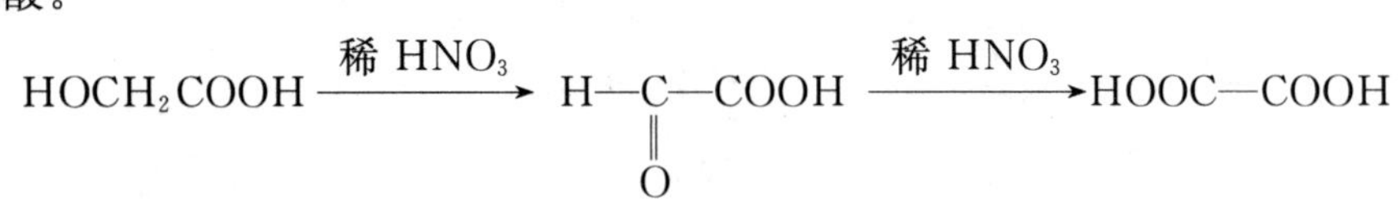

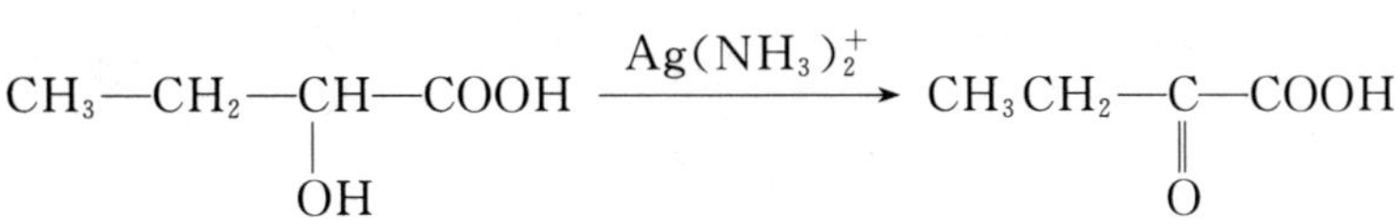

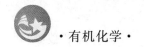
（三）分解反应

α-羟基酸与硫酸或酸性高锰酸钾共热,可发生脱羧反应,生成少一个碳原子的醛或酮,生成的醛易被过量的强氧化剂氧化成羧酸,此反应在有机合成上可用来使羧酸降解,生成减少一个碳原子的羧酸。例如:

$$CH_3-\underset{\underset{OH}{|}}{CH}COOH \xrightarrow[H^+]{KMnO_4} CH_3CHO + CO_2 + H_2O$$

$$\xrightarrow{[O]} CH_3COOH$$

$$CH_3CH_2-\underset{\underset{OH}{|}}{\overset{\overset{CH_3}{|}}{C}}-COOH \xrightarrow[H^+]{KMnO_4} CH_3CH_2-\overset{\overset{O}{||}}{C}-CH_3 + CO_2 + H_2O$$

羟基位于羧基的邻位或对位的酚酸,加热易发生脱羧反应生成酚。例如:

$$HOOC\!-\!\!\left\langle\!\!\bigcirc\!\!\right\rangle\!\!-\!OH \xrightarrow{\triangle} \left\langle\!\!\bigcirc\!\!\right\rangle\!\!-OH + CO_2\uparrow$$

二、卤代酸

卤代酸(halo acid)分子中同时含有羧基和卤素,羧基部分可以成盐、生成羧酸衍生物等,卤素原子可以发生亲核取代反应。由于羧基和卤素原子的相互影响,卤代酸还表现出一些特有的性质。

（一）碱性条件下的反应

卤代酸在碱性条件下的反应因卤素与羧基的相对位置不同而形成不同的产物。

(1) α-卤代酸在稀碱条件下可发生水解反应得到 α-羟基酸。例如:

$$CH_3\overset{\alpha}{\underset{\underset{Cl}{|}}{CH}}COOH + H_2O \xrightarrow[H_2O]{\text{稀 }OH^-} CH_3\overset{\alpha}{\underset{\underset{OH}{|}}{CH}}COOH + HCl$$

(2) β-卤代酸在碱性条件下发生消除反应,失去一分子卤化氢生成 α,β-不饱和羧酸。例如:

$$CH_3-\underset{\underset{Cl}{|}}{HC}-\underset{\underset{H}{|}}{C}-COOH + NaOH \longrightarrow CH_3-\underset{\underset{H}{|}}{\overset{\beta}{C}}=\underset{\underset{H}{|}}{\overset{\alpha}{C}}-COOH + NaCl + H_2O$$

(3) γ-或 δ-卤代酸在稀碱条件,先形成羧酸盐,再发生分子内 S_N2 反应形成内酯。例如:

$$\underset{\gamma}{\overset{CH_2-COOH}{\underset{CH_2}{\overset{|}{\underset{CH_2-X}{|}}}}} \xrightarrow[H_2O]{NaHCO_3} \underset{}{\overset{CH_2-COO^-}{\underset{CH_2}{\overset{|}{\underset{CH_2-X}{|}}}}} \xrightarrow{S_N2} \left(\!\!\bigcirc\!\!\right)\!\!=\!O$$

$$\underset{\delta}{\overset{CH_2-COOH}{\underset{CH_2}{\overset{|}{\underset{CH_2}{\overset{|}{\underset{CH_2-X}{|}}}}}}} \xrightarrow[H_2O]{NaHCO_3} \underset{}{\overset{CH_2-COO^-}{\underset{CH_2}{\overset{|}{\underset{CH_2}{\overset{|}{\underset{CH_2-X}{|}}}}}}} \xrightarrow{S_N2} \left(\!\!\bigcirc\!\!\right)\!\!=\!O$$

 NOTE

（二）瑞佛尔马斯基反应

醛或酮与 α-卤代酸酯及锌粉混合物在乙醚溶剂中反应，再经室温酸化生成 β-羟基酸酯，该反应称为**瑞佛尔马斯基**（Reformatsky）反应。例如：

$$C_2H_5\underset{H}{\overset{}{C}}=O + BrCH_2COOC_2H_5 \xrightarrow[2)H_3O^+]{1)Zn,Et_2O} C_2H_5\overset{\beta}{C}HCH_2COOC_2H_5$$
$$\underset{OH}{|}$$

该反应机制如下：

$$BrCH_2COOC_2H_5 \xrightarrow[醚]{Zn} BrZnCH_2COOC_2H_5$$

$$C_2H_5\underset{H}{\overset{}{C}}=O \xrightarrow{BrZnCH_2COOC_2H_5} C_2H_5CHCH_2COOC_2H_5 \xrightarrow[H^+]{H_2O} C_2H_5CHCH_2COOC_2H_5$$
$$\underset{OZnBr}{|} \qquad\qquad \underset{OH}{|}$$

α-卤代酸酯先与锌形成有机锌化合物，有机锌化合物再作为亲核试剂与醛（酮）进行亲核加成反应，得到的产物在室温下酸化生成 β-羟基酸酯。β-羟基酸酯在加热条件下可进一步水解生成 β-羟基酸，或脱水生成 α,β-不饱和酸酯。该反应是制备 β-羟基酸或 α,β-不饱和酸酯的一个重要方法。

需要说明的是，有机锌化合物作用与格氏试剂类似，能作为亲核试剂与醛、酮发生反应，但它的活性比格氏试剂弱，很难与酯发生反应。而镁的活性高，生成的格氏试剂会立即和未反应的 α-卤代酸酯加成。因此，瑞佛尔马斯基反应中的锌粉不能用镁粉代替。

三、羰基酸

分子中既有羰基，又有羧基的化合物称为**羰基酸**（carbonyl acid），也称为酮酸。根据羰基与羧基相对位置不同，羰基酸又分为 α-、β-、γ-酮酸。由于羰基和羧基的相互影响及二者相对位置不同，不同的羰基酸具有一些不同的性质。

（一）α-羰基酸

α-羰基酸是指羧基直接与羰基相连的一类化合物，其与稀硫酸共热或在弱氧化剂（如托伦试剂）存在下极易发生脱羧反应，生成 CO_2 和少一个碳的醛或羧酸。例如：

$$CH_3\overset{O}{\overset{\|}{C}}-COOH \xrightarrow[\triangle]{稀硫酸} CH_3CHO + CO_2$$

丙酮酸是最简单的 α-酮酸，它是动植物体内碳水化合物和蛋白质代谢过程的中间产物。在体内缺氧状态下，生物体内的丙酮酸发生脱羧反应生成乙醛，进一步还原为乙醇。水果开始腐烂或制作发酵饲料产生的酒味也是由于丙酮酸脱羧后经还原为乙醇所致。

丙酮酸与浓硫酸共热时还可以发生脱羰作用，生成少一个碳原子的羧酸和一氧化碳。

$$CH_3\overset{O}{\overset{\|}{C}}-COOH \xrightarrow[\triangle]{浓硫酸} CH_3COOH + CO$$

（二）β-羰基酸

β-羰基酸因其结构的特殊性，只有在低温下稳定，受热时比 α-羰基酸更容易发生脱羧反应生成酮。例如乙酰乙酸受热时脱羧可以生成丙酮。

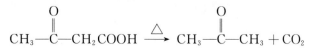

$$CH_3\overset{O}{\overset{\|}{C}}-CH_2COOH \xrightarrow{\triangle} CH_3\overset{O}{\overset{\|}{C}}-CH_3 + CO_2$$

知识拓展 11-1

NOTE

乙酰乙酸还可以被还原成 β-羟基丁酸。

$$CH_3\overset{\overset{O}{\|}}{C}-CH_2COOH \xrightarrow{[H]} CH_3-\overset{\overset{OH}{|}}{CH}-CH_2COOH$$

β-丁酮酸的一个重要应用就是生成乙酰乙酸乙酯。乙酰乙酸乙酯的相关知识将在第十三章进行学习。

练习题答案

本章小结

主要内容	学习要点
羧酸的分类	按烃基结构和羧基数目分类
羧酸的命名	俗名;IUPAC 命名法
羧酸的制备	氧化法、腈的水解、格氏试剂法
羧酸的物理性质	熔点、沸点及水溶性;氢键
羧酸的结构特点	羧基的平面结构;p-π 共轭
一元羧酸	①酸性:比无机强酸弱,比碳酸、苯酚、醇和水强;酸的强弱与其取代基的电性效应强弱及距离远近有关; ②羧酸衍生物(酰卤、酸酐、酯、酰胺)的生成; ③脱羧反应:α-位有强吸电子基团易发生脱羧反应; ④还原反应:不易被还原,需强还原剂如 $LiAlH_4$; ⑤α-H 的卤代反应:α-H 活性不如醛、酮,需红磷参与; ⑥反应机制:亲核加成-消除反应机制
二元羧酸	二元羧酸受热反应的产物与两个羧基距离远近有关 ①直接相连或相隔 1 个碳,发生脱羧反应,生成少一个碳的羧酸; ②相隔 2～3 个碳,发生脱水反应,生成酸酐; ③相隔 4～5 个碳,发生脱羧和脱水反应,生成少一个碳的环酮; ④相隔 6 个及 6 个以上碳的二元羧酸发生分子间脱水形成聚酸酐
羟基酸	①脱水反应:α-羟基酸脱水成交酯;β-羟基酸脱水成烯酸;γ-或 δ-羟基酸脱水成内酯; ②氧化反应:α-羟基酸易被氧化生成醛酸或酮酸; ③分解反应:α-羟基酸可发生脱羧反应
卤代酸	①碱性条件下的反应:α-卤代酸发生水解反应得到 α-羟基酸;β-卤代酸脱卤化氢成烯酸;γ-或 δ-卤代酸脱水成内酯; ②瑞佛尔马斯基反应:醛或酮与 α-卤代酸酯及锌粉反应,生成 β-羟基酸酯
羰基酸	脱羧反应:α-和 β-羰基酸都可以发生脱羧反应生成少一个碳的酮

目标检测答案

目标检测

一、用 IUPAC 命名法命名下列化合物。

1. CH₃CHClCOOH

2. CH₃CH═CHCH₂COOH

3. 

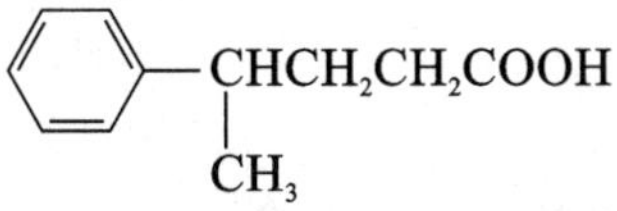

4. 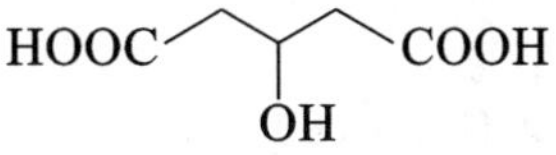 HOOC—CH₂—CH(OH)—CH₂—COOH

5.

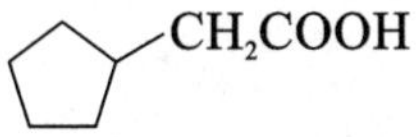

6.

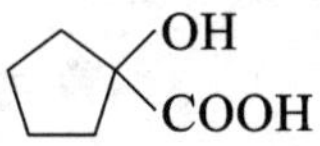

7. 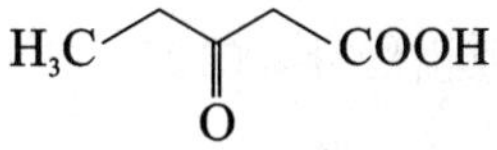 H₃C—C(O)—CH₂—COOH

8.

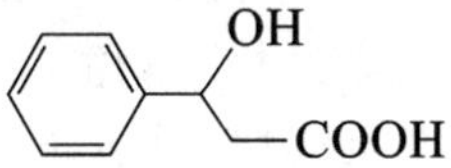

二、写出下列化合物的结构式。

1．水杨酸　2．琥珀酸　3．肉桂酸　4．油酸

5．软脂酸　6．硬脂酸　7．α-甲基丙烯酸

8．3-甲酰基苯甲酸　9．β-萘乙酸

三、用适宜的化学方法鉴别下列化合物。

1．甲酸、乙酸、丙二酸。

2．乙醇、乙醛、乙酸。

3．草酸、马来酸、丁二酸。

4．β-氯代丁酸、β-丁酮酸、β-羟基丁酸。

5．苯甲醇、苯甲酸、水杨酸、苯酚。

四、比较下列化合物的酸性强弱。

1．甲酸、乙酸、苯甲酸。

2．乙醇、乙酸、三氟乙酸、氯乙酸、苯酚。

3．苯甲酸、苯酚、苯甲醇、对硝基苯甲酸。

4．环己烷甲酸、2-氟环己烷甲酸、2-氯环己烷甲酸、2-溴环己烷甲酸。

5．2-甲氧基丁酸、2-氰基丁酸、2-羟基丁酸、2-甲基丁酸。

五、完成下列转化（试剂自选）。

1. HOCH₂CH₂Cl ——→ HOCH₂CH₂COOH

2. CH₃CH₂COOH ——→ CH₃CH₂CH₂COOH

3. CH₃CH₂CH₂COOH ——→ CH₃CH₂COOH

4.

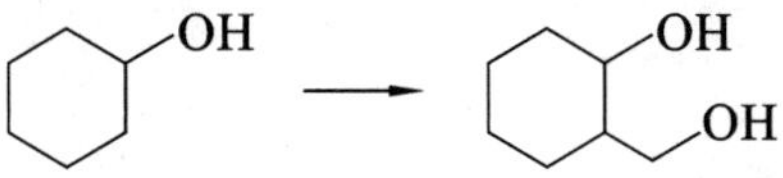

5.

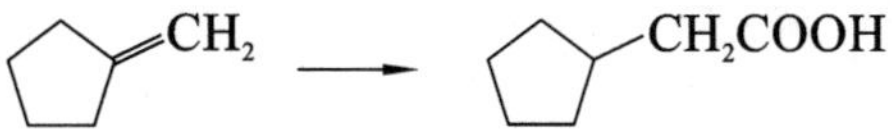

6.

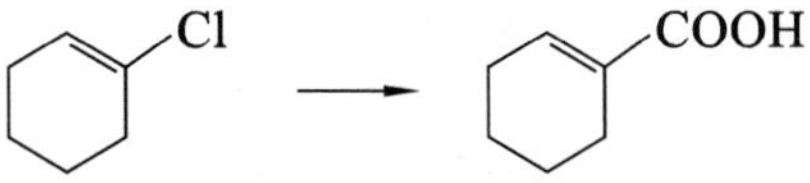

7. CH₃CH(OH)CH₃ ——→ CH₃CH(CH₃)COOH

NOTE

六、推断题。

1. 化合物 A 在酸性水溶液中加热，生成化合物 B($C_5H_{10}O_3$)，B 与 $NaHCO_3$ 作用放出无色气体，与 CrO_3 作用生成 C($C_5H_8O_4$)，B 在室温条件下不稳定，易失水又生成 A。试写出 A、B、C 可能的结构式。

2. 有一未知物能和苯肼发生反应，0.29 g 该未知物需要用 25.00 mL 0.10 mol/L KOH 溶液中和。已知该未知物的同分异构体 A、B 带支链，且 A、B 均能发生碘仿反应，B 能与 $FeCl_3$ 发生显色反应。

①试推断 A、B 的可能结构；

②试写出加热条件下 A 分子分别在酸性和浓碱条件下的反应方程式。

参 考 文 献

[1] 胡春.有机化学[M].北京:中国医药科技出版社,2013.

[2] 福尔哈特,肖尔.有机化学结构与功能[M].北京:化学工业出版社,2012.

[3] 陆阳.有机化学[M].北京:科学出版社,2010.

(刘晓平　刘　华)

第十二章 羧酸衍生物

学习目标 ⫶...

1. 掌握：羧酸衍生物的结构及化学性质；羰基化合物乙酰乙酸乙酯及丙二酸二乙酯在合成上的应用。

2. 熟悉：羧酸衍生物的分类和命名。

3. 了解：羧酸衍生物的制备。

扫码看课件

羧酸衍生物（carboxylic acid derivatives）是指羧酸分子中的羟基被其他原子或基团取代后生成的化合物，包括**酯**（ester）、**酸酐**（anhydrides）、**酰卤**（acyl halide）、**酰胺**（amide）和**腈**（nitrile）类化合物。酸酐和酰卤反应活性较高，常作为酰化试剂。化合物腈中的—CN活性较高，可发生水解、还原、氧化等反应生成系列化合物。酯和酰胺反应活性相对较低，部分化合物表现出较好的生物活性，因此，在化学药物或者天然产物活性成分中存在很多酯类（尤其是内酯）和酰胺类化合物，例如：

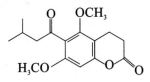

当归内酯（angelicon）

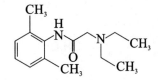

利多卡因（lidocaine）

案例导入

中医认为乌头有"祛风除湿""散寒止痛"的功效，民间就流行用草乌炖肉来进补，也频频发生乌头中毒事件。例如：2017年，云南某地14人食用草乌炖肉后中毒，其中2人经抢救无效死亡。草乌是毛茛科植物北乌头的干燥块根，其中所含的剧毒成分是乌头碱。乌头碱为双酯类生物碱，其酯键是产生毒性的关键部分，将乌头碱在中性或稀碱水溶液中加热，酯键被水解生成乌头原碱。

问题：

如何最大限度地降低乌头的毒性？

案例解析

第一节 羧酸衍生物的结构、分类和命名

一、羧酸衍生物的结构

羧酸衍生物中的酯、酸酐、酰卤和酰胺结构中都含有酰基（RCO—），酰基中的羰基碳原子

 NOTE

为 sp² 杂化,三个 sp² 杂化轨道形成三个 σ 键,未参与杂化的 p 轨道与 O 原子的 p 轨道肩并肩重叠形成 π 键,形成平面结构。其通式可表示如下:

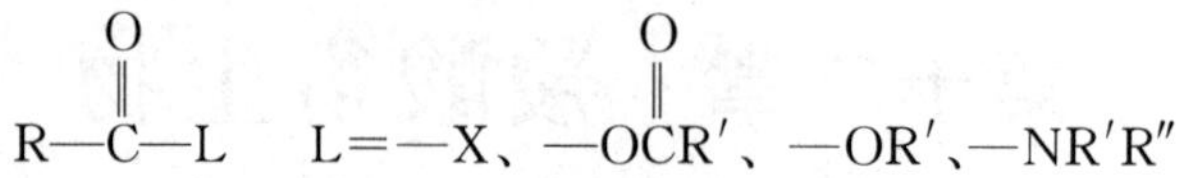

$$\underset{\text{R}}{\overset{\overset{\displaystyle O}{\|}}{\text{C}}}\!-\!\text{L} \qquad \text{L}=\!-\!\text{X}、-\text{OCR}'、-\text{OR}'、-\text{NR}'\text{R}''$$

此外,通过单键与羰基相连的 X、O 或 N 的未共用 p 电子对与 π 键形成 p-π 共轭。其共振结构式可表示如下:

羧酸衍生物的共振杂化体中,L 的电负性越大,共振结构式 Ⅱ 越不稳定,共振结构式 Ⅰ 的贡献越大。例如,酰卤中,卤素的电负性较大,因此以共振结构式 Ⅰ 为主。

二、羧酸衍生物的命名

酯的命名按照其水解后所生成的酸和醇命名为"某酸某酯"。例如:

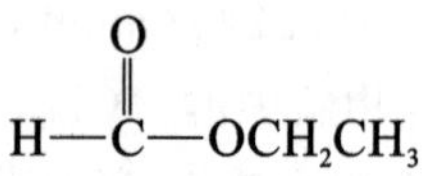

甲酸乙酯
ethyl formate

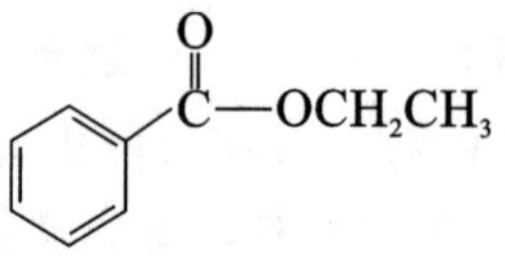

苯甲酸乙酯
ethyl benzoate

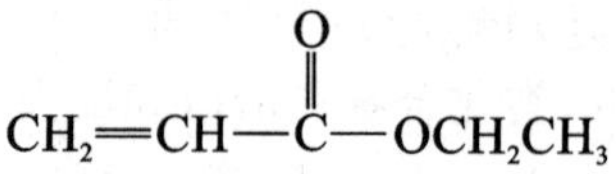

丙烯酸乙酯
ethyl propenoate

内酯的命名用希腊字母 γ、δ、ε 等标明羟基所连碳原子的位置;取代基位置的确定,从羰基碳原子开始编号。例如:

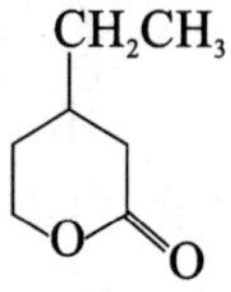

3-乙基-δ-戊内酯
3-ethyl-δ-valerolactone

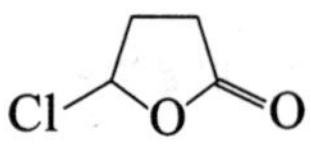

4-氯-γ-丁内酯
4-chlorine-γ-butyrolactone

酸酐的命名是在对应羧酸的名称后加上酐,称为"某酸酐"。例如:

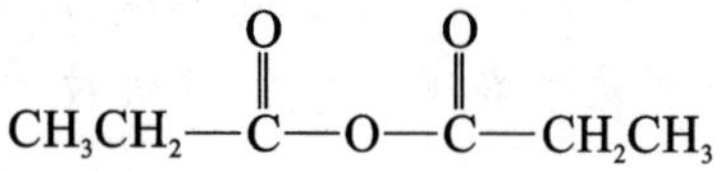

丙酸酐
propanoic anhydride

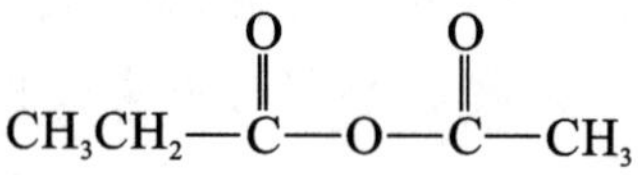

乙酸丙酸酐
acetic propanoic anhydride

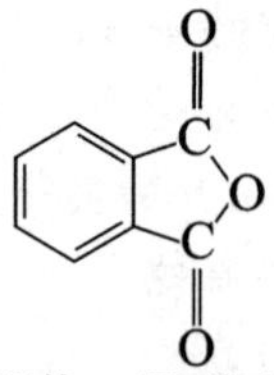

邻苯二甲酸酐
1,2-benzenedicarboxylic anhydride

酰卤的命名是在酰基的名称后面加上卤素,称为"某酰卤"。例如:

乙酰氯
acetyl chloride

苯乙酰溴
phenylacetyl bromide

丁-2-烯酰氯
2-butenyl chloride

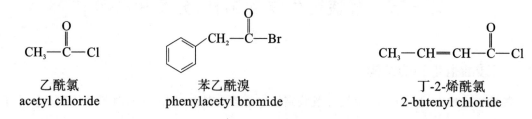

NOTE

酰胺的命名与酰卤相似,把卤素换成胺,内酰胺的命名与内酯的命名相似。例如:

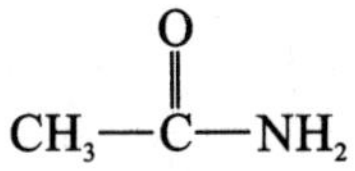

乙酰胺
acetamide

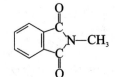

N-甲基邻苯二甲酰亚胺
N-methyl phthalic imidine

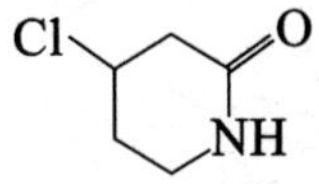

3-氯-δ-戊内酰胺
3-chloride-δ-valerolactam

腈的命名:选择包括氰基碳在内的最长碳链为主链,根据主链上碳原子的个数称为某腈。例如:

CH₃CN

乙腈
acetonitrile

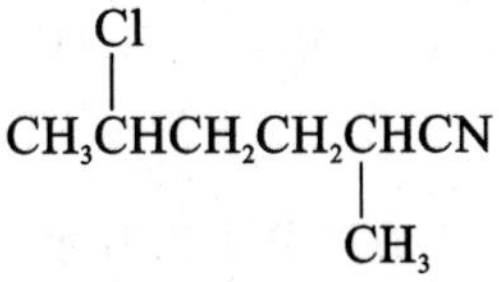

CH₃CHCH₂CH₂CHCN (with Cl on C2 and CH₃)

5-氯-2-甲基己腈
5-chlorine-2-methyl hexanenitrile

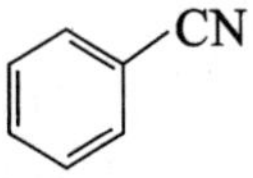

苯甲腈
benzonitrile

练习题 12-1 命名下列化合物。

(1) 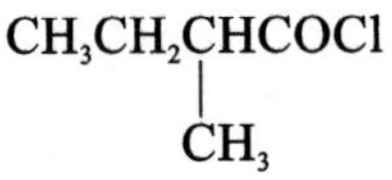 CH₃CH₂CHCOCl (with CH₃)   (2) 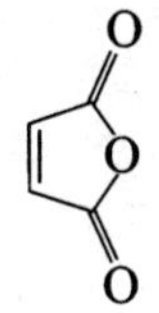   (3) 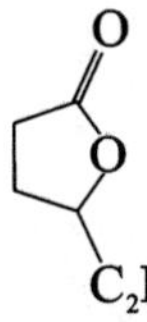 (with C₂H₅)   (4)  HCN(CH₃)₂ (with O)

第二节 羧酸衍生物的制备

一、酰卤的制备

酰卤的制备常用羧酸与三卤化磷(PX₃)、五卤化磷(PX₅)反应来制备。

$$CH_3CH_2COOH + PCl_3 \xrightarrow{\triangle} CH_3CH_2COCl + H_3PO_3$$

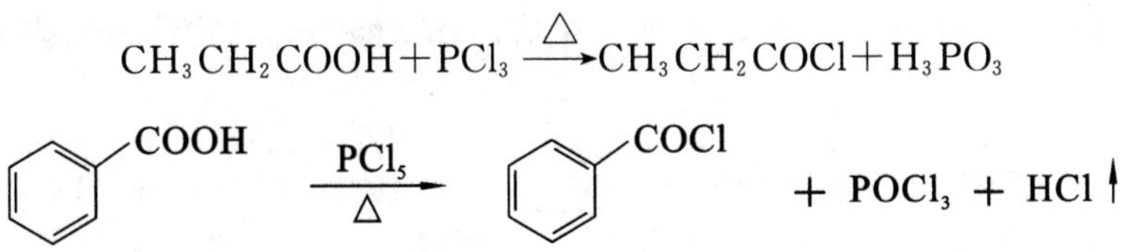

苯—COOH $\xrightarrow[\triangle]{PCl_5}$ 苯—COCl + POCl₃ + HCl↑

酰氯还常选择亚硫酰氯(氯化亚砜)与羧酸反应来制备,反应条件温和,室温或稍微加热即可反应,其产物纯度高,产率高,因为另外两种产物是气体,产物不需要提纯。

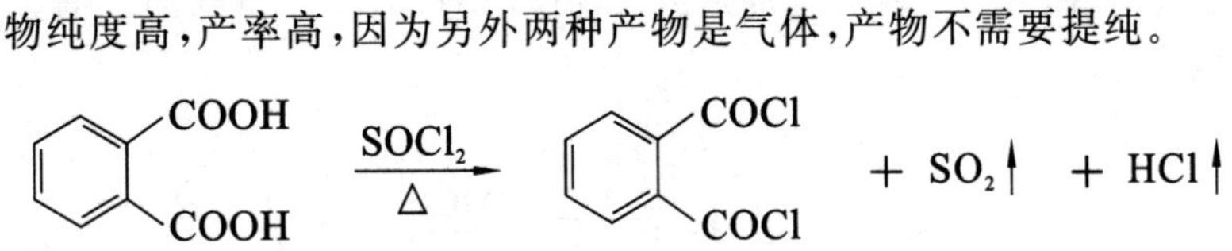

邻苯二(COOH) $\xrightarrow[\triangle]{SOCl_2}$ 邻苯二(COCl) + SO₂↑ + HCl↑

二、酸酐的制备

(一) 一元酸酐的制备

一元酸酐一般采用羧酸(甲酸除外)分子间脱水来制备。

 NOTE

$$\text{(苯COOH)} \xrightleftharpoons[\text{H}_3\text{PO}_4]{\text{Ac}_2\text{O}} \text{(苯C(=O)-O-C(=O)苯)}$$

该方法比较适合制备比乙酸酐沸点高的酸酐,可以在反应的同时把乙酸蒸出,有利于反应向右进行。

(二) 混合酸酐的制备

混合酸酐一般采用酰卤和羧酸钠盐反应来制备。

$$(CH_3)_3CCH_2\overset{O}{\underset{}{C}}\!\!-\!Cl + CH_3CH_2\overset{O}{\underset{}{C}}\!\!-\!ONa \xrightarrow{\triangle} (CH_3)_3CCH_2\overset{O}{\underset{}{C}}\!\!-\!O\!-\!\overset{O}{\underset{}{C}}\!\!-\!CH_2CH_3$$

(三) 分子内酸酐的制备

分子内酸酐的制备,可采用二元羧酸通过分子内脱水反应得到,主要用于五元酸酐、六元酸酐的制备。

$$\text{(苯环-COOH/COOH)} \xrightarrow[\triangle]{P_2O_5} \text{(邻苯二甲酸酐)}$$

三、酯的制备

酯的制备方法很多,可以在酸的催化下与醇直接进行酯化反应得到,也可通过羧酸盐与活泼卤代烷反应得到,还可通过羧酸衍生物的醇解得到。羧酸与烯、炔加成也可以得到酯。

$$CH_3COOH + (CH_3)_2C\!=\!CH_2 \xrightarrow{\text{浓 } H_2SO_4} CH_3COOC(CH_3)_3$$

$$CH_3COOH + HC\!\equiv\!CH \xrightarrow[75\sim80\ ℃]{H_2SO_4} CH_3COOCH\!=\!CH_2$$

此外,羧酸和重氮甲烷反应可以制备羧酸甲酯。

$$CH_3COOH + CH_2N_2 \longrightarrow CH_3COOCH_3$$

γ-或 δ-羟基酸发生分子内酯化反应,脱水生成的环状酯类化合物称为 γ-内酯或 δ-内酯。

$$CH_3CHCH_2CH_2\overset{O}{\underset{OH}{C}}\!\!-\!OH \xrightarrow{\triangle} \text{(内酯结构)} + H_2O$$

常见的内酯还有 β-内酯,β-内酯通常是由乙烯酮与醛、酮反应得到的。例如,乙烯酮与甲醛反应生成 β-丙内酯。

$$CH_2\!=\!C\!=\!O + H\!-\!\overset{O}{\underset{}{C}}\!\!-\!H \xrightarrow{AlCl_3} \text{(β-丙内酯)}$$

此外,从天然产物中也分离出了一些具有生物活性的大环内酯。

四、酰胺和腈的制备

（一）酰胺的制备

酰胺的制备，可采用羧酸与氨或胺作用生成羧酸铵盐，加热后脱水得到。

$$R-\overset{O}{\underset{}{C}}-OH + NH_3 \longrightarrow R-\overset{O}{\underset{}{C}}-ONH_4 \xrightarrow{\triangle} R-\overset{O}{\underset{}{C}}-NH_2$$

（二）腈的制备

腈的制备常采用卤代烷和氰化钾（钠）反应得到。

$$RCH_2Cl + KCN \longrightarrow RCH_2CN + KCl$$

此外，酰胺在脱水剂五氧化二磷、三氯氧磷等脱水剂存在时，加热脱去一分子水，即可生成腈。

$$CH_3CH_2-\overset{O}{\underset{}{C}}-NH_2 \xrightarrow[\triangle]{P_2O_5} CH_3CH_2-C \equiv N + H_2O$$

练习题 12-2 请用邻二甲苯为起始原料合成邻苯二甲酸酐。

第三节 羧酸衍生物的物理性质

羧酸衍生物的熔、沸点较同碳原子数的烷烃高。低级的酰卤和酸酐为具有刺激性气味的液体；高级酰卤和酸酐为白色固体。低级酯为具有愉快气味的无色液体，因此许多低级酯常作为香精香料，用于食品和化妆品行业。例如，正戊酸异戊酯具有苹果香味，乙酸异戊酯具有香蕉味，苯甲酸甲酯具有茉莉香味；高级酯为蜡状固体。酰胺类一般为固体，甲酰胺和部分 N-甲酰胺例外。

受氢键的影响，酰卤、酸酐、酯和酰胺的熔、沸点存在较大差异。酰卤、酯和酸酐的分子间无氢键缔和，其沸点较相应的羧酸低；酰胺的分子间可以形成氢键，其熔、沸点较相应的羧酸高，当 N 原子上的 H 被取代后，分子间不能形成氢键，熔、沸点降低。腈不能形成氢键，沸点较相应的羧酸低，但极性较大。

羧酸衍生物一般都易溶于有机溶剂，如三氯甲烷、丙酮、乙醚和苯等。其中 N,N-二甲基甲酰胺、N,N-二甲基乙酰胺和乙腈均可以和水以任意比例互溶，是优良的极性溶剂，在有机合成中应用广泛。表 12-1 是常见羧酸衍生物的物理常数。

表 12-1 常见羧酸衍生物的物理常数

名称	结构式	熔点/℃	沸点/℃	相对密度 (d^{20})	在水中的溶解度 (g/100 g)
乙酰氯	$CH_3-\overset{O}{\underset{}{C}}-Cl$	−112	51	1.11	与水反应

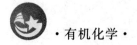

名称	结构式	熔点/℃	沸点/℃	相对密度 (d^{20})	在水中的溶解度 (g/100 g)
丙酰氯	CH_3CH_2—C—Cl（O）	−94	80	1.06	可溶于水
苯甲酰氯	COCl	−1	197	1.22	难溶于水
乙酰溴	CH_3—C—Br（O）	−96	76	1.66	与水剧烈反应
乙酸酐	CH_3—C—O—C—CH_3（O）（O）	−73	139.6	1.08	可溶于水
苯甲酸酐	苯甲酸酐结构式	42	360	1.20	0.1
邻苯二甲酸酐	邻苯二甲酸酐结构式	131	284	1.53	0.6(20 ℃)
乙酸甲酯	CH_3COOCH_3	−98	57.5	0.92	24.5(20 ℃)
甲酸乙酯	$HCOOCH_2CH_3$	−80	54	0.92	微溶于水
乙酸乙酯	$CH_3COOCH_2CH_3$	−84	77	0.90	8.3(20 ℃)
苯甲酸乙酯	$COOCH_2CH_3$	−35	213	1.05	微溶于热水
乙酰胺	CH_3—C—NH_2（O）	82	221	1.16	溶于水
丙酰胺	CH_3CH_2—C—NH_2（O）	79	213	1.03	易溶于水
苯甲酰胺	$CONH_2$	130	290	1.34	1.35(20 ℃)
乙酰苯胺	NH—C—CH_3（O）	114	305	1.22	0.46(20 ℃)

续表

名称	结构式	熔点/℃	沸点/℃	相对密度 (d^{20})	在水中的溶解度 (g/100 g)
乙腈	CH_3CN	-45	82	0.79	与水混溶
丙腈	CH_3CH_2CN	-92	97	0.78	10.3
苯甲腈	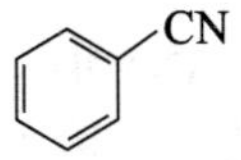 ⬡—CN	-13	191	1.01	微溶于冷水，溶于热水

第四节　羧酸衍生物的化学性质

羧酸衍生物除腈外,其结构中均含有酰基,具有相似的化学性质。酰卤、酸酐、酯和酰胺中,由于 X、O 和 N 原子电负性的差异,酰基与杂原子间的 p-π 共轭程度存在差异,其化学性质也存在一定的差异。羧酸衍生物发生化学反应位置如图 12-1 所示。

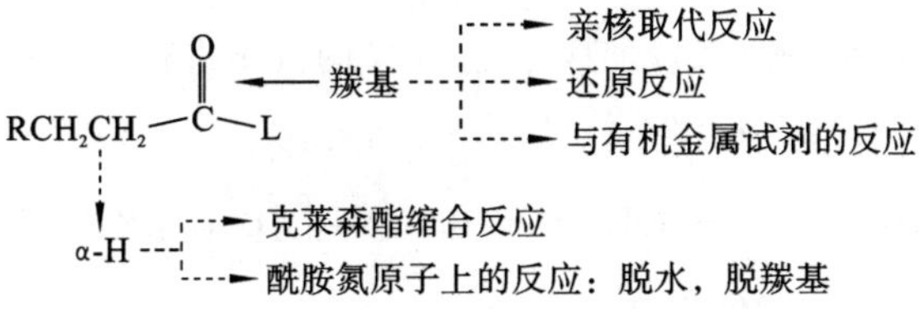

RCH₂CH₂—C(=O)—L ← 羰基 ┈┈→ 亲核取代反应
　　　　　　　　　　　　　　┈┈→ 还原反应
　　　　　　　　　　　　　　┈┈→ 与有机金属试剂的反应
α-H ┈┈→ 克莱森酯缩合反应
　　　┈┈→ 酰胺氮原子上的反应：脱水,脱羧基

图 12-1　羧酸衍生物发生化学反应位置示意图

一、亲核取代反应

羧酸衍生物中的酰基是极性基团,其碳原子带有部分正电荷,容易受到亲核试剂(H_2O,ROH,NH_2R)的进攻,发生亲核取代反应,反应通式如下：

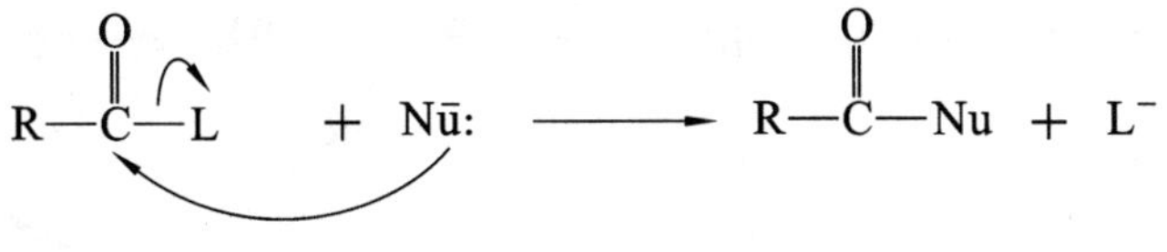

$$R-\overset{O}{\underset{}{C}}-L + Nū: \longrightarrow R-\overset{O}{\underset{}{C}}-Nu + L^-$$

（一）羧酸衍生物的水解反应

羧酸衍生物均能发生水解反应,其水解后的主要产物均为羧酸,可用下式表达。

$$R-\overset{O}{\underset{}{C}}-L + H_2O \longrightarrow R-\overset{O}{\underset{}{C}}-OH + HL$$

1. 酰卤的水解　酰卤的水解反应速率很快,相对分子质量较小的酰卤水解反应剧烈,相对分子质量大的酰卤,由于在水中的溶解度较小,水解反应相对较慢,加入使酰卤溶解的溶剂后,反应就可以快速进行。酰卤的水解一般不需要催化剂。

$$R-\overset{O}{\underset{}{C}}-X + H_2O \longrightarrow R-\overset{O}{\underset{}{C}}-OH + HX$$

2. 酸酐的水解　酸酐难溶于水,室温下水解较慢,在中性、酸性和碱性水溶液中均可发生水解。

NOTE

$$R-\overset{O}{\underset{||}{C}}-O-\overset{O}{\underset{||}{C}}-R' + H_2O \xrightarrow{\text{催化剂}} R-\overset{O}{\underset{||}{C}}-OH + R'-\overset{O}{\underset{||}{C}}-OH$$

酸酐与水加热成均相或者加入能使其成为均相的溶剂后,不需要酸或碱作为催化剂,水解也能进行,如甲基丁烯二酸,与一定量的水加热成均相后,放置,固化,即可生成 2-甲基顺丁烯二酸。

$$(94\%)$$

3. 酯的水解 酯的活性较酰卤和酸酐低,因此水解反应需要在酸或碱的催化下回流进行。因为酯的水解与酯化反应是可逆反应,因此在反应中,常用碱催化进行水解。OH^- 具有较强的亲核性,容易与酯中的羰基发生亲核反应,且产生的酸与碱发生成盐反应,有利于水解反应的正向进行。

$$R-\overset{O}{\underset{||}{C}}-O-R' + H_2O \underset{\text{酯化}}{\overset{\text{水解}}{\rightleftharpoons}} R-\overset{O}{\underset{||}{C}}-OH + R'OH$$

酯的碱催化水解反应是按照亲核加成-消除反应的机制进行的。

$$R-\overset{O}{\underset{||}{C}}-OR' + OH^- \rightleftharpoons R-\overset{O^-}{\underset{OR'}{\overset{|}{C}}}-OH \rightleftharpoons R-\overset{O}{\underset{||}{C}}-OH + R'O^- \longrightarrow R-\overset{O}{\underset{||}{C}}-O^- + R'OH$$

OH^- 作为亲核试剂首先进攻酯的羰基碳,发生亲核加成反应,生成一个正四面体结构的负离子中间体,然后 OR' 带着一个负电荷离去生成羧酸,羧酸再提供质子给 $R'O^-$,生成对应的羧酸盐和醇。

酯的酸催化水解反应也是按照亲核加成-消除反应的机制进行的。

$$R-\overset{O}{\underset{||}{C}}-OR' \xrightarrow{H^+} R-\overset{+OH}{\underset{OR'}{\overset{|}{C}}}-OR' \xrightarrow{H_2\ddot{O}} R-\overset{OH}{\underset{OR'}{\overset{|}{C}}}-\overset{+}{O}H_2 \rightleftharpoons R-\overset{\ddot{O}H}{\underset{\overset{+}{O}R'}{\overset{|}{C}}}-OH$$

$$R-\overset{O}{\underset{||}{C}}-OH \underset{H^+}{\overset{-H^+}{\rightleftharpoons}} R-\overset{+OH}{\underset{||}{C}}-OH \xleftarrow{-R'OH}$$

在酸的催化下,酯分子的羰基氧发生质子化,质子化后的羰基碳原子亲电性增强,更易被水分子进攻而发生加成反应,形成四面体的碳正离子中间体,再发生质子转移,消除一分子醇得到羧酸。

内酯也能发生水解反应,生成对应的羟基酸。例如:

$$\text{(内酯)} \xrightarrow{H_3O^+} HOCH_2CH_2CH_2COOH$$

4. 酰胺的水解 酰胺的水解反应较其他羧酸衍生物慢,需要强酸、强碱催化并长时间加热回流,水解产物为酸和氨(或胺)。

$$R-\overset{O}{\underset{||}{C}}-NH_2 + H_2O \xrightarrow{\text{催化剂}} R-\overset{O}{\underset{||}{C}}-OH + NH_3$$

酸催化时,酸既是催化剂,又可以中和水解后产生的氨或胺,生成铵盐,使平衡向水解方向移动。

$$C_6H_5CH_2-C(=O)-NH_2 \xrightarrow[\text{回流}]{35\%HCl} C_6H_5CH_2-C(=O)-OH + NH_4Cl$$

5. 腈的水解 腈可在酸或碱的催化下,加热水解为羧酸或羧酸盐。

$$CH_3-C\equiv N + H_2O \xrightarrow{H^+} CH_3-C(=O)-OH + NH_4^+$$

练习题 12-3 完成下列反应式。

$$\text{(顺丁烯二酸酐)} + H_2O \xrightarrow[\triangle]{H^+}$$

(二)羧酸衍生物的醇解反应

羧酸衍生物醇解后生成酯,醇解反应通式如下:

$$R-C(=O)-L + R'OH \longrightarrow R-C(=O)-OR' + HL$$

1. 酰卤的醇解 酰卤与醇反应可以快速生成酯,部分酯用一般的羧酸和醇较难合成,可用酰卤与醇反应来制备。

$$CH_3-C(=O)-Cl + (CH_3)_3COH \xrightarrow[Et_2O]{C_6H_5N(CH_3)_2} CH_3-C(=O)-OC(CH_3)_3$$

$$C_6H_5-C(=O)-Cl + HO-C_6H_5 \xrightarrow{\text{吡啶}} C_6H_5-C(=O)-O-C_6H_5$$

2. 酸酐的醇解 酸酐与醇的反应速率较酰卤的醇解温和,反应一般需要少量酸或碱进行催化,其反应产物也是酯。

$$CH_3-C(=O)-O-C(=O)-CH_3 + HO-C_6H_5 \xrightarrow[H_2O]{NaOH} CH_3-C(=O)-O-C_6H_5$$

$$CH_3-C(=O)-O-C(=O)-CH_3 + HO-C_6H_4-HOOC \xrightarrow{H_2SO_4} CH_3-C(=O)-O-C_6H_4-HOOC$$

3. 酯的醇解 酯的醇解又称为**酯交换反应**,酯分子中原来的烷氧基被新的烷氧基取代,生成新的酯。酯交换反应一般用来制备较难合成的酯,或者由大分子的醇置换小分子的醇,制备沸点更高的酯。例如:

$$CH_2=CH-C(=O)-OCH_3 + CH_3CH_2CH_2CH_2OH \xrightarrow{H^+} CH_2=CH-C(=O)-O(CH_2)_3CH_3$$

NOTE

251

内酯醇解后,生成羟基酸酯。例如:

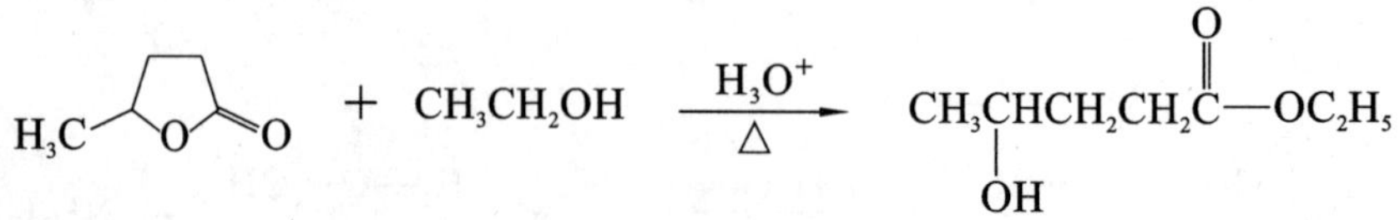

练习题 12-4　完成下列反应式。

$$CH_3OCH_2CH_2COCl + CH_3CH_2OH \xrightarrow{\text{吡啶}}$$

(三) 羧酸衍生物的氨(胺)解反应

羧酸衍生物的氨(胺)解反应,是制备酰胺类化合物常用的方法。

1. 酰卤的氨(胺)解　酰卤的氨(胺)解较容易进行,酰卤与胺的反应常在氢氧化钠、吡啶、三乙胺等碱性环境中进行。

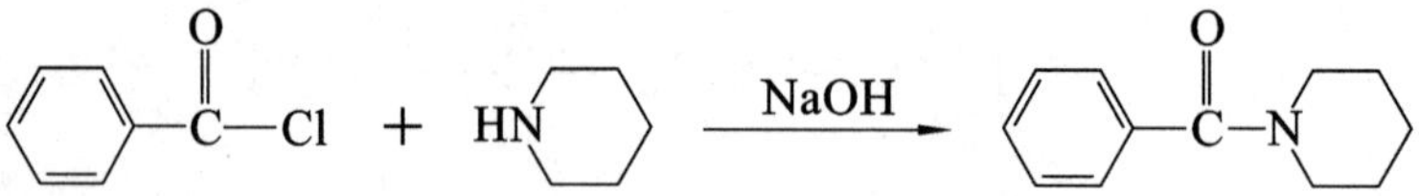

2. 酸酐的氨(胺)解　由于酸酐常温下在水中水解较酰卤慢,而氨易溶于水,因此酸酐的氨解在水溶液中更容易进行。

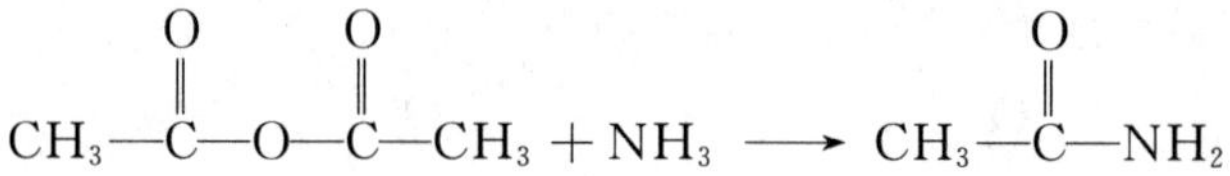

分子内酸酐与氨反应,开环得到酰胺酸,高温下则生成酰亚胺。例如:

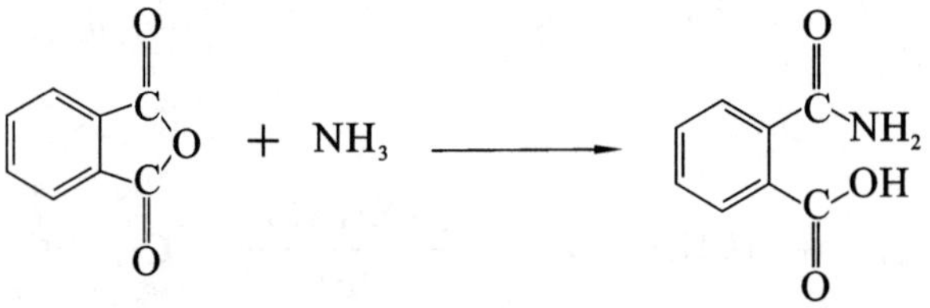

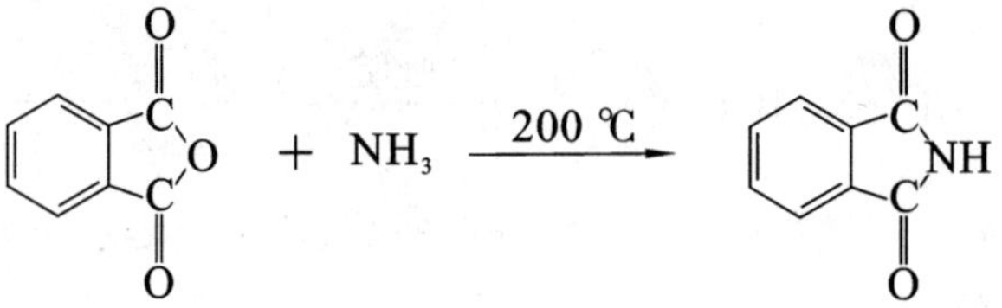

3. 酯的氨(胺)解　酯与氨(胺)反应后生成酰胺。例如:

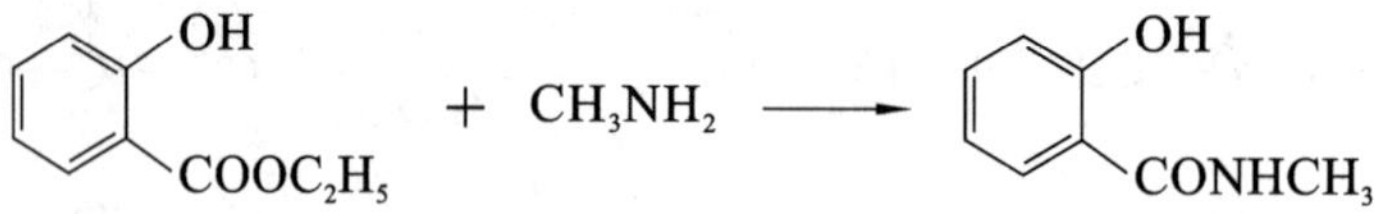

4. 酰胺的氨(胺)解　酰胺的氨(胺)解,生成酰胺和一个新的氨(胺),可看作是酰胺的交换反应。例如:

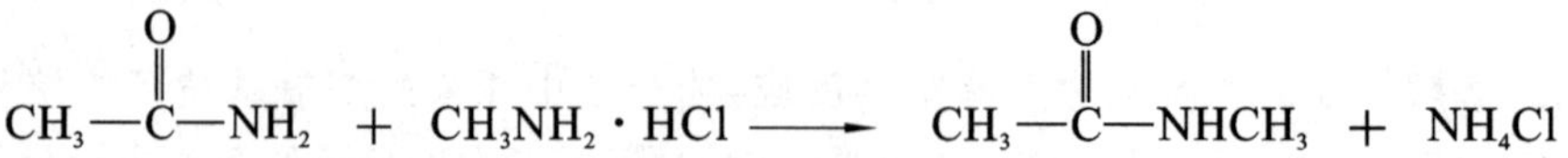

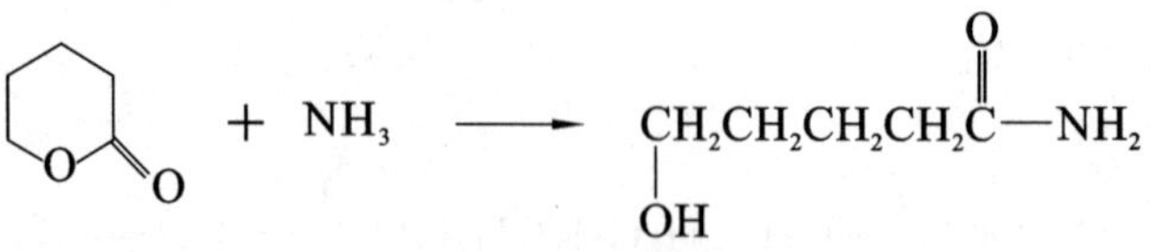

（四）反应活性

1. 活性顺序 羧酸衍生物与水、醇和氨（胺）的亲核取代反应，其活性顺序如下：

$$\underset{R-C-X}{\overset{O}{\|}} > \underset{R-C-O-C-R'}{\overset{O\quad\quad O}{\|\quad\quad\|}} > \underset{R-C-O-R'}{\overset{O}{\|}} > \underset{R-C-NH_2}{\overset{O}{\|}}$$

羧酸衍生物的亲核取代反应中，酰卤的反应活性最高，酸酐其次，酯的反应活性比酸酐低，酰胺的反应活性最低。

2. 影响反应活性的因素 羧酸衍生物的亲核取代反应活性顺序，与离去基团和空间位阻均有关。

（1）离去基团的影响。

根据羧酸衍生物亲核取代反应的机制，反应过程中，反应经过四面体中间体，然后离去基团 L 离去，再恢复羰基的结构，因此离去基团 L 越容易离去，反应速率越快。离去基团离去的难易程度，与 L 的碱性有关。L 的碱性越弱，越容易离去。酰卤、酸酐、酯和酰胺进行亲核取代反应时，离去基团 L 分别为 X^-、$RCOO^-$、RO^- 和 NH_2^-，其碱性顺序为 $X^- < RCOO^- < RO^- < NH_2^-$，即卤原子最容易离去，反应速率最快；氨基最难离去，反应速率最慢。

（2）位阻效应的影响。

羧酸衍生物的亲核取代反应，一般都是由亲核试剂进攻平面型的羰基，形成四面体中间体。位阻越大，亲核试剂进攻羰基而发生亲核取代反应所生成的四面体拥挤程度越大，相互作用也就越大，从而导致中间体的能量越高，越不稳定，很难形成，反应速率减小。例如，下列两种酯的水解反应速率与基团的大小关系如下。

$$RCOOCH_2CH_3 \xrightarrow{OH^-} RCOOH + CH_3CH_2OH$$

反应速率 $R= H—>CH_3—>C_2H_5—>(CH_3)_2CH—>(CH_3)_3C—$

$$CH_3CH_2COOR \xrightarrow{OH^-} CH_3CH_2COOH + ROH$$

反应速率 $R= CH_3—>C_2H_5—>(CH_3)_2CH—>(CH_3)_3C—$

练习题 12-5 完成下列反应式。

(1) $\underset{CH_3COCH_2CH_3}{\overset{O}{\|}}$ + CH_3NH_2 ⟶

(2) $\underset{PhCCl}{\overset{O}{\|}}$ + $HN\bigcirc$ $\xrightarrow{NaOH}$

二、还原反应

羧酸衍生物中的不饱和键（ $\overset{\diagdown}{\diagup}C{=}O$ 或 $—C{\equiv}N$ ）可以被还原，还原剂不同，其产物也不同。

（一）用金属氢化物还原

常见的金属氢化物还原剂有氢化铝锂（$LiAlH_4$）、硼氢化钠（$NaBH_4$）等，氢化铝锂还原能力相对较强，因此，$LiAlH_4$ 是羧酸衍生物的还原反应中常用的还原剂。

酰卤被 $LiAlH_4$ 还原一般得到伯醇。例如：

$$\underset{\substack{\|\\O}}{CH_3-C-Cl} \xrightarrow[\text{②}H_2O]{\text{①}LiAlH_4,Et_2O} CH_3CH_2OH+HCl$$

酸酐被 LiAlH$_4$ 还原生成两分子醇或二元醇。例如：

$$\underset{\substack{\|\\O}}{CH_3-C}-O-\underset{\substack{\|\\O}}{C-CH_2CH_3} \xrightarrow[\text{②}H_2O]{\text{①}LiAlH_4,Et_2O} CH_3CH_2OH+CH_3CH_2CH_2OH$$

$$\xrightarrow[\text{②}H_2O]{\text{①}LiAlH_4,\ Et_2O} HOCH_2(CH_2)_3CH_2OH$$

酯被 LiAlH$_4$ 还原为两分子醇。例如：

$$\underset{\substack{\|\\O}}{C_2H_5-C}-OCH_2CH_3 \xrightarrow[\text{②}H_2O]{\text{①}LiAlH_4,Et_2O} CH_3CH_2CH_2OH+CH_3CH_2OH$$

酰胺被 LiAlH$_4$ 还原为胺类，其氮原子上的取代基数目不同，可被还原为相应的伯、仲、叔胺。例如：

$$\underset{\substack{\|\\O}}{R-C}-NH_2 \xrightarrow[\text{②}H_2O]{\text{①}LiAlH_4,Et_2O} RCH_2NH_2$$

$$\underset{\substack{\|\\O}}{C_2H_5-C}-NHCH_3 \xrightarrow[\text{②}H_2O]{\text{①}LiAlH_4,Et_2O} CH_3CH_2CH_2NHCH_3$$

$$\underset{\substack{\|\\O}}{Ph-C}-N(CH_3)_2 \xrightarrow[\text{②}H_2O]{\text{①}LiAlH_4,Et_2O} PhCH_2N(CH_3)_2$$

腈可被 LiAlH$_4$ 催化氢化还原生成伯胺。例如：

$$RCH_2CN \xrightarrow[\text{②}H_2O]{\text{①}LiAlH_4,Et_2O} RCH_2CH_2NH_2$$

（二）用金属钠还原

酯可以用金属钠/醇还原生成一级醇，该还原方法被称为鲍维特-勃朗克（Bouveault-Blanc）还原，分子中的碳碳双键则不受影响。例如：

$$CH_3CH=CHCH_2\underset{\substack{\|\\O}}{C}-OCH_2CH_3 \xrightarrow[CH_3CH_2OH]{Na} CH_3CH=CHCH_2CH_2OH$$

（三）罗森孟德还原法

酰卤可以采用罗森孟德（Rosenmund）还原法进行还原，酰卤被选择性地还原为醛，不被进一步还原成醇。例如：

$$\underset{\substack{\|\\O}}{\bigcirc\!\!\!-C}-Cl \xrightarrow[\text{喹啉-硫}]{H_2,Pb/BaSO_4} \underset{\substack{\|\\O}}{\bigcirc\!\!\!-C}-H$$

NOTE

上述反应中的催化剂是将钯粉附着在硫酸钡上，并加入少量的喹啉-硫以降低它的活性

（也称为催化剂中毒），使产物醛不再进一步被还原为醇。为了使反应顺利进行，反应须在尽可能低的温度下进行，避免进一步被还原。罗森孟德还原具有较好的选择性，若反应物中除酰卤外同时有硝基、卤素、酰酯等基团时，均可保留，只把酰卤还原为醛。

练习题 12-6 完成下列反应式，写出主产物。

(1)

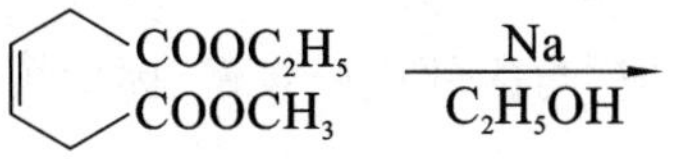

(2)

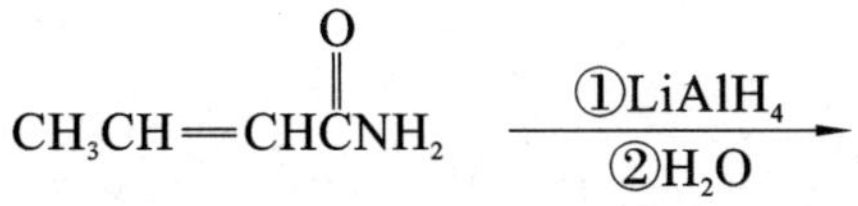

三、与有机金属试剂的反应

（一）羧酸衍生物与格氏试剂的反应

羧酸衍生物与格氏试剂反应，首先生成酮，酮进一步反应生成叔醇，其反应过程如下：

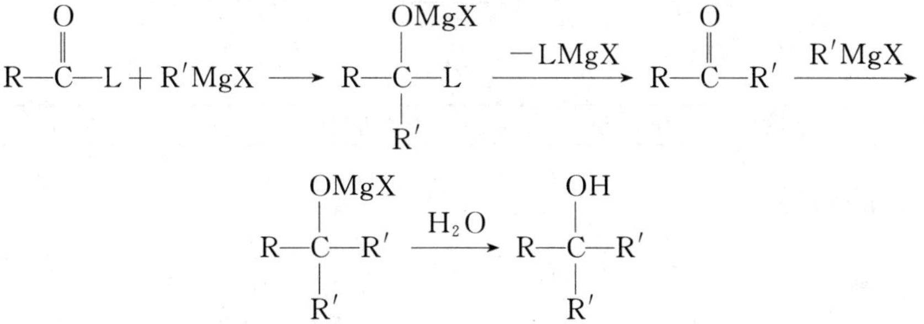

酰卤与格氏试剂反应生成酮后，进一步被还原，生成叔醇（甲酰氯生成仲醇）。例如：

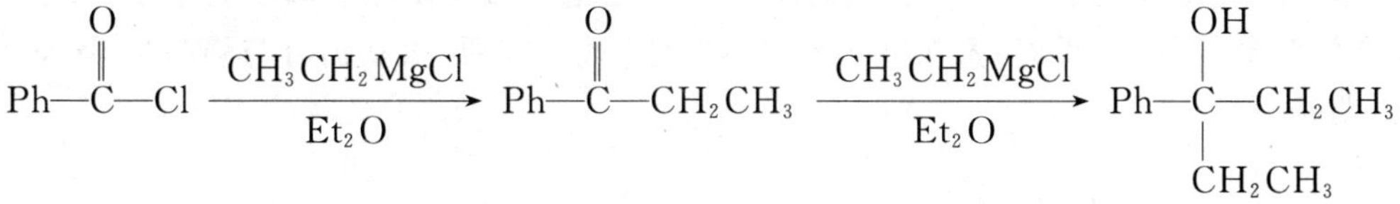

当酰卤或格氏试剂空间位阻较大时，反应可以停留在生成酮的阶段，可以得到产率较高的酮。例如：

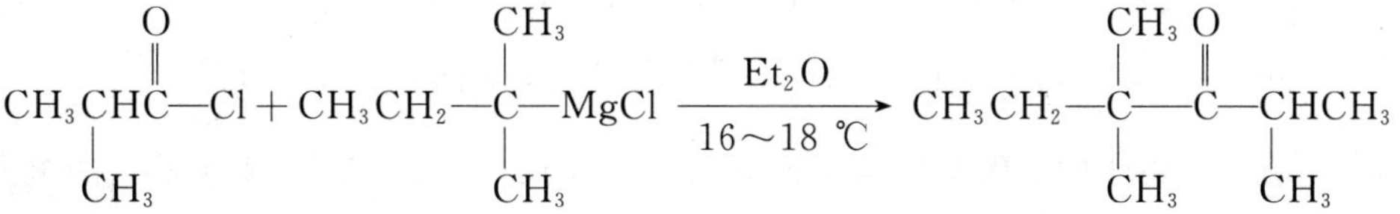

酸酐与格氏试剂反应与酰卤一样，先生成酮，再生成叔醇。例如：

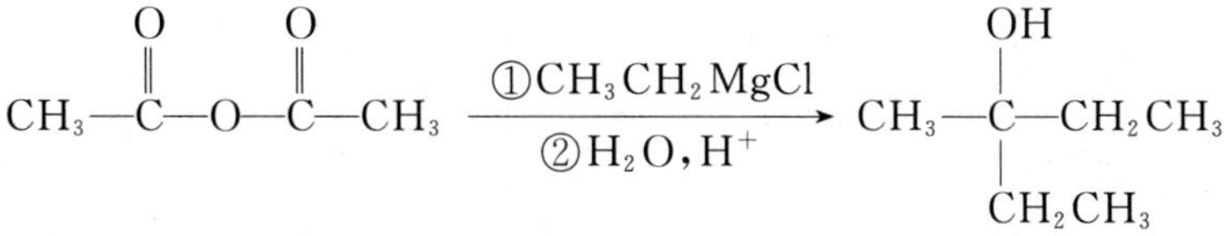

控制反应温度较低时，此反应可以停留在酮的阶段。例如：

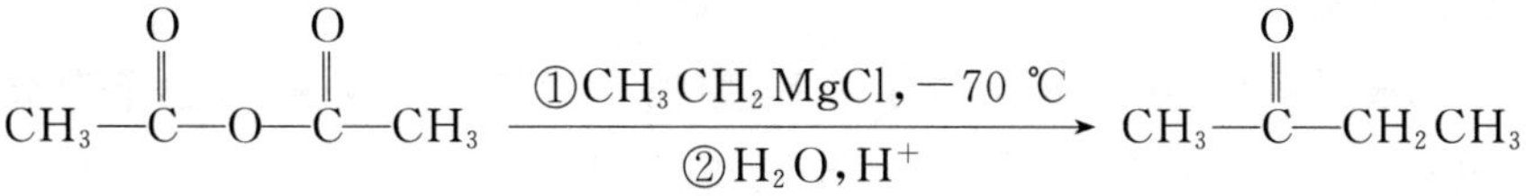

酯与格氏试剂的反应首先生成酮，酮的活性较酯高，因此反应很难停留在酮的阶段，会进一步反应生成醇。例如：

$$PhCOOCH_3 \xrightarrow[\text{②}H_2O,H^+]{\text{①}CH_3CH_2MgCl} Ph\underset{\underset{CH_2CH_3}{|}}{\overset{\overset{OH}{|}}{C}}CH_2CH_3$$

（二）羧酸衍生物与其他金属有机化合物的反应

二烷基铜锂活性较格氏试剂低，可以与酰卤和醛反应，与酮的反应较慢，因此可用其与酰卤反应制备酮，并且其产率较高。例如：

$$I\text{~~~~~~~~~~~}\overset{O}{\overset{\|}{C}}Cl \xrightarrow[\text{Et}_2O,-78\,℃]{(CH_3)_2CuLi} I\text{~~~~~~~~~~~}\overset{O}{\overset{\|}{C}}CH_3$$

有机锂试剂与格氏试剂一样，与酯反应可生成醇，但与空间位阻较大的酯反应，可停留在生成酮的阶段。例如：

$$\underset{\underset{CH_3}{|}}{\overset{\overset{CH_3}{|}}{C}}\overset{O}{\overset{\|}{C}}-OC_2H_5 \xrightarrow[\text{Et}_2O]{CH_3Li} \underset{\underset{CH_3}{|}}{\overset{\overset{CH_3}{|}}{C}}\overset{O}{\overset{\|}{C}}-CH_3$$

> **练习题 12-7** 回答问题：格氏试剂能与哪些类型的化合物反应？产物是什么？

四、酰胺的特性

（一）酸碱性

酰胺分子中，酰基与氨基直接相连，N 原子为 sp^2 杂化。因此，N 原子 p 轨道上的孤对电子与羰基中的 π-键发生了 p-π 共轭，从而使 N 原子上电子云密度降低，N 原子上的 H 活性增加，能与活泼金属 Na 等反应，表现出一定的弱酸性；另一方面，氨基仍可与强酸成盐，表现出一定的弱碱性。

$$R-\overset{O}{\overset{\|}{C}}-\ddot{N}H_2 \quad (\text{p-π共轭})$$

$$CH_3CH_2CONH_2 + Na \xrightarrow{Et_2O} CH_3CH_2CONHNa$$

$$CH_3CH_2CONH_2 + HCl \xrightarrow{Et_2O} CH_3CH_2CONH_2 \cdot HCl$$

酰亚胺分子中，由于两个酰基吸电子诱导效应的作用，大大降低了 N 原子上的电子云密度，使其具有较明显的弱酸性，可以与强碱反应生成盐。

$$\text{（邻苯二甲酰亚胺）}NH + KOH \longrightarrow \text{（邻苯二甲酰亚胺钾盐）}N^-K^+ + H_2O$$

（二）脱水反应

酰胺在强脱水剂 P_2O_5 或 $SOCl_2$ 的存在下，加强热可脱水生成腈，这也是合成腈的常用方法。

$$CH_3CH_2CONH_2 \xrightarrow[200\,℃]{P_2O_5} CH_3CH_2CN$$

（三）霍夫曼降解反应

酰胺在碱性溶液中与卤素单质（Cl_2 或 Br_2）或次卤酸钠作用，脱去羰基生成少一个碳的伯胺的反应，称为霍夫曼（Hofmann）降解反应，也称为霍夫曼重排反应。

$$\underset{O}{\overset{\displaystyle\|}{R-C}}-NH_2 \xrightarrow[NaOH]{Br_2} RNH_2 + NaBr + NaCO_3 + H_2O$$

其反应机制如下：

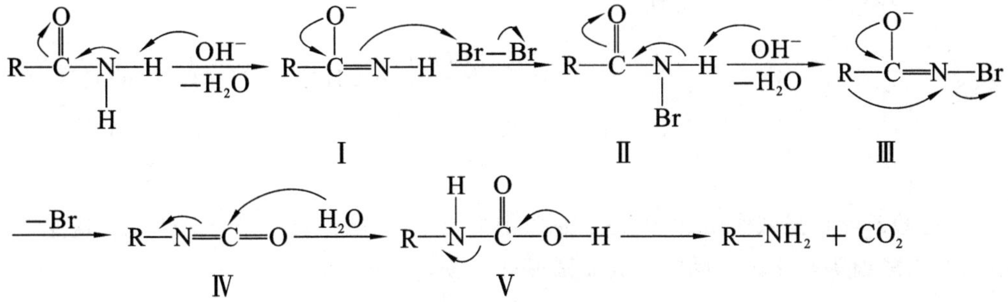

酰胺在碱的作用下，脱去氮上的氢，转换成烯醇式氧负离子 Ⅰ，Ⅰ 再与溴结合生成溴代中间产物 Ⅱ，在碱的作用下 Ⅱ 再脱去氮上的另一个氢，生成烯醇式氧负离子 Ⅲ，Ⅲ 脱去溴后生成异氰类化合物 Ⅳ，Ⅳ 与 H_2O 作用生成 Ⅴ，Ⅴ 脱去 CO_2，生成少一个碳的消除产物伯胺。

练习题 12-8 完成下列反应式，写出主产物。

$$\text{PhCH}_2\text{CONH}_2 \xrightarrow[NaOH]{Br_2}$$

第五节 β-二羰基化合物

常见的 β-二羰基化合物有 β-二酮、β-酮酸酯、丙二酸酯等。β-二羰基化合物亚甲基上的氢比较活泼，在碱的作用下容易离去形成碳负离子，是强亲核试剂，易与卤代烷发生亲核取代反应，在 α-碳原子上引入烃基。

一、β-二羰基化合物的结构

在碱的作用下，β-二羰基化合物失去亚甲基上的氢，与生成的碳负离子形成一个离域体系，负电荷可以在氧或碳原子上，具有双位反应活性。

$$\underset{O}{\overset{\displaystyle\|}{CH_3C}}-CH_2-\underset{O}{\overset{\displaystyle\|}{C}}-OC_2H_5 \xrightarrow{C_2H_5ONa}$$

$$\left[\underset{O}{\overset{\displaystyle\|}{CH_3C}}-\overset{-}{CH}-\underset{O}{\overset{\displaystyle\|}{C}}-OC_2H_5 \longleftrightarrow \underset{O^-}{\overset{\displaystyle|}{CH_3C}}=CH-\underset{O}{\overset{\displaystyle\|}{C}}-OC_2H_5\right]$$

上述烯醇负离子中，氧的电负性更强，具有较强的溶剂化作用，容易与溶剂分子形成氢键；而碳的亲核性较强，容易发生烃基化反应，其碳烃基化反应的速率高于氧烃基化反应的速率，因此主要生成碳烃基化产物。同理，酰基化反应也发生在碳上。β-二羰基化合物的 α-烃基化及 α-酰基化反应以乙酰乙酸乙酯为例，反应如下：

257

$$CH_3\overset{O}{\overset{\|}{C}}-CH_2-\overset{O}{\overset{\|}{C}}-OC_2H_5 \xrightarrow{C_2H_5ONa} \left[CH_3\overset{O}{\overset{\|}{C}}-\overset{-}{C}H-\overset{O}{\overset{\|}{C}}-OC_2H_5\right]Na^+$$

$$\left[CH_3\overset{O}{\overset{\|}{C}}-\overset{-}{C}H-\overset{O}{\overset{\|}{C}}-OC_2H_5\right]Na^+$$

通过 CH₃CH₂Br 得到：

$$CH_3\overset{O}{\overset{\|}{C}}-CH-\overset{O}{\overset{\|}{C}}-OC_2H_5$$
$$\underset{CH_2CH_3}{|}$$

α-烷基化产物

通过 CH₃COCl 得到：

$$CH_3\overset{O}{\overset{\|}{C}}-CH-\overset{O}{\overset{\|}{C}}-OC_2H_5$$
$$\underset{COCH_3}{|}$$

α-酰基化产物

乙酰乙酸乙酯在强碱作用下,失去了 α-碳上的氢,生成的碳负离子与卤代烷反应生成α-烷基化产物,与酰卤等酰化试剂反应生成 α-酰基化产物。

二、乙酰乙酸乙酯的反应

（一）乙酰乙酸乙酯的制备及克莱森酯缩合反应

1. 乙酰乙酸乙酯的制备及克莱森酯缩合反应 酯分子中 α-碳上的氢被酯基活化,在碱性试剂存在下,与另一分子的酯发生反应生成 β-酮酸酯,称为**酯缩合反应**(ester condensation)。乙酸乙酯在醇钠或金属钠等碱性试剂的作用下发生酯缩合反应,生成乙酰乙酸乙酯,该反应称为**克莱森**(Claisen)**酯缩合反应**。

$$CH_3\overset{O}{\overset{\|}{C}}-OC_2H_5 + CH_3\overset{O}{\overset{\|}{C}}-OC_2H_5 \xrightarrow[2)H_3O^+]{1)C_2H_5ONa} CH_3\overset{O}{\overset{\|}{C}}-CH_2-\overset{O}{\overset{\|}{C}}-OC_2H_5$$

其反应机制如下:

$$CH_3CH_2O^- + CH_2\overset{O}{\overset{\|}{C}}-OC_2H_5 \underset{①}{\rightleftharpoons} \left[\overset{-}{C}H_2\overset{O}{\overset{\|}{C}}-OC_2H_5 \longleftrightarrow H_2C=\overset{O^-}{\overset{|}{C}}-OC_2H_5\right] \underset{②}{\overset{CH_3\overset{O}{\overset{\|}{C}}-OC_2H_5}{\rightleftharpoons}}$$

$$CH_3\overset{O^-}{\underset{OC_2H_5}{\overset{|}{C}}}-CH_2-\overset{O}{\overset{\|}{C}}-OC_2H_5 \underset{③}{\overset{-C_2H_5O^-}{\rightleftharpoons}} CH_3\overset{O}{\overset{\|}{C}}-CH_2-\overset{O}{\overset{\|}{C}}-OC_2H_5 \underset{④}{\overset{C_2H_5O^-Na^+}{\rightleftharpoons}}$$

$$CH_3\overset{O}{\overset{\|}{C}}-\overset{-}{C}H-\overset{O}{\overset{\|}{C}}-OC_2H_5 \underset{⑤}{\overset{H_3O^+}{\longrightarrow}} CH_3\overset{O}{\overset{\|}{C}}-CH_2-\overset{O}{\overset{\|}{C}}-OC_2H_5$$

乙酸乙酯在醇钠的作用下,脱去 α-H 生成烯醇负离子,烯醇负离子与另一分子酯发生亲核加成,并脱去乙氧基负离子,生成乙酰乙酸乙酯。乙酰乙酸乙酯 α-H 酸性较强,能快速与乙氧负离子反应,生成稳定的碳负离子,使平衡向生成物方向移动,再酸化该碳负离子,即得最终产物乙酰乙酸乙酯。

乙酸乙酯酸性较弱($pK_a = 24.5$),因此反应中生成的碳负离子浓度较低,上述反应①、②、③步中,逆反应速率大于正反应速率,但第③步反应后生成的乙酰乙酸乙酯 α-H 酸性较强,与乙氧基负离子作用后能生成稳定的碳负离子,第④步反应中,平衡正向移动,使缩合反应顺利进行。因此,在酯缩合反应中,酯一般需要两个 α-H,缩合反应才能顺利进行,若只有一个 α-H,则需要在更强的碱作用下才能完成。

$$CH_3CH_2\overset{O}{\overset{\|}{C}}-OC_2H_5 + CH_3CH_2\overset{O}{\overset{\|}{C}}-OC_2H_5 \xrightarrow{C_2H_5ONa} CH_3CH_2-\overset{O}{\overset{\|}{C}}-\underset{\underset{CH_3}{|}}{CH}-\overset{O}{\overset{\|}{C}}-OC_2H_5$$

$$(CH_3)_2CH-\overset{O}{\overset{\|}{C}}-OC_2H_5 \xrightarrow{(C_6H_5)_3C^-Na^+} (CH_3)_2\overset{-}{C}-\overset{O}{\overset{\|}{C}}-OC_2H_5 \xrightarrow{(CH_3)_2CH-\overset{O}{\overset{\|}{C}}-OC_2H_5}$$

$$(CH_3)_2CH-\overset{O}{\overset{\|}{C}}-\underset{\underset{CH_3}{|}}{\overset{\overset{CH_3}{|}}{C}}-COOC_2H_5 \quad + \quad (C_6H_5)_3CH$$

2. 交叉酯缩合反应　若用两个结构不同,并都含活泼 α-H 的酯进行缩合反应,理论上可以得到四种不同的产物,制备上没有太大价值。因此,一般采用一个酯含有活泼 α-H,另一个酯不含活泼 α-H,进行交叉酯缩合反应,常用的不含活泼 α-H 的酯有苯甲酸酯、甲酸酯、草酸酯、碳酸酯等。

$$\text{C}_6\text{H}_5\text{COOCH}_3 + CH_3CH_2-\overset{O}{\overset{\|}{C}}-OC_2H_5 \xrightarrow[2)H_3O^+]{1)NaH} \text{C}_6\text{H}_5\text{COCHCOOC}_2\text{H}_5 \underset{CH_3}{}$$

$$HCOOC_2H_5 + \text{C}_6\text{H}_5\text{CH}_2-\overset{O}{\overset{\|}{C}}-OC_2H_5 \xrightarrow[2)H_3O^+]{1)C_2H_5ONa} \text{C}_6\text{H}_5\underset{\underset{CHO}{|}}{CH}-\overset{O}{\overset{\|}{C}}-OC_2H_5 + C_2H_5OH$$

3. 分子内酯缩合反应　二元酯分子中两个酯基,当两个酯基相隔四个或四个以上碳原子时,就能发生分子内的缩合反应,生成五元环或者更大环的酯,称为**狄克曼(Dieckmann)酯缩合反应**。

$$\xrightarrow[\text{甲苯, EtOH(少)}]{Na}$$

$$C_2H_5O-\overset{O}{\overset{\|}{C}}\cdots\overset{O}{\overset{\|}{C}}-OC_2H_5 \xrightarrow[\text{甲苯, EtOH(少)}]{Na}$$

（二）乙酰乙酸乙酯的酸性及互变异构

1. 乙酰乙酸乙酯的酸性　乙酰乙酸乙酯及 β-二羰基化合物中,由于受两个羰基的影响,α-H 的酸性比醛、酮、酯中 α-H 的酸性强。这是因为 α-H 离去以后生成的碳负离子可以和两个羰基形成 p-π 共轭而使其更稳定,乙酰乙酸乙酯碳负离子有三个共振杂化体,结构如下:

$$\left[CH_3\overset{O}{\overset{\|}{C}}-\overset{-}{C}H-\overset{O}{\overset{\|}{C}}-OC_2H_5 \leftrightarrow CH_3\overset{O^-}{\overset{|}{C}}=CH-\overset{O}{\overset{\|}{C}}-OC_2H_5 \leftrightarrow CH_3\overset{O}{\overset{\|}{C}}-CH=\overset{O^-}{\overset{|}{C}}-OC_2H_5 \right]$$

2. 乙酰乙酸乙酯的互变异构 乙酰乙酸乙酯中的羰基表现出酮的性质，它既可以和羟胺、肼和苯肼等羰基试剂反应，也可以和氢氰酸、亚硫酸氢钠等反应。此外，乙酰乙酸乙酯还能与溴的四氯化碳溶液反应，使溴褪色，这说明分子中存在碳碳不饱和键；可以和乙酰氯反应生成酯，说明分子中含有醇羟基；可以和三氯化铁反应，呈紫红色，说明分子中含烯醇式结构；可以和金属钠反应放出氢气，说明分子中含有活泼氢。根据以上实验事实，可以认定，乙酰乙酸乙酯是以**酮式**(keto form)和**烯醇式**(enol form)两种结构的互变异构体动态平衡存在的。

$$CH_3\overset{O}{\overset{\|}{C}}-CH_2-\overset{O}{\overset{\|}{C}}-OC_2H_5 \longleftrightarrow CH_3\overset{OH}{\overset{|}{C}}=CH-\overset{O}{\overset{\|}{C}}-OC_2H_5$$

研究表明，在丙酮溶液中，乙酰乙酸乙酯的酮式和烯醇式的平衡体系中，酮式结构占了93%，烯醇式结构占了7%，两者能相互转换，称为**互变异构**(tautomerism)。

乙酰乙酸乙酯酮式结构和烯醇式结构的互变平衡，是因为活泼亚甲基上的 H 在两个羰基的影响下，存在一定程度的质子化，质子可在 α-碳原子和羰基氧原子之间进行可逆重排。一般情况下，酯基中 O—C—O 形成离域体系而使氧原子的电负性减小，因此，羰基氧的电负性比酯基氧的电负性大，活泼亚甲基上的 H 原子转移到羰基氧上，而不转移到酯基氧上。

理论上讲，羰基化合物都存在烯醇式结构，但醛、酮中烯醇式结构的含量一般都非常低，β-二羰基化合物中烯醇式结构含量相对较高（表 12-2）。

表 12-2　一些羰基化合物的烯醇式结构含量

化合物	互变异构	烯醇式结构含量/(%)
丙酮	$CH_3\overset{O}{\overset{\|}{C}}-CH_3 \longleftrightarrow CH_3\overset{OH}{\overset{\|}{C}}=CH_2$	0.00025
乙酰乙酸乙酯	$CH_3\overset{O}{\overset{\|}{C}}-CH_2-\overset{O}{\overset{\|}{C}}-OC_2H_5 \longleftrightarrow CH_3\overset{OH}{\overset{\|}{C}}=CH-\overset{O}{\overset{\|}{C}}-OC_2H_5$	7
戊-2,4-二酮	$CH_3\overset{O}{\overset{\|}{C}}-CH_2-\overset{O}{\overset{\|}{C}}-CH_3 \longleftrightarrow CH_3\overset{OH}{\overset{\|}{C}}=CH-\overset{O}{\overset{\|}{C}}-CH_3$	80
苯甲酰丙酮	$C_6H_5\overset{O}{\overset{\|}{C}}-CH_2-\overset{O}{\overset{\|}{C}}-CH_3 \longleftrightarrow C_6H_5\overset{OH}{\overset{\|}{C}}=CH-\overset{O}{\overset{\|}{C}}-CH_3$	99

β-二羰基化合物中烯醇式结构含量较高的原因，一方面是因为烯醇式结构中，羟基氧与碳碳双键和碳氧双键间形成了一个大的离域体系，分子能量降低；另一方面，烯醇式结构中通过氢键能形成较稳定的六元环。

$$CH_3\overset{O}{\overset{\|}{C}}-CH_2-\overset{O}{\overset{\|}{C}}-OC_2H_5 \longrightarrow$$

（酮式）　　　　　　（烯醇式）

乙酰乙酸乙酯达到平衡状态时，烯醇式的含量随溶剂、浓度、温度的不同而不同。一般在水或含质子的极性溶剂中，烯醇式含量较低；在非极性溶剂中，烯醇式含量相对较高。

NOTE

（三）乙酰乙酸乙酯的酸式分解和酮式分解

1. 酸式分解 乙酰乙酸乙酯与浓碱（40％NaOH）溶液共热，羰基碳和 α-碳原子之间的键断裂，然后酯水解，经酸化后最终生成两分子羧酸和一分子醇，称为**酸式分解**。

$$CH_3-\overset{O}{\overset{\|}{C}}+CH_2-\overset{O}{\overset{\|}{C}}+OC_2H_5 + 2H_2O \xrightarrow{40\%NaOH} 2\ CH_3-\overset{O}{\overset{\|}{C}}-OH + C_2H_5OH$$

2. 酮式分解 乙酰乙酸乙酯在稀碱（5％NaOH）溶液中共热，酯基水解后生成 β-酮酸盐，酸化后生成 β-酮酸，β-酮酸不稳定，受热脱羧生成酮，称为**酮式分解**。

$$CH_3-\overset{O}{\overset{\|}{C}}-CH_2-\overset{O}{\overset{\|}{C}}-OC_2H_5 \xrightarrow{5\%NaOH}$$

$$CH_3-\overset{O}{\overset{\|}{C}}-CH_2-\overset{O}{\overset{\|}{C}}-ONa \xrightarrow[\text{②}\triangle,-CO_2]{\text{①}H^+} CH_3-\overset{O}{\overset{\|}{C}}-CH_3$$

（四）α-亚甲基上的反应

乙酰乙酸乙酯分子中活泼亚甲基上的 H 在强碱性溶液中容易离去，生成的碳负离子容易与卤代烷或酰卤发生取代反应，生成烷基取代或酰基取代的乙酰乙酸乙酯。

$$CH_3\overset{O}{\overset{\|}{C}}-CH_2-\overset{O}{\overset{\|}{C}}-OC_2H_5 \xrightarrow{EtONa}$$

（经 RBr）

$$CH_3\overset{O}{\overset{\|}{C}}-\underset{R}{\overset{}{C}}H-\overset{O}{\overset{\|}{C}}-OC_2H_5 \xrightarrow[\text{②}RBr]{\text{①}EtONa}$$

$$CH_3\overset{O}{\overset{\|}{C}}-\underset{R}{\overset{R}{C}}-\overset{O}{\overset{\|}{C}}-OC_2H_5$$

（经 RCOCl）

$$CH_3\overset{O}{\overset{\|}{C}}-\underset{COR}{\overset{}{C}}H-\overset{O}{\overset{\|}{C}}-OC_2H_5$$

取代乙酰乙酸乙酯进行酮式分解或酸式分解，可以生成不同结构的酮或酸。

$$CH_3\overset{O}{\overset{\|}{C}}-\underset{R}{\overset{R}{C}}-\overset{O}{\overset{\|}{C}}-OC_2H_5$$

$$\xrightarrow{40\% NaOH} R-\underset{H}{\overset{R}{C}}-\overset{O}{\overset{\|}{C}}-OH + CH_3COOH$$

$$\xrightarrow{5\% NaOH}\xrightarrow[\text{②}\triangle,-CO_2]{\text{①}H^+} CH_3\overset{O}{\overset{\|}{C}}-\underset{H}{\overset{R}{C}}-R$$

$$CH_3\overset{O}{\overset{\|}{C}}-\underset{\overset{|}{\underset{R}{C=O}}}{\overset{R}{C}}-\overset{O}{\overset{\|}{C}}-OC_2H_5$$

$$\xrightarrow{40\% NaOH} R-\overset{O}{\overset{\|}{C}}-\underset{H}{\overset{R}{C}}-\overset{O}{\overset{\|}{C}}-OH + CH_3COOH$$

$$\xrightarrow{5\% NaOH}\xrightarrow[\text{②}\triangle,-CO_2]{\text{①}H^+} CH_3\overset{O}{\overset{\|}{C}}-\underset{H}{\overset{R}{C}}-\overset{O}{\overset{\|}{C}}-R$$

NOTE

261

（五）乙酰乙酸乙酯在合成上的应用

乙酰乙酸乙酯是有机合成中的重要中间体，乙酰乙酸乙酯发生烷基化或酰基化反应后，生成的产物进一步进行酸式分解或酮式分解，可以合成不同结构的酮、酸、酮酸或者二元羧酸等。

1. 合成甲基酮　乙酰乙酸乙酯在醇钠的作用下烷基化后，在稀碱溶液中进行酮式分解，酯水解酸化脱羧后，可生成不同结构的甲基酮。

$$CH_3CCH_2COC_2H_5 \xrightarrow[②CH_3Br]{①EtONa} CH_3CCHCOC_2H_5 \xrightarrow[②H^+/\triangle]{①5\%NaOH} CH_3CCH_2CH_3$$
（中间产物带 CH_3 取代）

乙酰乙酸乙酯亚甲基上的氢也可进行二取代后再进行酮式分解，制备二取代的丙酮。

$$CH_3CCH_2COC_2H_5 \xrightarrow[②C_6H_5CH_2Cl]{①EtONa} \xrightarrow[②CH_3Cl]{①EtONa}$$

$$CH_3C-C-COC_2H_5 \xrightarrow[②H^+/\triangle]{①5\%NaOH} CH_3CCHCH_3$$
（中间 C 带 CH_3 和 CH_2C_6H_5 取代；产物带 CH_2C_6H_5 取代）

2. 合成酮酸　乙酰乙酸乙酯在醇钠的作用下酰基化后，在稀碱溶液中进行酸式分解，可生成不同结构的 β-酮酸。

$$CH_3CCH_2COC_2H_5 \xrightarrow[②CH_3CH_2COCl]{①EtONa}$$

$$CH_3CCHCOC_2H_5 \xrightarrow[②H^+]{①40\%NaOH} CH_3CH_2CCH_2COOH$$
（中间产物带 COCH_2CH_3 取代）

乙酰乙酸乙酯在醇钠的作用下，与 α-卤代酸酯反应，在稀碱溶液中进行酮式分解后，可生成 γ-酮酸。

$$CH_3CCH_2COC_2H_5 \xrightarrow[②BrCH_2COOC_2H_5]{①EtONa}$$

$$CH_3CCHCOC_2H_5 \xrightarrow[②H^+/\triangle]{①5\%NaOH} CH_3CCH_2CH_2COOH$$
（中间产物带 CH_2COOC_2H_5 取代）

3. 合成二酮　乙酰乙酸乙酯在醇钠的作用下酰基化后，再进行酮式分解，可生成 β-二酮。

$$CH_3CCH_2COC_2H_5 \xrightarrow[②CH_3CH_2COCl]{①EtONa}$$

$$CH_3CCHCOC_2H_5 \xrightarrow[②H^+/\triangle]{①5\%NaOH} CH_3CCH_2CCH_2CH_3$$
（中间产物带 COCH_2CH_3 取代）

此外，也可用 α-卤代酮替代酰卤，取代乙酰乙酸乙酯中的 α-H，再通过酮式分解，制备 γ-二酮。

$$\underset{\substack{\| \\ O}}{CH_3C}CH_2\underset{\substack{\| \\ O}}{C}OC_2H_5 \xrightarrow[\substack{②CH_3CH_2COCH_2I}]{①EtONa}$$

$$\underset{\substack{| \\ CH_2CH_2CH_3 \\ | \\ O}}{\underset{\substack{\| \\ O}}{CH_3C}CHCOC_2H_5} \xrightarrow[\substack{②H^+/\triangle}]{①5\%NaOH} \underset{\substack{\| \\ O}}{CH_3C}CH_2CH_2\underset{\substack{\| \\ O}}{C}CH_2CH_3$$

4. 合成环状甲基酮 乙酰乙酸乙酯与醇钠共热后,生成的钠盐与 1,4-二卤代烷(或 1,5-二卤代烷)反应,卤代烃基连接在 α-碳上,α-碳上还有一个 H,与醇钠作用后与另一端的卤代烃发生反应,生成环状化合物,再酮式分解,得到 β-酮酸,加热脱羧即可生成环戊基甲基酮或环己基甲基酮。

$$\underset{\substack{\| \\ O}}{CH_3C}CH_2\underset{\substack{\| \\ O}}{C}OC_2H_5 \xrightarrow[\substack{②BrCH_2CH_2CH_2CH_2Br}]{①EtONa} \underset{\substack{| \\ CH_2CH_2CH_2CH_2Br}}{\underset{\substack{\| \\ O}}{CH_3C}CHCOC_2H_5} \xrightarrow[]{①EtONa}$$

$$\underset{\substack{\| \\ O}}{CH_3C} \overset{H}{\underset{Br}{C}} \underset{\substack{\| \\ O}}{C}OC_2H_5$$

$$\longrightarrow \underset{\substack{\| \\ O}}{CH_3C}\overset{}{\underset{}{C}}\underset{\substack{\| \\ O}}{C}OC_2H_5 \xrightarrow[\triangle]{H^+} \underset{\substack{\| \\ O}}{CH_3C}CH$$

5. 合成二元羧酸 乙酰乙酸乙酯与醇钠反应后,再与卤代酸酯反应,在稀碱溶液中进行酸式分解,可生成二元羧酸。

$$\underset{\substack{\| \\ O}}{CH_3C}CH_2\underset{\substack{\| \\ O}}{C}OC_2H_5 \xrightarrow[\substack{②ICH_2COOC_2H_5}]{①EtONa}$$

$$\underset{\substack{| \\ CH_2COOC_2H_5}}{\underset{\substack{\| \\ O}}{CH_3C}CHCOC_2H_5} \xrightarrow[\substack{②H^+}]{①40\%NaOH} HOOCCH_2CH_2COOH$$

练习题 12-9 以乙酰乙酸乙酯为起始原料合成下列化合物。

(1) $C_6H_5\underset{\substack{\| \\ O}}{C}CH_2\underset{\substack{\| \\ O}}{C}CH_3$ (2) $CH_2=CHCH_2CH_2COOH$

三、丙二酸二乙酯的反应

(一)丙二酸二乙酯的制备

丙二酸二乙酯是由氯乙酸与碳酸氢钠经过中和反应生成氯乙酸钠,再与氰化钠经过亲核取代反应生成氰基乙酸钠,氰基乙酸钠在氢氧化钠溶液中水解,生成丙二酸二钠,最后经酯化反应生成丙二酸二乙酯。

$$ClCH_2COOH \xrightarrow{NaHCO_3} ClCH_2COONa \xrightarrow{NaCN} NCCH_2COONa$$

$$\xrightarrow[105℃]{NaOH} NaOOCCH_2COONa \xrightarrow[H_2SO_4]{C_2H_5OH} C_2H_5O\underset{\substack{\| \\ O}}{C}CH_2\underset{\substack{\| \\ O}}{C}OC_2H_5$$

NOTE

263

（二）丙二酸二乙酯在合成上的应用

丙二酸二乙酯受两个酯基的影响，亚甲基上的氢也比较活泼，在醇钠等强碱的作用下脱去氢，生成碳负离子可作为亲核试剂与卤代烷或酰卤发生烷基化或酰基化反应，在酸或碱催化下水解，可生成不同结构的羧酸类化合物。

1. 合成一元羧酸　丙二酸二乙酯亚甲基经烃基化后，在酸或碱催化下水解生成二元酸，再受热脱羧后即可生成一元羧酸。

$$
\underset{\text{COOC}_2\text{H}_5}{\overset{\text{COOC}_2\text{H}_5}{\text{CH}_2}}
\xrightarrow[\text{②BrCH}_2\text{CH}_2\text{CH}_3]{\text{①EtONa}}
\text{CH}_3\text{CH}_2\text{CH}_2\!-\!\underset{\text{COOC}_2\text{H}_5}{\overset{\text{COOC}_2\text{H}_5}{\text{CH}}}
\xrightarrow{\text{H}_3\text{O}^+}
$$

$$
\text{CH}_3\text{CH}_2\text{CH}_2\!-\!\underset{\text{COOH}}{\overset{\text{COOH}}{\text{CH}}}
\xrightarrow[\triangle]{-\text{CO}_2}
\text{CH}_3\text{CH}_2\text{CH}_2\text{CH}_2\text{COOH}
$$

上述反应中，一次烃基化后，亚甲基上还有一个活泼氢，可以继续烃基化，再连上另一个烃基，得到二取代的一元羧酸。

$$
\underset{\text{COOC}_2\text{H}_5}{\overset{\text{COOC}_2\text{H}_5}{\text{CH}_2}}
\xrightarrow[\text{②ClCH}_2\text{CH}_2\text{CH}_3]{\text{①EtONa}}
\text{CH}_3\text{CH}_2\text{CH}_2\!-\!\underset{\text{COOC}_2\text{H}_5}{\overset{\text{COOC}_2\text{H}_5}{\text{CH}}}
\xrightarrow[\text{②ICH}_2\text{CH}_3]{\text{①EtONa}}
$$

$$
\text{CH}_3\text{CH}_2\text{CH}_2\!-\!\underset{\text{C}_2\text{H}_5}{\overset{\text{COOC}_2\text{H}_5}{\overset{|}{\underset{|}{\text{C}}}}}\!-\!\text{COOC}_2\text{H}_5
\xrightarrow{\text{H}_3\text{O}^+}
\text{CH}_3\text{CH}_2\text{CH}_2\!-\!\underset{\text{C}_2\text{H}_5}{\overset{\text{COOH}}{\overset{|}{\underset{|}{\text{C}}}}}\!-\!\text{COOH}
\xrightarrow[\triangle]{-\text{CO}_2}
$$

$$
\underset{\overset{|}{\text{CH}_2\text{CH}_3}}{\text{CH}_3\text{CH}_2\text{CH}_2\text{CHCOOH}}
$$

2. 合成二元羧酸　丙二酸二乙酯与卤代酸酯反应后，产物水解脱羧后可生成二元羧酸。

$$
\underset{\text{COOC}_2\text{H}_5}{\overset{\text{COOC}_2\text{H}_5}{\text{CH}_2}}
\xrightarrow[\text{②BrCH}_2\text{CH}_2\text{COOC}_2\text{H}_5]{\text{①EtONa}}
\text{C}_2\text{H}_5\text{OOCCH}_2\text{CH}_2\!-\!\underset{\text{COOC}_2\text{H}_5}{\overset{\text{COOC}_2\text{H}_5}{\text{CH}}}
$$

$$
\xrightarrow[\triangle,\,-\text{CO}_2]{\text{H}_3\text{O}^+}
\underset{\overset{|}{\text{CH}_2\text{COOH}}}{\text{CH}_2\text{CH}_2\text{COOH}}
$$

还可以用二卤代烷与两分子的丙二酸二乙酯反应生成双二酸酯化合物，水解脱羧后得到二元羧酸。

$$
\underset{\text{COOC}_2\text{H}_5}{\overset{\text{COOC}_2\text{H}_5}{\text{CH}_2}}
\xrightarrow[\text{②ICH}_2\text{CH}_2\text{I}]{\text{①EtONa}}
\underset{\text{CH}_2\!-\!\text{CH(COOC}_2\text{H}_5)_2}{\overset{\text{CH}_2\!-\!\text{CH(COOC}_2\text{H}_5)_2}{|}}
\xrightarrow[\triangle,\,-\text{CO}_2]{\text{H}_3\text{O}^+}
\underset{\text{CH}_2\!-\!\text{CH}_2\text{COOH}}{\overset{\text{CH}_2\!-\!\text{CH}_2\text{COOH}}{|}}
$$

3. 合成环烷烃甲酸　二卤代丁烷或二卤代戊烷与丙二酸二乙酯反应，水解脱羧后可生成五元或六元环甲酸。

$$
\underset{\text{COOC}_2\text{H}_5}{\overset{\text{COOC}_2\text{H}_5}{\text{CH}_2}}
\xrightarrow[\text{②Cl(CH}_2)_5\text{Cl}]{\text{①EtONa}}
\bigcirc\!\!\underset{\text{COOC}_2\text{H}_5}{\overset{\text{COOC}_2\text{H}_5}{}}
\xrightarrow[\triangle,\,-\text{CO}_2]{\text{H}_3\text{O}^+}
\bigcirc\!\!-\text{COOH}
$$

练习题 12-10 以丙二酸二乙酯为起始原料合成丁二酸。

第六节 自然界中的酯

一、油脂

脂类可分为脂肪、类脂和油三种。油和脂肪统称为油脂。脂肪存在于人体和动物的皮下组织及植物体中,是生物体的组成部分和储能物质。脂肪是脂类的一种,一般在常温下为固态,是由一分子甘油和三分子脂肪酸组成的三酰甘油酯。根据脂肪酸种类和长短不同,脂肪又包含饱和脂肪酸和不饱和脂肪酸两种。动物脂肪以饱和脂肪酸为主,植物脂肪以不饱和脂肪酸为主,称为油。油脂不溶于水,可溶于多数有机溶剂。油脂是细胞内良好的储能物质,主要提供热能。

(一)油脂的组成和结构

油脂的化学结构为甘油分子中三个羟基都被脂肪酸酯化,故称为甘油三酯(triglyceride),其通式如下:

$$
\begin{array}{c}
\mathrm{CH_2-O-\overset{\displaystyle O}{\overset{\|}{C}}-R'} \\[2mm]
\mathrm{CH-O-\overset{\displaystyle O}{\overset{\|}{C}}-R''} \\[2mm]
\mathrm{CH_2-O-\overset{\displaystyle O}{\overset{\|}{C}}-R'''}
\end{array}
$$

根据上式中 R、R'和 R"的不同,油脂可分为单酰甘油、二酰甘油和三酰甘油(又称甘油三酯)。自然界中主要存在的是三酰甘油,单酰甘油和二酰甘油存在极少。油脂中的酸有饱和脂肪酸,也有部分不饱和脂肪酸,表 12-3 中列出了常见的饱和脂肪酸。

表 12-3 油脂中常见的饱和脂肪酸

俗名	化学名	结构式	熔点/℃
月桂酸	十二酸	$CH_3(CH_2)_{10}COOH$	43.6
软脂酸	十六酸	$CH_3(CH_2)_{14}COOH$	62.9
硬脂酸	十八酸	$CH_3(CH_2)_{16}COOH$	69.9
花生酸	二十酸	$CH_3(CH_2)_{18}COOH$	75.2
油酸	$\triangle^9$-十八碳烯酸	$CH_3(CH_2)_7CH{=}CH(CH_2)_7COOH$	16.3
亚油酸	$\triangle^{9,12}$-十八碳二烯酸	$CH_3(CH_2)_4(CH{=}CHCH_2)_2(CH_2)_6COOH$	−5
亚麻油酸	$\triangle^{9,12,15}$-十八碳三烯酸	$CH_3(CH_2CH{=}CH)_3(CH_2)_7COOH$	−11.3
桐油酸	$\triangle^{9,11,13}$-十八碳三烯酸	$CH_3(CH_2)_3(CH{=}CH)_3(CH_2)_7COOH$	49
蓖麻油酸	$\triangle^9$-12-羟基十八碳烯酸	$CH_3(CH_2)_5CH(OH)CH_2CH{=}CH(CH_2)_7COOH$	50
花生四烯酸	$\triangle^{5,8,11,14}$-二十碳四烯酸	$CH_3(CH_2)_4(CH{=}CHCH_2)_4(CH_2)_2COOH$	−49.3

注:"△"表示双键,其右上标的数字为双键所在的位号。

NOTE

（二）油脂的性质

油脂一般是无色、无味的,呈中性。一些天然的油脂因含有杂质而具有颜色和气味。油脂不溶于水,可溶于乙醚、丙酮、氯仿等有机溶剂。天然油脂大多是混合的三酰甘油,因此没有固定的熔、沸点。油脂比水轻,密度为 $0.9 \sim 0.98$。油脂的化学性质与其中所含脂肪酸的结构密切相关,因为含不饱和脂肪酸,所以可发生加成、氧化和水解等反应。

1. 皂化 油脂在酸、碱或酶的催化下,可以水解生成甘油和羧酸(或羧酸盐)。油脂在碱的水溶液中水解时,生成的脂肪酸钠盐或钾盐称为肥皂。油脂的水解反应又称为**皂化**(saponification)反应。

$$
\begin{array}{ccc}
CH_2-O-\overset{\displaystyle O}{\overset{\|}{C}}-R' & & CH_2-OH & R'COONa \\
| & & | & \\
CH-O-\overset{\displaystyle O}{\overset{\|}{C}}-R'' & +NaOH \longrightarrow & CH-OH & +R''COONa \\
| & & | & \\
CH_2-O-\overset{\displaystyle O}{\overset{\|}{C}}-R''' & & CH_2-OH & R'''COONa \\
& & \text{甘油} & \text{肥皂}
\end{array}
$$

工业上,把水解 1 g 油脂所需要的 KOH 的质量称为**皂化值**(saponification value)。不同脂肪中所含脂肪酸的含量不同,皂化值也不同。一般情况下,皂化值越小,油脂的平均相对分子质量越大。表 12-4 是常见油脂的脂肪酸含量、皂化值和碘值。

表 12-4 常见油脂的脂肪酸含量(%)、皂化值和碘值

油脂	软脂酸	硬脂酸	油酸	亚油酸	皂化值	碘值
牛油	$24 \sim 32$	$14 \sim 32$	$35 \sim 48$	$2 \sim 4$	$190 \sim 200$	$30 \sim 48$
猪油	$28 \sim 30$	$12 \sim 18$	$41 \sim 48$	$3 \sim 8$	$195 \sim 208$	$46 \sim 70$
花生油	$6 \sim 9$	$2 \sim 6$	$50 \sim 57$	$13 \sim 26$	$185 \sim 195$	$83 \sim 105$
蓖麻油	$0 \sim 2$	—	$0 \sim 9$	$3 \sim 7$	$176 \sim 187$	$81 \sim 90$

2. 酸败 油脂久置后在空气中的氧气、水或细菌等的作用下,会逐渐变质,被氧化或水解生成具有臭味的低级醛、酮和羧酸等,这种变化称为**酸败**(saponification)。酸败产物一般都具有刺激性和一定毒性,因此,油脂应该储存在干燥、低温、阴暗及洁净的密封环境中,以防止其酸败。

生产中,可用 KOH 来中和脂肪酸败后产生的游离脂肪酸,测定脂肪中游离脂肪酸的含量。中和 1 g 油脂中游离脂肪酸所需 KOH 的质量(以 mg 计),称为**酸值**(acid value),酸值大于 6 的油脂一般不宜食用。

3. 加成 油脂中的部分脂肪酸含有不饱和键,可以发生加成反应。其典型反应是催化加氢和与碘的加成。

以镍作为催化剂,加热到 $110 \sim 190\ ℃$,不饱和脂肪酸中的碳碳双键被加成转化为饱和程度较高的固态或半固态酯。加氢后的油脂称为氢化油或硬化油。

不饱和脂肪酸中的碳碳双键,也可以和碘单质发生加成反应。工业生产中,把 100 g 油脂加成所消耗碘的质量(以 g 计)称为**碘值**(iodine value)。碘值越大,说明油脂的不饱和程度越高。

4. 干化 部分油涂成薄层后,在空气中会逐渐变硬,成为一层有韧性的固态薄膜,油的这种结膜特性称为**干化**(desiccation)(或干性)。

油的干化是一系列氧化和聚合反应发生的复杂过程,其干化成膜的快慢,与油分子中所含双键的数目及结构密切相关。一般含双键越多,干化成膜越快;含有共轭双键体系的油脂比一般的油脂干化成膜快。根据碘值和不饱和程度的正向关系,可把油分为三类:碘值小于 100 的称为不干性油;碘值在 $100\sim130$ 之间的称为半干性油;碘值大于 130 的称为干性油。日常生活中常用的桐油是很好的干性油,油漆则以半干性油和干性油为主。

5. 油脂的用途 油脂是人类生命活动中必不可少的营养物质,是人类生命活动中热能的重要来源。油脂也是组成生物体的重要成分,是机体代谢所需能量的储存和运输形式。油脂可为动物机体提供溶解于其中的必需脂肪酸和脂溶性维生素。

（三）油脂的来源

油脂主要来源于动植物,动物性来源主要是动物体内储存的脂肪,如猪油、牛油、鸡油、鱼油等。植物性来源主要是从果实、种子等部位提取出来的,如菜籽、花生、大豆、核桃等。动物性脂肪中一般含饱和脂肪酸较多,植物性脂肪中含不饱和脂肪酸较多。脂肪酸对大脑、免疫系统和生殖系统的正常运作十分重要。此外,一些重要的维生素如维生素 A、维生素 D、维生素 E 等需要有脂肪的帮助才能被吸收。

二、蜡

蜡广泛存在于动植物界中,其主要功能是生物体对外界的保护层,存在于皮肤、毛皮、羽毛、植物叶片、果实,以及许多昆虫外骨骼的表面。

蜡是由高级脂肪酸和高级一元醇形成的酯类化合物,并且脂肪酸和一元醇所含碳原子数均为偶数,常见的蜡中所含的脂肪酸有棕榈酸和蜡酸,常见的醇为鲸蜡醇、蜡醇和三十醇。

蜡的凝固点相对较高,一般为 $38\sim90$ ℃。因此,蜡在常温下为固体,温度稍高时会变软,温度降低时又变硬,并且容易燃烧,不溶于水,可溶于有机溶剂,在空气中比较稳定,难以皂化,不易变质,在人体内也不能被脂肪酶水解,因此无营养价值。

蜡可作为光漆、蜡烛、化妆品、制备药物和药剂上用作软膏的基质。其中,医药上常用的重要蜡有蜂蜡、虫蜡和羊毛脂。

蜂蜡又称黄蜡,分子式为 $C_{15}H_{31}COOC_{30}H_{61}$,是由棕榈酸和三十醇所形成的酯,存在于蜜蜂窝中,药剂学上常用来制造蜡丸和作为软膏的基质。

虫蜡又称白蜡,分子式为 $C_{25}H_{51}COOC_{26}H_{53}$,是由蜡酸和蜡醇所形成的酯,药剂中常用作软膏的基质。

羊毛脂是由硬脂酸、油酸和棕榈酸等与胆甾醇所形成的酯,为淡黄色软膏状物,不溶于水,但可与一定量的水均匀混合。药剂中也常用作软膏的基质。

本章小结

主要内容	学习要点
结构	酰基,p-π 共轭
物理性质	溶解性及熔、沸点与结构的相关性
化学性质	①羧酸衍生物的亲核取代反应:水解、醇解、氨解;
	②还原反应:常用的还原剂有 H_2/Ni、$LiAlH_4$ 等;
	③与有机金属化合物的反应:与格氏试剂以及烃基钠等反应,生成相应的醇
制备	不同羧酸衍生物采用不同的方法来制备

知识拓展 12-1

练习题答案

NOTE

续表

主要内容	学习要点
乙酰乙酸乙酯	①克莱森酯缩合反应制备; ②存在烯醇式和酮式的互变异构; ③α-H被强碱夺去生成碳负离子,与卤代烃等试剂发生亲核反应,再进行酸式或酮式分解,合成一系列的化合物
丙二酸二乙酯	在强碱作用下脱去亚甲基上的活泼氢,生成碳负离子中间体,合成对应的一系列化合物,如一元羧酸、二元羧酸、酮酸等
酯类	油脂的结构、性质

目标检测

目标检测答案

一、选择题。

1. 乙酸乙酯与足量的 CH_3MgCl 反应,其产物是(　　)。

A. 丙酮　　　　　　B. 异丙醇　　　　　　C. 叔丁醇　　　　　　D. 乙酸

2. 下列化合物发生水解反应时,其水解反应速率最快的是(　　)。

A. 苯甲酰胺　　　　B. 苯甲酸甲酯　　　　C. 邻苯二甲酸酐　　　D. 苯甲酰氯

3. 乙酸与下列醇发生酯化反应时,其反应速率最快的是(　　)。

A. 正丙醇　　　　　B. 异丙醇　　　　　　C. 叔丁醇　　　　　　D. 2-甲基-1-丙醇

4. 下列化合物中,碱性最弱的是(　　)。

A. NH_3　　　　　　B. 乙酰胺　　　　　　C. *N*-甲基乙酰胺　　D. *N*,*N*-二甲基乙酰胺

二、完成下列反应式。

1.

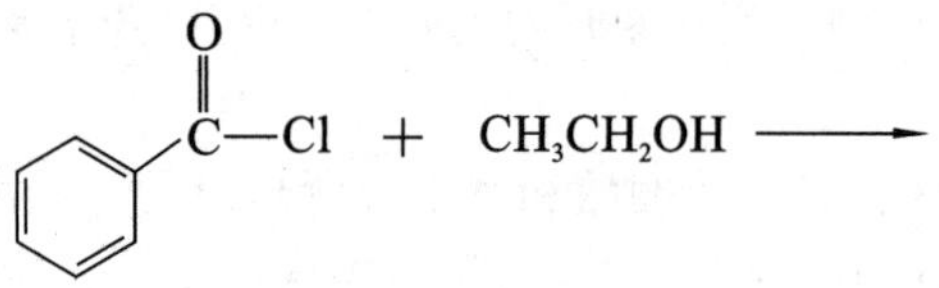

2.
$$\begin{array}{l}CH_2CH_2COOH\\CH_2CH_2COOCH_3\end{array} \xrightarrow[②H_2O]{①LiAlH_4,\ Et_2O}$$

3. 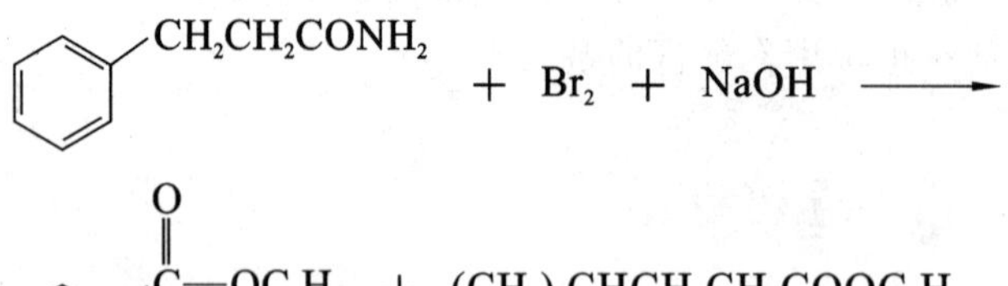
$$\text{（苯基）}CH_2CH_2CONH_2 + Br_2 + NaOH \longrightarrow$$

4. 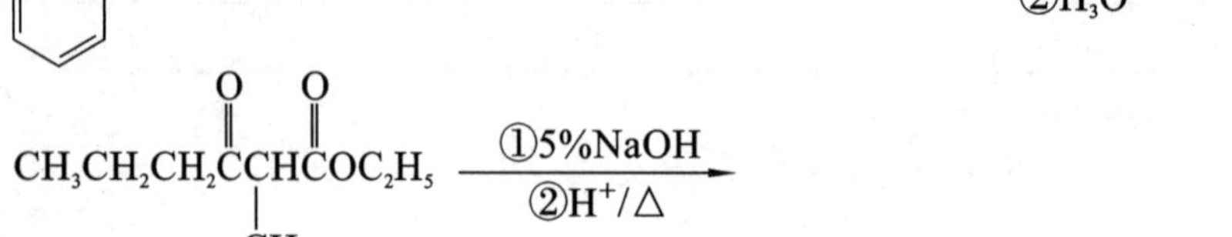
$$\text{（苯甲酸乙酯）}C-OC_2H_5 + (CH_3)_2CHCH_2CH_2COOC_2H_5 \xrightarrow[②H_3O^+]{①C_2H_5ONa}$$

5.
$$CH_3CH_2CH_2\overset{O}{\underset{}{C}}\overset{O}{\underset{CH_3}{C}H}COC_2H_5 \xrightarrow[②H^+/\triangle]{①5\%NaOH}$$

三、合成题。

1. 以乙酰乙酸乙酯为原料合成戊-2-酮。

2. 以丙二酸二乙酯为原料合成环戊烷甲酸。

NOTE

参 考 文 献

［1］ 邢其毅,裴伟伟.基础有机化学［M］.3 版.北京:高等教育出版社,2005.

［2］ 赵俊,杨武德.有机化学［M］.2 版.北京:中国医药科技出版社,2018.

（虎春艳）

NOTE

第十三章 胺和相关含氮化合物

 学习目标

1. 掌握：芳香硝基化合物的化学性质；胺的结构、分类、命名及主要化学性质。
2. 熟悉：季铵盐的结构、季铵碱及其碱性；重氮、偶氮化合物结构特点和化学性质。
3. 了解：芳香硝基化合物的结构特点、分类和命名；了解常见的胺及其衍生物。

有机含氮化合物是指分子中含有氮元素的有机化合物。许多有机含氮化合物具有重要的生理活性，与生命活动密切相关，有些还是重要的药物。有机含氮化合物种类较多，本章主要讨论硝基化合物、胺类、重氮和偶氮类化合物。

 案例导入

普鲁卡因(procaine)是胺类化合物，具有良好的局部麻醉作用，其盐酸盐在临床上是一种常用的麻醉药。普鲁卡因是白色结晶或结晶性粉末，易溶于水，毒性比可卡因低。注射液中加入微量肾上腺素，可延长作用时间。普鲁卡因可用于浸润麻醉、腰麻、"封闭疗法"等，除用药过量引起中枢神经系统及心血管系统反应外，偶见过敏反应，用药前应做皮肤过敏试验。其代谢产物对氨苯甲酸(PABA)能减弱磺胺类药的抗菌效力。

问题：

能否用硝基(—NO₂)化合物为原料通过还原反应合成普鲁卡因？

第一节 硝基化合物

硝基化合物(aromatic nitro compounds)是指分子中含有硝基(—NO₂)的有机化合物。硝基化合物从结构上可看作是烃分子中一个或多个氢原子被硝基取代的化合物，一元硝基化合物常用 $R—NO_2$ 或 $Ar—NO_2$ 表示。

一、硝基化合物的分类和命名

（一）硝基化合物的分类

按照所连接的烃基种类不同，硝基化合物可分为脂肪族硝基化合物和芳香族硝基化合物。

$$CH_3CH_2NO_2$$

脂肪族硝基化合物　　芳香族硝基化合物

根据分子中所含硝基的数目，硝基化合物可分为一元硝基化合物和多元硝基化合物。

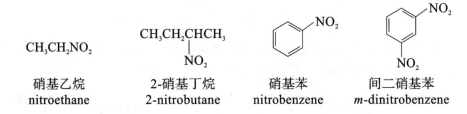

一元硝基化合物   多元硝基化合物

（二）硝基化合物的命名

硝基化合物的命名以烃作为母体，把硝基看作取代基，按烃的命名原则命名。

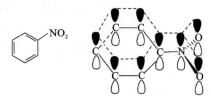

$CH_3CH_2NO_2$ 硝基乙烷   2-硝基丁烷   硝基苯   间二硝基苯

硝基乙烷   2-硝基丁烷   硝基苯   间二硝基苯
nitroethane   2-nitrobutane   nitrobenzene   *m*-dinitrobenzene

二、硝基化合物的结构

在芳香硝基化合物中硝基结构是对称的，两个氮氧键的键长相同。这是由于硝基氮原子为 sp^2 杂化，其 p 轨道与两个氧原子的 p 轨道共轭。在芳香硝基化合物中，硝基还与苯环发生 p-π 共轭。

图 13-1 硝基苯的结构

三、硝基化合物的物理性质

硝基化合物大多为高沸点的液体，大多数硝基化合物有毒性和爆炸性。脂肪族硝基化合物为无色或略带黄色的液体，难溶于水，易溶于醚或醇类。工业上用烷烃高温硝化制取，但产物为各种硝基化合物的混合物，用作溶剂。芳香族硝基化合物为淡黄色液体或固体，有苦杏仁味，不溶于水，溶于有机溶剂和浓硫酸。

多元硝基化合物受热时易分解而发生爆炸，如三硝基甲苯和三硝基苯酚都是爆炸力极强的炸药。某些叔丁苯的多硝基化合物具有类似天然麝香的气味，用作天然麝香的替代品。

大多数硝基化合物有毒，其蒸气能透过皮肤被机体吸收使蛋白质变性而引起中毒，使用时应注意安全。

四、硝基化合物的化学性质

硝基化合物的化学性质主要与硝基有关。如硝基对芳环上亲电取代反应的影响、硝基对酚的酸性的影响。

（一）还原反应

硝基化合物容易发生还原反应。在不同的还原条件下得到不同的还原产物。在活性较强的催化剂（如 Ni，Pd，Pt）作用下氢化，硝基直接被还原为氨基。

如果在酸性或中性介质中,硝基苯被还原成苯胺或羟基苯胺。例如:

$$\text{C}_6\text{H}_5\text{NO}_2 \xrightarrow[\text{或SnCl}_2+\text{HCl}]{\text{Fe}+\text{HCl}} \text{C}_6\text{H}_5\text{NH}_2$$

苯胺

$$\text{C}_6\text{H}_5\text{NO}_2 \xrightarrow[60\ ℃]{\text{Zn}+\text{NH}_4\text{Cl}} \text{C}_6\text{H}_5\text{NH}-\text{OH}$$

羟基苯胺

在碱性介质中,硝基苯的还原能力降低,生成偶氮苯、氢化偶氮苯等中间体,这些中间体在Fe/HCl 条件下继续被还原,最终生成苯胺。例如:

$$\text{C}_6\text{H}_5\text{NO}_2 \xrightarrow[\text{C}_2\text{H}_5\text{OH}]{\text{Zn}+\text{NaOH}} \text{C}_6\text{H}_5-\text{N}=\text{N}-\text{C}_6\text{H}_5 \xrightarrow{\text{Fe}+\text{HCl}} \text{C}_6\text{H}_5\text{NH}_2$$

（二）弱酸性

硝基具有强吸电子的诱导效应,使 α-H 较易离解为氢离子,因此脂肪族硝基化合物呈现一定的弱酸性。

$$\text{CH}_3\text{NO}_2 \quad \text{CH}_3\text{CH}_2\text{NO}_2 \quad \text{CH}_3\text{CH}_2\text{CH}_2\text{NO}_2$$

$$\text{p}K_a \quad\quad 10.2 \quad\quad\quad 8.5 \quad\quad\quad\quad 7.8$$

含有 α-H 的脂肪族硝基化合物能与 NaOH 溶液作用生成钠盐而溶于水,钠盐酸化后,又可重新生成硝基化合物。

$$\text{CH}_3\text{CH}_2\text{NO}_2 + \text{NaOH} \longrightarrow [\text{CH}_3\text{CHNO}_2]^- \text{Na}^+ + \text{H}_2\text{O}$$

$$\text{RCH}_2\text{N}\underset{\text{O}}{\overset{\text{O}}{\rightleftharpoons}} \quad \text{RCH}=\text{N}\underset{\text{O}}{\overset{\text{OH}}{\rightleftharpoons}} \xrightarrow[\text{HCl}]{\text{NaOH}} \text{RCH}=\text{N}\underset{\text{O}}{\overset{\text{O}^- \text{Na}^+}{}}$$

无 α-H 的硝基化合物则不溶于 NaOH 溶液。

（三）芳香族硝基化合物芳环上的亲电取代反应

硝基是间位定位基,能使苯环钝化,因此硝基化合物发生卤化、硝化、磺化等亲电取代反应都比苯困难。

$$\text{C}_6\text{H}_5\text{NO}_2 + \text{Br}_2 \xrightarrow[140\ ℃]{\text{FeBr}_3} m\text{-O}_2\text{N-C}_6\text{H}_4\text{-Br} + \text{HBr}$$

$$\text{C}_6\text{H}_5\text{NO}_2 + \text{HNO}_3(\text{发烟}) \xrightarrow[95\ ℃]{\text{浓H}_2\text{SO}_4} m\text{-C}_6\text{H}_4(\text{NO}_2)_2 + \text{H}_2\text{O}$$

$$\text{C}_6\text{H}_5\text{NO}_2 + \text{H}_2\text{SO}_4(\text{发烟}) \xrightarrow{110\ ℃} m\text{-O}_2\text{N-C}_6\text{H}_4\text{-SO}_3\text{H} + \text{H}_2\text{O}$$

NOTE

（四）硝基对酚、羧酸酸性的影响

苯环上酚羟基和羧基受硝基强吸电子诱导效应的影响，酸性增强。邻、对位硝基对酚羟基和羧基的影响较大。

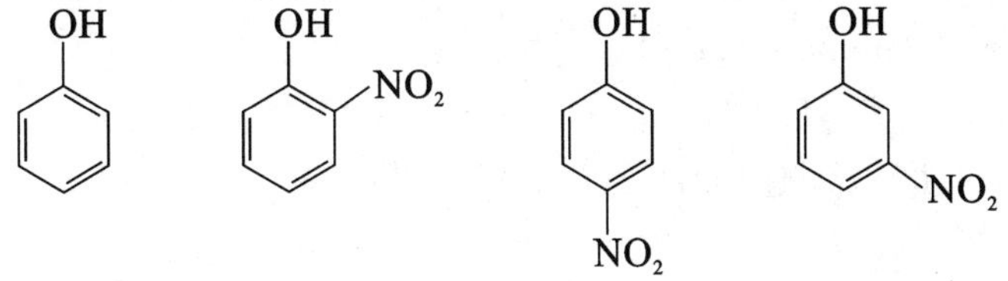

	OH	OH, NO$_2$	OH, NO$_2$	OH, NO$_2$
pK_a	10.0	7.21	7.16	8.0

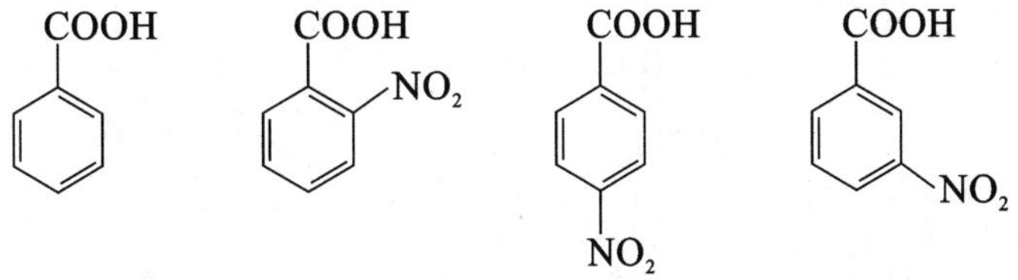

	COOH	COOH, NO$_2$	COOH, NO$_2$	COOH, NO$_2$
pK_a	4.17	2.21	3.40	3.46

苯环上的硝基数目越多，对苯环上羟基或羧基的酸性影响越大。例如：

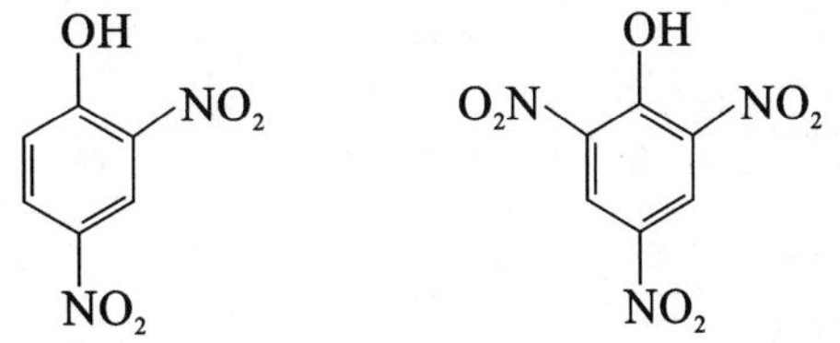

	OH, NO$_2$, NO$_2$	OH, O$_2$N, NO$_2$, NO$_2$
pK_a	4.09	0.71

其中，2,4,6-三硝基苯酚的酸性已接近无机强酸。

练习题 13-1 命名下列化合物。

（1） 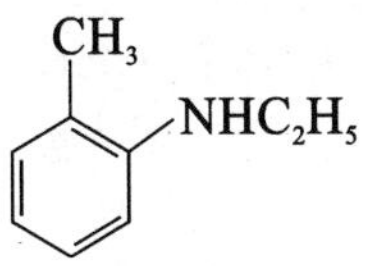 CH$_3$, NHC$_2$H$_5$ （2） CH$_3$NHCH(CH$_3$)$_2$ （3） N(CH$_3$)CH$_3$

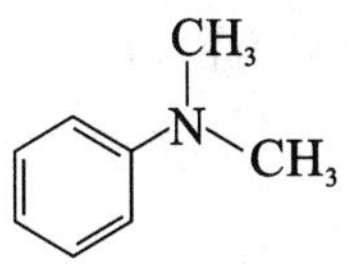

练习题 13-2 写出下列化合物的结构式。

（1）间溴-N-乙基苯胺 （2）对硝基苄胺

第二节 胺

胺（amine）是氨（NH$_3$）的烃基衍生物，可以看作是氨分子中的氢原子被烃基取代生成的一类化合物。其通式为 RNH$_2$ 或 ArNH$_2$。胺广泛分布于动植物界中，胺类化合物具有多种生理作用，在医药上用作退热、镇痛、局部麻醉等药物，许多药物分子中含有氨基或取代氨基。

一、胺的分类和命名

（一）分类

根据氮原子上取代烃基的数目，胺类化合物可分为伯胺、仲胺、叔胺和季铵盐。

NOTE

氨中的一个氢原子被烃基取代所得的化合物称为**伯胺**（primary amine）（1°胺），两个氢原子被烃基取代所得的化合物称为**仲胺**（second amine）（2°胺），三个氢原子都被烃基取代所得的化合物称为**叔胺**（tertiary amine）（3°胺）。氮上连了四个烃基的化合物称为**季铵类化合物**（quaternary ammonium compounds）（4°铵），包括季铵盐（quaternary ammonium salts）和季铵碱（quaternary ammonium bases）。例如：

RNH_2	R_2NH	R_3N	$[R_4N]^+X^-$	$[R_4N]^+OH^-$
CH_3NH_2	$(CH_3)_2NH$	$(CH_3)_3N$	$[(CH_3)_4N]^+Cl^-$	$[(CH_3)_4N]^+OH^-$
1°胺	2°胺	3°胺	4°铵盐	4°铵碱
伯胺	仲胺	叔胺	季铵类化合物	季铵类化合物

根据直接与氮原子连接的烃基的种类不同，胺可分为脂肪胺和芳香胺。

$CH_2CH_2NH_2$（脂肪伯胺）　　NH_2，CH_3（芳香伯胺）

　　　脂肪伯胺　　　　　　　　　芳香伯胺

值得注意的是，胺类的伯、仲、叔的含义与醇的伯、仲、叔的含义完全不同。胺的分类是依据氮原子上烃基的数目；醇的分类则依据羟基所连碳原子的类型。例如：

$$H_3C-\underset{H}{\overset{CH_3}{C}}-OH \qquad H_3C-\underset{H}{\overset{CH_3}{C}}-NH_2$$

　　　异丙醇（仲醇）　　　　　　异丙胺（伯胺）

异丙醇属于仲醇，因为羟基连在仲碳原子上，而异丙胺则属于伯胺，因为氮原子上直接连有一个烃基。

根据分子中所含氨基的数目不同，胺还可以分为一元胺和多元胺。

$$CH_3CH_2NH_2 \qquad H_2NCH_2CH_2CH_2NH_2 \qquad H_2NCH_2\underset{NH_2}{CH}CH_2NH_2$$

　　　一元胺　　　　　　　　二元胺　　　　　　　　　多元胺

（二）胺的命名

简单胺可以根据烃基的名称命名，以胺为母体，烃基作为取代基，称为"某胺"。命名时，先写出连于氮上的烃基名，然后以胺字作词尾即可。若氮原子上连有两个或三个相同的烃基时，将其数目和名称依次写于胺之前；若氮原子上所连烃基不同，则按基团的优先顺序由小到大写出其名称，"基"字一般可省略。芳香伯胺或叔胺以芳香伯胺为母体，在脂肪烃基前冠以"N-"或"N,N-"，以表示烃基直接与氮相连。

CH_3NH_2	CH_3NHCH_3	$CH_3NHCH(CH_3)_2$	$H_2NCH_2CH_2NH_2$
甲(基)胺	二甲胺	甲异丙胺	乙二胺
methylamine	dimethylamine	methylisopropylamine	ethyldiamine

环己-1,4-二胺
cyclohexane-1,4-diamine

N-苯基苯胺
N-phenylaniline

2-甲基苯胺
2-methylaniline

NOTE

结构比较复杂胺的命名,以烃作为母体,氨基作为取代基来命名。

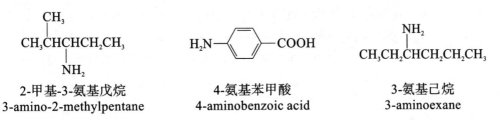

2-甲基-3-氨基戊烷
3-amino-2-methylpentane

4-氨基苯甲酸
4-aminobenzoic acid

3-氨基己烷
3-aminoexane

二、胺的制备

(一)氨或胺的烃基化

氨上有孤对电子的胺和氨容易与卤代烷发生亲核取代反应,生成胺和氨的烃基取代产物,但是往往得到的是各种胺的混合物,分离、纯化有一定的困难,因此这一制备方法受到限制。通过控制反应条件可以使某一种胺为主要产物。

芳香卤代烃中,卤素与芳环的共轭,卤素的取代需要高温和高压等苛刻的条件,若卤素的邻、对位存在强吸电子基团(如硝基)时,亲核试剂对芳香卤代烃的亲核取代反应则较容易发生。

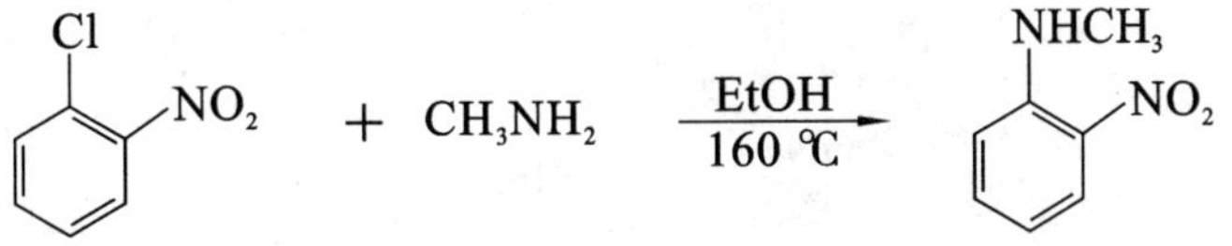

(二)硝基化合物的还原

硝基化合物的还原是制备伯胺的常用方法。硝基可被多种还原剂还原,常用的还原剂是金属加酸,金属可用铁、锌或锡,酸可用盐酸、硫酸或乙酸等。

(三)还原氨化

在还原剂存在下,醛和酮等羰基化合物与氨或胺反应可得到相应的伯、仲、叔胺,这种方法称为还原氨化。

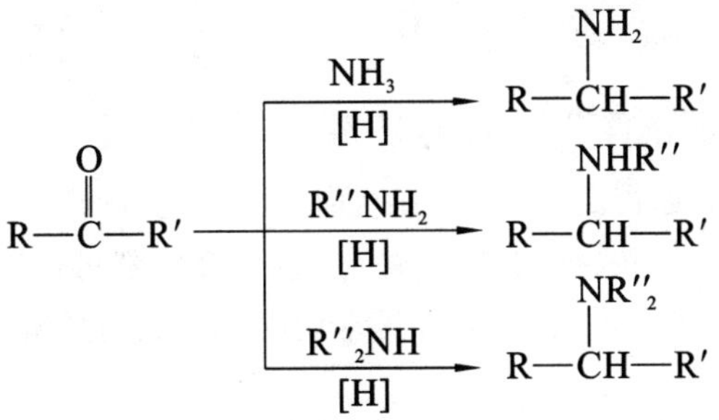

(四)霍夫曼降解反应

将酰胺用次卤酸钠处理,发生霍夫曼降解反应,失去羰基,生成比反应物少一个碳原子的伯胺。例如:

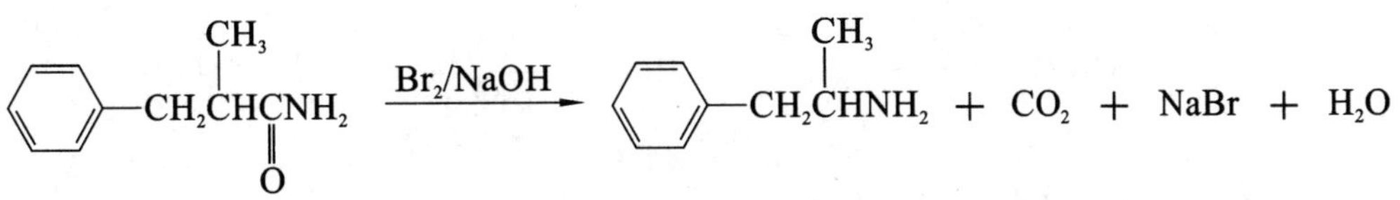

有关霍夫曼降解反应详见第十二章第四节。

NOTE

（五）曼尼希反应

含有 α-H 的醛和酮可与甲醛及胺发生曼尼希（Mannich）反应，在羰基的 α-位引入一个氨甲基，此反应又称为胺甲基化反应。此反应我们在第十章醛和酮中已经学习了。该反应中的胺一般为二级胺（如哌啶、二甲胺等），如果用一级胺，则缩合产物可以继续发生反应。

$$R'COCH_3 + HCHO + RNH_2 \xrightarrow{HCl/CH_3CH_2OH} \xrightarrow{NaOH} R'COCH_2CH_2NHR$$

（六）加布瑞尔合成法

德国化学家加布瑞尔（S. Gabriel）于 1887 年用邻苯二甲酰亚胺的钠盐或钾盐与一级卤代烃进行亲核取代反应，得到烷基邻苯二甲酰亚胺中间体，然后水解，得到较纯净的一级胺，这是一种将卤代烷转换成一级胺的较好的方法，称为**加布瑞尔（Gabriel）合成法**。

在碱性条件下，邻苯二甲酰亚胺首先被转换为邻苯二甲酰亚胺负离子，该负离子与卤代烷进行烷基化反应，再进行水解得到较纯净的伯胺，这是制备伯胺较好的方法。

在上述反应中生成的 N-烃基邻苯二甲酰亚胺，需要较强烈的条件才能水解，在碱或酸中水解速率慢，产率较低，因此目前多用肼解法，产生邻苯二甲酰肼沉淀和一级胺。

（七）腈、肟、酰胺等含氮化合物的还原

腈、肟和叠氮化合物还原得到的都是伯胺，而酰胺的还原产物则根据氮原子上有无取代基及取代基的数目，可以生成伯胺、仲胺或叔胺。这些化合物都可以有多种还原方式，最常用的方法是催化氢化法和化学试剂还原法，后者最常用的还原试剂是氢化铝锂。

三、胺的物理性质

常温下,相对分子质量较小的胺如甲胺、二甲胺、三甲胺和乙胺等均是无色气体,丙胺以上为液体,高级胺为固体。芳香胺为高沸点的液体或低熔点固体,具有特殊气体,并有较大的毒性,有的还可致癌。

六个碳原子以下的低级胺可溶于水,这是因为氨基与水可形成氢键。但随着胺中烃基碳原子数的增多,水溶性减小,高级胺难溶于水。胺有难闻的气味,许多脂肪胺有鱼腥臭,丁二胺与戊二胺有腐烂肉的臭味,它们又分别称为腐胺与尸胺。

胺是具有中等极性的物质,伯胺和仲胺可以形成分子间氢键,而叔胺的氮原子上不连氢原子,分子间不能形成氢键,故伯胺和仲胺的沸点要比碳原子数目相同的叔胺高。同样的道理,伯胺和仲胺的沸点较相对分子质量相近的烷烃高。但是,由于氮的电负性不如氧强,胺分子间的氢键比醇分子间的氢键弱,所以胺的沸点低于相对分子质量相近的醇的沸点。一些常见胺的物理常数见表 13-1。

表 13-1 一些常见胺的物理常数

化 合 物	相对分子质量	熔点/℃	沸点/℃	pK_b	溶解性
氨	17	−78	−33	—	极易溶
甲胺	31	−95	−6.3	3.37	易溶
乙胺	45	−81	17	3.29	易溶
二甲胺	45	−96	−7.5	3.22	易溶
二乙胺	73	−48	55	3	易溶
三甲胺	60	−117	3	—	易溶
三乙胺	102	−114	89	—	易溶
丙胺	59	83	49	—	易溶
丁胺	73	−49	79	—	易溶
戊胺	87	−55	104	—	易溶
二丙胺	101	−63	110	—	稍溶
乙二胺	60	8.5	116.5	—	稍溶
己二胺	116	41~42	196	—	易溶
苯胺	93	−6.2	184	9.12	稍溶
苄胺	107	95	185	—	易溶
N-甲基苯胺	107	−57	196	9.20	稍溶
二苯胺	169	54	302	13.21	—

四、胺的结构

胺的结构与氨类似,氮原子的外层电子构型为 $2s^2 2p^3$,在形成 NH_3 时氮原子首先进行不等性 sp^3 杂化。氮原子用三个不等性 sp^3 杂化轨道与三个氢原子的 s 轨道重叠,形成三个 σ键,氮原子上尚有一对孤对电子占据另一个 sp^3 杂化轨道,这样便形成具有棱锥形结构的氨分子。氨、甲胺、二甲胺、三甲胺结构如下所示。

NOTE

在芳香胺中,苯胺的氮上孤对电子占据的不等性 sp³ 杂化轨道与苯环 π 电子轨道重叠,原来属于氮原子的一对孤对电子分布在由氮原子和苯环所组成的共轭体系中。同时,也使得以氮原子为中心的四面体变得比脂肪胺中的更扁平一些,H—N—H 所构成的平面与苯环平面的夹角为 39.4°。

五、胺的化学性质

胺的化学性质主要取决于官能团氨基和氮原子上的孤对电子。胺分子中的氮原子具有一对未共用电子对,在一定条件下可给出电子,使胺分子中的氮原子成为碱性中心而具有亲核性,可与卤代烷、酰卤、酸酐等发生亲核取代反应(图 13-2)。同时,连接在芳环上的氨基有强致活作用,使芳环上电子云密度增加,芳环上发生亲电取代反应的活性增强。胺的主要反应位置如图 13-3 所示。

图 13-2　苯胺的结构　　　　图 13-3　胺的主要反应位置示意图

(一)碱性及成盐反应

与氨一样,伯胺、仲胺、叔胺的氮原子上都有一对孤对电子,因此它们与氨一样具有碱性,都易与质子反应成盐。胺在水溶液中的解离平衡如下:

$$CH_3NH_2 + H_2O \Longleftrightarrow CH_3N^+H_3 + OH^-$$

脂肪胺的碱性比氨(NH_3)强,芳香胺的碱性比氨弱得多。这是由于脂肪胺氮原子上连接的都是供电子的烃基,使氮原子上电子云密度增大,更有利于接受质子(H^+)。芳香胺中氮原子上的孤对电子与苯环形成共轭,氮原子上电子云向苯环移动,导致氮原子与质子结合能力降低。影响胺的碱性强弱的因素是多方面的,不同含氮化合物的碱性强弱是这些因素综合影响的结果。常见的含氮化合物碱性强弱的次序为季铵碱>脂肪胺>氨>芳香胺。

胺与酸作用生成铵盐。铵盐一般都是有一定熔点的晶体,易溶于水和乙醇,而不溶于非极性溶剂,由于胺的碱性不强,一般只能与强酸作用生成稳定的盐。

$$CH_3NH_2 + HCl \longrightarrow CH_3N^+H_3Cl^-$$

铵盐易溶于水,且比较稳定,因此常将一些胺类药物制成其盐。

当铵盐遇强碱时又能重新生成胺类化合物,这一性质常用于分离和纯化胺类化合物。

有些胺类药物制成盐后,可消除胺的难闻气味,性质比较稳定,有利于长期储存,易制成溶于水的针剂,也易被机体吸收。在制药过程中,常将含有氨基、亚氨基等难溶于水的药物制成可溶性的铵盐,以供药用。

（二）烃基化反应

与氨一样,胺类化合物的氮原子存在一对未共用电子对,可作为亲核试剂与卤代烃发生亲核取代反应。反应一般按 S_N2 反应机制进行,例如伯胺与卤代烃发生亲核取代反应生成仲胺。由于烃基的供电子作用,仲胺中氮原子上的孤对电子亲核能力更强,可继续与卤代烃发生亲核取代反应,生成叔胺。叔胺还可继续与卤代烃发生亲核取代反应,生成季铵盐。该反应往往得到几种产物的混合物。

$$RNH_2 + R'X \longrightarrow RNHR' \xrightarrow{R'X} R-\underset{R'}{\overset{R'}{N}} \xrightarrow{R'X} R-\underset{R'}{\overset{R'}{N^+}}-R'X^-$$

（三）酰基化反应

伯胺和仲胺因氮原子上的氢原子可被酰基取代,生成酰胺类化合物;伯胺、仲胺与酰化试剂(如酰卤、酸酐等)作用,氮原子上的氢原子被酰基(RCO—)取代生成 N-取代或 N,N-二取代酰胺,此反应称为**酰化反应**。伯胺和仲胺可发生酰化反应,叔胺的氮原子上因无氢原子,则不能发生此反应。

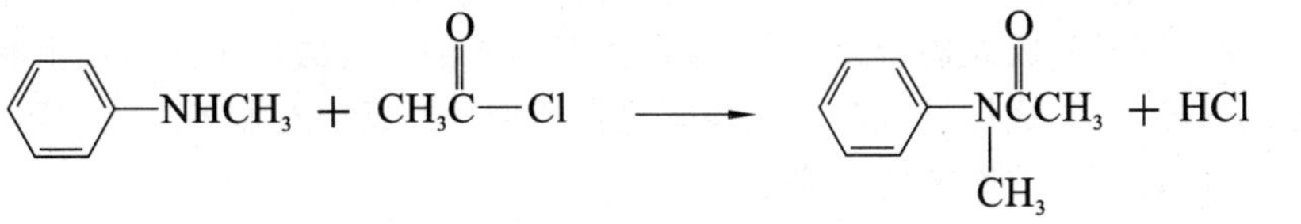

乙酰氯　　　　　　　　　　 N-甲基乙酰苯胺

乙酸酐　　　　　　　　　　　　N-乙基乙酰胺

脂肪胺亲核能力强,可与酰氯、酸酐甚至酯发生亲核取代反应生成酰胺;而芳香胺亲核能力较弱,一般需用酰氯或酸酐酰化。胺发生酰化反应生成酰胺,而酰胺在酸或碱催化下水解又生成原来的胺,因此在有机合成中常利用酰化反应来保护芳香胺的氨基不被氧化,然后进行其他反应,当反应完成后再将酰胺水解转变为胺。

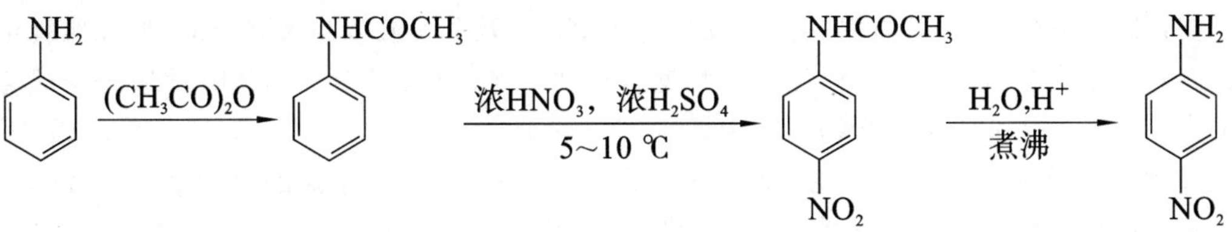

将酰基引入药物分子中,可增加药物的脂溶性,改善药物的吸收,降低药物的毒性,延长或提高其疗效。胺的酰化反应在有机合成或药物合成上除了用于合成重要的酰胺类化合物外,还常用于**保护氨基**。

（四）磺酰化反应

胺还可以发生磺酰化反应。伯胺和仲胺与磺酰氯作用生成磺酰胺。磺酰胺一般不溶于水,但可缓慢水解游离出原来的胺。叔胺不发生磺酰化反应。这些性质可用于伯胺、仲胺、叔

胺的分离与鉴定。

$$RNH_2 + \underset{}{\text{〔苯环〕}}{-}SO_2Cl \longrightarrow \underset{}{\text{〔苯环〕}}{-}SO_2NHR \quad （溶于碱）$$

$$R_2NH + \underset{}{\text{〔苯环〕}}{-}SO_2Cl \longrightarrow \underset{}{\text{〔苯环〕}}{-}SO_2NR_2 \quad （不溶于碱）$$

$$R_3N + \underset{}{\text{〔苯环〕}}{-}SO_2Cl \longrightarrow \text{不反应}$$

（五）与亚硝酸反应

亚硝酸具有氧化性,很容易与伯胺、仲胺、叔胺发生反应,亚硝酸与不同种类胺反应的产物与胺的结构有关,且各有不同的反应现象,可用于**鉴别伯胺、仲胺、叔胺**。由于亚硝酸不稳定,因此通常在反应过程中是由亚硝酸盐和盐酸作用生成的亚硝酸,然后进行后续反应。

1. 伯胺与亚硝酸反应 不管是脂肪伯胺还是芳香伯胺与亚硝酸反应都首先形成**重氮盐**(diazonium salt)。所不同的是脂肪伯胺与亚硝酸反应形成的重氮盐很不稳定,即使在低温(0℃)也即刻自动分解,并定量放出氮气,生成活性很强的碳正离子。

$$CH_3CH_2NH_2 \xrightarrow[0\sim5\ ℃]{NaNO_2/HCl} CH_3CH_2N^+\equiv NCl^- \longrightarrow N_2 \uparrow$$

脂肪伯胺   脂肪重氮盐(不稳定)

由于亚硝酸易分解,因此进行反应时,通常用亚硝酸钠与盐酸作用产生亚硝酸。上述反应除定量放出氮气外,还生成烯烃、醇、卤代烃等混合产物。此反应在制备上无实用价值,但由于能定量放出氮气,可用于伯胺的定量测定。

芳香伯胺在强酸溶液中与亚硝酸作用生成重氮盐的反应称为重氮化反应。生成的芳香重氮盐较脂肪重氮盐稳定,置于0~5 ℃不发生放出氮气的反应,但重氮盐受热时也会放出氮气。

$$\underset{\substack{\text{苯胺}\\\text{芳香伯胺}}}{\underset{}{\text{〔NH}_2\text{苯环〕}}} \xrightarrow[0\sim5\ ℃]{NaNO_2/HCl} \underset{\substack{\text{氯化重氮苯}\\\text{芳香重氮盐低温稳定}}}{\underset{}{\text{〔N}^+\equiv NCl\text{苯环〕}}} \xrightarrow[\triangle]{H_2O} \underset{}{\text{〔OH苯环〕}} + N_2\uparrow$$

氯化重氮苯是无色结晶,干燥的重氮盐不稳定,易爆炸,但其溶液在低温时比较稳定,所以通常反应中制备的芳香重氮盐不从溶液中分离,直接进行下一步反应。

在合适的条件下,芳香重氮盐还可以与酚类化合物及芳香胺发生偶联反应,形成偶氮化合物。偶氮化合物都带有颜色。偶氮化合物均含有偶氮基(—N=N—),且偶氮基两端都与碳原子直接相连。这是偶氮化合物的结构特征。

2. 仲胺与亚硝酸反应 无论是脂肪仲胺还是芳香仲胺,与亚硝酸的反应都是在胺的氮原子上发生亚硝基化,生成黄色油状的 *N*-亚硝基胺(*N*-nitrosoamines)。

$$(CH_3CH_2)_2NH \xrightarrow[0\sim5\ ℃]{NaNO_2/HCl} (CH_3CH_2)_2N-NO$$

N-亚硝基二乙胺（黄色油状物）

$$\underset{}{\text{〔NHCH}_3\text{苯环〕}} \xrightarrow[0\sim5\ ℃]{NaNO_2/HCl} \underset{}{\text{〔苯环〕}}N{\Big\langle}{\substack{CH_3\\NO}}$$

N-亚硝基-*N*-甲基苯胺（棕黄色固体）

N-亚硝基胺类化合物通常为黄色油状物（或黄色固体），有明显的致癌作用，可引起动物多种器官和组织的肿瘤。

3. 叔胺与亚硝酸的反应 脂肪族叔胺因氮上没有氢，只和亚硝酸作用生成不稳定的亚硝酸盐，若用强碱处理，叔胺则重新游离出来。

$$R_3N + HNO_2 \longrightarrow R_3N^+HNO_2^- \xrightarrow{NaOH} R_3N + NaNO_2 + H_2O$$

由于氨基的强致活作用，芳香叔胺与亚硝酸发生苯环上的亲电取代反应，称为亚硝基化反应。N,N-二甲基芳胺与亚硝酸反应生成 C-亚硝基芳胺。反应通常发生在对位，若对位已被占据，则在邻位取代。

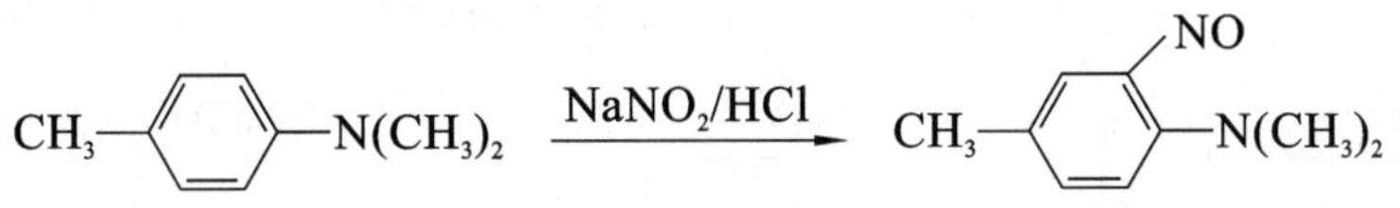

邻亚硝基-对甲基-N,N-二甲基苯胺

这种环上的亚硝基化合物都有明显的颜色，且在酸性和碱性条件下显示不同的颜色。

对亚硝基-N,N-二甲基苯胺在强酸性条件下是具有醌式结构的橘黄色的盐，在碱性条件下为翠绿色。

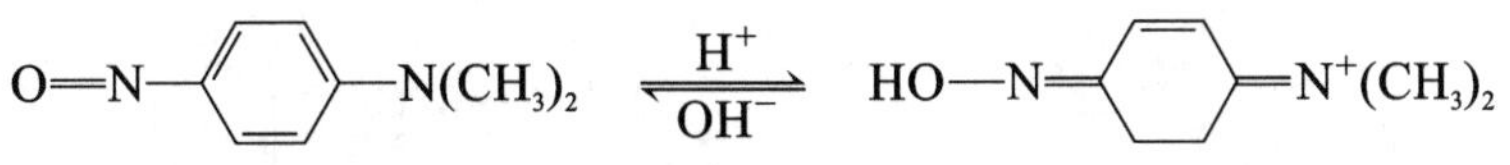

（翠绿色）　　　　　　　　　　（橘黄色）

依据不同类型的胺与亚硝酸反应的产物和现象可以**鉴别各种类型的胺**。

（六）芳环上的取代反应

芳香胺中的氨基是强致活性的邻、对位定位基，它使芳环的邻、对位很容易发生亲电取代反应。而乙酰氨基是空间位阻较大的中等强度的邻、对位定位基。这些基团定位方向和定位能力上的差别在合成上应用广泛。

1. 卤代反应 氨基是一个强致活性基团，苯胺和卤素单质（Cl_2，Br_2）能迅速反应。苯胺与溴水作用，在室温下立即生成 2,4,6-三溴苯胺白色沉淀，该反应很难停留在一溴代或二溴代阶段。此反应可用于苯胺的定性鉴别或定量分析。

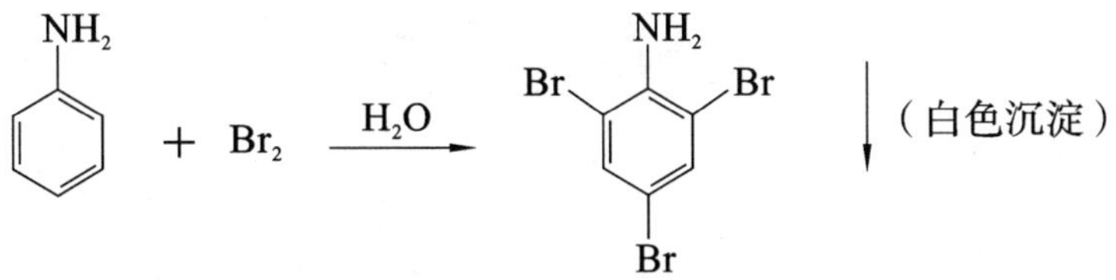

2,4,6-三溴苯胺

氨基被酰基化后，对苯环的致活作用减弱，可以得到一卤代产物。例如：

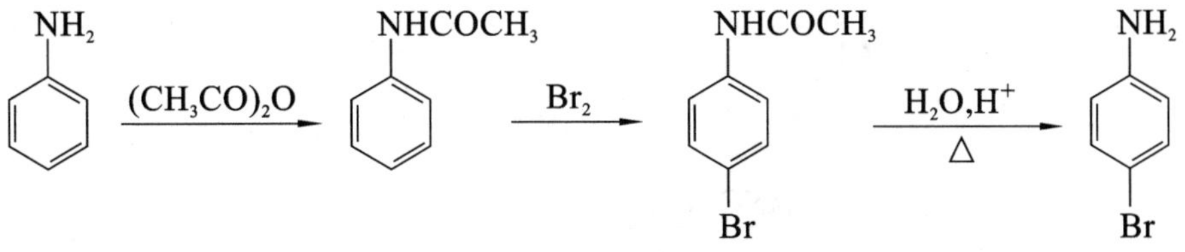

2. 硝化反应 苯胺直接硝化时，氨基极易被氧化，而应先"保护氨基"。根据产物的不同要求，应选择不同的保护方法。

如果要制备对硝基苯胺，应选择不改变定位效应的保护方法。一般可采用酰基化的方法，即先将苯胺酰化，然后再硝化，最后水解除去酰基得到对硝基苯胺。例如：

NOTE

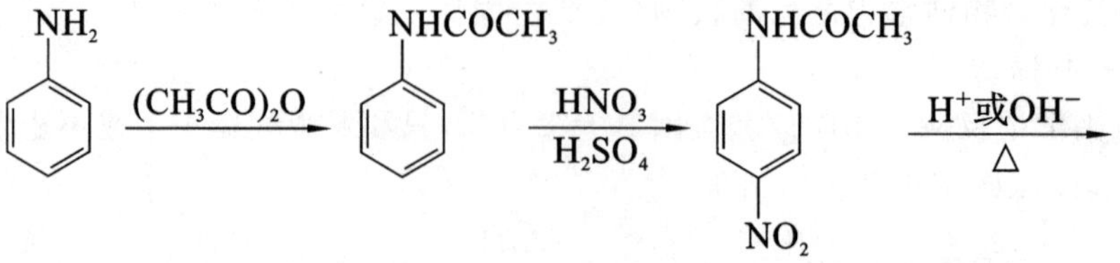

要制备间硝基苯胺,选择的保护方法应改变定位效应。可先将苯胺溶于浓硫酸中,使之形成苯胺硫酸盐,因铵根离子是间位定位基,取代反应发生在其间位,最后再用碱液处理游离出氨基得到间硝基苯胺。例如:

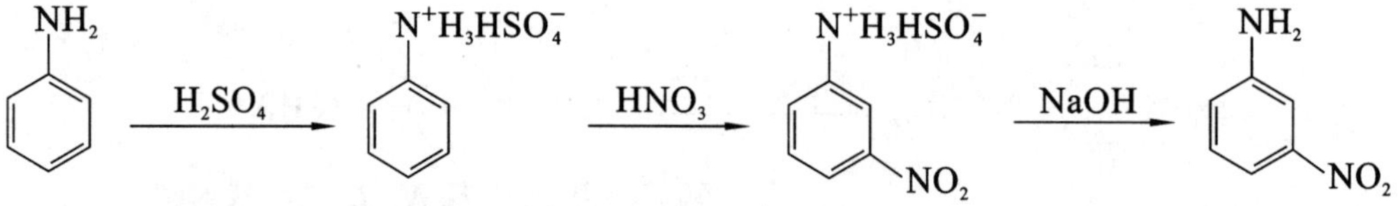

3. 磺化反应 将苯胺溶于浓硫酸中,首先生成苯胺硫酸盐,此盐在高温下加热脱水发生分子内重排,即生成对氨基苯磺酸或内盐。

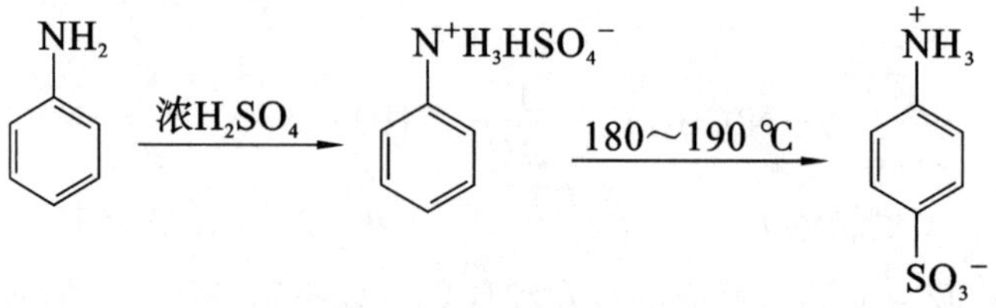

对氨基苯磺酸以内盐形式存在,是两性离子,熔点高、水溶性小。

4. 氧化反应 芳香胺易被氧化。在空气中长期存放时,芳香胺可被空气氧化,生成黄、红、棕色的复杂氧化物,其中含有醌类、偶氮化合物等。例如:

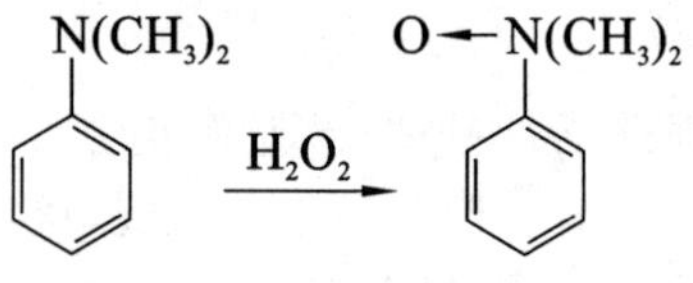

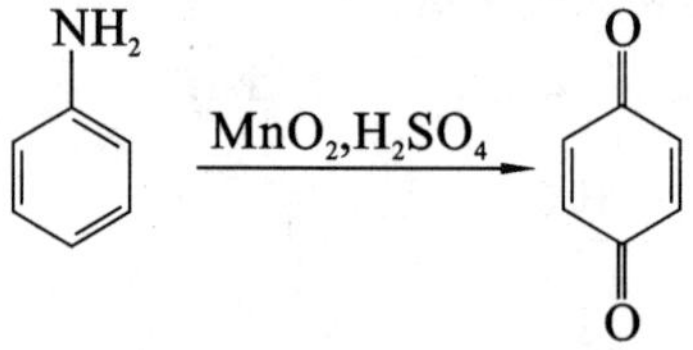

因此,在有机合成中,如果要氧化芳香胺环上其他基团,必须首先保护氨基,否则氨基会被优先氧化。

练习题 13-3 完成下列反应式。

(1)

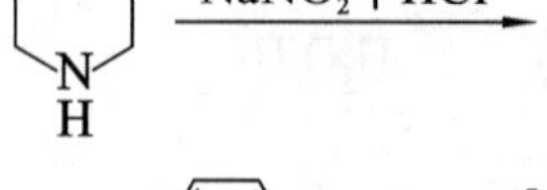

(2)

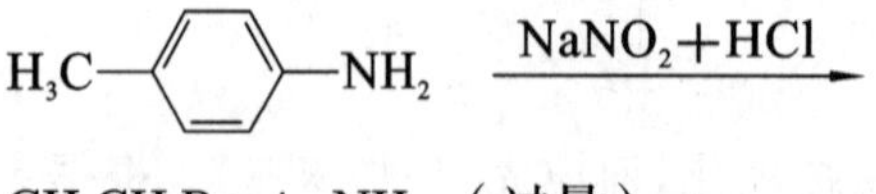

(3) CH₃CH₂Br + NH₃(过量)——→

练习题 13-4 用化学方法鉴别下列化合物:

对甲苯胺　N-甲基苯胺　N,N-二甲基苯胺

| 第三节　季铵盐和季铵碱 |

一、季铵盐

季铵盐是指氮原子上连有四个烃基,带有正电荷的一类物质。叔胺与卤代烷作用,可生成季铵盐。

$$R_3N + RX \longrightarrow R_4N^+X^-$$

季铵盐可看作无机铵盐(NH_4Cl)分子中四个氢原子被烃基取代的产物。季铵类化合物命名时,用"铵"字代替"胺"字,并在前面加上负离子的名称。

$$\left[\begin{array}{c} CH_2CH_3 \\ | \\ H_3CH_2C-N^+-CH_2CH_3 \\ | \\ CH_2CH_3 \end{array} \right] Br^-$$

溴化四乙基铵

季铵盐是白色结晶性固体,离子型化合物,具有盐的性质,易溶于水,不溶于非极性有机溶剂。季铵盐对热不稳定,加热后易分解成叔胺和卤代烃。

季铵盐与伯、仲、叔胺的盐不同,与强碱作用时,不能使胺游离出来,而是得到含有季铵碱的平衡混合物。季铵盐的用途广泛,常用于阳离子表面活性剂,具有去污、杀菌和抗静电的功能。

二、季铵碱

将季铵盐与潮湿的氧化银作用,可得到季铵离子的氢氧化物——季铵碱。由于得到的另一种产物卤化银为沉淀,将会使反应平衡向产物方向移动,得到较高产率的季铵碱。

$$(CH_3)_4N^+Cl^- + Ag_2O + H_2O \rightleftharpoons (CH_3)_4N^+OH^- + AgCl$$

季铵碱可看作氢氧化铵(NH_4OH)分子中氮上四个氢原子被烃基取代的产物。季铵碱类化合物是由季铵阳离子(R_4N^+)和氢氧根(OH^-)组成的,具有强碱性。

$$\left[\begin{array}{c} CH_3 \\ | \\ H_3C-N^+-CH_3 \\ | \\ CH_3 \end{array} \right] OH^-$$

氢氧化四甲基铵

季铵碱是强碱,碱性类似氢氧化钠、氢氧化钾,能够吸收空气中的二氧化碳,也能和酸发生中和反应。

季铵碱受热时易发生分解反应,分解产物与季铵碱的结构有关。当四个烃基均为甲基时,其分解产物为三甲胺和甲醇。该反应可以看作是分子内 S_N2 亲核取代反应,OH^- 作为亲核试剂进攻三甲氨基。例如:

$$(CH_3)_4N^+OH^- \xrightarrow{\triangle} (CH_3)_3N + CH_3OH$$

而当季铵碱中氮的 β 位有氢原子时,分解产物将为叔胺、烯烃和水。例如:

$$\underset{N^+(CH_3)_3OH^-}{CH_3\overset{\beta}{C}H_2\overset{\beta}{C}HCH_3} \xrightarrow{\triangle} \underset{93\%}{CH_3CH_2CH=CH_2} + \underset{5\%}{CH_3CH=CHCH_3} + (CH_3)_3N + H_2O$$

NOTE

上述季铵碱含有两种不同的 β-氢原子,从反应结果可知主要从含氢较多的 β-碳原子上消除氢,主要产物是双键碳上含取代基较少的烯烃,这一消除方式与卤代烷和醇消除时遵循的扎依采夫消除规则正好相反。它首先是由德国化学家霍夫曼(A. W. Hofmann)于 1851 年发现,因此该消除反应称为**霍夫曼消除反应**(Hofmann elimination reaction),反应按双分子消除反应机制进行。

知识链接 13-3

第四节 重氮和偶氮化合物

一、重氮和偶氮化合物的结构

重氮和偶氮化合物都含有"—N=N—"官能团。—N=N—的一端与烃基相连,另一端与其他非碳原子或原子团相连的化合物称为**重氮化合物**(diazo compounds)。—N=N—的两端都与烃基相连的化合物称为**偶氮化合物**(azo compounds)。例如:

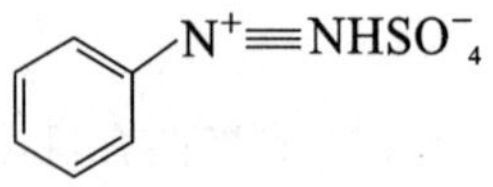

硫酸重氮苯　　　　重氮甲烷　　　　偶氮乙烷　　　　偶氮苯
sulfatediazobenzene　diazomethane　　azoethane　　azobenzene

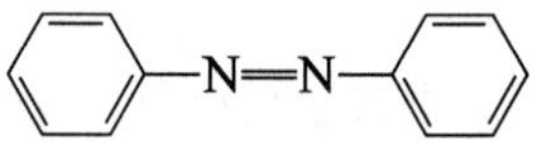

二、芳香重氮盐的反应

重氮化合物中最重要的是芳香重氮盐,是通过重氮化反应而得到的。

(一)重氮盐的生成

芳香伯胺在低温、强酸水溶液中与亚硝酸作用生成重氮盐,此反应称为重氮化反应。例如:

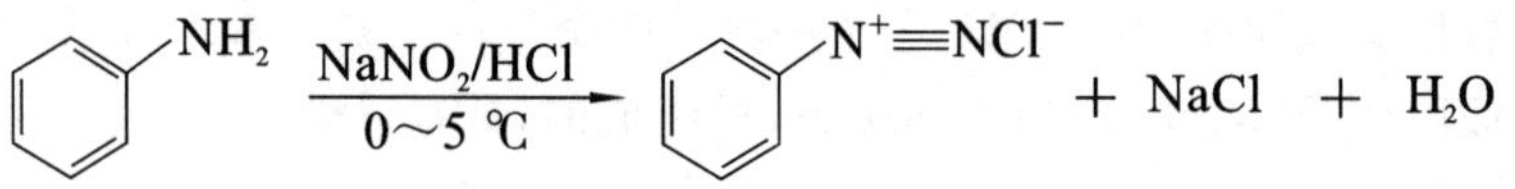

重氮盐通常为无色晶体,可溶于水,不溶于有机溶剂。重氮盐在水溶液和低温(0~5 ℃)时比较稳定,干燥的重氮盐不稳定,对热、振动敏感,易发生爆炸,一般现用现制备。

芳香重氮盐在合成上用途十分广泛,主要发生两种反应:一类是与带正电荷的重氮基直接相连的芳环碳原子发生亲核取代反应,重氮基以氮气形式放出的取代反应,称为**放氮反应**;另一类是不放氮的重氮基的三键被还原的还原反应或作为亲核试剂与酚或芳香叔胺发生的偶合反应,这两种反应的产物中保留有氮原子,称为**留氮反应**。

(二)放氮反应

不同条件下,重氮盐分子中的重氮基可以分别被卤素、氰基、羟基、氢原子等原子或基团所取代,同时放出氮气。

1. 被羟基取代　在酸性条件下,将重氮盐的溶液加热煮沸,重氮盐水解成苯酚,放出氮气。此反应可用于从芳胺合成酚。例如:

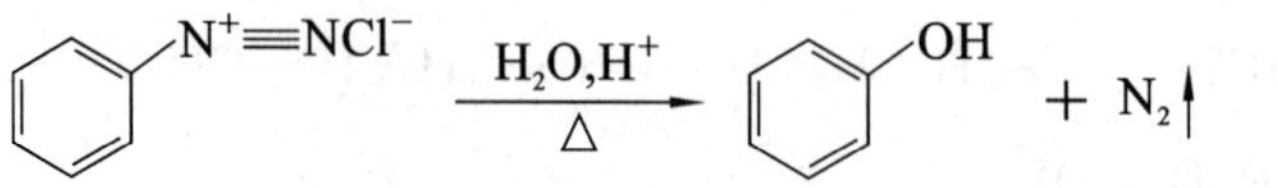

2. 被卤素原子或氰基取代 将重氮盐与氯化亚铜、溴化亚铜、氰化亚铜等试剂反应,重氮盐可被—Cl、—CN等取代,生成卤代芳烃或芳基腈,此反应称为桑德迈尔(Sandmeyer)反应。

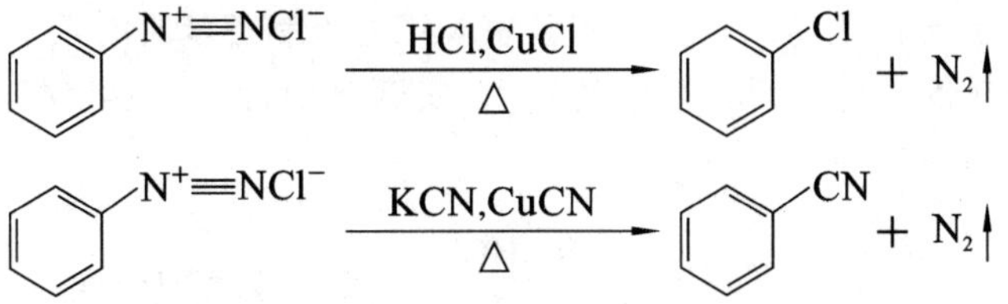

重氮盐与碘化钾共热可得到较高产率的碘代芳香化合物。

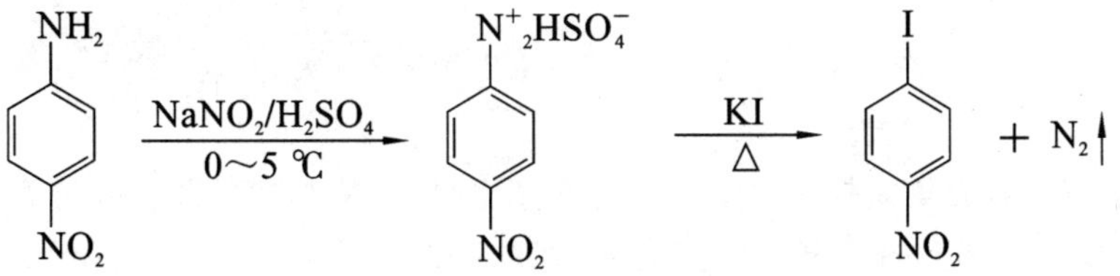

3. 被硝基、磺酸基和硫氰基取代 在铜粉催化下,重氮离子的氟硼酸盐可与亚硝酸钠、亚硫酸钠、硫氰酸钾发生反应,生成芳香硝基化合物、芳香磺酸化合物和芳香硫氰化合物。

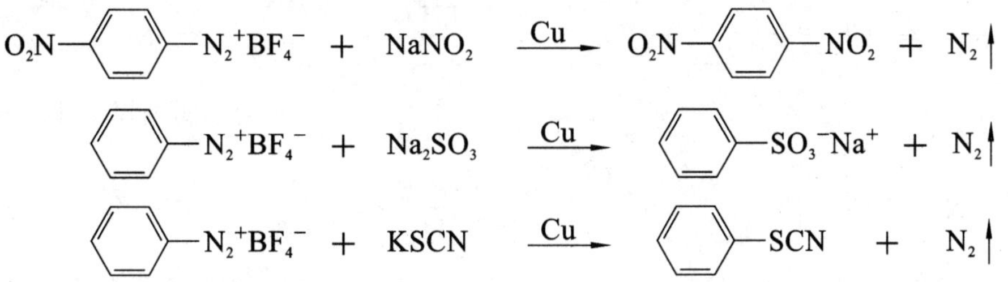

4. 被氢原子取代 芳香重氮盐在次磷酸(H_3PO_2)的水溶液或乙酸中加热,重氮基可被氢取代形成芳烃。此反应可以除去苯环上的—NH_2或—NO_2,在合成中应用广泛。

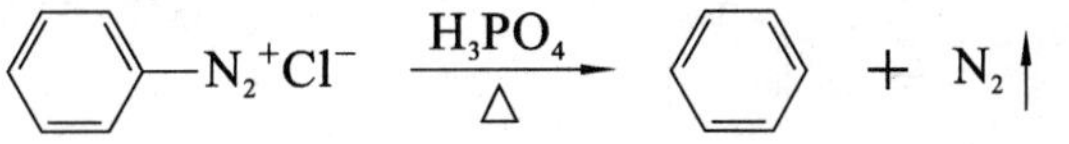

通过重氮盐的取代反应,可以把一些本来难以引入芳环上的基团,顺利地连接到芳环上,在芳香化合物的合成中是很有意义的。

5. 合成实例

设计 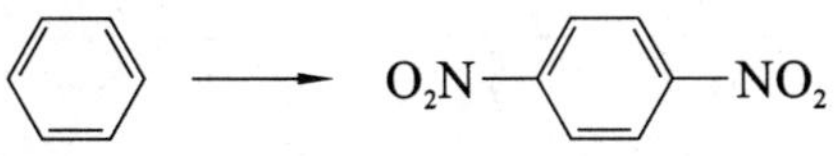 的合成方法。

合成路线:

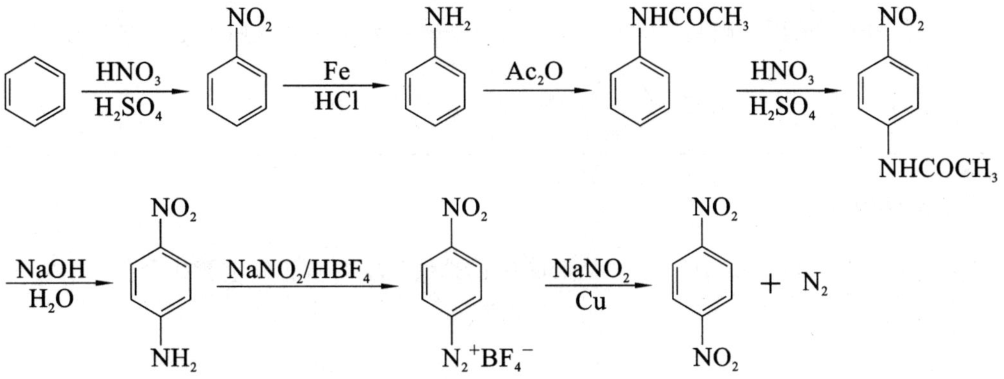

（三）留氮反应

1. 还原反应 芳香重氮盐在还原剂（亚硫酸钠，亚硫酸氢钠，氯化亚锡，硫代硫酸钠等）的作用下，其重氮基可被还原成肼。这也是实验室和工业上制备苯肼的常用方法。苯肼有毒，在工业上苯肼常用于制备燃料、药物、显影剂等，在实验室中常用作鉴定醛、酮和糖类化合物的试剂。

$$\text{〈 〉—N}_2^+\text{Cl}^- \xrightarrow[0\ ℃]{\text{Sn/HCl}} \text{〈 〉—NHNH}_2$$

若用较强的还原剂，芳香重氮盐将被还原为苯胺。

$$\text{〈 〉—N}_2^+\text{Cl}^- \xrightarrow{\text{Zn/HCl}} \text{〈 〉—NH}_2$$

2. 偶联反应 芳香重氮盐正离子是一种弱亲电试剂，能与酚类及三级芳香胺等活性较高的芳香化合物发生芳环上的亲电取代反应，生成的是两个芳香基团被—N≡N—连在一起的化合物，该类反应称为**偶联反应**。偶联反应一般发生在酚类及三级芳香胺的对位，当对位已被占据时该取代反应可发生在邻位。

$$\text{〈 〉—N}^+\text{≡NCl}^- + \text{〈 〉—OH} \xrightarrow[0～5\ ℃]{\text{NaOH,H}_2\text{O}} \text{〈 〉—N=N—〈 〉—OH}$$

对羟基偶氮苯（橘黄色）

$$\text{〈 〉—N}^+\text{≡NCl}^- + \text{〈 〉—N}\overset{\text{CH}_3}{\underset{\text{CH}_3}{}} \xrightarrow[0\ ℃,\text{H}_2\text{O}]{\text{CH}_3\text{COOH}} \text{〈 〉—N=N—〈 〉—N}\overset{\text{CH}_3}{\underset{\text{CH}_3}{}}$$

对二甲氨基偶氮苯（黄色）

$$\text{〈 〉—N}_2^+\text{Cl}^- + \text{HO—〈 〉—CH}_3 \longrightarrow$$

重氮盐与酚的偶联反应在弱碱性条件下进行，而重氮盐与芳香胺的偶联反应则需要在弱酸性条件下进行。

练习题 13-5 将下列化合物按碱性由强到弱的顺序排列。

①CH₃NHNa ②CH₃CH₂NH₂ ③ (CH₃CH)₃N ④CH₃CONH₂
　　　　　　　　　　　　　 │
　　　　　　　　　　　　 CH₃

练习题 13-6 请用对硝基甲苯和 N,N-二甲基苯胺为原料合成如下化合物。

$$\text{H}_3\text{C—〈 〉—N=N—〈 〉—N(CH}_3)_2$$

三、重氮甲烷

重氮甲烷（diazomethane，CH₂N₂）是最简单也是最重要的脂肪族重氮化合物，结构一般可用以下结构式表示：

$$\text{H}_2\text{C=}\overset{+}{\text{N}}\text{=}\overset{-}{\text{N}} \qquad \text{H}_2\text{C—}\overset{-}{\text{N}}\text{≡}\overset{+}{\text{N}}$$

重氮甲烷为有强烈刺激性气味的黄色气体,熔点为−145 ℃,有剧毒且容易爆炸,因此制备及使用时应注意安全。重氮甲烷易溶于乙醇、乙醚,受热、遇火、摩擦、撞击都会导致爆炸。重氮甲烷非常活泼,能够发生多种类型的反应,是有机合成中的重要试剂,下面讨论它的一些重要反应。

1. 与酸性化合物反应 重氮甲烷是一种很重要的甲基化试剂,可以与酸反应生成甲酯,与酚、β-二酮等反应能生成甲醚。

$$RCOOH + CH_2N_2 \longrightarrow RCOOCH_3 + N_2\uparrow$$

$$ArOH + CH_2N_2 \longrightarrow ArOCH_3 + N_2\uparrow$$

2. 形成卡宾的反应 重氮甲烷在光照、加热或铜催化下,能够分解成最简单的卡宾——亚甲基卡宾(methylene carbene):

$$H_2C = \overset{+}{N} = \overset{-}{N} \xrightarrow{\text{光照或加热或铜}} H_2C: \quad + N_2$$

$$\text{亚甲基卡宾}$$

卡宾(carbene)又称碳烯,是一个碳外层只有六个价电子的中性活泼反应中间体,由一个碳和两个基团以共价键结合形成,碳上还有两个电子。卡宾含有一个电中性的二价碳原子,在这个碳原子上有两个未成键的电子。最简单的卡宾是亚甲基卡宾,亚甲基卡宾很不稳定。其他卡宾可以看作是取代亚甲基卡宾,取代基可以是烷基、芳基、酰基、卤素等。这些卡宾的稳定性顺序排列如下:

$$H_2C: < ROOC \overset{H}{C}: < Ph \overset{H}{C}: < Br \overset{H}{C}: < Cl \overset{H}{C}: < Br_2C: < Cl_2C:$$

卡宾有两种结构:一种是单线态,单线态卡宾的中心碳原子为 sp^2 杂化,两个 sp^2 杂化轨道与两个基团重叠成键,一个 sp^2 轨道容纳一对未成键电子,此外还有一个垂直于 sp^2 轨道平面的空 p 轨道,R—C—R 键角为 $100°\sim110°$;另一种为三线态,三线态卡宾有两个自由电子,为直线形的 sp 杂化,两个直线形 sp 轨道与两个基团成键,碳上还有两个自旋相互平行的电子分占两个 p 轨道,键角为 $136°\sim180°$。除了二卤卡宾和与氮、氧、硫原子相连的卡宾外,大多数的卡宾都处于非直线形的三线态基态。

四、偶氮化合物

偶氮化合物是指分子中含有偶氮基(—N = N—),且偶氮基两端都与碳原子连接的有机化合物。其中氮原子为 sp^2 杂化。偶氮化合物是有色的固体物质,虽然分子中有氨基等亲水基团,但相对分子质量较大,一般不溶或难溶于水,而溶于有机溶剂。

偶氮化合物有色,有些能牢固地附着在纤维织品上,耐洗耐晒,经久而不褪色,可以作为染料,称为偶氮染料。

偶氮化合物除了常作为燃料或指示剂外,还有很多其他重要的应用。

偶氮苯在碱性条件下与锌粉作用被还原为氢化偶氮苯,在酸性条件下还原可使偶氮键断裂,是合成芳香胺的一种常用方法。

$$\text{⟨苯环⟩} - N = N - \text{⟨苯环⟩} \xrightarrow{Zn/NaOH} \text{⟨苯环⟩} - NH - NH - \text{⟨苯环⟩} \xrightarrow{Zn/HCl} \text{⟨苯环⟩} - NH_2$$

【综合思考题】

化合物 A 的分子式为 $C_5H_{11}O_2N$,具有旋光性,用稀碱处理发生水解可生成 B 和 C。B 也具有旋光性,它既能与酸成盐,也能与碱成盐,并与 HNO_2 反应放出 N_2。C 没有旋光性,但能与金属钠反应放出氢气,并能发生碘仿反应。试写出 A、B、C 的结构式,并写出相关反式式。

[解题思路]

此题为推测结构题,推测题中包含很多的知识点。解题时要根据每个包含的知识点来进

知识拓展 13-1

·有机化学·

行合理的推敲，才能得出正确的结论。本题的解题思路如下。

(1) 首先根据题目中给出的化合物 A 分子中含有一个氮原子，说明是含氮化合物，化合物 A 水解生成的化合物 B 能与酸成盐，并与 HNO₂ 反应放出氮气，说明是 1°胺类化合物，也能与碱成盐说明具有酸性基团。

(2) 另一水解产物 C 含有活泼氢，且能发生碘仿反应，故 C 为乙醇。综上所述，A、B、C 的结构式分别如下：

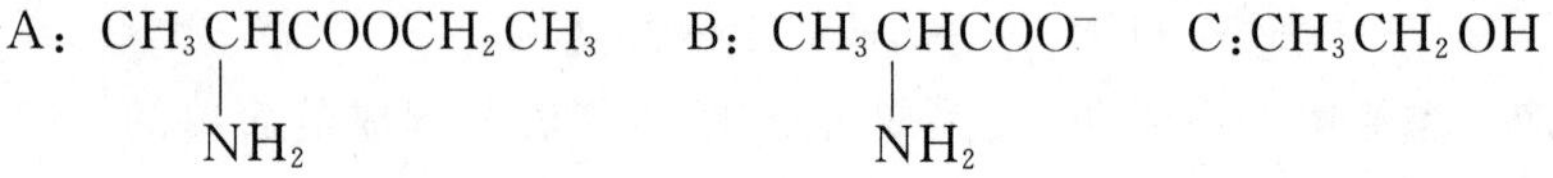

A：CH₃CHCOOCH₂CH₃ B：CH₃CHCOO⁻ C：CH₃CH₂OH
     | |
    NH₂   NH₂

反应式如下：

$$CH_3\underset{NH_2}{CH}COOCH_2CH_3 \xrightarrow{OH^-} CH_3\underset{NH_2}{CH}COO^- + CH_3CH_2OH$$

$$CH_3\underset{NH_2}{CH}COO^- \xrightarrow{HNO_2} CH_3\underset{OH}{CH}COO^- + N_2\uparrow$$

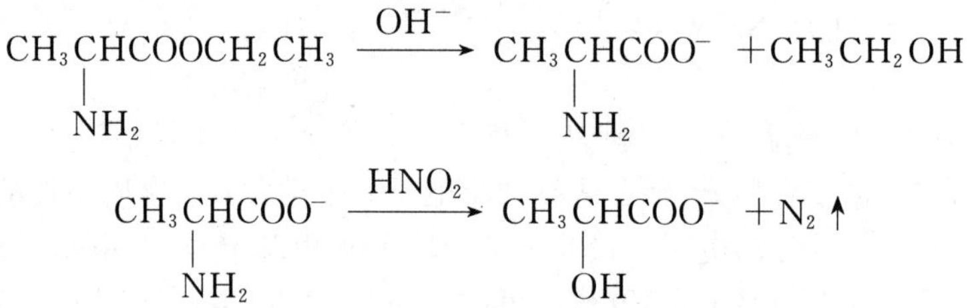

$$CH_3CH_2OH + Na \longrightarrow CH_3CH_2ONa + H_2\uparrow$$

$$CH_3CH_2OH + I_2 \xrightarrow{NaOH} CH_3I + HCOONa$$

本章小结

主要内容	学习要点
硝基化合物	硝基化合物的结构、分类和化学性质；芳香族硝基化合物芳环上的亲核取代反应和硝基的还原反应；芳香族硝基化合物的结构
胺	胺的基本结构、分类、命名和化学性质 胺有碱性，可发生亲核取代反应 胺可发生烃基化反应、酰化和磺酰化反应、可与亚硝酸反应 芳香胺能发生卤代、磺化、硝化和氧化反应 难点：胺的碱性与结构的关系；不同类型的胺与亚硝酸的反应
重氮化合物和偶氮化合物	重氮化合物和偶氮化合物都是含有偶氮基官能团的化合物 熟悉重氮化合物和偶氮化合物的定义和化学性质 重氮基在不同条件下可被卤素、氰基、羟基、氢等原子或原子团取代 重氮盐能与酚类及三级芳胺发生亲电取代反应

目标检测

一、命名下列化合物。

1. 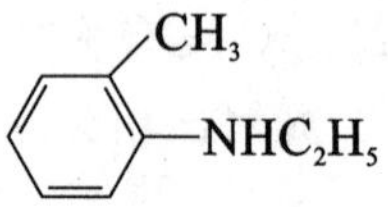 <邻甲苯基>NHC₂H₅ 2. <苯基>N(CH₃)₂ 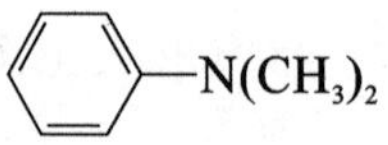 3. 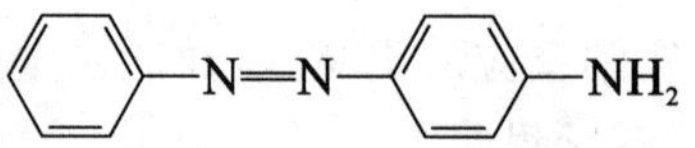 <苯基>N=N<苯基>NH₂

4. N₂HCH₂CH₂NH₂ 5. (CH₃)₂CHNO₂ 6. (C₂H₅)₃N

练习题答案

目标检测答案

NOTE

二、单选题。

1. 下列化合物中,碱性最强的是(   )。

A. NH_3　　　　　B. H_3CNH_2　　　　C. $HN(CH_3)_2$　　　D. $N(CH_3)_3$

2. 下列四类胺中,与 HNO_2 反应能生成强致癌物 N-亚硝基胺的是(   )。

A. 伯胺　　　　　B. 仲胺　　　　　C. 脂肪叔胺　　　　D. 芳香叔胺

3. 下列含氮化合物中属于仲胺的是(   )。

A. ⬡—NH_2　　　　B. ⬡—$NHCH_3$

C. ⬡—$N(CH_3)_2$　　　D. ⬡—$N(CH_3)_3Cl$

4. 氯化重氮苯与苯酚在弱碱溶液中进行的偶联反应属于(   )。

A. 亲核取代反应　　B. 亲电取代反应　　C. 亲核加成反应　　D. 亲电加成反应

5. 下列化合物中碱性最强的是(   )。

A. H_3C—⬡—NH_2　　　B. Cl—⬡—NH_2

C. O_2N—⬡—NH_2　　　D. ⬡—NH_2（O_2N 在间位）

6. 下列胺类化合物中,与 $NaNO_2$ 和 HCl 溶液反应生成黄色油状物的是(   )。

A. 伯胺　　　　　B. 仲胺　　　　　C. 叔胺　　　　　D. 季铵盐

7. 对苯胺的叙述不正确的是(   )。

A. 有剧毒　　　　　　　　B. 可发生取代反应

C. 是合成磺胺类药物的原料　　D. 可与 NaOH 反应成盐

8. 重氮盐与芳香胺发生偶联反应,需要提供的介质是(   )。

A. 强酸性　　　　B. 弱酸性　　　　C. 强碱性　　　　D. 弱碱性

9. 下列化合物中,在低温下(0~5 ℃)与 HNO_2 反应放出氮气的是(   )。

A. $CH_3CH_2CH_2CH_2NH_2$　　　B. ⬡—NH_2

C. ⬡—$NHCH_3$　　　　　D. ⬡—$N(CH_3)_2$

三、完成下列化学反应。

1. ⬡—NO_2 + Br_2 $\xrightarrow[140\ ℃]{FeBr_3}$

2. H_3C—⬡—NH_2 $\xrightarrow{(CH_3CO)_2O}$

3. $(CH_3)_2NH$ + $NaNO_2$ + HCl ⟶

4. ⬡—NO_2 $\xrightarrow{Fe+HCl}$

5. ⬡—$NHCH_3$ + $NaNO_2$ + HCl ⟶

6. ⬡—NH_2 + HCl ⟶

 NOTE

四、用简单的化学方法鉴别下列化合物。

1. 苯胺、二乙胺和乙酰苯胺。

2. 苯酚、苯胺和苯甲酸。

五、推导结构。

化合物 A 的分子式为 $C_7H_7O_2N$，无碱性，还原后变成化合物 $B(C_7H_9N)$，有碱性；B 的盐酸盐与亚硝酸作用，生成化合物 $C(C_7H_7N_2Cl)$，C 加热后能放出氮气而生成对甲苯酚。在碱性溶液中化合物 C 与苯酚作用生成具有鲜艳颜色的化合物 $D(C_{13}H_{12}ON_2)$。写出化合物 A 的结构式，并写出各步相关反应式。

参 考 文 献

[1] 陆涛. 有机化学[M]. 8 版. 北京：人民卫生出版社，2016.

[2] 刘斌，陈任宏. 有机化学[M]. 北京：人民卫生出版社，2011.

[3] 宋流东，赵华文. 有机化学[M]. 北京：科学出版社，2018.

[4] 陆阳，申东升. 有机化学(案例版)[M]. 2 版. 北京：科学出版社，2017.

[5] 李景宁. 有机化学[M]. 5 版. 北京：高等教育出版社，2012.

（格根塔娜）

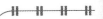

第十四章　杂环化合物

学习目标

1. 掌握：简单杂环化合物的结构特点、性质和应用。
2. 熟悉：杂环化合物的命名原则。
3. 了解：常见杂环化合物的衍生物的性质、应用；生物碱的分类及其性质。

扫码看课件

在有机化合物中，除碳、氢以外的其他元素的原子统称为**杂原子**(heteroatom)，而含有杂原子的环状化合物称为**杂环化合物**(heterocyclic compounds)，杂环中所含杂原子一般为氮、氧、硫等。

杂环化合物广泛存在于自然界中，目前分离得到的天然产物中，大多数属于杂环化合物。由于杂环的存在，大多数杂环化合物具有一定的生理活性，如叶绿素和血红素同属卟啉类杂环化合物，此外，遗传物质 DNA 及 RNA 中的嘌呤、嘧啶等碱基也属于杂环化合物。在药物体系中，含杂环结构的药物也占了相当大的比例，因此，杂环化合物在有机化合物中占有非常重要的地位。

内酯、内酰胺和环醚等化合物都属于杂环化合物，但这些化合物的性质与其同类的开环化合物基本相同，本章着重讨论芳香性杂环化合物，也称为**芳(香)杂环化合物**(aromatic heterocycles)。

案例导入

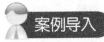

青霉素(benzylpenicillin/penicillin)又称为青霉素 G、peillin G、盘尼西林、青霉素钠、苄青霉素钠、青霉素钾、苄青霉素钾。青霉素是抗生素的一种，是指从青霉菌培养液中提取的分子中含有青霉烷、能破坏细菌的细胞壁并在细菌细胞的繁殖期起杀菌作用的一类抗生素。青霉素类抗生素是β-内酰胺类中一大类抗生素的总称。由于β-内酰胺类抗生素作用于细菌的细胞壁，而人类细胞只有细胞膜无细胞壁，故对人类的毒性较小。

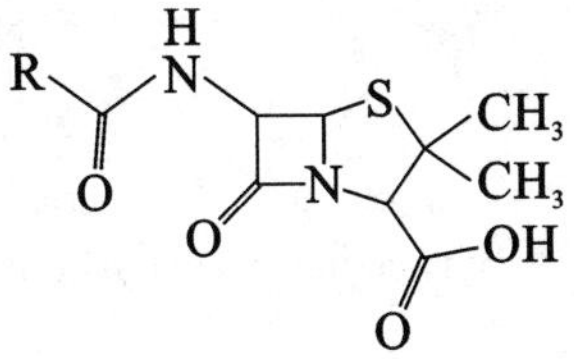

问题：

青霉素为什么被称作“超级神药”？

第一节　杂环化合物的分类和命名

一、分类

杂环化合物有多种分类方法，按有无芳香性可分为脂杂环(lipid heterocycles)和芳杂环

NOTE

（aromatic heterocycles）；按含杂原子的数目可分为含一个、两个或多个杂原子的杂环；按环的数目可分为单杂环和稠杂环；还可以按照环的大小分为五元杂环和六元杂环。

二、命名

（一）特定杂环的命名规则

杂环结构较为复杂，其命名也如此。按照 IUPAC（国际纯粹应用化学联合会）命名法，保留 25 个杂环化合物的俗名并以此作为命名的基础。我国则对这 25 个俗名进行音译，并以此为基础对其他的杂环化合物进行命名（表 14-1）。

表 14-1　有特定名称的杂环的分类、名称和标位

类　别	杂 环 母 环
含一个杂原子的五元杂环	吡咯 pyrrole　　呋喃 furan　　噻吩 thiophene
含两个杂原子的五元杂环	吡唑 pyrazole　咪唑 imidazole　噁唑 oxazole　异噁唑 isoxazole　噻唑 thiazole
五元稠杂环	吲哚 indole　苯并呋喃 benzofuran　苯并咪唑 benzimdazole　咔唑 carbazole
含一个杂原子的六元杂环	吡啶 pyridine　2H-吡喃 2H-pyran　4H-吡喃 4H-pyran
含两个杂原子的六元杂环	哒嗪 pyridazine　嘧啶 pyrimidine　吡嗪 pyrazine
六元稠杂环	喹啉 quinoline　异喹啉 isoquinoline　蝶啶 pteridine　嘌呤 purine 吖啶 acridine　吩嗪 phenazine　吩噻嗪 phenothiazine

当杂环上连有取代基时,为了标明取代基的位置,必须将杂环母体编号。杂环母体的编号原则如下。

1. 含一个杂原子的杂环 含一个杂原子的杂环从杂原子开始编号,如表 14-1 中吡咯、吡啶等的编号。

2. 含两个或多个杂原子的杂环 含两个或多个杂原子的杂环编号时应使杂原子位次尽可能小,并按 O、S、NH、N 的优先顺序决定优先的杂原子,如表 14-1 中咪唑、噻唑的编号。

3. 有特定名称的稠杂环的编号有其特定的顺序 有特定名称的稠杂环的编号有几种情况。有的按其相应的稠环芳烃的母环编号,如表 14-1 中喹啉、异喹啉、吖啶等的编号。有的从一端开始编号,共用碳原子一般不编号,编号时注意杂原子的位次尽可能小,并遵守杂原子的优先顺序;如表 14-1 中吩噻嗪的编号。还有些具有特殊规定的编号,如表 14-1 中嘌呤的编号。

4. 标氢 上述的 25 个杂环的名称中包括了这样的含义:即杂环中拥有最多数目的非聚集双键。当杂环满足了这个条件后,环中仍然有饱和的碳原子或氮原子,则这个饱和的原子上所连接的氢原子称为"标氢"或"指示氢"。用其编号加 H(大写斜体)表示。例如:

1H-吡咯	2H-吡咯	2H-吡喃	4H-吡喃
1H-pyrrole	2H-pyrrole	2H-pyran	4H-pyran

若杂环上尚未含有最多数目的非聚集双键,则多出的氢原子称为**外加氢**。命名时要指出氢的位置及数目,全饱和时可不标明位置。例如:

1,2,3,4-四氢喹啉	2,5-二氢吡咯	四氢呋喃
1,2,3,4-tetrahydroquinoline	2,5-dihydropyrrole	tetrahydrofuran

含活泼氢的杂环化合物及其衍生物,可能存在互变异构体,命名时需按上述标氢的方式标明。例如:

9H-嘌呤	7H-嘌呤
9H-purine	7H-purine

5. 取代杂环化合物的命名 当杂环上连有取代基时,先确定杂环母体的名称和编号,然后将取代基的名称连同位置编号以词头或词尾形式写在母体名称前或后,构成取代杂环化合物的名称。例如:

2-氨基咪唑	8-羟基喹啉	6-氨基嘌呤
2-aminoimidazole	8-hydroxyquinoline	purin-6-amine

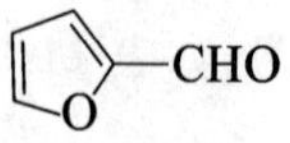

2-呋喃甲醛   3-吡啶甲酸   8-羟基喹啉-5-磺酸
2-furaldehyde   3-picolinic acid 8-hydroxy-5-quinolinesulfonic acid

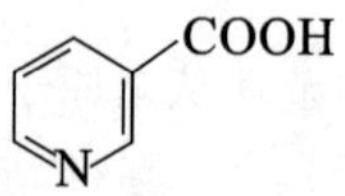

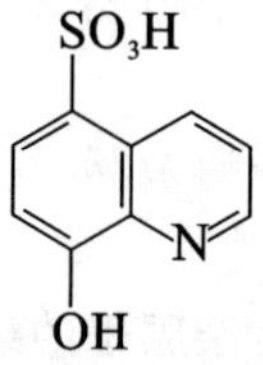

（二）无特定名称的稠杂环的命名规则

1. 母环的选择规则 稠杂环命名时,先将稠合环分为两个环系,一个环系定为基本环或母环;另一个为附加环或取代部分。命名时附加环名称在前,基本环名称在后,中间用"并"字相连。例如:

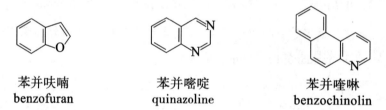

噻吩并[2,3-*b*]吡咯

附加环 附加环编号 基本环编号 基本环

基本环的选择原则如下。

（1）碳环与杂环组成的稠杂环,选杂环为基本环。例如:

苯并呋喃   苯并嘧啶   苯并喹啉
benzofuran   quinazoline   benzochinolin

（2）由大小不同的两个杂环组成的稠杂环,以大环为基本环。例如:

吡咯并吡啶   呋喃并吡喃

（3）大小相同的两个杂环组成的稠杂环,基本环按所含杂原子 N、O、S 顺序优先确定。例如:

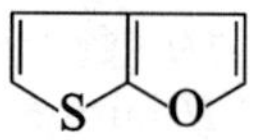

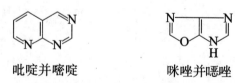

噻吩并呋喃 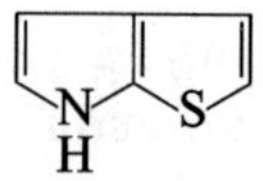   噻吩并吡咯

（4）两环大小相同,杂原子个数不同时,选杂原子数多的为基本环;杂原子数目也相同时,选杂原子种类多的为基本环。例如:

吡啶并嘧啶   咪唑并噁唑

（5）如果环大小、杂原子个数都相同时,以稠合前杂原子编号较低者为基本环。例如:

吡嗪并哒嗪　　　　咪唑并吡唑

（6）当稠合边有杂原子时，共用杂原子同属于两个环。在确定基本环和附加环时，均包含该杂原子，再按上述规则选择基本环。例如：

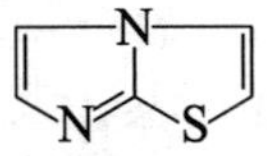

咪唑并噻唑

2. 稠环的编号　稠合边（即共用边）的位置是用附加环和基本环的位号来共同表示的。基本环按照原杂环的编号顺序，将环上各边用英文字母（斜体）a、b、c…表示（1,2 之间为 a；2,3 之间为 b…）。附加环按原杂环的编号顺序，以阿拉伯数字标注各原子。当有选择时，应使稠合边的编号尽可能小。表示稠合边位置时，在方括号内，阿拉伯数字在前，英文字母在后，中间用短线相连。附加环稠合边原子序号在书写时应与基本环字母次序的方向一致，两者顺序相同时小数字在前，大数字在后；反之则大数字在前，小数字在后。例如：

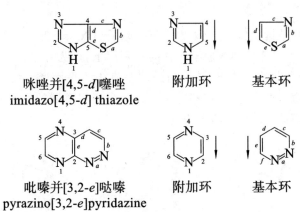

咪唑并[4,5-d]噻唑　　　附加环　　　基本环
imidazo[4,5-d] thiazole

吡嗪并[3,2-e]哒嗪　　　附加环　　　基本环
pyrazino[3,2-e]pyridazine

为了标示稠杂环上的取代基、官能团或氢原子的位置，需要对整个稠杂环的环系进行编号，称为**周边编号或大环编号**。其编号原则如下：

（1）尽可能使所含的杂原子编号最低，在保证编号最低的前提下，再考虑按 O、S、NH、N 的顺序编号。例如：

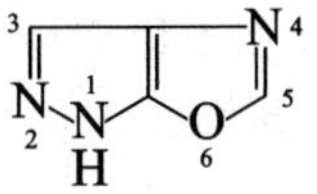

（2）共用杂原子都要编号，共用碳原子一般不编号，如需要编号时，用前面相邻的位号加 a、b…表示。例如：

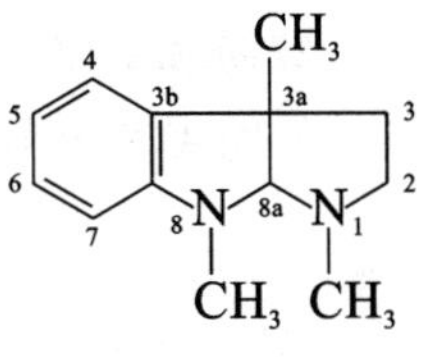

练习题 14-1 用系统命名法命名下列化合物。

(1)　　　　(2)　　　　(3)

(4)　　　　(5)

第二节　五元杂环化合物

一、吡咯、呋喃、噻吩

（一）结构

吡咯、呋喃和噻吩结构相似，环上碳原子与杂原子都以 sp^2 杂化轨道相连，组成 σ 键，五个原子以及它们各自以 σ 键连接的氢原子都在同一平面上，即为环平面。环平面上的碳原子和杂原子均剩余一个未杂化的 p 轨道，该 p 轨道均垂直于环平面，碳原子的 p 轨道只有一个电子，而杂原子的 p 轨道有两个电子，这些电子形成一个环状离域的大 π 键（图 14-1），π 电子数符合 $4n+2$ 规则，故而该环结构具有芳香性。

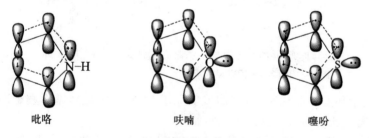

吡咯　　　　呋喃　　　　噻吩

图 14-1　吡咯、呋喃、噻吩分子轨道示意图

由于原子半径大小顺序为 S＞C＞N＞O，因此这三种杂环平面上五个键长并不完全一样，芳香性较苯环更差，具有一定的不饱和性和不稳定性。五元杂环形成的是大 π 键，比苯环的电子云密度大，所以也称为**"多 π"芳杂环**。此类杂环化合物中每个碳原子得到一个电子，比苯环上的碳原子（每个碳原子得到一个电子）的电子云密度大，因此，它们进行亲电取代反应比苯容易。

（二）物理性质

由于杂原子的吸电子诱导效应，呋喃、噻吩和吡咯均具有一定偶极矩，其中呋喃、噻吩的偶极矩方向朝向杂原子，而吡咯由于 N 原子的给电子共轭效应大于其吸电子诱导效应，导致其偶极矩方向逆转。三者的偶极矩如下：

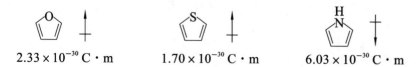

2.33×10^{-30} C·m　　　1.70×10^{-30} C·m　　　6.03×10^{-30} C·m

三个五元杂环都难溶于水。其原因是杂原子的一对 p 电子都参与形成大 π 键,杂原子上的电子云密度降低,与水缔合能力减弱。但是它们的水溶性仍有差别,吡咯氮上的氢可与水形成氢键,呋喃环上的氧与水也能形成氢键,但相对较弱,而噻吩环上的硫不能与水形成氢键,所以三者水溶性大小顺序为吡咯＞呋喃＞噻吩。

（三）化学性质

1. 酸碱性及不稳定性

1）酸碱性 三个杂环化合物中,噻吩和呋喃既无酸性,也无碱性;吡咯则由于其氮原子上的未共用电子对参与环系的共轭,致使其电子云密度相对减小,氮原子上的氢能以质子的形式解离,所以吡咯显弱酸性($pK_a=17.5$)。它可以看成是一种比苯酚酸性更弱的弱酸,能与固体氢氧化钾作用生成盐,即吡咯钾。例如：

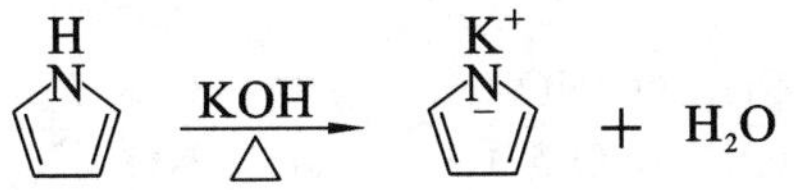

吡咯钾不稳定,相对容易水解,但在一定条件下,它是一个很好的亲核试剂,能生成一系列氮取代产物。例如：

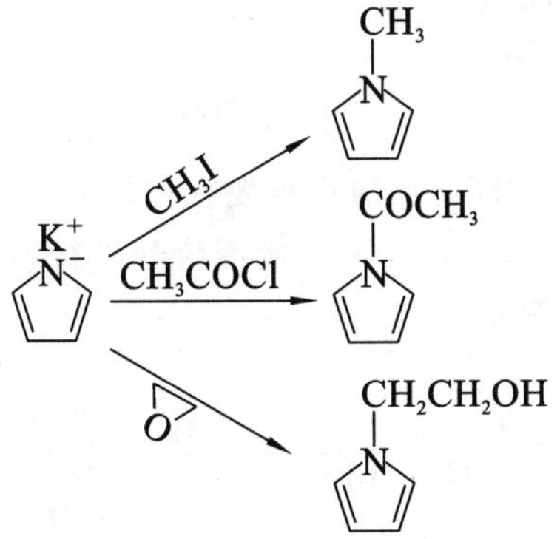

2）不稳定性 受到强酸作用时,吡咯和呋喃都会发生水解、聚合等反应,但噻吩比较稳定。例如：

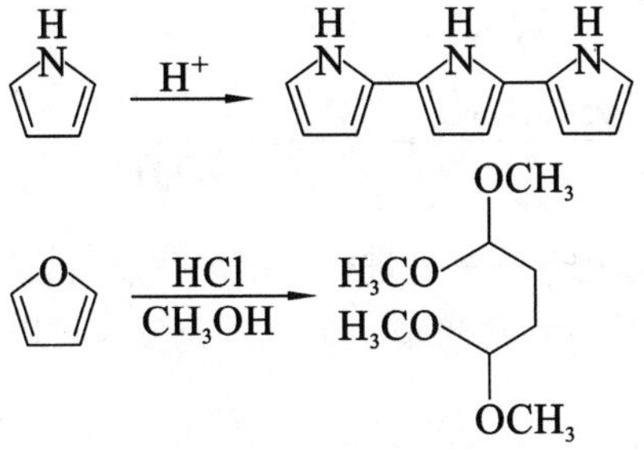

稳定性顺序为苯＞噻吩＞吡咯＞呋喃。

2. 亲电取代反应 五元杂环碳原子上的电子云密度比苯大,比苯更容易发生亲电取代反应。但由于它们对酸的稳定性不同,故反应条件和苯有差异。其活性顺序为吡咯＞呋喃＞噻吩＞苯。

1）卤代反应 呋喃与卤素反应剧烈,需在低温、低浓度条件下反应,吡咯反应活性较强,易生成多卤代物。

$$\text{吡咯} \xrightarrow[\text{0 ℃}]{\text{Br}_2/\text{C}_2\text{H}_5\text{OH}} \text{四溴吡咯}$$

$$\text{呋喃} \xrightarrow[\text{0 ℃}]{\text{Br}_2/\text{二氧六环}} \text{2-溴呋喃}$$

$$\text{噻吩} \xrightarrow[\text{0 ℃}]{\text{Br}_2/\text{C}_2\text{H}_5\text{OH}} \text{2-溴噻吩}$$

2）硝化反应 呋喃、吡咯对酸敏感，因此不能用硝酸或混酸进行硝化反应，只能用较温和的非质子型的硝乙酐作为硝化试剂，且需要在低温条件下进行反应。

$$\text{吡咯} \xrightarrow[\text{NaOH,Ac}_2\text{O,5 ℃}]{\text{CH}_3\text{COONO}_2} \text{2-硝基吡咯} + \text{3-硝基吡咯}$$
$$\qquad\qquad\qquad\qquad\qquad 83\% \qquad\quad 7\%$$

$$\text{呋喃} \xrightarrow[-30\sim-5\text{ ℃}]{\text{CH}_3\text{COONO}_2} \text{2-硝基呋喃} + \text{3-硝基呋喃}$$
$$\qquad\qquad\qquad\qquad\qquad 70\% \qquad\quad 5\%$$

3）磺化反应 吡咯和呋喃的磺化反应也需要在比较温和的非质子条件下反应，常用吡啶三氧化硫作为磺化试剂。噻吩比较稳定，可直接用硫酸进行磺化反应。利用此反应可以把煤焦油中共存的苯和噻吩分离。例如：

$$\text{吡咯} + \text{吡啶-SO}_3 \xrightarrow[\text{100 ℃}]{} \xrightarrow{\text{H}^+} \text{吡咯-2-SO}_3\text{H}$$

$$\text{呋喃} + \text{吡啶-SO}_3 \xrightarrow[\text{CH}_2\text{Cl}_2]{} \xrightarrow{\text{H}^+} \text{呋喃-2-SO}_3\text{H}$$

$$\text{噻吩} \xrightarrow{95\%\text{H}_2\text{SO}_4} \text{噻吩-2-SO}_3\text{H}$$

4）酰基化反应 五元杂环化合物更易进行亲电取代反应，烷基化反应往往得到多烷基化的复杂产物，且难以分离纯化，无实际应用价值。但酰基化反应可以得到预期的一元取代产物。

$$\text{吡咯} \xrightarrow[\text{150}\sim\text{200 ℃}]{\text{Ac}_2\text{O}} \text{吡咯-2-COCH}_3$$

$$\text{呋喃} \xrightarrow[\text{BF}_3]{\text{Ac}_2\text{O}} \text{呋喃-2-COCH}_3$$

$$\text{噻吩} \xrightarrow[\text{H}_3\text{PO}_4]{\text{Ac}_2\text{O}} \text{噻吩-2-COCH}_3$$

5）其他

（1）催化加氢反应 呋喃、吡咯、噻吩发生催化加氢反应的活性顺序为呋喃＞吡咯＞噻吩。噻吩含硫，易使催化剂中毒而失去活性，所以噻吩的催化加氢较困难，需使用特殊催化

NOTE

298

剂 MoS₂。

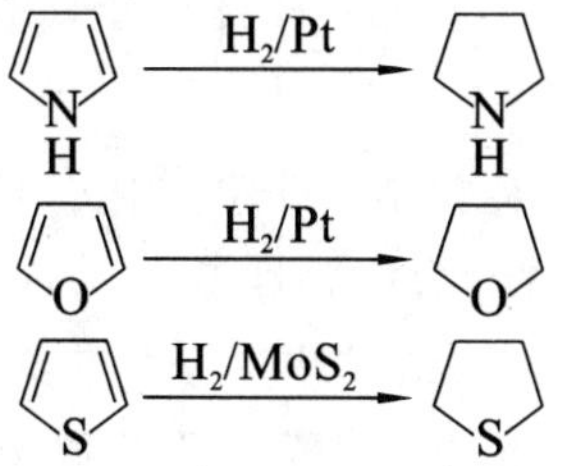

$$\text{吡咯} \xrightarrow{H_2/Pt} \text{四氢吡咯}$$

$$\text{呋喃} \xrightarrow{H_2/Pt} \text{四氢呋喃}$$

$$\text{噻吩} \xrightarrow{H_2/MoS_2} \text{四氢噻吩}$$

（2）狄尔斯-阿尔德（Diels-Alder）反应　　呋喃、吡咯可作为双烯体发生狄尔斯-阿尔德（Diels-Alder）反应，噻吩无此反应。

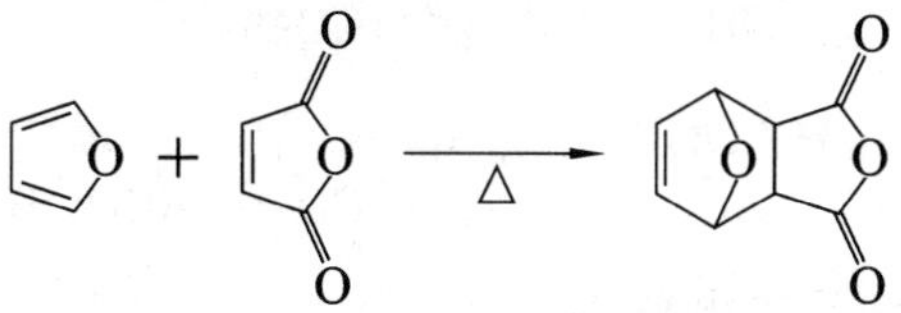

（3）与苯酚类似，吡咯可以发生瑞穆尔-悌曼反应和与重氮盐的偶合反应。

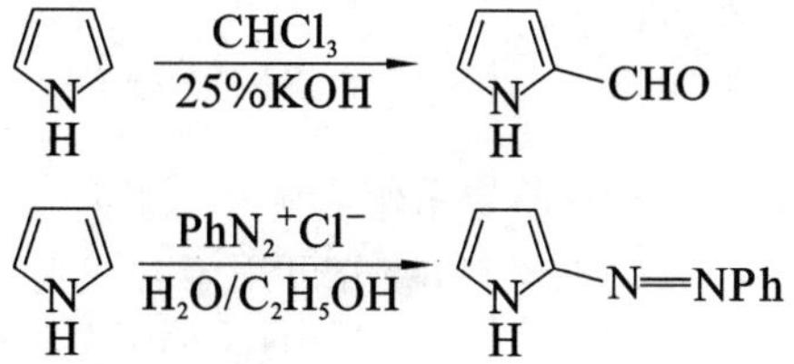

$$\text{吡咯} \xrightarrow[25\%KOH]{CHCl_3} \text{2-吡咯甲醛}$$

$$\text{吡咯} \xrightarrow[H_2O/C_2H_5OH]{PhN_2^+Cl^-} \text{N=NPh}$$

（四）呋喃、噻吩、吡咯的衍生物

1. 叶绿素　　叶绿素属于吡咯的衍生物。由四个吡咯环中间经过四个次甲基（—CH—）交替连接形成一个大杂环——卟吩（porphine），它是一个含 18 个 π 电子的大环芳香体系，环内的四个氮原子可与不同金属离子配合，形成各种重要的卟啉（卟吩的衍生物）类化合物，叶绿素就是其中的一种。叶绿素是存在于植物茎、叶中的绿色色素，是植物进行光合作用所必需的催化剂。植物在进行光合作用时，通过叶绿素将太阳能转变成化学能，将 CO_2 和 H_2O 合成为糖类。1964 年，美国有机化学家伍德沃德（R. B. Woodward）用 55 步合成了叶绿素。1965 年，他组织了一批化学家探索维生素 B_{12} 的人工合成问题，用 11 年时间完成了维生素 B_{12} 的全合成过程。R. B. Woodward 一生人工合成了 20 多种结构复杂的有机化合物，是当之无愧的有机合成大师。

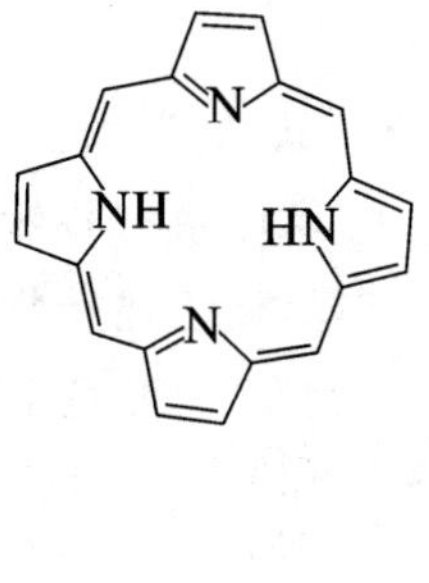

卟吩
porphine

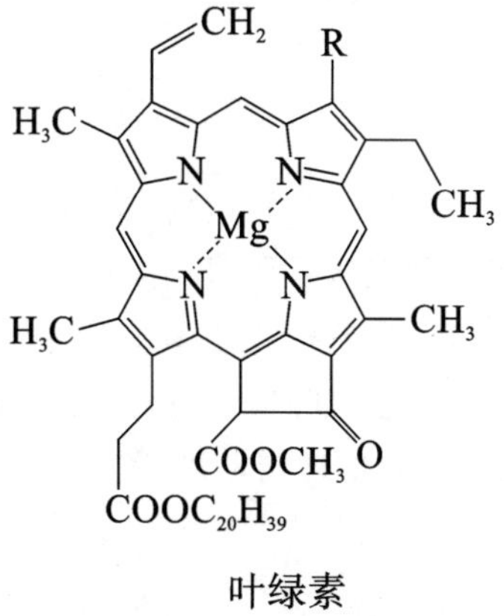

叶绿素
chlorophyll

299

2. 血红素　血红素是动物体内存在的一种色素,属于卟啉类化合物。血红素与蛋白质结合成血红蛋白存在于血红细胞中,作为高等动物体内输送氧及二氧化碳的载体。用盐酸水解血红蛋白可得到氯化血红素。

3. 维生素 B_{12}　维生素 B_{12} 是一类含钴的卟啉类化合物,共有 7 种,称为维生素 B_{12} 族,这类化合物具有很强的生血作用,可用于治疗恶性贫血。通常所说的维生素 B_{12} 指的是维生素 B_{12} 族中的氰钴素(cyanocobalamin)。氰钴素是参与人体多种代谢的重要辅酶。

4. 糠醛　糠醛是 α-呋喃甲醛的俗名,糠醛性质类似于芳香醛,可以发生很多化学反应。例如:

糠醛是优良的溶剂,常用于精炼石油,以溶解含硫物质和环烷烃,也可用于精制润滑油,提炼油脂,还能溶解硝酸纤维素;作为化工原料,糠醛可用于合成树脂、尼龙及涂料;糠醛还是制造药物、农药的重要原料。

5. 头孢噻吩(cefalotin,先锋霉素 Ⅰ)和头孢噻啶(cefaloridine,先锋霉素 Ⅱ)　头孢噻吩和头孢噻啶的结构中都含有噻吩环,属于半合成头孢菌素类抗生素。由于噻吩环的引入,增强了其抗菌活性,它们的抗菌效果都优于天然头孢菌素。其结构如下:

头孢噻吩
cephalothin

头孢噻啶
cefaloridine

二、吲哚

吲哚具有苯并[*b*]吡咯的结构,存在于煤焦油中,为无色片状结晶,熔点为 52 ℃,具有粪臭味,但极稀溶液则有花香气味,可溶于热水、乙醇、乙醚中。吲哚环系在自然界中分布很广,如蛋白质水解得到色氨酸,天然植物激素 β-吲哚乙酸(也是一类消炎镇痛药物的结构)、蟾蜍素、利血平、毒扁豆碱等都是吲哚衍生物。吲哚的许多衍生物如 5-羟色胺(5-HT)、褪黑素(melatonin)等具有较好的生理与药理活性。

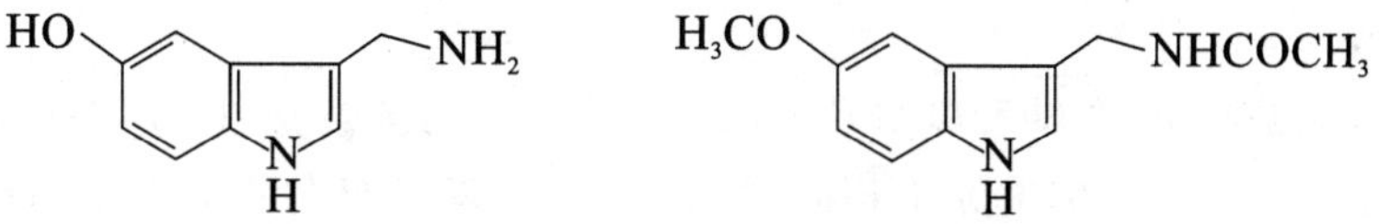

5-羟色胺
5-HT

褪黑素
melatonin

吲哚环比吡咯环稳定,其原因是与苯环稠合后共轭体系延长,芳香性随之增强。吲哚对酸、碱及氧化剂都表现得较不活泼,吲哚的碱性比吡咯弱,吲哚酸性($pK_a = 17.0$)比吡咯($pK_a = 17.5$)稍强。这是由于氮原子上未共用电子对在更大范围内离域的结果。吲哚的性质与吡咯相似,也可发生亲电取代反应,取代基进入 β 位。

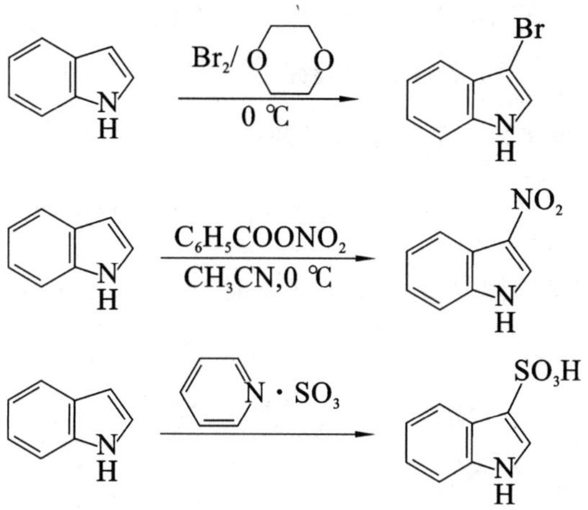

吲哚 $\xrightarrow[\text{0 ℃}]{Br_2/\text{二氧六环}}$ 3-溴吲哚

吲哚 $\xrightarrow[\text{CH}_3\text{CN,0 ℃}]{C_6H_5\text{COONO}_2}$ 3-硝基吲哚

吲哚 $\xrightarrow{\text{N·SO}_3}$ 吲哚-SO$_3$H

三、含两个杂原子的五元环

含有两个或两个以上杂原子的五元杂环化合物至少都含有一个氮原子,其余的杂原子可以是氧或硫原子。这类化合物统称为**唑**(azole)**类**。另外 Hantzsch-Widman 杂环的中文系统命名(采用环中杂原子的数目和前缀名为前缀,再和表示环大小以及饱和度的后缀结合成化合物名),不饱和后缀可采用环戊熳,如 1,3-噁唑也可命名为 1,3-氧氮杂环戊熳,1,3-噻唑命名为 1,3-硫氮杂环戊熳。

含两个杂原子的五元杂环可以看成是吡咯、呋喃和噻吩的氮取代物,根据两个杂原子的位置可分为 1,2-唑和 1,3-唑两类。例如:

1,2-唑:

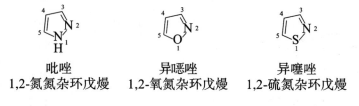

吡唑
1,2-氮氮杂环戊熳

异噁唑
1,2-氧氮杂环戊熳

异噻唑
1,2-硫氮杂环戊熳

1,3-唑:

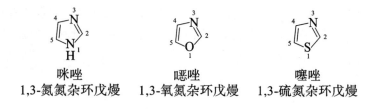

咪唑
1,3-氮氮杂环戊熳

噁唑
1,3-氧氮杂环戊熳

噻唑
1,3-硫氮杂环戊熳

NOTE

（一）结 构

唑类可以看成是吡咯、呋喃和噻吩环上的 2 位或 3 位的碳被氮原子所替代,这个增加的氮原子的电子构型与吡啶环中的氮原子相同,为 sp^2 杂化,未参与杂化的 p 轨道中有一个电子,与碳原子及杂原子的 p 轨道侧面重叠形成共轭大 π 键,因此具有芳香性。如图 14-2 所示。

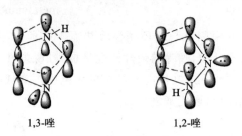

1,3-唑　　　　　　　　1,2-唑

图 14-2　唑类分子轨道示意图

增加的氮原子的 sp^2 杂化轨道中有一对未共用电子对,吸电子的氮原子使唑类环上的电子云密度降低,环稳定性增强。

（二）咪唑、吡唑互变异构

吡唑和咪唑都有互变异构体,当环上无取代基时,这一现象不易辨别,当环上有取代基时则很明显。

咪唑　　　　　4-甲基咪唑　　　　　5-甲基咪唑

吡唑　　　　　5-甲基吡唑　　　　　3-甲基吡唑

（三）理化性质

1. 物理性质　含两个杂原子的五元杂环化合物的物理常数见表 14-2。

表 14-2　几种唑类杂环的物理常数

名　称	相对分子质量	沸点/℃	熔点/℃	水溶性	pK_a
吡唑	68	186～188	69～70	1 : 1	2.5
咪唑	68	257	90～91	易溶	7.0
噻唑	85	117	−33	微溶	2.4
噁唑	69	69～70	−87～−84	易溶	0.8
异噁唑	69	95～96	−67.1	溶解	−2.03

从表 14-2 中可以看出,五种唑类化合物虽然相对分子质量相近,沸点却有较大差别,其中咪唑和吡唑具有较高的沸点。这是因为咪唑可形成分子间氢键,吡唑可通过氢键形成二聚体而使沸点升高。

NOTE

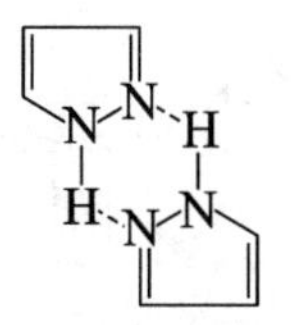

吡唑二聚体 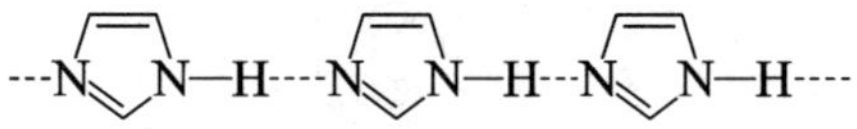　　　　　咪唑线形多聚体

五个唑类化合物的水溶性都比吡咯、呋喃、噻吩大,这是由于结构中增加了一个带有未共用电子对的氮原子,可与水形成氢键。

2. 碱性　唑类的碱性都比吡咯强,比吡啶弱(咪唑除外)。咪唑碱性最强,比吡啶和苯胺都强,原因在于咪唑与质子结合后的正离子稳定,它有两种能量相等的共振极限式,使其共轭酸能量低,稳定性高。

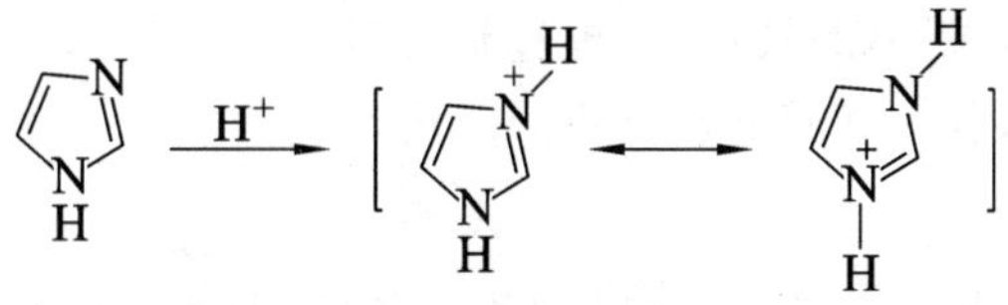

咪唑的碱性在生命过程中有重要意义,例如在酶的活性位置上,组胺酸中的咪唑环常作为质子的接受体。

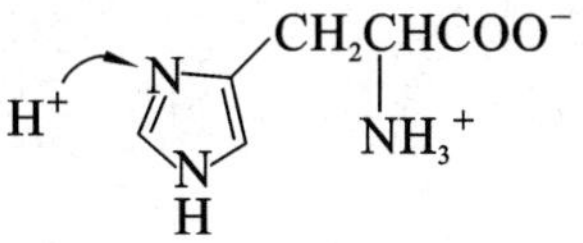

吡唑分子中有两个氮原子直接相连,吸电子的诱导效应更显著,碱性减弱,还有异噁唑也属于这种情况。

吡唑和咪唑氮上氢的酸性也比吡咯强。这是因为它们共轭碱的负电荷可以被电负性的氮原子分散,使其共轭碱更稳定。

3. 亲电取代反应　唑类化合物因分子中增加了一个吸电子的氮原子(类似于苯环上的硝基),其亲电取代反应活性明显降低,对氧化剂、强酸都不敏感。

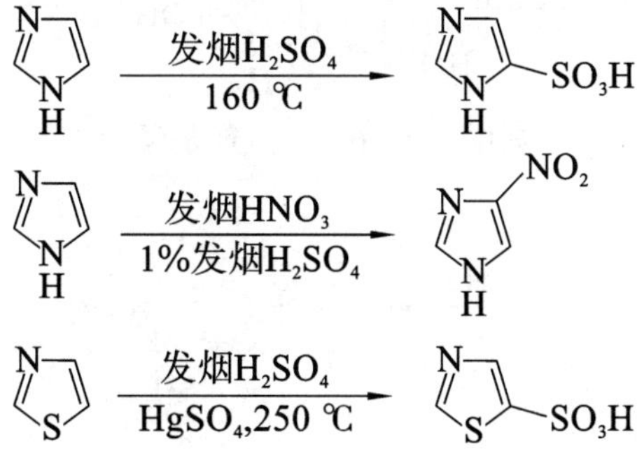

（四）咪唑、噻吩的衍生物

含咪唑环的物质广泛存在于自然界中,具有生理活性。如蛋白质成分的组氨酸及其在体内的分解产物组胺都有咪唑环。有的生物碱也含有咪唑环,如毛果芸香碱(毛果芸香所含的生物碱)。一些重要的天然产物含有噻唑结构,如青霉素、维生素 B_1 等。青霉素是一类抗生素的总称,它们的结构很相似,均具有稠合在一起的四氢噻唑环和 β-内酰胺环。

303

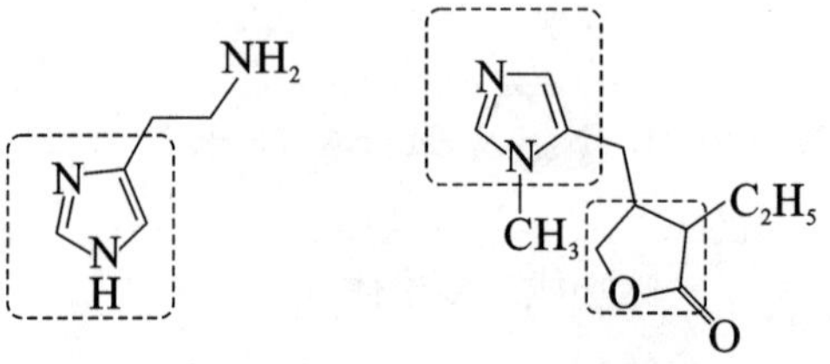

组胺　　　　　毛果芸香碱　　　　　青霉素

四、嘌呤及嘌呤衍生物

嘌呤是由一个嘧啶环和一个咪唑环稠合成的稠杂环化合物,它存在于核酸和核苷酸中。嘌呤还广泛存在于动植物体内,比如具有兴奋作用的生物碱咖啡因、茶碱、可可碱都含有嘌呤环。嘌呤环类化合物还有抗肿瘤、抗病毒、抗过敏、降胆固醇、利尿、强心、扩张支气管等作用。因此嘌呤衍生物在生命过程中起着非常重要的作用。

（一）嘌呤环的结构

嘌呤环也存在着互变异构现象(有咪唑环系),它有 $9H$ 和 $7H$ 两种异构体。

$9H$-嘌呤　　　　　$7H$-嘌呤

（二）嘌呤的性质

嘌呤是无色针状晶体,熔点为 216～217 ℃,易溶于水,也可溶于醇,但不溶于非极性的有机溶剂。嘌呤具有弱酸性和弱碱性。其酸性(pK_a＝8.9)比咪唑(pK_a＝14.2)强,其碱性(pK_a＝2.4)比嘧啶(pK_a＝1.3)强,但比咪唑(pK_a＝7.0)弱。嘌呤环本身与各种试剂的反应很少,下面列出几个取代嘌呤的部分化学反应,说明嘌呤环上官能团的相互转换。

尿酸（2,6,8-三羟基嘌呤）　　　　　2,6,8-三氯嘌呤

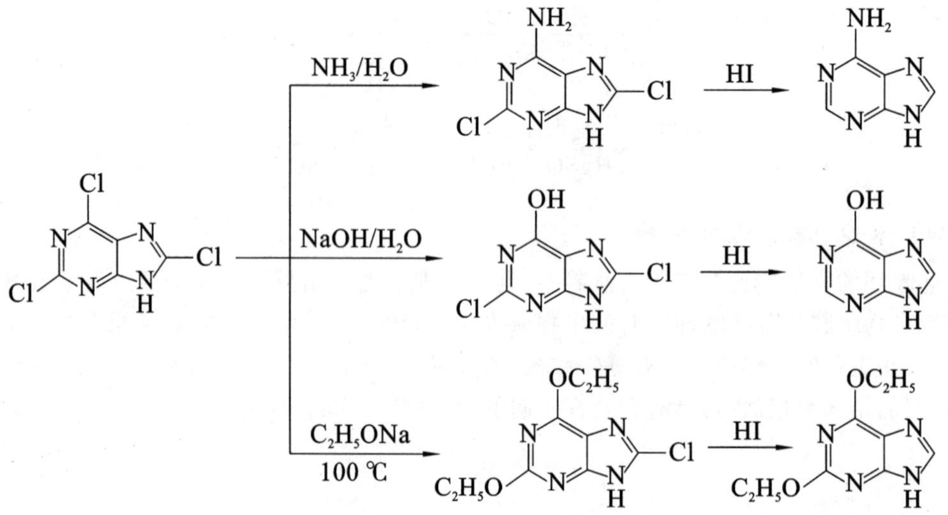

NH₃/H₂O

NaOH/H₂O

C₂H₅ONa 100 ℃

（三）重要的嘌呤衍生物

2,6-二羟基-7H-嘌呤称为黄嘌呤,有两种互变异构形式,其衍生物常以酮的形式存在。

烯醇式   酮式

黄嘌呤的甲基衍生物如咖啡因、茶碱和可可碱广泛存在于茶叶和可可豆中,具有利尿和兴奋神经的作用,其中咖啡因和茶碱可供药用。

咖啡因   茶碱   可可碱

> **练习题 14-2** 回答下列问题。
> （1）为什么呋喃、噻吩及吡咯比苯容易进行亲电取代反应?试解释之。
> （2）为什么呋喃能与顺-丁烯二酸酐进行双烯合成反应,而噻吩及吡咯则不能?试解释之。
> （3）如何除去混在苯中的少量噻吩?

第三节 六元杂环化合物

六元杂环化合物是杂环类化合物中最重要的部分,尤其是含氮的六元杂环化合物如吡啶、嘧啶的衍生物广泛存在于自然界,很多合成药物也含有吡啶环和嘧啶环。六元杂环化合物包括含一个杂原子的六元杂环、含两个杂原子的六元杂环,以及六元稠杂环等。

一、吡啶

吡啶存在于煤焦油、页岩油和骨焦油中,吡啶的工业制法可由糠醇与氨共热（500 ℃）制备,也可用乙炔制备。吡啶为有特殊臭味的无色液体,沸点为 115.5 ℃,相对密度为 0.982,可与水、乙醇、乙醚等任意混溶。

知识链接 14-2

（一）结构

吡啶的结构与苯非常相似,近代物理方法测得,吡啶分子中的碳碳键长为 139 pm,介于 C—N 单键（147 pm）和 C＝N 双键（128 pm）之间,而且其碳碳键与碳氮键的键长数值也相近,键角约为 120°,这说明吡啶环上键的平均化程度较高,但没有苯完全。

吡啶环上的碳原子和氮原子均以 sp^2 杂化轨道相互重叠形成 σ 键,构成一个平面六元环。每个原子上有一个 p 轨道垂直于环平面,每个 p 轨道中有一个电子,这些 p 轨道侧面重叠形成一个大 π 键（图 14-3(a)）,π 电子数目为 6,符合 $4n+2$ 规则,与苯环类似。因此,吡啶具有一定的芳香性。氮原子上还有一个 sp^2 杂化轨道没有参与成键,被一对未共用电子对所占据,使吡啶具有碱性。吡啶环上的氮原子的电负性较大,对环上电子云密度分布有很大影响,使 π 电子

知识链接 14-1

NOTE

云向氮原子偏移,氮原子周围电子云密度较高,而环的其他部分电子云密度较低,尤其是邻、对位上降低显著(图 14-3(b)),所以吡啶的芳香性比苯差。

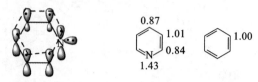

(a)吡啶的分子轨道示意图　(b)吡啶的电子云密度

图 14-3　吡啶的结构

在吡啶分子中,氮原子的作用类似于硝基苯的硝基,使其邻、对位上的电子云密度比苯环低,间位则与苯环相近,这样,环上碳原子的电子云密度远远低于苯,因此像吡啶这类芳杂环又被称为"**缺 π**"芳杂环。这类杂环表现在化学性质上是亲电取代反应变难,亲核取代反应变易,氧化反应变难,还原反应变易。

(二)物理性质

1. 偶极矩　吡啶为极性分子,其分子极性比哌啶大。这是因为在哌啶环中,氮原子只有吸电子的诱导效应($-I$),而在吡啶环中,氮原子既有吸电子的诱导效应($-I$),又有吸电子的共轭效应($-C$)。

2. 溶解度　吡啶与水能以任何比例互溶,同时又能溶解大多数极性及非极性的有机化合物,甚至可以溶解某些无机盐类。所以吡啶是一个有广泛应用价值的溶剂。吡啶分子具有较强水溶性的原因除了分子具有较大的极性外,还因为吡啶氮原子上的未共用电子对可以与水形成氢键。吡啶结构中的烃基使它与有机分子有相当的亲和力,所以可以溶解极性或非极性的有机化合物。而氮原子上的未共用电子对能与一些金属离子如 Ag^+、Ni^{2+}、Cu^{2+} 等形成配合物,致使它可以溶解无机盐类。

(三)化学性质

1. 碱性　吡啶氮原子上的未共用电子对可接受质子而显碱性。吡啶的 pK_a 为 5.19,比氨($pK_a=9.24$)和脂肪胺($pK_a=10\sim11$)都弱。原因在于吡啶中氮原子上的未共用电子对处于 sp^2 杂化轨道中,其 s 轨道成分较 sp^3 杂化轨道多,离原子核近,电子受核的束缚较强,给出电子的倾向较小,因而与质子结合较难,碱性较弱。但吡啶与芳香胺(如苯胺,$pK_a=4.6$)相比,碱性稍强一些。

吡啶与强酸可以形成稳定的盐,某些结晶盐可以用于分离、鉴定及精制工作。吡啶在许多化学反应中用于催化剂和脱酸剂,因为吡啶在水中和有机溶剂中的良好溶解性,所以它的催化作用常常是一些无机碱无法达到的。

吡啶不但可与强酸成盐,还可以与路易斯酸成盐。例如:

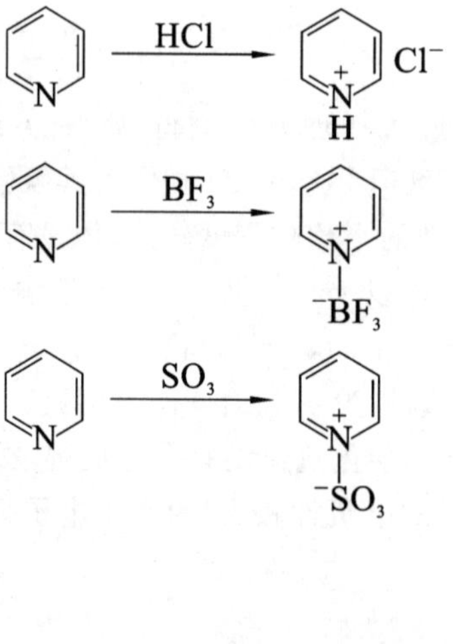

其中吡啶三氧化硫是一个重要的非质子型的磺化试剂。

此外，吡啶还具有叔胺的某些性质，可与卤代烃反应生成季铵盐，也可与酰卤反应成盐。例如：

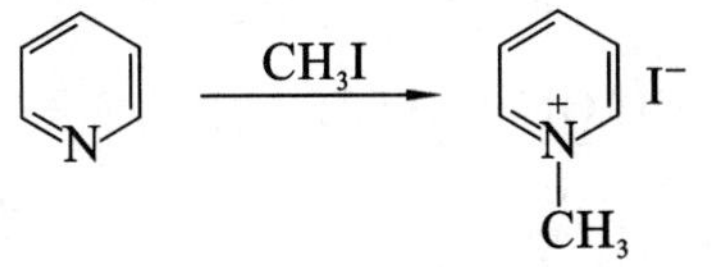

碘化 *N*-甲基吡啶

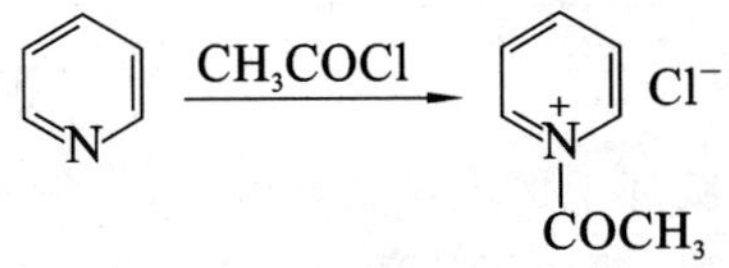

氯化 *N*-乙酰基吡啶

吡啶与酰卤生成的 *N*-酰基吡啶盐是良好的酰化试剂。

2. 亲电取代反应 吡啶是"缺 π"杂环，环上电子云密度比苯低，因此其亲电取代反应的活性也比苯低，与硝基苯相当。由于环上氮原子的钝化作用，使亲电取代反应的条件比较苛刻，且产率较低，取代基主要进入 3(β) 位。

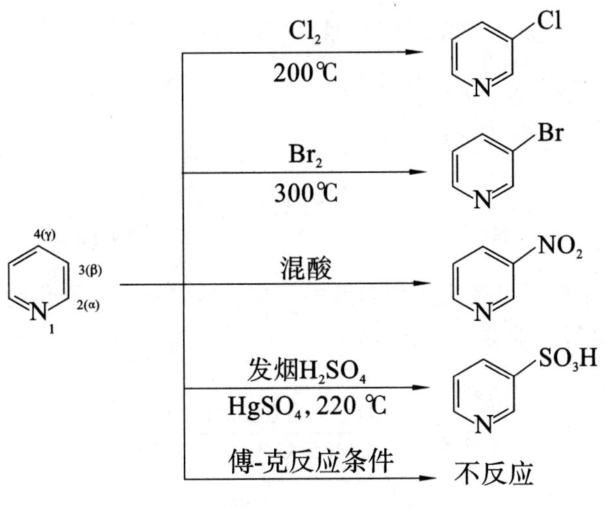

3. 亲核取代反应 由于吡啶环上氮原子的吸电子作用，环上碳原子的电子云密度降低，尤其在 2 位和 4 位上的电子云密度更低，因而环上的亲核取代反应容易发生，取代反应主要发生在 2 位和 4 位上。例如：

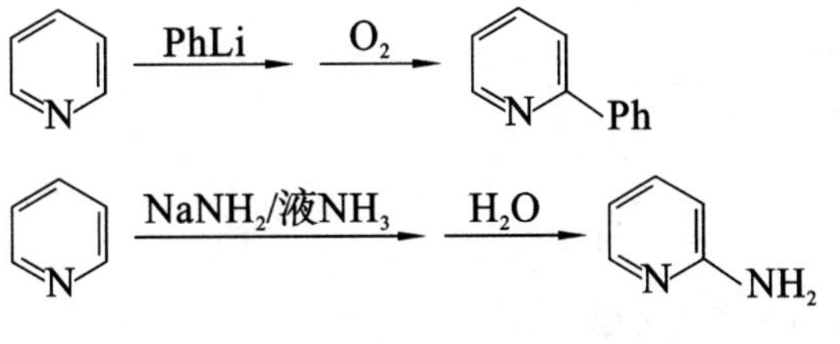

吡啶与氨基钠反应生成 2-氨基吡啶的反应称为**齐齐巴宾（Chichibabin）反应**，如果 2 位已经被占据，则反应发生在 4 位，得到 4-氨基吡啶，但产率低。

如果吡啶环的 α 位或 γ 位存在着较好的离去基团（如卤素、硝基），则很容易发生亲核取代反应。如吡啶可以与氨（或胺）、烷氧化物、水等较弱的亲核试剂发生亲核取代反应。例如：

4-氯吡啶 $\xrightarrow[\triangle]{\text{NaOH/H}_2\text{O}}$ 4-羟基吡啶

2-溴吡啶 $\xrightarrow[\triangle]{\text{CH}_3\text{ONa/CH}_3\text{OH}}$ 2-甲氧基吡啶

2,3-二氯吡啶 $\xrightarrow[\triangle]{\text{CH}_3\text{NH}_2/\text{H}_2\text{O}}$ 产物

4. 氧化和还原反应　由于吡啶环上的电子云密度低,一般不易被氧化,尤其在酸性条件下,吡啶成盐后氮原子上带有正电荷,吸电子的诱导效应增强,使环上电子云密度降低,稳定性增强。吡啶环带有侧链时,则发生侧链上的氧化反应。例如:

3-甲基吡啶 $\xrightarrow[\triangle]{\text{KMnO}_4/\text{H}^+}$ 烟酸 (COOH)

烟碱(尼古丁) $\xrightarrow[\triangle]{\text{HNO}_3}$ 产物 (COOH)

2-苯基吡啶 $\xrightarrow[\triangle]{\text{KMnO}_4/\text{H}^+}$ 产物 (COOH)

吡啶在特殊氧化条件下可发生类似叔胺的氧化反应,生成 N-氧化物。例如吡啶与过氧酸或过氧化氢作用时,可得到吡啶 N-氧化物。

吡啶 $\xrightarrow[65\,℃]{\text{H}_2\text{O}_2,\ \text{CH}_3\text{COOH}}$ 吡啶 N-氧化物

3-甲基吡啶 $\xrightarrow[\text{CH}_3\text{COOH}]{\text{H}_2\text{O}_2\text{或CH}_3\text{COOH}}$ 产物

吡啶 N-氧化物可以还原脱去氧。

吡啶 N-氧化物 $\xrightarrow{[\text{H}]}$ 吡啶

在吡啶 N-氧化物中,氧原子上的未共用电子对可与芳香大 π 键发生供电子 p-π 共轭作用,使环上电子云密度升高,其中 α 位和 γ 位增加显著,使吡啶环亲电取代反应容易发生。又由于生成吡啶 N-氧化物后,氮原子上带有正电荷,吸电子的诱导效应增加,使 α 位的电子云密度有所降低,因此,亲电取代反应主要发生在 4(γ)位上。同时,吡啶 N-氧化物也容易发生亲核取代反应。例如:

NOTE

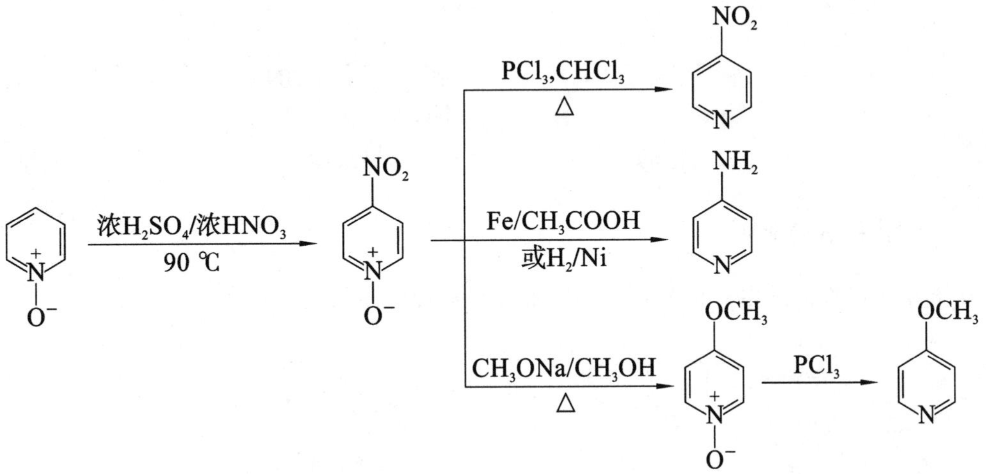

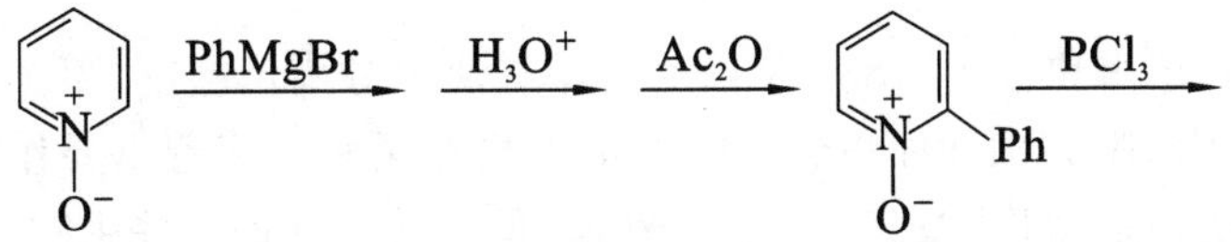

与氧化反应相反,吡啶环比苯环容易发生加氢还原反应,用催化加氢和金属钠/乙醇都可以还原。例如:

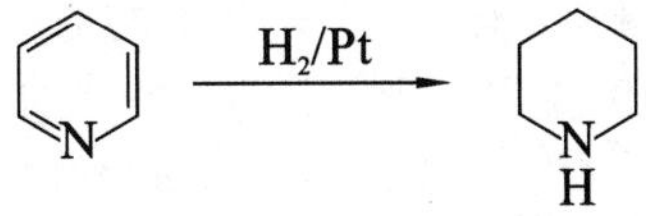

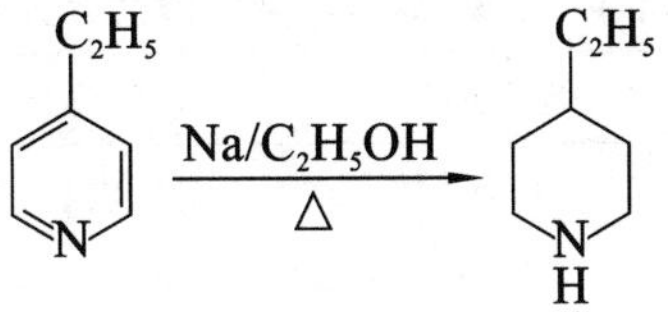

吡啶的还原产物为六氢吡啶(哌啶),具有仲胺的性质,碱性比吡啶强($pK_a = 11.2$),沸点为 106 ℃。很多天然产物具有此环系,是常用的有机碱。

(四)吡啶及其衍生物

吡啶衍生物广泛存在于自然界,例如,植物所含的生物碱不少都具有吡啶环结构,维生素 PP、维生素 B_6、辅酶 I 及辅酶 II 也含有吡啶环。吡啶是重要的有机合成原料(如合成药物)、良好的有机溶剂和有机合成催化剂。

1. 烟酸 也称为维生素 B_3 或者维生素 PP,是水溶性的 B 族维生素之一,烟酸在人体内转化为烟酰胺,烟酰胺是辅酶 I 和辅酶 II 的组成部分,参与体内脂质代谢、组织呼吸的氧化和糖类的无氧分解。

缺乏维生素 PP 会引起糙(癞)皮病,其症状特征有三:皮炎,下痢,痴呆。因此,烟酸又被称为**抗糙(癞)皮病维生素**。

2. 异烟肼 商品名为雷米封,对结核杆菌有抑制和杀灭作用,其生物膜穿透性好,由于疗效佳、毒性小、价廉、口服方便,异烟肼被列为首选抗结核病药。

（烟酸的结构图）

烟酸

（异烟肼的结构图）

异烟肼

二、喹啉和异喹啉

喹啉和异喹啉都是由一个苯环和一个吡啶环稠合而成的化合物。

（喹啉的结构图，标有 3、4、5、6、7、8 和 1、2 位）

喹啉
quinoline

（异喹啉的结构图，标有 1、2、3、4、5、6、7、8 位）

异喹啉
isoquinoline

喹啉和异喹啉都存在于煤焦油中，1834 年首次从煤焦油中分离出喹啉，不久，用碱干馏抗疟药奎宁（quinine）也得到喹啉并因此而得名。喹啉衍生物在医药中起着重要作用，许多天然或合成药物都具有喹啉的环系结构，如奎宁、喜树碱等。而天然存在的一些生物碱，如吗啡碱、罂粟碱、小檗碱等，均含有异喹啉的结构。

（一）结构及物理性质

喹啉和异喹啉都是平面型分子，含有 10 个 π 电子的芳香大 π 键，结构与萘相似。喹啉和异喹啉的氮原子上有一对未共用电子对，均位于 sp^2 杂化轨道，与吡啶的氮原子相同，其碱性与吡啶也相似。由于分子中增加了憎水性的苯环，故水溶性比吡啶显著降低。其物理性质见表 14-3。

表 14-3 喹啉、异喹啉及吡啶的物理性质

名 称	沸点/℃	熔点/℃	水中溶解性	苯中溶解性	pK_a
喹啉	238	−15.6	溶（热）	混溶	4.90
异喹啉	243	26.5	不溶	混溶	5.42
吡啶	115.5	−42	混溶	混溶	5.19

（二）化学性质

喹啉和异喹啉环系是由一个苯环和一个吡啶环稠合而成的。由于苯环和吡啶环的相互影响，使喹啉和异喹啉发生亲电取代反应、亲核取代反应、氧化反应和还原反应。

1. 亲电取代反应 亲电取代反应发生在苯环上，其反应活性比萘低，比吡啶高，取代基主要进入 5 位和 8 位。

（喹啉在浓H₂SO₄/浓HNO₃、△条件下反应生成 5-硝基喹啉 52% 和 8-硝基喹啉 48% 的反应式）

$$\xrightarrow{\text{浓H}_2\text{SO}_4/\text{浓HNO}_3} \quad \triangle$$

52%　　48%

（异喹啉在发烟H₂SO₄条件下反应生成 5-磺基异喹啉的反应式）

$$\xrightarrow{\text{发烟H}_2\text{SO}_4}$$

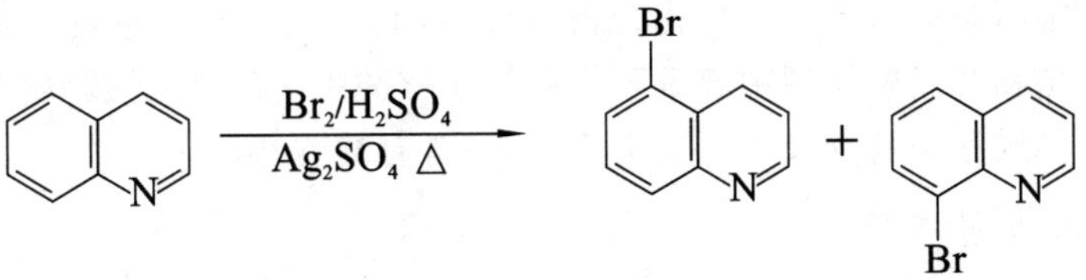

（反应式：喹啉 + Br₂/H₂SO₄、Ag₂SO₄ △ → 5-溴喹啉 + 8-溴喹啉）

2. 亲核取代反应 亲核取代反应发生在吡啶环上,反应活性比吡啶高。喹啉取代主要发生在 2 位上,异喹啉取代主要发生在 1 位上。

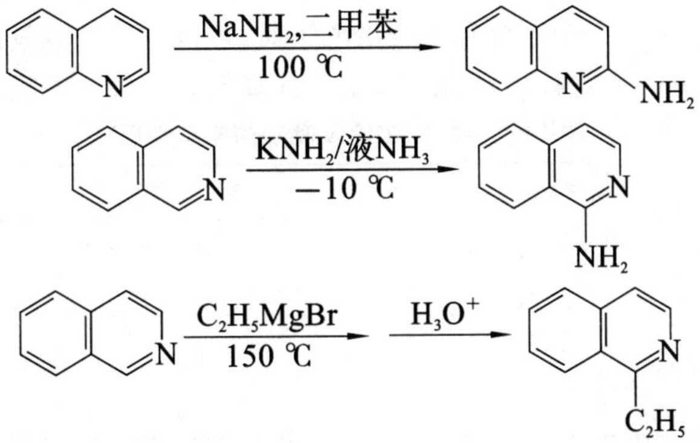

（反应式：喹啉 + NaNH₂,二甲苯，100 ℃ → 2-氨基喹啉）

（反应式：异喹啉 + KNH₂/液NH₃，−10 ℃ → 1-氨基异喹啉）

（反应式：异喹啉 + C₂H₅MgBr，150 ℃ → H₃O⁺ → 1-乙基异喹啉）

3. 氧化和还原反应 氧化反应发生在苯环上(过氧化物氧化除外)。还原反应发生在吡啶环上。

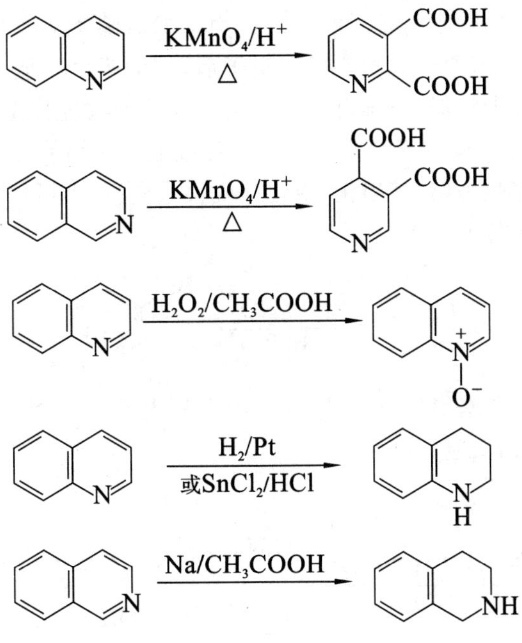

（反应式：喹啉 + KMnO₄/H⁺ △ → 2,3-吡啶二甲酸）

（反应式：异喹啉 + KMnO₄/H⁺ △ → 3,4-吡啶二甲酸）

（反应式：喹啉 + H₂O₂/CH₃COOH → 喹啉 N-氧化物）

（反应式：喹啉 + H₂/Pt 或SnCl₂/HCl → 1,2,3,4-四氢喹啉）

（反应式：异喹啉 + Na/CH₃COOH → 1,2,3,4-四氢异喹啉）

三、含有两个氮原子的六元杂环

含两个氮原子的六元杂环化合物总称为**二氮嗪**。"嗪"表示含有多于一个氮原子的六元杂环。二氮嗪共有三种异构体,其结构和名称如下:

哒嗪 pyridazine　　　嘧啶 pyrimidine　　　吡嗪 pyrazine

NOTE

311

哒嗪、嘧啶和吡嗪是许多重要杂环化合物的母核，其中以嘧啶环系最为重要，广泛存在于动植物中，并在动植物的新陈代谢中起重要作用。如核酸中的碱基有三种嘧啶衍生物，某些维生素及合成药物（如磺胺类药物及巴比妥类药物等）含有嘧啶环系。

（一）结构及物理性质

二氮嗪类化合物都是平面型分子，与吡啶相似。所有碳原子和氮原子均为 sp^2 杂化，每个原子未参与杂化的 p 轨道（每个 p 轨道有一个电子）侧面重叠形成大 π 键，两个氮原子各有一对未共用电子对占据 sp^2 杂化轨道。二嗪类化合物具有芳香性，属于芳香杂环化合物。

二氮嗪类化合物由于氮原子上含有未共用电子对，可以与水形成氢键，所以哒嗪和嘧啶可与水互溶，而吡嗪由于分子的对称性，极性小，水溶性降低。三种二氮嗪的物理性质见表14-4。

表 14-4 哒嗪、嘧啶及吡嗪的物理性质

	哒 嗪	嘧 啶	吡 嗪
偶极矩	13.1×10^{-30} C·m	6.99×10^{-30} C·m	0
熔点/℃	-6.4	22.5	54
沸点/℃	207	124	121
pK_a	2.33	1.30	0.65

（二）化学性质

1. 碱性　二氮嗪的碱性比吡啶弱。这是由于二氮嗪的两个氮原子的吸电子作用相互影响，使其电子云密度降低，减弱了与质子的结合能力。二氮嗪类化合物虽然含有两个氮原子，但它们都是一元碱，当一个氮原子成盐变成正离子后，它的吸电子能力大大增强，致使另一个氮原子上的电子云密度大大降低，很难再与质子结合，不再显碱性，故为一元碱。

2. 亲电取代反应　二氮嗪由于两个氮原子的强吸电子作用使环上电子云密度更低，亲电取代反应更难发生。以嘧啶为例，其硝化、磺化反应很难进行，但可以发生卤代反应，卤素进入电子云密度相对较高的 5 位上。

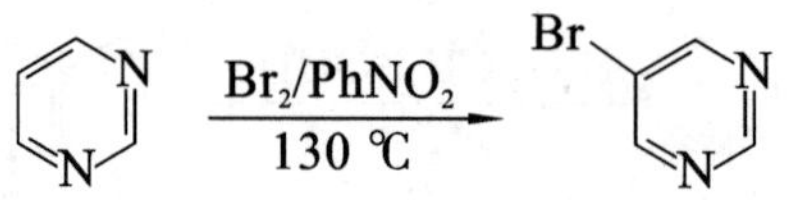

但是，环上连有羟基、氨基等供电子基团时，由于环上电子云密度增大，反应活性增强，能发生硝化、磺化等亲电取代反应。例如：

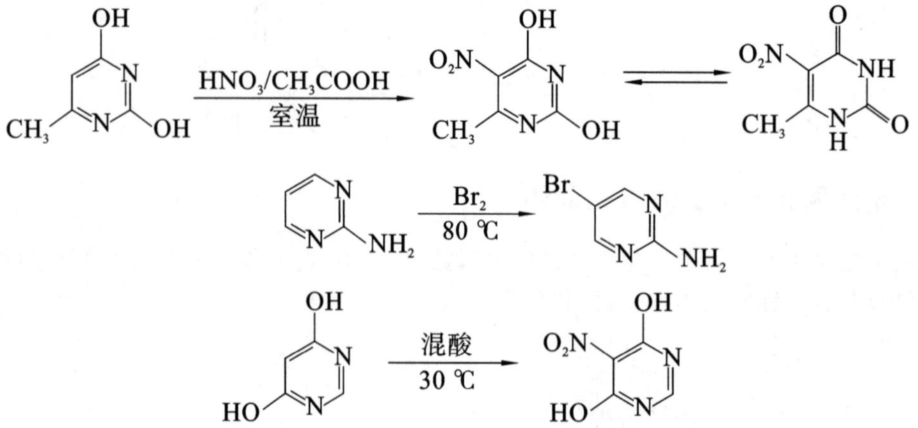

3. 亲核取代反应　二氮嗪可以与亲核试剂反应，如嘧啶的 2、4、6 位分别处于两个氮原子的邻位或对位，受双重吸电子效应的影响，电子云密度降低，是亲核试剂进入的主要位置。

例如：

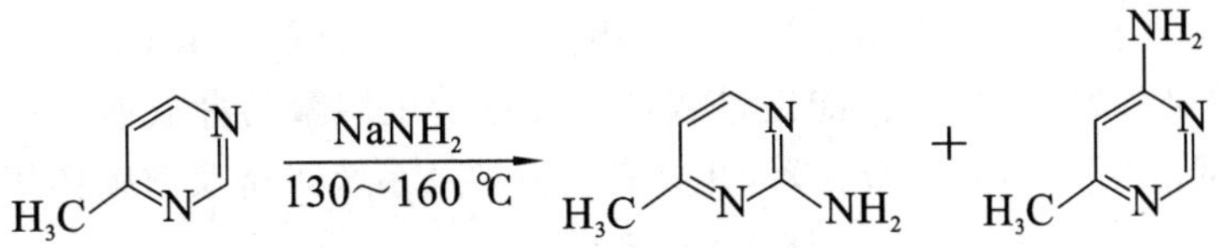

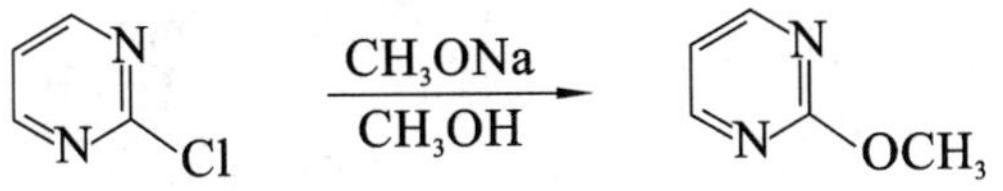

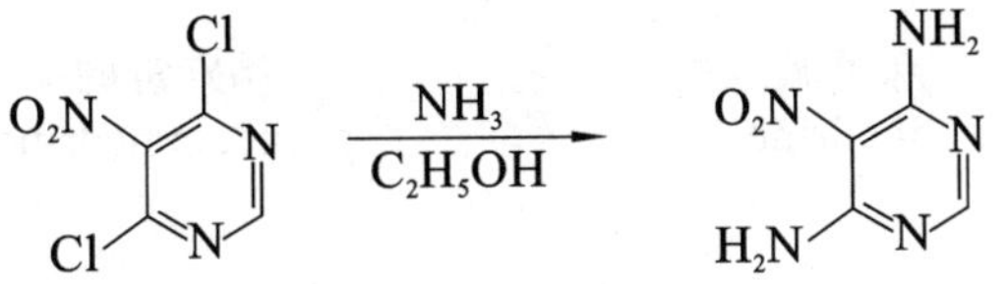

$$H_3C\text{-嘧啶} \xrightarrow[130\sim160\,℃]{NaNH_2} H_3C\text{-嘧啶-}NH_2 + H_3C\text{-嘧啶-}NH_2$$

$$\text{嘧啶-Cl} \xrightarrow[CH_3OH]{CH_3ONa} \text{嘧啶-}OCH_3$$

$$O_2N\text{、Cl-嘧啶} \xrightarrow[C_2H_5OH]{NH_3} O_2N\text{、}H_2N\text{-嘧啶-}NH_2$$

4. 氧化和还原反应 二氮嗪母核不易被氧化,当侧链及苯并二氮嗪被氧化时,侧链及苯环可氧化成羧酸及二羧酸。

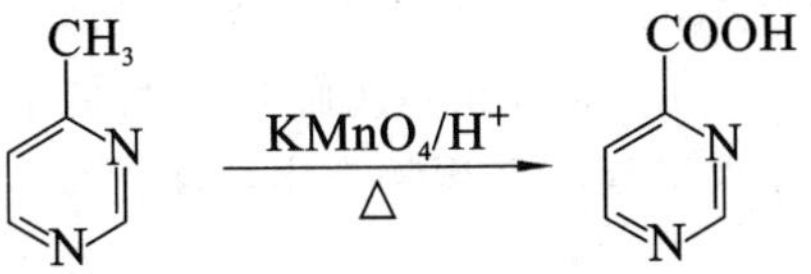

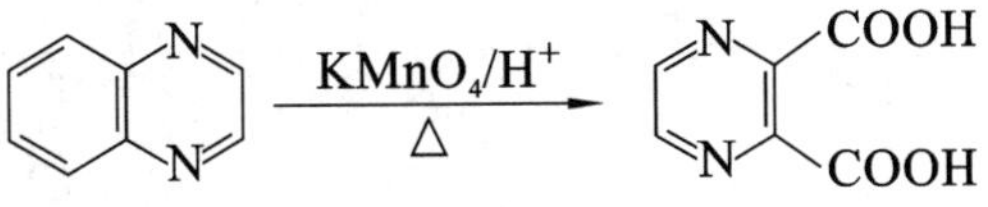

$$CH_3\text{-嘧啶} \xrightarrow[\triangle]{KMnO_4/H^+} COOH\text{-嘧啶}$$

$$\text{喹喔啉} \xrightarrow[\triangle]{KMnO_4/H^+} \text{-COOH, -COOH}$$

与吡啶类似,二氮嗪在过氧酸或过氧化氢中可发生反应,生成单氮氧化物。单氮氧化物容易发生亲电取代反应和亲核取代反应。

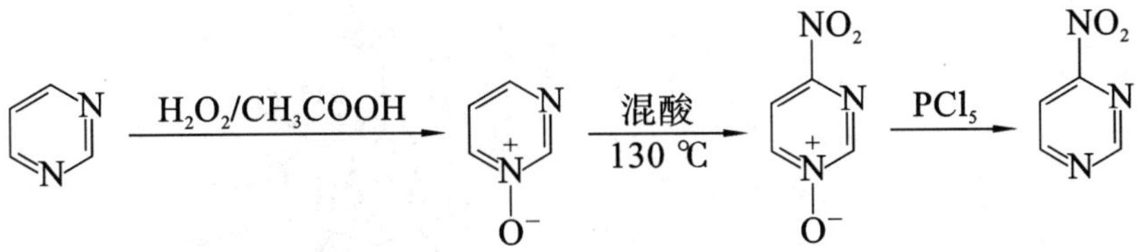

$$\text{嘧啶} \xrightarrow{H_2O_2/CH_3COOH} \text{嘧啶-}O^- \xrightarrow[130\,℃]{混酸} \text{NO}_2\text{-嘧啶-}O^- \xrightarrow{PCl_5} NO_2\text{-嘧啶}$$

练习题 14-3 用适当的化学方法,将下列混合物中的少量杂质除去。
(1)甲苯中混有少量吡啶 (2)吡啶中混有少量六氢吡啶

第四节 生 物 碱

知识拓展 14-1

生物碱是指一类来源于生物界(以植物为主)的含氮的有机物,多数生物碱分子具有较复杂的环状结构,且氮原子在环状结构内,大多呈碱性,一般具有生物活性。生物碱在植物体内常与有机酸(果酸,柠檬酸,草酸,琥珀酸,醋酸,丙酸等)结合成盐而存在,也有和无机酸(磷酸,硫酸,盐酸)结合的。中草药治病有效成分含有生物碱、苷等。生物碱的研究促进有机合成药物的发展,为合成新药提供线索,例如古柯碱化学的研究促使局部麻醉剂普鲁卡因的合成。

一、生物碱的分类和结构

生物碱根据化学结构分为以下一些主要类型。

 NOTE

（一）有机胺类（苯丙氨酸/酪氨酸）

结构特点：氮原子不结合在环内的一类生物碱。如：麻黄碱（ephedrine）、伪麻黄碱。麻黄碱和伪麻黄碱都是拟肾上腺素药，能促进人体内去甲肾上腺素的释放而显功效，作用强度较弱，只有肾上腺素的 1/142，但口服有效，并具有中枢神经系统兴奋及散瞳作用，这是肾上腺素所没有的。盐酸麻黄碱主要供内服以治疗气喘等。

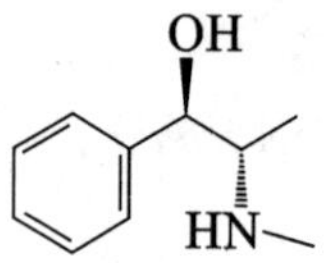

麻黄碱
ephedrine

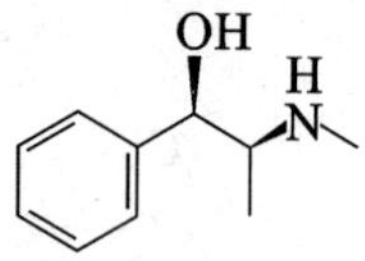

伪麻黄碱
pseudoephedrine

（二）吡咯衍生物

由吡咯或四氢吡咯衍生的生物碱。该类生物碱种类不少，较重要的分为简单的吡咯衍生物、吡咯里西啶衍生物（又称双稠吡咯啶）和吲哚里西啶衍生物。例如：红豆古碱（cuscohygrine）属简单的吡咯衍生物类生物碱；野百合属植物农吉利［*Crotalaria sessiliflors* L.］中的抗癌有效成分野百合碱（monocrotaline）属吡咯里西啶衍生物；大戟科植物一叶萩中得到的一叶萩碱（securinine）属吲哚里西啶衍生物类生物碱。

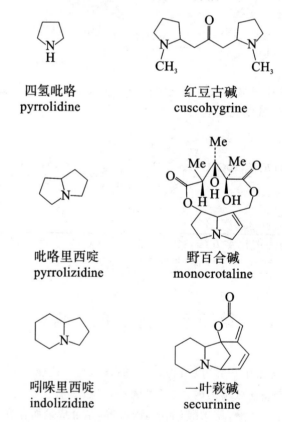

四氢吡咯
pyrrolidine

红豆古碱
cuscohygrine

吡咯里西啶
pyrrolizidine

野百合碱
monocrotaline

吲哚里西啶
indolizidine

一叶萩碱
securinine

（三）吡啶（pyridine）衍生物

由吡啶或六氢吡啶衍生的生物碱。该类型生物碱主要有简单吡啶衍生物和喹诺里西啶（quinolizidine）。例如：猕猴桃碱（actinidine）属简单吡啶衍生物，该成分是一种油状液体生物碱。金雀花碱（cytisine）属喹诺里西啶衍生物，具有兴奋中枢神经的作用。苦参碱（matrine）及氧化苦参碱，也属喹诺里西啶衍生物，两者均有抗癌活性。

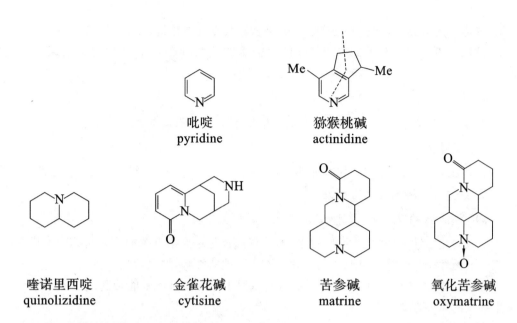

吡啶
pyridine

猕猴桃碱
actinidine

喹诺里西啶
quinolizidine

金雀花碱
cytisine

苦参碱
matrine

氧化苦参碱
oxymatrine

（四）喹啉和异喹啉衍生物

喜树碱（camptothecin）是一种喹啉类生物碱，来自我国南方特产植物珙桐科喜树中，具有抗癌活性，对白血病和直肠癌有一定临床疗效，但毒性很大，其安全范围较小。存在于鸦片中的那可丁（narcotine）属 1-苯甲基异喹啉型生物碱，具有镇咳作用，与可待因相似，但无成瘾性，可替代可待因。

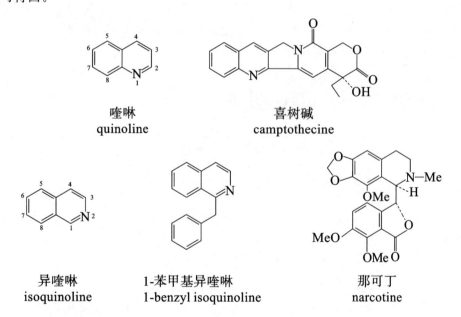

喹啉
quinoline

喜树碱
camptothecine

异喹啉
isoquinoline

1-苯甲基异喹啉
1-benzyl isoquinoline

那可丁
narcotine

生物碱还有菲啶（phenanthridine）、吖啶酮（acridone）、吲哚（indole）、咪唑（imidazole）、喹唑酮（quinazolone）、嘌呤（purine）、萜生物碱类等衍生物。

二、生物碱的性质

（一）性状

1. 形态 多数生物碱呈结晶形固体，有些为非晶形粉末状；少数生物碱为液体状态，这类生物碱分子中多无氧原子，或氧原子结合为酯键，个别生物碱具有挥发性，如麻黄碱；极少数生物碱具有升华性，如咖啡因。

 NOTE

2. 味道 大多数生物碱具有苦味,少数生物碱具有其他味道,如甜菜碱为甜味。

3. 颜色 绝大多数生物碱为无色,仅少数具有较长共轭体系结构的生物碱呈不同的颜色。

(二) 旋光性

凡是具有手性碳原子或本身为手性分子的生物碱,则具有旋光性。

(三) 溶解性

生物碱类成分的结构复杂,其溶解性有很大差异,与其分子中 N 原子的存在形式、极性基团的有无、数目以及溶剂等密切相关。

(四) 生物碱的化学性质和反应

生物碱的化学性质较活泼,反应较多,本节仅选择与氮原子有关的重要而共同的化学性质与反应——碱性、成盐、涉及氮原子的氧化和 C—N 键的裂解,加以讨论。

1. 碱性 生物碱分子中都含有氮原子,其氮原子上的孤对电子能接受质子而显碱性。碱性是生物碱的重要性质。

2. 成盐 绝大多数生物碱可与酸形成盐类。仲胺、叔胺生物碱成盐时,质子多结合于氮原子上。

3. 涉及氮原子的氧化 许多生物碱在氧化剂作用下,被氧化成亚胺及其盐类,去 N-烷基、酰胺(甲酰胺、乙酰胺、内酰胺)化、氮杂缩醛以及氮氧化物等。除 N-氧化物外,这些反应绝大多数都经过中间体亚胺盐离子进行,故统称为涉及氮原子的氧化。同样,这些反应也受到立体条件的限制。

4. C—N 键的裂解 生物碱分子中 C—N 键的裂解是非常重要的化学反应,其裂解方法主要有霍夫曼降解、Emde 降解和 Von Braun 三级胺降解。

本章小结

主要内容	学习要点
分类、结构及命名	呋喃、吡咯、噻吩、吡啶、嘧啶、喹啉、吲哚、嘌呤
芳香性	呋喃、吡咯、噻吩、吡啶均具有芳香性,富 π 电子芳杂环体系,亲电取代反应活性增强; 芳香性及其强弱比较:吡咯＞呋喃＞噻吩＞苯
酸碱性	吡咯:氮上的孤对电子参与环的共轭,不能与氢离子结合 不显碱性,同时这种共轭作用使氮原子上电子云密度相对降低 使氮原子上的氢可以解离,使吡咯呈弱酸性 吡啶:氮上的孤对电子未参与环的共轭体系,显碱性
化学性质	五元环(呋喃、吡咯、噻吩)的亲电取代反应(卤代、磺化) 反应活性:吡咯＞呋喃＞噻吩＞苯 六元环(吡啶)易发生亲核取代反应、加成反应、氧化还原反应、侧链的氧化反应
生物碱分类	有机胺类、吡咯衍生物、吡啶衍生物、喹啉和异喹啉衍生物
生物碱性质	性状(形态、味道、颜色)、旋光性、溶解性、化学性质(碱性、氧化反应、裂解反应)

第十四章 | 杂环化合物

目标检测答案

目标检测

一、命名下列化合物。

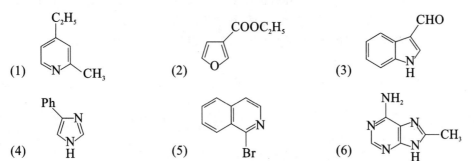

(1)　　　　　　　　(2)　　　　　　　　(3)

(4)　　　　　　　　(5)　　　　　　　　(6)

二、写出下列化合物的构造式。

(1) 2-呋喃甲醇　　　　　　　　(2) 2,4-二甲基噻吩

(3) 四氢呋喃　　　　　　　　　(4) 2-氯代咪唑

(5) N-甲基四氢吡咯　　　　　　(6) N-甲基-2-乙基吡咯

(7) 8-羟基喹啉　　　　　　　　(8) 烟酸

三、鉴别与除杂。

(1) 区别吡啶和喹啉；　　　　　(2) 除去混在甲苯中的少量吡啶；

(3) 除去混在吡啶中的六氢吡啶。

四、写出下列主要产物。

(1) $\dfrac{\text{浓HNO}_3}{\text{浓H}_2\text{SO}_4}$

(2) $\xrightarrow{\text{Ac}_2\text{O/BF}_3}$

(3) $\dfrac{\text{CH}_3\text{CHO}}{\text{烯OH}^-}$

(4) $\dfrac{\text{Br}_2}{\text{HOAc}}$

(5) $\dfrac{\text{CH}_3\text{I}}{60\ ^\circ\text{C}}$

(6) $\xrightarrow{\text{KMnO}_4/\text{H}^+}$

(7) $\dfrac{\text{浓HNO}_3}{\text{浓H}_2\text{SO}_4}$

(8) $\xrightarrow{\text{Cl}_2}$ (　　) $\xrightarrow{\text{OH}^-}$

五、吡啶分子中氮原子上的未共用电子对不参与 π 体系，这对电子可与质子结合。为什么

吡啶的碱性比脂肪族胺小得多?

　　六、从定义、结构、性状和功能上简述生物碱。

参 考 文 献

[1]　邢其毅,裴伟伟,徐瑞秋,等.基础有机化学[M].4 版.北京:北京大学出版社,2016.

[2]　陆阳,申东升.有机化学[M].2 版.北京:科学出版社,2017.

[3]　陆涛,胡春,项光亚.有机化学[M].7 版.北京:人民卫生出版社,2012.

（林朝阳）

NOTE

第十五章　糖　　类

学习目标

1. 掌握：D/L、α、β构型的意义，Fischer投影式和Haworth透视式、单糖的化学性质。

2. 熟悉：糖的结构与变旋光现象，苷键类型及双糖的特性。

3. 了解：糖的分类，常见双糖和多糖的结构。

糖类(saccharide) 是自然界中广泛分布的一类有机化合物。日常食用的蔗糖、粮食中的淀粉、植物体中的纤维素、人体血液中的葡萄糖等均属糖类。

糖类化合物一般由碳、氢、氧三种元素组成，早年生物化学家发现许多糖类化合物的分子式可用通式 $C_n(H_2O)_m$ 来表示，氢和氧的比例与水分子一样为 $2:1$。如葡萄糖的分子式 $C_6H_{12}O_6$ 可用 $C_6(H_2O)_6$ 来表示，麦芽糖的分子式 $C_{12}H_{22}O_{11}$ 可用 $C_{12}(H_2O)_{11}$ 来表示。从分子式上看，糖类化合物像是碳和水组成的化合物，所以，当初把糖类化合物称为碳水化合物(carbohydrate)。后来发现，有些糖类化合物中 H 与 O 比例并不是 $2:1$，分子式也不符合通式 $C_n(H_2O)_m$。如鼠李糖 $C_6H_{12}O_5$，脱氧核糖 $C_5H_{10}O_4$。此外，还有一些化合物，如甲醛、乙酸分子式虽然符合通式 $C_n(H_2O)_m$，但不是糖类。可见，碳水化合物的名称是不确切的，但因沿用已久，现在仍有人采用。

糖类化合物在生物体中扮演着多种角色，淀粉和糖原可以为生物体储存营养物质；甲壳素和纤维素可以构成动物外骨骼和植物细胞壁；糖及其衍生物承担着生物体内重要的细胞识别和信号传递功能，许多生命活动(如受精、衰老、分化、发育、癌变等)都需要在糖蛋白的参与下才能完成。除此之外，糖类化合物与很多疾病的发生、发展有关。目前，对糖类化合物结构和生物功能的研究，已成为有机化学和生物学中重要的领域之一。

 案例导入

你测过血糖吗？

随着人们生活水平的不断提高，饮食偏高糖，于是很多人出现了高血糖的症状，血糖高可能会引起糖尿病。这些患者的高血糖会导致眼、肾、心脏、血管的功能障碍及神经的慢性损害。糖尿病被称为仅次于癌症的第二杀手。目前，全世界糖尿病患者约有4.3亿人，我国糖尿病患者已经超过1.1亿，居全球第一。然而，约60%的患者并不知已患病。

问题：

医院如何检验尿液中的葡萄糖呢？原理是什么？

 NOTE

│第一节 糖的分类和命名│

糖类是多羟基醛或多羟基酮及其缩聚物和某些衍生物的总称,根据其水解情况可分为三类。

(1) **单糖(monosaccharide)**:不能再被水解成更小分子的糖,如葡萄糖(glucose)、果糖(fructose)等。

(2) **低聚糖**:又名寡糖(oligosaccharide),水解后能生成 2~10 个单糖分子的糖,根据水解生成单糖的数目可分为双糖、三糖等,其中以双糖最为常见,如蔗糖(sucrose)、麦芽糖(maltose)、纤维二糖(cellobiose)等。

(3) **多 糖(polysaccharide)**:由 10 个以上单糖分子脱水缩合而成的化合物,如淀粉(starch)、纤维素(cellulose)、糖原(glycogen)等。

根据分子中所含碳原子的数目,单糖可分为丙糖、丁糖、戊糖和己糖等。最常见的单糖含有 3~8 个碳原子。

从结构上看,单糖可以分为**醛糖**(aldose)和**酮糖**(ketose)。单糖中属于多羟基醛的称为**醛糖**,属于多羟基酮的称为**酮糖**。如葡萄糖、鼠李糖和岩藻糖属于己醛糖;果糖、山梨糖属于己酮糖。

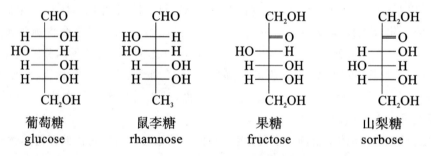

大多数单糖的名称是根据其来源采用俗名,如葡萄糖、果糖、乳糖等。

自然界最简单的醛糖是甘油醛,又名丙醛糖,最简单的酮糖是 1,3-二羟基丙酮。自然界中存在的碳数最多的单糖为壬酮糖,生物界常见的糖是戊糖和己糖。自然界存在最广泛的是葡萄糖,蜂蜜中富含果糖。有些糖的羟基可被氨基或氢原子取代,分别成为氨基糖和脱氧糖,它们是生物体内重要的糖类,如 2-氨基葡萄糖、2-脱氧核糖等。

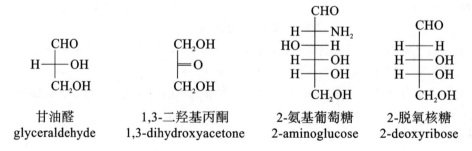

第二节　单　糖

一、单糖的结构和标记

（一）单糖的开链结构

书写糖的结构时，通常将羰基写在最上端，从靠近醛基或者酮基的一端开始对碳链进行编号。单糖中除羰基外的碳原子都连有一个羟基，故单糖（除丙酮糖外）都含有不同数目的手性碳原子，都有立体异构体。

如己醛糖分子中有 4 个手性碳原子，有 $2^4 = 16$ 个立体异构体，组成 8 对对映体；葡萄糖是己醛糖，8 对对映体中的一对。一对对映体具有同一名称，非对映异构体具有不同名称。当葡萄糖 C_2 位羟基的取向相反时，则为甘露糖，是葡萄糖的一种非对映异构体。像这种含有多个手性碳的非对映异构体，彼此之间仅有一个手性碳原子的构型不同，其余的都相同，它们互为**差向异构体**（epimer）。因为 C_2 的构型不同，称甘露糖为葡萄糖的 C_2 位差向异构体，葡萄糖的 C_3 位差向异构体是阿洛糖，C_4 位差向异构体是半乳糖。

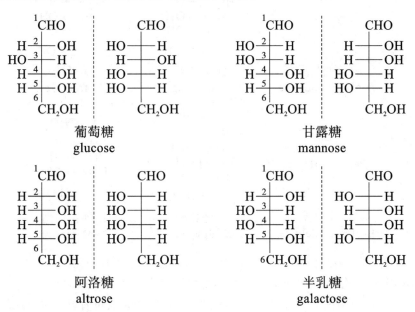

葡萄糖
glucose

甘露糖
mannose

阿洛糖
altrose

半乳糖
galactose

练习题 15-1　葡萄糖的 C_3 位差向异构体是阿洛糖，C_4 位差向异构体是半乳糖。根据葡萄糖的结构式，试画出阿洛糖和半乳糖的结构式。

练习题 15-2　下列四个戊醛糖中，哪些互为对映体？哪些互为差向异构体？

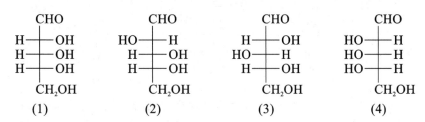

(1)　　　　(2)　　　　(3)　　　　(4)

（二）单糖的费歇尔投影式及标记

我们怎么区分具有相同名字的一对对映体的糖呢？它们的区别在于手性碳的构型不同，

 NOTE

321

可以用 R/S 标记法标出每个手性碳原子构型,如葡萄糖的系统命名为(2R,3S,4R,5R)-2,3,4,5,6-五羟基己醛。对于这样含有多个手性碳的糖,用 R/S 法表示构型太麻烦,目前人们多使用 D/L 标记法。此法以最简单的甘油醛为标准。

甘油醛有一个不对称碳原子,它有一对对映体,在 Fischer 投影式中手性碳上的羟基朝右,用 D 表示其构型;在 Fischer 投影式中手性碳上的羟基朝左,用 L 表示其构型。

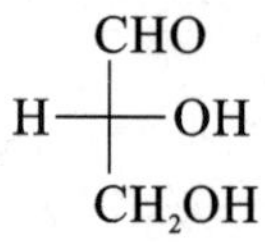

D-甘油醛
D-glyceraldehyde

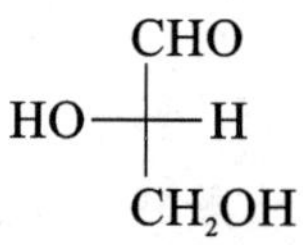

L-甘油醛
L-glyceraldehyde

D/L 标记法的具体规定如下:将单糖用严格的 Fischer 投影式表示,主链竖写,编号最小的碳原子放在最上边,离羰基最远的手性碳的构型与甘油醛的构型比较,若构型与 D-甘油醛相同,属于 D 型;反之,则为 L 型。例如:

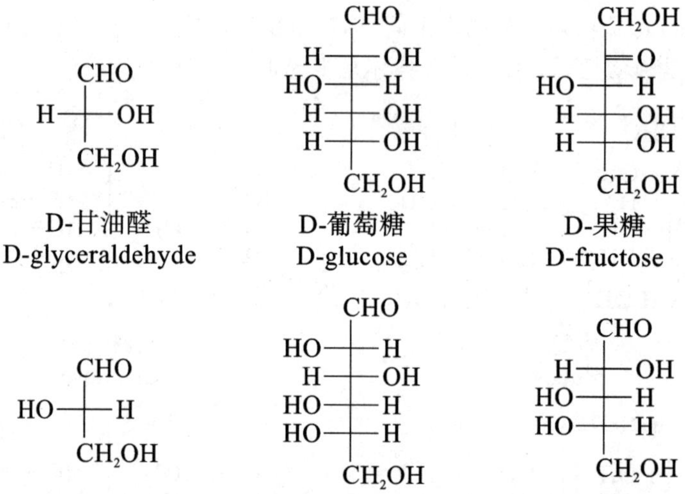

D-甘油醛
D-glyceraldehyde

D-葡萄糖
D-glucose

D-果糖
D-fructose

L-甘油醛
L-glyceraldehyde

L-葡萄糖
L-glucose

L-阿拉伯糖
L-arabinose

用 D 或 L 表示的构型是相对构型,D 型糖的对映体一定是 L 型糖。旋光物质的旋光方向与构型之间没有必然联系,D 型或 L 型化合物都可以是右旋或者左旋的。

为了书写方便,单糖的 Fischer 投影式中用"—"代表 OH,氢可省略。如,D-葡萄糖可用以下几种方式表示。

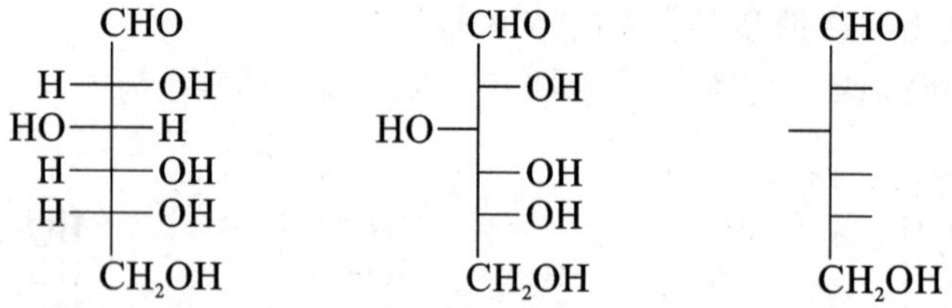

Ⅰ

Ⅱ

Ⅲ

将一个醛(酮)糖变为高一级的醛(酮)糖的过程称为**递升**。反应过程如下:将醛糖与氢氰酸作用得到氰醇,水解生成的多羟基酸失水形成内酯,内酯用钠汞齐和水还原得到高一级的醛糖。该反应增加了一个不对称碳原子,得到两种异构体,差别在于 C_2 的构型不同。如以 D-甘油醛为原料,得到 D-赤藓糖和 D-苏阿糖。继续反应,可以得到一系列的醛糖。同样,以二羟基酮糖为原料可以得到一系列的酮糖。例如：

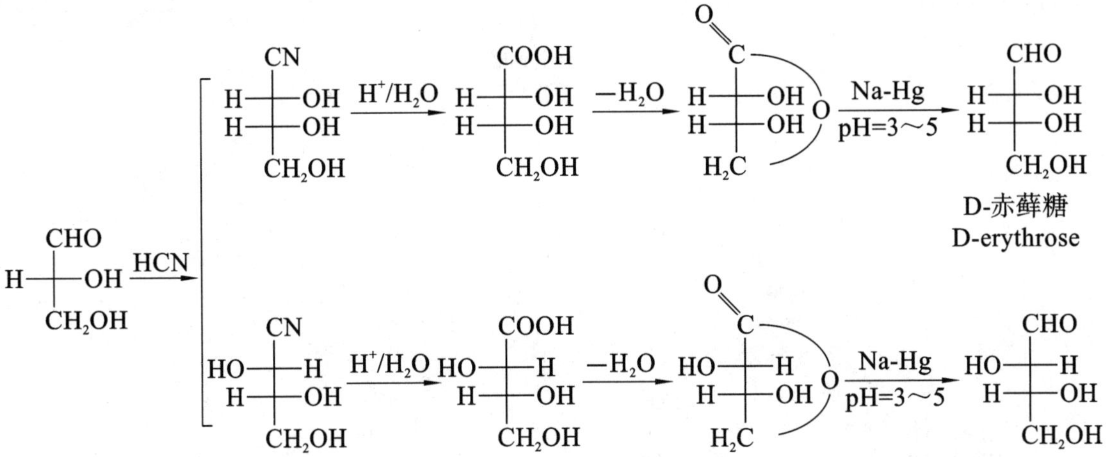

![D-赤藓糖 D-erythrose 及 D-苏阿糖 D-threose 的反应式]

将一个醛（酮）糖变为低一级的醛（酮）糖的过程称为**递降**。反应过程如下：将 D-葡萄糖用电解法氧化，变成葡萄糖酸钙，再用过氧化氢及亚铁盐处理，可以去掉一个碳原子，变成低一级的戊醛糖——D-阿拉伯糖。例如：

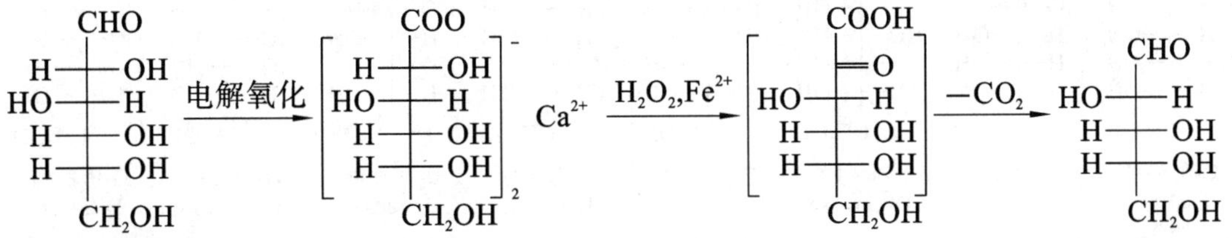

![D-葡萄糖 D-glucose → D-葡萄糖酸钙 D-calcium glucose → D-阿拉伯糖 D-arabinose 的反应式]

D-醛糖开链结构的 Fischer 投影式及其命名，如图 15-1 所示。

D-2-酮糖开链结构的 Fischer 投影式及其命名，如图 15-2 所示。

> **练习题 15-3** 己酮糖有多少个立体异构体？几对对映体？画出两种己酮糖的开链结构并指出它们的关系。

二、单糖的构象

（一）单糖的环状结构

单糖的开链结构已被证明真实存在，但是它却不能说明单糖的全部化学反应，以 D-葡萄糖为例：①D-葡萄糖经许多化学反应证明是一个多羟基醛，但是在红外光谱中没有羰基的特征峰，在核磁共振谱中也没有醛基氢的特征峰。②醛基的典型反应不能发生，如不能与饱和亚硫酸氢钠发生反应。③一般的醛都需要两分子甲醇才能生成稳定的缩醛，而葡萄糖的醛基在干燥的酸性条件下只与一分子甲醇结合生成稳定的缩醛——葡萄糖甲苷。④D-葡萄糖用不同的方式结晶，可得到两种晶体。分别是从冷的乙醇中结晶出来的熔点为 146 ℃的晶体和从热的吡啶或乙酸中结晶出来熔点为 150 ℃的晶体。将两种晶体分别配成水溶液，放置一段时间，一种晶体的水溶液的比旋光度从＋112°降低到＋52.7°，另一种晶体的水溶液的比旋光度从－18.7°升高到＋52.7°，它们的比旋光度都会自行发生变化，最终达到＋52.7°稳定不变。这种在溶液中自行改变比旋光度的现象称为**变旋现象**（mutarotation）。

NOTE

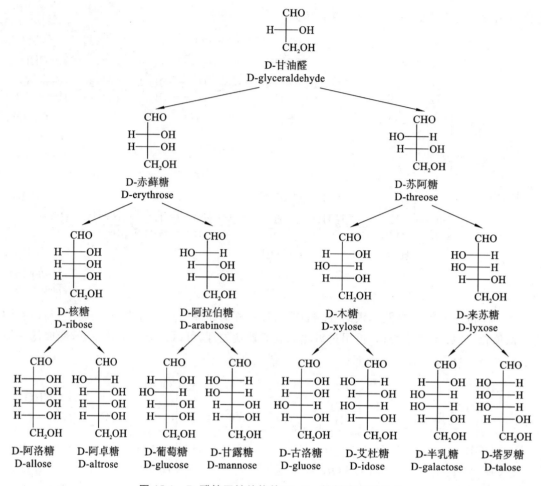

图 15-1　D-醛糖开链结构的 Fischer 投影式及其命名

　　为了解释上述事实,人们从醛和醇作用生成半缩醛或缩醛的反应中得到启发:糖分子内同时含有醛基和羟基,可发生分子内的半缩合反应,生成环状的半缩醛,一般半缩醛不稳定,而糖的环状半缩醛结构稳定,它们通常以六元环或五元环的形式存在,后来这种环状结构被 X 射线衍射所证实。

　　D-葡萄糖分子主要以环状的半缩醛形式存在,一般是 D-葡萄糖中 C_5 位上的羟基和醛基作用生成六元环的半缩醛。加成后 C_1 成为手性中心,称为异头碳,它所连接的新生成的羟基称为半缩醛羟基,也称为苷羟基。由于羰基是平面型的,C_5 位羟基可从平面两侧进攻羰基,生成构型不相同的两种异构体,分别用 α- 和 β- 来表示。半缩醛的羟基与糖分子中决定 D/L 构型的手性碳上羟基在同侧者称为 α 型,异侧者称为 β 型。环状结构的 D-葡萄糖的两种构型分别为 α-D-葡萄糖和 β-D-葡萄糖,这两种构型只有 1 个手性碳构型相反,其他手性碳的构型完全相同,互为差向异构体,属于非对映异构体。这种区别仅在于 C_1 构型不同的异构体在糖的化学中称为**端基异构体或异头物**(anomer)。

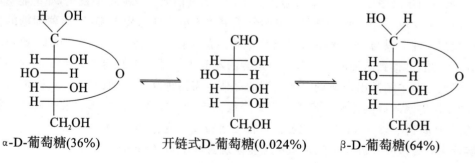

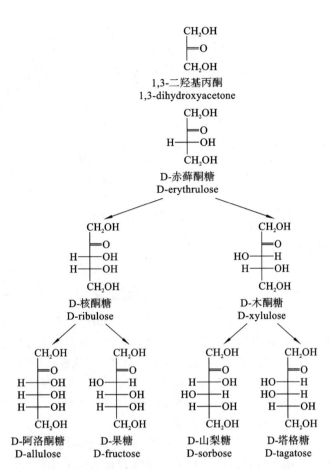

图 15-2　D-2-酮糖开链结构的 Fischer 投影式及其命名

葡萄糖的环状半缩醛结构很好地解释了它的一些特殊性质,例如变旋现象。D-葡萄糖有两种环状构型,故用不同的结晶方式,可以得到熔点和比旋光度不同的两种晶体物质。α-D-葡萄糖或 β-D-葡萄糖溶于水后,可以通过开链式相互转变,最终形成一个平衡体系,此体系的比旋光度为 +52.7°。经测定,α 型约占 36%,β 型约占 64%,开链式仅占 0.024%。虽然在水溶液中 D-葡萄糖的开链结构的含量很少,但 α-D-葡萄糖和 β-D-葡萄糖之间的转变必须通过开链结构才能得以实现,环状结构和开链结构之间的互变即为产生变旋现象的原因。其他单糖,如核糖、果糖、甘露醇、半乳糖和脱氧核糖等也是以环状结构存在的,都具有变旋现象。

由于平衡体系中开链结构浓度太低,因此不能与饱和亚硫酸氢钠反应,在红外光谱中观察不到羰基伸缩振动的特征峰,在 ^{1}H-NMR 中也不显示醛基氢的特征峰。D-葡萄糖主要以环状半缩醛的结构存在,环状结构中只有一个游离的半缩醛羟基,因此只能与一分子醇作用生成缩醛。

(二) 单糖的哈沃斯透视式

费歇尔投影式表示的单糖环状结构不能直观地反映出原子和基团之间的空间关系,为此英国化学家哈沃斯(Haworth W. N.,1937 年诺贝尔化学奖得主之一)提出用平面的环状结构来表示单糖的氧环结构,即**哈沃斯透视式**。

下面以 D-(+)-葡萄糖为例,说明如何将费歇尔投影式改写成哈沃斯透视式。

首先将 D-(+)-葡萄糖开链式向右倒下水平放置,然后将碳链弯曲成类似六边形,环状半缩醛的形成是 C_5 上的羟基与醛基作用的结果,所以必须将 C_5 按箭头方向绕 C_4—C_5 键轴旋转 120°,使 C_5 上的羟基接近醛基,这样原来 D 构型的末端羟甲基(—CH_2OH)转到环平面上方。C_5 上的羟基若从羰基平面的上方进攻醛基,则新产生的半缩醛羟基在环平面的下方,在哈沃斯透视式中,半缩醛羟基与编号最大的手性碳 C_5 上的羟甲基处在异侧的为 α 型,同侧的则为 β 型。

知识链接 15-1

NOTE

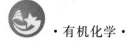

以六元环形式存在的糖,环由五个碳原子和一个氧原子构成,与杂环化合物吡喃相似,故称为吡喃糖。以五元环形式存在的糖,环由四个碳原子和一个氧原子构成,与呋喃相似,称为呋喃糖。

按上述方法,可将其他单糖的开链式写成哈沃斯透视式,一般遵守两条规则:一是将费歇尔投影式竖线右侧的基团写在环平面下方,左侧基团写在环平面上方;二是 D 型的末端羟甲基在环上方,L 型的末端羟甲基在环平面下方。

环上的羟基可用短直线表示,氢原子可忽略不写,如果表示两个对映体的混合物或者不强调异头碳构型时,可用波浪线将异头碳与羟基相连或者将氢原子和羟基并列写出,例如:D-吡喃葡萄糖的两种哈沃斯透视式如下。

果糖也具有变旋现象,在溶液中,它的四种环状结构也是通过开链结构相互转化的,最终形成一个动态平衡体系,这时比旋光度为 $-92°$。果糖中的 C_2 羰基既可以与 C_5 上的羟基作用构成五元环的呋喃糖,也可以与 C_6 上的羟基作用生成六元环的吡喃糖,无论是呋喃糖还是吡喃糖,都有 α 和 β 两种异构体。

练习题 15-4 画出下列糖的结构式或命名下列结构的糖。

（1）α-D-吡喃半乳糖　（2）β-D-呋喃核糖　（3）

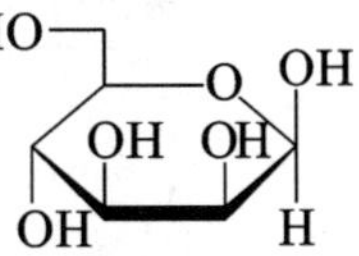

哈沃斯透视式在表达单糖的立体结构时，把形成的环看作一个平面，其他原子或基团垂直环平面排布。X 射线衍射分析表明：以六元环形式存在的单糖，成环原子并不在同一平面上，而是与环己烷相似，以稳定的椅式构象存在，如 α-D-吡喃葡萄糖和 β-D-吡喃葡萄糖的椅式构象如下。

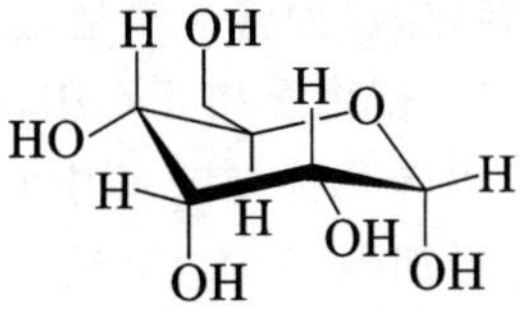

α-D-吡喃葡萄糖 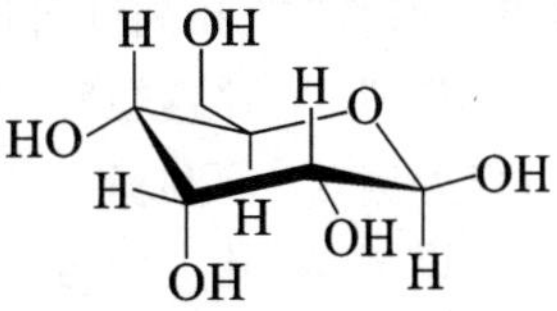　　　　　　　β-D-吡喃葡萄糖

比较这两个异构体的椅式构象，α-D-吡喃葡萄糖的半缩醛羟基处于 a 键上，而 β-D-吡喃葡萄糖的所有的羟基都处于 e 键上，所以，β-D-吡喃葡萄糖比 α-D-吡喃葡萄糖稳定。这就是在 D-葡萄糖溶液的互变平衡体系中，β 型异构体所占比例大于 α 型异构体的原因。

决定糖的稳定构象的因素是多方面的。当环上 $C_2 \sim C_4$ 羟基发生取代时，一般不影响构象的稳定性。当 C_1 位的羟基变为甲氧基、乙酰氧基时，糖环内氧原子的未共用电子对产生的偶极与 C_1 位上 C—O 键的偶极之间相互作用，当甲氧基、乙酰氧基处于 a 键时，偶极间的作用最小，构象稳定，则 α 型异构体反而比 β 型异构体稳定。这种影响称为**端基效应**（anomeric effect）。当 C_1 位的羟基变为卤素原子时，端基效应更强。

α构型(较稳定)　　　　　　　β构型

溶剂对端基效应也有影响，介电常数大的溶剂不利于端基效应，因为这样的溶剂可稳定偶极作用较大的分子状态。一般游离糖溶于水，水（介电常数很高）可稳定偶极作用较大的 β-端基异构体，端基效应的影响较弱。因此，在水溶液中，游离糖以 β 构型为主；当 C_1 位羟基被甲基化或酰化，生成脂溶性大的化合物后，因为端基效应的影响较大，故 α 构型异构体成为平衡体系中的主要成分。

此外，端基效应还受不同糖的结构的影响，这里不做详细讨论。

练习题 15-5 写出 α-和 β-D-吡喃甘露糖的优势构象式，并指出哪种构象式比较稳定。

三、单糖的性质

（一）物理性质

单糖是易溶于水的无色晶体，能形成过饱和溶液——糖浆。单糖都有甜味，具有环状结构的单糖有变旋现象。表 15-1 列出了一些常见单糖的比旋光度。

NOTE

表 15-1　常见单糖的比旋光度　　　　　　　　　　　　单位：°

单　糖	α-异构体	β-异构体	平衡混合物
D-葡萄糖	+112	+18.7	+52.7
D-果糖	−21	−133	−92
D-半乳糖	+151	−53	+84
D-甘露糖	+30	−17	+14

（二）化学性质

1. 差向异构化　在弱碱性（如氢氧化钡、吡啶）条件下，单糖中与羰基相连的手性碳原子的构型可以发生改变，同时醛糖和酮糖可以发生相互转化，这种转化是通过烯醇式完成的。

稀碱溶液和 D-葡萄糖、D-甘露糖和 D-果糖中任何一种物质相互作用，都可以得到三者的混合物。以 D-葡萄糖为例，D-葡萄糖在稀碱溶液中可以转化为烯二醇中间体，双键上所连的原子处于同一平面，所以 C_1 羟基上的氢可以以两种途径加到 C_2 上，若按途径 I ，则得到 D-葡萄糖，若按途径 II ，得到 D-甘露醇；同样，C_2 羟基上的氢也可以加到 C_1 上，按途径 III 则可得到 D-果糖。D-葡萄糖和 D-甘露糖互为差向异构体，它们之间的转化称为**差向异构化**（epimerization）。

2. 脱水反应　在强酸性条件下（如 12% HCl），单糖发生分子内脱水反应。若在强酸条件下，戊醛糖经分子内脱水生成呋喃甲醛，又称糠醛；己醛糖在同样条件下经分子内脱水生成 5-羟甲基呋喃甲醛。

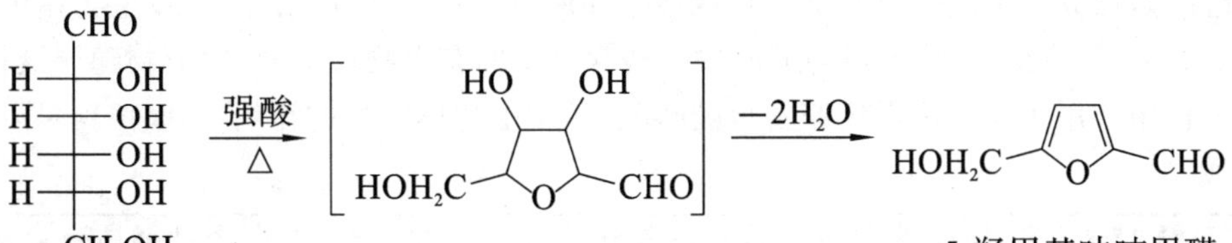

己醛糖 + 强酸 △ → [ ] −2H₂O → 5-羟甲基呋喃甲醛

苯酚或者 β-萘酚可以与上述脱水反应生成的糠醛衍生物发生缩合反应，单糖的结构不同，生成缩合物的颜色不同，这种颜色反应可以用于**糖类的鉴别**。其中戊糖显蓝绿色，己糖呈鲜红色。

3. 氧化反应　许多氧化剂都可以氧化单糖，氧化剂强度不同，产物不同。

1）碱性弱氧化剂　单糖与托伦试剂能够发生银镜反应；与费林试剂、班氏试剂（硫酸铜、柠檬酸和碳酸钠的混合溶液）反应，将其中的 Cu^{2+} 还原，生成 Cu_2O 砖红色沉淀，且溶液由蓝色变成无色。单糖发生上述反应生成糖酸的复杂氧化物。这是由于在碱性条件下，酮糖和醛糖都能发生差向异构化。凡是能被这些碱性弱氧化剂氧化的糖，都称为**还原糖**（reducing sugar）。反之为**非还原糖**（non-reducing sugar）。**单糖都为还原糖。**

$$单糖 + [Ag(NH_3)_2]^+ \xrightarrow{\triangle} Ag\downarrow + 复杂氧化物$$
$$银镜$$

$$单糖 + Cu^{2+} \xrightarrow{\triangle} Cu_2O\downarrow + 复杂氧化物$$
$$棕红色$$

2）酸性氧化剂　弱酸性氧化剂溴水（pH＝5）能氧化醛糖生成糖酸。酮糖在酸性条件下不能发生差向异构化，因而不能被氧化。因此**用溴水可以鉴别醛糖和酮糖**。

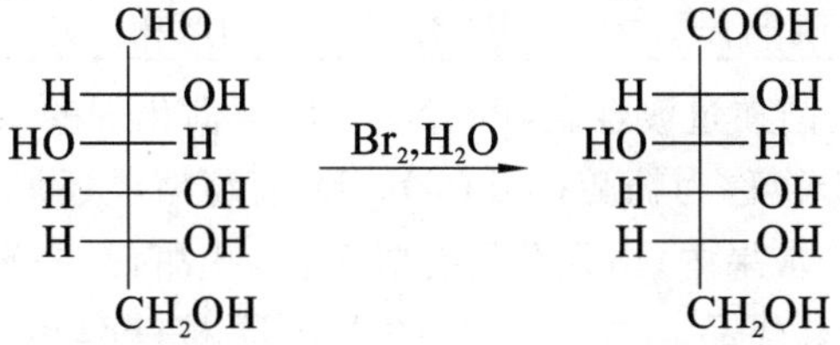

D-葡萄糖 —Br₂,H₂O→ D-葡萄糖酸

较强氧化剂硝酸氧化单糖，醛糖中醛基和羟甲基都被氧化，生成糖二酸；酮糖被氧化时，碳链断裂，生成小分子的羧酸混合物。

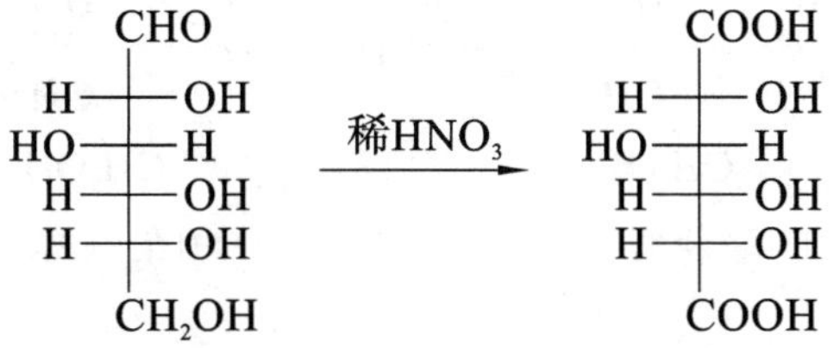

D-葡萄糖 —稀HNO₃→ D-葡萄糖二酸

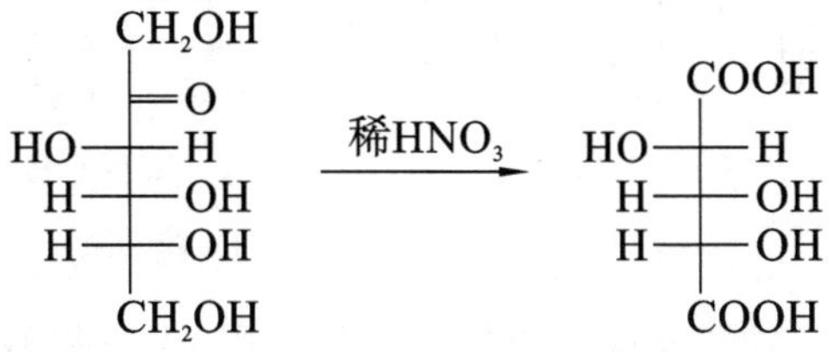

D-果糖 —稀HNO₃→ D-阿拉伯糖二酸

 NOTE

329

糖醛酸是糖分子中的羟甲基被氧化成羧基而醛基保持不变的化合物,在生物体中有重要的意义。如 D-葡萄糖醛酸,可以与肝脏中一些含羟基的有毒物质结合,生成物随尿液排出,起到解毒的作用。用化学方法很难制备出糖醛酸,而在生物体内酶的作用下,某些糖可以被氧化成糖醛酸。

> **练习题 15-6** 写出 D-半乳糖经稀硝酸氧化得到的产物,并判断产物是否具有旋光性。

强氧化剂 HIO_4 氧化单糖,碳碳键发生断裂,断裂位置为相邻两个碳原子上都是羟基或一个是羟基、一个是羰基的碳碳之间。每断裂 1 mol C—C 键需要消耗 1 mol HIO_4,故可根据氧化产物及 HIO_4 的消耗量推断单糖的结构。例如:

$$
\begin{array}{c}
\text{CHO} \\
\text{H}\!-\!\text{OH} \\
\text{HO}\!-\!\text{H} \\
\text{H}\!-\!\text{OH} \\
\text{H}\!-\!\text{OH} \\
\text{CH}_2\text{OH}
\end{array}
\xrightarrow{5HIO_4}
5HCOOH \;+\; HCHO
$$

D-葡萄糖

糖苷也可以被 HIO_4 氧化,例如 α-D-吡喃葡萄糖甲苷,消耗 2 mol HIO_4,生成 1 mol 甲酸。

$$+\ 2HIO_4 \longrightarrow \qquad +\ HCOOH$$

> **练习题 15-7** 写出 D-吡喃葡萄糖经 HIO_4 氧化得到的产物。并注明消耗 HIO_4 的物质的量。

4. 还原反应 硼氢化钠在过渡金属(Pd、Ni)/H_2 等催化剂的条件下催化氢化可以将单糖的羰基还原为羟基,还原产物称为糖醇(alditol)。D-葡萄糖经还原得山梨醇。山梨醇主要存在于樱桃、李子、梨、苹果等水果中;山梨醇具有吸湿性,味甜,是一种重要的食品添加剂,同时还可作为糖尿病患者的糖替代品。维生素 B_2 的成分 D-核糖醇是 D-核糖的还原产物。生物界常见的糖醇还有 D-甘露醇、木糖醇。木糖醇在无糖口香糖、糖果等甜食中被用作甜味剂。

$$
\begin{array}{c}
\text{CHO} \\
\text{H}\!-\!\text{OH} \\
\text{HO}\!-\!\text{H} \\
\text{H}\!-\!\text{OH} \\
\text{H}\!-\!\text{OH} \\
\text{CH}_2\text{OH}
\end{array}
\xrightarrow[\text{或NaBH}_4]{\text{H}_2,\text{Pd}}
\begin{array}{c}
\text{CH}_2\text{OH} \\
\text{H}\!-\!\text{OH} \\
\text{HO}\!-\!\text{H} \\
\text{H}\!-\!\text{OH} \\
\text{H}\!-\!\text{OH} \\
\text{CH}_2\text{OH}
\end{array}
$$

D-葡萄糖　　　　　D-山梨糖醇

$$
\begin{array}{c}
\text{CHO} \\
\text{H}\!-\!\text{OH} \\
\text{H}\!-\!\text{OH} \\
\text{H}\!-\!\text{OH} \\
\text{CH}_2\text{OH}
\end{array}
\xrightarrow[\text{或NaBH}_4]{\text{H}_2,\text{Ni}}
\begin{array}{c}
\text{CH}_2\text{OH} \\
\text{H}\!-\!\text{OH} \\
\text{H}\!-\!\text{OH} \\
\text{H}\!-\!\text{OH} \\
\text{CH}_2\text{OH}
\end{array}
$$

D-核糖　　　　　　D-核糖醇

5. 成腙和成脎反应 单糖与等物质的量的苯肼作用,生成**糖腙**(sugar hydrazone);当单糖与苯肼物质的量比为1∶3时,生成**糖脎**(sugar osazone)。单糖是在 C_1 和 C_2 上发生成脎反

NOTE

应,与羰基相邻的 α-羟基首先被苯肼氧化成羰基,然后再与苯肼作用,生成糖脎,其他碳原子不参与反应。如果单糖的碳原子数相同,除 C_1 和 C_2 碳原子之外的其他碳原子的构型相同,则生成相同的糖脎。例如 D-葡萄糖、D-甘露糖和 D-果糖三者生成相同的糖脎。

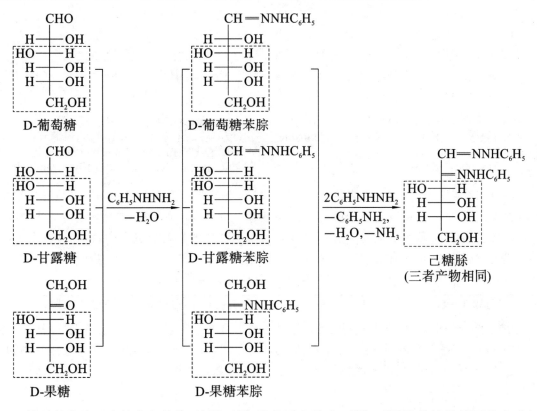

糖脎是难溶于水的黄色晶体,糖脎不同,其晶型和熔点不同;不同的单糖虽然可以生成相同的糖脎,但其反应速率和晶体析出时间却不一样。因此,成脎反应有很实用的价值,可用来**鉴别糖类**。

此外,糖的羰基能在体内与酶的赖氨酸残基的氨基形成 Schiff 碱,参与糖类代谢。

练习题 15-8 用 E-NH$_2$ 代表酶上的赖氨酸,试写出与 D-甘露糖形成的 Schiff 碱的结构式。

6. 成苷反应 在无水酸(如干燥的 HCl)存在的条件下,单糖环状结构中的半缩醛羟基(苷羟基)与羟基化合物(如醇或酚)发生分子间脱水反应生成缩醛,这种生成物又叫**糖苷**(glycosidic)。此反应称为**成苷反应**(glycosidation)。糖苷由糖和非糖两部分组成(若两者都为糖,则是双糖,见第三节),连接两者之间的键称为**糖苷键**(glycosidic bond)。连接糖和甲氧基之间的原子是氧,这种苷键称为氧苷键。其与单糖环状结构的异头碳的两种构型相似,苷键也有 α 和 β 两种构型,例如,在干燥的 HCl 条件下,D-吡喃葡萄糖与甲醇反应,生成的糖苷也具有两种构型,即 α-D-吡喃葡萄糖甲苷和 β-D-吡喃葡萄糖甲苷。

糖苷键除氧苷键外,还有氮苷键、硫苷键和碳苷键等,糖苷键的构型大多为β构型。

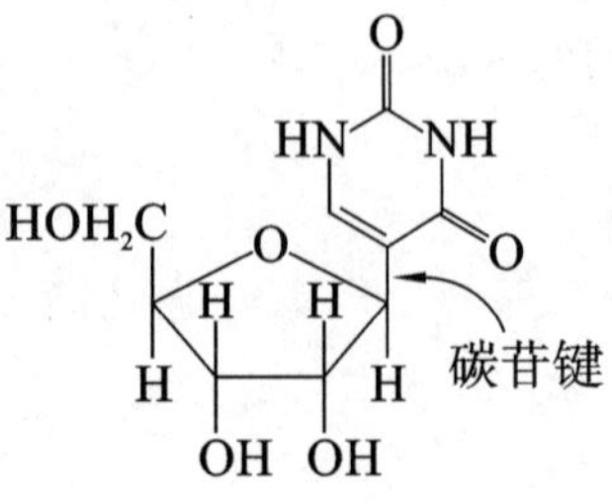

5-(β-D-呋喃核糖基)尿嘧啶
(假尿嘧啶核苷)
5-(β-D-ribofuranosyl)uracil
(pseudouridine)

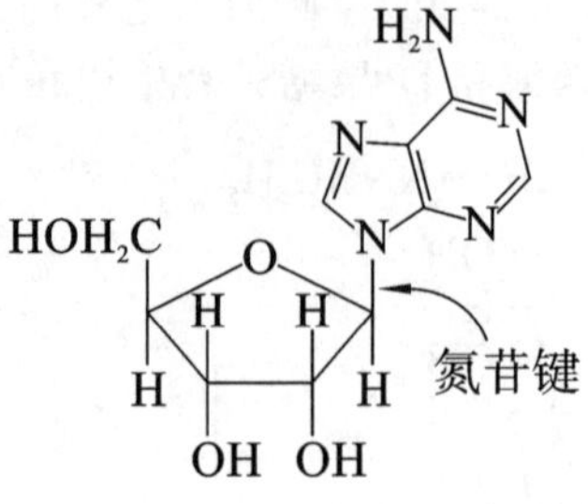

腺苷
adenosine

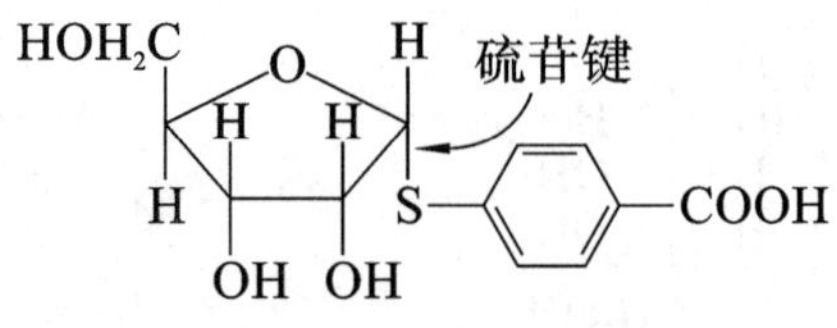

4-(α-D-呋喃核糖基硫)苯甲酸
或4-羧基苯基 1-硫-α-D-呋喃核糖苷
4-(α-D-ribofuranosylthio)benzoic acid
或4-carboxyphenyl 1-thio-α-D-ribofuranoside

　　糖苷都有旋光性,天然苷大多数呈左旋性。糖苷中无半缩醛羟基,不能再转变成开链结构形成醛基或酮基,因此糖苷无还原性,也无变旋现象。糖苷是一种缩醛,是比较稳定的化合物,一般为无色晶体,多数糖苷具有苦味。糖苷是很多中草药的有效成分,很多糖苷具有生理活性。糖苷对碱稳定,但在稀酸或酶的作用下,可水解成原来的糖和相应的羟基化合物,水解后,生理活性发生很大改变。如洋地黄强心苷水解后,强心效果明显降低。

> **练习题 15-9**　上述糖苷中分别含有哪种单糖? 并指出苷键是 α 构型还是 β 构型。
> **练习题 15-10**　试解释糖苷为什么在酸性溶液中有变旋光现象。

7. 酯化反应　单糖分子含有多个羟基,均能与羧酸、硫酸和磷酸等发生酯化反应。例如,在路易斯酸 $ZnCl_2$ 或者弱碱乙酸钠催化下,葡萄糖可以跟乙酸酐作用生成葡萄糖五乙酸酯。

$$+ Ac_2O \xrightarrow{ZnCl_2或AcONa}$$

1,2,3,4,6-5-*O*-乙酰基-α-D-吡喃葡萄糖

　　在生物体内,葡萄糖的磷酸化具有重要的生物学意义。在酶催化作用下,α-D-葡萄糖能与磷酸发生酯化反应,生成 α-D-葡萄糖-1-磷酸酯和 α-D-葡萄糖-6-磷酸酯。葡萄糖-6-磷酸酯在细胞的能量代谢中起核心作用,腺苷三磷酸 ATP 是储存和转移能量的关键化合物。最常见的糖磷酸酯如下:

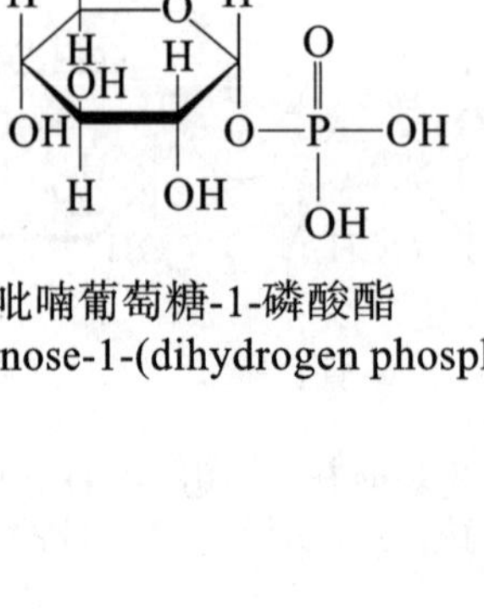

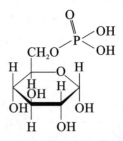

α-D-吡喃葡萄糖-1-磷酸酯
α-D-glucopyranose-1-(dihydrogen phosphate)

α-D-吡喃葡萄糖-6-磷酸酯
α-D-glucopyranose-6-(dihydrogen phosphate)

NOTE

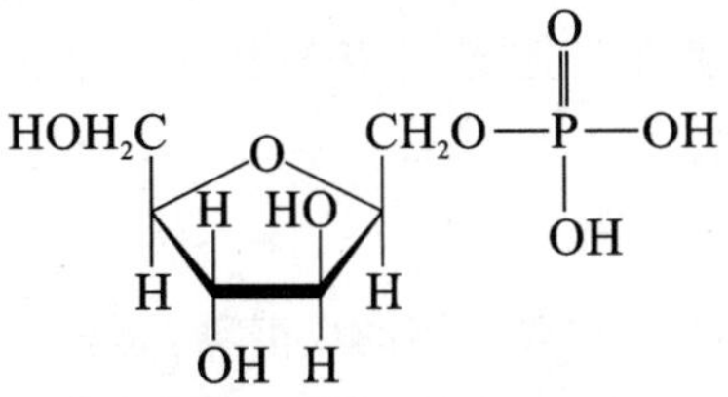

α-D-呋喃果糖-1-磷酸酯
α-D-fructofuranose-1-(dihydrogen phosphate)

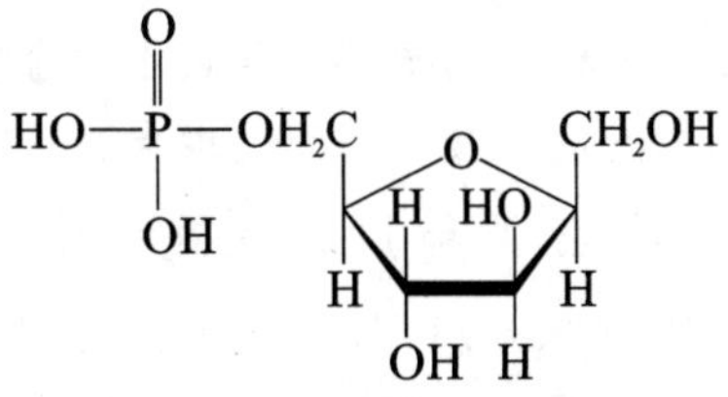

α-D-呋喃果糖-6-磷酸酯
α-D-fructofuranose-6-(dihydrogen phosphate)

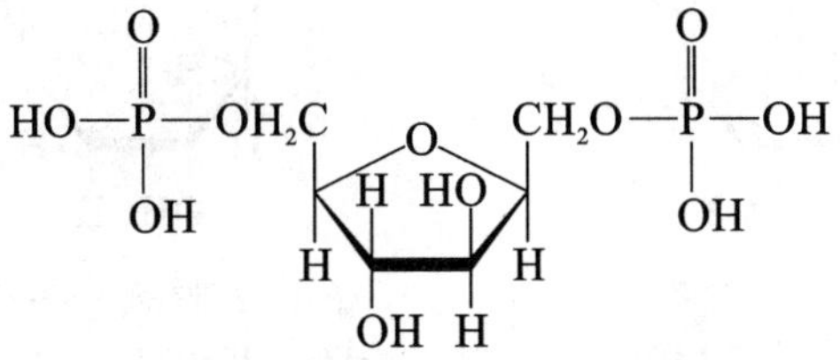

α-D-呋喃果糖-1,6-磷酸酯
α-D-fructofuranose-1,6-bisphosphate

四、重要的单糖

(一) D-葡萄糖

D-葡萄糖(glucose)为无色晶体,有甜味,易溶于水,难溶于乙醇,D-葡萄糖的水溶液是右旋的,所以常以**右旋糖**(dextrose)代表葡萄糖。

葡萄糖是自然界分布最广泛的己醛糖,在成熟葡萄中含量最高,因此得名。人体血液中含有的葡萄糖称为血糖,血糖的正常值为 $70\sim100$ mg/dL,糖尿病患者血液和尿液中的葡萄糖含量比正常人高。

葡萄糖是人体重要的能量来源,在医药上用作营养剂,以提供能量,并有强心、利尿、解毒等作用,D-葡萄糖是许多双糖和多糖的组成部分,也是制备维生素 C 等药物的原料。麦芽糖、淀粉、纤维素等水解均可得到葡萄糖。

(二) D-半乳糖

D-半乳糖(galactose)为无色晶体,有甜味,比旋光度为 $+83.3°$,能溶于水和乙醇。D-半乳糖和 D-葡萄糖只有 C_4 上的构型不同。

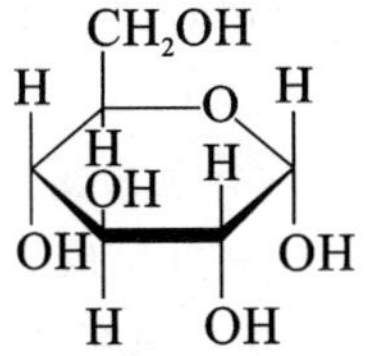

α-D-吡喃半乳糖
α-D-galactopyranose

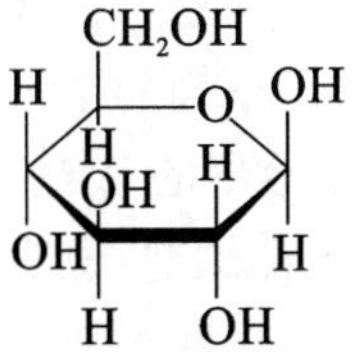

β-D-吡喃半乳糖
β-D-galactopyranose

D-半乳糖和 D-葡萄糖结合生成的乳糖存在于人和哺乳动物的乳汁中,人体中的半乳糖是乳糖的水解产物。半乳糖多以多糖的形式存在于咖啡、黄豆以及豌豆等种子中。

(三) D-果糖

D-果糖(fructose)是重要的己酮糖,为无色晶体,是最甜的单糖,易溶于水,可溶于乙醇。天然果糖是左旋的,比旋光度为 $-92°$。因此又称为**左旋糖**(levulose)。

NOTE

果糖主要存在于蜂蜜和水果中,蜂蜜的甜度主要源自果糖,果糖还能与葡萄糖结合生成蔗糖。果糖是菊科植物根部所含碳水化合物的重要组成部分,工业上用酸或酶水解菊粉可制得果糖。动物的前列腺和精液中也含有一定量的果糖。

(四)D-核糖和D-2-脱氧核糖

D-核糖(ribose)和D-2-脱氧核糖(deoxyribose)都是非常重要的戊醛糖,是核糖核酸和脱氧核糖核酸的重要组成部分,D-核糖还是一些酶和维生素的组成部分。它们的环状结构如下:

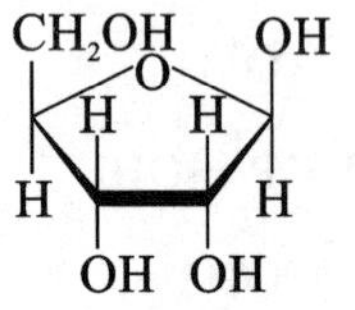

β-D-呋喃核糖
β-D-ribofuranose

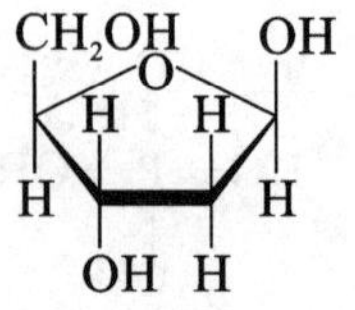

β-D-2-脱氧呋喃核糖
β-D-2-desoxyribofuranose

(五)氨基糖

大多数天然氨基糖(amino sugar)是己醛糖分子中 C_2 的羟基被氨基取代的衍生物。氨基糖与生命科学关系密切,常存在于动物的血清、脂蛋白中。常见的氨基糖有 D-氨基葡萄糖和 D-氨基半乳糖。

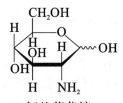

D-氨基葡萄糖
D-glucosamine

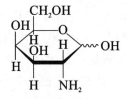

D-氨基半乳糖
D-galactosamine

【综合思考题】

化合物 A($C_4H_8O_4$)为 D 构型,具有旋光性,能还原费林试剂,与乙酸酐反应生成三乙酸酯,A 在无水 HCl 存在下与甲醇作用后可分离出两种构型不同的异构体 B 和 C(分子式为 $C_5H_{10}O_4$),用硝酸氧化 A,生成一个内消旋化合物 D($C_4H_6O_6$),写出 A、B、C、D 的结构式。

[解题思路]

此题为一道推测题,推测题中包含很多的知识点。解题时要根据每句话包含的知识点来进行合理的推测,才能得出正确的结论。本题的解题思路如下:

(1)首先根据题目中给出的 A 的分子式,计算出它的不饱和度为1,确定了分子中含有一个不饱和基团。能还原费林试剂,说明含有醛基。且与乙酰酐反应生成三乙酸酯,说明含有三个醇羟基。因为化合物 A 为 D 构型,所以化合物 A 靠近羟甲基的羟基在 Fischer 投影式中朝向右侧。剩余的一个羟基还不能确定。

(2)用硝酸氧化 A,生成一个内消旋化合物 D,因为是内消旋化合物,所以另外一个羟基也只能朝向右侧。可以确定 D 的结构式,同时也确定了 A 的结构式。分别如下:

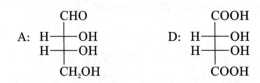

（3）通过条件可知：A 在无水 HCl 存在下与甲醇作用后可分离出两种构型不同的异构体 B 和 C，运用我们学过的知识，可知 A 发生了成苷反应。要发生成苷反应，A 先生成环状结构的呋喃糖，由于半缩醛羟基在环平面的方向不同，分为 α 和 β 两种构型。因此可以推测出成苷反应的产物 B 和 C 的结构式如下：（B 和 C 的结构式为 α 构型和 β 构型中的一种）。

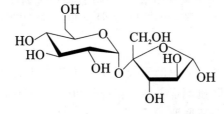

α构型　　　　　β构型

第三节　低聚糖和多糖

自然界中的大多数碳水化合物含有不止一个单糖分子。由 2～10 个单糖分子脱水缩合而成的化合物称为低聚糖，又称为寡糖。低聚糖是一种替代蔗糖的新型功能性糖源，广泛应用于医药、食品、饮料、保健品、饲料添加剂等领域。低聚糖一般由下列 4 种方法获得：从天然原料中提取，由微波固相合成法、酸碱转化法、酶水解法等合成。低聚糖中以双糖（二糖）最为常见，如蔗糖（sucrose）、麦芽糖（maltose）、纤维二糖（cellobiose）、乳糖（lactose）等，重要的低聚糖有麦芽低聚糖、异麦芽低聚糖、环糊精等。多糖是由很多个单糖分子通过糖苷键连接而成的天然高分子化合物，一般含有几百到几千个单糖单元，相对分子质量很大，组成多糖的单糖可以是相同的，也可以是不同的。多糖广泛存在于自然界中且具有重要的作用，如植物储备的养分——淀粉，植物的骨架——纤维素，动物的外骨骼——甲壳素，动物体内储备的养分——糖原等。

本节重点介绍几种重要的双糖、寡糖和多糖。

一、重要的双糖

双糖（disaccharides）是由两分子单糖脱水缩合而成的化合物，可以看作一分子单糖的苷羟基和另一单糖分子的任一羟基脱水形成的糖苷，双糖的分子式均为 $C_{12}H_{22}O_{11}$，水解生成两分子的单糖。它们的物理性质和单糖相似，多数具有甜味，能形成晶体，易溶于水等。自然界存在的双糖，可分为还原性糖和非还原性糖。

（一）蔗糖

蔗糖（sucrose）是生物界中最丰富的二糖，主要从甘蔗和甜菜中获得。蔗糖为白色晶体，味甜，易溶于水，难溶于乙醚、乙醇等有机溶剂。

蔗糖是由 α-D-吡喃葡萄糖的苷羟基与 β-D-呋喃果糖的苷羟基脱水缩合而成的糖苷，既是 α-D-吡喃葡萄糖苷，又是 β-D-呋喃果糖苷，形成的苷键称为 α,β-1,2-苷键。在蔗糖分子中，没有半缩醛羟基存在，所以蔗糖没有变旋光现象，也无还原性，属于非还原性糖。

β-D-呋喃果糖基-α-D-吡喃葡萄糖苷
β-D-fructofuranosyl-α-D-glucopyranoside

蔗糖是右旋糖,水溶液的比旋光度为+66.5°。在酸或酶的作用下,一分子蔗糖可以水解成一分子 D-葡萄糖和一分子 D-果糖的混合物,水解后的水溶液旋光方向发生了改变,这是因为水解产物果糖是左旋的,葡萄糖是右旋的,而果糖的比旋光度的绝对值大于葡萄糖的,所以水解后溶液是左旋的。我们把蔗糖的水解过程称为转化反应(conversion reaction),把水解产物称为**转化糖**(inverted sugar)。蜂蜜的主要成分是转化糖,是因为蜜蜂体内含有水解蔗糖的转化酶。

(二)麦芽糖

麦芽糖(maltose)名字源于它在麦芽中的存在,甜味不如蔗糖,麦芽中的淀粉酶可将淀粉水解成麦芽糖。咀嚼馒头得到的甜味感,来自馒头中的淀粉被唾液中淀粉酶水解成甜味的麦芽糖。

麦芽糖是由一分子 α-D-吡喃葡萄糖的苷羟基和另一分子 D-吡喃葡萄糖的 C_4 位醇羟基脱水缩合形成的,形成的苷键称为 α-1,4-糖苷键。麦芽糖中存在苷羟基,可与开链结构相互转化,具有变旋光现象,能与托伦试剂和费林试剂作用,因此它是还原糖,还能与苯肼反应生成糖脎。

α-D-吡喃葡萄糖基-(1→4)-D-吡喃葡萄糖
α-D-glucopyranosyl-(1→4)-D-glucopyranose

麦芽糖在酸或酶的作用下,水解只生成葡萄糖。生物体消化道中存在的麦芽糖酶可以水解食物中的麦芽糖,使其转化成葡萄糖被消化吸收。此外,麦芽糖还可以作为营养剂和细菌培养基。

(三)纤维二糖

纤维二糖(cellobiose)是纤维素酶水解纤维素所生成的二糖,和麦芽糖一样,水解后的产物也只有 D-葡萄糖,都是还原性糖;与麦芽糖不同的是,纤维二糖没有甜味,组成它的两个葡萄糖分子是以 β-1,4-糖苷键相连的。虽然两者只是苷键类型不同,但是在生理上却有很大的差别,纤维二糖不能被人体消化吸收。

β-D-吡喃葡萄糖基-(1→4)-D-吡喃葡萄糖
β-D-glucopyranosyl-(1→4)-D-glucopyranose

(四)乳糖

乳糖(lactose)是哺乳动物乳汁中的重要成分。人乳汁中含 5%~8%,牛奶和羊奶中含 4%~6%。它是由一分子 β-D-吡喃半乳糖的苷羟基和一分子 D-吡喃葡萄糖的 C_4 羟基脱水以 β-1,4-糖苷键结合而成的,属于还原糖。

336

β-D-吡喃半乳糖基-(1→4)-D-吡喃葡萄糖
β-D-galactopyranosyl-(1→4)-D-glucopyranose

乳糖是新生儿和儿童生长发育的主要营养物质,幼小的哺乳动物肠道能分泌出水解乳糖的乳糖酶。很多成年人缺乏水解乳糖的酶,饮入牛奶后乳糖不被小肠吸收,未被吸收的乳糖产生很大的渗透压,使人产生腹胀、腹泻、恶心等症状,称为乳糖不耐受症。

> **练习题 15-11** 下列几种化合物中,哪些是单糖,哪些是二糖?并指出它们是还原性糖还是非还原性糖。
>
> 葡萄糖、麦芽糖、蔗糖、乳糖、半乳糖、纤维二糖、果糖、核糖
>
> **练习题 15-12** 下列糖类化合物中哪些不会发生变旋光现象?
>
> D-果糖、α-D-甲基吡喃葡萄糖苷、蔗糖、麦芽糖、D-甘露糖

二、寡糖

(一)异麦芽寡糖

异麦芽寡糖(iso-malt oligosaccharide,IMO)是由 3～5 个葡萄糖分子以 α-1,6-苷键连接而成的低聚糖,又称为异麦芽低聚糖或低聚异麦芽糖。低聚异麦芽糖是以优质淀粉为原料,在酶的作用下经过液化、浓缩、干燥等一系列工序精制而成的以低聚异麦芽糖为主要成分的白色粉末状淀粉糖制品。

异麦芽寡糖少量存在于酱油、清酒、酱类、蜂蜜及果葡糖浆中,能有效地促进人体肠道内有益菌——双歧杆菌的生长繁殖,同时能抑制肠道内有害菌及腐败物质的形成,因此食用含有异麦芽低聚糖的食品对于改善人体肠道内的菌群状况,防治菌群失调,调整和恢复肠道正常功能,治疗和预防便秘、腹泻,都具有良好的作用;异麦芽寡糖不被龋齿的链球菌利用,不被口腔酶液分解,因而能防止龋齿;它属于非消化性低聚糖类,具有水溶性膳食纤维的作用,由于它的难发酵性和保湿性等特点,在食品、医药、饲料工业领域应用越来越广泛。

(二)环糊精

环糊精(cyclodextrin,CD)是淀粉在环糊精葡萄糖转移酶的作用下生成的一系列环状低聚物的总称。其中研究较多且具有重要意义的是由 6 个、7 个和 8 个 D-吡喃葡萄糖以 α-1,4-苷键连接而成的低聚糖,分别称为 α-,β-,γ-环糊精(简称 α-,β-,γ-CD)。

由于连接葡萄糖单元的糖苷键不能自由旋转,环糊精不是圆筒状分子而是略呈锥形的圆环,环中所有的葡萄糖单元都呈椅式构象,空腔内的醚键和碳氢键都是疏水的,因而内腔具有很好的疏水性。环糊精中的羟基均向外伸展,分子外是亲水的,因此可溶于水。环糊精中葡萄糖单元 C_6 位的伯羟基能自由旋转,可以遮盖住一部分空腔,而仲羟基处于刚性环上,不能旋转,但可以与相邻葡萄糖单元上的仲羟基形成氢键,α-环糊精的结构如下:

 NOTE

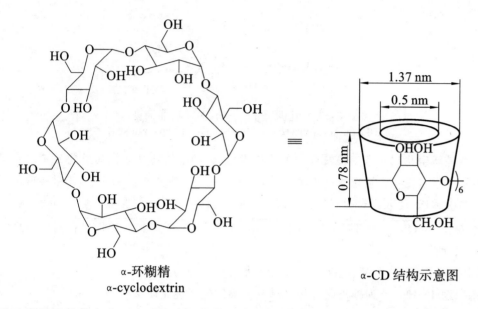

α-环糊精
α-cyclodextrin

α-CD 结构示意图

基于环糊精外缘亲水而内腔疏水的结构特征,环糊精分子作为主体可以在空腔包含各种适当客体,如有机化合物、无机离子及气体分子等,形成包配物。这种包配物的稳定性取决于主体空腔的容积、客体分子大小、空间构型等。环糊精的空腔与客体分子几何形状相匹配时,形成的包配物才稳定。据测定,α-、β-、γ-环糊精空腔的内径分别是 0.50 nm、0.65 nm、0.85 nm,而整个环糊精的外径分别是 1.37 nm、1.53 nm、1.69 nm。如疏水分子蒽与一系列 CD 作用时,只有 γ-CD 与蒽分子形成包配物,这表明环糊精对客体也具有一定的识别能力。这些特点与酶相似,环糊精是迄今所发现的类似于酶的理想宿主分子,并且其本身也有酶模型的特性,因此环糊精成为目前人工酶模型之一。此外,由于环糊精在水中的溶解度和包结能力,它在催化、分离、食品以及药物等方面得到广泛应用。改变环糊精的理化特性已成为化学修饰环糊精的重要目的之一。

环糊精对酸比较敏感,但对 α-、β-糖苷酸有阻抗性,在碱性溶液中也相当稳定。

三、多糖

多糖与单糖、双糖在性质上有很大差异,多糖不是纯净物,没有固定的熔点,是无定形粉末,没有甜味,一般不溶于水,个别多糖溶于水,形成的只是胶体溶液。多糖分子虽有苷羟基,但因相对分子质量很大,其还原性和变旋光现象极不显著,因此认为它们没有还原性和变旋光现象。常见的多糖有以下几种:

(一)淀粉

淀粉(starch)用于植物的能量储存,也是人类获取糖类的主要来源。在所有的植物种子和块茎中都有,如大米含 $75\%\sim80\%$,小麦含 $60\%\sim65\%$,马铃薯含 20%。

淀粉是白色、无味的粉状物质。天然淀粉可以分为直链淀粉(amylose)和支链淀粉(amylopectin),我们通常所说的淀粉是直链淀粉和支链淀粉的混合物,其比例因植物品种不同而异。

直链淀粉是由许多 D-吡喃葡萄糖以 α-1,4-苷键连接而成的链状化合物,以螺旋盘绕构象存在,每 6 个 D-葡萄糖单位形成一个螺旋圈。直链淀粉相对分子质量比支链淀粉小,能溶于热水而不成糊状,直链淀粉遇碘呈蓝色,不是两者之间形成了化学键,而是直链淀粉螺旋状结构中的空穴刚好能容纳碘分子,二者之间依靠范德华力形成一种蓝色的包配物,这个显色反应常用来检验淀粉或碘分子的存在(图 15-3)。

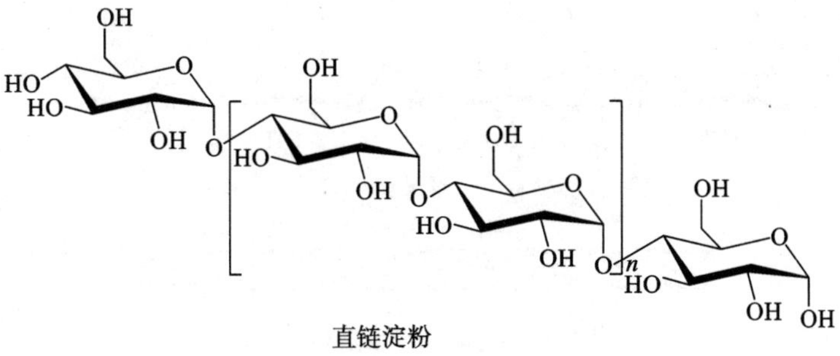

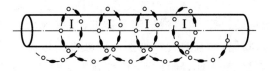

直链淀粉

图 15-3 碘-淀粉包配物结构示意图

支链淀粉除了由许多 D-葡萄糖以 α-1,4-苷键连接而成外,每隔 20~25 个葡萄糖单元,有一个以 α-1,6-苷键相连的支链(图 15-4)。支链淀粉不溶于冷水,在热水中膨胀而呈糊状,与碘作用呈红紫色。

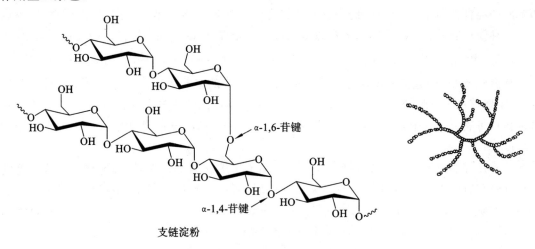

α-1,6-苷键

α-1,4-苷键

支链淀粉

图 15-4 支链淀粉结构示意图

淀粉在酸或者酶作用下逐步水解,首先生成相对分子质量较小的低聚糖,继续水解得到麦芽糖,最终水解成 D-(＋)-葡萄糖,为生命活动提供能量。

(二)纤维素

纤维素(cellulose)是多糖中较丰富的一类化合物,它是构成植物细胞壁的主要材料。棉花的纤维素含量接近 100%,为天然的最纯的纤维素来源。在实验室中,滤纸是最纯的纤维素来源。

纤维素是一种由多个 D-葡萄糖单元通过 β-1,4-糖苷键连接而成的线性聚合物。植物中存在的天然纤维素含 1000~15000 个葡萄糖,相对分子质量为 150000~2500000。纤维素长链与长链之间并非平行排列,而是由相邻羟基间的氢键聚集在一起绞成绳索状(图 15-5)。木材的强度主要取决于相邻的长链间羟基与羟基之间形成氢键的多少。

纤维素比淀粉难水解,通常在浓酸中进行水解,先水解成纤维三糖、纤维二糖等,最终水解成 D-(＋)葡萄糖。虽然纤维素水解的最终产物也是葡萄糖,但是纤维素不能作为人类和许多动物的能量来源,因为其消化系统不含催化水解纤维素的酶——β-葡萄糖苷酶。相反,人类

纤维素

图 15-5　绳索状纤维素长链结构

只有 α-葡萄糖苷酶。所以,人类可以从多糖中的淀粉和糖原中获取葡萄糖。不过人的膳食纤维(纤维素、半纤维素、树脂和果胶等)可以清洁消化道壁,加速食物中有毒、致癌物质的排出,保护脆弱的消化道和预防结肠癌,而且膳食纤维还可以减慢消化速度,快速排泄胆固醇,让血糖和胆固醇稳定在理想的水平,鉴于此,膳食纤维已被列为第七大营养素;另一方面,很多细菌和微生物却含有 β-葡萄糖苷酶,因此可以消化纤维素。白蚁的肠道里有这样的细菌,因此可以用木材作为它们的主要食物。反刍动物和马也能消化草和干草,因为 β-葡萄糖苷酶类微生物存在于它们的食物链中。

纤维素有很多用途,可以用来造纸,生产人造丝,除此之外,纤维素中的羟基经乙酸、乙酐和硫酸的混合物酯化后得到纤维素乙酸酯,将它的丙酮溶液压入热空气中,使丙酮挥发,可以制成各种塑料制品。纤维素用硝酸和硫酸的混合物处理,可以变成纤维素硝酸酯,用作炸药。

（三）糖原

糖原(glycogen)是葡萄糖在体内酶的催化下转变成的多糖物质。它是人和动物体内的储备糖,主要存在于肝脏(肝糖原)和肌肉(肌糖原)中。糖原的结构与支链淀粉相似,只是支链更多、更短,每隔 8～10 个葡萄糖单元就出现一个 α-1,6-苷键,分支的存在增大了糖原在水中的溶解度(图 15-6)。

营养良好的成人体中约含有糖原 350 g,当血液中的含糖量升高时,葡萄糖结合成糖原储存在肝脏和肌肉中;当血液中的含糖量降低时,糖原可以分解成葡萄糖,给机体提供能量。在运动中的肌肉中的糖原可以转化成乳糖,并且释放出能量。糖原的合成和降解受激素(胰岛素)的控制,当激素分泌失衡,糖原储存处于病理状态时,会导致糖尿病。

图 15-6　糖原结构示意图

（四）琼脂

琼脂(agar)又称琼胶、冻粉,通称洋粉或洋菜,是从红海藻纲中提取的胶体。琼脂是由半乳糖缩聚而成的多糖,不溶于冷水,溶于热水后变成凝胶,可用作食品的添加剂、医药上的固化剂和细菌的培养皿。

NOTE

（五）甲壳素

甲壳素（chitin）又称甲壳质、壳聚糖、几丁质，主要存在于虾、蟹及昆虫的硬壳（外骨骼）中。甲壳素是葡萄糖乙酰氨基衍生物通过 β-1,4-苷键缩聚而成的含氮直链多糖。

甲壳素
chellotosan

甲壳素的生物相容性良好，在医药领域有广泛的应用。用甲壳素制成的可吸收性手术缝线，可用常规方法消毒，可染色，可掺入药剂被使用，能被组织降解吸收，免除患者拆线的痛苦。

甲壳素还能抑制胃酸的分泌和缓解溃疡，具有降解胆固醇和甘油三酯的作用。此外，甲壳素还能用于制作人工肾透析膜和隐形眼镜等。

第四节　自然界中的植物多糖和其他糖

一、几种常见的植物多糖

植物多糖，又称植物多聚糖，普遍存在于自然界植物体中。研究者发现具有 β-1,3 或 β-1,6 糖苷键的多糖才具有较强的生理活性，具有 α-型糖苷键的多糖几乎没有生理活性。因植物多糖具有不同的生理活性和保健作用，如降血糖、降血脂、免疫调节、抑制肿瘤、抗菌抗病毒、保肝、延缓衰老等，它现已被广泛应用到生物医药领域，餐饮、化妆品以及大众生活中。植物多糖的来源广泛，不同植物多糖的相对分子质量不同。常见的植物多糖有黄芪多糖、枸杞多糖、芦荟多糖、茶多糖、海藻多糖、灵芝多糖等。

（一）黄芪多糖

黄芪是一种中药，来源于豆科黄芪植物膜荚黄芪干燥的根，在中医药临床应用广泛。黄芪多糖作为黄芪的主要成分，是一种水溶性的杂多糖，由己糖醛酸、葡萄糖、果糖、鼠李糖、阿拉伯糖、半乳糖醛酸和葡萄糖醛酸等组成。黄芪多糖是黄芪发挥作用的主要成分，黄芪多糖具有增强机体抵抗力，提高免疫力，促进抗体产生、调节血糖以及保护心血管的作用。如人类和动物在感染病毒前服用黄芪多糖，能够表现出很强的抑制病毒活性的作用，并增强机体代谢能力。黄芪多糖还能够防止肝糖原减少和抑制致病类有害菌和外源性病菌的生存。

（二）枸杞多糖

枸杞是我国传统名贵中药材，枸杞中主要含有多糖、蛋白质和维生素等营养成分。枸杞多糖是枸杞果肉的有效成分之一，由葡萄糖、半乳糖、甘露糖、阿拉伯糖、木糖和鼠李糖 6 种单糖组成，是一种水溶性的多糖，容易被人体吸收。枸杞多糖具有调节免疫、延缓衰老、降血脂、抗脂肪肝、抗肿瘤、保护生殖系统的作用。如枸杞多糖在体外可以直接清除羟自由基或由羟自由基引发的脂质过氧化反应，从而起到延缓衰老的作用；而且对人胃腺癌 KATO-I 细胞，人宫颈癌 HELA 细胞均有明显抑制作用；此外，枸杞多糖能降低高温和 H_2O_2 引起的生精细胞损伤、促进睾丸生殖细胞正常发育。

（三）芦荟多糖

芦荟多糖主要存在于芦荟叶的凝胶部位，即由叶皮所包围的透明黏状液体。芦荟多糖主要由葡萄糖、甘聚糖、阿拉伯-半乳糖等聚合而成。芦荟多糖的分子结构、组成及相对分子质量与芦荟品种、生长环境及生长期有关。芦荟多糖具有止血、杀菌、抗癌、美容和增强免疫力等功效。如芦荟多糖能够激活巨噬细胞，增强一氧化氮（NO）的合成，刺激巨噬细胞分子的表达，从而达到杀菌、消炎的功效，而且芦荟多糖具有抗生素杀菌不具备的功效，能够清除细菌感染时释放的有毒代谢物质以及细菌被杀死后留下的体内毒素；芦荟多糖还可促进免疫器官的发育；此外，芦荟多糖作为药物已被美国生产，用于人类艾滋病的治疗。

二、其他多糖

黏多糖（mucopolysaccharide）又称氨基多糖，是由糖醛酸与 N-乙酰氨基己糖组成的二糖结构单元聚合而成的含氮多糖。有些黏多糖的羟基以硫酸酯的形式存在。黏多糖可通过共价键与蛋白质结合为黏蛋白，故又称蛋白多糖。这个碳水化合物家族的成员包括透明质酸、肝素和软骨素硫酸盐等。

1. 透明质酸 透明质酸（hyaluronic acid），又名玻尿酸，是结构最简单的一种黏多糖，是 D-葡萄糖醛酸和 N-乙酰-β-D-葡萄糖胺通过 β-1,3-糖苷键形成的二糖单体聚合而成的，结构表示如下：

玻尿酸
hyaluronic acid

透明质酸存在于结缔组织中，它与水形成的黏稠凝胶，有润滑和保护细胞的作用，如滑膜液体，是关节的润滑剂；以与蛋白质结合的方式存在于眼睛玻璃体和角膜中，在那里它提供了一种清晰的、弹性的凝胶，保持视网膜处于适当的位置。精液中含有透明质酸酶，使得精子易于穿过黏液与卵子结合受精，胚胎中含有丰富的透明质酸。

2. 肝素 肝素（heparin）是相对分子质量较小的黏多糖。肝素的结构较复杂，组成肝素的单糖结构单元由 N-乙酰基-D-氨基葡萄糖、D-葡萄糖醛酸、D-氨基葡萄糖和 L-艾杜糖醛酸以 α-1,4-苷键和 β-1,4-苷键结合而成。如肝素的五糖结构单元如下：

肝素的五糖结构单元
pentasaccharide unit of heparin

这种多糖存在于各种组织的肥大细胞中,特别是肝脏、肺和肠道。肝素有多种生物学功能,最常见的是它的抗凝活性。肝素是一种抗凝血剂,它与抗凝血酶Ⅲ紧密结合,终止凝血过程。在给患者输血时可作为血液的抗凝剂,也可用于防止血栓的形成。肝素的抗凝血活力与硫酸酯键有关,如果硫酸酯键被水解破坏,肝素的凝血活性也随之消失。

本章小结

主要内容	学 习 要 点
分类、命名	按水解情况分类、按含碳原子数目分类、按所含官能团分类
结构、构象	开链结构与环状结构、Fischer 投影式与 Haworth 透视式、吡喃糖与呋喃糖、D/L 标记法、α/β 型
概念	糖类、单糖、寡糖、多糖、变旋光现象、差向异构体、端基异构体、异头碳、苷羟基、还原糖、非还原糖、糖苷键
单糖化学性质	差向异构化、脱水反应、氧化反应、还原反应、酯化反应、成苷反应、成脒反应
单糖	D-葡萄糖、D-果糖、D-半乳糖、D-核糖、D-2-脱氧核糖
双糖	蔗糖(非还原糖)、麦芽糖、纤维二糖、乳糖
寡糖	异麦芽寡糖、环糊精
多糖	纤维素、淀粉、糖原、琼脂、甲壳素
植物多糖	黄芪多糖、枸杞多糖、芦荟多糖
其他多糖	黏多糖(透明质酸、肝素)、糖蛋白

练习题答案

目标检测

一、解释下列名词并举例说明。

1. 还原糖、非还原糖 2. 差向异构体 3. 差向异构化 4. 变旋光现象 5. 糖苷键

二、选择题。

1. 下列化合物属于还原性二糖的是(   )。

A. 蔗糖   B. 淀粉   C. 麦芽糖   D. 果糖

2. D-甘露糖经稀碱处理后,除甘露糖外,还可以得到下列哪些单糖?(   )

A. D-葡萄糖   B. D-半乳糖   C. D-阿洛糖   D. D-果糖

三、写出下列单糖的哈沃斯透视式。

1. α-L-吡喃半乳糖 2. β-D-呋喃果糖 3. β-D-吡喃甘露糖苄基苷

四、写出下列糖的优势构象。

1. β-D-吡喃半乳糖 2. α-D-吡喃葡萄糖 3. β-D-吡喃甘露糖

五、写出 D-半乳糖与下列试剂反应的主要产物。

1. 过量苯肼 2. 稀 HNO_3 3. $CH_3OH+HCl$ 4. $NaBH_4$ 5. Br_2/H_2O

六、用化学方法鉴别下列各组物质。

1. D-半乳糖、D-果糖

2. 果糖、葡萄糖、淀粉、蔗糖

3. 葡萄糖、葡萄糖甲苷

目标检测答案

NOTE

七、问答题。

1. 下列单糖是何种构型(参照第 2 题的结构)？

2. 以下结构的吡喃型哈沃斯透视式是怎样的？（写出过程）

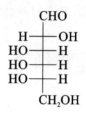

$$
\begin{array}{c}
\text{CHO} \\
\text{H}\!-\!\!-\!\!-\!\text{OH} \\
\text{HO}\!-\!\!-\!\!-\!\text{H} \\
\text{HO}\!-\!\!-\!\!-\!\text{H} \\
\text{HO}\!-\!\!-\!\!-\!\text{H} \\
\text{CH}_2\text{OH}
\end{array}
$$

八、推断题。

1. D-（＋）-甘油醛经递升后得到 D-（－）-赤藓糖和 D-（－）-苏糖，D-（－）-赤藓糖氧化得到的二酸没有旋光性，D-（－）-苏糖氧化得到的二酸有旋光性，试画出 D-（－）-赤藓糖和 D-（－）-苏糖的构型。D-（－）-苏糖经递升后得到 D-（＋）-木糖和 D-（－）-来苏糖，D-（＋）-木糖氧化生成的二酸没有旋光性，D-（－）-来苏糖氧化生成的二酸有旋光性，试写出 D-（＋）-木糖和 D-（－）-来苏糖的构型。

2. 单糖衍生物 A 的分子式为 $C_8H_{16}O_5$，没有变旋光现象，也不被班氏试剂氧化，A 在酸性条件下水解得到 B 和 C 两种产物。B 的分子式为 $C_6H_{12}O_6$，有变旋光现象和还原性，被溴水氧化得到 D-半乳糖酸。C 的分子式为 C_2H_6O，能发生碘仿反应，试写出 A 的结构式及有关反应。

参 考 文 献

[1] 邢其毅,裴伟伟.基础有机化学[M].4 版.北京:北京大学出版社,2016.

[2] 魏俊杰,刘晓冬.有机化学[M].2 版.北京:高等教育出版社,2010.

[3] 胡宏纹.有机化学[M].3 版.北京:高等教育出版社,2006.

[4] 张生勇,何炜.有机化学[M].4 版.北京:科学出版社,2015.

[5] 陆涛,胡春.有机化学[M].8 版.北京:人民卫生出版社,2016.

（李宁波）

NOTE

第十六章　氨基酸、肽和蛋白质

　学习目标

1. 掌握:α-氨基酸的结构、性质和制备方法,小肽的合成方法。
2. 熟悉:肽的结构和肽链结构测定方法。
3. 了解:蛋白质的结构。

蛋白质是有机体中的生物大分子。蛋白质种类多样,具有多种生物学功能。皮肤和指甲的角蛋白、调节葡萄糖代谢的胰岛素、催化 DNA 合成的 DNA 聚合酶都是蛋白质。尽管它们的存在形式和功能不同,但从化学上讲它们是相同的,即都是由许多 α-氨基酸通过酰胺键连接而成的。本章将讨论氨基酸以及由氨基酸缩合而成的肽和蛋白质的结构和性质。

谷胱甘肽(glutathione,GSH)是一种内源性的活性物质,广泛存在于动植物细胞中。GSH 中含有的巯基是良好的还原剂。机体在代谢过程中,会产生自由基,GSH 作为体内一种重要的抗氧化剂,可清除自由基,维持生物体内氧化还原环境的平衡。GSH 含有的巯基可以和重金属螯合,可以和抗肿瘤药物中的烷化剂结合,因而具有广谱解毒作用。另外,GSH 还具有延缓衰老、提高免疫力、抗肿瘤等广泛的生物活性。

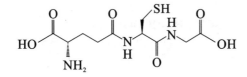

谷胱甘肽(GSH)

思考:

(1) 构成 GSH 三个氨基酸的名称是什么?

(2) GSH 含有几个肽键?

(3) 肽键是如何生成的?

第一节　氨　基　酸

一、氨基酸的结构、分类和命名

(一) 氨基酸的结构

氨基酸是含氨基的羧酸。氨基的位置可用 α、β、γ、δ 等表示。只有 α-氨基酸参与蛋白质的合成。

$$CH_3-CH_2-\overset{\alpha}{\underset{NH_2}{CH}}-COOH \qquad CH_3-\overset{\beta}{\underset{NH_2}{CH}}-CH_2-COOH \qquad \overset{\gamma}{\underset{NH_2}{CH_2}}-CH_2-CH_2-COOH$$

α-氨基丁酸 $\qquad\qquad\qquad$ β-氨基丁酸 $\qquad\qquad\qquad$ γ-氨基丁酸

氨基酸的羧基是酸性的,氨基是碱性的,氨基酸可以发生分子内的酸碱中和反应。因此,氨基酸以内盐或**偶极离子**(dipolar ion)的形式存在。

丙氨酸 $\qquad\qquad\qquad\qquad$ 内盐形式

蛋白质中常见的 20 种氨基酸在 pH=7.3 生理环境中的结构、缩写、解离常数(pK_a)如表16-1所示。这 20 种氨基酸均为 α-氨基酸,其中 19 种是一级(—NH_2)氨基酸,仅是氨基酸 α-位的取代基(侧链)不同。脯氨酸(Pro)是唯一的二级氨基酸,其 α-碳原子和氨基氮原子是五元吡咯环的一部分。

一级氨基酸 $\qquad\qquad\qquad$ 二级氨基酸,脯氨酸

除了蛋白质中发现的 20 种氨基酸外,还有许多具有重要生物活性的非蛋白氨基酸。例如,γ-氨基丁酸(γ-GABA)是脑中的重要神经递质;血液中发现的高半胱氨酸(homocysteine)和冠心病有关;甲状腺素(thyroxine)发现于甲状腺,是一种重要的激素。

$$^+H_3NCH_2CH_2CH_2COO^- \qquad HSCH_2CH_2\underset{NH_3^+}{CHCOO^-}$$

γ-氨基丁酸 $\qquad\qquad$ 高半胱氨酸 $\qquad\qquad\qquad$ 甲状腺素
γ-aminobutyric acid $\qquad$ homocysteine $\qquad\qquad\qquad$ thyroxine

除甘氨酸(H_2NCH_2COOH)外,其他氨基酸的 α-碳原子都是手性碳原子,因此,存在一对对映体,但是自然界只用其中的一种合成蛋白质。在 Fischer 投影式中,天然的氨基酸和 L 构型的单糖相似,因此,把天然的 α-氨基酸称为 L-氨基酸。除半胱氨酸是 R 构型外,其他天然的 α-氨基酸均为 S 构型。

L-甘油醛 $\qquad$ L-丙氨酸 $\qquad$ L-丝氨酸 $\qquad$ L-半胱氨酸
L-glyceraldehyde $\quad$ L-alanine $\qquad$ L-serine $\qquad$ L-cysteine
$\qquad\qquad\qquad$ (S)-丙氨酸 $\quad$ (S)-丝氨酸 $\quad$ (R)-半胱氨酸

(二) 氨基酸的命名

氨基酸的系统命名以羧酸为母体,氨基作为取代基。氨基酸常用俗名,俗名常根据其来源

或性质命名。例如,甘氨酸有甜味;丝氨酸来自蚕丝;酪氨酸来自酪蛋白;甲硫氨酸又称为蛋氨酸,在卵白蛋白中含量丰富;天冬酰胺最初从芦笋中发现,芦笋为天门冬科植物;精氨酸大量存在于鱼精蛋白中。为书写方便,每一个氨基酸有一个英文的三字母缩写,还有一个单字母的缩写,例如,甘氨酸的三字母缩写是 Gly,单字母缩写是 G(表 16-1)。

表 16-1　蛋白质中 20 种氨基酸的结构(必需氨基酸用"﹡"标记)

名称	缩写	相对分子质量	结构	pK_{a1} α-COOH	pK_{a2} α-NH$_3^+$	pK_a (侧链)	等电点 (pI)
中性氨基酸							
丙氨酸 alanine	丙 Ala (A)	89	CH₃CHCO⁻ 上O双键 NH₃⁺	2.34	9.69	—	6.01
天冬酰胺 asparagine	天酰 Asn (N)	132	H₂NCCH₂CHCO⁻ NH₃⁺	2.02	8.80	—	5.41
半胱氨酸 cysteine	半胱 Cys(C)	121	HSCH₂CHCO⁻ NH₃⁺	1.96	10.28	8.18	5.07
谷氨酰胺 glutamine	谷酰 Gln(Q)	146	H₂NCCH₂CH₂CHCO⁻ NH₃⁺	2.17	9.13	—	5.65
甘氨酸 glycine	甘 Gly (G)	75	CH₂CO⁻ NH₃⁺	2.34	9.60	—	5.97
异亮氨酸﹡ isoleucine	异亮 Ile (I)	131	CH₃CH₂CHCHCO⁻ CH₃ NH₃⁺	2.63	9.60	—	6.02
亮氨酸﹡ leucine	亮 Leu (L)	131	CH₃CHCH₂CHCO⁻ CH₃ NH₃⁺	2.36	9.60	—	5.98
甲硫氨酸﹡ methionine	蛋 Met (M)	149	CH₃SCH₂CH₂CHCO⁻ NH₃⁺	2.28	9.21	—	5.74

NOTE

续表

名称	缩写	相对分子质量	结构	pK_{a1} α-COOH	pK_{a2} α-NH$_3^+$	pK_a （侧链）	等电点 （pI）
苯丙氨酸* phenylalanine	苯丙 Phe (F)	165	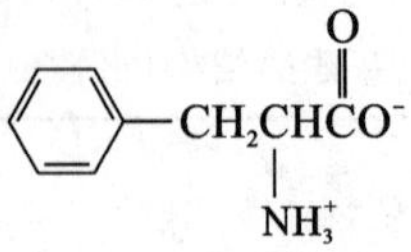	1.83	9.13	—	5.48
脯氨酸 proline	脯 Pro (P)	115	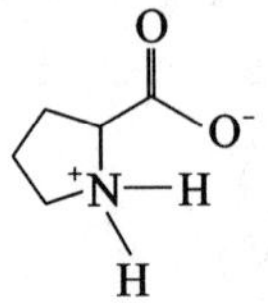	1.99	10.60	—	6.30
丝氨酸 serine	丝 Ser (S)	105	HOCH$_2$CHCO$^-$	2.21	9.15	—	5.68
苏氨酸* threonine	苏 Thr (T)	119	CH$_3$CHCHCO$^-$	2.09	9.10	—	5.60
色氨酸* tryptophan	色 Trp (W)	204	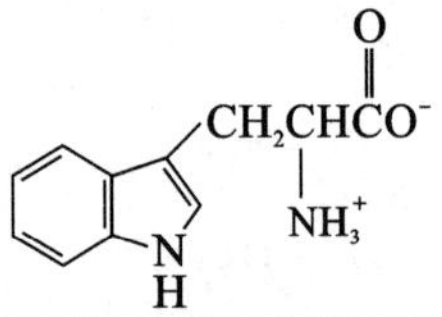	2.83	9.39	—	5.89
酪氨酸 tyrosine	酪 Tyr (Y)	181	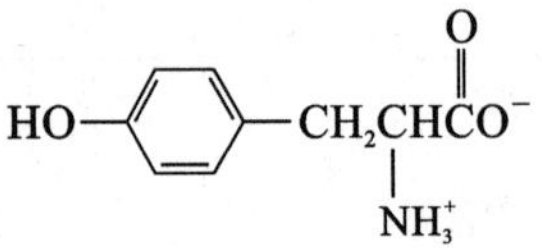 HO—CH$_2$CHCO$^-$	2.20	9.11	10.07	5.66
缬氨酸* valine	缬 Val (V)	117	CH$_3$CHCHCO$^-$	2.32	9.62	—	5.96
酸性氨基酸							
天冬氨酸 aspartic acid	天 Asp (D)	133	$^-$OCCH$_2$CHCO$^-$	1.88	9.60	3.65	2.77
谷氨酸 glutamic acid	谷 Glu (E)	147	$^-$OCCH$_2$CH$_2$CHCO$^-$	2.19	9.67	4.25	3.22

NOTE

348

续表

名称	缩写	相对分子质量	结构	pK_{a1} α-COOH	pK_{a2} α-NH$_3^+$	pK_a（侧链）	等电点（pI）
碱性氨基酸							
精氨酸 arginine	精 Arg (R)	174	$H_2NCNHCH_2CH_2CH_2CHCO^-$ （NH$_2^+$ 上方；NH$_3^+$ 下方）	2.17	9.04	12.48	10.76
赖氨酸* lysine	赖 Lys (K)	146	$^+H_3NCH_2CH_2CH_2CH_2CHCO^-$ （NH$_3^+$ 下方）	2.18	8.95	10.53	9.74
组氨酸 histidine	组 His (H)	155	咪唑环-CH_2CHCO^-（NH$_3^+$ 下方）	1.82	9.17	6.00	7.59

（三）氨基酸的分类

甘氨酸（Gly）、丙氨酸（Ala）等 15 种氨基酸，其羧基和 α-氨基发生分子内酸碱中和反应生成内盐，水溶液接近中性，称为**中性氨基酸**。天冬氨酸（Asp）和谷氨酸（Glu）的侧链含有一个额外的羧基，其水溶液显酸性，称为**酸性氨基酸**。赖氨酸（Lys）、精氨酸（Arg）和组氨酸（His）的侧链为碱性基团，水溶液显碱性，称为**碱性氨基酸**。在 pH＝7.3 的生理环境下，天冬氨酸、谷氨酸的羧基侧链解离，以羧基负离子的形式存在；赖氨酸和精氨酸的碱性基团被质子化，以氨基正离子或胍基正离子的形式存在；组氨酸（His）咪唑环的氮原子碱性弱，不被质子化。

按侧链基团不同，氨基酸可分为芳香氨基酸和脂肪氨基酸。含芳环侧链的苯丙氨酸、酪氨酸、色氨酸、组氨酸是芳香氨基酸。按侧链基团的极性不同，氨基酸可分为疏水氨基酸和亲水氨基酸。酸性氨基酸和碱性氨基酸的侧链是亲水的，是亲水氨基酸，而缬氨酸、亮氨酸、苯丙氨酸则是疏水氨基酸。

蛋白质合成需要 20 种氨基酸，但人类只能合成其中的 12 种，另外 8 种称为必需氨基酸（essential amino acids）。必需氨基酸只能通过食物获取，摄取不足会导致发育不良甚至死亡。

二、氨基酸的物理和化学性质

（一）氨基酸的物理性质

氨基酸以内盐的形式存在，因此，氨基酸的许多物理性质和无机盐类似。例如，许多氨基酸在水中可溶，不溶于烃类溶剂；氨基酸是结晶性物质，具有高熔点，熔点一般为 200～300 ℃。氨基酸是两性的，可溶于酸性和碱性溶液中。

（二）氨基酸的化学性质

1. 等电点 氨基酸通过分子内的酸碱中和反应，以内盐的形式存在。在酸性（低 pH）溶液中，氨基酸的羧基负离子可以接受质子，生成带一个正电荷的氨基酸正离子；在碱性（高

pH)溶液中,氨基酸的氨基正离子解离出一个质子,生成带一个负电荷的氨基酸负离子。在某一个中间 pH,氨基酸正好处于正负离子的平衡状态,此时氨基酸的净电荷量为 0,为电中性,此时的 pH 称为氨基酸的等电点(isoelectric point,pI)。因此,等电点是氨基酸呈电中性时的 pH。

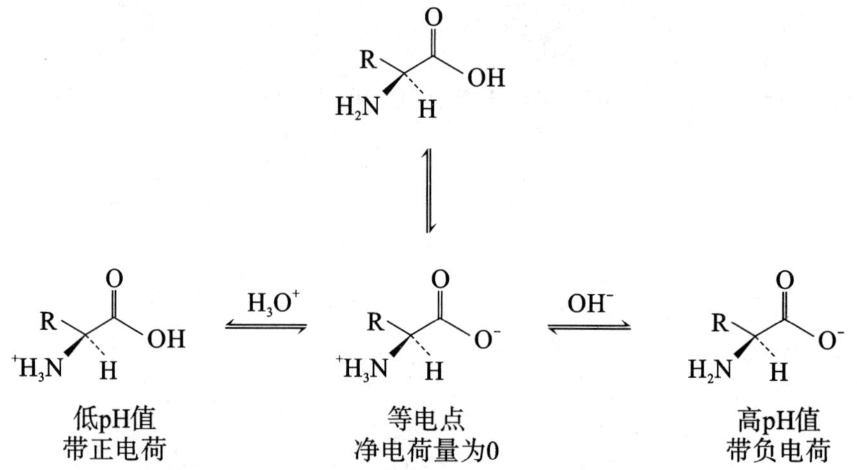

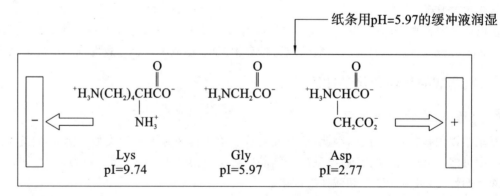

氨基酸的等电点和结构有关。如表 16-1 所示,中性氨基酸的等电点在 5.0~6.5 之间,接近中性。两种酸性氨基酸的等电点在 2.5~3.5 之间,碱性氨基酸(精氨酸、赖氨酸)的等电点大于 9。

在等电点时,分子呈电中性,在水中的溶解度最小。因此,常将氨基酸溶解在酸(或碱)中,往溶液中慢慢加碱(或酸),达到等电点时,氨基酸大量析出,以此来**分离纯化氨基酸**。

蛋白质是由许多氨基酸缩合而成的大分子,含有数量不等的氨基和羧基,因此,蛋白质也有等电点。溶菌酶含有较多碱性氨基酸,其 pI 约为 11.0,胃蛋白酶含有较多酸性氨基酸,pI 约为 1.0。在等电点时,蛋白质在水中的溶解度最小,利用此性质可沉淀或纯化蛋白质。

利用氨基酸(或蛋白质)等电点的不同可以分离氨基酸(或蛋白质),相应的技术称为**电泳**(electrophoresis)。具体的做法如下:将氨基酸混合物溶解到特定 pH 的缓冲液中,点到滤纸的中间,滤纸用缓冲液润湿,纸两端加电极。带正电荷的氨基酸(pH<pI)会移向负极,带负电荷的氨基酸(pH>pI)移向正极,处于等电点的氨基酸(pH=pI)不移动。不同的氨基酸在特定 pH 溶液中的解离程度不同,带电量不同,在滤纸中的移动速度不同,因此氨基酸混合物得以分离。在生化实验中常用凝胶作为电泳的载体。

知识链接 16-1

上图中,Lys、Gly、Asp 混合物溶解于 pH=5.97 的缓冲液中,点到滤纸中间,滤纸用缓冲液润湿后,两端加电极。Lys 在 pH=5.97 的缓冲液中带正电荷,移向负极;Gly 正好处于等电点,净电荷量为 0,不移动;Asp 在 pH=5.97 的缓冲液中带负电荷,移向正极。通过这样的方

NOTE

法,三种氨基酸被分离开来。

2. 氨基的反应

1）与亚硝酸的反应　氨基酸的氨基和亚硝酸反应,定量放出氮气,可用来测定氨基的含量。此法称为范氏(D. D. Van Slyke)氨基氮测定法。

$$\underset{\underset{NH_2}{|}}{RCHCOOH} \xrightarrow{HNO_2} \underset{\underset{OH}{|}}{RCHCOOH} + N_2\uparrow + H_2O$$

2）与酰化试剂的反应　氨基酸的氨基可以与酸酐或酰氯反应,生成 N-酰基化的产物。此反应常用于氨基保护或多肽合成。

$$\underset{\underset{NH_2}{|}}{RCHCOOH} + (CH_3CO)_2O \xrightarrow{碱} \underset{\underset{NHCOCH_3}{|}}{RCHCOOH}$$

3）与 2,4-二硝基氟苯的反应　由于硝基强吸电子的诱导效应,2,4-二硝基氟苯的氟原子可以被氨基酸的氨基取代,生成黄色的 2,4-二硝基苯基氨基酸(2,4-dinitrophenyl amino acid,简称 DNP-氨基酸)。这个反应被英国的桑格(F. Sanger)用于多肽或蛋白质氨基酸序列的测定。

$$O_2N-\!\!\!\!\bigcirc\!\!\!\!-F + H_2N-CH-COOH \xrightarrow{碱} O_2N-\!\!\!\!\bigcirc\!\!\!\!-NHCHCOOH$$

4）与茚三酮(ninhydrin)的反应　α-氨基酸的氨基与水合茚三酮反应生成蓝紫色化合物,该反应十分灵敏,可用于氨基酸氨基的显色反应。脯氨酸的氨基和茚三酮反应显黄色。氨基酸自动分析仪中,氨基酸的混合物经离子交换色谱分离后,用茚三酮进行柱后衍生化,测定蓝紫色物质的吸光度,用于氨基酸的定量分析。

$$\text{茚三酮} + H_2N-CH-COOH \longrightarrow \text{蓝紫色产物} + RCHO + CO_2 + H_2O$$

蓝紫色

3. 羧基的反应

1）成酯反应　氨基酸的氨基可以和醇反应,生成氨基酸的羧酸酯。这个反应常用于多肽合成中羧基的保护。酸或二氯亚砜都可以催化氨基酸酯的生成。

$$\underset{\underset{NH_2}{|}}{RCHCOOH} + CH_3OH \xrightarrow{酸/氯化亚砜} \underset{\underset{NH_2}{|}}{RCHCOOCH_3}$$

2）脱羧反应　氨基酸的羧基在碱性加热或酶的催化下可以发生脱羧反应,生成相应的胺。

$$\underset{\underset{NH_2}{|}}{RCHCOOH} \xrightarrow[\triangle]{Ba(OH)_2} RCH_2NH_2$$

生物体内的氨基酸在脱羧酶的作用下发生脱羧反应。例如,组氨酸在脱羧酶的催化下生成组胺。组胺在皮肤、呼吸系统的肥大细胞中含量丰富。在外界刺激下,肥大细胞释放组胺,导致皮肤过敏、红肿,打喷嚏、流鼻涕、呼吸困难等炎症性反应。再如,腐败的动物组织中的赖氨酸在脱羧酶的作用下生成1,5-戊二胺。1,5-戊二胺也叫尸胺,有恶臭气味。活体组织在生命代谢中也会产生少量的1,5-戊二胺,它是造成尿液和精液特殊气味的部分原因。

4. 巯基的反应 半胱氨酸(Cys)含有巯基,在碱性条件下,两个巯基在温和的氧化剂(例如氧气或碘)作用下,可被氧化成二硫键。二硫键是蛋白质结构稳定的重要共价键,蛋白质分子中二硫键越多,其结构越稳定。二硫键在温和的还原剂(如 $NaBH_4$、$Zn/HOAc$ 等)作用下,又可被还原成巯基。

温和的氧化剂

温和的还原剂

两个半胱氨酸残基　　　　　　　　二硫键

蛋白质翻译后修饰对蛋白质生物学功能起着非常重要的作用。一氧化氮(NO)和硫化氢(H_2S)是生物体内两种气体信号分子,可直接或间接地与蛋白质的巯基发生反应,分别生成巯基亚硝基化(S-nitrosylation,—SNO)产物和巯基硫氢化(S-sulfhydration,—SSH)产物。这些翻译后修饰与许多重大疾病有关。

$$R—SH + NO \longrightarrow R—SNO$$

$$R—SH + H_2S \xrightarrow{Fe^{3+}} R—SSH \qquad R—SNO + H_2S \longrightarrow R—SSH$$

三、氨基酸的化学合成

氨基酸可来自蛋白质的水解、微生物的发酵、酶的催化合成。在这里主要介绍氨基酸的化学合成。氨基酸的化学合成主要有以下方法。

(一) α-卤代酸的氨解

氨基酸可以通过α-卤代酸在过量 NH_3 的存在下氨解得到。卤代酸可用羧酸通过磷催化的α-卤代反应得到。

$$\underset{Cl}{RCHCOOH} \xrightarrow{\text{过量的 } NH_3} \underset{NH_2}{RCHCOOH}$$

(二) 斯特雷克(Strecker)氨基酸合成法

斯特雷克(Strecker)氨基酸合成法也叫斯特雷克合成,由德国科学家 Adolph Strecker 发现。

$$\underset{R}{\overset{O}{\underset{||}{C}}}H \xrightarrow[NH_4Cl]{KCN} \underset{R}{\overset{NH_2}{C}}CN \xrightarrow{H^+} \underset{R}{\overset{NH_2}{C}}COOH$$

醛在氰化钾的存在下和氯化铵反应得到 α-氨基腈,α-氨基腈水解成氨基酸。如果用酮反应则可得到 α-双取代氨基酸。

(三) 丙二酸酯合成法

丙二酸酯和溴反应生成溴代丙二酸酯。

NOTE

$$CH_2(COOEt)_2 \xrightarrow[\quad]{Br_2,CCl_4} BrCH(COOEt)_2$$

溴代丙二酸二乙酯与邻苯二甲酰亚胺钾盐反应生成邻苯二甲酰亚氨基丙二酸二乙酯,然后通过丙二酸酯的取代反应,可合成许多氨基酸。例如:

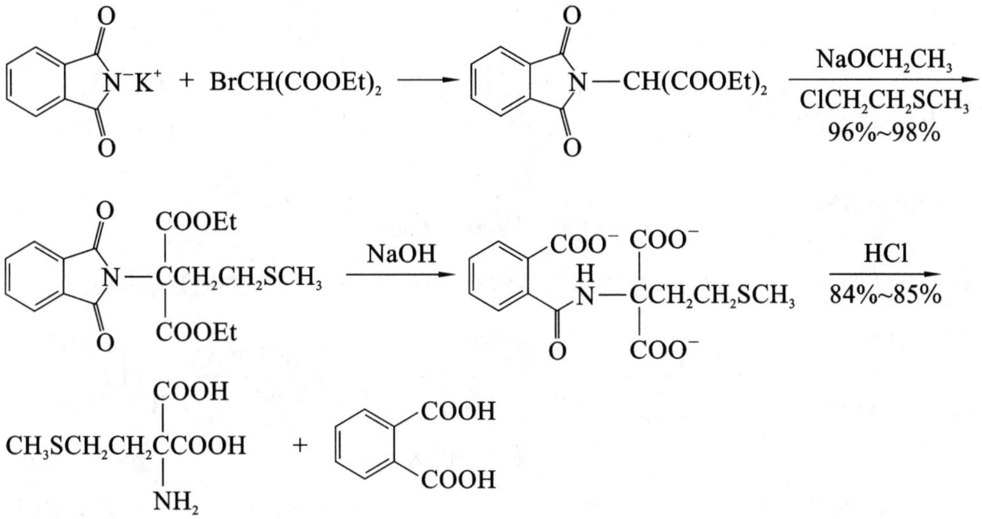

（四）不对称合成法

氨基酸手性合成的一个重要例子是手性多巴的化学合成。手性多巴可用于帕金森病的治疗。多巴的手性合成法由美国孟山都公司的诺尔斯（William S. Knowles）开发,诺尔斯因此获得 2001 年的诺贝尔化学奖。

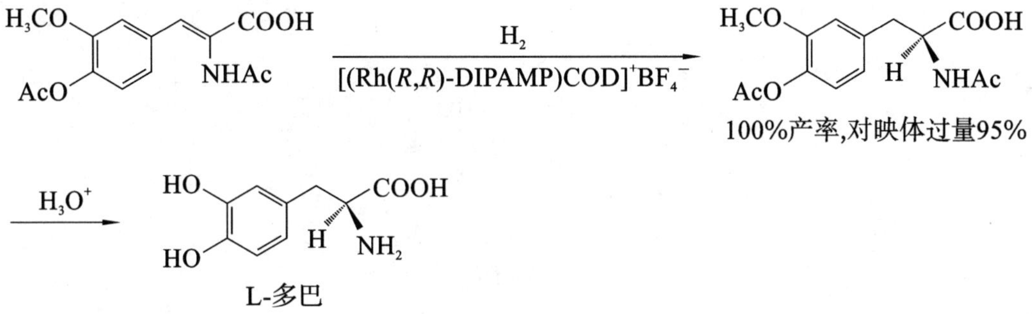

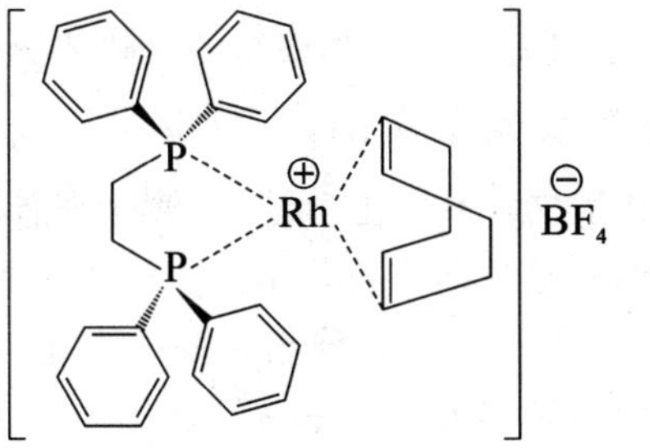

L-多巴

$[(Rh(R,R)\text{-}DIPAMP)COD]^+ BF_4^-$

氨基酸手性合成的另外一个重要例子是 L-苯丙氨基甲酯的工业合成。L-苯丙氨基甲酯用于合成甜味剂阿斯巴甜（aspartame）。

$$\underset{\text{NHAc}}{\overset{\text{COOH}}{\bigvee}} \xrightarrow[\text{(2)MeOH,H}^+]{\text{(1)H}_2,(R,R)\text{-PNNP-Rh(I)},\text{对映体过量83\%}} \underset{\text{NH}_2}{\overset{\text{COOCH}_3}{\bigvee_{H}}}$$

重结晶后对映体过量97%

(R,R)-PNNP-Rh

阿斯巴甜(aspartame)

L-天冬氨酸

除不对称催化氢化，近年来，催化的斯特雷克(Strecker)手性合成也获得进展。

$$\underset{\text{SO}_2\text{Ph}}{\overset{\text{NHBoc}}{R\bigvee}} \xrightarrow[\substack{\text{KCN}\\\text{甲苯,0 ℃,60 h}}]{(R)\text{-1a}} \left[\underset{\text{CN}}{\overset{\text{NHBoc}}{R\bigvee}}\right] \xrightarrow[\text{(2)重结晶}]{\text{(1)6 mol/L HCl,回流}} \underset{\text{CO}_2\text{H}}{\overset{\text{NH}_2\cdot\text{HCl}}{R\bigvee}}$$

不分离，一锅法

65%,
对映体过量>99%

55%,
对映体过量>99%

65%,
对映体过量>99%

54%,
对映体过量>99%

(R)-1a

本方法的优点是中间体不需分离，可实现一锅煮的反应，且催化剂可回收再利用。该法用于非天然氨基酸的合成，获得了良好的产率和很高的对映体选择性。

（五）C—H 键活化的氨基酸合成法

C—H 键是有机化合物中存在最多的化学键，过渡金属催化的 C—H 键活化反应具有反应效率高、原子经济性高等特点，是目前有机化学方法学研究的热点。

例如，从受保护的丙氨酸出发，通过 Pd 催化的 β-H 活化，在 β-C 上成功引入苯环、取代的苯环或杂环。该方法可用于天然和非天然氨基酸的合成。

$$\underset{\text{Bu}_2\text{N}}{\overset{\text{O}}{\bigvee}}\text{OMe} \xrightarrow[\substack{\text{(2) Pd(dba-3,5,3',5'-OMe)}_2\\\textbf{L1}(2.5\%),\text{Ar—Br(1 eq)},\text{甲苯,70 ℃}}]{\text{(1) Cy}_2\text{NLi(1.6 eq)},\text{甲苯,0 ℃}} \underset{\text{Bu}_2\text{N}}{\overset{\text{O}}{\bigvee}}\text{OMe}$$
Ar

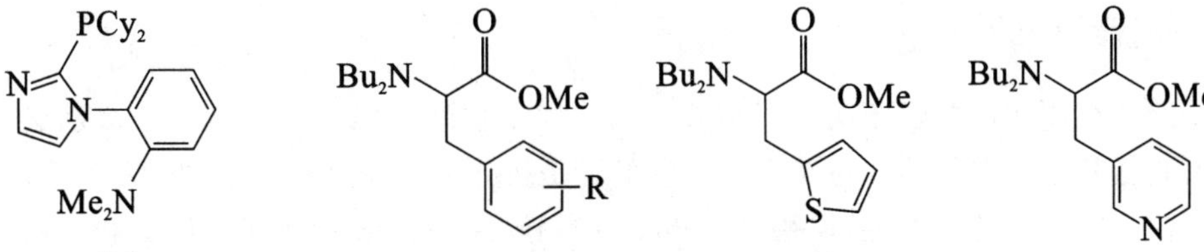

R=H,70%
2-F,81%
4-F,78%
4-CN,62%

85%

73%

L1

第二节　多肽和蛋白质

　　氨基酸含有氨基和羧基,氨基和羧基之间可以形成酰胺键,通过酰胺键可以把许多氨基酸连接成较长的氨基酸链。习惯上把小于 50 个氨基酸构成的链称为**多肽**,多于 50 个氨基酸的聚合物称为**蛋白质**。

一、多肽的结构和命名

　　习惯上把氨基酸间由羧基和氨基缩合而成的酰胺键称为肽键(peptide bond),缩合而成的化合物称为**肽**(peptide)。由两个氨基酸通过一个酰胺键缩合成的化合物称为**二肽**(dipeptide),三个氨基酸通过两个酰胺键缩合而成的化合物称为**三肽**(tripeptide),依此类推。

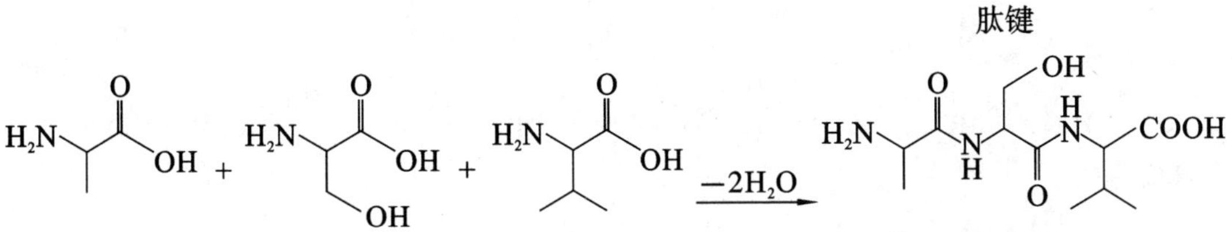

丙氨酰丝氨酰缬氨酸(三肽)
Ala-Ser-Val

　　一般来讲,氨基酸结构书写的时候,氨基在左,羧基在右,缩合成肽后,肽的结构也是从氨基端写到羧基端,处在左边的称为 **N-端**(氨基端),处于右边的称为 **C-端**(羧基端)。

　　肽的名称源自构成它的氨基酸,从左边(N-端)读到右边(C-端)。前面的氨基酸叫"某氨酰",最后的氨基酸为氨基酸的名称。例如,丙氨酰丝氨酰缬氨酸,还可在氨基酸与氨基酸间用连字符隔开,例如,丙氨酰-丝氨酰-缬氨酸。

　　短肽的时候,英文名称一般用氨基酸的三字母缩写,并在左边缀以"H—",表示此端是氨基端,在右边缀以"—OH",表示此端是羧基端,但也可不写"H—"或"—OH"。我们通常将多肽中的氨基酸单位称为氨基酸残基(residue)。肽链中重复的"—NH—CH₂—CO—"链称为肽的骨架(backbone)。

　　肽键中由于 N 原子的 p 轨道和羰基的 p 轨道共轭,C—N 键具有部分双键的性质,因此,肽键是共平面的,称为肽平面,羰基氧和氨基氢处于反式位,且酰胺键中的氮原子是中性的。

NOTE

二、多肽结构的测定

氨基酸的组成和连接顺序决定了多肽的结构和生物学功能。要了解一个多肽必须知道：它含有哪些氨基酸？它们的含量是多少？它们又是按什么顺序进行连接的？前两个问题可以通过"氨基酸分析仪"进行确定,埃德曼(Edman)降解法可用于氨基酸的序列分析,现代的质谱分析法使得肽的序列分析变得非常简单。

(一)氨基酸组成分析

肽或蛋白质经 6 mol/L 盐酸加热水解 24 h 后生成游离的氨基酸,水解液用"氨基酸分析仪"进行自动分析。分析柱一般是强酸性离子交换树脂,不同氨基酸在柱子上的保留时间不同。从柱上洗脱后进行茚三酮的柱后衍生化,紫色颜色的深浅和氨基酸含量成正比。与已知含量的氨基酸标准品进行比对,可以定性、定量地得到肽或蛋白质的氨基酸组成和含量。

(二)埃德曼(Edman)降解法

埃德曼降解法由瑞典科学家埃德曼(Pehr Edman)开发。用苯异硫氰酸酯(PITC)与待分析多肽的 N-端氨基在碱性条件下反应,生成苯氨基硫代甲酰胺的衍生物,然后酸催化关环,电子重排得到 N-端氨基酸残基的噻唑啉酮苯胺衍生物(ATZ)和少一个氨基酸的多肽。接着用有机溶剂将 ATZ 萃取出来,ATZ 不稳定,在酸催化下发生重排,生成稳定的苯基乙内酰硫脲(PTH)衍生物。每一种氨基酸的 PTH 衍生物都有标准品,用 HPLC 法分析生成的 PTH 氨基酸,可以鉴定出是哪一种氨基酸。每反应一次,得到一个去掉 N-端氨基酸残基的多肽,剩下的肽链可以进入下一循环,继续进行降解。

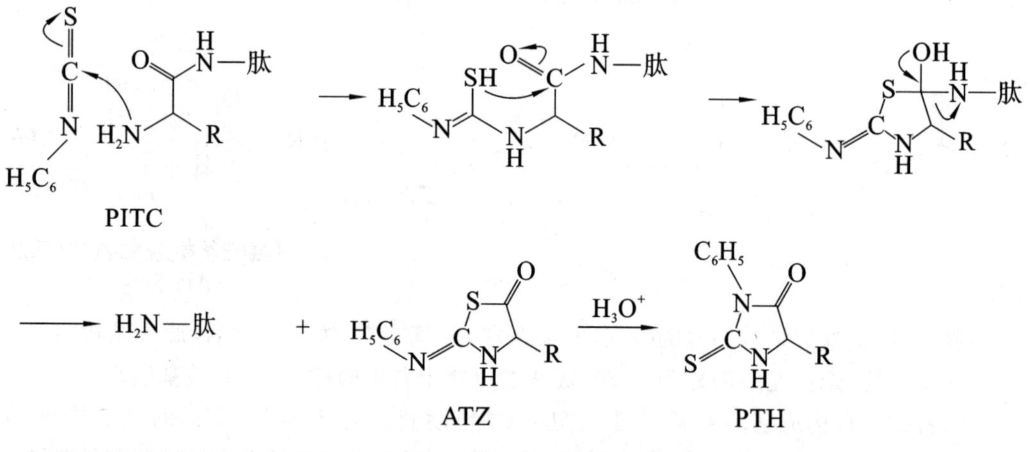

根据此原理设计的自动分析仪,能够可靠地测定 30 个左右氨基酸残基的肽链序列,最多可以分析 50～60 个氨基酸残基。此法用量少,1～5 pmol 的多肽即可测定氨基酸序列。对于肽链较长的多肽,可以先将肽链切断成多个小肽。酸催化的水解没有选择性,导致数量不等的随机断裂的肽段,而酶的水解具有特异性,例如,胰蛋白酶(trypsin)选择性地水解精氨酸、赖氨酸羧基侧的肽键,胰凝乳蛋白酶(chymotrypsin)专一性地水解苯丙氨酸、色氨酸、酪氨酸羧基侧的肽键。对水解后的小肽进行序列分析,然后将这些信息拼接起来,得到起始肽链中的氨基酸序列。此法曾成功测定含 400 多个氨基酸残基的蛋白质序列。

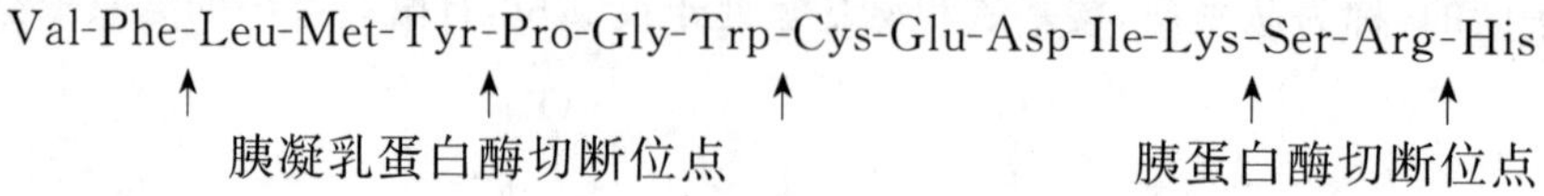

Val-Phe-Leu-Met-Tyr-Pro-Gly-Trp-Cys-Glu-Asp-Ile-Lys-Ser-Arg-His

胰凝乳蛋白酶切断位点　　　　　胰蛋白酶切断位点

(三)质谱分析法

Edman 降解法可用于测定多肽的一级结构,但仍存在不足。例如,对于 N-端封闭的多肽,

Edman 降解法无法测序。20 世纪 80 年代末发展起来的电喷雾(electrospray ionization,ES)和基质辅助激光解吸电离(matrix assist laser desorption ionization,MALDI),使质谱技术在蛋白质结构解析上的应用发生了质的飞跃。质谱可对飞摩尔(fmol)级别的蛋白或肽进行测序,蛋白质的相对分子质量可高达 10 万。质谱分析法主要有蛋白图谱法、亚稳离子法和阶梯测序法(ladder sequencing)。前两种方法是利用肽在质谱中裂解所得到的碎片离子和离子峰识别肽序列。阶梯测序法则是利用酶水解,例如羧肽酶,得到逐一脱掉一个氨基酸残基的系列肽,然后用质谱检查,测定每一个肽的相对分子质量,由相邻峰的质量差别得知相对应的氨基酸残基,从而得知肽的序列。

三、多肽的合成

四、多肽的固相合成

五、生物活性肽

随着人类基因组计划的完成,蛋白质组学以及代谢组学研究的广泛开展,肽研究也取得了突飞猛进的发展。肽是 21 世纪生物医药领域研究与应用的前沿课题。美国尤·格林博士曾说"肽几乎被用于治疗任何疾病,无药可与其相比"。研究发现,人体内很多活性物质都是以肽的形式存在的。肽在人体生命活动中扮演着生理生化反应的信使角色,并维护着人体生命活动的稳定。

1. 内啡肽(endorphin) 内啡肽是一组由中枢神经系统产生的作用于阿片受体系统的内源性肽,其主要功能是抑制痛觉信号的传递,具有镇痛作用,是内源性的吗啡样物质,故名"内啡肽"。内啡肽和其他阿片类物质一样也能产生欣快感。内啡肽主要有三种:

α-内啡肽:Tyr-Gly-Gly-Phe-Met-Thr-Ser-Glu-Lys-Ser-Gln-Thr-Pro-Leu-Val-Thr

β-内啡肽:Tyr-Gly-Gly-Phe-Met-Thr-Ser-Glu-Lys-Ser-Gln-Thr-Pro-Leu-Val-Thr-Leu-Phe-Lys-Asn-Ala-Ile-Ile-Lys-Asn-Ala-Tyr-Lys-Lys-Gly-Glu

γ-内啡肽:Tyr-Gly-Gly-Phe-Met-Thr-Ser-Glu-Lys-Ser-Gln-Thr-Pro-Leu-Val-Thr-Leu

30 min 以上的中等及偏上强度的体育运动,例如跑步、登山、骑车等能诱发 β-内啡肽的分泌,在内啡肽的激发下,人的身心处于轻松愉悦的状态中,它能让人感到欢愉和满足,有助于排遣压力和不快。因此,心情烦闷、低落的时候,体育运动是有效的缓解手段。有研究表明,笑也能诱发内啡肽的释放。

2. 促性腺激素释放激素(gonadotropin-releasing hormone,GnRH) GnRH 是下丘脑分泌的神经激素,对脊椎动物生殖的调控起重要作用。GnRH 由 R. Guillemin 和 A. V. Schally 于 1971 年发现,两人因此在 1977 年被授予诺贝尔生理学或医学奖。GnRH 的序列为 pyroGlu-His-Trp-Ser-Tyr-Gly-Leu-Arg-Pro-Gly-NH$_2$,pyroGlu 为焦谷氨酸。Dr. Schally 是一位内分泌肿瘤学家,一直致力于把 GnRH 及其类似物用于肿瘤治疗的研究。先前,天然的 GnRH 以

Factrel 和 Cystorelin 的商品名应用于临床治疗。为提高酶解稳定性或半衰期，对 GnRH 的结构修饰导致亮丙瑞林(leuprorelin，pyroGlu-His-Trp-Ser-Tyr-Gly-Leu-Arg-Pro-NHEt)等药物的发现。亮丙瑞林用于治疗乳腺癌、子宫内膜异位症、前列腺癌以及性早熟等。现在，世界上数以千计的癌症患者得益于 Dr. Schally 的研究工作，得到有效的治疗。

3. 抗菌肽(antimicrobial peptide)　抗菌肽原指昆虫体内经诱导而产生的一类具有抗菌活性的碱性多肽物质。这类活性多肽多数具有强碱性、热稳定性以及广谱抗菌等特点。世界上第一个被发现的抗菌肽是天蚕素，它是 1980 年由瑞典科学家 G. Boman 等人经注射阴沟肠杆菌及大肠杆菌诱导惜古比天蚕蛹产生的具有抗菌活性的多肽。随后，人们相继从细菌、昆虫、高等动植物乃至人类体内发现并分离获得具有抗菌活性的多肽。抗菌肽具有广谱抗菌作用，能识别和杀灭侵入并定植于动物机体的细菌、真菌，甚至对病毒、原虫及癌细胞也有一定的抑制作用，且对真核细胞没有毒性，因此它在动物的先天免疫或非特异性免疫过程中发挥着重要作用。在哺乳动物饲粮中添加抗菌肽，不仅可以提高动物的生长速度和免疫功能，而且能够实现动物的健康养殖和疾病防控。抗菌肽的出现是无抗养殖的福音。

一个名为 PMAP-36 抗菌肽的序列为 GRFRRLRKKTRKRLKKIGKVLK-WIPPIVGSIPLGCG，序列中含有较多的碱性氨基酸。

第三节　蛋　白　质

一、蛋白质的组成和分类

蛋白质是由氨基酸缩合而成的生物大分子。纯粹由氨基酸缩合而成的蛋白质称为简单蛋白质(simple proteins)，血清白蛋白是简单蛋白质。在简单蛋白质的基础上结合有糖、脂肪、核酸的称为结合蛋白质(conjugated proteins)。结合蛋白质按其非氨基酸组分的化学性质可以分为多种类型(表 16-2)。

表 16-2　结合蛋白质的分类

名　称	组　成
糖蛋白	蛋白质和糖结合；细胞膜表面覆有糖蛋白
脂蛋白	蛋白质和油脂结合；脂蛋白运送胆固醇和其他油脂进入组织
金属蛋白	蛋白质和金属离子结合；细胞色素 C 氧化酶是结合了铁离子的蛋白酶
核蛋白	蛋白质和 RNA 结合；发现于核糖体中
磷蛋白	蛋白质和磷酸基团连接；为胚胎提供营养的酪蛋白是磷蛋白

蛋白质按其形状可分为纤维蛋白或球蛋白。胶原蛋白和角蛋白是纤维蛋白，它们的多肽链相互靠近形成长长的细丝。纤维蛋白一般较坚韧、不溶于水，是肌腱、蹄、角、肌肉的天然材料。球蛋白的肽链卷曲成球形，可溶于水，可在细胞中移动。已知的 2000 多种酶基本为球形。表 16-3 列出了一些常见的纤维蛋白和球蛋白。

表 16-3　一些常见的纤维蛋白和球蛋白

名　称	存在形式或功能
纤维蛋白(不溶)	
胶原蛋白	兽皮、肌腱、结缔组织

名　　称	存在形式或功能
弹性蛋白	血管、韧带
角蛋白	皮肤、羊毛、羽毛、蹄、角、蚕丝、指甲
肌球蛋白	肌肉组织
球蛋白（可溶）	
血红蛋白	参与氧气运输
免疫球蛋白	参与免疫反应
胰岛素	调控葡萄糖代谢
核糖核酸酶	RNA 的合成

蛋白质还可按功能分类。表 16-4 显示了蛋白质的某些生物学功能。

表 16-4　蛋白质的一些生物学功能

种　　类	例子和功能
酶	糜蛋白酶，是生化反应的催化剂
激素	胰岛素，调节机体的机能
保护蛋白	抗体，抗感染
存储蛋白	酪蛋白，是营养的存储形式
结构蛋白	角蛋白、弹性蛋白、胶原蛋白，是器官的骨架
运输蛋白	血红蛋白，运送氧气

二、蛋白质的结构

蛋白质是生物大分子，蛋白质的"结构"概念有别于有机小分子。蛋白质的结构分为一级、二级、三级和四级结构。

（一）一级结构

蛋白质的一级结构是指蛋白质的氨基酸序列。例如，α-内啡肽：Tyr-Gly-Gly-Phe-Met-Thr-Ser-Glu-Lys-Ser-Gln-Thr-Pro-Leu-Val-Thr，这些氨基酸的序列就是它的一级结构。

（二）二级结构

蛋白质的二级结构是指蛋白质局部片段的有序排列。例如，蛋白质结构中的 α-螺旋（α-helix）和 β-折叠（β-pleated sheet）结构。

α-角蛋白是存在于羊毛、头发、指甲、羽毛中的纤维蛋白。X 射线晶体衍射研究表明，α-角蛋白的许多片段卷曲成右手螺旋结构。如图 16-1 所示，图 16-1(a) 是肽链的 α-螺旋结构，3.6 个氨基酸残基构成一个螺旋，长为 0.54 nm。氨基酸之间通过 C=O 和 4 个氨基酸之外的 N—H 形成氢键维持螺旋的稳定。图 16-1(b) 是 μ-阿片受体的晶体结构，阿片受体是 G-蛋白偶联的受体，有 7 个跨膜的 α-螺旋。几乎所有球蛋白均含有 α-螺旋结构。α-螺旋用螺旋的条带表示。

 NOTE

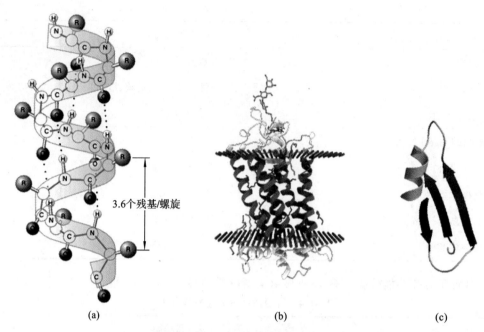

图 16-1 α-螺旋(a)、μ-阿片受体(b)和羧肽酶 A 的 Ψ-loop(c)

注:来自蚕丝的蚕丝蛋白(fibroin)含有 β-折叠(β-pleated sheet)的二级结构。

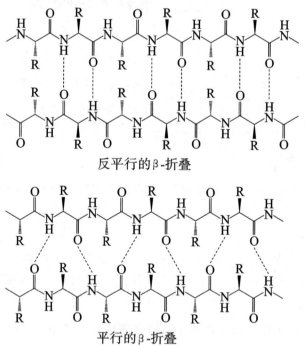

反平行的β-折叠

平行的β-折叠

β-折叠的肽链平行排列,具有如下特点:①C =O 键和 N—H 键位于 β-折叠的平面上;②相邻氨基酸残基的 C =O 和 N—H 形成氢键;③氨基酸的侧链(R—)在 β-折叠平面的上侧或下侧,在链上交替排列。丙氨酸、甘氨酸等具有较小侧链的氨基酸较易形成 β-折叠,具有较大侧链的氨基酸,由于空间排斥,阻碍相互靠近,不易形成稳定的氢键。β-折叠用平行或反平行的条带表示。如图 16-1(c)所示,羧肽酶 A 的 Ψ-loop 含有一个平行的 β-折叠和一个反平行的 β-折叠。

NOTE

（三）三级结构

蛋白质的三级结构是指蛋白质分子在二级结构的基础上进一步缠绕而成的三维形状。具有三级结构的蛋白质一般都是球蛋白。形成稳定球状结构的一个重要力量是疏水氨基酸残基侧链之间存在的"疏水的相互作用力"（hydrophobic interaction）。通过这种作用力，疏水氨基酸聚集在分子内部。相反，亲水氨基酸则排列在球形的表面，使球蛋白溶于水。形成稳定三维结构的其他重要力量包括蛋白质分子中二硫键（disulfide bond）的生成，相邻氨基酸之间氢键的形成和正负离子间静电的相互作用（图16-2）。

(a)肌红蛋白的结构（含血红素）

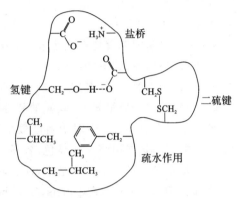

(b)三维结构中存在的主要相互作用力

图 16-2　蛋白质的三级结构

（四）四级结构

蛋白质的四级结构（quaternary structure）是指数个具有独立三级结构的蛋白质通过非共价键的相互作用而形成的聚集体。

知识链接 16-5

本章小结

主要内容	学习要点
氨基酸的分类	中性氨基酸、酸性氨基酸、碱性氨基酸；亲脂性氨基酸、亲水性氨基酸；脂肪氨基酸、芳香氨基酸
氨基酸的构型	L 构型，除甲硫氨酸外均为 S 构型
氨基酸的性质	两性、等电点
氨基酸的反应	羧基的酯化反应，氨基的酰基化反应，茚三酮显色反应，肽键的形成反应
氨基酸的合成	卤代酸的氨解反应，Strecker 合成法，丙二酸酯合成法，催化氢化法
小肽的合成	二肽合成五步法
蛋白质的结构	一级、二级、三级、四级结构

目标检测

1. 表 16-1 中，氨基酸侧链含芳香环、含硫原子、含羟基的各有几个？
2. 19 种 L-型氨基酸其 α-碳原子是 S 构型，半胱氨酸是唯一 R 构型的氨基酸。请解释。

目标检测答案

NOTE

3. 苏氨酸,(2S,3R)-2-氨基-3-羟基丁酸,有两个手性中心。请画出苏氨酸的 Fischer 投影式。

4. α-氨基酸中 α-的含义是什么?

5. 氨基酸羧基的解离常数(pK_{a1} 为 1.8～2.6)为什么比乙酸的解离常数($pK_a = 4.74$)高很多?

6. 组氨酸有三个氮原子,讨论三个氮原子的酸碱性。

7. 画出下列氨基酸在指定 pH 时的主要存在形式。

(1) 赖氨酸 pH＝3.0；   (2) 天冬氨酸 pH＝6.0；

(3) 赖氨酸 pH＝11.0；   (4) 丙氨酸 pH＝3.0。

8. 预测下列氨基酸混合物在指定 pH 的缓冲液中,在电场中移动的方向(正极、负极)。

(1) 缬氨酸、谷氨酸、组氨酸   pH＝7.6

(2) 甘氨酸、苯丙氨酸、丝氨酸   pH＝5.7

9. 如果用电泳法分离组氨酸、丝氨酸和谷氨酸,应选用 pH 为多少的缓冲液?并解释。

10. 苯丙氨酸在 pH 为多少时溶解度最小?

11. 丙氨酸和脯氨酸用茚三酮显色,各显示什么颜色?

12. 血管紧张素Ⅱ是一个八肽激素,通过调节钠钾平衡调节血压。氨基酸分析表明,该肽含有八种等量的氨基酸:Arg,Asp,His,Ile,Phe,Pro,Tyr 和 Val。血管紧张素Ⅱ用稀盐酸部分水解得到如下片段:Asp-Arg-Val-Tyr,Ile-His-Pro,Pro-Phe,Val-Tyr-Ile-His。写出血管紧张素Ⅱ的序列。

13. 蛋白质二级结构的形成主要靠什么作用力?

14. 蛋白质三级结构的形成主要靠什么作用力?

15. 球蛋白分子中,下列哪些氨基酸容易出现在蛋白表面?哪些容易出现在蛋白里面?为什么?

(1) 缬氨酸;(2) 天冬氨酸;(3) 异亮氨酸;(4) 赖氨酸。

参 考 文 献

[1] Deng W,Wang Y,Zhang S,et al. Catalytic amino acid production from biomass-derived intermediates[J]. Proc Natl Acad Sci USA,2018,155(20):5093-5098.

[2] Noisier A F,Brimble M A. C—H functionalization in the synthesis of amino acids and peptides[J]. Chem Rev,2014,114(18):8775-8806.

[3] Filipovic M R,Zivanovic J,Alvarez B,et al. Chemical biology of H_2S signaling through persulfidation[J]. Chem Rev,2018,118(3):1253-1337.

(厉廷有)

NOTE

第十七章　萜类和甾族化合物

扫码看课件

　学习目标

1. 掌握:萜类和甾族化合物的结构特点。
2. 熟悉:重要萜类和甾族化合物的生理活性。
3. 了解:萜类化合物和甾族化合物的分布和来源以及萜类化合物的命名。

　　萜类(terpene)和**甾族化合物**(steroids)广泛存在于自然界,可以从生物体中提取,也可以通过人工合成。几乎所有的植物都含有萜类化合物,在动物和真菌中也能提取到萜类化合物。许多萜类是植物香精油的主要成分,天然萜类化合物有很重要的药用价值,也是香料工业的主要原料。甾族化合物在动植物体内较为常见,对动植物生命活动起着重要的调节作用,有的能直接用来治疗疾病,有的可以合成药物。萜类和甾族化合物是两类不同的物质,但与人类的生活有着密切的联系。

第一节　萜类化合物

　　萜类化合物主要由碳、氢和氧三种元素组成,可以看作是异戊二烯的低聚物及它们的氢化物和含氧衍生物的总称。绝大多数萜类化合物因含有双键又称为萜烯类化合物。据报道目前已分离、鉴定的萜类化合物超过 3 万种,是天然产物中数量最多的一类。

案例导入

　　患者,男,46 岁,于 2009 年 12 月到非洲安哥拉从事建筑工作,分别于 2010 年 11 月、2013年 2 月两次感染疟疾。由于患者病情较轻而未入院确诊治疗。2013 年 10 月 1 日回国,11 月 6日开始出现发冷、发热(最高体温不详)、出汗、头痛等症状。结合流行病史怀疑为恶性疟疾。涂片经瑞-吉染色后镜检均查见疟原虫;厚血膜多见裂殖体,疟色素明显。薄血膜中其虫体为红细胞大小或略小,胞质呈带状,染深蓝色。裂殖体较多见,未成熟和成熟裂殖体均可见到,静脉滴注青蒿素注射液后痊愈。

　　问题:

　　(1) 青蒿素是哪一类化合物?

　　(2) 青蒿素是如何治疗疟疾的?

案例解析

一、萜类化合物的结构

　　萜类化合物从结构上可以看作由数个异戊二烯(isoprene)单体首尾相连或相互聚合而成的,其通式为$(C_5H_x)_n$。

　NOTE

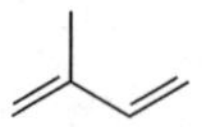

异戊二烯 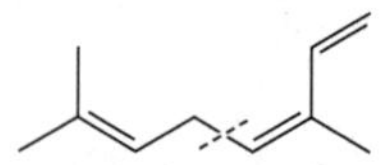　　　　　链状单萜

这种结构特征称为"**异戊二烯规则**"。例如：β-月桂烯（myrcene）和柠檬烯（limonene）。

β-月桂烯　　　　　柠檬烯

β-月桂烯可以看作两个异戊二烯单体连接而成的开链化合物，柠檬烯可以看作是两个异戊二烯单体结合形成的六元碳环化合物。绝大多数萜类分子中的碳原子数目是异戊二烯分子中碳原子的整数倍，仅发现个别萜类分子例外。"异戊二烯规则"在未知萜类成分的结构测定中具有很重要的价值。

练习题 17-1　香叶烯（$C_{10}H_{16}$）是从月桂油中分离得到的萜烯，吸收 3 mol H_2 而成为 $C_{10}H_{22}$，臭氧分解时产生以下化合物：

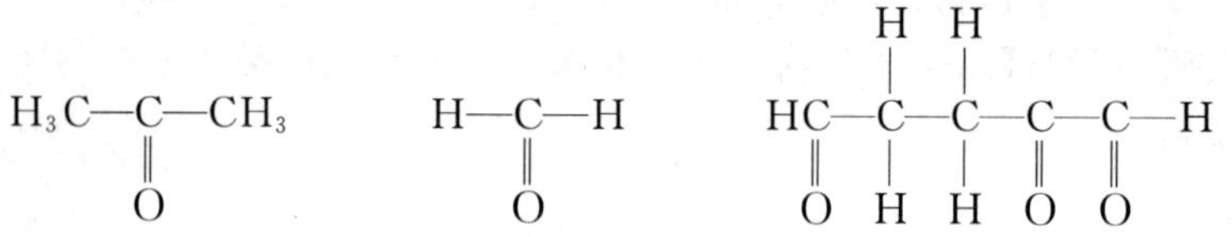

$$H_3C-\underset{\underset{O}{\|}}{C}-CH_3 \qquad H-\underset{\underset{O}{\|}}{C}-H \qquad HC-\underset{\underset{O}{\|}}{\underset{H}{\overset{H}{C}}}-\underset{H}{\overset{H}{C}}-\underset{\underset{O}{\|}}{C}-H$$

根据"异戊二烯规则"，香叶烯可能的结构是什么？

二、萜类化合物的分类

根据所含异戊二烯单体的数目，萜类化合物可分为半萜、单萜、倍半萜、二萜、三萜等（表 17-1）。

表 17-1　萜类化合物的分类

类　　别	异戊二烯单体数目	碳原子数	主要来源
半萜	1	5	植物叶
单萜	2	10	挥发油
倍半萜	3	15	挥发油
二萜	4	20	树脂、植物醇
三萜	6	30	皂苷、树脂、植物乳液
四萜	8	40	胡萝卜素
多萜	＞8	＞40	橡胶

有些萜类化合物所含的碳原子数虽不是 5 的整数倍，但是由萜类化合物衍生的。例如，重要的植物激素赤霉酸（gibberellic acid）含有 19 个碳原子，是从二萜贝壳杉烯（kaurene）代谢而

来的,属于萜类化合物,称为**降二萜**。

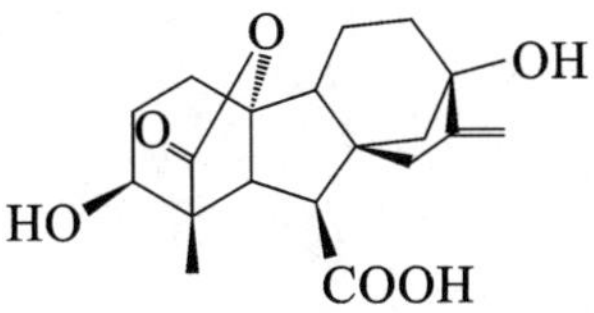

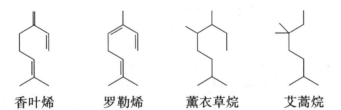

赤霉酸 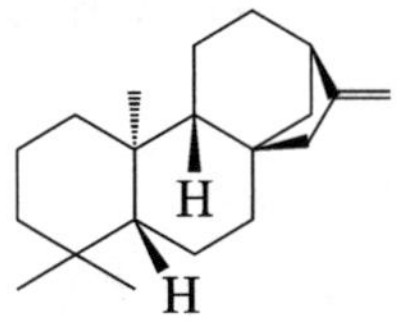　　　　　　　　贝壳杉烯

此外,每一类萜又可根据分子结构类型、环的数目、环的类型以及环上取代基的情况再进一步分类。如根据含有的碳环数可分为无环萜、单环萜、双环萜、三环萜等。现在我们简单介绍其中的几种萜类化合物。

（一）单萜（monoterpene）

单萜是由两个异戊二烯单体构成的含有 10 个碳原子的萜类化合物。根据分子中两个异戊二烯单体相互连接方式的不同,单萜类化合物可分为无环、单环及双环单萜。

1. 无环单萜　无环单萜是指两个异戊二烯单体首尾连接形成的链状化合物。

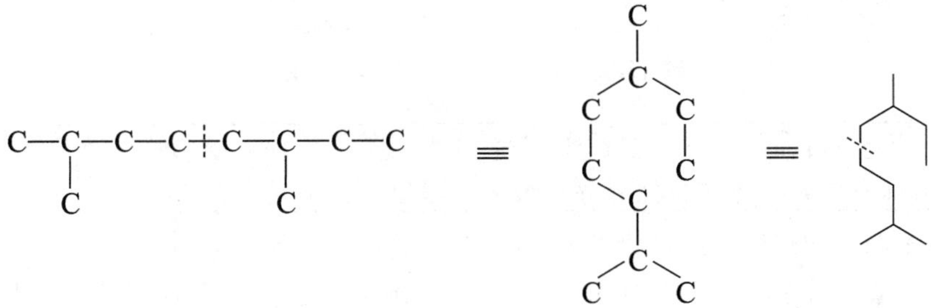

常见的无环单萜有香叶烷型、薰衣草烷型、艾蒿烷型等,其代表性化合物有香叶烯、罗勒烯、薰衣草烷和艾蒿烷等。

香叶烯　　　罗勒烯　　　薰衣草烷　　　艾蒿烷

香叶烯（geraniolene）和罗勒烯（ocimene）为无色油状液体,有特殊气味。二者互为同分异构体,性质相似。香叶烯可以从月桂叶、马鞭草、香叶等植物的精油中提取,罗勒烯可以从罗勒和薰衣草精油中提取。香叶烯和罗勒烯是合成香精和香料工业中重要的原料,主要用于合成香水、消臭剂及香料,如合成薄荷醇、柠檬醛、香茅醇、香叶醇、橙花醇和芳樟醇等。香叶烯和罗勒烯具有令人愉快的香脂气味,偶尔也被直接使用。

练习题 17-2　请指出下列各组化合物互为什么异构体。
（1）香叶烯,罗勒烯　（2）香叶醇,橙花醇　（3）香叶醛,橙花醛

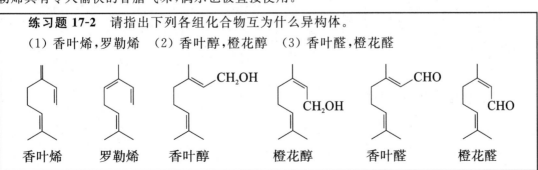

香叶烯　　　罗勒烯　　　香叶醇　　　　橙花醇　　　香叶醛　　　橙花醛

2. 单环单萜　两个异戊二烯单体首尾连接形成的六元环状化合物。其饱和环烃称为萜烷,化学名称为 1-甲基-4-异丙基环己烷。

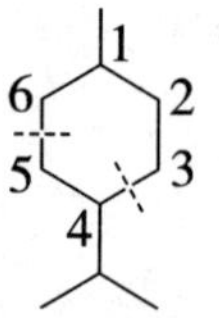

萜烷的重要衍生物是 C_3 上连接羟基的含氧衍生物,称为 3-萜醇,俗称薄荷醇(menthol)或薄荷脑。薄荷醇为无色针状或粒状结晶,存在于薄荷油中,具有薄荷香气和清凉效果,有杀菌、防腐作用,并有局部止痛的功效,广泛用于医药、化妆品及食品工业,如清凉油、仁丹、牙膏、香水、饮料和糖果等。薄荷酮(menthone)常与薄荷醇共存,有浓郁的薄荷香气,主要用作薄荷、薰衣草、玫瑰等香精工业。

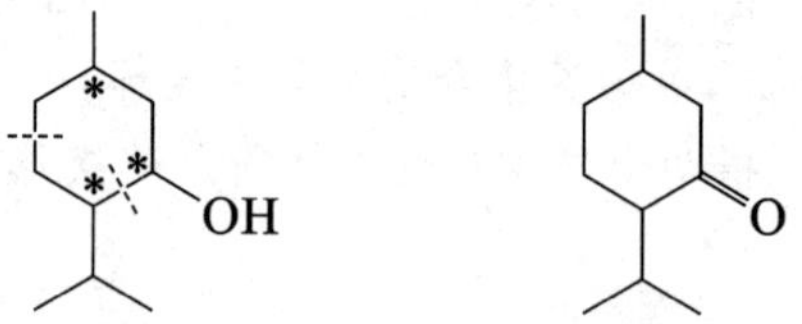

薄荷醇　　　　　薄荷酮

练习题 17-3　薄荷醇有 3 个手性碳,共有 8 种光学异构体。请写出这 8 种光学异构体的结构,并指出哪一种异构体在自然界存在最多。写出其优势构象。

3. 双环单萜　双环单萜的结构类型比较多,主要有莰(kān)烷、蒎(pài)烷、莶(kái)烷、苎(zhù)烷等。在萜烷结构中,C_8 若分别与 C_1、C_2、C_3 或 C_6 相连时,形成桥环化合物,其中蒎烷和莰烷最稳定,形成的衍生物也较多。

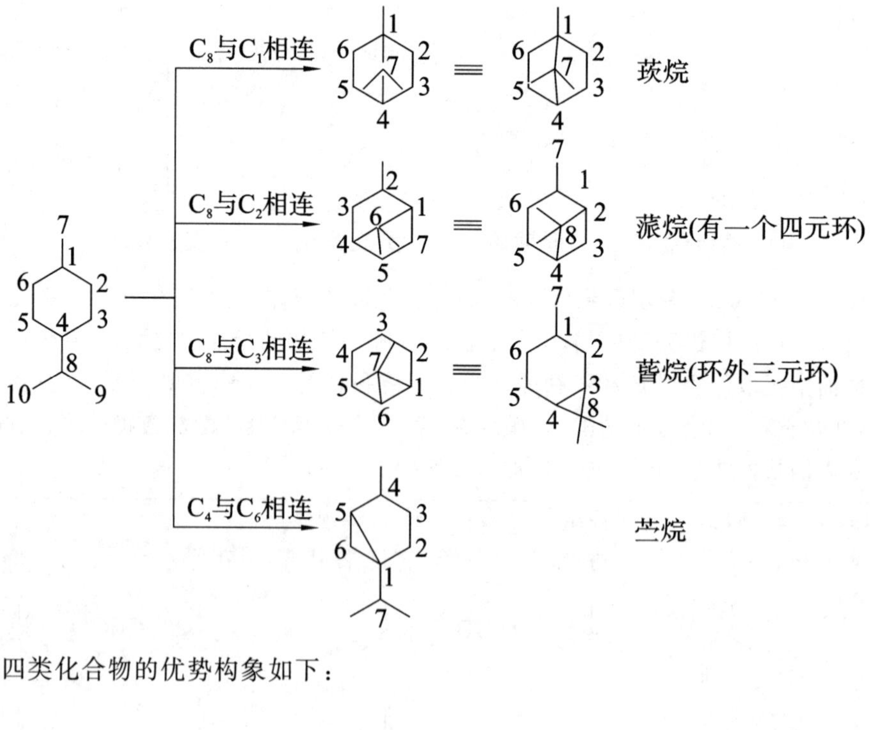

以上四类化合物的优势构象如下:

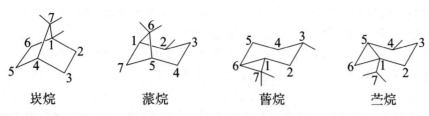

崁烷   蒎烷   莰烷   苎烷

樟脑（camphor）为白色或无色的晶体,存在于樟树的挥发油中,是重要的双环单萜酮之一,在自然界中的分布不太广泛,一般将樟树的根、干、枝切碎后进行水蒸气蒸馏,可得到樟脑油,再进一步精制可得到较纯的樟脑。我国天然樟脑产量占世界第一位。樟脑有强烈的樟木气味和辛辣味道,具有强心、兴奋中枢神经和止痒等医药用途,也是很好的防蛀剂。

樟脑是桥环化合物,其分子中有两个手性碳原子,但由于桥环限制了两个桥头碳原子的构型,樟脑实际上只存在一对对映体。从樟树中得到的是右旋体。

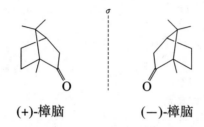

(+)-樟脑   (—)-樟脑

4. 环烯醚萜　　环烯醚萜类化合物是一类特殊的单萜,依据基本骨架,包括环戊烷环烯醚萜型和环戊烷开裂的裂环烯醚萜型。C_1 上多有取代基如羟基或甲氧基。C_3 与 C_4 之间多有双键,C_{11} 位的甲基容易被氧化等。

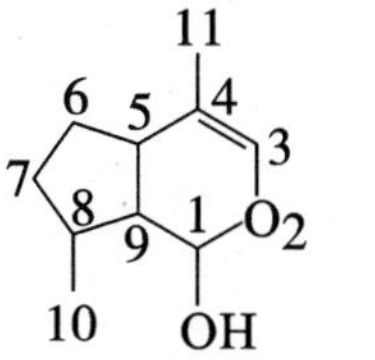

环戊烷环烯醚萜型 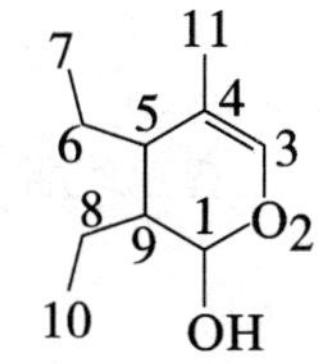   裂环烯醚萜型

自然界中的环烯醚萜类化合物大多以糖苷的形式存在,一般是 C_1 上的羟基与糖结合成糖苷键。环烯醚萜苷和裂环烯醚萜苷为白色晶体或无定形粉末,大部分有旋光性、吸湿性,味苦,具有促进胆汁分泌、降糖、降脂、解痉、抗肿瘤和抗病毒等活性。

栀子苷（geniposide）是一种环烯醚萜苷,主要存在于茜草科植物栀子的成熟果实中,具有缓泻、解热、镇痛、降压、止血、抗炎、利胆、治疗软组织损伤以及抑制胃液分泌和降低胰淀粉酶等作用,能够促进胆汁分泌,并能降低血中胆红素浓度,促进血液中胆红素迅速排泄,对溶血性链球菌和皮肤真菌也有抑制作用。

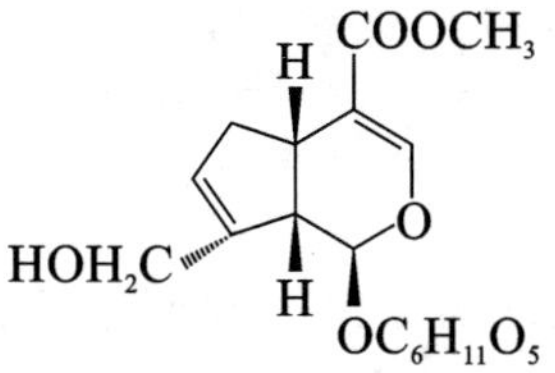

栀子苷

（二）倍半萜（sesquiterpene）
倍半萜类是由三个异戊二烯单体构成、含有 15 个碳原子的萜类化合物,具有链状、环状等

NOTE

多种碳架结构。倍半萜类化合物按其分子中的碳环数分为无环型、单环型、双环型、三环型和薁衍生物,其中三环和四环倍半萜类化合物较少。

倍半萜多为液体,主要存在于植物的挥发油中,它们的醇、酮和内酯等含氧衍生物也广泛存在于挥发油中。倍半萜类化合物较多,无论从数目上还是从结构类型上看,都是萜类化合物中最多的一支。

本章案例导入中提到的青蒿素属于单环倍半萜。青蒿素是从中药黄花蒿中提取的一种含有过氧基团的倍半萜内酯类化合物,是一种抗疟疾特效药,尤其是对于脑型疟疾和抗氯喹疟疾,具有速效和低毒的特点,曾被世界卫生组织称为"世界上唯一有效的疟疾治疗药物"。我国药学家屠呦呦也因此获得 2015 年诺贝尔生理学或医学奖。此后在青蒿素的基础上又成功合成了多种衍生物,如双氢青蒿素、蒿甲醚、青蒿琥酯等。

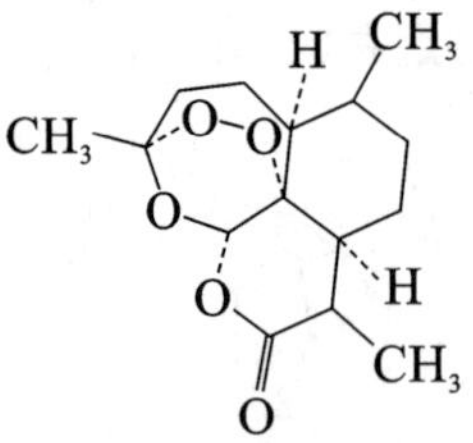

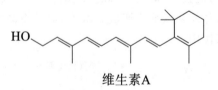

青蒿素 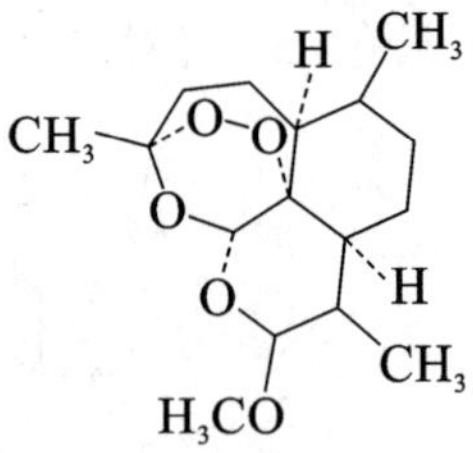　　　　　　　　　　蒿甲醚

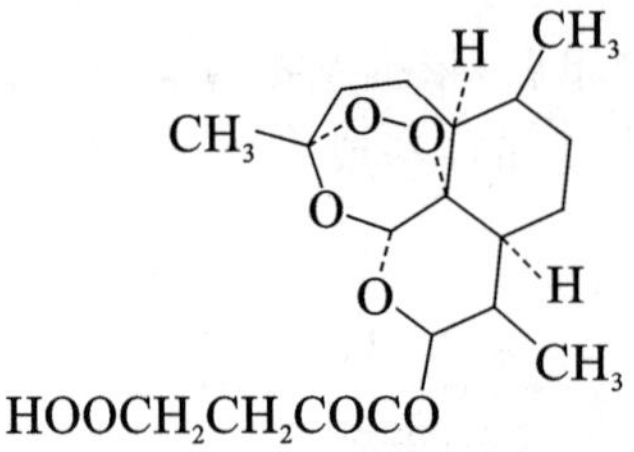

青蒿琥酯 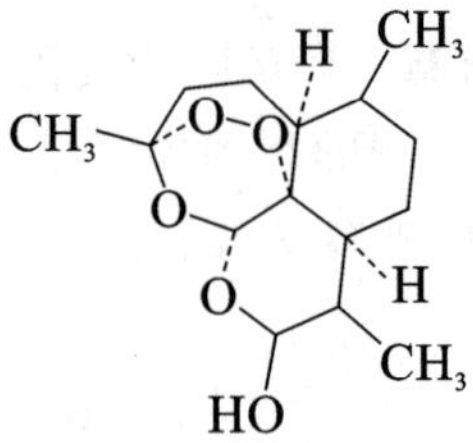　　　　　　　　　　双氢青蒿素

(三) 二萜(diterpene)

二萜类可看作四个异戊二烯单体构成的含有 20 个碳原子的萜类化合物。根据分子中的碳环数可分为无环、单环、双环、三环、四环二萜和二倍半萜。

维生素 A(vitamin A)为单环二萜类,结构中的五个共轭双键均为反式构型。维生素 A 存在于奶油、蛋黄、鱼肝油及动物的肝中,是哺乳动物正常生长和发育所必需的物质,对上皮组织具有保护其生长、再生以及防止角质化的重要功能,对皮肤病有治疗作用。体内缺乏维生素 A则发育不健全,并能引起夜盲症、眼膜和眼角膜硬化等症状。

维生素A

(四) 三萜(triterpene)

三萜是由六个异戊二烯单体构成的含有 30 个碳原子的萜类化合物,按其分子中的碳环数可分为无环、单环、双环、三环三萜和甾烷类五环三萜类化合物。

齐墩果酸(oleanolic acid)是一种常见的五环三萜类化合物,白色针状晶体,无臭、无味,难溶于水,易溶于有机溶剂,对酸碱均不稳定,存在于木樨科植物齐墩果的叶、女贞果实、龙胆科植物青叶胆全草、川西獐牙菜等植物中。齐墩果酸为广谱抗菌药,具有护肝降酶,润肠通便,解

知识拓展 17-1

NOTE

毒敛疮消炎的功效,常用于治疗肠燥便秘、水火烫伤,可降血压、降血脂、延缓衰老和防治冠心病等。

齐墩果酸

（五）四萜（tetraterpene）

四萜是分子中含有八个异戊二烯单体的化合物。四萜及其衍生物广泛存在于自然界中,其分子中有一个较长的碳碳双键共轭体系,呈现一定的颜色,因此常把四萜称为多烯色素。最早得到的四萜多烯色素是从胡萝卜素中提取的,后来又发现很多结构与此类似的色素,通常把四萜称为胡萝卜类色素。例如:β-胡萝卜素、番茄红素、虾青素、虾红素、叶黄素等。

β-胡萝卜素

番茄红素

虾青素

虾红素

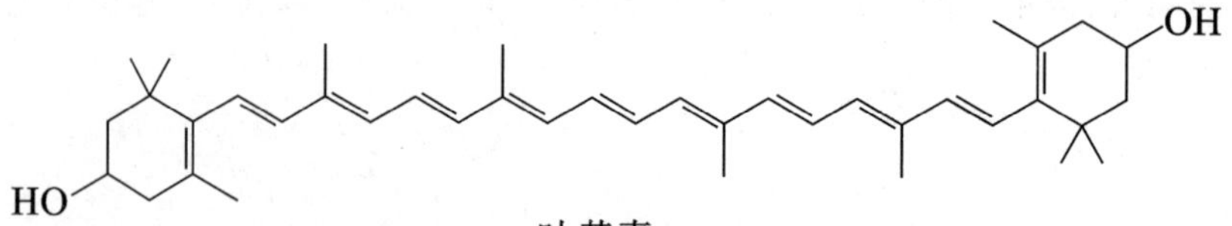

叶黄素

练习题 17-4 划出下列化合物的异戊二烯单元,并指出属于哪一类萜。

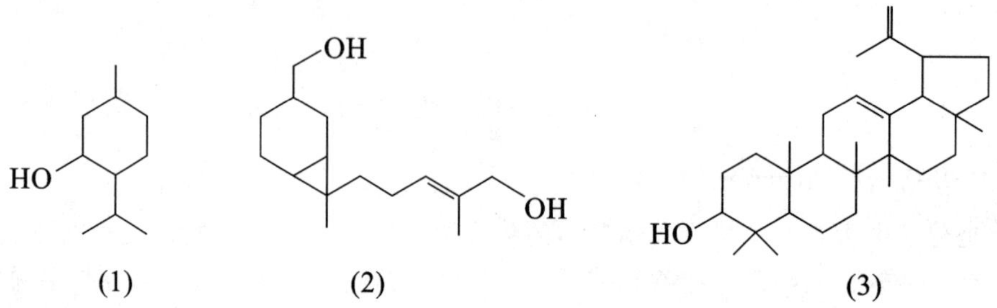

(1)   (2)   (3)

练习题 17-5 某萜类化合物 A($C_{10}H_{18}O$)与 Tollen 试剂反应生成羧酸 B($C_{10}H_{18}O_2$),A 用酸性的高锰酸钾溶液氧化得到丙酮和一种二元羧酸 C($HO_2CCH_2CH(CH_3)CH_2CH_2CO_2H$)。请推导出 A 的结构式并写出有关化学反应式。

第二节 甾体化合物

甾族化合物又称为甾体化合物或类固醇化合物,是一类广泛存在于动植物体内且具有重要生理活性的天然有机物。例如,人体内由肾上腺皮质分泌的肾上腺皮质激素氢化可的松、去氧皮质酮,由性腺分泌的雌性激素 β-雌二醇、黄体酮,雄性激素睾丸素等,在人体内具有非常重要的生理作用。临床上用甾体化合物治疗某些疾病已经取得明显疗效。因动植物体内甾体化合物含量极少,故需人工合成。

案例导入

患者,男,8 月龄。近两月睡眠不安、哭闹、易激怒、惊跳、多汗,大小便正常,食欲正常,出生 5 个月后反复腹泻 3 次,每次 5～7 天,无黄疸史及特殊服药史。足月顺产。出生体重 3.2 kg。母乳与牛奶混合喂养,5 个月后添加蛋黄米粉等,现每天喂少量蔬菜汁、果汁。5 个月前间断服用维生素 D 制剂,户外活动少。患儿 X 线显示骨龄落后,符合佝偻病表现。母孕期无疾病史,无下肢抽搐史。

问题:

(1) 什么是佝偻病?

(2) 佝偻病又是如何发生的?

一、甾体的基本骨架及其编号

(一)基本骨架

甾族化合物分子的基本骨架为环戊烷并多氢菲母核,环上一般有三个取代基,其基本结构如下:

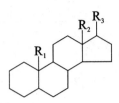

R₁、R₂ 一般为甲基,称为角甲基,R₃ 为碳原子数不确定的烃基或含氧取代基。"甾"字很形象地表示了甾族化合物的基本结构特点,其中"田"表示四个相互稠合的环,"⟨⟨⟨"则象征环上的三个取代基。许多甾族化合物母核上还含有双键、羟基和其他取代基。

（二）编号

甾族化合物中四个环从左至右分别用 A、B、C、D 环标注,环上的碳原子有固定的编号顺序。

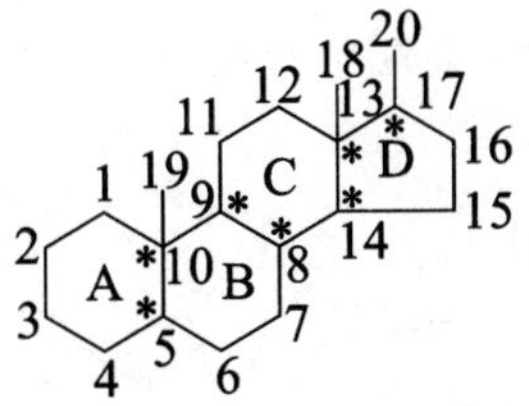

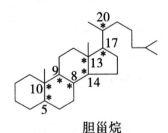

一般甾族化合物碳环上有 7 个手性碳原子,可能有 128(2^7) 种光学异构体。胆甾烷分子 17 位连接一个较长的侧链,有 8 个手性碳原子,理论上可有 256(2^8) 种光学异构体。但是由于稠环的存在以及引起的空间位阻效应的影响,导致实际存在的异构体数目大为减少。

胆甾烷

练习题 17-6 甾族化合物的结构特征是什么? C_{10}、C_{13} 上的甲基称为什么?

二、甾体化合物的分类和命名

甾族化合物比较复杂,根据 C_{10}、C_{13} 与 C_{17} 处所连的侧链 R_1、R_2 和 R_3 的不同,甾体母核的名称不同（表 17-2）。

表 17-2 甾族化合物基本母核分类和名称

R₁	R₂	R₃	甾 体 母 核
—H	—H	—H	甾烷(gonane)
—H	—CH₃	—H	雌甾烷(estrane)
—CH₃	—CH₃	—H	雄甾烷(androstane)
—CH₃	—CH₃	—CH₂—CH₃	孕甾烷(pregnane)
—CH₃	—CH₃	CH₃—CH—CH₂—CH₂—CH₃	胆烷(cholane)

 NOTE

371

R₁	R₂	R₃	甾体母核
—CH₃	—CH₃	CH₃—CH—CH₂—CH₂—CH₂—CH—CH₃ （带有CH₃支链）	胆甾烷(cholestane)

自然界中很多甾族化合物通常根据其来源或者生理作用衍生出的俗名命名。例如:胆固醇、胆酸、甲睾酮、雄甾酮等。若按 IUPAC 命名法命名,甾族化合物的命名可看作是命名甾体母核衍生物。先确定所选用的甾体母核,然后在母核名称前后标明各取代基的位置、数量、名称和构型。母核中含有碳碳双键时,将"烷"改成相应的"烯""二烯""三烯"等,并标注其位置。官能团或取代基的名称及其所在位置与构型标注在母核名称前,若用它们作为母体(如:羰基、羧基),则表示在母核之后。分子中的手性中心用 R 或 S 表示,取代基用 α、β 和 ξ 来表示其构型。例如:

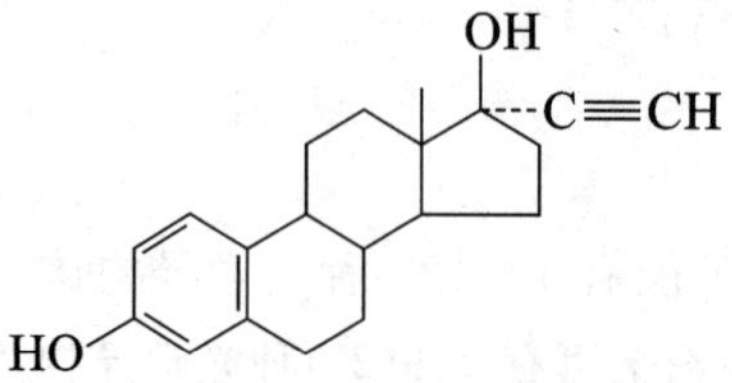

3,17β-二羟基-17α-乙炔基-1,3,5-雌甾三烯
(炔雌二醇)

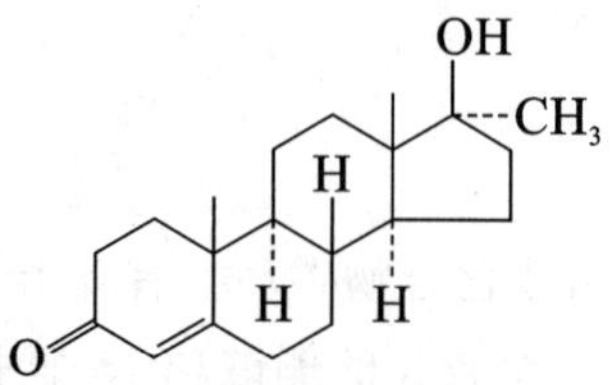

17α-甲基-17β-羟基雄甾-4-烯-3-酮
(甲睾酮)

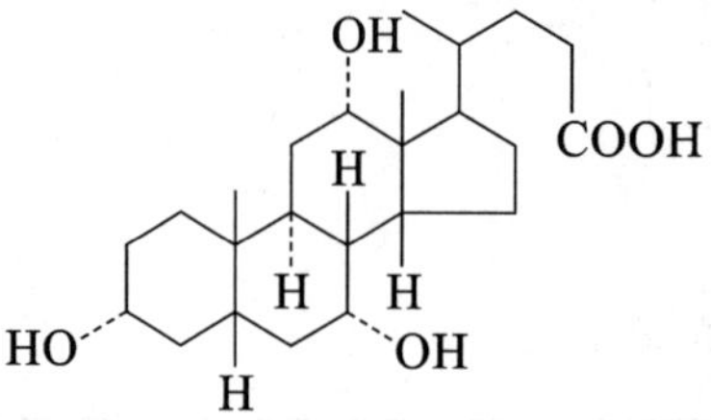

3α,7α,12α-三羟基-5β-胆烷-24-酸
(胆酸)

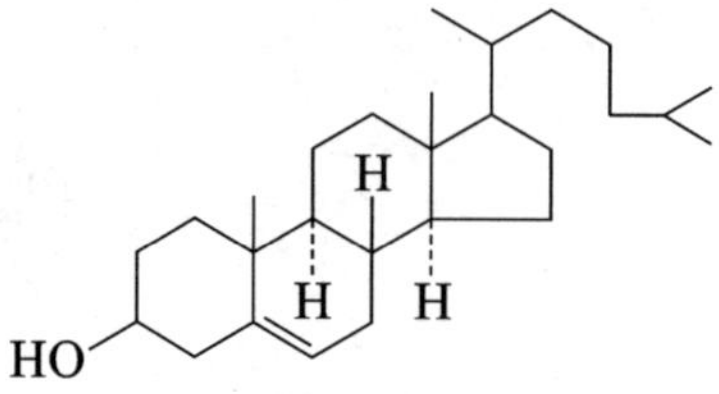

胆甾-5-烯-3β-醇
(胆固醇)

如果是差向异构体,可在习惯名称前加"表"字。例如:

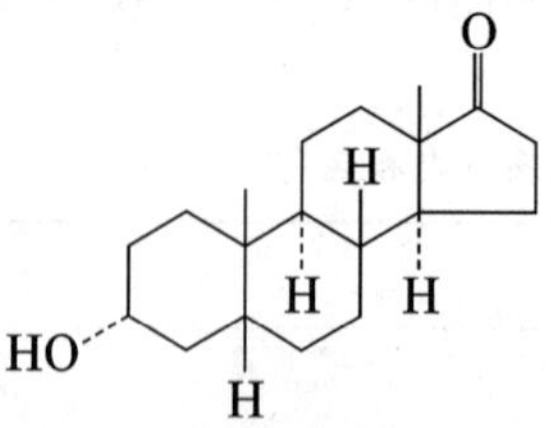

雄甾酮

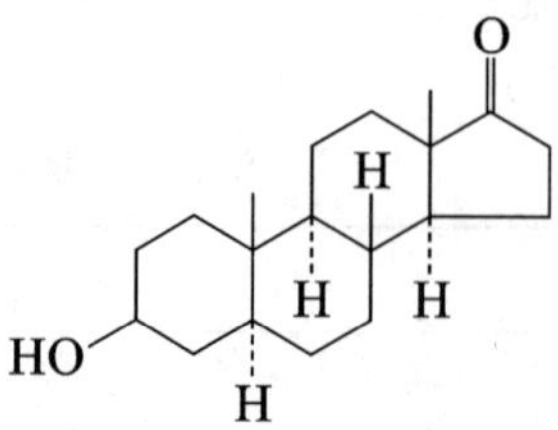

表雄(甾)酮

如果是去掉角甲基,可加词首"去甲基(nor)"或"失碳"表示,并在其前标明所失去甲基的位置。如果同时失去两个角甲基,可用 18,19-双去甲基(18,19-dinor)或 18,19-双失碳表示。例如:

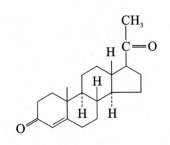

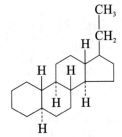

18-去甲基孕甾-4-烯-3,20-二酮   18,19-双去甲基-5β-孕甾烷

三、甾体化合物的构型和构象

（一）甾族化合物的构型

天然甾族化合物有两种构型，一种是 A 环与 B 环反式稠合，另一种是 A 环与 B 环顺式稠合。B 环与 C 环、C 环与 D 环之间总是以反式稠合。

当 A/B 环顺式稠合时，C_5 上的氢原子和 C_{10} 上的角甲基位于环平面的上方，称为正系（A/B 顺，B/C 反，C/D 反），**简称 5β-型甾族化合物**。其构型可标记为顺式-异边-反式-异边-反式（cis-anti-trans-anti-trans）。顺式表示 A/B 环相稠合的方式，反式表示 B/C 和 C/D 环相稠合的方式，异边表示 C_9-H 与 C_{10}-CH$_3$ 及 C_8-H 与 C_{14}-H 的伸展方向相反。

当 **A/B 环反式稠合时，C_5 上的氢原子和 C_{10} 上的角甲基位于环平面的异侧，称为别系**（A/B 反，B/C 反，C/D 反），**简称 5α-型甾族化合物**。其构型可标记为反式-异边-反式-异边-反式（trans-anti-trans-anti-trans）。

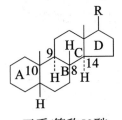

正系(简称5β型)

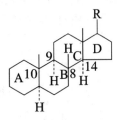

别系(简称5α型)

在通常情况下，表示 B/C 和 C/D 反式稠合特征的 8β-H、9α-H 与 14α-H 均被省略，用 5β-H 或 5α-H 表明属于正系或别系即可。

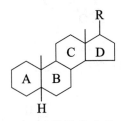

5β-H系甾族化合物 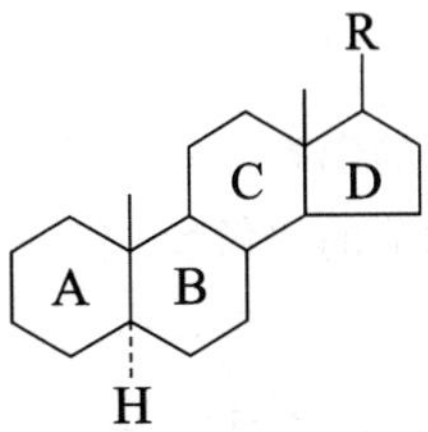   5α-H系甾族化合物

若 C_5 与 C_4、C_6 或 C_{10} 间形成双键，则 A/B 环稠合的构型没有差别，但无正系与别系之分。

（二）甾族化合物的构象

甾体碳架是由三个环己烷相互按照十氢化萘的方式稠合成的氢化菲碳架，再与环戊烷稠合而成的。所以，环己烷、十氢化萘与环戊烷的构象也适用于甾体碳架，但因反式稠合环的存在，增加了甾体碳架的刚性，环己烷不能发生转环作用，所以 e 键与 a 键也不能相互转换。

正系和别系化合物构象如下：

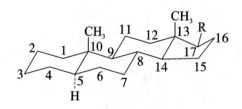

别系甾体碳架构象
A/B反(e,e稠合)
B/C反(e,e稠合)C/D反(e,e稠合)

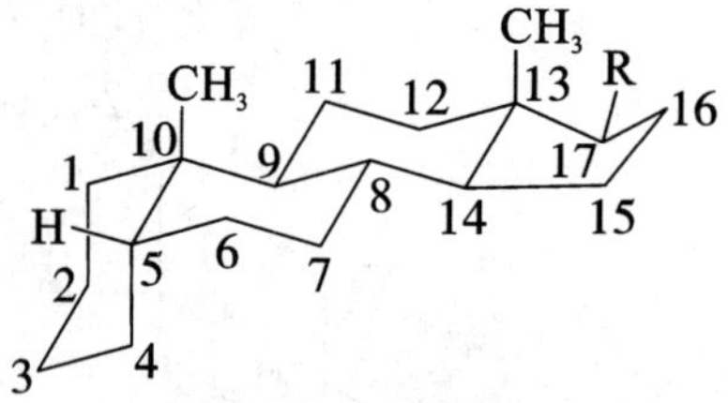

正系甾体碳架构象
A/B顺(e,a稠合)
B/C反(e,e稠合)C/D反(e,e稠合)

正系和别系甾族化合物碳架中的环己烷均为椅式构象。D环环戊烷具有半椅式或信封式构象。D环为何种构象，取决于D环上的取代基及其位置。例如：C_{17}羰基化合物中，D环是信封式构象（a）。C_{17}为烃基取代基时，也是信封式构象（b）。C_{16}羰基化合物为半椅式构象（c）。

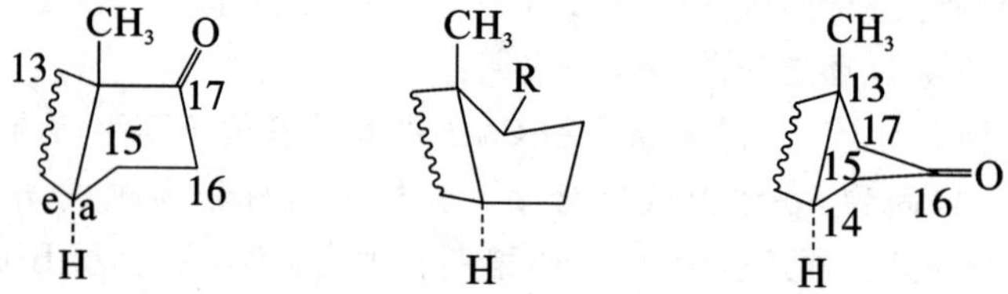

甾族化合物碳架中的环己烷构象

甾族化合物中有些基团受构象的影响，在性质上表现出较大的差异。

1. 构象对双键的影响　甾体母核上的角甲基、C_{17}处的侧链均为β构型。对其进行催化氢化、用过酸进行环氧化反应时，反应都发生在α平面，所引入的基团均位于α构型处。例如：

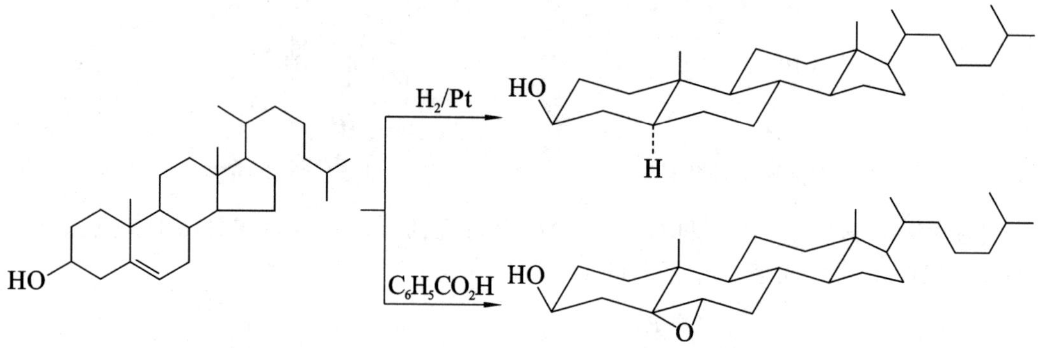

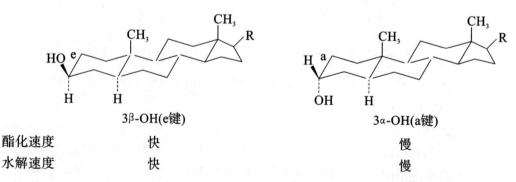

2. 构象对羟基的影响

1）酯化反应和酯的水解反应　e键-OH 比 a键-OH 容易。例如：

3β-OH(e键)　　　　　　　　　3α-OH(a键)

	3β-OH(e键)	3α-OH(a键)
酯化速度	快	慢
水解速度	快	慢

这可能是因为酯化反应和酯水解反应都是首先由亲核试剂进攻羟基或酯基，这一步反应

是限速步骤,所以当羟基或酯基位于 a 键时,进攻试剂受到的空间位阻比较大,反应速率较慢。

2)氧化反应 e 键-OH 比 a 键-OH 难。以铬酸氧化反应为例,其机制如下:

$$R_2CHOH + H_2CrO_4 \rightleftharpoons R_2CHOCrO_3H + H_2O$$

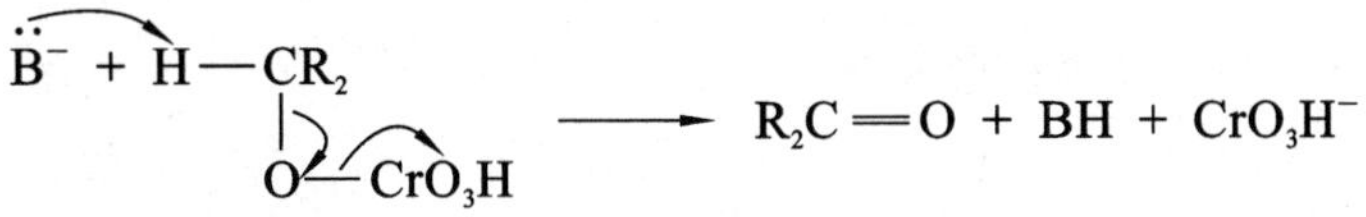

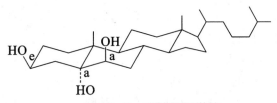

$$\longrightarrow R_2C = O + BH + CrO_3H^-$$

在上述反应中,铬酸酯失去 α-H、生成羰基化合物是决定反应速率的限速步骤,即氧化反应主要发生在 α-H 上。当—OH 处于 e 键时,α-H 则处于 a 键,碱脱去 α-H 时受到的空间位阻比较大,所以反应速率较慢。

在甾族化合物的合成中,对甾族化合物进行构象分析,了解官能团发生反应的难易程度,可以预测反应发生的主要部位。例如:3β,5α,6β-三羟基胆甾烷,与氯代甲酸乙酯酰化时,只有 C₃-OH 处成酯,因为只有此处的羟基位于 e 键。

3β,5α,6α-三羟基胆甾烷

练习题 17-7 根据胆酸结构回答下列问题:

(1)胆酸所含碳架的名称是什么?

(2)A/B 环以什么方式稠合?属于什么系?

(3)C₃-OH、C₇-OH 和 C₁₂-OH 各为什么构型?

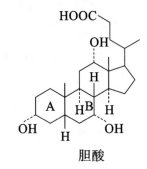

胆酸

本章小结

主 要 内 容	学 习 要 点
萜类、甾族化合物	定义、来源、结构、分类及其命名
萜类化合物	异戊二烯规则
甾族化合物	基本骨架和构象、构型及其命名
了解萜类和甾族化合物的生理活性和应用	重要代表物,如胡萝卜素、青蒿素、胆固醇、糖皮质激素等

NOTE

目标检测答案

目 标 检 测

一、选择题。

1. 烯醚萜类化合物多以哪种形式存在？（　　）

A. 酯　　　　　　　　B. 游离　　　　　　　　C. 苷　　　　　　　　D. 萜源功能基

2. 环烯醚萜类化合物多数以苷的形式存在于植物体中，其原因是（　　）。

A. 结构中具有半缩醛羟基　　　　　　　B. 结构中具有环状半缩醛羟基

C. 结构中具有缩醛羟基　　　　　　　　D. 结构中具有环状缩醛羟基

3. 下列关于萜类化合物挥发性叙述错误的是（　　）。

A. 所有非苷类单萜及倍半萜具有挥发性　　B. 所有单萜苷及倍半萜苷不具有挥发性

C. 所有非苷类二萜不具有挥发性　　　　　D. 所有二萜苷不具有挥发性

4. 单萜的代表式是（　　）。

A. C_5H_8　　　　　　B. $(C_5H_8)_2$　　　　　C. $(C_5H_8)_4$　　　　　D. $(C_5H_8)_6$

5. 具有挥发性的萜类化合物是（　　）。

A. 单萜　　　　　　　B. 二萜　　　　　　　　C. 三萜　　　　　　　　D. 四萜

6. 属于倍半萜类化合物的是（　　）。

A. 龙脑　　　　　　　B. 番茄红素　　　　　　C. 紫杉醇　　　　　　　D. 青蒿素

二、写出樟脑的结构式。

三、找出下列化合物的碳架，将其分割成异戊二烯单体。

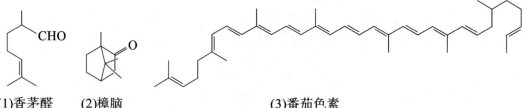

(1)香茅醛　　　(2)樟脑　　　　　　　　　　　　(3)番茄色素

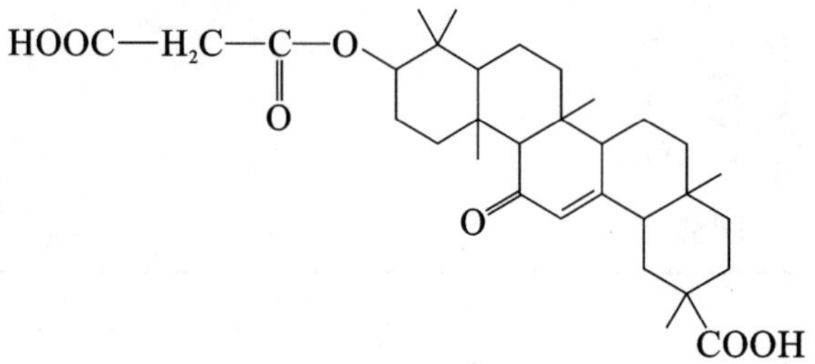

(4)甘草次酸 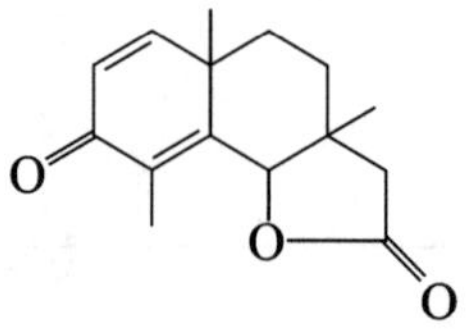　　　　　　　　　　　　　　(5)α-山道年

四、β-蛇床烯的分子式为 $C_{15}H_{24}$，脱氢得 1-甲基-7-异丙基萘。臭氧化得两分子甲醛和 $C_{13}H_{20}O_2$。$C_{13}H_{20}O_2$ 与碘和氢氧化钠反应时生成碘仿和羧酸 $C_{12}H_{18}O$。试写出 β-蛇床烯的结构式。

参 考 文 献

[1]　孙丽超,李淑英,王凤忠,等.萜类化合物的合成生物学研究进展[J].生物技术通报,2017,33(01):64-75.

[2]　王菲菲.环烯醚萜苷及酯类成分基于抗氧化应激的生物活性研究[D].2018.

[3]　朴英花,朴惠顺.倍半萜类化合物生物活性研究进展[J].职业与健康,2012,28(18):

 NOTE

2291-2293.

[4] 王旭,何林.青蒿素类化合物对疟疾外其他疾病药效作用研究进展[J].中国新药杂志, 2018,27(19):2258-2263.

[5] 孙丽君,王永清.维生素 A 与儿童喘息性疾病关系的研究进展[J].医学综述,2018,24 (12):2389-2393.

[6] 吴广义.维生素 A 抗癌作用机制研究的新进展(综述)[J].国外医学(肿瘤学分册),1980 (04):157-162.

[7] 刘先芳,梁敬钰,孙建博.紫杉醇:具有里程碑意义的天然抗癌药物[J].世界科学技术-中 医药现代化,2017,19(06):941-949.

[8] 张光杰,杜磊,袁超,等.三萜类化合物生物活性及应用研究进展[J].粮食与油脂,2017, 30(10):1-5.

[9] 刘玲,蒋卓勤.番茄红素生物活性与慢性病关系的研究进展[J].国外医学(卫生学分册), 2008(01):48-51.

[10] 张聪颖,张聪颖,葛新苗,等.炔诺酮治疗无排卵性功能失调性子宫出血的临床效果分析 [J].中国妇产科临床杂志,2010,25(1):18-20.

[11] 陆阳,刘俊义.有机化学[M].8 版.北京:人民卫生出版社,2013.

[12] 曹晓群,张威.有机化学[M].北京:人民卫生出版社,2015.

[13] 陆涛,胡春项,光亚.有机化学[M].北京:人民卫生出版社,2015.

[14] 邢其毅,裴伟伟.基础有机化学[M].4 版.北京:北京大学出版社,2016.

[15] 魏俊杰,刘晓冬.有机化学[M].2 版.北京:高等教育出版社,2010.

[16] 胡宏纹.有机化学[M].3 版.北京:高等教育出版社,2006.

(王春艳)

第十八章 有机合成概述

学习目标

1. 掌握:有机合成设计的基本概念和设计方法。
2. 熟悉:逆合成分析理论和现代合成技术。
3. 了解:现代合成技术的理念。

有机合成是指利用化学方法将单质、简单的无机物或简单的有机物制成比较复杂的有机物的过程。1828 年德国科学家韦勒首次人工合成尿素,成功地打开了有机合成的大门,数年之后科尔贝又合成了乙酸,从此有机合成化学获得迅速的发展,逐渐成为活跃的研究领域之一。现今,几千万种的有机化合物已经被发现或合成出来,逐渐成为医药、生物和材料等研究领域的基石。由科里提出的逆合成分析理论是有机合成中最为普遍接受的合成设计方法论。他的逆合成分析学说被称为哈佛学派的代表,并与剑桥学派的生源合成学说一起成为现代有机合成设计思想的基础。本章将以逆合成分析理论为基础介绍有机合成的基础知识。

案例解析

案例导入

罗氟司特(roflumilast)是治疗慢性阻塞性肺疾病(COPD)的新型药物。它用于治疗严重 COPD 患者支气管炎引起的咳嗽和黏液过多的症状。罗氟司特 2011 年 3 月经美国 FDA 批准上市,其合成路线如下:

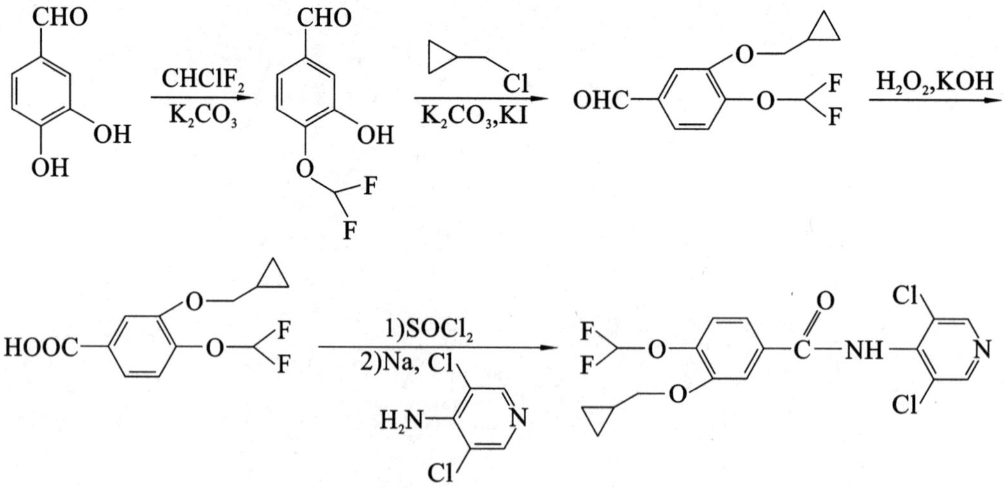

问题:

(1) 该合成路线主要涉及哪些基础有机化学反应类型?

(2) FDA 是什么部门的简称?

NOTE

第一节 有机合成理念

一、有机合成的要求

步骤少,产率高,原料便宜易得,反应条件、设备易于实现,绿色环保是有机合成的基本要求。在多步有机合成中,如果每步反应的产率为 90% 以上,那么经过 5 步反应后,其总产率为 59%;但是如果在这 5 步反应中,有一步的反应产率为 50%,那么其总产率降为 33%;如果每一步反应的产率为 50%,那么其总产率只有 3%;可见合成反应的步骤和每一步反应的产率对一个复杂的合成过程来说是十分重要的。

二、有机合成的驱动力

将各种新的有机反应应用于有意义的分子合成中、利用天然的或未被充分利用的原料合成各种具有应用价值的物质与一些特定需求的特殊的有机分子是有机合成的主要驱动力。

1. 利用新的有机反应合成有机化合物 自 20 世纪 70 年代起,有机合成方法学取得了飞速的发展,发现了许多新的反应。这些新方法在有机合成中的应用,大大促进了有机反应方法学的进一步发展。例如,利用烯烃复分解反应构建大环体系,合成了倍半萜烯。利用巴豆基化反应合成红霉素 A,充分表明了这个反应的高效性和实用性。夏普莱斯不对称环氧化和不对称双羟基化反应是对称合成中最著名的反应之一,此反应被应用于许多光活性天然产物的全合成中。

2. 利用简单易得的天然原料合成各种有机化合物 利用自然界中许多丰富的手性或者非手性原料以及各种工业生产中的基本原料合成一些复杂的有机分子一直是有机合成化学家的研究课题。例如:利用对氯苯胺为原料通过 5 步反应以 75% 的产率合成了活性非核苷类艾滋病病毒(HIV)逆转录酶的抑制剂依法韦仑。以 R-乳酸为原料完成了具有独特的二环[3.1.0]己烷碳骨架的天然产物(—)-α-侧柏酮的光学纯全合成。

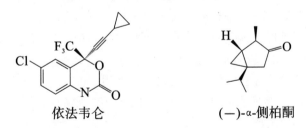

依法韦仑　　　　　(—)-α-侧柏酮

我国拥有丰富的天然资源,以廉价易得的天然先导化合物为出发点,充分利用原料的结构特征以及反应特性设计合成路线,是我国科研工作者的主要研究方向之一。

3. 特定目标分子的合成 在有机合成过程中,经常需要我们合成一些特定的目标分子以了解分子的性能以及结构与性能的关系等,这就需要我们对特定分子加以具体分析,选择最佳的合成路线,这将在我们对每一个特定官能团化合物的合成分析中加以具体讨论。

三、有机合成设计的基本概念

1. 切断 一种有机合成的分析方法,这种方法是通过将分子的一个键切断使分子转变为一种可能的原料。

2. 官能团变换 将一个官能团转换成另一个官能团,以使切断成为可能的一种方法。

3. 官能团引入 在目标分子中引入一个在目标分子中不存在的官能团,以便在切断后可以得出更符合实际情况的原料和选用更合理的反应。

4. 官能团消除 将一个官能团从目标分子中除去,而所除去的这个官能团可以很容易地通过反应来引入。

5. 合成子或合成元 在切断时所得到的概念性分子碎片,通常是离子。

6. 等效试剂或合成等价物 一种能起合成子作用的试剂。

7. 目标靶分子 计划合成的分子。

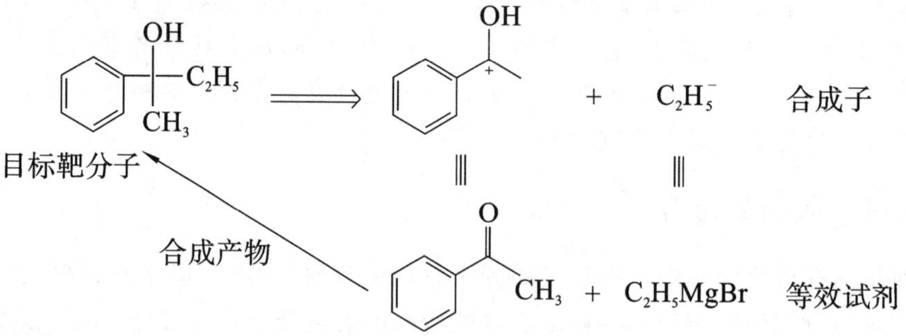

8. 起始原料 通过逆合成分析得到的最简单的化合物,即整个合成利用的第一个化合物。通常是一些商业化的产品或在自然界中大量存在的化合物。

9. 试剂 一种在所计划合成中起反应的化合物,由它可以生成各种中间体或目标分子。它也是合成子的合成等价物。

第二节 逆合成分析

一、切断法的简介

合理利用目标分子中的各种官能团,在假想中进行的实际化学反应的相反过程,假想中将化学键切断,推出合理的合成子,直到最终找到合理的目标分子为止,这种逆合成分析法称为切断法。利用这种切断可以将分子中的一根键或几根键切断,得出一个或几个新的化合物结构,而通过这些新的化合物可以合成目标分子。

芳香酮可以通过芳香化合物的傅克酰基化反应得到。可以将酮羰基与苯环相连的那一根键切断,得出两个片段,即苯环和酰基正离子,而酰基正离子又可以通过酰氯或酸酐与 Lewis 酸作用得到。其切断的过程如下:

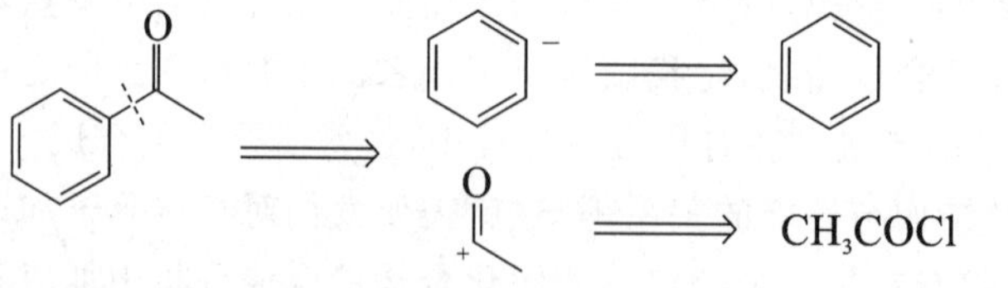

当然,也可以将酮羰基与甲基相连的键切断,得出两个片段,即苯甲酰基正离子和甲基负离子,苯甲酰基正离子同样可以由羧酸和酸酐得到,甲基负离子可以是甲基锂。但是这个切断得出的合成路线成本高,不合理。

许多化合物不可能只通过一步反应就能得到,而是需要经过多步的逆合成分析才能得到最易得的可能起始原料,那么就更需要我们合理地进行各种官能团转化,即各种碳碳键的转换

（单键、双键和碳碳三键之间的转换）和各种官能团之间的转换。目标分子骨架上的转换通常有连接、分拆和重排等方式。碳碳键或碳杂原子键的分拆方法通常有异裂分拆、均裂分拆和电环化分拆。异裂分拆可以得出给电子和接受电子的两种合成子；均裂分拆则得到两个自由基合成元；而电环化分拆则产生两个电正性的合成元。

我们前面已经讲过官能团转换有三种：官能团变换（FGI）、官能团引入（FGA）和官能团消除（FGR）。巧妙运用官能团转换，会使得碳碳各种键的切断变得更为容易。而在我们设计合成路线的过程中，需要结合以上各种方法，设计出合理的合成路线和推导出简便易得的起始原料。当然，对一个目标分子的合成路线不可能只有一条，这就需要我们进行合理的分析和认真的推敲。选择最合理的合成路线和高产率，同时减少对环境的污染一直是合成化学家们追求的目标。

二、目标分子的结构分析

在设计一条合成路线前，我们需要对这个目标分子的结构特征加以具体的分析。对于一个分子的结构而言，我们需要了解的主要内容包括分子是否具有对称性、分子内是否具有重复的结构单元等；而对于目标分子的化学性质，我们就需要了解其稳定性、其生理活性；如果是天然产物，还需要考虑其生源合成可能的途径。

1. 分子的对称性　利用对称性，可以简化分子的结构，并由此减少合成的工作量。以分子的对称性为依据设计高效和简便的合成路线是有机合成重要的发展方向之一。分子结构中的对称性包括轴和面的对称性。对一个简单的分子而言，我们很容易判断其对称性。例如：三聚茚是一个具有 C_3 对称的分子，它可以通过茚酮在酸性条件下通过羟醛缩合反应形成。

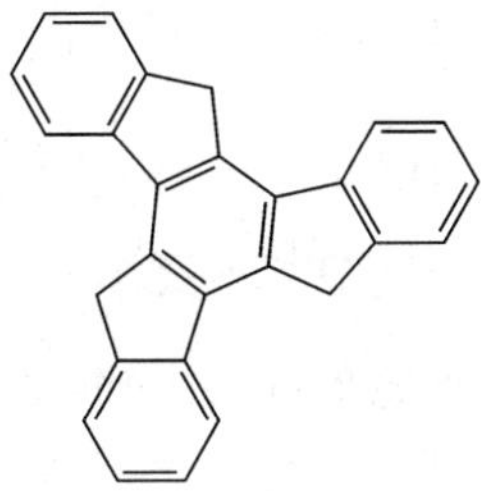

三聚茚

角鲨烯是一个链形分子，没有手性中心，含有六个双键，其结构如下：

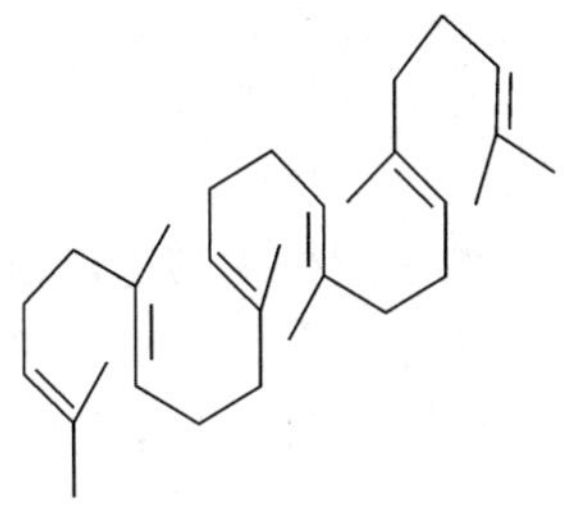

它在生源合成上极为重要，是许多甾族化合物的合成前体。除两端的双键外，分子中其他四个双键的构型都是反型的，具有很好的 C_2 对称性。美国化学家约翰逊（Johnson W S）就是利用了此对称性简化了合成路线，并多次利用了克莱森重排反应合成了此化合物。

2. 分子结构中的重复单元　如在角鲨烯的合成工作中，约翰逊不仅利用分子的对称性，而且很好地利用分子中重复单元——双键，简化了步骤。因此很好地利用分子结构中的重复单元是设计合成路线的关键之一。

三、碳架的分析

碳架结构是分子的支柱,结合不同的原子和官能团后才成为一个分子。

(一)单官能团化合物的切断

1. 醇的切断　合成醇类化合物时可以利用羧酸衍生物、醛酮与金属有机化合物的反应,或者是它们的还原反应。

以上的切断结果提供了一个酯的片段和一个格氏试剂的片段,而这个格氏试剂很容易通过溴苯与金属镁反应制备。因此,在醇类化合物的切断中,通常会有羧酸衍生物片段和负离子片段。

2. 芳香酮的切断　芳环的傅-克酰基化反应是合成芳香酮的较好方法之一。因此,在芳香酮类化合物的逆合成切断分析中,我们只需切断酮羰基与芳环相连的那一根键就可以得到两个片段,一个片段可以是芳香族化合物,而酰基正离子则可以是酰氯或酸酐。但是,在对芳环体系或二苯酮类的芳香酮衍生物的合成中,我们需要考虑芳环上的取代基对傅-克酰基化反应定位效应以及对芳环活化或钝化的影响。

根据傅-克酰基化反应的特点,不难想象,两种切断虽然都能合成产物,但是由于 a 切断方式中是含两个甲氧基的活性苯环发生傅克反应,所以切断 a 是最佳的切断法。同样的道理,下述化合物的切断方式也为两种,切断 a 才是合理方式。

3. 简单羧酸衍生物的切断　简单的羧酸衍生物可以通过醇类化合物来制备,一级醇氧化生成羧酸或醛,二级醇氧化生成酮。当然,羧酸衍生物也可以通过羧酸直接制得。对于羧酸衍生物而言,酰氯最活泼,酸酐次之,而酰胺最稳定,它们之间可以通过取代反应完成各种转换。

4. 双键和三键的切断　烯烃的制备方法非常多,如可由炔烃还原,卤代烃、醇、胺的消除获得,Wittig 反应则是制备定位烯烃的有效方法之一。利用 Wittig 反应时,对双键直接切断,得到两个片段,它们分别是 Wittig 试剂和醛或酮的化合物。到底哪一个应该是 Wittig 试剂,哪一个应该是醛或酮的化合物,需要根据原料的易得性确定。

以上烯烃的逆合成切断分析中,方式 2 和 3 是合理的,而方式 1 是不可取的。

(二) 多官能团化合物的切断

1. 1,1-官能团碳架的切断 1,1-官能团碳架的化合物通常是环氧化合物、缩醛、缩酮等化合物。在环氧化合物、缩醛、缩酮等化合物的切断中,我们通常将两个键同时切断,得到两个片段。例如:

环氧化合物的切断则得到一个烯烃的片段和一个氧化剂。例如:

2. 1,2-官能团碳架的切断 2-羟基腈,将其与 1,2-碳相连的那一根键切断就可以得到两个片段,分别是醛或酮以及氰基负离子。

对于 1,2-二醇类化合物的切断,我们可以将其中一个羟基认为是通过羧酸衍生物转化而来的,就可以使这种切断变得更为简单。当然,1,2-二醇类化合物也可以认为是烯烃的双羟基化反应生成的,那么其切断方式如下:

3. 1,3-官能团碳架的切断 对于具有 1,3-官能团碳架的分子,最佳的切断方式就是通过切断以后可以同时利用这两个官能团。

切断 2,3 位的碳键后得到了两个片段,负离子片段正好是烯醇负离子,因此通过简单的羟

383

醛缩合反应即可合成此类化合物。

对于 α,β-不饱和羰基化合物而言,实际上就是羟醛缩合反应后进一步脱水后的产物,所以只要切断碳碳双键即可。

1,3-二羰基化合物的合成,通常用克莱森酯缩合反应,也是切断 2,3 位的碳键。

$$\underset{R}{\overset{O\quad O}{\bigwedge}}R \implies RCOOC_2H_5 + \underset{R}{\overset{O}{\bigwedge}}$$

4. 1,4-官能团碳架的切断　具有 1,4-官能团碳架的化合物有 1,4-二羰基和 4-羟基羰基化合物。通常的切断方式还是在 2,3 位相连的碳键上,但是这样会得到一个非正常的正离子合成子。

$$R\overset{O}{\underset{}{\bigwedge}}\!\!\overset{}{\underset{O}{\bigwedge}}Ph \implies R\overset{O}{\bigwedge}+ \;+\; -\overset{O}{\bigwedge}Ph$$

得到这个正离子合成子的一种方法是只需要将其转化为与一个卤素原子相连的化合物,卤代羰基化合物很容易通过羰基化合物的卤化反应制备。

$$R\overset{O}{\underset{O}{\bigwedge}}Ph \implies R\overset{O}{\bigwedge}CH_2Br \;+\; H_3C\overset{O}{\bigwedge}Ph$$

羰基化合物与环氧化合物在碱性条件下反应是生成 4-羟基羰基化合物的合理的制备方法,所以 4-羟基羰基化合物可以切成含羰基的碳负片段和含羟基的碳正片段,碳正片段来自环氧乙烷。

$$\overset{OH}{\bigwedge}\overset{}{\underset{O}{\bigwedge}}Ph \implies HO\bigwedge+ \;+\; -\overset{O}{\bigwedge}Ph \implies \triangle \;+\; H_3C\overset{O}{\bigwedge}Ph$$

5. 1,5-官能团碳架的切断　具有 1,5-官能团碳架的代表性化合物是 1,5-二羰基化合物,迈克尔加成反应正是制备此类化合物的最佳方法。因此我们就可以将 1,5-二羰基化合物切断为两个片段。

$$R\overset{O}{\bigwedge}\overset{}{\underset{}{\bigwedge}}\overset{O}{\underset{}{\bigwedge}}Ph \implies R\overset{O}{\bigwedge}CH_3 \;+\; \overset{}{\underset{O}{\bigwedge}}Ph$$

6. 1,6-官能团碳架的切断　1,6-二羰基化合物是这类碳架的代表,利用协同反应是合成这类化合物的较好方法之一。

$$\begin{array}{c}OHC\\OHC\end{array}\!\!\!\overset{COOH}{\underset{COOH}{\bigwedge}} \implies \overset{COOH}{\underset{COOH}{\bigcirc}} \implies \bigwedge \;+\; \overset{O}{\underset{O}{\bigcirc}}\!\!O$$

（三）六元环状化合物的切断

对于六元环状化合物,最好的合成路线也是最常用的合成方法就是狄尔斯-阿尔德反应(D-A 反应)。在根据 D-A 反应的逆过程进行切断时,需要记住的是尽量将吸电子基团加在亲双

NOTE

烯体上。

环状的 α,β-不饱和（或饱和）羰基化合物的切断还可以考虑 1,5-二羰基化合物的羟醛缩合反应，直接从 α,β-键切断，切成 1,5-二羰基化合物。

（四）含杂原子和杂环化合物的切断

含杂原子和杂环化合物的切断往往在杂原子附近，代表物质主要有醚、胺、吡咯、呋喃等。其中醚的主要合成方法是卤代烃与醇（酚）钠的威廉姆逊法，在切断时注意不要让复杂烃基作为卤代烃，以免引起消除反应。

> **练习题 18-1** 写出由 ⬠ 合成 ⬠ 的切断及合成步骤。

｜第三节 合成步骤设计｜

设计合成路线，一方面是如何从原料得到被合成的碳架，另一方面是如何引入所需要的官能团，最后再根据各种可能的途径选择最佳合成路线。根据既定原料，有时需要增长碳链或增加支链，有时需要缩短碳链。如果被合成的结构比较复杂，可用切断法把它分成几部分，再用倒推法从产物倒推到原料。也可以先倒推几步，再切断，最后倒退到原料。在形成碳架的过程中，有可能得到同时所需的官能团，这当然是最理想的。若不能一举两得，再考虑适当方法引入所需的官能团。当然，有时在形成碳架的过程中，或引入所需官能团的同时，引入了不需要的官能团，则要想办法去掉。有机合成设计的总目标是要求以廉价的原料、最短最合理的合成路线、最高的产率来合成目标分子。

一、反应选择性

在设计合成路线时，需要考虑所用反应的选择性，否则很容易生成不想要的产物，而想要的产物却很少甚至没有。反应选择性主要包括如下：

1. 化学选择性 指不同官能团在同一反应条件下或同一官能团在不同反应条件下的反应活性的差别。例如，同一分子中醛羰基与酮羰基的反应能力可能不同。

2. 位置选择性或区域选择性 指分子中两个或多个类似的反应中心在同一反应条件下发生类似反应的活性的差异。例如在不对称的酮中，羰基两侧 α-位的烷基化的可能性不同。

为了使反应定向进行，有机合成反应中经常运用导向基、保护基与活化基以控制反应的位置，在反应过程中或反应完成后将它除去。

3. 立体选择性 指反应以不等量生成两个或多个立体异构体，包括非对映选择性和对映选择性。

二、碳骨架的生成

（一）碳链的增长

碳链的增长可以采用取代、加成等反应来生成新的 C—C 键，从而实现碳链的增长。

（1）卤代烃与金属有机化合物、氰化物，以及环氧化合物等试剂发生的亲核取代反应，可以延长碳链。其中,与氰化物的反应容易增长一个碳,与环氧乙烷的反应可以增长两个碳,卤代烃与金属有机化合物的反应可以实现碳链的翻倍增长。

(2)碳负离子对羰基的亲核加成反应。碳负离子主要包括金属有机化合物、氰化物、羰基α碳;羰基类化合物包括醛酮以及羧酸衍生物。其中,自身的羟醛缩合反应可以实现碳链的翻倍增长。

(3)芳环上的亲电取代反应,主要指傅-克烷基化和酰基化反应,可以实现芳环侧链的增长。

（二）碳链的缩短

在有机合成中,缩短碳链有些时候也是必需的,常见的方法如下:

(1)羧酸及其衍生物的脱羧反应是使碳链减少一个碳原子的常用方法。

(2)霍夫曼降解和卤仿反应可以制备少一个碳的化合物。

(3)烯炔的强氧化断链,可以使长碳链变短。

（三）碳链的成环

1. 三元环、四元环　可以用分子内(间)取代反应。其中三元环可以用碳烯(卡宾)与烯键的加成,四元环可用环加成反应制备。

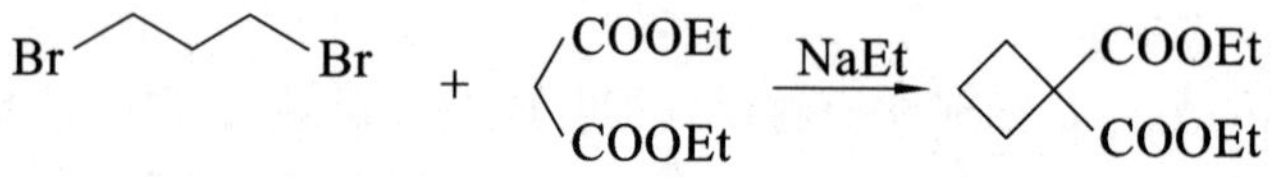

$$Br\diagdown\diagup Br \quad + \quad \begin{matrix} COOEt \\ COOEt \end{matrix} \quad \xrightarrow{\text{NaEt}} \quad \square\begin{matrix} COOEt \\ COOEt \end{matrix}$$

2. 五元环　主要由分子内缩合反应得到,如分子内羟醛缩合、酯缩合反应。

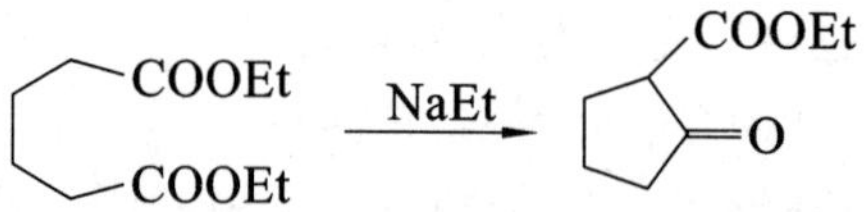

$$\begin{matrix} COOEt \\ \\ COOEt \end{matrix} \quad \xrightarrow{\text{NaEt}} \quad \overset{COOEt}{\underset{O}{\bigcirc}}$$

3. 六元环　合成六元环的方法较多,比较常见的有芳香族催化加氢、分子内酯缩合、狄尔斯-阿尔德双烯合成、罗宾逊增环反应。

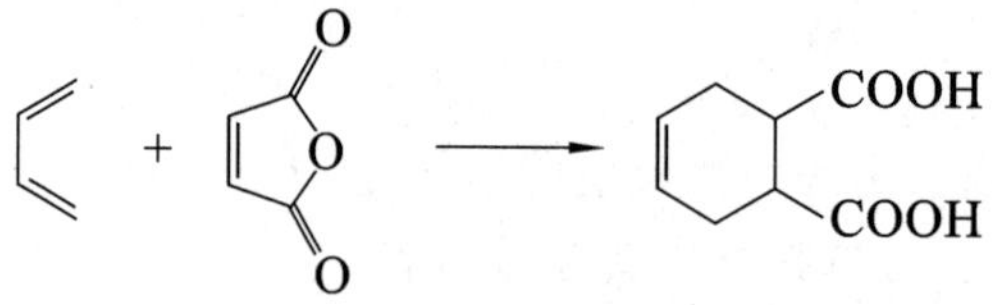

$$\diagup\diagdown \quad + \quad \underset{O}{\overset{O}{\bigcirc}}O \quad \longrightarrow \quad \overset{COOH}{\underset{COOH}{\bigcirc}}$$

（四）碳链的重排

重排反应是有机反应的常见有挑战性的反应,产物往往出乎意料。只有充分了解重排反应的机制,才能在合成中加以科学地运用,合成出理想的产物,或者避免不合理产物的产生。

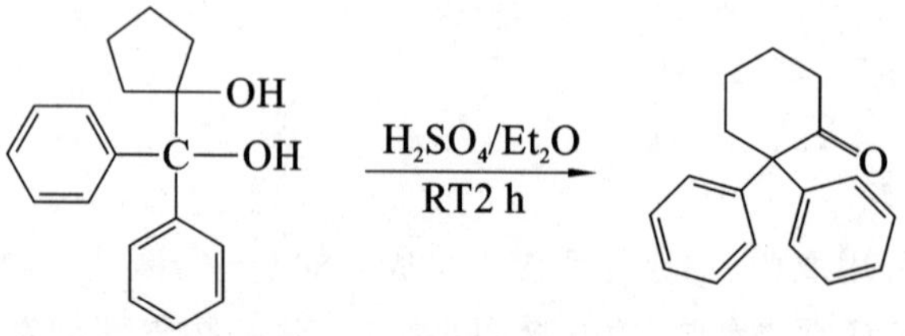

$$C_6H_5CONH_2 \quad \longrightarrow \quad C_6H_5NH_2$$

图中结构式:苯基CONH₂ → 苯基NH₂

$$\underset{C_6H_5}{\overset{OH}{\underset{OH}{\bigcirc\!\!-C}}} \quad \xrightarrow[\text{RT2 h}]{H_2SO_4/Et_2O} \quad$$

三、在需要的位置引入官能团

（一）官能团的引入与去除

官能团的引入主要是氢被一些官能团取代，如烷烃、芳香烃的卤代，生成了卤代烃，这在有机合成中比较常见。

但是，分子中原有的官能团如果不是产物要求的话，这就要进行官能团去除。官能团去除主要指的是官能团转化成氢。有些官能团比较容易去除，比如烯炔加氢即可，醛酮发生彻底还原反应。有的官能团去除需要进行一些转化，如羟基可以先转化成烯烃，再加氢，氨基则要转化成重氮盐，再发生氢取代。

$$\text{C}_6\text{H}_5-\text{NH}_2 \xrightarrow{\text{HNO}_2} \text{C}_6\text{H}_5-\text{N}^+\equiv\text{N} \xrightarrow{\text{H}_3\text{PO}_2} \text{C}_6\text{H}_6$$

（二）官能团的转换

在建立一个碳架的过程中，需要利用各种官能团相互之间的作用。在合成过程中，有些官能团会消失，同时又会产生一些新的官能团。在逆合成的分析过程中，就需要清楚地了解每一个官能团在有机合成中的作用以及它在合成中与其他官能团之间的转换关系。

1. 双键和三键　末端炔烃的氢具有酸性，可以与金属或金属有机化合物反应生成金属有机炔烃衍生物，在增长碳链的合成中具有广泛的用途。而烯烃可以与多种亲电试剂发生加成反应，生成相应的卤代烃、磺酸酯等衍生物。同时烯烃和炔烃也可以被氧化生成含其他官能团的化合物。

2. 羟基　通过对醇羟基脱水可以成烯成醚，氧化可以生成醛酮以及酸，取代生成卤代烃，酯化生成酯等。

3. 羰基　醛和酮中的羰基能发生羟醛缩合反应、共轭加成、α-H 的酸性等等，这些都是有机合成中的重要反应。此外，羰基在有机合成中又很容易通过还原的方式除去，这又使得在目标分子中引入羰基简化合成难度成为可能。

4. 羧基　羧酸和酯由于其简单易得是有机合成中很好的起始原料。狄克曼酯缩合是一个很好的建立五元环、六元环的分子内缩合反应。

5. 硝基　在芳香化合物中，硝基可以作为一个很好的间位定位基团，同时它又很容易被还原为氨基。

总之，我们在合成中可以根据合成中的实际需要，灵活地实现各种官能团之间的转换。

（三）官能团的保护

在进行有机合成时，若一个有机试剂对分子中的其他基团或部位也能同时进行反应，这样就需要将保留的基团先用一个试剂保护起来，等反应完成后，再将保护的基团去掉，还原为原来的官能团。这种起保护作用的基团称为保护基。保护基的特点是与需保护的基团很容易进行反应，它在一定条件下也很容易进行去保护反应，同时这两类反应的产率相对比较高。在有机合成中，有上千种保护基，在这里只讨论最基础的一些保护反应。

1. 羰基的保护　醛、酮的活性较高，在反应中容易受到很多试剂的影响，同样也有多种保护方法，最常用的是制成缩醛或缩酮，反应完成后酸性水解即得原来的羰基。

$$\begin{array}{c}\text{O} \\ \parallel \\ \end{array} + \text{HO}\text{—}\text{CH}_2\text{CH}_2\text{—}\text{OH} \xrightarrow{\text{TsOH}} \text{（环状缩酮）} \xrightarrow[\text{H}_2\text{O}]{\text{H}_3\text{PO}_4} \text{C=O} + \text{HO}\text{—}\text{CH}_2\text{CH}_2\text{—}\text{OH}$$

2. 氨基的保护　氨基既有还原性还有碱性，同时容易被取代，所以经常需要保护。主要

保护方法包括生成盐、酰胺、氨基甲酸酯等。

其他比较基础的保护如羟基可以变成醚或缩醛或酯,而羧基可以变成酯类。

(四)导向基的应用

在有机合成中,常常引入某一基团,使某一位置活化或钝化来增加反应的选择性,完成它的功能后还需去掉,这样的基团称为导向基。常用的导向办法有以下三种。

1. 活化导向 向苯环上引入氨,可以增加苯环的活性,关键是氨基可以通过重氮盐中间体再去除。

醛、酮的 α-H 邻位再引入酯基,会大大增加 α-H 的活性,而酯基可以通过水解脱羧去除。

2. 钝化导向 有些反应活性太强,可以引入容易去除的降低活性的基团。苯酚、苯胺溴代时,非常容易生成三溴代产物,但是若需要制备单溴代产物,就要降低羟基或氨基的活性,常用的基团是酰基,反应后再水解去除酰基。

3. 封闭特定位置的导向 利用一些基团将分子中无须反应但又比较活泼的位置封闭住,从而使进入分子的基团进入理想的位置而不进入此位置。此类导向基主要有磺酸基、羧酸基、叔丁基。如邻硝基苯胺的合成,首先要保护氨基,然后磺酸基封闭占位。

四、立体化学的控制

当所需合成的目标产物具有构型要求时,则最好利用立体专一的反应进行合成。

1. 加成反应 烯烃与卤素、次卤酸和过氧酸的氧化水解反应都是反式的。

烯烃的催化加氢、高锰酸钾氧化、硼烷加成、氧化水解等反应都是顺式加成。

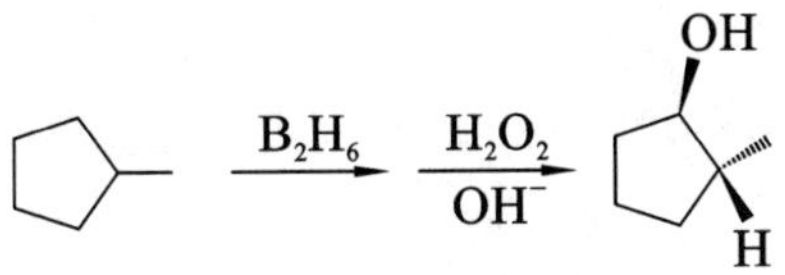

炔烃用林德拉(Lindlar)催化剂进行部分加氢是顺式加成,在液氨中用钠还原以及加卤素、卤化氢都是反式加成。

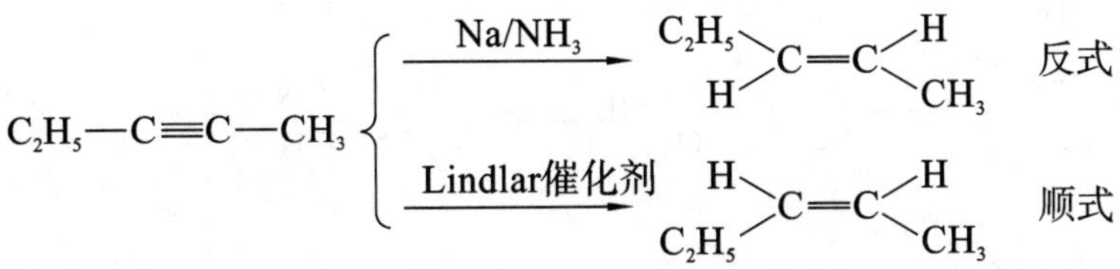

$$C_2H_5-C\equiv C-CH_3 \begin{cases} \xrightarrow{Na/NH_3} & \text{反式} \\ \\ \xrightarrow{Lindlar催化剂} & \text{顺式} \end{cases}$$

成环加成往往是顺式加成,如狄尔斯-阿尔德反应、碳烯生成三元环的反应等。

2. 取代反应 双分子取代以后发生构型翻转,单分子取代以后发生构型消旋化。

3. 消除反应 消除反应均为共平面消除。一般消除反应往往是反式消除,乙酸酯热解消除为顺式消除。

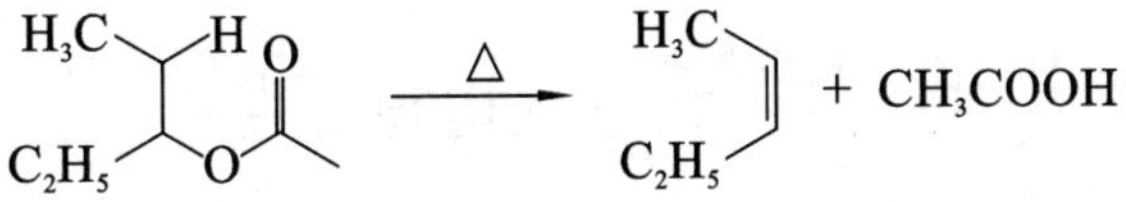

$$\xrightarrow{\triangle} + CH_3COOH$$

4. 环氧化合物的开环 环氧化合物的酸、碱催化均是反式开环。

5. 手性合成 手性合成在理论或实践中都非常重要。手性合成是当今有机化学领域的研究热点,具体内容可在高等有机或具体文献中查阅学习。

五、合成实例解析

(1) 设计 ⟩＝＾Ph 的合成方法。

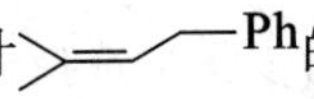

逆合成分析:主要官能团是居中的烯键,可以来自醇脱水,醇可由醛、酮与金属有机化合物来制备,格氏试剂来自卤代烃,卤代烃可来自醇,2-苯乙醇可由苯和环氧乙烷来建立碳骨架,环氧乙烷可由乙烯制备。

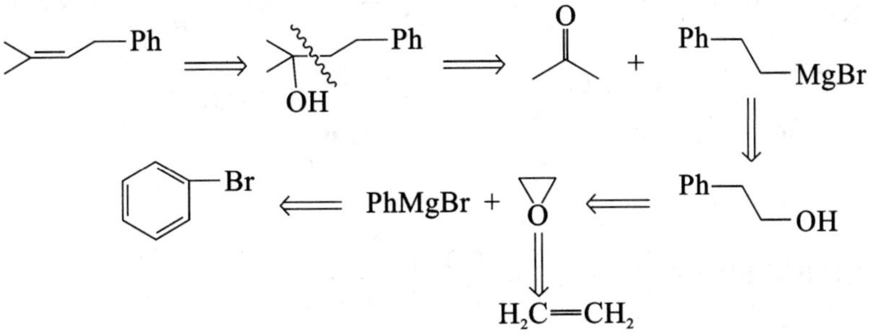

合成路线:

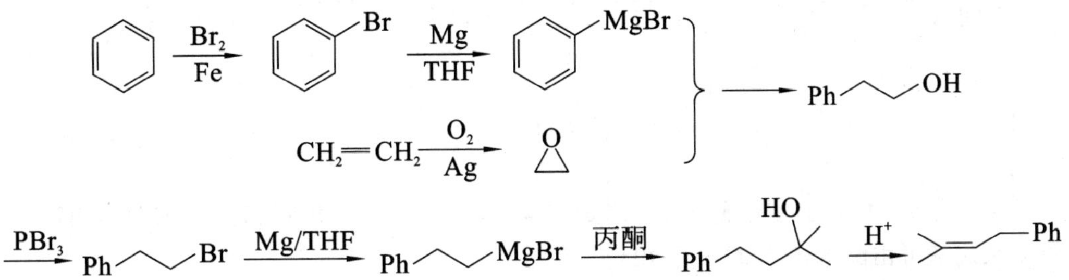

NOTE

389

（2）设计 的合成方法。

逆合成分析：主要官能团是内酯，切断内酯得到酸和醇，α-羟基酸可以来自 α-羟基腈，进而来自醛，而醇也可来自醛、酮与金属有机化合物。

合成路线：

（3）用丙二酸二乙酯为原料设计 ⬡—COOH的合成方法。

逆合成分析：以丙二酸二乙酯为原料合成酸类化合物，其关键的步骤是选择合适的卤代烃补充产物中乙酸以外的结构。本合成需要两次运用丙二酸二乙酯与合适的卤代烃作用，最后水解脱羧。

合成路线：

（4）设计 的合成方法。

逆合成分析：本化合物明显的官能团是羧基，羧基可由二氧化碳和格氏试剂作用得到，其对位复杂烷基可由酰基还原，酰基利用付克酰基化反应。

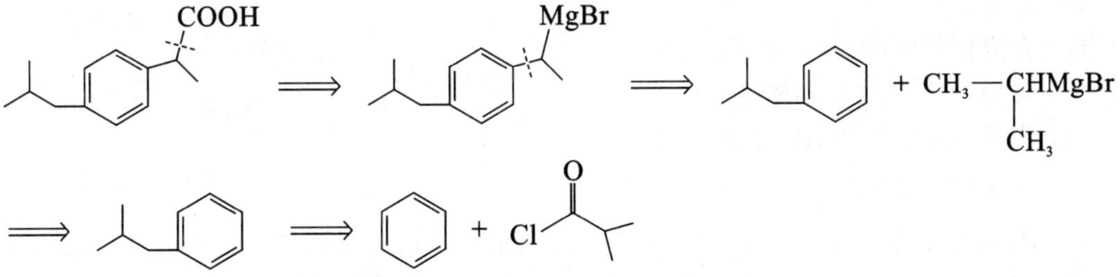

合成路线：为防止烷基化重排，特意通过酰基化后彻底还原完成复杂烷基化，最后一步利用二氧化碳与格氏试剂反应产生多一个碳的酸。

练习题 18-2 由 合成 OH。

练习题 18-3

合成

。

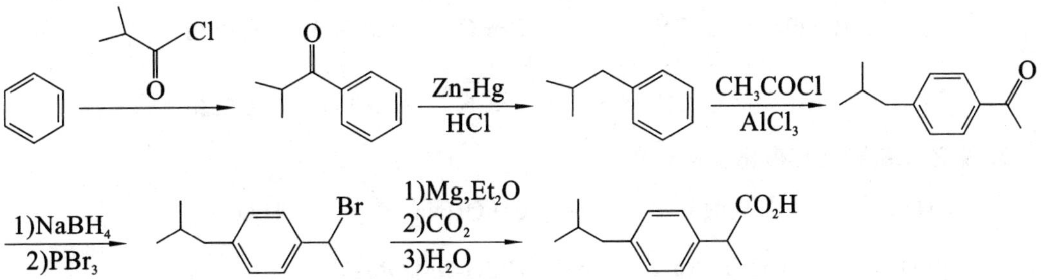

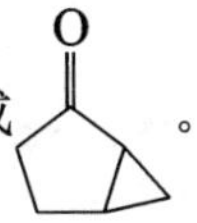

知识拓展 18-1

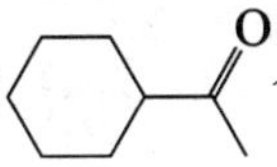

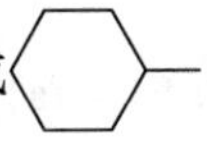

第四节 现代有机合成技术

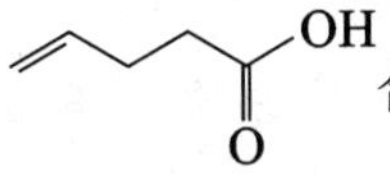

现代有机合成技术，包括有机电化学合成、有机光化学合成、微波辐照有机合成、有机声化学合成、等离子体有机合成、超临界有机合成、固相合成、组合合成、一锅合成和相转移催化等。这些新方法和新技术的应用，提高了反应产率和选择性，攻克了传统合成难以进行的特殊合成反应，开辟了有机合成的新途径，实行了合成的绿色化。

一、相转移催化有机合成

相转移催化剂(简称 PTC)是可以帮助反应物从一相转移到能够发生反应的另一相，从而加快异相系统反应速率的一类催化剂。1965 年 Makosza 及其合作者开启了相转移催化技术的研究，他们系统地探讨了含有浓的金属氢氧化物水溶液的两相体系中的烷基化反应，后来又探讨了其他反应，他们称这些反应为“两相催化反应”“阴离子催化烷基化”“卡宾的催化合成”。现今相转移催化已经广泛地应用于亲核取代、消除、氧化等反应中。

(一) 相转移催化有机合成的优点

(1) 不要求无水操作，不需要昂贵的无水溶剂和非质子溶剂；

(2) 反应速率提高；

(3) 反应温度降低；

NOTE

（4）产率高；

（5）合成操作简单，容易分离；

（6）可用 NaOH 代替其他钠盐；

（7）广泛的适应性和副反应易控制。

（二）相转移催化反应的机制

相转移催化反应一般属于两相反应，反应过程主要包括反应物从一相向另外一相的转移以及被转移物质与待转移物质发生化学反应。1971 年，Starks 就液-液相 S_N2 亲核取代反应提出了著名的催化循环原理，奠定了相转移催化反应的理论基础。

1. 溴代辛烷和氰化钠的取代反应中离子对转移过程

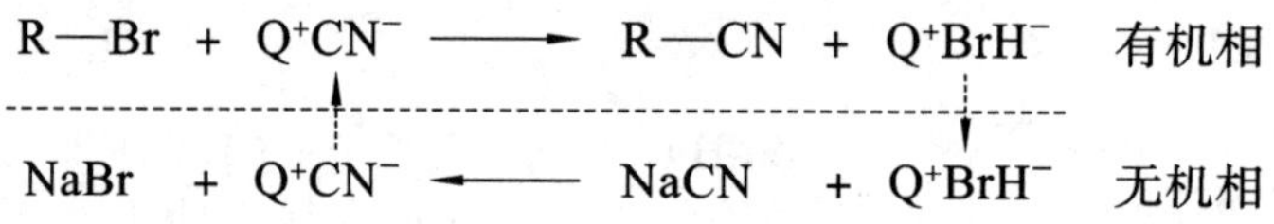

$$R\text{—}Br + Q^+CN^- \longrightarrow R\text{—}CN + Q^+BrH^- \qquad 有机相$$

$$NaBr + Q^+CN^- \longleftarrow NaCN + Q^+BrH^- \qquad 无机相$$

2. 聚乙二醇相转移催化反应过程

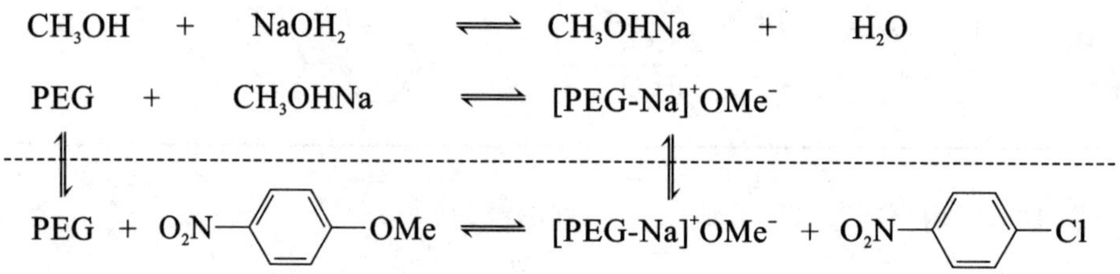

$$CH_3OH + NaOH_2 \rightleftharpoons CH_3OHNa + H_2O$$

$$PEG + CH_3OHNa \rightleftharpoons [PEG\text{-}Na]^+OMe^-$$

$$PEG + O_2N\text{—}\langle\ \rangle\text{—}OMe \rightleftharpoons [PEG\text{-}Na]^+OMe^- + O_2N\text{—}\langle\ \rangle\text{—}Cl$$

（三）相转移催化反应的分类

1. 鎓盐类 通式：Q^+X^-，应用范围广，价格低，主要有季铵盐、季磷盐、季砷盐等有机化合物。

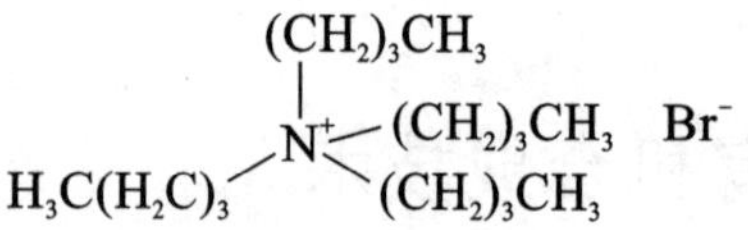

$$\underset{四丁基溴化铵(TBAB)}{H_3C(H_2C)_3\overset{(CH_2)_3CH_3}{\underset{(CH_2)_3CH_3}{\overset{|}{\underset{|}{N^+}}}}(CH_2)_3CH_3 \quad Br^-}
\qquad
\underset{四甲基氢氧化铵(TMAH)}{H_3C\overset{CH_3}{\underset{CH_3}{\overset{|}{\underset{|}{N^+}}}}CH_3 \quad OH^-}$$

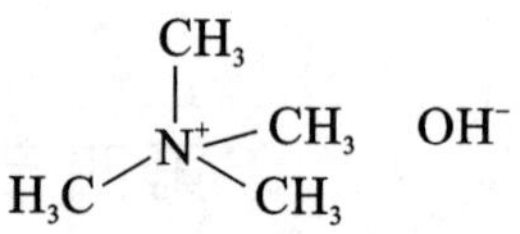

2. 包结物类 环大小可变，常用于固-液体系，主要有环糊精、冠醚等有机化合物。

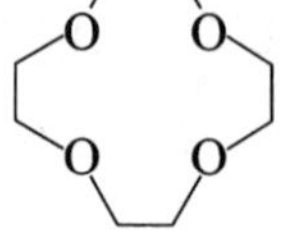

冠醚 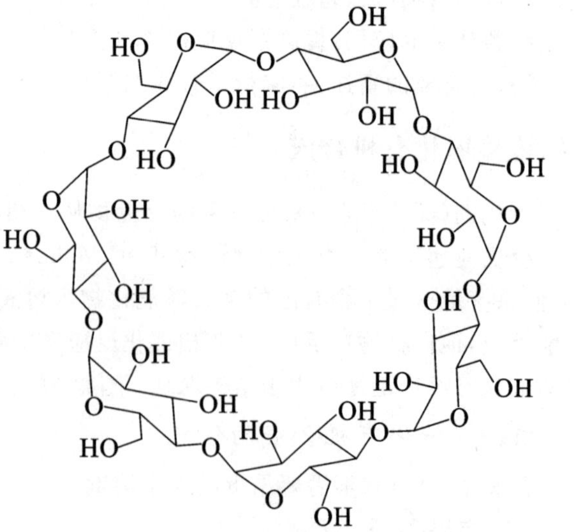   环糊精

3. 开链聚醚 应用较广,疏水、亲水性较好,主要有聚乙二醇、聚乙二醇单醚、聚乙二醇单脂等有机化合物。

二、固相有机合成

大多数化学反应是在溶液中进行的,在溶液中,反应物分子能均匀分散,稳定地交换能量,而且溶剂的性质及溶液的浓度不同,反应结果不同。但是,使用溶剂而造成的高能耗、环境污染、毒害性及爆炸性等缺点也逐渐严重。因此,研究固相有机反应不仅具有重要的理论意义也具有广泛的应用前景。

近几年来,科学家研究发现,一些常见的有机反应均能在固相条件下进行,如重排反应、氧化反应、还原反应、羟醛缩合反应、偶联反应、Wittig反应等。固相反应通常被认为分四步进行:第一步,分子松动,在初始状态,固相反应以一个或多个核晶点开始,然后传播通过晶体,这些点能以许多方式产生,如在晶体中制造机械变形成缺陷,这些变形可导致分子松动;第二步,分子改变,反应剂中化学键旧键断裂、新键生成,得到新的产品,这一步和溶液中的反应相似;第三步,固体溶液形成,在固相反应中得到的少量产品在原始晶体中迅速形成固体溶液;第四步,产品分离,当产品浓度在最初晶格达到最易值时,它将会结晶。如果反应速率用化学方法通过测量反应剂或产品的浓度变化决定,这一步不会影响反应速率。

(一) 固相反应中的分子运动及其影响因素

通过对各类反应的讨论,可以总结出影响固相反应的几个因素。

1. 结晶水的影响 在分子固体的反应中,有些反应物含有结晶水一类的晶格成分,在反应过程中这些晶格成分会被释放出来,在反应物表面形成液膜,并使部分反应物溶解。但这些微量溶剂的存在并不改变反应的方向和限度,相反却会起到加速反应和降低反应温度的作用。

2. 研磨的作用 外力通过摩擦生热和以下两个效应使反应体系的总自由能增加而使体系活化:①表面自由能增加,这是因为固体在外力作用下破碎,颗粒减小;②储存的弹性张力能增加,这是因为粒子反应的静力剪切力的共同作用下发生形变。

3. 分子尺寸和几何学的影响 平面的和小体积的分子扩散速度快。

4. 杂质的作用 杂质以两种方式影响固相反应的动力学。首先,杂质能影响还原剂的缺陷结构,可以改变反应速率。其次,因低共熔点的降低,液体出现,这时反应速率会加快。然而,如果低共熔点不低于反应温度,杂质对动力学影响不大。

5. 晶格空隙的作用 固体中不规则结晶的存在,将会出现高能量区。因而,此规则排列的晶格,总自由能高。高能区对于形成一种新相是较好的位置。通常排列混乱是核晶过程的中心。

6. 辐射的作用和分子包结作用 高能量辐射会在固体中产生缺陷,这些缺陷会影响固体的各种形状。通过分子包结作用,使分子定向排列,得到所希望的产品。

7. 同质多晶现象的影响 同质多晶形转变需要晶格单元的松动和重排,通常会使反应速率显著提高。

(二) 固相反应举例

1. 氧化反应 醇氧化成酮的反应可以在无溶剂条件下进行。常用氧化剂有吡啶氯铬酸铵盐(PCC)、MnO_2等,产率可达到90%以上。

$$R_1-\underset{\underset{OH}{|}}{\overset{\overset{H}{|}}{C}}-R_2 \xrightarrow{\text{PCC,室温}} R_1-\overset{\overset{O}{\|}}{C}-R_2$$

2. 还原反应　硼氢化钠是一种温和的还原剂,在溶液中能够还原酮,在固相中也能还原酮。将酮与硼氢化钠按 1:10 混合,干燥箱中放置 5 天,还原产率较高。

$$R-\!\!\left\langle\!\!\!\bigcirc\!\!\!\right\rangle\!\!-\overset{\overset{O}{\|}}{C}-R' \xrightarrow[\text{MWI}]{\text{NaBH}_4\text{-Al}_2\text{O}_3} R-\!\!\left\langle\!\!\!\bigcirc\!\!\!\right\rangle\!\!-\underset{\underset{C}{|}}{\overset{\overset{OH}{|}}{C}}-R'$$

3. Michael 加成反应　固态情况下,加热到 50~60 ℃,反应 5 h,产率可达到 90% 以上。

$$\xrightarrow{50\sim60\ ℃}$$

黄酮类化合物

三、超声和微波有机合成

(一)超声波在有机合成中的应用

超声波是一种频率高于 20000 Hz 的声波,具有方向性好、穿透能力强、易于获得较集中的声能、水中传播距离远的性能。在化学化工、医学、军事、工业、农业上有广泛的应用。

超声波对化学反应的促进作用不是来自声波与反应物分子的直接相互作用,而是液体中的微小气泡在超声场的作用下被激活,表现为泡核的形成、振荡、生长、收缩乃至崩溃等一系列动力学过程,及其引发的物理和化学效应。气泡在几微秒内突然崩溃,气泡破裂类似于一个小小的爆炸过程,产生极短暂的高能环境,由此产生局部的高温、高压。同时这种局部高温、高压存在仅几微秒,所以温度的变化幅度非常大,有利于反应物种的裂解和自由基的形成,提高化学反应速率。另一方面,气泡破裂产生高压的同时,还伴随速度可以达 100 m/s 的微射流,对于有固体参加的非均相体系,导致分子间强烈的相互碰撞和聚集。因此空化作用可以看作聚集声能的一种形式,能够在微观尺度内模拟反应器内的高温高压条件,促进反应的进行。

1. 氧化反应

$$\xrightarrow[\text{己烷,搅拌5 h}]{\text{KMnO}_4}$$
2%

$$\xrightarrow[\text{己烷,超声辐射5 h}]{\text{KMnO}_4}$$
92%

2. 还原反应

$$\xrightarrow[\text{超声辐射10 min}]{\text{Ni,H}_2}$$
57%~100%

3. 取代反应

$$\text{（2-萘氧钠）ONa} + C_2H_5Br \xrightarrow[\text{超声辐射}]{Bu_4NBr,2\ h} \text{（2-乙氧萘）OC}_2H_5 + NaBr$$

50%~94%

（二）微波在有机合成中的应用

微波是频率为 300 MHz～300 GHz(即波长在 100 cm 至 1 mm)的电磁波。它位于电磁波谱的红外辐射(光波)和无线电流之间。微波用于合成化学始于 1986 年,科学家在微波炉内进行酯化、水解、氧化、亲核取代反应、蒽与马来酸二甲酯环加成反应的研究。此后在有机化合物的几十类合成反应中也都取得了很大成功。

在反应体系中,极性分子呈杂乱无章的运动状态,当微波炉磁控管辐射出频率极高的微波时,微波能量场以每秒 24.5 亿次的速度不断地变换正负极性,分子运动发生了巨变,分子排列起来并高速运动,互相碰撞、摩擦、挤压,使动能-微波能转化为热能。由于此种能量来自样品内部,本身不需要传热媒体,不靠对流,样品温度便可以很快上升,从而可以全面、快速、均匀地加热样品。

1. 烃基化反应 亚磺酸盐、酚盐与卤代烃在微波辐射下反应得烃基化产物,产率显著提高。

$$\text{（苯）SO}_2Na + \text{（苯）CH}_2Cl \xrightarrow[\text{微波,5 min}]{Al_2O_3} \text{（苯）SO}_2CH_2Ph + NaCl$$

2. 皂化反应 在无溶剂,但有固液相转移催化剂存在条件下,酯类可用微波加热快速有效的皂化。

$$\text{（苯）COOCH}_3 \xrightarrow[\text{HCl}]{\text{KOH-BuNCl,微波,1 min}} \text{（苯）COOH}$$

96%

3. 磺化反应 使用微波反应装置,可使萘蒽醌的磺化反应在数分钟完成。

$$\text{（萘）} \xrightarrow[\text{3 min}]{H_2SO_4,\text{微波},160\ ℃} \text{（萘）SO}_3H + H_2O$$

93%

四、绿色有机合成

绿色有机合成是指采用无毒、无害的原料、催化剂和溶剂,选择具有高选择性、高转化率,不生产或少生产对环境有害的副产品的合成方法。有机合成的绿色化,主要包括溶剂的绿色化、催化剂的绿色化和合成方法的绿色化三个方面。

1. 溶剂的绿色化 溶剂的绿色化主要有离子液体、超临界流体、超临界二氧化碳、超临界水、水溶剂、氟两相体系,无溶剂等种类。溶剂的绿色化适用于加成反应、聚合反应、氧化还原反应、烷基化反应、酰基化反应、酯化反应、重排反应、水解反应、Cannizzaro 反应、Diels-Alder 反应、Passerini 反应、羟醛缩合反应、Michael 加成反应等许多重要的有机合成反应。例如,二氧化碳催化氢化制备甲酸,传统溶剂中的反应为非均相反应,而超临界二氧化碳($SC\text{-}CO_2$)中为均相反应:

NOTE

$$CO_2 + H_2 \xrightarrow[\text{SC-CO}_2]{\text{Ru}[P(CH_3)_3]_4, H_2} H-\overset{\displaystyle O}{\overset{\|}{C}}-OH$$

该反应中 CO_2 既作为反应溶剂,又作为反应物,且具有价格低廉、无毒、无味、不燃、临界点条件温等多种优点。因此,采用 SC-CO_2 为溶剂对环境是无害的。

2. 催化剂的绿色化　催化剂的绿色化主要包括固体酸催化剂、固体碱催化剂、酶催化剂等。

(1) 固体酸催化剂主要包括金属氧化物催化剂、金属盐催化剂、分子筛和杂多酸催化剂。固体酸催化剂具有高活性、高选择性、反应条件温和、产物易于分离、可循环使用等诸多优点,是替代均相质子酸的最佳非均相催化剂。

(2) 固体碱催化剂具有无腐蚀性、选择性高、催化活性高、产物易分离、可在高温下进行等优点。

(3) 酶是一种具有特殊三维空间构象的蛋白质,它能在生物体内催化完成许多广泛且具有特异性的反应。酶作为生物催化剂与化学催化剂相比具有更多的优点,它催化条件温和,一般在近于中性酸碱度的水溶液中和室温条件下催化反应,具有极高的催化效率和反应速率,通常比化学催化的反应高 1010 倍;更重要的是,生物催化反应具有高度的底物专一性,区域专一性,位点专一性和立体专一性,因此具有副反应少,产率高的特点。

3. 合成方法的绿色化　合成方法的绿色化主要是物理方法促进化学反应、串联反应、多组分反应等。

(1) 物理方法促进化学反应　光、电、热等是引发和促进有机反应的重要手段,是绿色有机合成的方向之一。在微波辐射条件下进行有机合成反应,可显著提高反应速率、产品产率及纯度(详见微波在有机合成中的应用)。

(2) 串联反应　多复杂分子的合成经常需要多步完成,涉及烦琐的分离和提纯。从经济和环保角度看,有必要减少步骤,最大化地避免中间体的分离与提纯,这种策略体现在"原位"的一锅合成法中,就是通常所说的串联反应。

(3) 多组分反应　多组分反应也是一类高效的绿色有机合成方法。这类反应涉及至少 3 种不同的原料,每步反应都是下一步反应所必需的,而且原料分子的主体部分都融进最终产物中。多组分反应目前已成功用于含氮、氧的杂环化合物及链状化合物的合成以及不对称合成。

综上所述,绿色化学是化学学科发展的必然选择,是知识经济时代化学工业发展的必然趋势,绿色有机合成的研究正围绕着反应、原料、溶剂、催化剂的绿色化而展开。生物技术、微波技术、超声波技术、膜技术等新兴技术的出现,大大促进了绿色有机合成的发展。

本章小结

练习题答案

主要内容	学习要点
概念	官能团变换,官能团引入,官能团消除,合成子,等效试剂,目标靶分子,化学选择性,位置选择性,立体选择性,官能团,绿色有机合成,超声波,微波
特征	以廉价的原料,最短最合理的合成路线,最高的产率来合成目标分子
方法	切断法,目标分子的结构分析,碳架的分析
步骤设计	反应选择性,碳骨架的生成,官能团,立体化学的控制

NOTE

目标检测

一、选择题

1. 有机化合物分子中能引入卤素原子的反应是( )。

①在空气中燃烧 ②取代反应 ③加成反应 ④加聚反应

A.①② B.①②③ C.②③ D.①②③④

2. 由环己醇制取己二酸己二酯,最简单的流程途径顺序正确的是( )。

①取代反应 ②加成反应 ③氧化反应 ④还原反应 ⑤消除反应 ⑥酯化反应 ⑦中和反应 ⑧缩聚反应

A.③②⑤⑥ B.⑤③④⑥ C.⑤②③⑥ D.⑤③④⑦

3. 下列叙述错误的是( )。

A.用金属钠可区分乙醇和乙醚 B.用高锰酸钾酸性溶液可区分己烷和3-己烯

C.用水可区分苯和溴苯 D.用新制的银氨溶液可区分甲酸甲酯和乙醛

4. 某有机化合物X,经过下图变化后可得到乙酸乙酯,则有机化合物X是( )。

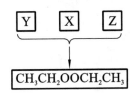

A.C₂H₅OH B.C₂H₄ C.CH₃CHO D.CH₃COOH

A. C_2H_5OH B. C_2H_4 C. CH_3CHO D. CH_3COOH

5. 已知 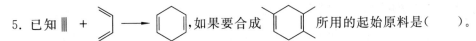,如果要合成 所用的起始原料是( )。

A.2-甲基丁-1,3-二烯和2-丁炔 B.戊-1,3-二烯和2-丁炔

C.2,3-二甲基戊-1,3-二烯和乙炔 D.2,3-二甲基丁-1,3-二烯和丙炔

6. 最活泼的酰基化试剂是( )。

A.乙酐 B.乙酸乙酯 C.乙酰氯 D.乙酰胺

二、判断题。

1. 醇与羧酸进行酯化反应时甲醇的反应活性比仲醇的高。 ( )

2. 酚酸中苯环上连接的羟基越多,越难发生脱羧反应。 ( )

3. 有些反应活性太强,可以引入容易去除的降低活性的基团。 ( )

4. 切断是一种有机合成的分析方法,这种方法是通过将分子的多个键切断使分子转变为一种可能的原料。 ( )

5. 角鲨烯的合成工作中,约翰逊利用了分子的对称性和重复性,简化了步骤。 ( )

6. 化学选择性是指不同官能团在同一反应条件下或同一官能团在不同反应条件下的反应活性的差别。 ( )

7. 在有机合成中,缩短碳链是没有必要的。 ( )

三、由指定的原料完成下列转化。

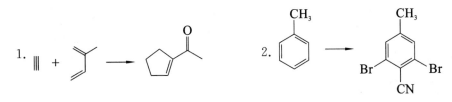

 NOTE

3. 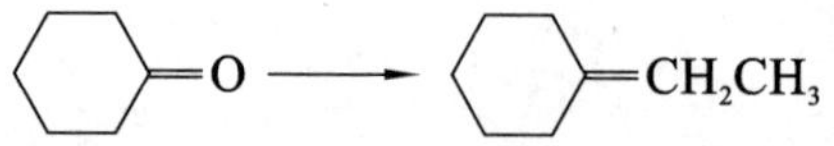 (环己酮) ⟶ (亚乙基环己烷 =CH₂CH₃)

4. 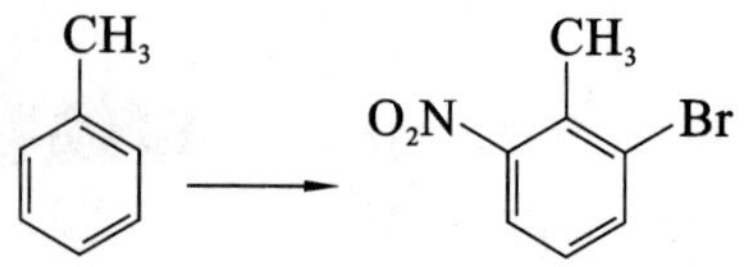 (甲苯 CH₃) ⟶ (O₂N—苯环—CH₃,Br 2-甲基-3-溴硝基苯)

四、按照要求完成目标分子的合成。

1. 以苯酚为主要原料合成 (含COOEt的双环酮结构) 。

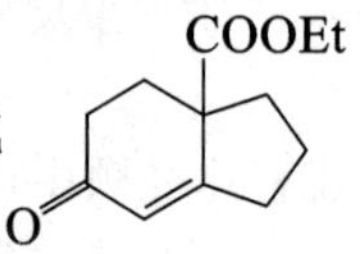

2. 以乙酰乙酸乙酯为主要原料合成 (双环烯酮结构) 。

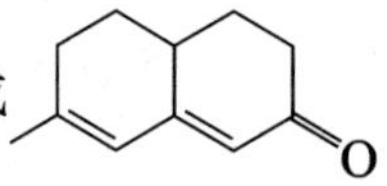

3. 以苯为主要原料合成 HO—(CH₂)₃—苯环—COCH₃ 。

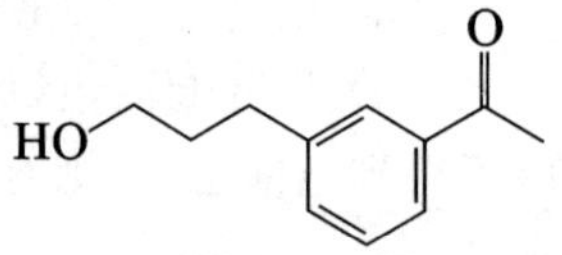

4. 以苯为主要原料合成 H₃C—苯环(Cl)—OH 。

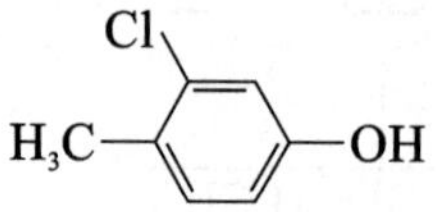

5. 以甲苯为主要原料合成 CH₃—苯环—NH₂ 。

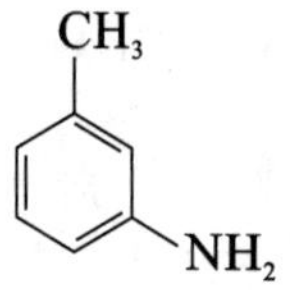

参考文献

[1] 邢其毅,裴伟伟.基础有机化学[M].4版.北京:北京大学出版社,2016.

[2] 陆涛.有机化学[M].8版.北京:人民卫生出版社,2016.

[3] 胡春.有机化学[M].北京:高等教育出版社,2013.

(朱　焰)

综合检测 1

一、单项选择题(1 分/小题,共 20 分)

1. 1-苯基乙醇和 2-苯基乙醇可以通过下列哪种方法(或试剂)来鉴别?(　　)

A. 金属钠　　　　　　B. 托伦试剂　　　　　C. 饱和亚硫酸氢钠　　D. 碘仿反应

2. 醛、酮与锌汞齐(Zn-Hg)和浓盐酸一起加热,羰基即被(　　)。

A. 氧化为羧基　　　B. 还原为亚甲基　　　C. 还原为醇羟基　　　D. 氧化为酯

3. 由醇制备卤代烃时常用的卤化剂是(　　)。

A. 氯气　　　　　　B. 氯化钠　　　　　　C. 亚硫酰氯　　　　　D. 三氯化铝

4. 下列化合物水解反应速率最快的是(　　)。

A. 乙酸乙酯　　　　B. 乙酰胺　　　　　　C. 乙酸酐　　　　　　D. 乙酰氯

5. 下列化合物沸点最低的是(　　)。

A. 乙醚　　　　　　B. 乙醇　　　　　　　C. 乙酸　　　　　　　D. 乙酰胺

6. 苯甲醛与甲醛在浓 NaOH 作用下主要生成(　　)。

A. 苯甲醇与甲酸　　B. 苯甲醇与苯甲酸　　C. 苯甲酸与甲醇　　　D. 甲酸与甲醇

7. 下列化合物中不能和饱和 $NaHSO_3$ 水溶液加成的是(　　)。

A. 乙醛　　　　　　B. 3-戊酮　　　　　　C. 苯甲醛　　　　　　D. 环己酮

8. 环己烷最稳定的构象是(　　)。

A. 半椅式构象　　　B. 船式构象　　　　　C. 椅式构象　　　　　D. 扭船式构象

9. 某烷烃的分子式为 C_5H_{12},其一元氯代物有三种,那么它的结构为(　　)。

A. 环戊烷　　　　　B. 异戊烷　　　　　　C. 新戊烷　　　　　　D. 正戊烷

10. 下列化合物碱性最强的是(　　)。

A. 二乙胺　　　　　B. 氢氧化四甲铵　　　C. 吡啶　　　　　　　D. 氨

11. 下列化合物进行 S_N2 反应的速率最大的是(　　)。

A. 2-甲基-1-溴丁烷　　　　　　　　　B. 2,2-二甲基-1-溴丁烷

C. 1-溴丁烷　　　　　　　　　　　　D. 2-甲基-2-溴丁烷

12. 下列物质有芳香性的是(　　)。

A. 　　　B. 　　　C. 　　　D.

13. 下列化合物中,不能与丙烯醛发生 Diels-Alder 反应的是(　　)。

A. 　　　B. 　　　C. 　　　D.

14. 下列化合物与苯甲酸发生酯化反应,反应活性最大的是(　　)。

A. 乙醇　　　　　　B. 叔丁醇　　　　　　C. 异丙醇　　　　　　D. 苯酚

15. 下列化合物中有手性的是(　　)。

A. 　B. HO—$\overset{\underset{\displaystyle CH_2Cl}{|}}{\underset{\displaystyle CH_2Cl}{C}}$—H　C. HO—$\overset{\underset{\displaystyle CH_2OH}{|}}{\underset{\displaystyle CH_3}{C}}$—H　D. （结构式，含 CH₃，H—OH，H—OH，CH₃）

16. 下列羰基化合物和氢氰酸加成反应速率最快的是（　　）。

A. 乙醛　　　　　B. 2-氯乙醛　　　　C. 苯甲醛　　　　D. 苯乙酮

17. 合成化合物甲基叔丁基醚的最佳方法是（　　）。

A. 甲醇和叔丁醇分子间脱水　　　　　B. 甲醇钠和叔丁基氯反应

C. 甲醇钠和叔丁基溴反应　　　　　　D. 甲基氯和叔丁醇钠反应

18. 下列化合物酸性最强的是（　　）。

A. 苯酚　　　　　B. 丁酸　　　　　C. 苄醇　　　　　D. 三氯乙酸

19. 下列哪种化合物能与硝酸银的氨溶液作用产生白色沉淀？（　　）

A. 1-己烯　　　　B. 2-己烯　　　　C. 1-戊炔　　　　D. 2-戊炔

20. 肥皂制备实验中用来检验甘油的试剂是（　　）。

A. 维蒂希（Wittig）试剂　　　　　　B. 卢卡斯（Lucas）试剂

C. 新制氢氧化铜试剂　　　　　　　　D. 费林（Fehling）试剂

二、命名和写结构式题（10分/小题，共20分）

1. 依次写出下列化合物的结构式

DMSO，R-甘油醛，β-萘酚，（Z）-3-氯-2-戊烯，水杨酸

2. 依次写出下列化合物的名称（可以用俗名，某些名称中要标出顺反构型）

（吡啶结构），（环庚酮结构），（支链烷烃结构），（环己烷结构，CH₃），H₃CO—（苯环）—CONH₂

三、写出下列反应的主要产物（2分/小题，共20分）

1. （苯环）—CH₂Cl + NaCN $\longrightarrow$

2. CH₃CH₂CH₂CH₂OH + SOCl₂ $\longrightarrow$

3. CH₃CH₂CH＝CH₂ $\xrightarrow{HCl}$

4. CH₃—CH＝CH—CHO $\xrightarrow[H_2O]{NaBH_4}$

5. （环戊二烯结构）＋（马来酸酐结构） $\xrightarrow{\Delta}$

6.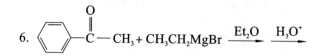

7. $2CH_3CHO \xrightarrow[]{\text{稀NaOH}} \xrightarrow{\triangle}$

8. $2CH_3\overset{\displaystyle O}{\overset{\displaystyle \|}{C}}OC_2H_5 \xrightarrow[2)H_3O^+]{1)C_2H_5ONa}$

9. $\begin{array}{l} CH_2COOH \\ | \\ CH_2COOH \end{array} \xrightarrow{\triangle}$

10. $CH_3CH_2\underset{\displaystyle Br}{\overset{\displaystyle CH_3}{\overset{\displaystyle |}{\underset{\displaystyle |}{C}}}}CH_3 \xrightarrow[C_2H_5OH]{KOH,\triangle}$

四、综合题(5 分/小题,共 40 分)

1. 用简单的化学方法区别下列化合物:苯酚、萘、苯甲酸。

2. 用简单的化学方法区别下列化合物:丙酮、丙醛、环戊酮。

3. 乙酸正丁酯的合成实验为什么要使用分水器?在洗涤其粗产品时先用水洗,再用碳酸钠溶液洗涤。能否直接用碳酸钠溶液洗涤?为什么?

4. 化合物 A 的分子式为 $C_5H_{12}O$,A 与金属钠作用放出氢气,与卢卡斯试剂作用数分钟后出现混浊。A 和浓硫酸共热可得 $B(C_5H_{10})$,用稀冷高锰酸钾处理 B 可以得到产物 $C(C_5H_{12}O_2)$,C 在高碘酸作用下最终生成乙醛和丙酮。试写出 A、B、C 的构造式。

5. 分子式为 $C_6H_{12}O$ 的 A,能与苯肼、氨基脲作用但不和 Tollen 试剂反应。A 经硼氢化钠还原得分子式为 $C_6H_{14}O$ 的 B,B 与浓硫酸共热得 $C(C_6H_{12})$。C 经臭氧化反应后与锌粉、水作用得 D 和 E。D 能发生银镜反应,但不发生碘仿反应,而 E 则可发生碘仿反应而不发生银镜反应。试写出 A、B、C、D、E 的构造式。

6. 由乙炔钠及不超过 3 个碳的有机物合成 2-己炔。

7. 以苯为原料合成 1,3,5-三溴苯。

8. 以丙二酸二乙酯为原料合成 2-甲基丁酸。

综合检测 1 答案

NOTE

一、单项选择题(1 分/小题,共 30 分)

1. 下列化合物在临床上可用作重金属解毒剂的是(　　)。

　A. 甘油　　　　　　　B. 乙二醇　　　　　　C. 二巯基丙醇　　　　D. 乙硫醇

2. $CH_3CH=CHCH_2CH=CHCF_3+Br(1\ mol)$ 主要产物为(　　)。

　A. $CH_3CHBrCH=CHCH_2CHBrCF_3$　　　　B. $CH_3CH=CHCH_2CHBrCHBrCF_3$

　C. $CH_3CHBrCHBrCH_2CH=CHCF_3$　　　　D. $CH_3CHBrCH=CHCHBrCH_2CF_3$

3. 存在对映异构现象的化合物是(　　)。

　A. $CH_3CH=CHCH_3$　　　　　　　　B. $C_6H_5CHClCH_3$

　C. 　　　　D. Cl———Cl

4. 下列关于苯酚的叙述中,错误的是(　　)。

　A. 其水溶液显弱酸性,俗称石炭酸

　B. 碳酸氢钠溶液中滴入苯酚的水溶液后立即放出二氧化碳

　C. 在水中溶解度随温度的升高而增大,超过 70 ℃可以与水以任意比互溶

　D. 浓溶液对皮肤有强烈的腐蚀性,如不慎沾在皮肤上,应立即用酒精擦洗

5. 醛酮的羰基与 HCN 的反应属于(　　)。

　A. 亲核取代　　　　　B. 亲核加成　　　　　C. 亲电加成　　　　　D. 亲电取代

6. 蔗糖是一种二糖,其分子结构中存在的苷键是(　　)。

　A. α-1,4-苷键　　　　B. β-1,2-苷键　　　　C. α,β-1,2-苷键　　　D. β-1,4-苷键

7. 下列化合物 S_N1 反应速率由快到慢的顺序是(　　)。

　①$C_6H_5—CH_2CH_2Br$　　②$C_6H_5CH(CH_3)Br$　　③$C_6H_5—CH_2Br$

　A. ①＞②＞③　　　　B. ③＞②＞①　　　　C. ②＞③＞①　　　　D. ②＞①＞③

8. 碱性最强的是(　　)。

　A. $(CH_3)_2NH$　　　　B. $C_6H_5NH_2$　　　　C. NH_3　　　　　　　D. CH_3CONH_2

9. 具有最长碳碳键长的分子是(　　)。

　A. 乙烷　　　　　　　B. 乙烯　　　　　　　C. 乙炔　　　　　　　D. 苯

10. 酸性最强的是(　　)。

　A. 2,4-二硝基苯酚　　B. 3-硝基苯酚　　　　C. 4-硝基苯酚　　　　D. 苯酚

11. 分子中同时含有 1°、2°、3°和 4°碳原子的化合物是(　　)。

　A. 2,2,3-三甲基丁烷　　　　　　　　B. 2,2,3-三甲基戊烷

　C. 2,3,4-三甲基戊烷　　　　　　　　D. 3,3-二甲基戊烷

12. 最易发生 S_N2 反应的是(　　)。

　A. 溴乙烯　　　　　　B. 溴乙烷　　　　　　C. 溴苯　　　　　　　D. 2-溴丁烷

13. 乙酰氯、乙酸酐、乙酸乙酯的水解反应属于(　　)。

　A. 亲电取代　　　　　B. 亲核取代　　　　　C. 亲电加成　　　　　D. 亲核加成

14. 能与 $FeCl_3$ 溶液发生颜色反应,又能与溴水作用产生白色沉淀的是(　　)。

A. 苯酚　　　　　　B. 2,4-戊二酮　　　C. 乙酰乙酸乙酯　　　D. 苯胺

15. 立体异构不包括(　　)。

A. 互变异构　　　　B. 对映异构　　　　C. 顺反异构　　　　D. 构象异构

16. 下列羧酸衍生物,醇解反应速率最快的是(　　)。

A. 乙酸乙酯　　　　B. 乙酰胺　　　　　C. 乙酰氯　　　　　D. 乙酸酐

17. 蔗糖是一种二糖,其分子组成是(　　)。

A. 2 分子葡萄糖　　　　　　　　　　　B. 2 分子果糖

C. 1 分子葡萄糖和 1 分子果糖　　　　　D. 1 分子葡萄糖和 1 分子半乳糖

18. 氨基酸的等电点大于 7 是(　　)。

A. $CH_3CHCOOH$
$\quad\quad\ |$
$\quad\quad NH_2$

B. $CH_2CHCOOH$
$\quad\ |\quad\ |$
$\quad SH\ NH_2$

C. $CH_2(CH_2)_3CHCOOH$
$\quad\ |\quad\quad\quad\ |$
$\quad NH_2\quad\quad NH_2$

D. $H_2NCHCOOH$
$\quad\quad\ |$
$\quad CH_2COOH$

19. 甲苯与氯在光照条件下的反应属于(　　)。

A. 亲电取代　　　　B. 亲电加成　　　　C. 亲核取代　　　　D. 自由基取代

20. 能与 HNO_2 发生反应,放出氮气的是(　　)。

A. N-甲基苯胺　　B. 二乙胺　　　　　C. 甲乙胺　　　　　D. 乙胺

21. 与 $AgNO_3$/醇的反应速率最快的是(　　)。

A. $BrCH_2CH=CH_2$

B. $CH_3CH=CHBr$

C. $CH_3CH_2CH_2CH_2Br$

D. $CH_3CH(Br)CH_2CH_3$

22. 比 　　　　　　 易被水蒸气蒸馏分出,是因为前者(　　)。

A. 形成分子内氢键　　　　　　　　　　B. 硝基是吸电子基

C. 羟基吸电子作用　　　　　　　　　　D. 可形成分子间氢键

23. 下列构象中最不稳定的构象是(　　)。

A.　　　　　　B.　　　　　　C.　　　　　　D.

24. 已知柠檬醛的结构简式为 $(CH_3)_2C=CHCH_2CH_2CH=C(CH_3)CHO$。根据学过的知识判断下列说法不正确的是(　　)。

A. 它可使酸性高锰酸钾溶液褪色　　　　B. 它能使溴水褪色

C. 它可与银氨溶液反应　　　　　　　　D. 可以跟氢氧化钠反应

25. 用 ^{18}O 标记的 $CH_3CH_2^{18}OH$ 与乙酸反应制取乙酸乙酯,反应达到平衡时,下列说法正确的(　　)。

A. ^{18}O 只存在于乙酸乙酯中　　　　　B. ^{18}O 存在于水、乙酸、乙醇、乙酸乙酯中

C. ^{18}O 存在于乙醇、水中　　　　　　D. ^{18}O 存在于乙酸乙酯、乙醇中

26. 分子中所有碳原子均为 sp^3 杂化的是(　　)。

A. $HC≡CCH=CH_2$　　　　　　　　　B. $(CH_3)_2C=CH_2$

C. $C_6H_5CH=CH_2$ D. $CH_3CHClCH_3$

27. 属于亲核试剂的是(   )。

A. Br_2 B. HCl   C. H_2SO_4 D. $NaHSO_3$

28. 亲电反应的活性比苯强的是(   )。

A. 吡啶   B. 吡咯   C. 硝基苯   D. 苯甲腈

29. 不能发生碘仿反应的是(   )。

A. $CH_3-\overset{O}{\overset{\|}{C}}-CH_3$ B. C_6H_5CHO C. CH_3CH_2OH D. $C_6H_5-\overset{O}{\overset{\|}{C}}-CH_3$

30. 氯乙酸的酸性大于乙酸,主要是由于氯的(   )影响。

A. 给电子诱导效应   B. 吸电子诱导效应

C. 共轭效应   D. 空间效应

二、命名或写出下列化合物的结构式(10 分/小题,共 20 分)

1. 命名下列化合物(必要时标出 Z、E 或 R、S 构型)

2. 写出下列化合物的结构式

3-苯基丙烯酸,阿司匹林,E-3-乙基-2-己烯,乙酸苄酯,尿素

三、完成下列化学反应题(只要求写出主要产物。2 分/小题,共 20 分)

1. $\text{苯}-CH=CHCH_3+HBr\longrightarrow$

2. $\text{苯}-COO-\text{苯}\xrightarrow{HNO_3/H_2SO_4}$

3. $CH_3CH\overset{O}{\underset{\diagup}{\text{—}}}CH_2+CH_3OH\xrightarrow{CH_3ONa}$

4. $HOOC-\overset{O}{\underset{\text{环己酮}}{}}-COOH\xrightarrow{\Delta}$

5. $\text{苯}-CH_2\underset{\underset{OH}{|}}{CH}CH_2CH_3\xrightarrow[\Delta]{H_2SO_4}$

6. $HO-\text{苯}-NH_2+2(CH_3CO)_2O\longrightarrow$

7. $H_3C-O-\text{苯}+HI\longrightarrow$

8. 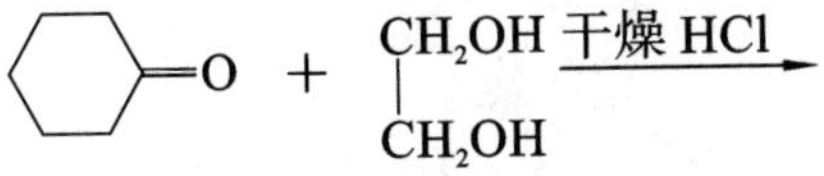 ⬡=O + $\begin{array}{l} CH_2OH \\ | \\ CH_2OH \end{array}$ 干燥 HCl $\longrightarrow$

9. 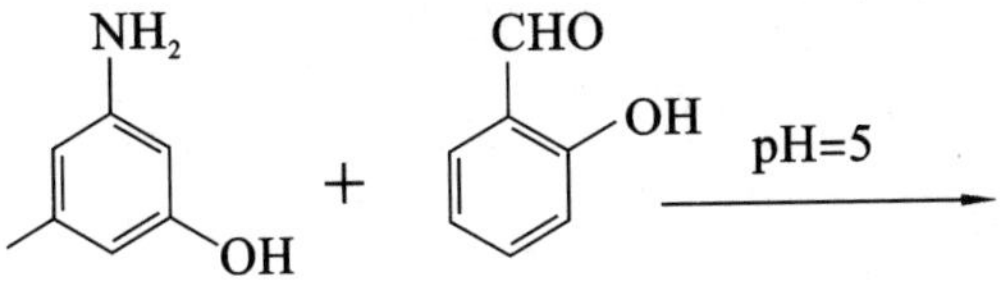 （苯环，含 NH₂、CH₃、OH 取代基） + （苯环，含 CHO、OH 取代基） $\xrightarrow{pH=5}$

10. 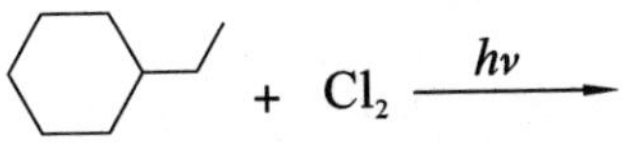 （环己基乙基） + Cl₂ $\xrightarrow{h\nu}$

四、化学方法鉴别下列各组化合物(5分/小题,共20分)

1. 苯胺、苄胺、苄醇、苄溴
2. 丙烯、环丙烷、丙酮、丙炔
3. 甲酸、乙酸、丙醛、丙酮
4. 苯酚、苯甲醇、甲苯、苯甲醛、苯甲酸

五、综合题(第一小题6分,第二小题4分,共10分)

1. 简答题:阿司匹林是一种常用的解热镇痛、抗风湿药。

①如何以水杨酸为原料制取阿司匹林? 用反应式表示之。

②为什么制备阿司匹林的实验所用仪器要干燥? 用反应式表示之。

③怎样检查阿司匹林已解潮变质?

2. 四种化合物 A、B、C 和 D,分子式均为 C_5H_8,它们都能使溴的四氯化碳溶液褪色。A 与硝酸银氨溶液生成沉淀,而 B、C 和 D 则不能。用酸性高锰酸钾溶液氧化时,A 生成 $CH_3CH_2CH_2COOH$ 和 CO_2,B 生成 CH_3COOH 和 CH_3CH_2COOH,C 生成 $HOOCCH_2CH_2CH_2COOH$,D 生成 $HOOCCH_2COOH$ 和 CO_2。试推断 A、B、C 和 D 的结构式。

综合检测 2 答案

NOTE

一、单项选择题（每题 1 分，共 20 分）

1. 下列自由基最稳定的是（　　）。

A. $CH_3\overset{\cdot}{C}HCH_3$　　　B. $\overset{\cdot}{C}H_3$　　　　　C. $CH_3\overset{\cdot}{C}H_2$　　　　D. $CH_2{=}CH\overset{\cdot}{C}H_2$

2. 下列试剂可用于鉴别 $CH{\equiv}CCH_2CH_3$ 与 $CH_3CH{=}CHCH_3$ 的是（　　）。

A. 硝酸银的氨溶液　　　　　　　　B. Br_2 的 CCl_4 溶液

C. 酸性 $KMnO_4$ 溶液　　　　　　　D. 三氯化铁溶液

3. 下列化合物不能使 $KMnO_4$ 溶液褪色而能使 Br_2/H_2O 褪色的是（　　）。

A. 　　　　B. 　　　　C. 　　　　D. ▷

4. 下列化合物及中间体不具有芳香性的是（　　）。

A. 　　　B. ⬡N–H 型结构　　　C. 萘　　　D. 十元环结构

5. 下列卤代烃发生 S_N1 反应活性最强的是（　　）。

A. $CH_3CH_2\underset{\underset{\displaystyle Cl}{|}}{C}HCH_3$　　　　　　B. $CH_3\underset{\underset{\displaystyle Cl}{|}}{\overset{\overset{\displaystyle CH_3}{|}}{C}}CH_3$

C. $CH_3\underset{\underset{\displaystyle CH_3}{|}}{C}HCH_2Cl$　　　　　　D. $CH_3(CH_2)_2CH_2Cl$

6. 下列化合物最易发生分子内脱水的是（　　）。

A. $CH_3(CH_2)_2\underset{\underset{\displaystyle OH}{|}}{C}HCH_3$　　　　　　B. $CH_3\underset{\underset{\displaystyle OH}{|}}{\overset{\overset{\displaystyle CH_3}{|}}{C}}HCHCH_3$

C. $CH_3\underset{\underset{\displaystyle OH}{|}}{\overset{\overset{\displaystyle CH_3}{|}}{C}}CH_2CH_3$　　　　　　D. $CH_3(CH_2)_4OH$

7. 下列试剂可用于区别 6 个碳以下伯、仲、叔醇的是（　　）。

A. 高锰酸钾　　　B. 卢卡斯试剂　　　C. 费林试剂　　　D. 溴水

8. 下列化合物能与 $FeCl_3$ 溶液发生颜色反应的是（　　）。

A. 甲苯　　　　　B. 苯酚　　　　　C. 戊-2-酮　　　　D. 苯乙烯

9. 下列化合物不能被稀酸水解的是（　　）。

A. 　　B. 　　C. 　　D.

10. 下列化合物既可以与饱和 $NaHSO_3$ 加成又能发生卤仿反应的是（　　）。

A. CH_3CHO　　　　B. CH_3CHCH_3　　　C. 　　　D.
　　　　　　　　　　　　　　　|
　　　　　　　　　　　　　　 OH

11. 丙醛与乙二醇在干燥 HCl 存在下反应生成的产物是（　　）。
A. 醚　　　　　　B. 酮　　　　　　C. 酸　　　　　　D. 缩醛

12. 在稀碱作用下,下列哪组化合物不能进行羟醛缩合反应?（　　）
A. $HCHO+CH_3CHO$　　　　　　　　　B. $C_6H_5CHO+CH_3CH_2CHO$
C. $HCHO+(CH_3)_3CCHO$　　　　　　 D. $C_6H_5CH_2CHO+(CH_3)_3CCHO$

13. 苯甲醛与甲醛在浓 NaOH 作用下主要生成（　　）。
A. 甲醇和苯甲酸钠　　　　　　　　　　B. 甲醇和甲酸钠
C. 苯甲醇和苯甲酸钠　　　　　　　　　D. 苯甲醇和甲酸钠

14. 下列羧酸衍生物水解反应活性最强的是（　　）。
A. CH_3COCl　　　B. $(CH_3CO)_2O$　　　C. $CH_3COOC_2H_5$　　　D. CH_3CONH_2

15. 下列化合物与苯磺酰氯反应生成固体且生成的固体不溶于 NaOH 的是（　　）。
A. 叔胺　　　　　　B. 仲胺　　　　　　C. 伯胺　　　　　　D. 酰胺

16. 下列化合物碱性最强的是（　　）。

A. $(CH_3)_2NC_2H_5$　　B. 　　C. NH_3　　D.

17. 下列化合物亲电取代反应活性比苯高的是（　　）。

A. 　　B. 　　C. 　　D.

18. 吲哚与 Br_2 进行亲电取代反应的主要产物是（　　）。

A. 　　B. 　　C. 　　D.

19. 下列糖类能形成相同糖脎的是（　　）。
A. 葡萄糖、果糖与甘露糖　　　　　　　B. 葡萄糖、果糖与半乳糖
C. 葡萄糖、甘露糖与半乳糖　　　　　　D. 麦芽糖、果糖与半乳糖

20. 下列 Fischer 投影式与乳酸
　　　　　　　　 COOH
　　　　　　 H—|—OH　构型不同的是（　　）。
　　　　　　　　 CH$_3$

A. 　　B. 　　C. 　　D.

二、命名或写出下列化合物的结构(每题 2 分,共 16 分)

1.

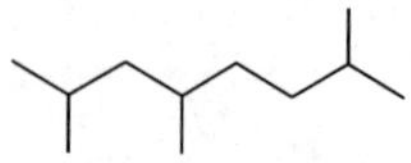

2. $CH_3CH_2CH_2CCH_2CH_3$
   $\overset{|}{CH_2}$

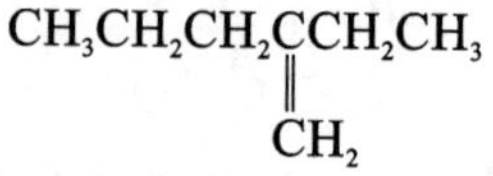

3.

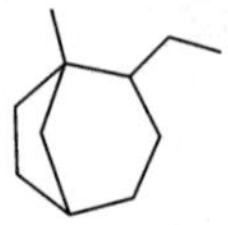

4.

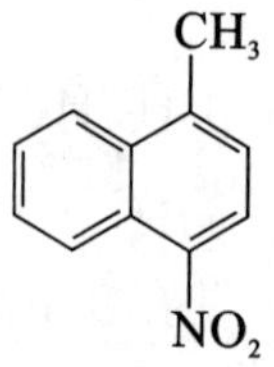

5. 2-甲基戊-1-烯-4-炔-3-醇

6. 5-氧亚基己酸

7. 邻苯二甲酸单甲酯

8. 3-溴吡啶

三、完成下列反应式(每题 2 分,共 20 分)

1. 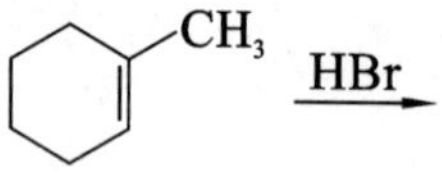 $\xrightarrow{HBr}$

2.  $\diagup\diagdown$ + $\diagup\diagdown^{COOC_2H_5}$ $\xrightarrow{\triangle}$

3. —CH$_2$CH$_2$CH$_2$COCl $\xrightarrow{AlCl_3}$

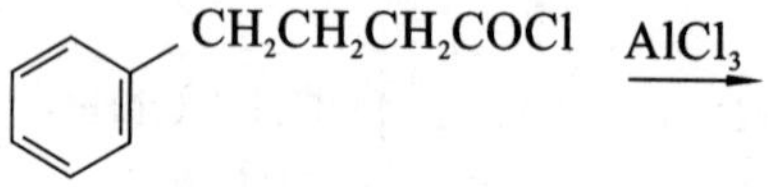

4. 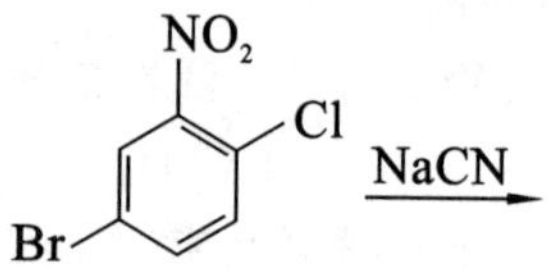 $\xrightarrow{NaCN}$

5. 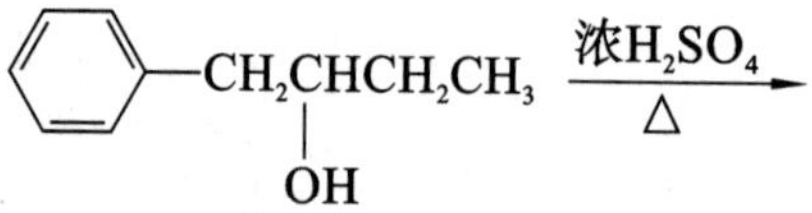 —CH$_2$CHCH$_2$CH$_3$ $\xrightarrow[\triangle]{\text{浓}H_2SO_4}$
    $\quad\quad\overset{|}{OH}$

6. 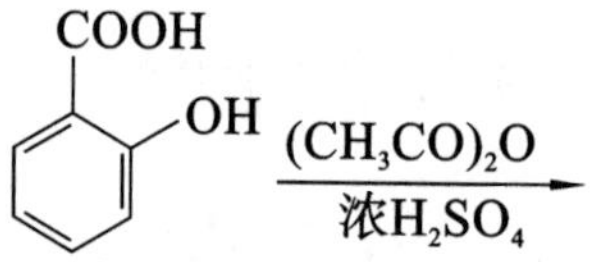 $\xrightarrow[\text{浓}H_2SO_4]{(CH_3CO)_2O}$

7. 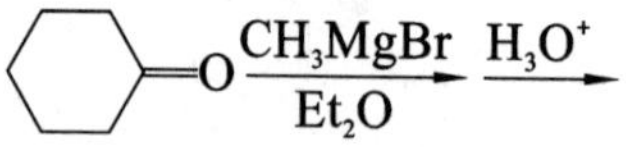 $\xrightarrow[Et_2O]{CH_3MgBr}$ $\xrightarrow{H_3O^+}$

8. 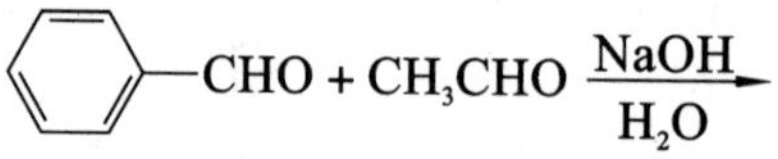 —CHO + CH$_3$CHO $\xrightarrow[H_2O]{NaOH}$

9. 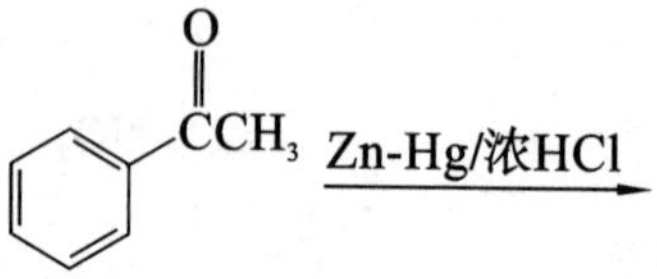 —COCH$_3$ $\xrightarrow{Zn-Hg/\text{浓}HCl}$

10. 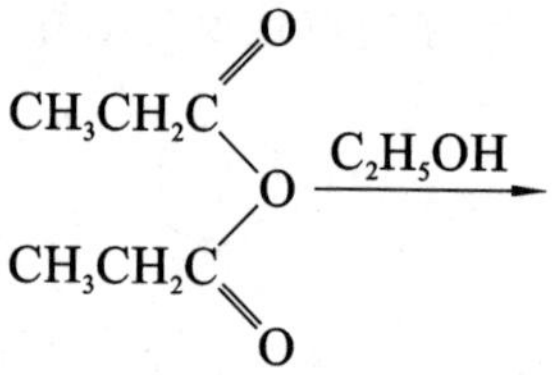 CH_3CH_2C ... O ... CH_3CH_2C ... O $\xrightarrow{C_2H_5OH}$

四、按要求回答下列问题(每题 4 分,共 20 分)

1. 下列化合物与 HCN 反应活性由强至弱的顺序为 _____

A. CH$_3$CHO   B. ClCH$_2$CHO   C. CH$_3$COCH$_3$ D. 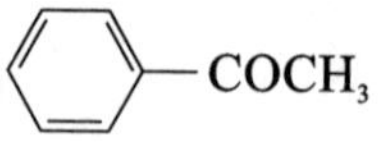 —COCH$_3$

2. 下列化合物酸性由强至弱的顺序为 _____

A. 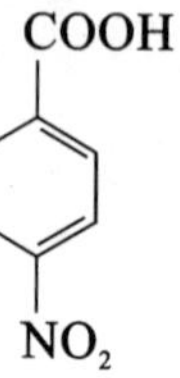 COOH ... NO$_2$ B. 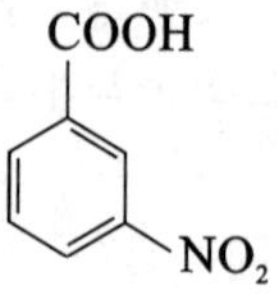 COOH ... NO$_2$ C. 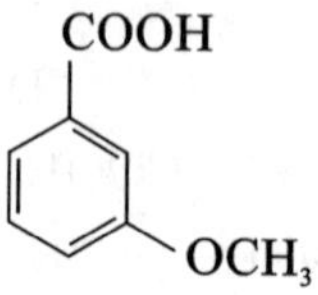 COOH ... OCH$_3$ D. 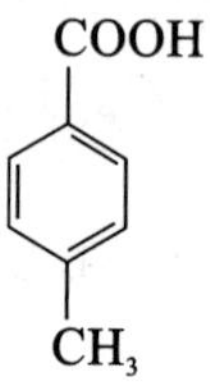 COOH ... CH$_3$

3. 标出下列化合物的构型

(1)

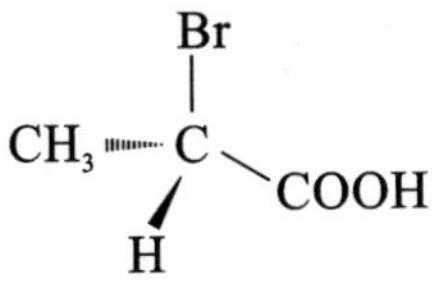

$$CH_3 \cdots C \cdots COOH$$
（Br 在上，H 在下）

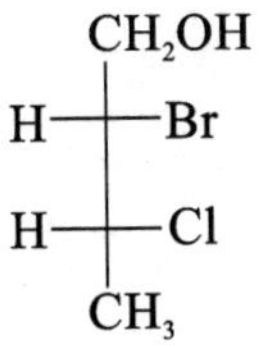

(2)

CH_2OH
$H \cdots C \cdots Br$
$H \cdots C \cdots Cl$
CH_3

(3)

CH_3 Cl
H Cl
H
C_2H_5

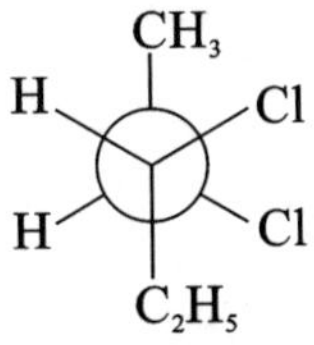

(4)

H CHO
$C = C$
CH_3 CH_2OH

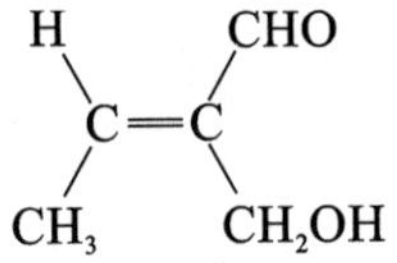

4. 用简便化学方法鉴别苯甲醛、丙醛、丙酮、戊-3-酮（用流程图表示）。

5. 化合物 A 能与羟胺反应，但不与托伦试剂和饱和亚硫酸氢钠溶液反应。A 经催化氢化得化合物 B($C_6H_{14}O$)，B 与浓硫酸作用脱水生成化合物 C(C_6H_{12})。C 经臭氧氧化还原水解得丙酮和丙醛。试写出 A、B、C 的构造式。

五、合成题（每题 8 分，共 24 分）

1. 以甲苯为主要原料合成：

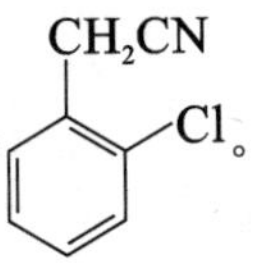

CH_2CN
Cl
（苯环）。

2. 以丙二酸二乙酯为主要原料合成：

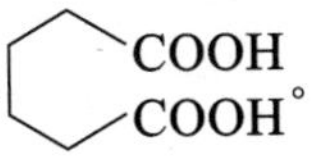

。

3. 以苯为主要原料合成：

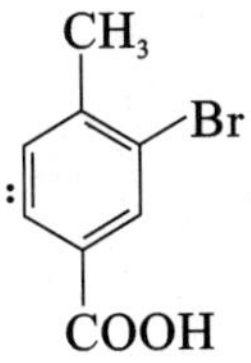

CH_3
Br
$COOH$
（苯环）。

综合检测 3 答案

NOTE